蜂"學問

蜂類生態 × 養蜂技術 × 圖解知識
"Beeing" 深入探索蜂之奧秘
in the neighborhood : honey, hives, horticulture

蔡明憲 著

CONTENT

| 推薦序 | **012**
| 作者序 | **016**
| 致謝 | **017**
| 如何閱讀本書 | **018**
| 前言＿人類與蜜蜂 | **020**

Chapter I
認識蜂類

1.1 蜂的種類與生態行為概論 — **030**

1.1.1 蜂的種類 — *030*

1.1.2 蜂類中、英文名稱的混淆與誤用 — *042*

1.1.3 各式各樣的昆蟲社會 — *045*

1.2 寄生性蜂類 — **048**

1.2.1 寄生蜂的寄生類型 — *048*

1.2.2 寄生蜂如何克服寄主的免疫反應 — *050*

1.2.3 防治害蟲的寄生蜂 — *052*

1.2.4 授粉昆蟲 —— 榕小蜂 — *058*

1.3 針尾類的蜂類 — **061**

1.3.1 青蜂總科 — *061*

1.3.2 胡蜂總科 — *061*

1.3.3 蜜蜂總科（花蜂總科） — *106*

Chapter II
如何飼養西洋蜂與東方蜂（野蜂）

2.1 蜜蜂的種類與特性　　　　　　　　　　　　　　　　　*140*

2.1.1 蜜蜂的分布及生物學習性　　　　　　　　　　　　　*140*

2.1.2 物種的傳播　　　　　　　　　　　　　　　　　　　*152*

2.1.3 蜂種的引進　　　　　　　　　　　　　　　　　　　*152*

2.2 了解西洋蜂與東方蜂（野蜂）—
　　蜜蜂解剖生理學對飼養技術的重要性　　　　　　　　*155*

2.2.1 蜜蜂的外部形態與生物學特性　　　　　　　　　　　*156*

2.2.2 內部構造及生理　　　　　　　　　　　　　　　　　*174*

2.3 蜜蜂的一生—
　　西洋蜂與東方蜂（野蜂）的生物學特性　　　　　　　*184*

2.3.1 蜂群的成員　　　　　　　　　　　　　　　　　　　*184*

2.3.2 西洋蜂與東方蜂（野蜂）的發育過程　　　　　　　　*187*

2.3.3 西洋蜂與東方蜂（野蜂）的行為及分工　　　　　　　*190*

2.4 西洋蜂與東方蜂（野蜂）的巢房結構　　　　　　　　*206*

2.4.1 巢房的結構　　　　　　　　　　　　　　　　　　　*206*

2.4.2 巢房的形式　　　　　　　　　　　　　　　　　　　*207*

2.5 養蜂工具介紹、使用方式與時機　　　　　　　　　　*210*

2.5.1 蜂箱、巢框與巢礎　　　　　　　　　　　　　　　　*210*

2.5.2 其他養蜂工具　　　　　　　　　　　　　　　　　　　　　244

2.6 蜜蜂的營養與如何餵食　　　　　　　　　　　　　　　　260

2.6.1 蜜蜂的營養　　　　　　　　　　　　　　　　　　　　　260

2.6.2 餵食糖水與花粉餅（補助花粉）的時機　　　　　　　　　262

2.6.3 餵食花粉餅（補助花粉）與發酵花粉的方法　　　　　　　266

2.6.4 花粉餅（補助花粉）或發酵花粉的配方　　　　　　　　　267

2.7 蜂場的選擇、如何取得蜂群、
　　蜂箱的擺放與搬遷　　　　　　　　　　　　　　　　　　270

2.7.1 養蜂場的選擇　　　　　　　　　　　　　　　　　　　　270

2.7.2 什麼時候開始養蜂　　　　　　　　　　　　　　　　　　273

2.7.3 如何購買與挑選東方蜂（野蜂）與西洋蜂　　　　　　　　273

2.7.4 誘蜂　　　　　　　　　　　　　　　　　　　　　　　　273

2.7.5 蜂群搬遷與移動　　　　　　　　　　　　　　　　　　　275

2.7.6 過箱的方法　　　　　　　　　　　　　　　　　　　　　280

2.8 西洋蜂與東方蜂（野蜂）的照顧與管理　　　　　　　　　281

2.8.1 升煙及使用燻煙器的技巧　　　　　　　　　　　　　　　281

2.8.2 開箱及闔上蜂箱蓋　　　　　　　　　　　　　　　　　　284

2.8.3 提取巢片與放置巢片　　　　　　　　　　　　　　　　　288

2.8.4 清除贅脾　　　　　　　　　　　　　　　　　　　　　　291

2.8.5 尋找蜂王　　　　　　　　　　　　　　　　　　　　　　291

2.8.6 檢查蜂箱底部	*295*
2.8.7 抖蜂的技巧	*295*
2.8.8 如何檢查、記錄與管理蜂群	*296*
2.8.9 蜂群的四季管理	*302*

2.9 西洋蜂與東方蜂（野蜂）的繁殖 **311**

2.9.1 快速增加蜂群的方法	*311*
2.9.2 培育新蜂王的時機	*311*
2.9.3 自行培育蜂王	*312*
2.9.4 標記蜂王	*322*
2.9.5 如何抓取蜂王及運送蜂王	*324*
2.9.6 換王與誘入新蜂王的方法	*325*
2.9.7 合併蜂群	*327*

Chapter III
**西洋蜂與東方蜂（野蜂）
的病蟲害防治**

3.1 病蟲害防治的基本觀念 **330**

3.1.1 蜜蜂病蟲害的傳播途徑	*331*
3.1.2 頑強的病原 —— 蜜蜂傳染性病害的病原活力	*331*
3.1.3 蜜蜂病蟲害的防治策略	*332*

3.2 非傳染性病害　　335

3.2.1 生理性病害　　335

3.2.2 遺傳性病害　　335

3.2.3 化學農藥中毒　　336

3.3 傳染性病害　　338

3.3.1 病毒性疾病　　338

3.3.2 細菌性疾病　　341

3.3.3 真菌性疾病　　345

3.4 蟲害與敵害　　349

3.4.1 蜂蟹蟎　　349

3.4.2 蠟蛾　　368

3.4.3 蜂箱小甲蟲　　370

3.4.4 虎頭蜂的防治與摘除蜂巢　　371

3.4.5 蟻類／蟑螂／鳥類／蟾蜍／其他小型動物　　377

3.4.6 尚未出現在臺灣但需注意的蟲害　　381

3.5 蜂具的消毒與清潔　　384

Chapter IV
蜜粉源植物與蜂類授粉

4.1 臺灣蜜粉源植物的特點　　388

4.1.1 花的構造　　391

4.1.2 蜜腺與花蜜　　392

4.2 影響花蜜分泌的條件　　393

4.3 蜜粉源植物的種類　　395

4.3.1 蜜源植物　　395

4.3.2 粉源植物　　398

4.3.3 有毒蜜粉源植物　　399

4.4 蜂類授粉　　400

4.4.1 授粉作用　　402

4.4.2 蜂類構造與授粉特性　　403

4.4.3 影響蜜蜂及熊蜂授粉的因素　　404

4.4.4 授粉蜂群的管理　　405

4.4.5 利用蜜蜂進行網室授粉　　406

附表｜蜜粉源植物一覽表　　407

Chapter V
蜂蜜與其他蜂產品的生產與應用

5.1 優質的蜂產品來自於友善的環境 — 444

5.2 蜂蜜 — 445

5.2.1 蜂蜜的來源 — 445

5.2.2 蜂蜜的種類 — 445

5.2.3 蜂蜜的採收 — 447

5.2.4 蜂蜜的成分及特性 — 455

5.2.5 蜂蜜品質、真偽與產地鑑定 — 461

5.2.6 蜂產品中的化學農藥殘留 — 466

5.2.7 產銷履歷 — 467

5.2.8 台灣養蜂協會國產蜂產品證明標章 — 467

5.2.9 如何保存蜂蜜 — 467

5.2.10 蜂蜜的加工及利用 — 468

5.3 蜂花粉 — 474

5.3.1 蜂花粉的採集方式與時間 — 474

5.3.2 蜂花粉的乾燥方法與存放 — 474

5.3.3 花粉鑑定 — 476

5.3.4 蜂花粉的利用 — 477

5.4 蜂王乳　　　　　　　　　　　　　　　　　　　　　*478*

5.4.1 蜂王乳的來源與生產方式　　　　　　　　　　　　*478*

5.4.2 蜂王乳的營養及成分　　　　　　　　　　　　　　*479*

5.4.3. 蜂王乳的新鮮度指標與溫度之間的關係　　　　　　*480*

5.4.4 蜂王乳的保存　　　　　　　　　　　　　　　　　*480*

5.4.5 食用蜂王乳的方法　　　　　　　　　　　　　　　*480*

5.5 蜂膠　　　　　　　　　　　　　　　　　　　　　　*482*

5.5.1 蜂膠的來源　　　　　　　　　　　　　　　　　　*482*

5.5.2 蜂膠的生產　　　　　　　　　　　　　　　　　　*483*

5.5.3 如何萃取蜂膠　　　　　　　　　　　　　　　　　*483*

5.6 蜂幼蟲及蜂蛹　　　　　　　　　　　　　　　　　　*484*

5.6.1 虎頭蜂幼蟲及蛹的生產　　　　　　　　　　　　　*484*

5.6.2 蜜蜂幼蟲及蛹的生產　　　　　　　　　　　　　　*485*

5.7 蜂毒與蜂毒療法　　　　　　　　　　　　　　　　　*487*

5.7.1 蜂毒的成分　　　　　　　　　　　　　　　　　　*487*

5.7.2 蜂毒的萃取　　　　　　　　　　　　　　　　　　*491*

5.7.3 蜂毒療法的方式與注意事項　　　　　　　　　　　*491*

5.8 蜂蠟　　　　　　　　　　　　　　　　　　　　　　*492*

5.8.1 蜂蠟的成分與生產　　　　　　　　　　　　　　　*492*

5.8.2 過濾蜂蠟的方法　　　　　　　　　　　　　　　　　　　　　*492*

5.8.3 蜂蠟的應用　　　　　　　　　　　　　　　　　　　　　　　*495*

｜詞彙｜　　　　　　　　　　　　　　　　　　　　　　　　　　　*498*
｜參考文獻｜　　　　　　　　　　　　　　　　　　　　　　　　　*514*
｜中文索引｜　　　　　　　　　　　　　　　　　　　　　　　　　*532*

東方蜂 (*Apis cerana*) 在臺灣又稱為野蜂，是臺灣原生的社會性蜂種，具有重要的生態及產業價值。

推薦序 |依姓氏筆畫排序|

原來，世界上的『蜂』不是只有蜜蜂、虎頭蜂？
原來，不是所有蜂都會採蜜、採花粉？
原來，我們竟是這樣養蜜蜂的？
原來，蜜蜂也會生病，而且還有這麼多種不同的病？
我們能拯救牠們嗎？
我們對於『蜂』的認識，原來只是冰山一角。還有太多太多精彩的"蜂知識"都收錄在這本《蜂學問》裡！翻開書本的第一頁起，你將開始享受蜂知識之旅。讓我們一起，在享受『蜂學問』的同時，也"瘋學問，瘋知識"吧！

乃育昕
國立中興大學昆蟲學系副教授

「蜂」對人類社會極其重要，在地球生態系統中扮演著不可或缺的角色。無論是農業生產與糧食安全、維護生態平衡與生物多樣性，還是提供蜂產品的經濟與醫療價值，「蜂」都功不可沒。本書的內容涵蓋了蜂類的生態多樣性、養蜂技術、病蟲害防治，甚至蜂產品的應用，是一部兼具科學基礎與實務操作的鉅作。蔡明憲老師二十多年來的經驗與觀察，透過清晰的圖解與豐富的生態影像，將蜂類的奧秘展現在讀者眼前，無論是自然觀察愛好者或專業從業者，都能從中獲益良多。這本書不僅是了解蜂類世界的實用工具書，更是一本喚醒我們對大自然敬畏與尊重的啟蒙之作。我誠摯推薦這本書給所有對蜂類有興趣的朋友們。

吳明城
國立中興大學昆蟲學系蜜蜂生物學研究室副教授

膜翅目是昆蟲綱中排名前三的大目，當中的主要成員「蜂類」種類繁多，樣貌及習性也各異。然而，相較於甲蟲與蝴蝶等廣受歡迎的昆蟲，多數人對蜂類的了解仍相當有限，國內也少有專門介紹蜂類的科普著作。

本書不僅在蜜蜂養殖技術有深入的解析，對於各式常見蜂類亦有詳實的介紹，相信無論是對昆蟲感興趣的讀者，或是希望拓展自然視野的大眾，都能因本書獲得實用的知識與啟發。

李鍾旻
科普作家

說真的，每一個吃過蜂蜜的人，特別是都市人都應該讀《蜂學問》！這本書生動的文筆，讓讀者了解小蜜蜂如何勤勤勉勉地穿梭在花草樹木之間，為生態中各種植物的生命更迭穿針引線。更重要的是，我們都應該認識作者蔡明憲老師，這位瘋蜜蜂的先見先行者。在我們都還沒有意識到氣候變遷造成蜜蜂消失的生態危機時，他已經全力投入都市養蜂教育，篳路藍縷。讀了《蜂學問》，讓瘋蜜蜂成為我們在氣候變遷的日常裏，一個小小的永續行動吧！

——— **張聖琳**
國立臺灣大學建築與城鄉所教授兼任創新設計學院副院長

蜂類是生態系統中不可或缺的一環，在生態系統中為人熟知的便是可扮演捕食者、寄生者的天敵角色，以及扮演植物授粉功能的角色。作者深耕城市養蜂，透過積極的公眾教育，希望能提升大眾對蜂類重要性的理解，減少無謂的恐懼與撲殺。憑藉多年養蜂實務經驗的積累，作者將理論知識與實務操作緊密結合，一本內容豐富、集大成的養蜂專書終於出版。這本書的問世，相信能夠造福廣大讀者，無論是初學者或相關領域的專業人士，都能從書中獲益。

——— **陸聲山**
農業部林業試驗所森林保護組研究員兼組長

《蜂學問》是一本以圖解為基礎、結合生態觀察與養蜂實務的知識書籍，帶領讀者從蜂類的多樣性出發，逐步認識蜜蜂的生活結構、飼養技術與常見病蟲害。作者將多年蜜蜂觀察與照護經驗，彙整精簡成這本具有專業深度與科普親和力的大全，不論你是自然觀察愛好者，還是對蜂產品應用、養蜂技巧有興趣的初學者，都能在書中找到實用又有趣的知識視野。這不只是一本教科書，更是打開蜂之世界的入口。

——— **陳韻如**
國立宜蘭大學園藝學系助理教授

參加蔡明憲老師的蜜蜂課，最驚奇是有時到郊外，遇到長相奇怪的蜜蜂或昆蟲飛過，他幾乎都是一伸手就能把牠們從空中攔截並迅速捏著那小小翅膀讓其安靜下來，然後就開始對大家解說這是什麼昆蟲與其生態特性。他對蜜蜂的理解不只是學理上，更充滿實務經驗，讓養蜂人真實困擾的盜蜂、失王、蜂蟹蟎、蜂場選擇與虎頭蜂防治等問題，他都能很明確告知該如何處理。這本《蜂學問》就猶如養蜂人的實用百科，如果有養蜂，遇到問題不知如何處理，或許都能在這本書中找到解答。

——— **陳志東**
食材產地記者

蜜蜂帶給我們及環境無數的益處之時，您對蜜蜂了解多少？本書透過作者的觀察與飼養實務經驗，深入探討蜜蜂的生態特性及管理要點，並結合理論與實務知識，提供讀者全面的理解。書中以豐富的影像及精緻的科學繪圖呈現蜜蜂的生活習性及生態環境，讓讀者能清楚掌握相關知識。此外，書中還具體說明了養蜂過程中的挑戰，包括如何確保蜂產品的品質及食安問題。這本書不僅是一本科普書籍，適合一般讀者了解蜜蜂的世界，更是養蜂者不可或缺的專業工具，對於想要深入研究或從事養蜂的人來說，是相當實用的寶典。

———————— **彭及忠**
國立虎尾科技大學生物科技系教授／台灣蜜蜂與蜂產品學會理事長

蜂類是膜翅目中極為多樣的一群昆蟲，從獨居型到具高度社會性的種類，甚至包括寄生性行為，其演化與生態令人驚艷。在蔡明憲老師的用心整理下，蜂類的多樣面貌在本書中得以完整呈現，內容涵蓋生物學、行為學與分類等多個層面。

本書特色之一是將龐雜資訊條理化整理為圖表，搭配精美照片與豐富的科學文獻，展現出紮實的國內外學術基礎。更令人印象深刻的是，蔡老師不僅擁有深厚的學術素養，也長期投入蜂類教育推廣，並以自身豐富的養蜂實務經驗，補足學術與應用之間的連結。從科學性到實用性，本書無疑是一本兼具深度與廣度的精彩著作。

———————— **曾惠芸**
國立臺灣大學昆蟲學系副教授

蜜蜂對人類最大的貢獻是生產各式蜂產品——蜂蜜、蜂王漿、蜂膠、蜂蠟……其實在生態系中最大的功能莫過於對農作物和許多顯花植物的授粉功能。

然而在世界性蜂群衰弱症發生之後，引發人類對於蜜蜂存亡的隱憂，也引起人類對各種殺蟲劑對蜜蜂威脅的重現。《蜂學問》作者蔡明憲是科班出身的養蜂人，累積他在澳洲和台灣的養蜂經驗，完成一本蜜蜂生物學、養蜂學的書籍；也把常見的寄生性蜂類、獨棲蜂類和駭人的虎頭蜂類作深入的介紹。

所以，《蜂學問》是一本闡述蜂類的好書，透過圖文，讀者可獲取許多蜂類生態和生物學的寶貴知識。

———————— **楊平世**
國立臺灣大學生物資源暨農學院名譽教授

蔡 明 憲

臺灣蜂類保育協會理事長。曾赴澳洲從事養蜂工作，具二十多年養蜂及教學經驗。透過社群「城市養蜂 Urban beekeeping」、「蜜蜂同學會」，傳達蜜蜂、獨居蜂與各種蜂類正確的知識、觀念與技術，建構人文與生態網絡，重新找回人、蜜蜂與大自然的連結。

・國立臺灣科學教育館、農業部林業及自然保育署臺東分署、松山區農會、中崙高中、永和社區大學、新中和社區大學、七星生態保育基金會、新北市政府動保處、臺北市政府公務人員訓練處「臺北 e 大」及各政府機關、各社區大學及民間機構養蜂課程授課教師

・臺北市政府產業發展局社區園圃推廣中心顧問

・國立宜蘭大學生物資源學院碩士

WEB

FB

序

二十多年前還在學校唸書時，有一次剛好在蜂箱旁打掃，發現一隻蜜蜂的後足帶著兩顆花粉團，搖搖擺擺地爬進蜂箱，覺得實在是太可愛了！這份對蜜蜂發自內心的喜愛深深刻印在我的腦海中，成為強而有力的能量，驅使我持續不懈地了解蜜蜂與各種蜂類，並把牠們推廣給更多的人。我很幸運，多年來受到很多人的支持與鼓勵，讓我有機會發揮所學。

七年多前城邦文化麥浩斯出版社跟我聯絡，希望我把這些年來的養蜂經驗與知識集結成書，於是有了這本書的誕生。這本科普兼養蜂工具書涵蓋了這二十多年在國內、外接觸各種蜂類與飼養東方蜂（野蜂）和西洋蜂的經驗，雖無法鉅細靡遺，但在有限的篇幅下仍盡可能傳達養蜂要注意的細節與蜂的各種知識。

這是一本理念與實務兼具、產業發展與生態永續並重的科普書與養蜂工具書。對於養蜂有興趣的讀者，按照這本書提供的內容，能更快掌握養蜂訣竅，進一步提升蜂產品的品質與產量；對蜂產品有興趣的讀者，可藉由這本書了解各種蜂產品的來源、特性與生產方式，學習如何挑選與判斷各種蜂產品，以及如何運用這些蜂產品獲得更高的經濟價值；對於環境生態有興趣的讀者，也能藉由這本書了解各種蜂類有趣的生命現象與生態行為。

書中援引了國、內外的蜂類研究資料，臺灣有很多專家學者發表許多嚴謹、具影響力的研究報告，為蜂類研究及養蜂產業做出貢獻，希望讀者在閱讀此書的同時，因而多了解臺灣的研究成果，也期待這本書的出版，透過蜜蜂與各種蜂類能促使讀者對環境生態和養蜂產業的重視與推展。

致 謝

非常感謝啟蒙恩師宜蘭大學陳裕文特聘教授的栽培與提攜，以及已故臺灣大學何鎧光教授、王重雄教授當年的教導，如果沒有諸位老師，我不可能有能力與機會貢獻所學。也感謝數十年來上養蜂課的學生，教學相長刺激我思考並精進教學經驗，在此也向歷屆學生致上由衷的謝意。

感謝審定者與許多人百忙之中的審閱、指正並賜予寶貴建議，農業部林業試驗所陸聲山研究員與葉文琪老師在胡蜂、泥蜂與花蜂、臺灣大學昆蟲學系楊恩誠特聘教授在蜜蜂生理、德國普朗克研究院分子遺傳所博士候選人羅百尉醫師在愛玉小蜂、臺灣大學昆蟲學系陳玄樸在寄生蜂、臺灣師範大學生命科學系林思民特聘教授在東方蜂鷹與蟾蜍、彰化師範大學生物學系林宗岐特聘教授在螞蟻防治、中興大學昆蟲學系杜武俊教授在蜂毒、乃育昕副教授在微粒子病與病毒性病害、吳明城副教授在蜜蜂腸道微生物、宏國德霖科技大學江敬皓助理教授兼系副主任以及李青珍小姐在熊蜂、英國 Vita 蜜蜂健康管理公司產品推廣經理蔡尚諺在愛蜜加、科普作家胖胖樹王瑞閔與美國菲爾德自然史博物館博士後研究人員游旨价在蜜粉源植物與蜂類授粉、「出外講台語」ê 創辦人 A-têng 周俊廷在台羅、中山大學生物科學系顏聖紘副教授、宜蘭大學園藝學系陳韻如助理教授、伍憲章先生、荒野保護協會羅美玲老師、科普作家李鍾旻都給予了專業的建議，同時感謝大湖國中朱國豪主任在蜂蜜梅子系列產品的協助，以及億觀生物科技股份有限公司長期支援 uHandy 行動顯微鏡，在蜜蜂與昆蟲解剖推廣教育上助益良多。

筆者才疏學淺，本書雖有許多學者專家提供建議並協助審定，然而科普文章要以淺顯易懂的文字將科學知識表達出來，亦不能失去科學專業用詞的嚴謹，唯恐內容及遣詞用字上仍有疏漏與不周全的地方，加之知識與技術日新月異，若是發現任何缺失與錯誤，衷心希望各位先進與讀者不吝指正。

書中收錄的多數照片都是我多年來陸續在國內、外拍攝，不足之處，十分感謝羅美玲、朱國豪、侯朝卿、陳玄芬、蔡尚諺、吳芳、陳雅得、藍杏娟、楊振偉、三宜蜂業有限公司大方提供更多精美圖片，讓本書內容得以更加充實。

一本書的完成是許多人戮力以赴的結果，感謝旅居義大利的繪圖師葉書謹，這本書的手繪圖幾乎都出自於她的精心繪製，出版過程中我們為了圖片的每一個細節晝夜討論、多次修改，完成一幅又一幅精美的圖畫。同時也要感謝麥浩斯出版社為此投入了大量的資源，如果沒有總編輯許貝羚與平面設計 Zoey Yang 耐心且優異的編輯能力，這本書無法完成。最後，感謝家人一路以來的支持與理解，使我得以全心投入本書的撰寫與完成。

如何閱讀本書 //

整本書共分為五章。第一章介紹蜂類的多樣性與其生態價值，內容涵蓋除蜜蜂之外的多種蜂類，包括寄生蜂、愛玉小蜂、螺贏、蛛蜂、長腳蜂、虎頭蜂、無螫蜂、熊蜂，以及各種花蜂與泥蜂等。野生的獨居性蜂類不像蜜蜂能夠大量產出蜂產品或被廣泛應用於農業授粉，也不像社會性胡蜂會與人類發生衝突而受到較多關注，因此長期以來較少被重視，然而其驚人的多樣性在生態系中扮演著不可或缺的角色，具有高度的保育與研究價值。本章由「看起來像蜜蜂」的昆蟲切入，引發讀者的興趣，並進一步介紹昆蟲學中的分類基礎、社會行為、蜂類名稱的混淆與誤用，以及各種蜂類豐富而有趣的生態特性。

臺灣常見的寄生蜂、胡蜂、泥蜂與花蜂種類繁多，礙於篇幅限制，無法一一詳述，許多類群與種類亦未能全面介紹。本書並非以圖鑑形式編排，而是透過圖文並陳的方式，簡要介紹各類蜂種的習性與生態價值。為了提升版面閱讀的清晰度與整體流暢性，僅選取臺灣數種常見的虎頭蜂與長腳蜂，採圖鑑形式呈現，並附上胡蜂科的分類檢索表，尚祈讀者見諒。

書中附錄摺頁——〈蜂的分類〉，首次整理了膜翅目之下一部分蜂的分類，以蜂類多樣性而言該拉頁所列遠遠不足，礙於篇幅雖然無法將所有膜翅目下的蜂類都附於其中，僅包含書中引用類群，但至少可幫助讀者了解各類群的分類位階，作為日後的參考依據。

第一章所涉及的各種蜂類不論從種類、生命現象、科學研究與歷史脈絡都非常龐雜，如果篇幅允許其實都可單獨成冊，但這一章編纂的目的主要為了介紹有關蜂類的知識架構，因此竭力在有限的篇幅內簡介這些知識，希望引起讀者的好奇與興趣。

第二章的主軸是蜜蜂，以延續第一章最後提到的無螫蜂與熊蜂這類社會性花蜂，從第一章大尺度的膜翅目蜂類，逐漸聚焦在蜜蜂上。本章涉及蜜蜂的種類、生物學特性、東方蜂（野蜂）與西洋蜂的飼養技術，包含各種養蜂工具的使用方法與時機、如何挑選蜂群、養蜂場的選址、蜜蜂的營養、花粉餅的調配、蜂群的管理技巧與蜂群的繁殖技術等實用的知識與技術。

理論與實務密不可分，蜜蜂生物學是養蜂技術的基礎，過去數百年來人類對於蜜蜂生物學的深入研究，促使飼養技術不斷精進，因此在介紹蜜蜂有趣的生命現象的同時，也試圖讓讀者了解一些蜜蜂飼養技術與蜜蜂生物學特性的關聯。

第三章介紹蜜蜂養殖過程所遇到各種病蟲害的防治方式，以及重要的防治觀念，在防治病蟲害、減少經濟損失的同時，也能兼顧環境與食安。

蜜蜂與各種蜂類要能夠繁衍，蜂蜜與各種蜂產品要有好的品質與產量，都仰賴豐富多元的蜜粉源植物，這不僅僅是養蜂產業的發展關鍵，也關係到生物多樣性的維繫，因此第四章蜜粉源植物與蜂類授粉具承先啟後的意義。這一章雖然以蜜蜂為主要授粉昆蟲，但也稍微提及其他花蜂，期待讀者在重視蜜蜂的同時，也能關注其他蜂類與植物的關係。附錄的蜜粉源植物一覽表除了原生植物，鼓勵推廣種植外，也列出強勢入侵種，期待讀者關注。

蜜蜂之所以具有極高的經濟性，是因為能夠生產許多蜂產品，第五章介紹蜂蜜、蜂花粉、蜂王乳、蜂膠、蜂蛹、蜂毒、蜂蠟的生產與應用，增進蜂產品多樣化的利用方式，以促進產業發展。

書末整理了與蜂類及養蜂產業相關的詞彙，並附上國內外參考文獻，便於讀者查閱，進一步深化理解並探索相關領域的知識。

* 一般來說學名及專有名詞的英文在第一次出現時加註於中文之後即可，無需每次加註，唯考量到一些讀者不一定會閱讀到首次出現的學名與英文，因此仍會重複出現。本書所列國外地名、外籍人士姓名、學名除習見者外，均悉從原文，不另逐譯。

前言

人類與蜜蜂

蜜蜂是人類研究最多的昆蟲之一，與人類的關係歷史悠久，隨著歷史演進，逐漸發展出各地的文化特色與故事。從原住民對原生蜂種的利用、日治時期蜂種引進與現代化養蜂技術建立，到二戰後持續與國際交流，臺灣一步步建構出自己的研究基礎與發展脈絡。

● 蜜蜂與人的早期歷史脈絡

在所有的蜂類中，蜜蜂因為經濟價值高能夠生產許多蜂產品，千百年來被人類研究與利用。人類何時開始與蜜蜂接觸已不可考，目前留下最早的記載是在歐亞大陸及非洲的洞穴中，其中以位於西班牙瓦倫西亞 (València) 的蜘蛛洞 (Cueva de la Araña) 的壁畫最有名，這幅距今大約八千年前的壁畫，描繪了一個人在岩壁上採摘洞穴裡的蜂巢及蜂蜜，四周還被蜜蜂包圍，這些蜂蜜與蜂蛹是非常重要的熱量與蛋白質來源，而取得的方式是一種獵捕形式，還不懂得蜜蜂的飼養技術，也不會製作巢箱。

在西班牙瓦倫西亞 (València) 附近的蜘蛛洞 (Cueva de la Araña) 發現約八千年前的洞穴壁畫，描繪了採蜜人採集蜂蜜的情景。

隨著農業發展，編製籃子的技術進步，柳條或麥製成的籃子成為人類提供蜜蜂築巢的空間，這種籃子型式的蜂箱最早使用於西元前 5,000 年左右，在西元前 3,000~2,000 年前則在古埃及發現用榛木做成的籃子。歐洲人最早記載無螫蜂的養殖利用，始於南美洲的阿根廷，最有名的例子是中美洲猶加敦半島 (Yucatan Peninsula) 的馬雅文明所飼養的馬雅皇蜂 (Melipona beecheii)，至今已有 2,000 年以上的歷史。

西元前四世紀，希臘哲學家亞里斯多德 (Αριστοτλη) 已經知道蜂群中最重要的成員是蜂王，但不知道蜂王會產卵，所以認為蜂王是雄性，把牠稱為「蜂王」，也不清楚工蜂的角色，因工蜂會打理蜂巢和照顧幼蟲，具備雌性的特質，但另一方面，工蜂又帶螫針，負責覓食，是雄性的典型特

徵。中國古代學者也有類似的誤解，將蜂王視為雄性，而把雄蜂當成雌性，因為牠們都待在巢內，不會外出覓食，可見有時候人類習慣將自身的文化經驗投射在生物身上。

中世紀雖然已出現防蜂螫的面罩，但直到十六世紀，養蜂的形式都沒有太大變化，仍維持著收捕蜂群、用煙燻驅趕蜜蜂、割除巢脾榨取蜂蜜，談不上研究發展工作。到了十七世紀以後歐洲的大移民潮，以及十九世紀中葉幾位養蜂人如魯特（Root, A.I.）與朗斯特羅（Langstroth, L. L.）的貢獻，使西洋蜜蜂的利用影響至今遍及全球。

十七世紀之後的養蜂業發展

數千年來，大多數的蜂群一直在原來的環境中演化生存，直到十七世紀才有了重大改變。十七世紀初期在歐洲的養蜂歷史中有三個發展脈絡非常重要，是養蜂業之所以能夠快速發展的關鍵。一是蜜蜂基本知識的研究，建立了對蜜蜂生物學的認識；二是在蜜蜂生物學的基礎上，改良養蜂的技術；三是隨著航海的熱潮，歐洲的蜜蜂傳布到北美洲、南美洲、大洋洲及世界的其他地區。

中國於二十世紀初自國外引進西洋蜂及新式養蜂技術，1930 年前後中國南方各地形成養蜂熱潮，民間養蜂場大量飼養西洋蜂。相較於西洋蜂，東方蜂的現代化飼養技術發展較晚，早期所謂的養蜂其實很多是單純的採收，沒有花時間去照顧蜜蜂，採蜜大多是毀巢取蜜，對蜂群的傷害很大，後來在西方科學基礎對蜜蜂生物學的深入研究下，中國的龔一飛教授於 1954 年成功馴化了中華蜜蜂（中蜂），使東方蜂的飼養有進一步發展。

臺灣的養蜂歷程

早在漢人尚未抵達臺灣之前，臺灣的原住民族已有利用各類蜂種的歷史。儘管當時的臺灣原住民族尚未具備分類學知識，他們對野生蜂類的生態與習性，已累積出豐富的觀察與理解。日本動物學者鹿野忠雄曾深入臺灣高山與原住民族社會進行田野調查，發現他們很早就會分辨東方蜂的雄蜂與雌蜂差異，並有採集蜂蜜、加以利用的技術與經驗。

日治時期臺灣的養蜂概況

臺灣養蜂主要分布在海拔 1,500 m 以下地帶，1912 年日本人曾進行東方蜂的飼養調查，全臺灣以嘉義廳、臺南廳及阿緱廳（今嘉義、臺南、高雄、屏東平原及淺山一帶）蜂群數量最多，其中嘉義廳、臺南廳佔 2,109 群，為總群數的 65 %。根據井上丹治 (Inoue Tanji) 在 1913 年的記載，中國移入的漢民族在關仔嶺庄（今臺南市關仔嶺一帶）開墾，由於當時植被豐富，自然條件佳，蜜源多，養蜂很快就發展成副業。之後隨著民眾對蜂蜜需求的增加以及西洋蜜蜂的推廣，臺灣養蜂數量及蜂蜜的產量才開始提升。

二戰後臺灣的養蜂概況

二戰之後的臺灣百廢待興，養蜂規模急遽下降，1953 年粗估約只有六、七千群。1960 年後農復會（現今的農業部）及農林廳（現今的農糧署）持續輔導臺灣的養蜂事業，鼓勵國際交流並引進先進技術，延聘美國專家到臺灣各地講習，介紹利用蜜蜂習性以及大量生產蜂王乳的方法，逐漸使蜂農趕上國際水準，養蜂規模又開始增加，1972 年臺灣蜂王乳出口價格每公斤一度突破新臺幣一萬元，締造臺灣養蜂產業的高峰，而有「蜂王乳王國」的美譽。但隨後中國也加入蜂王乳的外銷市場，1978 年臺灣外銷蜂王乳的價格大跌，許多蜂農被迫轉業，養蜂產業幾乎陷入停產狀態，是臺灣養蜂產業的低潮期。

臺灣有許多養蜂世家，加上政府鼓勵青年從農，養蜂戶數逐年攀升，據統計 2006 年有 669 戶，飼養蜂群約 8 萬，2016 年達 943 戶，飼養蜂群已超過 18 萬，10 年間蜂群數增幅達 150 %，這些數據皆創下 20 年新高，休閒養蜂也蔚為風潮，粗估臺灣飼養的蜂群可能達 20 萬群以上。然而臺灣的可耕地面積不斷萎縮，導致蜜源嚴重缺乏、流蜜期短，養蜂人必須增加餵飼糖水的頻率，不但成本提高也使得流蜜期的蜂蜜產量下降。2015 年至 2016 年增加約 6 萬 2 千群蜜蜂，但蜂蜜產量卻減少約 4,000 公噸。

近年來臺灣養蜂產業的養蜂群數快速增加，卻同時面臨蜜源不穩定、採蜜期過度仰賴單一蜜源、氣候變遷導致蜂蜜

歉收、飼養成本提高、化學農藥的濫用對生態造成衝擊、蜂蜜摻假問題導致消費信心不足等種種問題。面對這樣的困境與挑戰，持續的科學研究與教育推廣就很重要。

「蜂潮」：蜜蜂生態教育與實踐

全世界已經命名的昆蟲超過一百萬種，其中光甲蟲類、蝶類、蛾類、蠅類、蜂類、蟻類就佔了昆蟲世界一半以上，牠們無所不在，有時候扮演人類的好幫手，有時卻帶給人類極大的麻煩；所謂的益蟲與害蟲，常是根據人類需求來決定的，我們與物種之間的衝突，亦代表著人與人之間不同需求的衝突。

● 與我們生活在一起的昆蟲們

對很多人來說，蜜蜂應該活在鄉村而非都市，其實忽略了蜜蜂就跟蝴蝶和蒼蠅一樣，都是環境中既有的昆蟲，除了養蜂人所飼養的蜜蜂之外，環境中還有很多野生的蜜蜂和蜂類與人類共享自然資源，默默地為植物傳遞花粉。春暖花開，萬物繁衍，是大自然的常態。

蜜蜂的活動範圍跨越了人類的產權界限，以蜜蜂飛行半徑約 2~3 km 來說，除非親眼目睹，否則很難判斷蜜蜂個體來源，但通常只要看到有人養蜂，便會成為眾矢之的。多數不了解的人常常把各種蜂類與蜜蜂混為一談，此外，具防衛機制的螫針也讓許多人對蜜蜂望而生畏，而時有所聞虎頭蜂螫人事件，更使人們常將蜜蜂與虎頭蜂畫上等號，對牠們有諸多誤解。

● 蜜蜂是環境指標物種

全世界至少三分之一的農作物、蔬果及畜牧業與蜂類授粉有著密切關連，我們常說蜜蜂很重要，卻大多不能接受與蜜蜂共同生活。人類對蜜蜂心生恐懼，是千百年來難以改變的心態。

蜜蜂跟環境的關係密切，臺灣中、南部是臺灣的糧倉，也是飼養蜜蜂密度最高的地方，但這些農業區盛行的慣行農

法，使蜜蜂一直受到農藥的威脅。過去都是以半致死劑量 (LD_{50}) 或半致死濃度 (LC_{50}) 作為昆蟲受到化學農藥或殺蟲劑影響的程度，而對於亞致死劑量 (sub-lethal dosage) 的研究非常缺乏。蜜蜂是感受性 (susceptibility) 很高的昆蟲，近年來臺灣的研究團隊已經發現，蜜蜂幼蟲接觸到低劑量的農藥雖然不會立即死亡，但羽化後卻會進一步導致行為異常、學習及記憶能力降低，使蜜蜂無法正常授粉，將影響整個生態系與農業的糧食安全。

臺灣的生態環境之所以承受極大的壓力，是因為我們過去的環境教育做得還不夠好，面對人與蜂之間的衝突，該做的不只是傳遞「養蜂」這兩個字所需要的技術層面，而是透過蜜蜂與各種蜂類，重新看待我們所處的環境，目的不僅在教導蜜蜂知識，也藉此探索蜜蜂和各種蜂類對於農作物生產和環境生態的重要性。蜜蜂和許多獨居性蜂類一樣，當環境受到汙染便難以生存，人類也必須概括承受。

● 養蜂真的能夠保育蜜蜂嗎？

許多人想要藉由養蜂來保育蜜蜂，但把養蜂作為保育蜜蜂的手段可能會偏離或誤導保育方向。

保育是一個複雜的議題，其中包含域內保育 (in-situ conservation) 和域外保育 (ex-situ conservation)，兩者都很重要，但蜜蜂與各種蜂類不同於關在籠子裡的動物，牠們必須飛到外面跟環境接觸，採集各種蜜粉源植物和水源，或者是捕捉其他小型節肢動物。保育生物學強調的是讓族群和生物多樣性的永續生存，因此要能保育蜜蜂和各種蜂類，維繫蜜蜂與各種蜂類與其他生物之間的關係和友善的棲地條件才是重點。如果一味地投入養蜂、增加規模與產量，卻忽視環境，不但會增加飼養成本，也可能會對其他原生蜂類造成影響。

養蜂是一個重要的產業，對經濟發展頗有助益，只是當我們談「保育」的時候，應該用比較嚴謹的角度，而不是單憑個人喜好，以飼養為最主要的手段。蜜蜂要健康，養蜂人要豐收，人人要吃到安心健康的蜂產品，除了養蜂技術外，適合的環境條件必不可少。養蜂產業要提升，不只是

技術問題，更是環境問題。即使不養蜂，適時、適地、適種蜜粉源植物，為環境中的野生蜂類提供食物來源，少用化學農藥、政府與民間都確實做好防檢疫，提供友善的棲地條件同樣也是愛護蜜蜂與各種蜂類的方式。

● 蜂類生態教育的重要性

蜜蜂並不可怕，而且對生態有極大的幫助，蜂螫確實會造成疼痛腫脹，少數的人對蜂毒嚴重過敏，我們不會輕忽蜂螫帶來的風險，需要小心以對，但也不要過度焦慮、放大內心的恐懼。了解不同蜂類的習性，就能夠用適當的方式與牠們共存。

為了避免民眾因為知識不足而輕易撲殺身邊的蜜蜂，蜂類知識的普及十分迫切。我們必須認清的事實是，單純只靠養蜂環境不會變得更好；越旺盛的蜂群能飛得更遠、採集更多蜂蜜與花粉，但當環境不當使用化學農藥，蜜蜂也更容易中毒而死，因此環境的永續和棲地的保存才是根本。蜂類生態教育需要理解更多農業與環境上的問題，看到背後的人與環境的關係，以及人與人的關係。

多年來筆者積極地推動蜜蜂與各種蜂類的生態教育，在社區大學開設全臺灣第一個民間系統性的養蜂課程，包含理論與實務。除了帶領學員學習西洋蜂與東方蜂（野蜂）的生物習性、飼養技術、蜜粉源植物與授粉、獨居蜂與各種蜂類的知識，重視原生蜂類的生存，也傳授蜂產品的生產與應用，形成產業鏈的垂直整合；並與各民間組織合作推動養蜂與農耕、食農教育等，設計適合不同領域的教材與教案，增加養蜂的附加價值，兼顧環境生態及產業發展。不僅受到學員熱烈回響，這樣的成功經驗，也逐漸受到其他單位關注，類似課程與活動如雨後春筍般相繼出現，使蜜蜂生態教育遍地開花。

除了開設給一般民眾的養蜂課程，也往學校教育推廣，設立全臺灣第一個完全中學的屋頂養蜂場及高中多元選修養蜂課程，深化科學教育。同時到中小學及幼稚園進行蜜蜂生態導覽，把蜜蜂帶進教室，在安全的情況下引發學習興趣；也規劃戶外養蜂場的體驗活動，能與蜜蜂近距離接觸。

環境教育必須從當下做起，才有改變的契機。

一天下午，兩位準備放學的中學生突然送來一隻他們撿到的蜜蜂，請筆者代為照顧，笑笑地收下後，隔沒幾分鐘學生又摘了兩、三朵花，說要給蜜蜂吃。雖然兩位學生都沒有上過蜜蜂課，不知道蜜蜂的習性，社會性的蜜蜂無法單獨飼養，但多年來在學校教授養蜂學與生態永續課程，學生口耳相傳，生態教育的推動讓原本害怕蜜蜂的學生開始學習尊重生命。正向的學習氛圍，讓學生能主動關心原本不敢靠近的生物，這就是改變。

這幾年推廣蜂類生態教育時也發現，許多人養蜂後發現蜜蜂的可愛之處，每天看著牠們採蜜、採花粉回巢與活動，因為與生命產生連結而觸發感動，進入專注忘我的狀態。從心理學的角度，當一個人將精神完全投注在喜愛的事物，就會產生渾然忘我的心流經驗 (flow experiences)，人的行動與意識會緊密結合，對於充滿壓力的現代人來說，迅速將注意力收回到當下還能帶來舒壓效果。

● 蜜蜂像一把開啟生態大門的鑰匙

蜜蜂與各種蜂類在農業及生態上扮演的角色極為重要，藉由教育，以蜜蜂為起點，盡可能了解農業及環境面臨的問題。蜜蜂要養得好，需要充足的知識、熟練的技術與適當的環境條件。蜜蜂生態教育推廣的目的並非希望人人成為蜂農，重點是要跳出「養殖」、「採蜜」的框架，不要只看到技術與產量，希望大家透過認識、接觸蜜蜂與各種蜂類，了解環境與人類之間複雜的關係，努力讓環境變更好。

傳統觀念認為經濟發展與環境保護是兩個極端，但友善且合宜的養蜂模式卻可以讓兩者相輔相成。蜂產品具有很高的經濟價值，而蜂產品直接或間接來自植物，植物生長需要適當土壤與環境條件。健康的土地才能種出健康的作物，人要健康，就要吃健康的食物。當土地受到汙染、蜜蜂與人類賴以為生的植物減少時，消失的不只是蜜蜂與各種蜂類，還有人類的健康。經濟的發展有很多方式，我們應該用永續的方式發展經濟，就像用永續的方式對待環境一樣。

世界蜜蜂日 (World Bee Day)

每年的 5 月 20 日是聯合國大會於 2017 年 12 月 20 日在紐約宣布的「世界蜜蜂日」(World Bee Day)。為什麼是 5 月 20 日？因為這天是斯洛維尼亞養蜂先驅安東·揚沙 (Anton Janša) 的生日（其實他的生日並不可考，但他在 1734 年 5 月 20 日受洗）。

揚沙這個名字在臺灣不只是一般民眾很陌生，連養蜂人也不一定知道，但對全球養蜂業來說，揚沙卻很重要。揚沙的家鄉在斯洛維尼亞北部的布列茲尼察 (Breznica)，父親去世後他必須幫助媽媽照顧弟弟、妹妹，揚沙和兩個弟弟洛夫羅 (Lovro) 和瓦倫丁 (Valentin) 都是傑出的畫家，而揚沙對養蜂非常感興趣，因此他將藝術與養蜂結合，用色彩豐富的畫作來裝飾蜂箱面板，透過不同的顏色讓蜜蜂順利回巢，而這後來也發展成斯洛維尼亞非常重要的傳統藝術。

1769 年揚沙開始全職養蜂，1770 年成為奧地利第一位養蜂教師，1771 年發現蜂后在蜂巢外交尾，他後來擔任維也納第一間養蜂學校的負責人，以創新的養蜂和採蜜方式成為現代養蜂技術的奠基者，而他寫的書也是當時很重要的教科書，很可惜他 39 歲就過世了。基於揚沙的重要貢獻和蜜蜂在斯洛維尼亞歷史及文化上的重要性，斯洛維尼亞首都盧比安納 (Ljubljana) 附近的小城拉多夫利查 (Radovljica) 還有一間養蜂博物館。

「世界蜜蜂日」的倡議最初是 2014 年由斯洛維尼亞養蜂協會發起的，後來斯洛維尼亞政府在 2015 年 4 月向聯合國正式提出，目的是希望重視全球化學農藥的過度使用和一些有害生物的增加，對蜜蜂以及其他蜂類的生存構成直接威脅的事實。

World Bee Day 指的不僅是蜜蜂，還涵蓋其他蜂類。只是中文因習慣將「蜜蜂」連用，遂將 World Bee Day 譯為「世界蜜蜂日」，因此很容易將焦點僅放在蜜蜂上。然而，除了蜜蜂，我們更不能忽視其他原生蜂種的生存。

Chapter I

認識蜂類

1.1 蜂的種類與生態行為概論
1.2 寄生性蜂類
1.3 針尾類的蜂類

圖 1.1.1
上圖／腹部不具螫針的食蚜蠅是貝氏擬態的典型案例
下圖／鹿子蛾是否為擬態蜂仍有許多爭論

Section 1.1
蜂的種類與生態行為概論

1.1.1 蜂的種類

對有些人來說，黃黑相間的條紋，在花叢中穿梭並會發出嗡嗡嗡聲音的昆蟲都稱為蜜蜂，但事實上不見得是如此。在演化過程中，物種具有與另一個物種相似的特徵讓掠食者很難辨識，以混淆掠食者的認知進而達到欺瞞目的，這種現象稱為擬態 (mimicry)。

擬態有很多種，其中沒有毒的物種進化出類似一些有毒物種的外表，藉此來躲避天敵的稱為──貝氏擬態 (Batesian mimicry)[1]，不具螫針的食蚜蠅 (hover fly) 擬態為蜜蜂以混淆視聽，就是最典型的例子，但並非與蜜蜂相似就一定符合貝氏擬態的原則（圖1.1.1），有些昆蟲雖然不像蜜蜂有黃黑相間的特徵，親緣關係反而比較接近蜜蜂。

● 生物分類體系的建立

不同民族文化各異，對同一生物的稱呼也不盡然相同，很多只在某些區域內流通的名字，稱為俗名 (vernacular name)，俗名雖然方便地區性的交流，但同一種生物可能有不同的俗名，或不同生物有同一俗名，因此容易產生混淆與誤解。

為了能夠清楚地鑑別不同物種，生物學家會按照生物的形態特徵與生活習性加以分門別類，依據包興 (C. Bauhin)、加斯帕爾・博安 (Casparus Bauhinus) 和卡爾・馮・林奈 (Carl von Linné) 等人的研究基礎，以「界、門、綱、目、科、屬、種」依序分類，為了使分類更細緻，後來學者們加了很多附屬級別，最常用的是「亞-」(sub-)，如「亞科」；在固定使用的級別之上則為「總-」(super-)，如「總科」；此外在科和屬之間還有「族」（拉丁文 Tibus；英語 Tribe）（表1.1.1）。

地球上的每一個生物都會以分類法加以命名，命名原則有二名法或三名法，即屬名 (generic name) 加上種小名 (specific name) 甚至亞種名，稱為學名 (scientific name)；學名是拉丁字或拉丁化文字構成，使用時以「*斜體*」或是於正排體下加「底線」表示。屬名為名詞，種小名為形容詞，用以形容物種的特性。學名有時還會加上命名者和命名時間作為紀念，也代表發現者為其發現負責，而命名者與命名時間不使用斜體。

如果在一篇文章中多次引用某個種名，會在第一次完整引用後，繼續使用屬名、亞屬名和種小名時只保留首字母，後面加句號和空格表示縮寫。「例句：臺灣目前已發現三種蜜蜂，分別是東方蜂 (*Apis cerana*)、西洋蜂 (*A. mellifera*)、小蜜蜂 (*A. florea*)。」但如果遇到不同的屬名，但首字母相同，卻需要同時提及的情況，還是會加上後面的字母以便區分。

---

1 由英國博物學家亨利・沃爾特・貝茲 (Henry Walter Bates) 於 1861 年時，根據他與阿爾弗雷德・華萊士 (Alfred Wallace) 一起到亞馬遜熱帶雨林進行探險觀察後提出的學說。

表 1.1.1 分類階層
（以東方蜂為例）

分類階層	標準字尾	範例	中文
目（Order）		Hymenoptera	膜翅目
亞目（Suborder）		Apocrita	細腰亞目
總科（Superfamily）	-oidea	Apoidea	蜜蜂總科
上科（Epifamily）	-oidae	Apoidae	蜂科
科（Family）	-idae	Apidae	蜜蜂科
亞科（Subfamily）	-inae	Apinae	蜜蜂亞科
族（Tribe）	-ini	Apini	蜜蜂族
屬（Genus）		*Apis*	蜜蜂屬
亞屬（Subgenus）		*Apis*	蜜蜂亞屬
種（Species）		*A. cerana*	東方蜂
亞種（Subspecies）		*A. c. cerana*	中華蜜蜂

（粗體字表示固定使用的階層）

地球上所有生物的分類與命名，雖然早在林奈氏分類法之前就已經出現，但是因為在許多命名規約出現前，數百年的發展歷史中對使用術語缺乏一致性的觀點，所以許多與物種或品種有關的術語，就會在不受約制與定義的情況下發展，並且被廣泛使用而逐漸造成混淆。

因為研究歷史的複雜性，有些生物的學名具有同物異名 (synonym)，或同名異物 (homonym)，因此學名有可能不只一個，但有效名只能有一個。

目前在國際動物命名規約 (International Code of Zoological Nomenclature, ICZN) 的規範下，種級分類階層 (specific rank) 只有種 (species) 與亞種 (subspecies)。半種 (semispecies) 與超種 (superspecies) 是演化概念，而非分類階層。

對生物學來說，品種只能使用在受人類馴化的動植物、真菌與細菌身上，而不能使用在自然演化產生的物種或種內分化。也就是說，品種與物種是不同的，不能混為一談，也不該把 species 翻譯為品種。

昆蟲綱的分類系統

昆蟲 (Insects) 被歸類在昆蟲綱 (Insecta)，昆蟲綱的生物成蟲有明顯的頭、胸、腹三個體節以及六隻腳。昆蟲綱又按照有翅、無翅、口器構造、腹部節數及變態等分成若干目 (order)（表 1.1.2），由於生物技術的發展以及不同分類方法的原故，目的數量曾多次更動，例如跟蜜蜂同樣為真社會性昆蟲的白蟻以前是等翅目，後來透過親緣關係分析，白蟻被分類在蜚蠊目之下，等翅目不再存在。

表 1.1.2 昆蟲綱的分類

亞綱	群	亞群	英文名	中文名	代表性昆蟲
有翅亞綱 Pterygota	古生翅群 Paleoptera	/	Odonata	蜻蛉目	蜻蜓、豆娘
			Ephemeroptera	蜉蝣目	蜉蝣
	新生翅群 Neoptera	複新生翅亞群 Polyneoptera	Zoraptera	缺翅目	缺翅蟲
			Plecoptera	襀翅目	石蠅
			Dermaptera	革翅目	蠼螋
			Orthoptera	直翅目	蝗蟲、蟋蟀、螻蛄
			Embioptera	紡足目	足絲蟻
			Phasmatodea	竹節蟲目	竹節蟲、葉竹節蟲
			Grylloblattodea	蛩蠊目	蛩蠊
			Mantodea	螳螂目	螳螂
			Mantophasmatodea	螳蝮目	螳蝮
			Blattodea	蜚蠊目	蜚蠊、蟑螂、白蟻
		次新生翅亞群 Paraneoptera	Psocodea	嚙蟲目	書蝨
			Thysanoptera	纓翅目	薊馬
			Hemiptera	半翅目	蟬、椿象、介殼蟲、粉蝨
		內生翅亞群 Endopterygota; Holometabola	Neuroptera	脈翅目	草蛉、蟻獅
			Coleoptera	鞘翅目	獨角仙、鍬形蟲
			Strepsiptera	撚翅目	撚翅蟲
			Mecoptera	長翅目	蠍蛉
			Diptera	雙翅目	蒼蠅、蚊子、牛虻、蚋
			Siphonaptera	蚤目	貓蚤、人蚤
			Trichoptera	毛翅目	石蛾
			Lepidoptera	鱗翅目	蝴蝶、飛蛾
			Hymenoptera	膜翅目	蜜蜂、胡蜂、螞蟻

上述擬態的食蚜蠅屬於雙翅目的昆蟲，而蜜蜂則是膜翅目的昆蟲。昆蟲的分類基礎是以外部形態加以歸類，分辨蜜蜂與食蚜蠅的方法，可以從翅膀、觸角、口器加以判斷。膜翅目的蜜蜂共有兩對翅膀，分為前翅與後翅，前翅大於後翅，而雙翅目的食蚜蠅只有一對翅膀，仔細觀察可發現雙翅目的後翅退化為平均棍。

此外蜜蜂的觸角是膝狀 (geniculate)，而食蚜蠅的觸角是芒狀 (aristate)。蜜蜂的口器是嚼吮式 (chewing-lapping type)，而食蚜蠅為舐吮式 (sponging type; lapping type)（表1.1.3）。

表 1.1.3 蜜蜂與食蚜蠅在外部形態上的差異

物種 外部形態	蜜蜂 (Honey bee)	食蚜蠅 (Syrphidae)
觸角	膝狀	芒狀
翅膀	兩對	一對
口器	嚼吮式	舐吮式

圖 1.1.2
蜜蜂

圖 1.1.3
食蚜蠅

全世界已經命名的昆蟲已超過 120 萬種，鞘翅目、鱗翅目、膜翅目和雙翅目就佔了所有昆蟲物種多樣性的 80 % 左右。一般認為鞘翅目數量最多，膜翅目是僅次於鞘翅目、鱗翅目之後數量第三大的目，但鞘翅目之所以有如此高的佔比，有可能是受昆蟲學者採集及研究的偏好所影響。

不過根據 2018 年安德魯·富比士 (Andrew A. Forbes) 等人的報告，推測膜翅目昆蟲的總數可能比鞘翅目物種多 2.5 至 3.2 倍，其主要原因在於，一種鞘翅目昆蟲可以成為一種以上專一性寄生蜂的寄主，而且大多數的昆蟲，例如鱗翅目的蝶蛾類、膜翅目的蜂類都會被寄生蜂寄生，寄生蜂也會被其他寄生蜂寄生。蜂類的物種多樣性 (species diversity) 很高，跟其他生物之間有非常緊密的關係。寄生蜂是膜翅目中數量最多的蜂類，只是牠們多半體型小、生活形態複雜、分類困難，比起蜜蜂與蜂產品，臺灣這方面的研究相對較少。

膜翅目中的蜂類

膜翅目的昆蟲有蜂類和蟻類，其中蜂類泛指所有寄生性、訪花性與狩獵型蜂類的昆蟲，全球保守估計超過 150,000 種，傳統分類上，將膜翅目分為廣腰亞目 (Symphyta) 與細腰亞目 (Apocrita)，但現代分子系統分類學指出，廣腰亞目並非單系群，廣腰亞目作為一個獨立亞目的概念逐漸被淘汰或修改。

廣腰亞目是比較原始的昆蟲，現代分類學上將其所涵蓋的類群統稱為基群膜翅目 (basal Hymenoptera)，總數大約 8,000 種，常見的有樹蜂和葉蜂（圖 1.1.4）。幼蟲屬於多足幼蟲 (polypod larvae)，具三對末端帶爪的胸足及一些腹足，會自行採食，在幼蟲期和成

圖 1.1.4
杜鵑三節葉蜂 (*Arge similis*) 是較原始的蜂類

蟲期階段主要是植食性的，成蟲的口器一般為咀嚼式。成蟲主要特徵是胸部和腹部之間沒有特別縮縊的部分，有些類群雖然具有外露的針狀產卵管，但不會螫刺人類。

細腰亞目幼蟲屬於無足幼蟲 (apod larvae)，需要成蟲提供食物，成蟲的口器為嚼吮式，外形上通常在胸部和腹部之間有明顯的縮縊部位，使得牠們能夠靈活操控身體末端的錘腹 (gaster) 以及腹部末端的針刺。傳統的分類學在細腰亞目之下又分為針尾類 (Aculeata) 與寄生類 (Parasitica)[2]，這種劃分是一種功能性或習性上的區別，而非嚴格的分類階層。在現代系統分類學已不再視為嚴格的兩大類群劃分方式。Parasitica 並非單系群，而是並系群或多系群，現多拆分為多個不同的科或總科處理。

[2] 根據 1994 年昆蟲綱科以上學名中名對照表。

寄生類 (Parasitica)

寄生類是利用腹部末端的產卵管將卵產在寄主動物上，一般統稱為寄生蜂。例如姬蜂總科 (Ichneumonoidea)、小蜂總科 (Chalcidoidea)、癭蜂總科 (Cynipoidea) 及細蜂總科 (Proctotrupoidea) 等等。

寄生蜂的產卵管多半外露，有些產卵管很長，例如分類於瘦蜂總科 (Evanioidea)、高背瘦蜂科 (Aulacidae) 之下的高背瘦蜂（圖 1.1.5），和姬蜂總科之下的馬尾姬蜂 (*Megarhyssa* sp.)（圖 1.1.6）。

其實並非所有寄生蜂的產卵管都是自腹部末端長出，並把產卵管收在產卵管鞘內。摺翅小蜂科 (Leucospidae) 腹部末端的產卵管往前彎折，收納在腹部背面延伸至第一腹節。

由於寄生蜂多樣性極高，分類非常困難，光姬蜂總科已知物種數就超過 43,000 種，但實際物種數可能遠高於此。根據艾絲翠·克魯奧德 (Astrid Cruaud) 等人於 2024 年研究，小蜂總科迄今為止已知 50 科，已知物種數超過 27,000 種，然而其實際物種數可能高達 500,000 萬種，顯示目前我們對這些寄生性昆蟲的生物多樣性仍嚴重低估。

歷年來全球也陸續發現許多新種寄生蜂，例如臺灣大學昆蟲系和師範大學生命科學系

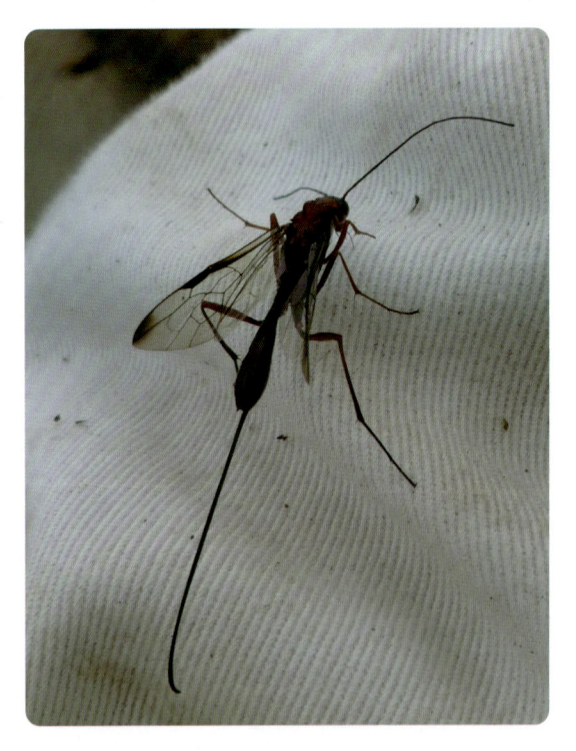

圖 1.1.5
分類於瘦蜂總科 (Evanioidea) 之下的高背瘦蜂科 (Aulacidae)，腹部具有很長的產卵管。

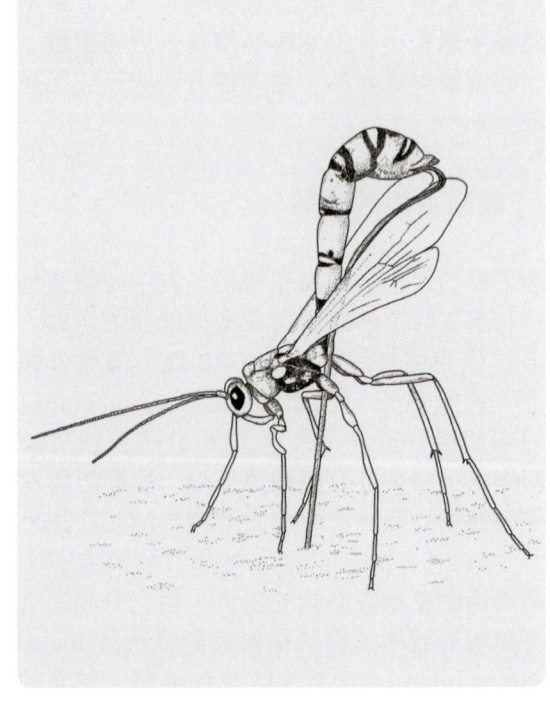

圖 1.1.6
馬尾姬蜂 (*Megarhyssa* sp.) 的雌蟲，用極長的產卵管將卵產在蛀木昆蟲隧道內寄主附近，姬蜂幼蟲孵化後再附在寄主昆蟲體表取食。

研究團隊 2013 年發表具有攜播 (phoresy) 行為的馭龍者潛水小蜂 (*Hydrophylita emporos*)、2020 年日本大阪府立大學發表雌蟲會潛入水中寄生水螟蛾幼蟲的哥吉拉小腹繭蜂 (*Microgaster godzilla*)，以及臺灣大學昆蟲學系首次於海拔 3,160 m 臺灣百岳之一的火石山發現非常稀有的截角偽圓孔姬蜂 (*Pseudalomya truncaticornis* Chen & Kikuchi, 2024) 等等。

細腰亞目中的針尾類 (Aculeata)

腹部末端具有螫針的屬於「針尾類」，螫針由產卵管特化而來，包含蜜蜂總科 (Apoidea)、胡蜂總科 (Vespoidea)、蟻總科 (Formicoidea)。針刺主要功能是麻痺獵物，或作為抵禦外來敵人的武器，而具有正常產卵能力的雌性則是將卵從螫刺基部的產卵孔排出。

>> 胡蜂總科

胡蜂總科 (Vespoidea) 之下分為胡蜂科 (Vespidae)、蛛蜂科 (Pompilidae)、蟻蜂科 (Mutillidae) 等等，胡蜂科之下又有胡蜂亞科 (Vespinae)、長腳蜂亞科 (Polistinae) 及蜾蠃亞科 (Eumeninae)，但有些學者把蜾蠃亞科提升至科級為蜾蠃科 (Eumenidae)。

胡蜂科開始分化的年代可以追溯到距今九千多萬年前，中生代白堊紀的土侖期 (Turonian)，最早的真社會性胡蜂（長腳蜂屬和虎頭蜂屬）化石是在德國羅特 (Roth) 發現，距今兩千六百多萬年前新生代的漸新世 (Oligocene)[3]。

---

3 根據 Burnham, 1978、Carpenter and Rasnitsyn, 1990、Rasnitsyn, 1975、Statz, 1936

關於胡蜂科的分類體系，研究歷史可以追溯到十九世紀中葉，de Saussure 首次將胡蜂分為 3 族，即蜾蠃族 (Eumenini)、胡蜂族 (Vespini) 和錘角胡蜂族 (Masarini)。

而後胡蜂科的分類系統歷經多次變化，不同的學者有不同看法，1902 年 Ashmead 分別將 3 族提升為 3 個科；1918 年 Bequaert 將 3 科併為胡蜂科 Vespidae，科下分 10 個亞科。1962 年 Richards 又將胡蜂科提升為總科。

胡蜂依社會性可分為兩大類，一是具複雜社會行為的胡蜂，例如蜂巢有外殼包覆的虎頭蜂，與蜂巢沒有外殼包覆的長腳蜂；另一類則是獨居性的胡蜂，例如蜾蠃，這兩大類以獨居性的蜾蠃佔絕大多數。胡蜂總科通常複眼的內側緣會凹入，休息時前翅會縱向摺疊（圖 1.1.7），所以稱為「摺翅胡蜂類」。

圖 1.1.7
胡蜂科 (Vespidae) 的蜂類特徵，其複眼的內側緣會凹入，休息時前翅會摺疊。

1.1

>> 蜜蜂總科（花蜂總科）

根據 2018 年曼妞拉・桑娜 (Manuela Sann) 等人的研究，蜜蜂總科 (Apoidea) 的起源與多樣化，大約在距今約一億兩千萬年前的白堊紀 (Cretaceous)（圖 1.1.8），此時期的生物相顯示昆蟲數量上的優勢，是伴隨顯花植物的輻射分化而來的。

蜜蜂總科（又名花蜂總科）有兩群，一群是花蜂類 (Anthophila)，英文統稱為 bees。依據 2000 年查爾斯・米契納 (Charles D. Michener) 的分類系統，全球花蜂類群有蜜蜂科（又名花蜂科）(Apidae)、切葉蜂科 (Megachilidae)、隧蜂科 (Halictidae)、地蜂科（又名地花蜂科或姬花蜂科）(Andrenidae)、分舌蜂科 (Colletidae)、短舌蜂科（又名澳花蜂科）(Stenotritidae)、準蜂科（又名毛腳蜂科）(Melittidae)，目前已知 7 科 528 屬，超過 20,000 種，其中的蜜蜂科與切葉蜂科屬長舌蜂類，其餘為短舌蜂類。

長舌花蜂的下唇鬚 (labial palpus) 基部的兩節特別長，末端兩節短，通常中唇舌（中舌）(glossa) 的長度跟基部的下唇前基節 (prementum) 一樣長；短舌花蜂的下唇鬚四節都很短，長度上沒有太大的差異，通常中唇舌比下唇前基節短。

圖 1.1.8
在中國遼寧省發現的蜜蜂化石

近年來，宋一鑫、葉文琪、陸聲山等人重新整理文獻及標本，已知臺灣的花蜂類目前有5科37屬184種，其中蜜蜂科14屬68種，隧蜂科13屬56種，切葉蜂科7屬41種，分舌蜂科2屬10種，地蜂科1屬9種，光是蜜蜂科、隧蜂科及切葉蜂科的種類就超過整個類群的90 %。

臺灣的花蜂雖然有些種類與中國、日本等鄰近國家同種或類似種，但仍然有不少為臺灣特有種，例如甲仙革蘆蜂 (*Ceratina kosemponis*)、短頰熊蜂 (*Bombus angustus*)、楚南熊蜂 (*Bombus sonani*)、信義熊蜂 (*Bombus formosellus*)、花切葉蜂 (*Megachile anthophila*)、紅胸木蜂 (*Xylocopa ruficeps*) 等。

另一群是泥蜂類 (Spheciformes)，英文為 sphecoid wasps，包含銀口蜂科 (Crabronidae)、穴蜂科 (Sphecidae)、長背泥科 (Ampulicidae) 三個科。其中穴蜂科之下的蜂也稱細腰蜂，全世界超過7,500種。不論是花蜂類還是泥蜂類，大多數是獨居性的，而真社會性的只佔少部分。

蜂類鑑定大不易

目前膜翅目昆蟲全世界有超過140科，隨著分類學不斷地發展，分類位階 (taxonomic rank) 也不斷修訂、改變（請參考摺頁——「蜂的分類」）。

在形態分類學中，要鑑定整個蜂類群非常困難，因為很多同科、同屬物種不僅在外部形態上很類似，而且採集相同的花朵、在相同的區域築巢。形態特徵是重要的分類依據（圖1.1.9），除了吻長、頰寬、唇基、翅脈、胸及腹部斑紋……的特徵外，有時候需要透過生理學和行為學特徵加以區別，例如出現時間、巢穴形狀及規模大小、每年發生的世代等，甚至需要藉由分子親緣關係法來鑑定。

臺灣的生物研究早期以解決農業問題和經濟發展為導向，蜂類領域大多著重在蜜蜂飼養技術、蜜蜂病蟲害防治、蜂產品的利用，相較之下，蜂種的演化、分類與鑑定比較少人投入，但卻是非常重要的基礎研究。

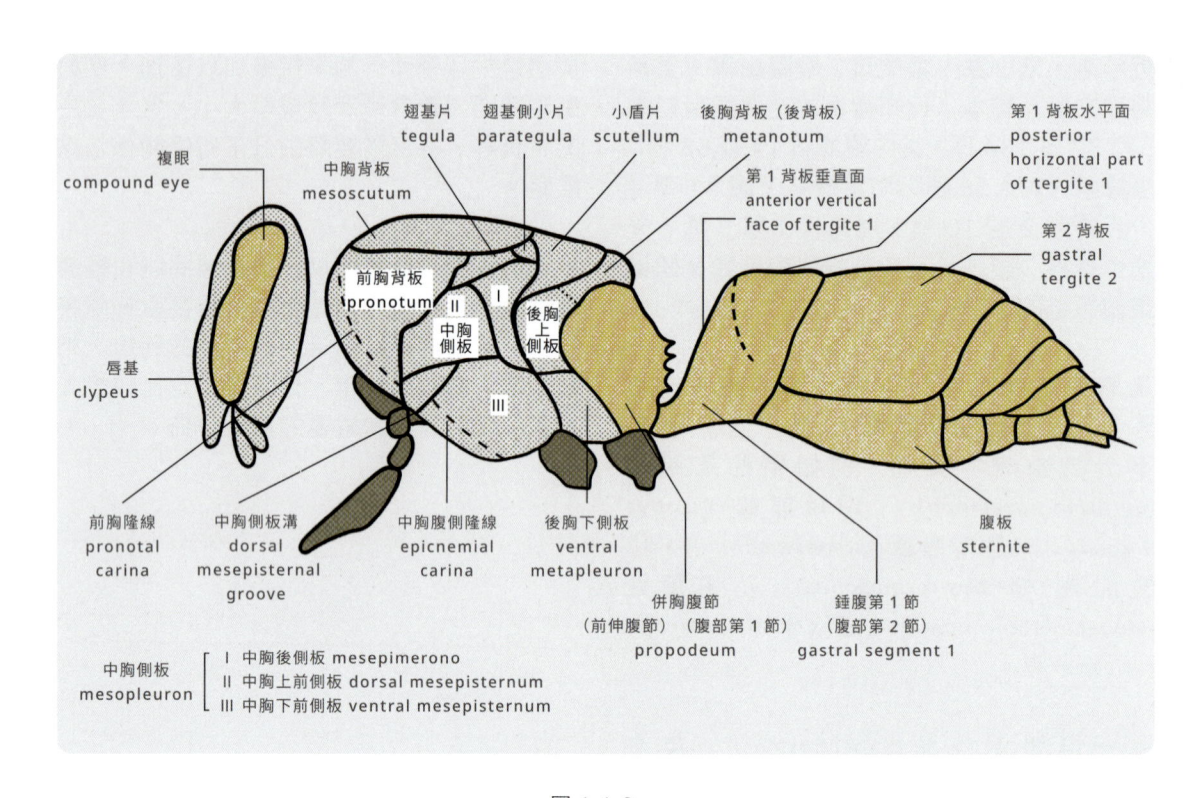

圖 1.1.9 a
胡蜂科 (Vespidae) 側面觀

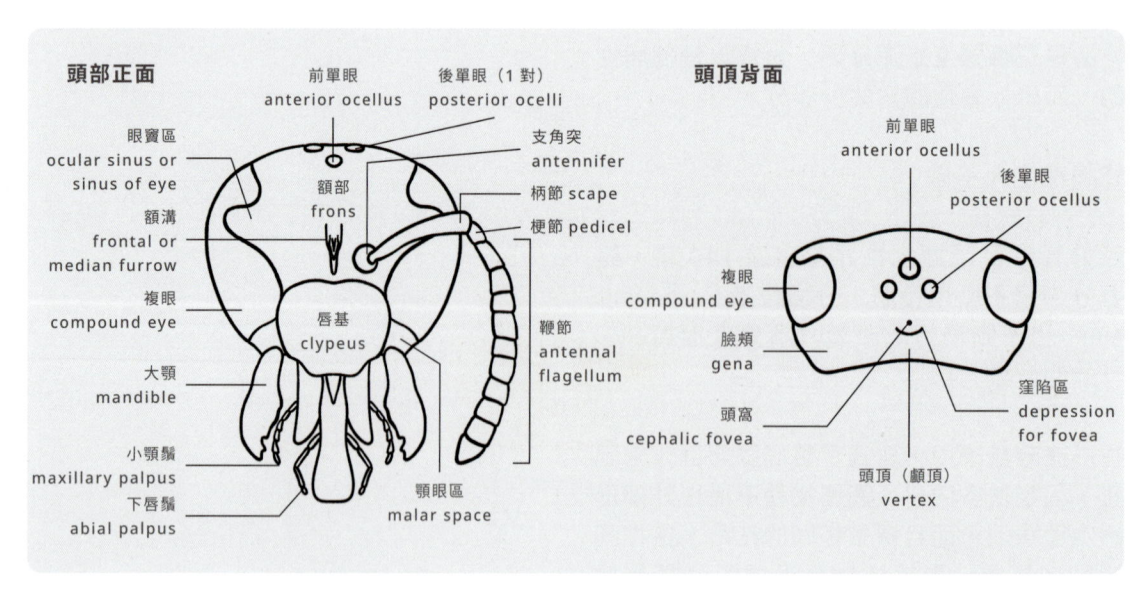

圖 1.1.9 b
胡蜂科 (Vespidae) 頭部正面觀及頭頂俯視（根據山根正氣、王效岳，1996 重新繪製）

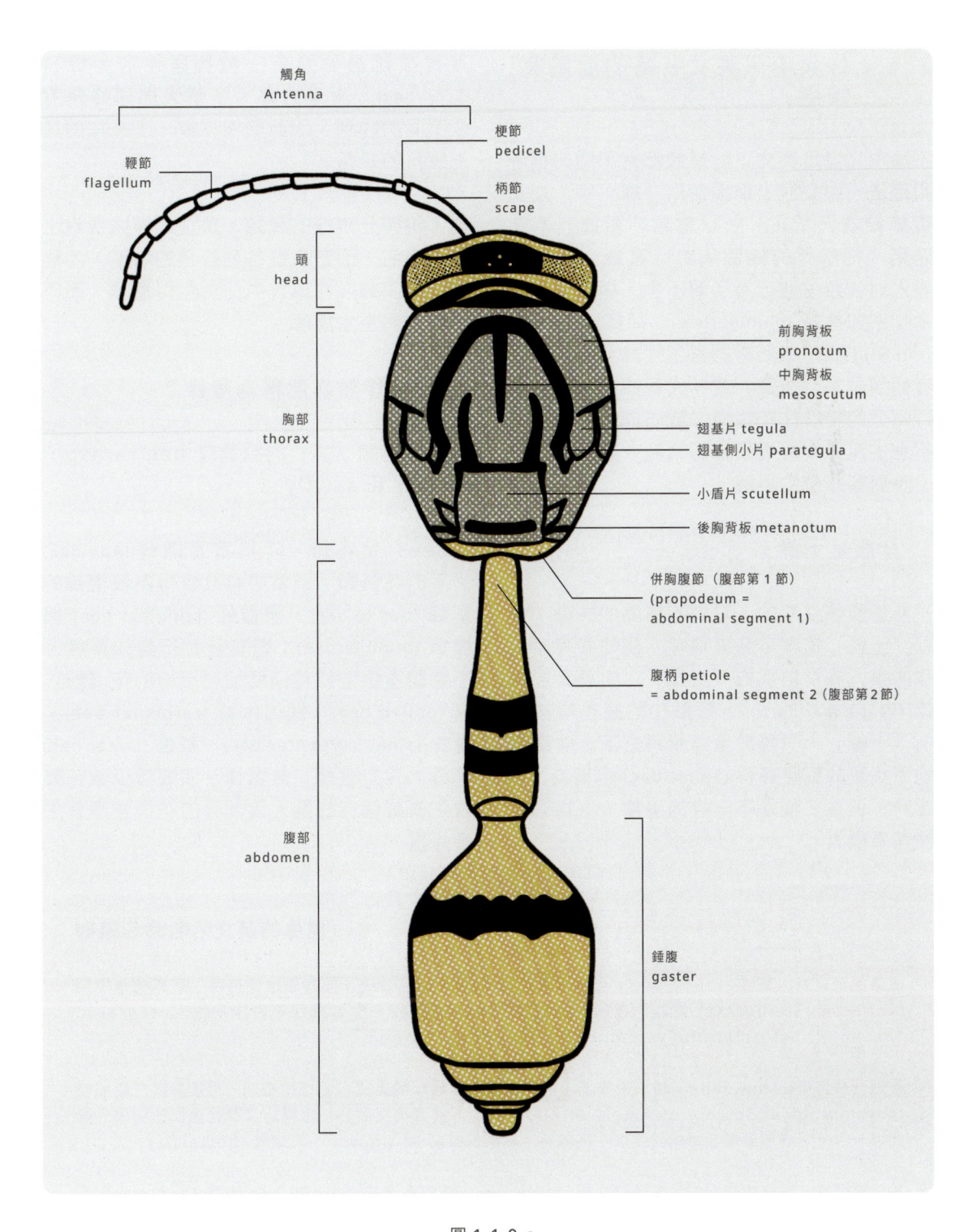

圖 1.1.9 c
蜾蠃亞科 (Eumeninae) 背側觀（根據山根正氣、王效岳，1996 重新繪製）

1.1.2 蜂類中、英文名稱的混淆與誤用

不論中文還是英文,對蜂類都有不同的稱呼和用法。中文很少單獨使用「蜂」字,加上蜜蜂較為人所知,所以常常「蜜蜂」兩字連用,把所有的蜂都稱為「蜜蜂」,而一般人對蜂類生態行為了解不多,導致名稱混淆;例如熊蜂 (bumble bee)、胡蜂 (hornet、yellow jacket) 或所有的寄生性蜂類,常被譯者通通譯為「黃蜂」或「大黃蜂」,把防禦行為低的獨居性花蜂類、或防禦行為較高且不會生產蜂蜜的虎頭蜂也稱為「蜜蜂」,進一步對蜜蜂產生誤解。

● 什麼是土蜂?

不熟悉蜂類生態的人看到不認識的蜂種,會以「土蜂」這種俗名來稱呼。例如臺灣原生種的東方蜂常被稱為「土蜂」,中華大虎頭蜂 (*Vespa mandarinia*) 築巢在地底也常被稱為「土蜂」,分類於蜜蜂總科之下,會鑽入地下築巢的細腰蜂科 (Sphecidae) 也稱為「土蜂」,但這三種是不一樣的生物,生物學習性差異很大。

其實在昆蟲分類有一種獨居性的土蜂科 (Scoliidae),與東方蜂、中華大虎頭蜂是完全不同的物種,因此嚴格來說,土蜂指的是土蜂科的蜂類。

為了明確分辨蜂的種類,嚴謹的描述會附上拉丁學名,清楚表達各種蜂類的名稱,才能釐清不同蜂類在環境中的角色與意義,而不會對牠們產生誤解。

● 所有蜂類都能稱為蜜蜂?

英文中有關「蜂」的詞彙有 bee、wasp、hornet 和 sawfly。

「Bee」是花蜂,泛指蜜蜂總科 (Apoidea) 之下的花蜂類,這當中有社會行為較複雜的蜜蜂 (honey bee)、無螫蜂 (stingless bee) 與熊蜂 (bumble bee);還有社會行為較單純、不會釀蜜但會訪花協助植物授粉的花(粉)蜂 (pollen bee),例如木蜂 (carpenter bee)、蘆蜂 (small carpenter bee)、隧蜂 (sweat bee) 等等。只有蜜蜂、無螫蜂、熊蜂等少數花蜂會生產或儲存蜂蜜,大部分的花蜂並不會生產蜂蜜。

昆蟲的英文俗名命名原則

蜜蜂的英文有人寫成 honey bee,也有人寫成合成詞 honeybee。昆蟲學家羅伯特・斯諾德格拉斯 (Robert E. Snodgrass) 認為正確的寫法應該是 honey bee。整合分類學資訊系統 (Integrated Taxonomic Information System, ITIS) 也是使用 honey bee。

雖然合成詞用法 honeybee 越來越廣泛,卻沒有遵守昆蟲學的英文俗名使用原則。根據美國昆蟲學會 (Entomological Society of America) 的命名規定,只要英文俗名正確描述某種昆蟲屬於科學分類的哪一目,組成那個俗名單詞就要以空格隔開,反例是蜻蜓 (dragonfly) 與蝴蝶 (butterfly)。

不只是蜜蜂,熊蜂的英文俗名應該寫成 bumble bee,但已逐漸被 bumblebee 取代。一致的命名原則可以使溝通更明確、避免混淆並有助於文獻搜尋。

許多花蜂都有自己專屬的中文名及英文名，嚴格來說，只有蜜蜂屬 (*Apis*) 之下的物種可以稱為蜜蜂，英文是 honey bee，蜜蜂只是多數訪花性蜂類中的少數幾種而已。

蜜蜂屬於花蜂類，bee 可能是指蜜蜂，也可能指其他種類的花蜂，所以不能把所有的 bee 一律都翻譯成蜜蜂，還是要看前後文的含義來決定怎麼翻譯。

英文專書也不會把 bee 和 bumble bee 混為一談，所以不該把 bumble bee 譯為「黃蜂」或「蜜蜂」。電影《變形金剛》(*Transformers*) 裡面的角色 bumble bee，不知是否因為電影角色的需要而翻譯成「大黃蜂」，但正確的中文應該是「熊蜂」。俄國作曲家林姆斯基-高沙可夫 (Nikolai Rimsky-Kosakov) 的名曲〈大黃蜂的飛行〉（Flight of the Bumblebee，俄文原文 Полет шмеля），指的就是熊蜂的飛行。

● Wasp 不要隨意翻譯成「大黃蜂」

胡蜂在中文及英文上的用法並不統一，胡蜂的英文有 wasp、hornet 和 yellow jacket，依照上下文所連接的字而有不同的意義，有時學者的看法不一致，用法也不盡相同。

「Wasp」常被翻譯成「黃蜂」或「大黃蜂」，但事實上，「黃蜂」和「大黃蜂」是一個意義含混的名詞，臺灣的昆蟲學家很少使用，其實在整個膜翅目昆蟲中，除了樹蜂、葉蜂、莖蜂、螞蟻和花蜂以外的蜂類在英文中都被簡稱為 wasp。

他們泛指以其他昆蟲或小型生物作為幼蟲食物的狩獵型蜂類，以及以寄主動物完成世代的寄生蜂 (parasitoid wasp)，超過三分之二的 wasp 是寄生蜂。

以昆蟲或小型生物作為幼蟲食物的狩獵型蜂類，主要分為獨居性蜂類 (solitary wasp) 及社會性蜂類 (social wasp)，胡蜂科下的長腳蜂亞科（也稱為馬蜂亞科）(Polistinae) 就是很典型的社會性蜂類，這種社會性的蜂會利用紙漿及植物纖維築巢，也稱為紙胡蜂 (paper wasp) 或紙窩蜂 (paper nest wasp)。所以如何翻譯 wasp 一定要看前後文或圖片（影片）才能決定，不應該把 wasp 通通翻譯成「黃蜂」或「大黃蜂」。

「Hornet」即一般所說的虎頭蜂，屬名 *Vespa* 是拉丁文也是義大利文，虎頭蜂在中國稱為胡蜂，*Vespa* 與 *Vespula* 都被稱為胡蜂，所以該怎麼翻譯就要根據文章的內容與性質來判斷。

體型比虎頭蜂小的黃胡蜂屬 (*Vespula*)（英文稱為 yellow jacket），身上有黃色及黑色斑紋，通常在樹幹、洞穴或隱蔽的建築物中築巢。

對於利用泥土、砂石等自然材料，或自行挖掘土石築巢的獨居性蜂類，英文有多種稱呼，例如 mud wasp、sand wasp、digger wasp、potter wasp 和 mason wasp 等等。

蜜蜂總科之下的銀口蜂科 (Crabronidae) 與泥蜂科（或稱細腰蜂科、穴蜂科）(Sphecidae) 的雌蜂會鑽入地下築巢，英文俗稱 mud wasp、sand wasp、digger wasp，中文為泥蜂、穴蜂或掘蜂，雖然分類在蜜蜂總科之下，但英文是 wasp。

圖 1.1.10
姬黃錐華麗蜾蠃 (*Delta esuriens okinawae*) 捕捉
裳蛾［鱗翅目：裳蛾科 (Erebidae)］幼蟲入巢

Potter wasp 或 mason wasp 則是胡蜂總科下的蜾蠃亞科的泥壺蜂，因為牠們的巢像壺狀或陶甕狀（圖 1.1.10）。

除了陶甕（泥壺）的形狀外，有些蜾蠃在築窩時會在出口加上延伸的弧形管狀煙囪，或者是把數個條狀的泥窩排列在一起，形成特殊的管風琴狀或像煙囪狀的泥窩。

由於泥蜂（細腰蜂）(mud wasp) 也有啣泥土築成類似的土窩，因此蜾蠃（泥壺蜂）與泥蜂常會混淆，雖然兩者築巢材料與行為類似，也都是獨棲性的，但這兩類蜂其實分類上是屬於不同科別，不能等同視之。

另外英文的 mason bee 是指切葉蜂科下的壁蜂 (*Osmia* spp.)，與 mason wasp 完全不同。

「Sawfly」是一個集合名詞，不該翻譯成「鋸蠅」。Sawfly 意指葉蜂總科 (Tenthredinoidea)、莖蜂總科 (Cephoidea)、樹蜂總科 (Siricoidea) 等類群的蜂類。

總而言之，中文因為習慣使用「蜜蜂」兩字，導致不了解蜂類生態的人將所有長得像蜂的都稱為蜜蜂，但蜜蜂只是成千上萬種蜂類中的少數幾種而已，只有 honey bee 才能稱為「蜜蜂」，而不同蜂種有不同的稱呼，習性也不盡相同，不能一概而論。

1.1.3 各式各樣的昆蟲社會

在全球約數十萬種的蜂類當中，不同蜂有不同的社會行為，社會行為就是同種生物個體間的互動行為。

廣義來說，所有的昆蟲都具有社會行為，但多數的種類僅限於少數個體間的互動，而且終其一生出現社會性的行為表現非常短暫，這類型稱為單純的社會行為，最典型的單純社會行為就是交尾（交配）。

另一種則是複雜的社會行為，是構成昆蟲社會性結構的要素，也就是一群特定個體之間的互動行為，而且一生大部分的時期中都會發生，例如蜜蜂及虎頭蜂的親代照料、築巢行為。

● 昆蟲各種不同程度的社會

從單純的社會行為到複雜的社會行為，進而架構完整的社會性結構是漸進式的變化過程，在各類社會行為的層級中，可以分為各種不同程度的社會性（表1.1.4）。

獨居性（solitary）

非群體性的，單獨或成對出現，無複雜社會性行為。

亞社會性（subsociality）

成蟲會在某些時期間照顧自己的幼蟲，但生殖合作與分工較少，且社會行為較不發達。

例如有些細腰蜂科（Sphecidae）、蛛蜂科（Pompilidae）的蜂類會有築巢、保護卵與幼蟲，及供給幼蟲食物的行為。有一些細腰蜂科、隧蜂科（Halicitidae）、地花蜂科（Andrenidae）、切葉蜂科（Megachilidae）的雌蜂產卵後，會留在巢中等到下一個世代的成蟲羽化，期間會守衛、移除糞便和清潔巢房。許多共棲性的細腰蜂和亞社會的花蜂類會一次大量給予幼蟲食物，或隨時補充。

群居（communality）

許多相同世代的個體使用同一個巢，但沒有共同育幼的行為。

例如隧蜂科中的小花蜂亞科有聚集築巢的行為。胡蜂科的一些種類有集體築巢的特性，羽化後不會遠離舊巢，而是在舊巢的周圍建築新的蜂巢，但僅照顧自己產的子代，而沒有共同育幼的現象。

準社會性（quasisociality）

同一世代的個體合作並共享同一個巢，但沒有分工的社會行為，所有雌蜂都能產卵，且全體成員都協助育幼。

蜜蜂科之下的一些種類，雌蟲會把巢築在一起，有共同育幼的行為，這些雌蟲都能產下子代，並無階級的分化。長腳蜂亞科中的 *Belonogaster* 屬，親代和子代的成蜂有著共同築巢與育幼的行為，但沒有生殖階級的分化。

半社會性（semisociality）

同一世代的個體合作且共同使用一個巢，並有生殖分工的社會行為。

有些雌蜂是蜂后能夠產卵，其他雌蜂則為工蜂很少產卵，與真社會性的差別在於蜂后與

工蜂是姐妹，而不像真社會性是母女。例如，隧蜂科 Augochlorini 族的蜂類會在地下挖掘隧道，通往一個或多個巢室的蜂巢。每個蜂巢中會有數隻雌蜂，其中生殖力強的是蜂后，其餘卵巢發育受到抑制、大顎與翅膀磨損較嚴重的雌蜂為工蜂。

真社會性 (eusociality)

真社會性昆蟲有三個特點：

❶ 階級分工 (division of labor)，在生理與行為上有不同的分化階層 (caste)，分為繁殖階級與勞務階級，也就是生殖階級與非生殖階級，藉由個體差異所形成的特點完成該階級的使命。

❷ 成蟲有世代重疊現象 (generation overlap)。群體中至少有超過兩個世代重疊在一起生活。

❸ 協同育幼 (co-brooding)，團體成員會一起照顧與保護不具自行生活能力的卵、幼蟲以及蛹。

昆蟲的世界中具有真社會性結構的種類分屬於白蟻、螞蟻，以及一些社會性胡蜂、社會性花蜂這四個不同的類群，其中後三個是膜翅目，白蟻則是蜚蠊目等翅下目（舊的分類位階為等翅目）。

長腳蜂亞科、胡蜂亞科、蜜蜂亞科下的蜜蜂屬 (*Apis*) 都是典型的真社會性。

表 1.1.4 昆蟲社會性結構變化的階層及其行為特性（林宗岐，2007）

昆蟲各種不同程度的社會性	複雜社會性行為特性				
	護幼行為	共同築巢	協同育幼	生殖階級	世代重疊
獨居性	+	−	−	−	−
亞社會性	+	−	−	−	−
群居性	+	+	−	−	−
準社會性	+	+	+	−	−
半社會性	+	+	+	+	−
真社會性	+	+	+	+	+

有兩個實例認為蜂類的演化可能比蟻類和白蟻晚，第一個原因是仍有許多蜂類及胡蜂類的成員為獨居或半社會性，而螞蟻與白蟻則都是真社會性；第二個原因是最高度社會性的蜜蜂和胡蜂，其階級分工仍比不上螞蟻和白蟻來得複雜。

不同蜂類有各種不同程度的社會性，即使是同一科的蜂類也有不同的社會行為。如果只用真社會性的三個特點作為標準，很難區別獨居、亞社會與群居這三類，因此要再加入護幼行為與共同築巢兩項複雜的社會行為，才能把亞社會性與群居性這兩種較原始的社會階層與獨居性做清楚的區分。

「護幼行為」是指親代對子代（卵與幼蟲）的保護行為。「共同築巢」則是昆蟲邁向社會性結構的重要指標，因為這種行為不再只是親代與子代間的互動，還延伸到同一世代個體之間的合作，使得社會行為更為複雜。

社會行為非常複雜，事實上有些獨居性蜂類也具有亞社會性、群居性、準社會性、半社會性的行為，不同學者對各種生活方式的界定有著不同的看法，為了便於區分蜂類的行為，概念上會把具有複雜社會行為的蜂類歸類為社會性蜂類 (social bees and wasps)，而把沒有世代重疊的蜂類統稱為獨居性蜂類 (solitary bees and wasps)。這種歸類雖然非常粗略，但比較有助於一般人的理解。

全世界的蜂類當中，以獨居性蜂類占絕大多數，社會性的蜂類相對較少。社會性的種類雖然不多，豐富度以及對生態和人類的生活影響力很大。

社會性的蜂類除了蜜蜂之外，常見的還有長腳蜂、虎頭蜂、熊蜂、無螫蜂等等，這些社會性蜂類與蜜蜂相比，蜂蜜的產量有限或完全不會生產蜂蜜，但依然極具經濟價值，或是在生態環境中具有指標性的作用。

長腳蜂與虎頭蜂屬於社會性狩獵蜂，能夠捕捉環境中的小昆蟲作為其幼蟲的食物，控制其他昆蟲的數量。熊蜂與無螫蜂屬於社會性花蜂，牠們都會訪花授粉並在巢房內儲存蜂蜜，雖然儲存量遠低於蜜蜂，卻具有極佳的授粉能力。

了解不同蜂類的社會行為，有助於認識蜂類的生活狀況，並得知牠們在環境中與其他生物、以及與人類間相互的關係，當下一次遇到牠們的時候，更能做出正確的判斷與應對方式。

Section 1.2

寄生性蜂類

寄生蜂是膜翅目蜂類裡種類最多的成員，牠們多半體型微小，因此不易察覺。所謂的寄生是一種生物在另一種生物身上存活，並從中攝取養分以維持生命的現象。寄生可分為寄生生物 (parasites) 與擬寄生生物 (parasitoids) 兩大類。

寄生生物在寄生的過程不會讓寄主死亡，如此一來才能有源源不絕的資源供給寄生生物營養，例如人類體內的蛔蟲就是一例。擬寄生生物則是取食寄主之後寄主就會死亡，寄生性蜂類 (parasitoid wasp) 就是典型的擬寄生生物，牠們有些寄生在寄主體外，稱外擬寄生生物 (ectoparasitoids)，有些則寄生在體內，稱內擬寄生生物 (endoparasitoids)。

寄生性蜂類分屬在寄生類與針尾類兩個類群中，牠們會直接將卵產在寄主身上，等到幼蟲孵化之後就以寄主的體液或組織為食，等到幼蟲化蛹破繭為成蜂時，寄主就會死亡。

捕食寄生性蜂類則多屬於針尾類，牠們捕捉到獵物（寄主，也稱宿主）後會用螫針麻痺獵物，並帶回巢穴產卵在獵物上或巢室內壁，幼蟲孵化後便取食獵物作為營養來源。

寄生蜂的性別決定機制跟蜜蜂一樣為單雙套系統，一般情況下，減數分裂後的卵細胞發育為雄蜂，故為單套染色體 (N)，受精卵發育為雌蜂，故為雙套染色體 (2N)，雌蜂可以根據產卵環境來調控後代性別比，雌蜂在沒有交尾情況下亦能孤雌生殖，但僅可產生雄性後代。

1.2.1 寄生蜂的寄生類型

在以其他昆蟲為寄主（宿主）的寄生蜂當中，依寄生在寄主生命週期的不同階段，寄生蜂可分為卵寄生蜂類 (egg parasitoids)、幼體寄生蜂類 (larval parasitoids)、蛹寄生蜂類 (pupal parasitoids) 及成體寄生蜂類 (adult parasitoids)。

但這只是非常粗淺的分類，以在生態和生物防治上扮演重要角色的姬蜂 (Ichneumonidae) 為例，宿主橫跨鱗翅目 (Lepidoptera)、雙翅目 (Diptera)、鞘翅目 (Coleoptera)、其他膜翅目 (Hymenoptera)，甚至包含其他種類的姬蜂，不同姬蜂會選擇不同的宿主，也各有偏好的寄生時期，是廣適性寄生的類群。

寄生蜂在繁殖過程大致分成四個階段：

· **第一階段**
寄生蜂尋找未來繁殖過程所需要的能量，幼蟲及成蟲會從寄主中或花蜜取得養分。

· **第二階段**
寄主的搜尋。藉由嗅覺，或感知寄主散發的化學物質、排泄的糞便，以及吐出的絲來尋找寄主。搜尋能力會受到溫度、濕度與光照等因素影響。

· **第三階段**
寄生蜂會透過觸角上的感受器來辨識並評估寄主的氣味、大小與表面結構等特徵。

・第四階段

寄生蜂進行產卵。產卵時會尋找適合刺入產卵管的位置，並注入麻痺物質物以利產卵。

寄生生物與寄主之間專一性的關係非常複雜，艾德里安・馬歇爾 (Adrian G. Marshall) 根據不同親緣寄主的範圍，分成只寄生一種寄主的單主寄生 (monoxenous)，寄生同屬兩種以上寄主的寡主寄生 (oligoxenous)，寄生在同科不同屬寄主的複主寄生 (pleioxenous)，寄生在不同科寄主的多主寄生 (polyxenous)，以及會跨越目層級寄主的廣主寄生 (generalist)，這代表寄生生物可利用的寄主種數，也反映寄主的親緣關係和寄生生物專一性的關聯。

寄生生物直接寄生於寄主的現象為初級寄生 (primary parasitism)；若寄生生物又被另一種天敵寄生，則稱為重寄生 (hyperparasitism)，例如某些金小蜂會寄生在第一隻寄生蜂體內，這種重寄生的現象甚至可以發展到多重寄生。當寄主被過多的寄生性天敵產卵，導致許多寄生天敵個體死亡，這種現象稱過量寄生 (superparasitism)。

某些繭蜂會有延遲寄生 (delayed parasitism) 的現象，其卵會在寄主卵內延遲發育，時間甚至可長達一年，直到寄主發育成老熟幼蟲才開始進一步成長。內擬寄生牽涉較複雜的免疫反應，因此與寄主之間有較高的專一性。相較之下，內擬寄生者必須反制寄主具特異性的免疫系統，而外擬寄生者與寄主之間的關係則通常沒那麼專一。

許多寄生蜂能夠利用修長而不斷移動的觸角準確搜尋到寄主，寄生在幼蟲體內的繭蜂為了確保寄主的健康與新鮮，在搜尋寄主時會考量寄主體型的大小和發育的狀況，確認寄主的身體與生理狀況都沒問題時，寄生蜂成蜂便將卵產到寄主體內。觸角及特化的產卵器上有感覺器，分別有寄主接受及準確產卵的功能，透過化學物質例如開洛蒙 (kairomones) 和各種化學氣味找到寄主，而且在尋找寄主的過程中具有學習能力。

1.2

1.2.2 寄生蜂如何克服寄主的免疫反應

當寄生蜂將卵產入寄主體內時，寄主會啟動多種免疫反應，主要包含兩個機制：一是辨識出體內的異物，二是將異物去活化、抑制或移除。對於不相容的擬寄生生物，寄主會啟動包埋作用 (encapsulation)，以聚集的血細胞把入侵的卵或幼蟲包起來。這些血細胞在附著於寄生生物表面後會變得扁平，並隨數量增加展開吞噬作用 (phagocytosis)，最終形成包囊將入侵者殺死。

不過，這種情況在寄生蜂感染適合的寄主時並不常見，可能是因為寄生蜂本身或其相關因子能干擾寄主對於外來入侵者的辨識與反應。例如，有些寄生蜂能抵抗包埋作用，或其卵利用漿膜 (serosa)、滋養羊膜 (trophamnion) 等組織碎片漂浮於寄主血淋巴中，並發育成巨大細胞以壓制寄主的免疫防禦。許多已適應寄主的擬寄生生物，往往透過多種策略避開或抑制寄主的免疫反應，確保能在寄主體內順利發育。

某些姬蜂科 (Ichneumonidae) 與繭蜂科 (Braconidae) 的內擬寄生性蜂類，不僅將卵注入寄主體內，還會同時釋放副腺分泌物，以及許多病毒或類病毒顆粒體 (virus-like particles, VLPs) 來影響寄主的免疫系統。這些寄生蜂攜入的病毒或類病毒顆粒，也可能會調整寄主的生理狀態。

這類病毒擁有多片段的鏈環狀 DNA，因此歸類在多去氧核糖核酸病毒 (polydnaviruses, PDVs)。PDVs 以原病毒 (proviruses) 的形式存在於寄生蜂的基因組中，並透過生殖細胞遺傳給下一代。不同蜂種所攜帶的 PDVs 通常被視為不同類型的病毒，例如，繭蜂的 PDVs 屬於繭蜂病毒屬 (Bracoviruses)，而姬蜂的則是姬蜂病毒屬 (Ichnoviruses)；這些病毒在形態、發生方式，以及與寄生蜂的互動關係上皆各不相同。

寄生蜂的卵孵化後，會與被寄生的寄主共處一段時間，並依靠寄主體內的養分生長。在此期間，寄生蜂幼蟲會分泌特定化學物質，以調控寄主的生理與發育速度，使其維持在最適合幼蟲生長的階段。

當寄生蜂幼蟲發育完成後，便會在寄主表皮咬出小孔並努力地向外鑽出，隨即在寄主附近吐絲結繭，完成其生活史（圖 1.2.1、1.2.2）。

圖 1.2.1
寄生在鱗翅目幼蟲身上的寄生蜂，
白色為小腹繭蜂亞科的繭。

圖 1.2.2
寄生在鱗翅目幼蟲身上的小腹繭蜂
(Microgastrinae)

1.2.3 防治害蟲的寄生蜂

寄生蜂是膜翅目中種類最多的類群，有些寄生蜂的雌成蟲會將卵產在其他昆蟲（寄主）身上，寄生蜂的幼蟲就以寄主的組織為食；有些寄生蜂則是雌成蟲將卵產在植物的莖、葉上，幼蟲以植物的組織為食。有些寄生蜂是農業害蟲，例如外來入侵種的刺桐釉小蜂 (*Quadrastichus erythrinae*) 會危害臺灣原生刺桐屬植物、桉樹枝癭釉小蜂 (*Leptocybe invasa*) 危害桉樹；有些寄生蜂則是農業好幫手，例如玉米螟赤眼卵蜂 (*Trichogramma ostriniae*) 可用來防治亞洲玉米螟 (*Ostrina furnacalis*)。

有些寄生蜂的寄主範圍非常廣泛，有些則具有專一性，針對一些具有特定寄主的寄生蜂，農業上常用來防治害蟲，寄生蜂在農業體系已經是生物防治的要角，部分甚至以商品的形式販售利用。這些寄生蜂有些是本土種，有些則是基於農業需求自國外引進。使用寄生蜂來防治害蟲的研究案例很多，舉例如下，參閱表 1.2.1。

表 1.2.1 部分寄生蜂其及寄主

寄生蜂種類	可防治害蟲
玉米螟赤眼卵蜂 (*Trichogramma ostriniae*)[4]	亞洲玉米螟 (*Ostrina furnacalis*)
蔗螟赤眼卵蜂 (*Trichogramma chilonis*)	黃螟 (*Tetramoera schistaceana*) 二點螟 (*Chilotraea infuscatella*) 條螟 (*Proceras venosatus*)
東方蚜小蜂 (*Eretmocerus orientalis*)[5]	銀葉粉蝨 (*Bemisia argentifolii*)
平腹小蜂 (*Anastatus* spp.)	荔枝椿象 (*Tessaratoma papillosa*)
馬尼拉小繭蜂 (*Snellenius manilae*)	斜紋夜蛾 (*Spodoptera litura*)
小菜蛾絨繭蜂 (*Cotesia plutellae*) 雙緣姬蜂 (*Diadromus collaris*)	小菜蛾 (*Plutella xylostella*)
廣大腿小蜂 (*Brachymeria lasus*)[6]	黑角舞蛾 (*Lymantria xylina*)
蛹寄生釉小蜂 (*Tetrastichus brontispae*)[7]	可可椰子紅胸葉蟲 (*Brontispa longissima*)

[4] 玉米螟赤眼卵蜂、蔗螟赤眼卵蜂由台糖試驗所繁殖。
[5] 東方蚜小蜂為農業試驗所研究並培育。
[6] 平腹小蜂、馬尼拉小繭蜂、小菜蛾絨繭蜂、廣大腿小蜂由苗栗區農業改良場確立飼養和繁殖技術。
[7] 農業試驗所和屏東科技大學曾利用引自夏威夷的蛹寄生釉小蜂。

● 赤眼卵蜂

分類在赤眼蜂科 (Trichogrammatidae)、赤眼蜂屬 (Trichogramma)，屬於卵寄生蜂，其幼蟲寄生於其他昆蟲卵內，藉由取食卵內物質使宿主昆蟲無法孵化而死亡，是已知生物防治物種之一，為廣效性天敵，能夠防治多種小型鱗翅目害蟲。赤眼卵蜂成蜂的體型不到 1 mm，身體通常為黃橘色，因眼睛紅色而得名。

臺灣於 1910 年首次於甘蔗田內採集到螟黃赤眼卵蜂（又稱為蔗螟赤眼卵蜂）(Trichogramma chilonis)，1930 年利用麥蛾 (Sitotroga cerealella) 卵為代用寄主人工繁殖成功，到了 1932 至 1933 年大量施放於甘蔗田，並有效防治甘蔗螟蛾。

臺灣因為米取得較為容易，1948 年改利用外米綴蛾 (Corcyra cephalonica) 卵為代用寄主，建立大量飼養技術，並開發出赤眼卵蜂片量產技術。1985 至 1986 年間，應用玉米螟赤眼卵蜂來防治玉米田主要害蟲亞洲玉米螟，以降低玉米螟的危害。

赤眼卵蜂應用在玉米田生物防治的施放，實際操作方式是在玉米播種後 20~25 天、株高約 15~20 cm 施放第一次蜂片，赤眼卵蜂片每片約含 1,000 顆蜂蛹，施放時把蜂片固定在玉米心葉背面。由於赤眼卵蜂平均有效飛行距離低於 10 m，擴散能力有限，所以每隔 6~10 m 放置一片，每公頃約放置 120~150 片，每 4~5 天施放一次，連續施放 4~6 次，每次蜂片釋放的位置要變動，以增加寄生效率。如果遇到雨天或惡劣天候就要暫停釋放，並將蜂片暫存於冰箱，等候放晴再釋放赤眼卵蜂。

赤眼卵蜂經施放並寄生於害蟲卵後，可於田間建立自我維持族群，並持續孵化寄生於害蟲的卵，作物收成後隨著宿主消失，赤眼卵蜂族群亦隨之減少，屬於長效型生物防治天敵。施放時可以配合使用蘇力菌，由於蘇力菌是一種昆蟲病原細菌，會產生殺蟲結晶毒蛋白，結晶毒蛋白具有專一性的殺蟲效果，並且對目標昆蟲以外的生物無傷害，因此蘇力菌和天敵可以互相配合，達到綜合性害蟲管理 (IPM) 的目的（請參閱第三章病蟲害防治）。

赤眼卵蜂同時對 2019 年入侵臺灣的秋行軍蟲 (Spodoptera frugiperda) 具防治潛力，能產卵在秋行軍蟲的卵上，抑制孵化。由於秋行軍蟲的卵通常有雌性鱗毛保護，所以赤眼卵寄生蜂的寄生不容易成功，但是當秋行軍蟲在室內產卵時，比較不會在卵上面塗布鱗毛，赤眼卵寄生蜂就容易寄生成功，因此田間的施放效果還需要再評估。

● 平腹小蜂

平腹小蜂 (Anastatus spp.) 是旋小蜂科 (Eupelmidae)、平腹小蜂屬 (Anastatus) 的寄生蜂（圖 1.2.3），可以用來作為生物防治的不只一種，包含 Anastatus formosanus、A. dexingensis、A. japonicus 和 A. fulloi 等等。

根據研究，平腹小蜂至少可在 8 種鱗翅目 (Lepidoptera) 如香蕉挵蝶 (Erionota torus)、豆天蛾 (Clanis bilineata)、銀條斜線天蛾 (Hippotion celerio)、皇蛾 (Attacus atlas)、長尾水青蛾 (Actias heterogyna)、夾竹桃天蛾 (Daphnis nerii)、青枯葉蛾 (Trabala vishnou) 及家蠶 (Bombyx mori)，和 5 種半翅目 (Hemiptera) 如荔枝椿象 (Tessaratoma papillosa)、

短角瓜椿象 (*Megymenum brevicorne*)、黃斑椿象 (*Erthesina fullo*)、小皺椿象 (*Cyclopelta parva*)、瘤緣椿象 (*Acanthocoris sordidus*) 等昆蟲卵中完成生活史。

目前廣泛使用蓖麻蠶 (*Samia ricini*) 的卵，當作平腹小蜂的代替寄主，讓平腹小蜂寄生在裡面，之後將被寄生的卵片放到荔枝椿象危害的地區。

平腹小蜂在不同寄主的卵發育，成蟲體長各不相同，但不論在哪一種卵寄生，雌蟲體型都大於雄蟲，以荔枝椿象的卵為例，羽化後雌蟲體長約 3.1 mm，雄蟲體長約 2.2 mm。

荔枝椿象（圖 1.2.4）在臺灣本島出現以後，短短幾年間迅速擴散全臺，不但危害了臺灣的生態和農業，也對民眾的生活產生影響。荔枝椿象會用長長的口器吸食龍眼、荔枝、香蕉、柑橘、橄欖、梨、李、欒樹鮮嫩枝葉和花序的汁液，使得枝葉變黑，花序沒有花，影響到新枝與新葉的生長。

這幾年相關學術研究及農政單位致力於平腹小蜂的研究與施放（圖 1.2.5），讓平腹小蜂羽化後去寄生在荔枝椿象的卵裡面，造成荔枝椿象無法孵化，阻斷生活史以減少危害程度。

圖 1.2.3
平腹小蜂 (*Anastatus formosanus*) 及
荔枝椿象 (*Tessaratoma papillosa*) 的卵

Chapter I
認識蜂類

圖 1.2.4
荔枝椿象 (*Tessaratoma papillosa*)

圖 1.2.5
平腹小蜂卵蜂卡

蜚蠊瘦蜂——蟑螂的天敵

相較於上述農業害蟲的天敵，蜚蠊瘦蜂（圖 1.2.6）則是居家害蟲的剋星。蜚蠊瘦蜂 (*Evania appendigaster*) 又稱蠊卵旗腹蜂，屬於瘦蜂科 (Evaniidae) 的寄生性蜂類。主要分布在溫帶及亞熱帶地區，臺灣從平地到低海拔山區都可以見到牠們的蹤影，體長約 9~11 mm。蜚蠊瘦蜂是一種卵寄生蜂，行為特徵是腹部時常連續擺動，會將卵產在蜚蠊（蟑螂）的卵鞘之中，每個卵鞘產一粒卵，幼蟲發育階段以蟑螂卵為食，到長至蟲體大小佔滿整個卵鞘，並在其中化蛹。

羽化以後的蜚蠊瘦蜂會突破卵鞘離去，進行交尾、產卵。其實羽化的蜚蠊瘦蜂雌性個體無論有沒有交尾都能產卵，未受精卵孵化後為雄性，受精卵則為雌性，但沒有交尾的雌性個體只產下雄性後代，交尾過者則能分別產下雌與雄性個體。雖然蜚蠊瘦蜂是蟑螂的天敵，被寄生的蟑螂會留下空殼殘骸，但要減少蟑螂的出現，最主要還是環境的整潔衛生，定期清理垃圾才是治本之道。

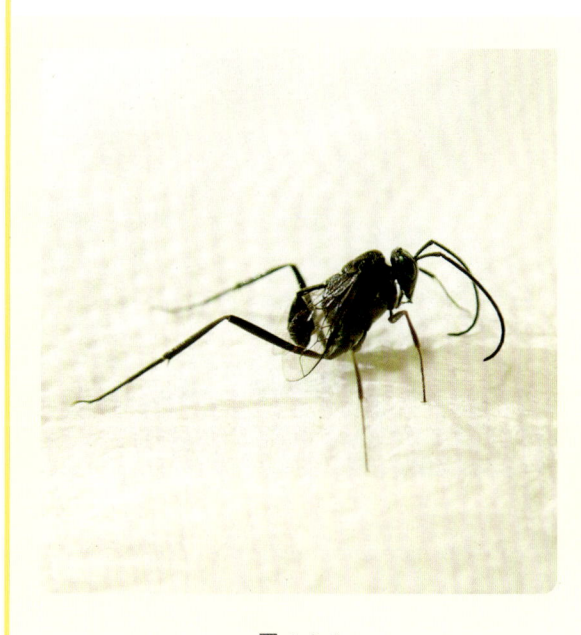

圖 1.2.6
蜚蠊瘦蜂 (*Evania appendigaster*)

生物防治以及使用寄生蜂作為害蟲防治需注意的事

農業生產過程不免會出現許多害蟲，為了解決害蟲問題，傳統的做法是噴灑化學農藥，不可否認化學農藥在二十世紀問世之後帶來極大的便利，但也造成環境與人體健康的負擔。過去認為在半數致死劑量 (LD_{50}) 或半致死濃度 (LC_{50}) 的標準之下合理使用就是安全的，不過卻忽略了亞致死劑量的風險，例如蜜蜂接觸到亞致死劑量的益達胺 (Imidacloprid) 會造成學習行為出現異常，這就是蜜蜂受化學農藥影響所帶來的警訊，過去也很少對於多種低劑量化學農藥混合後所產生的雞尾酒效應[8]進行研究。

化學農藥雖然可以殺死害蟲，但其實也把害蟲的天敵例如寄生蜂與捕食行為的狩獵蜂殺死了，然後選汰出具有抗藥性的害蟲。許多寄生性蜂類有所謂的專一性，例如波赤腹蜂 (*Euaspis polynesia*) 目前發現只寄生切葉蜂（圖 1.2.7），也就是說當寄主生物數量減少或消失，其相對應的寄生蜂也會減少，進而影響整個生態系。

環境用藥、防治用藥的使用都是一種專業，害蟲問題如果沒有諮詢植物醫生就直接找環境清潔公司噴藥，非常容易對脆弱的生態系統造成破壞，使得某一種害蟲短期消失卻又突然捲土重來大爆發的循環，亂噴一通的結果就是產生抗藥性，未來無藥可用。

此外，基改作物對寄生蜂霍氏嚙小蜂 (*Tetrastichus howardi*) 也是一大傷害，根據 2023 年加布里埃拉 (Gabriela) 等人的研究報告，抗蟲基改棉花號稱可以產生蘇雲金芽孢桿菌 (*Bacillus thuringiensis, Bt*) 毒蛋白，藉此殺死秋行軍蟲 (*S. frugiperda*)，但不久後秋行軍蟲對 *Bt* 毒蛋白產生抗性，當霍氏嚙小蜂寄生了對 *Bt* 毒蛋白產生抗性的秋行軍蟲後，霍氏嚙小蜂繁殖力因此下降。

生物防治是利用自然界中的捕食性、寄生性、病原菌等天敵，把害蟲的族群壓制在較

圖 1.2.7
波赤腹蜂 (*Euaspis polynesia*) 屬於寄生性蜂種，寄主為切葉蜂。

低的密度之下,使這些害蟲不致造成重大危害,也就是利用生態系食物鏈中一物剋一物的自然現象。

生物多樣性代表了生態環境的樣貌,獨居蜂巢的設置與寄生蜂的使用是生物防治的一環,其中一個目的是減少農藥使用以及避免害蟲產生抗藥性。由於蜂類的體型很小,所以對化學農藥有較高的感受性 (susceptibility),在施放寄生蜂時要錯開化學農藥使用的時間,並注意化學農藥殘留期。

害蟲之所以成為害蟲,其中一個原因在於為了成本考量大量種植單一作物,造成農業生態環境的破壞,使得田間的生態多樣性降低,缺乏相對應天敵的生存空間,因此生物防治的前提是環境必須能支持天敵的生存。

許多作物害蟲的蛹會躲在土壤裡,所以徒手抓蟲不能保證害蟲不存在,害蟲以作物為食,通常數量會遠遠超過天敵的數量。生物防治不可能跟化學農藥一樣將害蟲殺到一隻不剩,也無法立即看到效果,因此以多管齊下的綜合性害蟲管理 (Integrated Pest Management, IPM) 方式,逐漸做到減藥或甚至不使用化學農藥(請參閱第三章病蟲害防治),並做好果園或菜園的清園工作,以及維護棲地環境,讓不同的天敵可於田間建立穩定的族群,控制害蟲的發生率。

生物防治是否能達到預期的效果,取決於獵物與天敵的互動關係,以及環境的管理品質。人為干擾的環境通常是大幅度的波動,很難讓生態中的生物群聚,維持相對穩定的關係,所以天敵出現後害蟲仍可能再發生。

原則上只要農業地區的生態功能維繫好,就能保障天敵的生存條件,但即使主張無為而治的「有機農園」,也不能為了讓天敵進駐而不做任何經營管理,放任入侵性物種長驅直入。其實農耕環境的「自然」程度非常主觀,田間的昆蟲很多不見得就等於自然,作物有蟲咬也不表示沒有噴化學農藥,有時可能只是噴錯藥而已。當入侵性物種出現時,缺乏經營管理的田地就會成為防治漏洞。

寄生蜂雖然可以用於害蟲防治,但也可能對其他非標的昆蟲造成影響,例如許多種鳳蝶會被姬蜂科和跳小蜂科的寄生蜂寄生。雖然使用寄生蜂可以減少化學農藥的使用,但不同種寄生蜂有不同的生態習性,在使用寄生蜂作為生物防治之前,需要對寄生蜂的生態行為以及寄主之間的關係進行充分研究,並且在施放前最好做環境監測評估,否則很可能會誤判防治的重點,以及造成經濟損失和棲地生態的進一步破壞。

生物防治必須嚴密監測防治生物與原生物種間的相互作用,因為引入的生物可能會透過食物網衝擊到多種本土生物的營養階層與棲息地。其實不只是寄生蜂,如果沒有做好環境影響評估與生態監測,生物防治不但會失敗,還會造成嚴重的生態衝擊,在新棲地變成有害生物,海蟾蜍就是其中一個例子(請參閱 P379)。

8 所謂的雞尾酒效應是指幾種農藥合在一起,其毒性可能具有加乘的效果。

1.2.4 授粉昆蟲——榕小蜂

傳粉榕小蜂是小蜂總科 (Chalcidoidea) 下榕小蜂科 (Agaonidae) 的成員，是桑科 (Moraceae) 榕屬 (Ficus) 植物的專一性授粉者。桑科榕屬植物的特徵為形似果實的隱頭花序，又稱為隱花果或榕果。榕屬植物的花開在隱花果中空的內部，大部分的昆蟲難以造訪，因而多數榕屬的植物需仰賴榕小蜂幫忙授粉。

榕屬植物與傳粉榕小蜂是共同演化 (coevolution) 的經典案例，這種互利共生 (mutualism) 的關係推測起源於七千至九千萬年前，隨後大陸破碎分離而產生演化分化。以往認為榕屬植物和榕果小蜂具有高度專一性，一種榕樹只有一種授粉小蜂，但後來的分子研究發現，榕屬植物跟小蜂其實沒有嚴格一對一的關係，授粉專一性存在許多彈性。以薜荔的傳粉榕小蜂為例，事實上有三種小蜂和薜荔共生。根據 2012 年陳艷等人的 DNA 研究，中國武夷山山脈南北的薜荔族群各與一種小蜂共生。之後王弘毅等人更發現臺灣的愛玉也有著專屬的愛玉小蜂。

傳粉榕小蜂的雌性與雄性個體有明顯差異，雌蜂有翅而雄蜂無翅，雌蜂進入榕果內後才把卵產在子房裡，這些含有卵的花就是癭花，專供榕小蜂的卵在其中孵化。雌蜂鑽入榕果後翅膀脫落，無法離開榕果，於產卵後就會死亡。

榕果內的榕小蜂通常是雄性個體先羽化，雌性個體羽化稍晚，然後雄性個體會在榕果內與雌性個體交尾，交尾後雄性個體死亡，雌蜂在離開榕果前會先在榕果內採粉，離開榕果後，把上一顆榕果中雄花的花粉帶到下一顆榕果中，完成榕果的生命週期。

除了傳粉榕小蜂之外，也有許多其他種類小蜂的生命環繞著榕果。這些非傳粉榕小蜂多數為植食性，與傳粉榕小蜂一樣造癭為食，少數則寄生在傳粉榕小蜂甚至其他的非傳粉榕小蜂身上，小小的榕果因而自成一個獨立的生態群落。有些種類的非傳粉榕小蜂，會用細長的產卵管，自榕果表面刺穿榕果外壁之後，把卵產在雌花的子房中或其他小蜂的身上。

通常產卵管較長的非傳粉榕小蜂，會選擇榕果發育較晚的雌花期或間花期產卵，而產卵管較短的榕小蜂類則選擇果實小、果壁較薄，花期較早的榕果產卵。在榕果內羽化的非傳粉榕小蜂有翅的雄性個體離開榕果後，會飛到榕果外與隨之到來的雌性個體交尾，若是無翅類的雄性個體則會留在榕果內完成交尾。

無花果的生殖模式

無花果也是一種隱花果，但市售的無花果因不同品系，切開後不一定會有榕果小蜂的屍體，因為無花果在被人類馴化為作物之前，可能就具有非常多樣化的生殖模式，因此有一些無花果的品系就算沒有授粉蜂，花托一樣會經由單性結實（或稱營養性單為結果）(parthenocarpy) 長出成熟的果實。因此無花果絕大多數食用品系都不需要授粉蜂就可以結果。

● 愛玉榕小蜂——愛玉授粉昆蟲

愛玉榕小蜂 (*Wiebesia* sp.)[9] 是臺灣極具經濟價值的榕小蜂。愛玉榕小蜂是一種瘦小蜂，是愛玉 [*Ficus pumila* var. *awkeotsang* (Makino) Corner] [10] 的重要授粉昆蟲，為臺灣特有種。愛玉屬於蕁麻目 (Urticales)、桑科 (Moraceae)、榕屬 (*Ficus*) 的植物，又稱為愛玉子 (ài-giok-tsí)、愛玉仔 (ài-giok-á)、玉枳 (giok-tsí)、枳仔 (tsí-á)、草枳仔 (tsháu-tsí-á)、澳澆、薁蕘 (ò-giô；ò-giô)、愛玉欉 (ài-giok-tsâng、ò-giô-tsâng)[11]，為日本植物學家牧野富太郎 (Tomitaro Makino) 於 1904 年發表，是多年生常綠蔓性藤本植物，屬於花朵藏在果實之中的隱花果，雌雄異株，產於臺灣。

愛玉主要分布在海拔 500m~1,800 m 之間，果實呈圓形、橢圓形，隱花果綠色有白色斑點。愛玉的雌果需仰賴愛玉小蜂授粉，隱花果才能膨大產生瘦果，雌果最後成熟階段變成深紫色，授粉飽滿的雌果會裂開，採收後將瘦果自曬乾的榕果皮刮下，加水搓洗後釋出愛玉果膠，凝固後成為愛玉凍。

愛玉小蜂的雌蜂可能飛往愛玉的雄果或雌果，雄果洗不出愛玉凍，卻能讓愛玉小蜂完成傳宗接代的使命，愛玉的雄果內通常爬滿小蜂，因此又稱蟲癭果。愛玉的雄果在雄花期時會裂開 0.1 cm 左右的小縫，雄花著生於雄果的頂端，當愛玉雄果成熟後，愛玉小蜂的雌蜂由另一顆蟲癭果（雄果）內羽化飛出並攜帶大量花粉，從頂端開口處鑽入，大約有數隻至數十隻小蜂進入雄果，在短花柱喇叭狀的蟲癭花上面產卵，卵孵化後幼蟲便以蟲癭花為食，幼蟲就在蟲癭花裡化蛹。

雄果成熟前產生大量的乙烯，使得果實膨大變軟，羽化後的雄小蜂在雄果內尋找雌小蜂，咬開雌小蜂的蟲癭，產卵器伸進去與雌小蜂交尾，此時雌性小蜂留在蟲癭果內靜止不動，為之後飛行及鑽出保留體力。當果實內的雄花成熟釋放花粉，恰好也是交尾後的雌小蜂羽化之時，已經受精且具有翅膀構造的雌小蜂就攜帶著花粉爬出果實，尋找下一顆愛玉果，至於完成受精後的雄小蜂便在果實內死去（圖 1.2.8）。

雌愛玉果內部的花柱結構不適合產卵，飛入雌果的小蜂無法繁殖，但雌小蜂身上的雄花粉能使雌愛玉果成功完成授粉的任務，結出愛玉子，越多小蜂帶來越多的花粉，雌愛玉果也越飽滿，也只有成功授粉的雌愛玉果能洗出愛玉凍；沒有愛玉榕小蜂授粉的愛玉果實，最終會掉落變成落果。

---

9 過往將薜荔和愛玉的授粉小蜂都歸為 *Wiebesia pumilae* Hill，愛玉小蜂雖在中國東南沿海也有分布，然而 2021 年羅百尉與王弘毅從遺傳學角度指出中國的族群是近年才從臺灣散布過去的，愛玉榕小蜂應是臺灣特有種，與其共生的愛玉也應當為臺灣特有的變種，否則僅有愛玉子沒有愛玉小蜂，不可能形成穩定的族群。臺大昆蟲系江少華的學位論文中建議以宿主愛玉的變種名為新的種小名 *Wiebesia awkeotsang*。

10 根據英國植物學家 Corner 的研究，認為愛玉為薜荔 (*Ficus pumila* L.) 的變種，因此將學名修正為與薜荔相同的 *Ficus pumila* L.，再保留 *awkeotsang* 為愛玉的變種名，以及最初命名者牧野富太郎的姓氏 Makino。

11 以臺語 ài-giok-tsâng、ò-giô-tsâng 拉丁化，即為學名 *awkeotsang* 的來源。

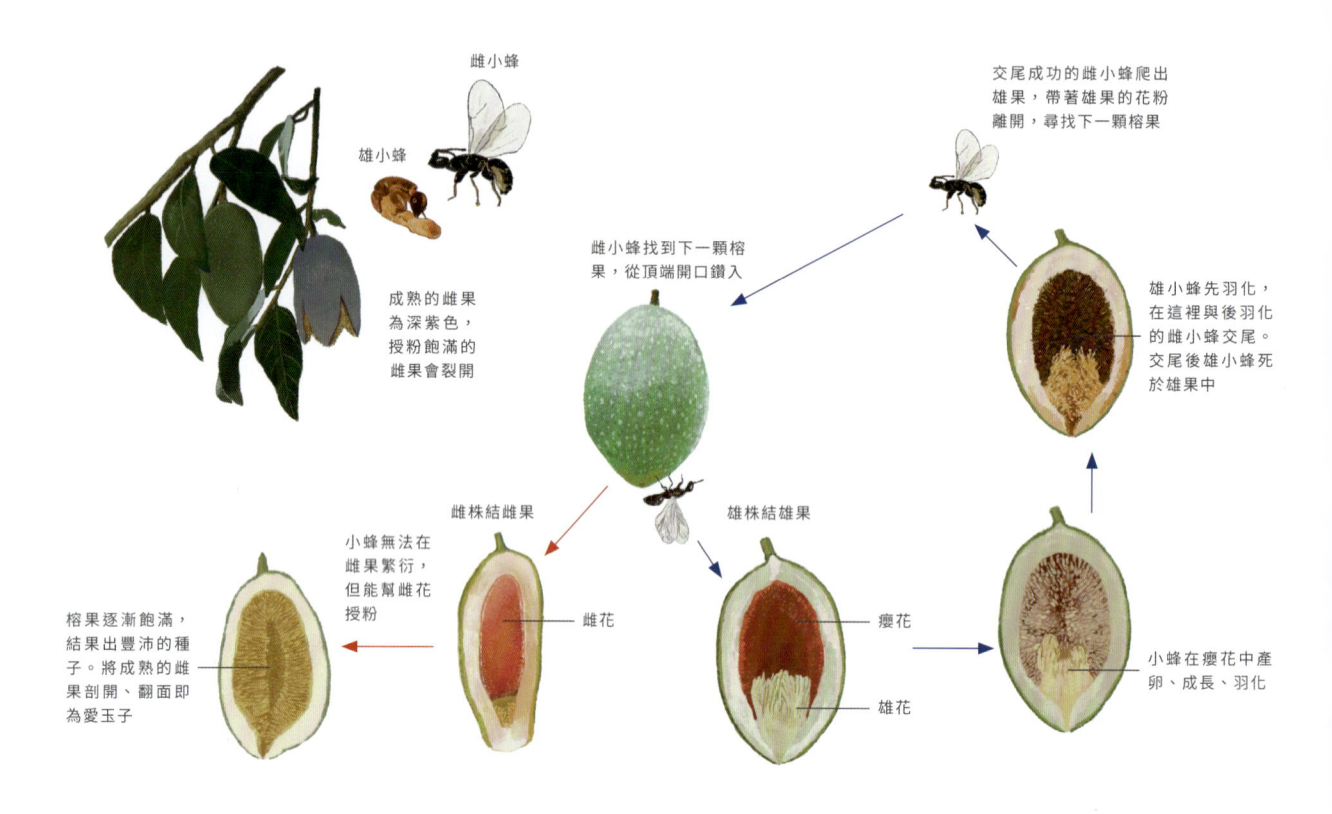

圖 1.2.8
愛玉榕小蜂 (*Wiebesia* sp.) 與愛玉的共生關係

根據 2010 年賴柏全、林瑞松和倪正柱的研究，雌小蜂飛出隱花果後，在不餵食的情況下壽命約 2~4 天，愛玉小蜂的活躍溫度約在 21~26 ℃ 左右，剛出來的小蜂會停留在愛玉果實、葉片或枝條上不太活動。冬季溫度 16 ℃ 時，雌性的愛玉榕小蜂會在雄花期的果實上梳理翅膀和足，等到 21 ℃ 以上，愛玉小蜂才會大量活動。夏季溫度達 33 ℃ 時，雌性的愛玉榕小蜂會停止活動，待在樹蔭下的葉背休息。

愛玉小蜂與愛玉互利共生 (mutualism)，愛玉的結果需仰賴愛玉小蜂，除了種植愛玉外，必須掌握環境變化對愛玉小蜂的影響才能獲得愛玉果實，因此其栽培管理有一定的困難度。

近年來行政院農業部苗栗區農業改良場對此進行了長期的研究，在上百個臺灣原生愛玉品系中，研發具高經濟價值的新品種「苗栗 1 號」及「苗栗 2 號」，若能持續投入研究，以建立穩定的雄株系統、培育數量充足的愛玉小蜂，並且掌握成熟果實的採收時機，對臺灣的農業發展會有很大的幫助。

Section 1.3
針尾類的蜂類

細腰亞目之下的針尾類蜂類，主要特徵是雌蜂腹部的產卵管特化成可以螫刺的針狀構造，其螫針的用途有些用於狩獵時麻痺獵物，有些則用於防禦。

針尾類之下有很多總科，其中包含青蜂總科、蜜蜂總科及胡蜂總科等等。這些針尾類的蜂類中，除了獨居性及社會性外，也有不少寄生性蜂類，具有高度的多樣性。

1.3.1 青蜂總科

歸類在針尾類下的青蜂總科 (Chrysidoidea)，與胡蜂總科、蜜蜂總科相比為數量相對較少的一個總科，估計全世界約有 4,000 種，分屬於 7 個不同的科，其中青蜂科 (Chrysididae) 體色艷麗，常具有藍、青、紅等金屬色澤。青蜂 (cuckoo wasp) 有借巢產卵的習性，屬於盜寄生性蜂類 (cuckoo bees and cuckoo wasps)[12]。牠們的英文名稱就像杜鵑鳥 (cuckoo bird) 一樣，會寄生在其他蜂類的巢裡，因此常常可以在蜂巢附近發現蹤跡（圖 1.3.1）。

> 12 盜寄生（竊寄生）：取食宿主儲糧，會殺死寄主的卵或初齡幼蟲。其實除了青蜂科 (Chrysididae) 之外，胡蜂科 (Vespidae)、蜜蜂科 (Apidae)、隧蜂科 (Halictidae)、切葉蜂科 (Megachilidae)、泥蜂科 (Sphecidae) 等科中都有盜寄生的類群。其中蜜蜂科有三個屬是竊寄生性，分別為寄斑蜂屬（木斑蜂屬）(*Nomada*)、琉璃蜂屬 (*Thyreus*)、寄條蜂屬 (*Tetralonioidella*)。

圖 1.3.1
青蜂是常見的盜寄生性蜂類，會寄生在其他蜂類的巢裡。

1.3.2 胡蜂總科

說到胡蜂，多數人想到的就是極具防禦行為的虎頭蜂，但其實胡蜂總科的成員非常多，已知超過 20,000 種，其中胡蜂科、蛛蜂科、蟻蜂科這三科都超過 4,000 種，簡單來說，可分為獨居性胡蜂與社會性胡蜂兩大類。

臺灣從都市平原到海拔 3,000 m 以上山區都有胡蜂的分布，社會性胡蜂目前已知有 9 種虎頭蜂、3 種黃胡蜂、19 種長腳蜂；獨居性胡蜂以蜾蠃為主，臺灣至少超過 50 種。可知虎頭蜂這種社會性胡蜂只佔胡蜂總科當中的一小部分而已，而且許多胡蜂總科之下的蜂類攻擊性都不強，牠們的螫針多半是為了蒐集食物之用，不一定會用來螫人。

● 獨居性胡蜂

蜾蠃

胡蜂總科 (Vespoidea)、胡蜂科 (Vespidae)、蜾蠃亞科 (Eumeninae) 之下的蜂類統稱為蜾蠃 (Eumenid wasps)，有部分學者將本亞科提升至科級為蜾蠃科 (Eumenidae)。蜾蠃亞科是胡蜂科之下生物多樣性最高的一個亞科，臺灣已知的胡蜂科約一百多種，其中屬於蜾蠃的種類大約佔三分之二，且不時發現新種。

如農業部林業試驗所葉文琪與陸聲山博士，於 2007 年發表的三種臺灣新記錄蜾蠃，分別是 *Epsilon fujianensis*、*Paraleptomenes miniatus miniatus* 與 *Subancistrocerus sichelii*，2017 年又發現了新種台灣長腹蜾蠃 (*Zethus taiwanus*)。

臺灣的蜾蠃都是獨居性的狩獵蜂，牠們會捕捉環境中的小昆蟲，並將卵產在獵物身上或巢室內壁作為幼蟲的食物，根據 1990 年山根正氣的研究，以東亞分布的蜾蠃為例，依築巢的方式分成借坑型 (tube-renter)、泥管型 (mud-dauber) 與泥甕型 (potter wasp)。

借坑型指的是利用既有坑洞例如竹子築巢，並用泥土填補巢室隔間層與坑洞出入口的蜂；泥管型與泥甕型指的是利用泥土築巢的蜂類，且泥甕型的巢會有明顯的壺狀或陶甕狀，一般俗稱泥壺蜂（圖 1.1.10）。要注意雖然泥壺蜂指的是某些會把巢築成壺狀的蜾蠃，但不是所有的蜾蠃都是泥壺蜂。

臺灣常見的赭褐毛唇蜾蠃（又名麗胸蜾蠃、稜腹泥壺蜂）(*Orancistrocerus drewseni*)、黃緣蜾蠃（又名黃緣前喙蜾蠃）(*Anterhynchium flavomarginatum formosicola* Schulthess, 1934)、赭黃原喙蜾蠃 (*Rhynchium brunneum*) 都是借坑性（圖 1.3.2）。

圖 1.3.2
赭黃原喙蜾蠃 (*Rhynchium brunneum*)

麗胸蜾蠃又稱赭褐毛唇蜾蠃、稜腹泥壺蜂，雌蟲體長 1.5~1.8 cm，雄蟲體長 1.3~1.5 cm。臺灣的麗胸蜾蠃分北部亞種 (*Orancistrocerus drewseni ingens*) 與南部亞種 (*Orancistrocerus drewseni nigricapitus*)，牠們都是以泥土作為築巢的原料。麗胸蜾蠃與黃緣蜾蠃外觀類似，但兩者的習性卻不同（圖 1.3.3）。

黃緣蜾蠃為獨居蜂類，一年產生一代。雌蜂先在竹管裡產下一顆卵，然後捕捉小昆蟲作為幼蟲生長中所需的營養來源，接著用泥土將巢室封閉，再繼續於下一個巢室產卵。

麗胸蜾蠃也會在竹管內營巢、育幼，且用泥土封閉巢室，但巢口特點是有延伸突出的泥管。在概念上麗胸蜾蠃雖屬於獨居性蜂類，但雌蜂有照顧幼蟲的行為，一年產生二代，有漸進供糧的行為，隨著幼蟲不斷生長，雌蜂會持續提供食物，屬於亞社會性蜂類。

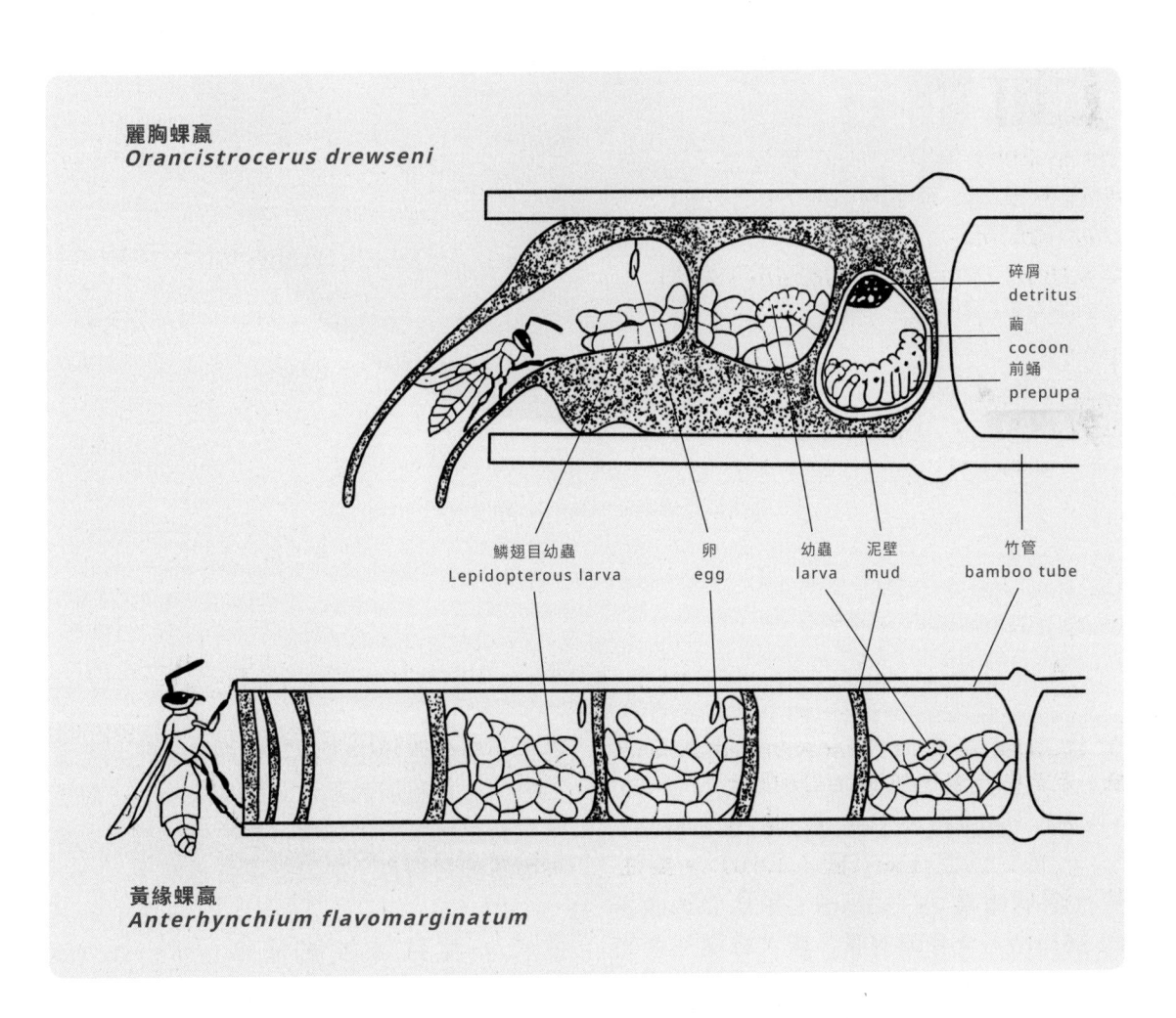

圖 1.3.3
麗胸蜾蠃與黃緣蜾蠃兩者的蜂巢形態（根據 Itino, 1986 重新繪製）

前胸黃色，胸部側面有紅褐色斑，中胸背板前方黃色，中後方黑色混有紅褐色

頭頂黑色，複眼後緣有黃紋

錘腹呈黃色倒圓錐形，第一節基部紅褐色，中間有黑色橫帶

腹柄紅褐色，靠近末端有黑色橫帶

前伸腹節中央有不規則黑斑

觸角橙紅色

圖 1.3.4
正在築巢的黃錐華麗蜾蠃 (*Delta pyriforme*)

黃錐華麗蜾蠃 (*Delta pyriforme* Fabricius, 1775)，又名黃胸錐腹蜾蠃或黃胸泥壺蜂（圖 1.3.4），是典型的 potter wasp 巢型。

雌性個體體長 28~30mm，雄性個體體長約 25mm，全身體有黃、黑、紅褐三色斑紋，其特徵是頭頂黑色，頭部後緣為黃色，觸角橙紅色，前胸黃色，胸部側面有紅褐色斑，中胸背板前方黃色，中後方黑色混有紅褐色，前伸腹節中央有不規則黑斑，六足紅褐色，後足腿節內黑色，腹柄紅褐色，靠近末端有黑色橫帶，錘腹呈黃色倒圓錐形，第一節基部紅褐色，中間有黑色橫帶。

還有一種黃領錐腹蜾蠃 (*Delta esuriens okinawae* Giordani Soika, 1986)，又名姬黃錐華麗蜾蠃（圖 1.3.5），與黃錐華麗蜾蠃外形相似，差別在於黃領錐腹蜾蠃的中胸背

觸角紅褐色

頭頂黑色,複眼後緣有黃紋

小盾片紅褐色

前胸黃色,胸部側面有大型黃縱斑;中胸背板黑色,小盾紅片褐色,後胸黑色有黃橫紋

腹柄紅褐色,末端 1/3 黑色有一對黃斑

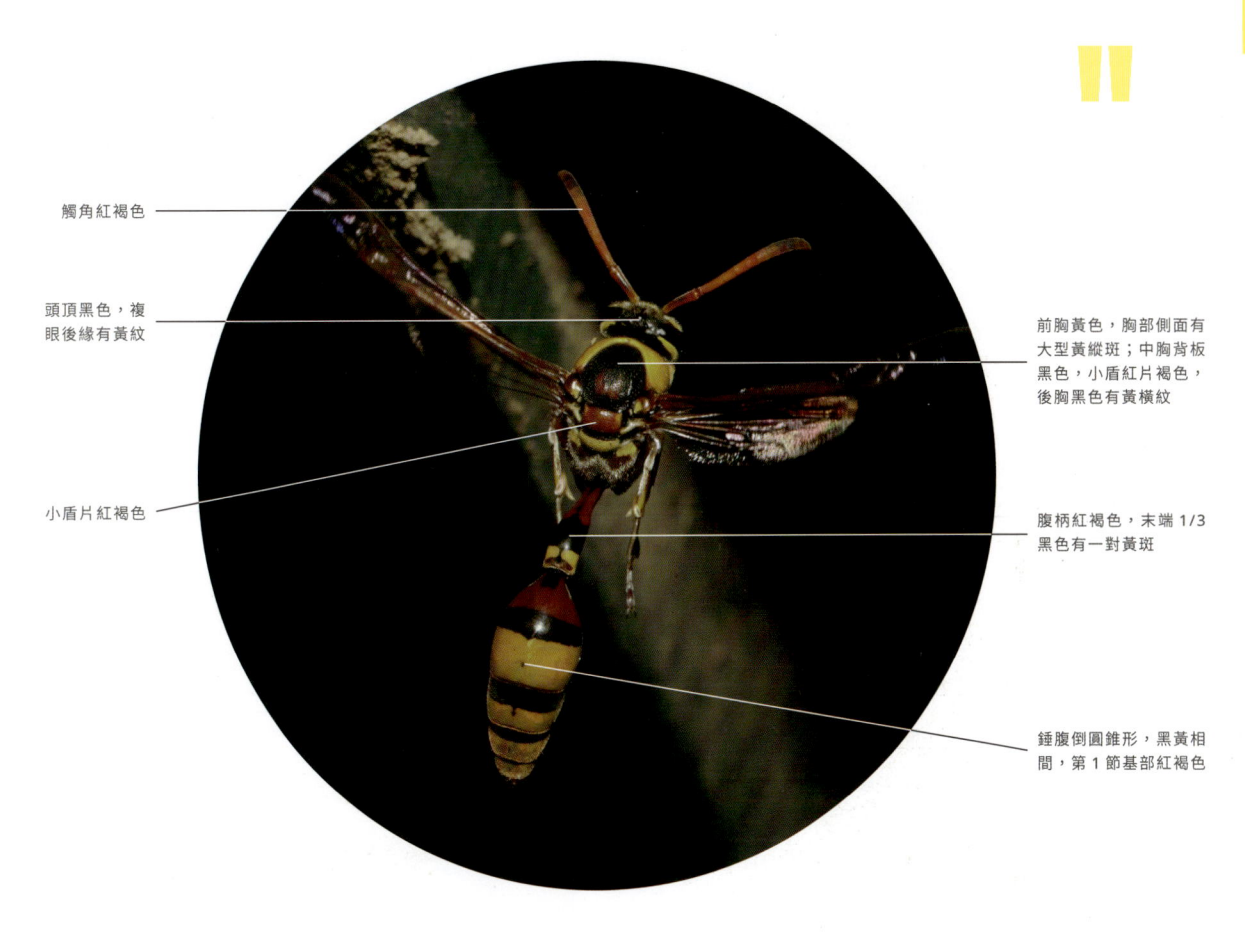

錘腹倒圓錐形,黑黃相間,第 1 節基部紅褐色

圖 1.3.5
黃領錐腹蜾蠃 (*Delta esuriens okinawae*)

板黑色,黃錐華麗蜾蠃中胸背板黃黑兩色混有紅褐色。

黃錐華麗蜾蠃常見於國曆 4 至 11 月,喜歡訪花吸蜜,雌性個體營巢時會先採水後飛到泥地上以口攪拌成泥球,並選在可以遮風雨的地方用泥球建造巢室,巢通常呈酒壺狀,因此俗稱泥壺蜂。

造好巢室後雌蜂會產卵在裡面,並捕捉鱗翅目幼蟲,然後封閉巢口,繼續建造下一個巢室,巢室內的鱗翅目幼蟲則作為幼蟲的食物。

上述這些蜾蠃由於具有捕捉小型昆蟲的行為,因此在環境中扮演重要角色。

蟎與螲蠃的共生關係

依據林業試驗所陸聲山博士、葉文琪先生的觀察，有一些寄生蜂會以螲蠃為寄主，某些蟎類則會附著在螲蠃身上特化的蟎室 (acarinarium) 內，並在螲蠃築巢時轉移到巢內，保護螲蠃幼蟲免於遭受寄生蜂危害，因此能增加螲蠃成功繁殖的機會。對共生的螲蠃而言，蟎類能保護宿主後代免於遭受寄生蜂的危害，並進而增加蟎類自身繁衍成功的機會。但如果寄生蜂突破防衛在螲蠃窩內產卵，成功發育的寄生蜂幼蟲將同時造成寄主與蟎類死亡。

這些寄宿的蟎類雖然對螲蠃成蟲沒有明顯的正負面效應，但對螲蠃子代的生存而言，卻扮演著守護者的角色。在蟎類與螲蠃共生的關係中，蟎類能保護寄主子代的安全，然後從寄主獲得生存所需的養分。而移動力強的螲蠃除了提供住所與食物之外，還能載著蟎類四處移動，成功播遷他處。

蛛蜂

胡蜂總科之下的蛛蜂科 (Pompilidae)，又名鱉甲蜂科，全世界目前有紀錄的蛛蜂約有 230 屬 5,000 種，分屬 5 個亞科，分別為蛛蜂亞科 (Pompilinae)、溝蛛蜂亞科 (Pepsinae)、盜寄生蛛蜂亞科 (Ceropaline)、Ctenocerinae 及 Notocyphinae。

其中盜寄生蛛蜂亞科只有兩個屬，Ctenocerinae 則是以閉戶螳蠰為獵物的亞科，蛛蜂亞科和溝蛛蜂亞科數量最多，各有上百個屬，約有 2,000 種以上。根據臺灣生物多樣性資訊入口網物種名錄，臺灣的蛛蜂有 3 個亞科 44 個屬共 126 種，分別是盜寄生蛛蜂亞科、蛛蜂亞科和溝蛛蜂亞科。

蛛蜂的成蟲以花蜜為食，之所以叫蛛蜂，是因為雌蜂會捕捉蜘蛛作為幼蟲的食物。蛛蜂中胸側面通常有斜的縱溝，後足內側脛節距 (tibial spur) 基部有剛毛叢，足很長，後足脛節通常超過腹部末端，以利捕捉蜘蛛。

大部分的蛛蜂發現蜘蛛時，會利用螫針裡的毒液麻痺蜘蛛，使蜘蛛失去活動能力（圖 1.3.6），此時的蜘蛛呈現活著但無法動彈的狀態。然後蛛蜂會把蜘蛛拖到洞穴內，並在蜘蛛身上產下一顆卵，封閉洞口防止天敵入侵，蜘蛛身上的卵孵化後，其幼蟲就以蜘蛛為食。

圖 1.3.6
尼氏狹鱗溝蛛蜂 (*Leptodialepis nicevillei*) 獵補白額高腳蛛 (*Heteropoda venatoria*)

圖 1.3.7
利用電線桿作為育幼空間的大藍蛛蜂 (*Java nigrita*)

而比較原始的蛛蜂如 *Epipompilus insularis* 則是將蜘蛛麻痺之後，產卵在蜘蛛腹部後就飛離，麻痺的蜘蛛之後會恢復知覺持續正常生活，而蛛蜂的幼蟲就吸附在蜘蛛腹部生長。另外，盜寄生蛛蜂亞科的蛛蜂會在已經被他種蛛蜂獵捕到的蜘蛛上產卵，原先的蛛蜂將蜘蛛拖入巢穴內產卵後封閉巢口，而盜寄生蛛蜂亞科的幼蟲會先孵化，然後吃掉原先蛛蜂產下的卵，接著享用蜘蛛。

雌性的蛛蜂產卵時可決定子代的性別，當獵物體型較小，蛛蜂會產下未受精卵孵出雄蜂，如果獵物夠大則產下受精卵生出雌蜂。卵孵化後就吸附在蜘蛛的腹部，幼蟲首先吸食蜘蛛的體液，隨著幼蟲成長，到終齡幼蟲改以咀嚼方式進食，吃光寄主，進入蛹期，蛛蜂化蛹並順利羽化後，再重複上一代的行為繼續狩獵。狩獵時不同的蛛蜂有不同搬運獵物的方式，有的是拖行，有的是跨騎獵物向前移動，在牆壁或樹幹築巢的蛛蜂甚至為了利於將獵物抓起飛行，會用大顎把蜘蛛的腳切除。

不同的蛛蜂有不同的築巢行為，築巢在地下的蛛蜂有的是單一巢室，有的則從主隧道往旁邊挖出多個巢室。部分單一巢室的蛛蜂捕捉到獵物後，會將獵物拖到適當的築巢地點才開始挖洞；多巢室的蛛蜂則先挖好部分巢穴，才去尋找獵物。也有些蛛蜂會利用現有的洞穴例如電線桿作為育幼的空間（圖 1.3.7）。

溝蛛蜂亞科會在牆壁或樹幹上先用泥巴築好泥巢才去尋找蜘蛛，等抓到蜘蛛後放入泥巢中產卵再封閉巢口以保護幼蟲，但幼蟲在泥巢中不保證可以順利羽化。蛛蜂也有天敵，例如寄生性的姬蜂發現泥巢後，會用產卵管刺穿泥巢，被寄生的蛛蜂則會死亡。

社會性胡蜂

社會性胡蜂包含長腳蜂亞科 (Polistinae) 與胡蜂亞科 (Vespinae)。長腳蜂亞科是胡蜂科第二大亞科，全世界已知 26 屬 960 多種和亞種。臺灣的長腳蜂亞科包含長腳蜂屬 (*Polistes*)、側異腹胡蜂屬（舊名細長腳蜂屬）(*Parapolybia*)，以及鈴腹胡蜂屬（舊名鐘胡蜂屬）(*Ropalidia*)。

胡蜂亞科全世界迄今已知 4 屬 71 種，包含虎頭蜂屬 (*Vespa*)、黃胡蜂屬 (*Vespula*)、原胡蜂屬 (*Provespa*) 和長黃胡蜂屬 (*Dolichovespula*)。

其中以虎頭蜂屬單一族群內的個體數量最多、防衛性強、危險性高，最容易造成人畜被螫，也是養蜂業非常重視的敵害，一般以虎頭蜂稱之。

社會性胡蜂共同外表特徵是蠶豆狀內凹的複眼，休息時可縱向摺疊的翅膀，以及前翅中央的翅室至少跟亞基部的翅室等長或更長。

長腳蜂與虎頭蜂的差異

對於蜂類不甚了解的民眾來說，很容易把長腳蜂誤認為蜜蜂或虎頭蜂，事實上長腳蜂跟虎頭蜂都不會生產蜂蜜，相較於特定幾種攻擊較性高的虎頭蜂，長腳蜂其實溫馴許多。

在臺灣要分辨長腳蜂與虎頭蜂，可以觀察蜂巢的形狀。多數長腳蜂巢的巢脾外露，沒有外罩，可以看到六角形的巢房，有些外形很像蓮蓬頭，尺寸很少超過一個成人的手掌，只有一層巢脾（變側異腹胡蜂低海拔族群有時為多層巢脾），頂端利用一個窩柄固定懸吊在空中（圖 1.3.8）。

圖 1.3.8
赭褐長腳蜂 (*Polistes tenebricosus*) 的巢頂端利用一個窩柄固定懸吊在空中

虎頭蜂巢則有外殼包覆，依種類不同，蜂巢大小可以從壘球甚至到成人的臂展，蜂窩有一個或一個以上的圓形或溝狀出入口，內部有許多層水平排列的巢脾，巢脾大多呈圓形，六角形巢房開口朝下，每一片巢脾之間、巢脾與外殼之間有許多柄柱相連（圖 1.3.9）。

虎頭蜂巢與長腳蜂巢的相似之處在於材質均為植物纖維，成蜂會去採集樹皮甚至紙箱築巢，蜂巢的顏色與採集的材料有關（圖 1.3.10）；而蜜蜂則是工蜂自行分泌的蠟質築巢（表 1.3.1）。

一個長腳蜂族群裡的個體數量比蜜蜂和虎頭

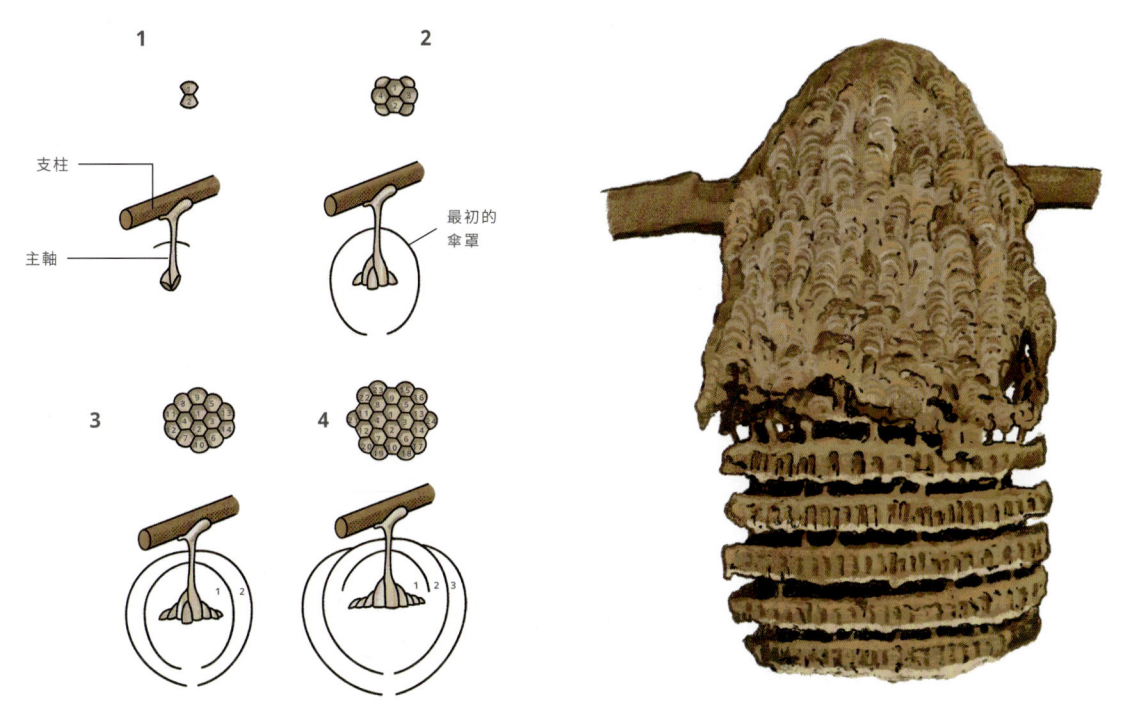

图 1.3.9
胡蜂亞科 (Vespinae) 的巢
左圖 / 普通黃胡蜂 (*Vespula vulgaris*) 的巢在創始階段的過程（根據 Spradbery, 1973 重新繪製）
右圖 / 黃腳虎頭蜂 (*Vespa velutina*) 巢的內部構造，每一片水平的巢脾之間，以及巢脾與外殼之間有許多柄相連。

圖 1.3.10
蜂巢的顏色與採集的材料有關。
照片中顯示赭褐長腳蜂 (*Polistes tenebricosus*)
築巢時採集到有粉紅色顏料的紙。

蜂少很多，大約十幾隻到幾十隻，大部分不會超過 100 隻成蜂，少數較大的族群才會超過百隻，而成熟的虎頭蜂蜂群個體數量可達成千上萬隻，危險性也較高。

在成蜂的外觀上，長腳蜂的腹部呈紡錘型，虎頭蜂的腹部則是呈陀螺型（圖 1.3.11）。長腳蜂的錘腹第一節細柄狀，虎頭蜂的錘腹第一節非細柄狀。錘腹 (gastra) 第一節其實為第二腹節，第一腹節和後胸合併，名為併胸腹節 (propodeum)，錘腹不含併胸腹節。其他生物學特性上的差異可參閱表 1.3.1。

圖 1.3.11
上圖／
黃胡蜂屬 (*Vespula*) 的工蜂與長腳蜂屬 (*Polistes*) 的工蜂，兩者形態上的差異。
（根據 Akre et al., 1981 重新繪製）
下圖／
胡蜂亞科［中華大虎頭蜂 (*Vespa mandarinia*)］（左）的腹部呈陀螺型，
長腳蜂亞科［巨紅長腳蜂 (*Polistes gigas*)］（右）腹部呈紡錘型。

表 1.3.1 臺灣產蜜蜂、長腳蜂、虎頭蜂的差異對照

蜂類\項目	蜜蜂 honey bee	長腳蜂 paper wasp	虎頭蜂 hornet
分類	蜜蜂科 (Apidae)	長腳蜂亞科（又名：馬蜂亞科）(Polistinae)	胡蜂亞科 (Vespinae)
蜂群起始方式	分封方式創設	蜂后獨立建巢	蜂后獨立建巢
蜂后及蜂群壽命	多年	半年或一年	一年
蜂巢外觀	沒有外殼	沒有外殼	有外殼
蜂巢形式	多巢脾，六角形巢口兩側排列	大多為單巢脾，六角形巢口向下，巢脾外露，可以看到六角形的巢房	多巢脾，六角形巢口向下，巢脾之間以柄柱相連
巢室分區	除了卵、幼蟲及蛹的發育區域，也有儲存花粉和花蜜的區域	巢脾只有卵、幼蟲及蛹的發育區域，沒有食物儲存區	巢脾只有卵、幼蟲及蛹的發育區域，沒有食物儲存區
蜂巢材質	蜂蠟	植物纖維	植物纖維
族群個體數量	上千至上萬隻	十幾隻到上百隻	上千至上萬隻
食物	成蟲取食含糖分物質。幼蟲食用成蜂頭部腺體分泌的乳狀物質	成蟲取食含糖分物質。幼蟲取食由成蜂狩獵帶回的肉類或小昆蟲	成蟲取食含糖分物質。幼蟲取食由成蜂狩獵帶回的肉類或小昆蟲
封蓋方式	成蜂分泌蜂蠟	幼蟲吐絲	幼蟲吐絲
防禦性	接近或觸碰到蜂巢才會攻擊	接近或觸碰到蜂巢才會攻擊	少數種類有較高的攻擊性
螫針	螫刺後螫針會脫落	大多能重複使用	大多能重複使用
註	此表呈現主要特徵，但分類在同一亞科之下的蜂種，其生物習性仍有差異。		

臺灣產的胡蜂科亞科

這個檢索表僅適用於臺灣產的胡蜂類,所以一些形態特徵敘述不能用來辨識其他地區的個體,例如熱帶地區的一個亞科「狹腹胡蜂亞科」腳爪呈齒狀,此外熱帶地區長腳蜂亞科的多種類蜂巢的外面具有罩殼。

(1) 大顎較長,不用時交互疊置。具有翅基側小片 (parategula)。腳爪二分叉型。獨居性。巢室橫斷面非呈六角形⋯⋯⋯⋯⋯⋯⋯⋯⋯⋯⋯⋯⋯⋯⋯⋯⋯⋯⋯⋯⋯⋯⋯⋯⋯⋯⋯⋯⋯⋯⋯⋯⋯⋯⋯⋯⋯⋯⋯**蜾蠃亞科**。
>> 大顎較短,不用時一般不交互疊置。不具翅基側小片。腳爪不分叉。社會性,蜂巢是由許多開口呈六角形的蜂室組構而成⋯⋯⋯⋯⋯⋯⋯⋯⋯⋯⋯⋯⋯⋯⋯⋯⋯⋯⋯⋯⋯⋯⋯⋯⋯⋯⋯⋯(2)

(2) 錘腹第一節非呈細柄狀,且從上方俯視並非向基端逐漸變窄(乃為急轉變窄)。後翅無臀角葉 (anal lobe)。蜂巢外部總有一個罩殼⋯⋯⋯⋯⋯⋯⋯⋯⋯⋯⋯⋯⋯⋯⋯⋯⋯⋯⋯⋯⋯⋯⋯⋯**胡蜂亞科**。
>> 錘腹第一節呈細柄狀,或朝向基端逐漸變窄。後翅有一個臀角葉。蜂巢外部總無罩殼⋯⋯**長腳蜂亞科**。

(此檢索表參考自山根正氣、王效岳,1996)

臺灣常見的長腳蜂

長腳蜂的種類很多,跟蜜蜂一樣是真社會性昆蟲,但長腳蜂為原始真社會 (primitively eusocial) 蜂類,而蜜蜂屬於特化的真社會 (specialized eusocial) 蜂類。蜜蜂可維持數年,長腳蜂則是一年一代或一年兩代。

春天的時候。長腳蜂蜂后獨立建巢和哺育幼蟲,當第一代的工蜂羽化後,投入採集食物、建造巢房、清潔與哺育幼蟲的工作,讓蜂后可以專心產卵。蜂群到了後期會自行瓦解,瓦解後新一代的長腳蜂會另築新巢而不重複使用舊巢。颱風、豪雨常常摧毀毫無遮蔽的蜂巢,此外食物短缺、虎頭蜂以及其他天敵入侵也會造成長腳蜂滅群。

多數的長腳蜂警戒範圍低,除非觸碰或驚擾到牠們,要不然牠們很少叮人,只是牠們築巢的位置有時候正好是人類活動的範圍,例如草叢、樹下或屋簷等等,因此常與人發生衝突。假如除草前沒有仔細觀察,觸碰或摧毀蜂巢就會被螫。

長腳蜂的幼蟲為肉食性,成蜂會捕捉環境中的小昆蟲,把抓到的小昆蟲搓成肉球後餵給幼蟲吃,例如田裡面如果有吃葉菜類的鱗翅目幼蟲,長腳蜂還能控制牠們的數量。只要了解長腳蜂的習性,讓牠們有更多的生存空間,就能豐富生態系,使環境更加永續。

長腳蜂種類遠多於虎頭蜂,因篇幅所限,僅列舉一些臺灣常見的種類。

圖 1.3.12
巨紅長腳蜂及其蜂巢、卵和幼蟲

巨紅長腳蜂	學名：*Polistes gigas* 別名：棕長腳蜂 體型：雌蜂體長 23~38 mm ／雄蜂體長 35~45 mm 是體型最大的長腳蜂

- **特徵**：身體暗紅色，無明顯斑紋。雌蜂觸角黑色，唇基具明顯刻點，頭部額頭區域有明顯突出的隆脊，從側面看時，臉頰略寬於複眼，翅膀淡褐色。部分雄蜂體型巨大，約與中華大虎頭蜂相當，大顎發達，內緣呈半圓形凹入，兩側臉頰凸起，臉頰明顯寬於複眼（圖 1.3.12）。
- **築巢方式**：巢體小，蜂室數量不多，蜂巢暗褐色且窄長並具明顯光澤，頂部半圓形，有偏離中心點的柄柱連結支撐物，突起的白色大型繭蓋為一大特色。多築於樹叢、洞穴、或建築物下方。
- **習性**：個性溫馴，只要不觸碰到牠們基本上不會叮人。蜂雄於交尾期會跟其他雄性個體互咬競爭交尾機會。

圖 1.3.13
赭褐長腳蜂及其蜂巢

赭褐長腳蜂	**學名**：*Polistes tenebricosus* Lepeletier, 1836 **別名**：褐長腳蜂、烏胸馬蜂 **體型**：雌蜂體長 20~26 mm

- **特徵**：與巨紅長腳蜂外形相似，但體型較小，體色較暗，身體暗紅褐色，無淡色斑紋（圖 1.3.13）。辨識方式可從側面觀察，臉頰寬度通常等於或略小於複眼，前伸腹節中央常有黑色縱紋（表 1.3.2）。

  雌蜂體 20~26 mm，觸角鞭節為黑色，胸背板中央有一條黑色縱帶，頭部單眼區有黑色斑紋；巨紅長腳蜂單眼區無黑色斑紋，胸部沒有黑色斑紋。褐長腳蜂雄蜂體色較淡，呈暗橘紅色，臉部有兩條白色縱線，胸部側面有兩塊不規則黑色縱斑，前伸腹節中央的黑縱紋較雌蜂寬，約佔前伸腹節背面寬度的三分之一。

- **築巢方式與習性**：褐長腳蜂蜂巢鐘狀具中心柄，通常於國曆 3 月底由蜂后獨立創建，5 月左右第一批工蜂羽化，8 月雄蜂與新一代蜂后羽化，到 9 月蜂群規模達到最大，然後在 12 月左右完全解散。廣泛分布低平地至海拔 1,500 m 以下地區，常築窩於建築物屋簷下方。

表 1.3.2 褐長腳蜂與棕長腳蜂的差異

	褐長腳蜂（赭褐長腳蜂）	棕長腳蜂（巨紅長腳蜂）
工蜂體長	20~26 mm	23~38 mm
觸角	觸角鞭節黑色	觸角柄節、鞭節皆為黑色
單眼	單眼區有黑色斑紋	單眼區無黑色斑紋
頰寬	臉頰寬度通常等於或略小於複眼	臉頰寬度大於腹眼
胸	胸背板中央有一條黑色縱帶	胸部沒有黑色斑紋
前伸腹節	前伸腹節中央常有黑色縱紋	/

圖 1.3.14
黑紋長腳蜂工蜂

黑紋長腳蜂

學名：*Polistes rothneyi* Cameron, 1900
別名：黃長腳蜂、陸馬蜂、和馬蜂
體型：雄蜂體長 17 mm／工蜂體長 16 mm

- **特徵**：身體斑紋類似暗黃長腳蜂，但本種體色鮮黃，黑斑更加明顯。
  觸角橘紅色，柄節及鞭節基部二分之一黑褐色；頭部黃色，頭頂黑色，有一對幾乎相接的蠶豆形黃斑；中胸背板黑色，中間及兩側各有一對一大一小的縱斑；前伸腹節黑色，中間有一對寬縱斑（圖 1.3.14）。
  腹部黃色，第 1 節及第 2 腹節基部黑色，第 2~4 節中央有波浪狀黑色細橫紋。
  足黃色，中足及後足的腿節及脛節基部三分之二黑色。
- **築巢方式**：蜂巢具中心柄，圓盤狀似蓮蓬頭，經常在樹枝、草叢或建物下方築巢。
- **習性**：單一蜂巢的蜂群數量多，通常有上百隻成蜂，相較它種長腳蜂，黑紋長腳蜂攻擊性較強，過度接近蜂巢時會出現明顯的防禦行為。

图 1.3.15
暗黃長腳蜂及其蜂巢

暗黃長腳蜂	**學名**：*Polistes jokahamae* ／過去被鑑定為 *Polistes jadwigae* **別名**：家長腳蜂、家馬蜂、約馬蜂 **體型**：雄蜂體長 27~45 mm ／工蜂體長 17~18 mm

- **特徵**：本種體色以暗黃色或橙黃色為主。頭部黃色，頭頂黑色；中胸背板中間及兩側各有一對一大一小的黃斑，前伸腹節黑色，有一對黃色縱向斑紋；腹部第 1 節基部 2/3 處黑色，第 2~4 節有波浪狀黑色橫線。中、後足腿節半部黑色，後足脛節深褐色（圖 1.3.15）。
- **築巢方式**：巢具中心柄，圓盤狀似蓮蓬頭。蜂后大約於國曆 3 月開始獨立建巢，第一批工蜂羽化後如果沒有遇到天敵和天災，族群會快速成長，到了 8 至 12 月陸續棄巢準備越冬，棄巢的速度以 11 月最快。越冬期約為 12 月至隔年 2 月，這段時間有部分個體會聚集在出生的蜂巢上越冬。
- **其他**：其他近似種還有日本長腳蜂與臺灣長腳蜂，雖然有關遺傳基因的分析證實日本長腳蜂與臺灣長腳蜂為不同種，但目前仍無法單從外部形態輕易區分兩者的差別。

圖 1.3.16
雙斑長腳蜂及其蜂巢

雙斑長腳蜂

學名：*Polistes takasagonus* Sonan, 1943
別名：雙斑馬蜂、高砂長腳蜂、高砂黃星長腳蜂
體型：雄蜂體長約 12 mm ／工蜂體長 11~16 mm

- **特徵**：本種臉部唇基黃色，臉頰紅褐色，頭頂黑色。胸部紅褐色，前胸前緣及上緣黃色，中胸背板黑色，小盾片及後胸前緣黃色，六足紅褐色，中足及後足腿節內側黑色。前伸腹節黑色有一對大型黃斑。腹部第 1 節黃色，基部黑色，其餘各節黃褐色，第 2 節前緣黑色，第 2~4 節兩側有模糊的黃斑（圖 1.3.16）。廣泛分布臺灣本島低海拔地區。
- **築巢方式與習性**：蜂巢為蓮蓬頭狀，具偏心巢柄，特徵是繭蓋為黃色，與其他多數長腳蜂的繭蓋呈白色不同。多築巢於灌木叢的樹葉下方，蜂群數量可達數十隻，成蟲發生期在國曆 3 至 11 月。

圖 1.3.17 a
變側異腹胡蜂的蜂巢有時只有單層巢脾

圖 1.3.17 b
變側異腹胡蜂的巢有時具多層巢脾

變側異腹胡蜂	學名：*Parapolybia varia* Fabricius, 1787
	別名：牛舌蜂
	體型：蜂后體長 13 mm ／雄蜂體長 11~14 mm ／工蜂體長 11~14 mm

- **特徵**：蜂后與工蜂之間通常沒有明顯的體型差異。身體紅褐色，黃色斑紋類似叉胸異腹胡蜂，但臉部中央的唇基深色斑為縱條狀（圖 1.3.18），頭頂有黃斑，後胸黃色，前伸腹節的黃斑較大。
- **築巢方式**：蜂巢可由單一或多蜂后創建，低海拔族群所建的蜂巢常為 10~15 片的多層巢脾，巢室可達 2,000~3,000 個（圖 1.3.17b），而高海拔的蜂巢有時則只有單層巢脾（圖 1.3.17a）。
- **辨識重點**：側異腹胡蜂屬之下的變側異腹胡蜂、叉胸側異腹胡蜂和庫側異腹胡蜂外觀相似，唇基的斑紋是鑑別這三種異腹胡蜂較穩定的特徵。變側異腹胡蜂唇基中央有一窄暗斑紋，叉胸異腹胡蜂唇基中央上半有一顏色較淡的寬褐色斑。庫異腹胡蜂唇基無斑紋。

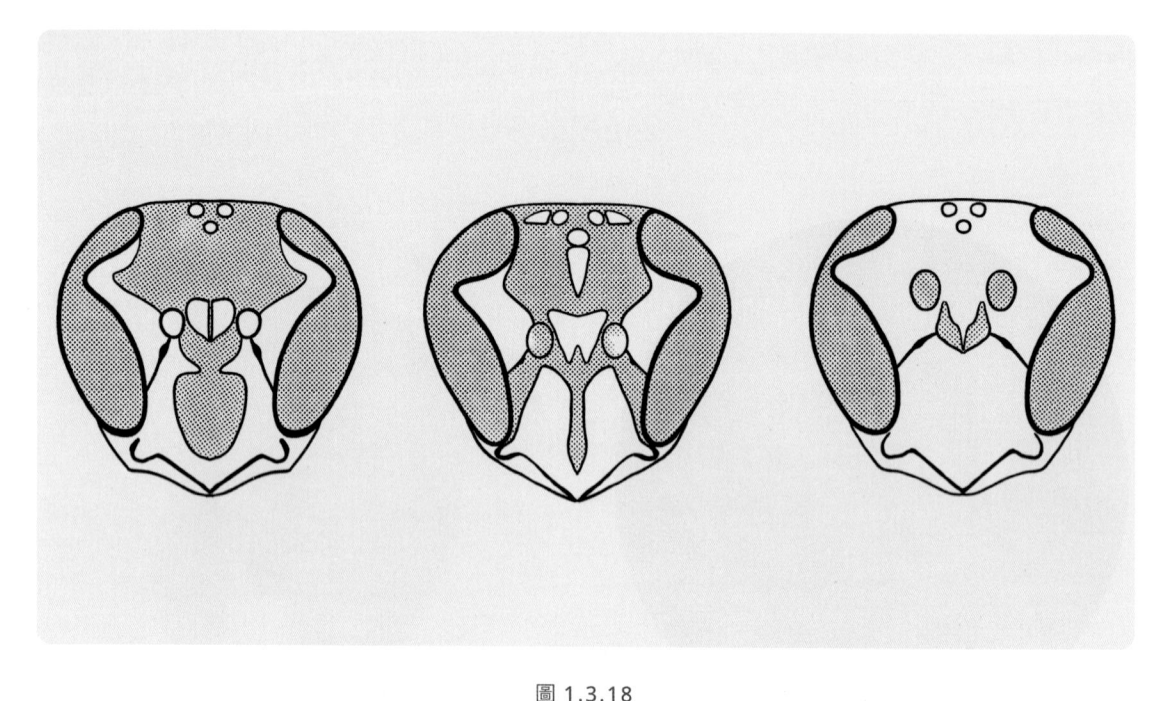

圖 1.3.18
叉胸側異腹胡蜂 (*Parapolybia nodosa*)（左）、變側異腹胡蜂 (*P. varia*)（中）和
庫側異腹胡蜂 (*P. takasagona*)（右）唇基斑紋的差異。

虎頭蜂的種類

虎頭蜂是胡蜂總科 (Vespoidea)、胡蜂亞科 (Vespinae)、虎頭蜂屬 (*Vespa*) 的蜂類，根據 2012 年麥可・阿奇爾 (Michael E. Archer) 的研究，全世界有 22 種虎頭蜂，有些種之下有亞種，有些亞種有相對應的中文名，有些沒有。根據 2015 年譚江麗等人的記載，中國有 17 種虎頭蜂，中國稱虎頭蜂屬為胡蜂屬，臺灣慣用的名稱與中國的使用習慣略有差異（名稱對照參見表 1.3.3）。

臺灣有紀錄的共 9 種，在臺灣許多虎頭蜂有相同的俗名，例如姬虎頭蜂、黑絨虎頭蜂與黃腰虎頭蜂，因為腹部全部或部分呈現黑色，因此臺語稱「烏尾仔」(oo-bué-á) 或黑尾虎頭蜂，導致描述時產生混淆。早期文獻記載臺灣有 7 種虎頭蜂，分別是中華大虎頭蜂 (*V. mandarinia*)、黑腹虎頭蜂（又名黑絨虎頭蜂）(*Vespa basalis*)、黃腳虎頭蜂（又名黃跗虎頭蜂）(*V. velutina*)、黃腰虎頭蜂 (*V. affinis*)、擬大虎頭蜂 (*V. analis*)、姬虎頭蜂 (*V. ducalis*) 及威氏虎頭蜂 (*V. vivax*)。

近年來因為人類的貿易行為頻繁，一種名為雙色虎頭蜂 (*Vespa bicolor*) 的外來種已在臺灣出現。

另外，2006 年宋一鑫教授自嘉義縣番路鄉草山村，所採集到黃色虎頭蜂 (*Vespa simillima*)，在日本是重要的有害動物，目前對臺灣的東方蜂、西洋蜂或對人類的影響尚未有評估報告。

表 1.3.3 中國與臺灣的虎頭蜂名稱對照表

學名	中國的名稱	臺灣的名稱
Vespa mandarinia	金環胡蜂	中華大虎頭蜂
Veapa basalis	基胡蜂	黑腹虎頭蜂（黑絨虎頭蜂）
Vespa velutina	黃腳胡蜂	黃腳虎頭蜂（黃跗虎頭蜂）
Vespa affinis	黃腰胡蜂（凹紋胡蜂、墨胸胡蜂）	黃腰虎頭蜂
Vespa analis	三齒胡蜂	擬大虎頭蜂
Vespa ducalis	黑尾胡蜂	姬虎頭蜂
Vespa bicolor	黑盾胡蜂（雙色胡蜂）	雙色虎頭蜂
Vespa simillima	近胡蜂	黃色虎頭蜂
Vespa vivax	壽胡蜂	威氏虎頭蜂
Vespa binghami	褐胡蜂	/
Vespa soror	黃紋大胡蜂	/
Vespa tropica	金箍胡蜂（熱帶胡蜂）	/
Vespa orientalis	東方胡蜂	/
Vespa variabilis	變胡蜂	/
Vespa mocsaryana	茅胡蜂	/
Vespa dybowskii	笛胡蜂	/
Vespa crabro	黃邊胡蜂	/

虎頭蜂的生活習性

虎頭蜂由二倍體的蜂后和工蜂,以及單倍體的雄蜂等三類成員組成,生命週期為一年,成功冬眠後的蜂后在春天甦醒,由於冬眠時體內儲存的養分大量消耗,所以會先外出大量吸食樹汁、花蜜補充營養以恢復體力。蜂后補充營養後,接著採集植物纖維獨立建巢,繁育出第一代工蜂。

剛羽化數分鐘內的成蜂不善飛行與螫刺(圖1.3.19),但羽化數天後飛行與防禦行為逐漸增強,蜂后繼續產卵,擴大蜂群規模,越來越多的工蜂羽化,陸續投入狩獵、育幼、築巢、守衛等工作。到了夏秋之季,蜂群達到成熟期,此時族群最大,警戒和攻擊性較大,這也是為什麼秋天常常傳出爬山時被虎頭蜂螫的原因。

秋末進入交尾期,雄蜂大量出現並與新蜂后交尾,繁育來年的新蜂后,交尾成功的蜂后則開始冬眠,原蜂群的老蜂后死亡,工蜂數量大幅減少,在沒有足夠工蜂的情況下族群開始瓦解、消亡。

>> **交尾與越冬**

只有新蜂后會與雄蜂交尾,這兩種繁殖蜂的交尾地點位於巢外。以中華大虎頭蜂為例,雄蜂常在巢口盤旋,於飛行中抓住待交配的新蜂后,隨後雙雙落地交尾。

交尾行為受費洛蒙的影響。1985年小野正人(Ono Masato)等人觀察到,成群中華大虎頭蜂的雄蜂聚集在蜂巢附近,推測可能是因氣味吸引。對雌蜂而言,選擇巢外並與非同巢雄蜂交尾,能避免種內近親交配的劣勢,維持族群活力;然而在實際情況中,牠們仍

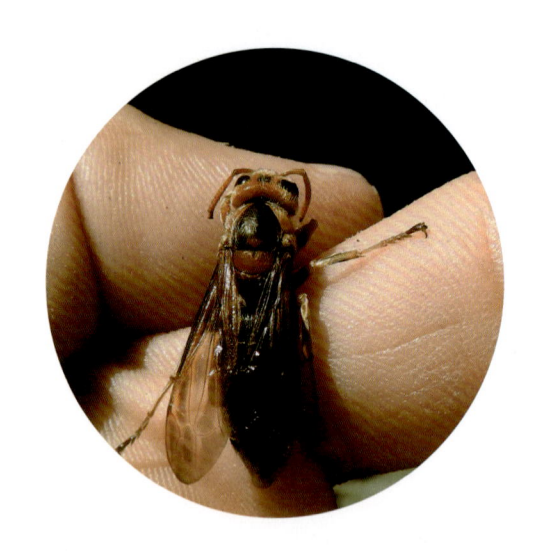

圖 1.3.19
剛羽化數分鐘內的虎頭蜂不善螫刺,照片為剛羽化的黑腹虎頭蜂工蜂。

有可能與同巢雄蜂進行交尾。交尾後,雄蜂會死亡,蜂后則開始尋找越冬地點。為了節省能量,這些地點通常不會距離巢穴太遠,但具體距離因虎頭蜂種類而異。根據松浦誠(Matsuura Makoto)和山根正氣(Yamane Seiki)於1990年的報導,離巢距離多在數十公尺至約1.12公里之間。越冬的棲所常見於土壤內、腐朽的樹樁中,或地面上堆放的木材內。

>> **築巢**

虎頭蜂巢的選擇,要滿足安全、獵物充足、汙染少、水和築巢材料易取得等條件,所以蜂巢多建在生態環境較好的地方,例如山林、鄉村、城市裡的綠化帶及綠化較好的公園、校園等,也容易在建築物的屋簷、窗台這些能夠遮風避雨的地方發現牠們。

不同虎頭蜂在巢址選擇上各有偏好,可能築巢於地下、土穴、岩縫、樹洞、閣樓屋簷下

或樹上等地，巢的外形則因蜂種而異。一般來說，中華大虎頭蜂與姬虎頭蜂多在土穴或石穴中築巢，雙色虎頭蜂也多偏好土穴，但偶有離開土穴，在外部空間築巢的情形。黃腰虎頭蜂與黃腳虎頭蜂（黃跗虎頭蜂）常在樹上，或能遮風避雨的懸岩與屋簷下築巢。樹上築巢時，多數巢體懸掛於樹枝，僅少數會包覆樹枝，其外觀與舉尾蟻那種橢圓形包覆樹幹的巢不同（圖 1.3.20）。

>> 取食

建巢初期，當蜂后產下第一代的工蜂後，羽化的工蜂會投入築巢與採集食物的工作，蜂后則繼續產卵，蜂后會將卵產在六角形巢壁旁（圖 1.3.21），孵化後的幼蟲由工蜂或蜂后餵食。幼蟲的食物來源為成蜂獵捕到的小昆蟲與小動物、兩棲類、鳥獸的屍體、露天市場肉舖上的肉（圖 1.3.22），並將其做成肉球帶回巢餵食給幼蟲，而成蜂則靠補充水和糖分等碳水化合物來維持能量消耗。

圖 1.3.20
懸巢舉尾家蟻
(*Crematogaster rogenhoferi*) 的巢

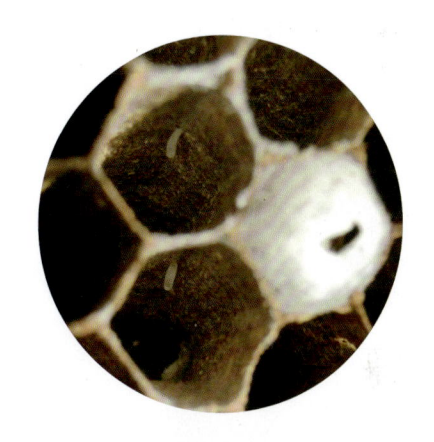

圖 1.3.21
黑腹虎頭蜂蜂后會將卵產在六角形巢壁旁

>> 溫度

虎頭蜂巢有外殼包覆，巢脾之間柄柱相連，蜂群能夠調節巢內的溫度，所以能廣泛分布在不同環境。夏季高溫時，虎頭蜂會取水降溫並扇動翅膀形成氣流，甚至會在外巢上開小洞將熱氣散出，把蜂巢的溫度控制在 28~32 ℃ 左右，根據林試所陸聲山博士的紀錄，在國曆 1、2 月冬季寒流來臨時，蜂巢內部溫度仍可維持在 26~28 ℃ 左右，如果巢內溫度異常降低，虎頭蜂很可能會停止育幼、蜂群大量離巢甚至死亡。

圖 1.3.22
黃腳虎頭蜂採集肉類

成蜂與幼蟲具有交哺 (trophallaxis) 行為，成蜂餵食幼蟲後，幼蟲會分泌一種乳白色富含胺基酸的液體供成蜂取食，這種液體能提升成蜂的體力以從事狩獵工作，因此日本的研究學者分析其中的活性成分後，生產了複合胺基酸運動補給飲品在市面販售。交哺現象也會發生在成蜂之間，例如中華大虎頭蜂在野外，飢餓的中華大虎頭蜂工蜂會聚在一起，從胃中反芻液體給同伴。

幼蟲在化蛹前會吐白色的絲將六角形的巢口封蓋，進入蛹期就不再進食，直到變為成蟲後自行咬開巢口羽化（圖 1.3.23）。

圖 1.3.23
黑腹虎頭蜂咬開封蓋羽化

>> 守衛——虎頭蜂的警戒性與防禦行為

虎頭蜂與蜜蜂一樣，雌性個體才有螫針，雄性個體沒有螫針，但虎頭蜂與蜜蜂的螫針不同之處，在於虎頭蜂的螫針可以重複螫刺，螫針也不會從身體脫落，不過根據安奎教授的調查，發現螫刺後少數會留下螫針的紀錄。虎頭蜂雖然令人聞風喪膽，但不是所有的虎頭蜂都生性兇猛，其實有些虎頭蜂防禦性比較低，只是時有所聞的叮人事件，讓人對虎頭蜂有著一種莫名的恐懼。

不同的虎頭蜂有不同的警戒範圍，依攻擊性區分為以下五個等級[13]：

第一級：人們接近蜂巢距離 5 m 就有攻擊行為
第二級：距蜂巢距離 2~5 m 就有攻擊行為
第三級：距離 0.3~2 m 就有攻擊行為
第四級：距離 0.3 m 以內就有攻擊行為
第五級：必須觸及蜂巢才有攻擊反應

但若蜂群先前曾遭受騷擾或刺激，之後會加強防禦力度，也可能延長防禦持續的時間。像是空氣中的異常氣味、動物經過時觸碰到蜂巢所在的枝幹、突如其來的強風，或是遇上蜂鷹等天敵襲擊，都可能引發蜂群進入防禦狀態。這種防禦反應可能僅持續幾分鐘，也可能延長至數小時甚至一整天，具體的反應時間也會根據不同蜂種而異。

由於只用攻擊性一項指標作為虎頭蜂防禦範圍是不夠的，1977 年山根爽一以防禦強度、輕微刺激的反應、追擊指數（追擊距離的遠近）及刺後防禦性增加，來標示虎頭蜂的攻擊性指數（表 1.3.5）。追擊指數 3 表示追擊距離 100 m；追擊指數 2 表示追擊距離 50 m；追擊指數 1 表示追擊距離約 20~30 m。

13 根據嘉義大學郭木傳及葉文和教授在 1987 年針對臺灣七種虎頭蜂的研究。

表 1.3.4 臺灣七種虎頭蜂種類及攻擊性一覽表（郭木傳、葉文和，1987）

學名	中文	攻擊性及分級
Vespa basalis F. Smith	黑腹虎頭蜂（黑絨虎頭蜂）	1
Vespa mandarinia F. Smith	中華大虎頭蜂（金環虎頭蜂）	2
Vespa velutina Lepeletier	黃腳虎頭蜂（黃跗虎頭蜂）	2
Vespa affinis Linnaeus	黃腰虎頭蜂	3
Vespa analis Fabricius	擬大虎頭蜂	3
Vespa ducalis F. Smith	姬虎頭蜂（雙金環虎頭蜂）	4
Vespa vivax Smith	威氏虎頭蜂	5

表 1.3.5 虎頭蜂的攻擊性指數（山根爽一，1977）

虎頭蜂種類	防禦強度	輕微刺激的反應	追擊指數（追擊距離的遠近）	刺激後防禦性增加	攻擊性總指數
中華大虎頭蜂	2	3	2 (50 m)	2	9
黑腹虎頭蜂	3	3	3 (100 m)	3	12
黃腳虎頭蜂	2	3	2 (50 m)	2	9
黃腰虎頭蜂	1	1	1 (20~30 m)	1	4
姬虎頭蜂	0	0	0	0	0
擬大虎頭蜂	1	1	1 (20~30 m)	1	4
威氏虎頭蜂	/	/	/	/	/
雙色虎頭蜂	/	/	/	/	/

（表格中若標示「/」，表示沒有數據。）

不同虎頭蜂飛行的時速不盡相同，通常在每小時 20~35 km 左右，有時還會更快，以中華大虎頭蜂為例，飛行速度每小時約 25 km。多數虎頭蜂在 1 km 範圍內覓食，族群較大的虎頭蜂因為食物需求量更大，覓食半徑會增加，日本的中華大虎頭蜂一般飛行半徑約 1~2 km，最遠有 8 km 的紀錄。

不同種甚至同一種虎頭蜂的警戒範圍，跟季節、環境溫度、氣候條件、外界刺激、族群大小、地理位置、風向、氣味等等因素有關，因此變化很大；例如也有接近黑腹虎頭蜂巢 10 m 就叮人的紀錄，分級數據只是大致的評估標準和基本的參考指標。

虎頭蜂辨識的波長在 330~600 nm 之間，對紫外光、藍色及綠色光線特別敏感，所以虎頭蜂的防禦性與顏色也有關係。2004 年姜義晏等人以黃腰虎頭蜂為對象，在黑、紫、紅、綠、黃、白六種顏色中，發現黃腰虎頭蜂對不同顏色的防禦行為及距離結果，以黑色的防禦行為最強烈，白色最弱（表 1.3.6）。黑色在 0.5 m 距離的反應指數分別為 25、10.9、9.1、4.5、1.2、1.5，指數越大，防禦行為越強。因此在山區活動時，穿著淺色衣物可以減少被虎頭蜂螫傷的機會，但蜂螫是多種因素造成，顏色只是其中一個原因，人的肢體動作也是重要因素之一。不論是虎頭蜂還是蜜蜂，在攻擊的同時都會釋放警戒費洛蒙 (alarm pheromone)，引誘同伴一起發動攻擊，所以被虎頭蜂叮到的時候，千萬不要留在原地不動，一定要盡速離開。

表 1.3.6 黃腰虎頭蜂被騷擾後，產生防禦行為與顏色的關係（姜義晏等，2004）

顏色 距離 (m)	黑	紫	紅	綠	黃	白
0.5	25	10.9	9.1	4.5	1.2	1.5
1.0	15.2	6.1	3.15	1.9	0.1	0.1
1.5	5.5	1.3	1.2	0.1	0.1	0
2.0	1.6	0.1	0.5	0	0	0
2.5	0.1	0	0	0	0	0
註 1	六種顏色中任取三種排列組合，共 20 種震動騷擾，每次 3 分鐘。得出的指數是，不同排列位置騷擾次數的平均值。					
註 2	經常性騷擾，蜂群防禦行為大增（每 30 秒一次 > 每 60 秒一次）。但是如果持續而穩定的震動騷擾 10 分鐘，則蜂群不予理會，除非有更大的震動騷擾出現，才會再有防禦行為出現。					

>> 消亡

若沒有遭到天敵、天災且食物充足，蜂巢的體積與蜂群數量會逐漸增加，到了秋天族群繁衍到最大，這也是為什麼秋天比較容易發生蜂螫事件的原因之一。

一般來說國曆10月過後，大部分的虎頭蜂蜂群很少再增大，這時正值秋天，蜂群開始出現雄性個體的雄蜂與雌性個體的生殖蜂(sexuals)，兩者交尾後雄性個體死亡，受精的雌蜂會尋找適合越冬的地點，例如石縫、樹洞、灌木叢等地，一隻或數隻不等的蜂后在一起不進食度過冬天，越冬的雌蜂脂肪大量消耗，直到春天再開始活動，成為蜂后。

而原來的蜂群因為沒有新生代的工蜂維持，秋末蜂群的個體數量開始減少，冬天受低溫、飢餓或被寄生而瓦解。

不是所有的虎頭蜂都能夠發展成強盛的蜂群並完成世代，有些蜂群在早期就會死亡。決定建巢成功與否的因素很多，例如獨立建巢期蜂后死亡，死亡的原因可能是天候惡劣（氣溫太低、風吹雨打）、食物匱乏、相互競爭、人為干擾及自然死亡等等，雖然虎頭蜂巢能夠抵抗一定的自然風雨侵襲，但強風和強降雨仍有機會毀壞蜂巢，尤其在非常脆弱的建築初期。

此外撚翅目(Strepsiptera)的昆蟲 *Xenos crabronis* 會寄生在腹部體節之下影響蜂群發展。

不同的虎頭蜂族群瓦解的時間不一樣，黃腰虎頭蜂蜂群解體較早，一般多在國曆11月下旬，黃腳虎頭蜂（黃跗虎頭蜂）瓦解的時間較晚，通常2、3月才會滅亡，此外也曾經發現黑腹虎頭蜂（黑絨虎頭蜂）2月底、3月初才開始瓦解的紀錄。春天新蜂后開始採集植物纖維築巢，重新開始新的世代，去年的舊巢則不會重複使用，但極少數的個案發現不同種的虎頭蜂會有佔巢行為，例如黑腹虎頭蜂侵佔黃腳虎頭蜂蜂巢。

虎頭蜂的天敵──東方蜂鷹

全世界共有三百多種日行性的猛禽，蜂鷹屬的共有三種：歐洲蜂鷹(*Pernis apivorus*)、東方蜂鷹(*P. ptilohynchus*)及菲律賓蜂鷹(*P. celebensis*)。

在臺灣的蜂鷹是東方蜂鷹，屬於第二級珍貴稀有的保育類野生動物，東方蜂鷹同時有候鳥及留鳥的族群，牠們在臺灣被認定的居留狀況從過去以為的候鳥修正為留鳥，也是鳥類研究史中有趣的過程。

之所以稱為蜂鷹，是因為牠們以蜂為食。東方蜂鷹最常掠食虎頭蜂與長腳蜂，特別是柔軟不帶毒液的蜂蛹與幼蟲。由於長腳蜂巢大約有一個手掌的大小，蜂鷹通常會把蜂巢整個摘下，帶到樹枝上取食或餵給巢中幼鳥。

至於蜂巢較大的虎頭蜂，東方蜂鷹會在找到蜂巢以後，連續好幾天前往取食，直到蜂巢被吃到只剩下基部為止。蜂蛹與幼蟲位於蜂巢內部，東方蜂鷹會破壞蜂巢，由於蜂鷹的頭部相對於身體而言比例較小，頸部細長，所以能夠伸進蜂巢縫隙覓食。

攻擊蜂巢後，東方蜂鷹會採取團體戰策略，可能輪流進攻，或由一隻蜂鷹先突擊蜂巢後迅速飛離，引誘成蜂離開巢穴，讓其他蜂鷹趁機進入取食巢內資源。成鳥還會將含有蜂蛹與幼蟲的破碎蜂巢叼回巢中，餵食給雛

鳥。牠們不懼蜂螫，原因在於羽毛的排列緊密而細小，形成天然屏障，能有效防禦蜂螫（圖 1.3.24）。

蜂鷹偶爾會吃一些蛙類、蛇和蜥蜴等爬行動物，也會到養蜂場食用養蜂人棄置的贅脾中的蜂蛹。

蜂鷹對蜜蜂和養蜂人的危害極低，其實蜂鷹可以作為綠色保育標章的一部分，在生產蜂產品之外也能夠重視生態保育。

圖 1.3.24
東方蜂鷹正在取食黃腳虎頭蜂

天然ㄟ照片尚好

蜂鷹是野生動物，跟野生動物保持距離，不餵食野生動物是基本常識。

為了拍出好照片，拍攝者會投以食物，表面上看來野鳥不會餓肚子、又有好照片似乎兩全其美，但習慣人類餵食後，野生動物就會逐漸失去捕捉獵物、覓食的能力，許多野生動物的食性很複雜，若干擾野生動物原本的覓食方式，用人類的角度去放置不適當的食物，也會導致野生動物營養失衡，更別說為了拍出清楚的照片，有些鳥巢會被破壞。受傷、遭殃的不只是鳥類，攝影師在野外任意撒麵包蟲、穀糧，卻又不清理回收，對生態環境也是種破壞。

夜間閃光燈在林間瞬閃，受到干擾的除了被拍攝的野鳥，其他野生動物視力也容易受損。雖然有些人主張餵食野鳥是在保護牠、不讓牠們挨餓，但其實只是為了自己想要拍出好看的照片，滿足更多人按讚的心理，如果牠們不美，拍不出好照片，又有多少人想要「保護牠」呢？

希望大家都能思考生態拍攝倫理的界線，在按讚鼓勵之前，也應該理解拍照的方式，秉持不傷害生態的初衷。

虎頭蜂的重要性

隨著人口不斷擴張,當野生動物和人類的活動區域重疊就會出現衝突,虎頭蜂是野生動物,與野生動物保持距離能避免衝突發生。有些虎頭蜂有時候會危害生命財產安全,有些不會,所以虎頭蜂要不要摘除需要評估。

作為生態中的一環,虎頭蜂無法也不該根除,僅能透過各種方法控制危害程度,雖然有些種類的虎頭蜂攻擊性較高,導致人畜傷亡,且會捕食蜜蜂造成養蜂人的損失,尤其是中華大虎頭蜂更會造成蜜蜂大規模死亡,是養蜂人很頭痛的敵害。

但虎頭蜂是一種狩獵型的蜂類,會捕食其他昆蟲或小型節肢動物來哺育幼蟲,而這些小昆蟲有些是農業害蟲,因此虎頭蜂能夠控制自然環境中小型動物和昆蟲的數量。根據嘉義大學郭木傳及葉文和教授的調查,一群黑腹虎頭蜂一年能捕捉約 1,211,079 隻的森林害蟲。雖然只是估計值,捕捉數量還是會根據蜂群大小、環境中的獵物量、氣候條件有所差異,但至少可以得知虎頭蜂對控制環境中小型節肢動物的數量非常重要。

虎頭蜂外出時會採集花蜜、光臘樹的樹液,以及熟透的水果,像是龍眼、荔枝、鳳梨等等以補充熱量,蚜蟲分泌的蜜露、養蜂人丟棄於蜂巢外的贅脾上如果有蜜和幼蟲,也會吸引虎頭蜂前來覓食,因此虎頭蜂具清除者的角色,此外訪花吸蜜時也能幫助植物傳布花粉(圖 1.3.25)。

所謂的益蟲與害蟲,是根據人類需求來決定的,我們與物種之間的衝突,代表著人與人之間不同需求的衝突。

圖 1.3.25
黃腳虎頭蜂 (*Vespa velutina*) 訪白千層 (*Melaleuca leucadendra*) 花

1985 年
曾文水庫蜂螫事件

1985 年 10 月 26 日，臺南仁愛國小陳益興、郭木火兩位老師帶領七十多位學童到曾文水庫遠足踏青，卻遇上了虎頭蜂攻擊，雖然兩位老師極力救助學生，但很遺憾最後陳益興老師和兩名學生不幸身亡。這起意外當時震驚了整個臺灣社會，事後有地方政府為陳益興老師塑像，第二年中央電影公司還拍了一部同名的電影《陳益興老師》(No Greater Love) 記述他的英勇事蹟。

至於活下來的郭木火老師，當他從醫院醒來所面對的卻是七十多位同學的醫藥費、賠償費、學校的懲處，還有來自四面八方的抨擊，因為媒體報導說當意外發生的時候，竟棄學生於不顧，帶著自己的妻兒逃命。此外媒體不知何來的臆測以為是學生調皮拿石塊丟虎頭蜂巢，一夕之間被害成轉為加害人，在幼小的孩童心中造成難以磨滅的陰影。

事後經過調查發現，郭木火老師並不是落跑老師，孩童朝虎頭蜂窩丟石塊也是錯誤的報導，多年後根據事發當時的學生表示，虎頭蜂巢遠在 10 m 高的樹上，以小學生的投擲能力根本無法做到。真正的原因是因為當時天氣正熱，人群正好經過黑腹虎頭蜂的領地，結果人聲吵雜引起黑腹虎頭蜂躁動，警戒蜂開始圍繞在人的四周想要給予警告，但老師和孩子們似乎沒有多想，殊不知當虎頭蜂開始螫人的時候代表牠們正在驅趕，這時陳益興老師留在原地的做法是完全錯誤的，而郭木火老師當機立斷帶著學生跑離虎頭蜂的領地才是正確的做法。

因為虎頭蜂是社會性昆蟲，具有比較強的領域性，加上蜂螫後會釋放警戒費洛蒙引發更多虎頭蜂群起而攻，所以趕快逃離現場才能保命。郭木火老師來回奔波，帶學童下山，尋找救援，卻沒人表揚他的英勇事蹟，反而被媒體扭曲，電影內容也掩蓋了部分事實。

電影《陳益興老師》把過世的老師視為英雄，其實影片中卻傳達了許多錯誤訊息和蜂螫的處理方式，例如影片中將上衣脫光，趴在原地不動其實是很危險的行為。陳益興老師也沒有電影渲染的故意脫衣服幫學生遮擋，陳老師的衣服是在醫院治療的時候剪開的。附帶一提，當年也因為推動國語政策，所以電影只能用國語拍攝。

其實兩位老師一心想救學生的心是一樣的，電影或許神化了陳益興，但他始終是一位好老師，郭木火老師才躲躲藏藏不願破壞陳益興老師的「英雄」形象。媒體暴力的結果，郭老師只能賣地、賠錢，默默背負汙名，轉調到別的學校任教。老實說發生這件事情沒有人有錯，但我們太習慣出了事一定要有人

負責，而忽略了事後的補救。

再次強調，虎頭蜂攻擊時會釋放警戒費洛蒙，引發大規模的蜂群攻擊行為，如果靠近蜂巢時肢體動作過大，蜂群就有可能提升警戒性，因此當遇到一、兩隻虎頭蜂在身邊圍繞、盤旋時，不要揮舞、拍打，在牠們還沒有螫人之前就沉穩大步且默默離開。如果已經被螫就要盡速離開現場，若穿著淺色及光滑表面的外套，可包住頭部，露出眼睛，看清楚逃離方向，無論如何千萬不可以就地蹲下或臥倒，這個動作反而非常危險。

生命的逝去令人難過，我們不會忽視蜂螫帶來的風險，但也不必放大內心的恐懼。事實上我們應該去認識這片土地上各種蜂類和生物的習性，學習遇到蜂螫的正確處理方式，減少衝突的發生。但三十多年過去了，還是有很多人對牠們不甚了解，甚至把蜜蜂、虎頭蜂和長腳蜂混為一談，只要看到蜂就莫名的害怕，把少數個案當成通案，不管是哪一種蜂就認為牠們一定會叮人，一心只想除之而後快，而忽視牠們在環境中的生態價值，這不啻是臺灣環境教育的失敗。

虎頭蜂雖然會叮人和捕食蜜蜂，是養蜂人很頭痛的敵害，尤其是中華大虎頭蜂更會造成蜜蜂大規模死亡，少數幾種較兇的虎頭蜂也有叮死人的紀錄，應該小心防範。但另一方面虎頭蜂能夠控制自然環境中小型節動物的數量，牠們也會訪花並吸食花蜜，同時幫助野生植物傳布花粉。

恐懼，多來自未知。「益蟲」與「害蟲」只是不同人根據自己的需求去界定的。只要我們了解虎頭蜂的習性，不要騷擾牠們，保持距離，抱持著尊重自然生態的態度，就能減少憾事發生。

出現在臺灣的八種虎頭蜂

圖 1.3.26
中華大虎頭蜂 (*Vespa mandarinia*) 工蜂

中華大虎頭蜂

學名：*Vespa mandarinia* Smith, 1852
別名：金環虎頭蜂、金環胡蜂
體型：蜂后體長約 50 mm ／雄蜂體長 35 mm ／工蜂體長 28~36 mm
是全世界體型最大的虎頭蜂，營養及環境條件會影響個體大小。

- **特徵**：頭部與尾部末端呈現橘黃色，胸部黑色，有些個體前胸兩側有暗紅色斑點，腹部暗紅褐色，各節末端有極細的黃圈，體表絨毛少（圖 1.3.26）。

- **分布**：分布於印度北部、尼泊爾、中南半島、中國、臺灣、日本、韓國等地。2019 年底進入北美，對北美的養蜂業及生態造成危害[14]。2012 年麥可・阿奇爾 (Michael E. Archer) 將中華大虎頭蜂分為三個亞種，分別為 *V. m. mandarinia*、*V. m. magnifica* 和 *V. m. nobilis*。分布在臺灣的主要是 *V. m. nobilis*，海拔 2,000 m 以下山區及平地常見。

- **築巢方式**：築巢位置多半在土穴中，觀察洞外是否有堆積的新土，是確認中華大虎頭蜂巢的重要指標。巢脾數可多達九片，遇到石塊或樹根阻擋時，巢脾的排列較不規則。

- **習性**：為蜜蜂敵害裡最嚴重的虎頭蜂種，20~30 隻中華大虎頭蜂 1~6 小時可以殺死 5,000~25,000 隻蜜蜂[15]，牠們會用強而有力的大顎將木製蜂箱的巢口咬開，衝進巢裡將蜜蜂一隻一隻咬死，然後取食巢內的蜂蜜，並將蜜蜂幼蟲及蛹帶回巢中作為虎頭蜂幼蟲的食物，有些中華大虎頭蜂則會在空中抓捕蜜蜂。由於築巢位置不易發現且攻擊性很強，登山經過時容易驚擾到蜂巢而被攻擊，加上毒液量大、個性兇猛，嚴重時常有螫死人的紀錄，根據安奎教授的研究與調查，螫刺後少數會留下螫針。蜂群於冬季瓦解，瓦解前雄性個體會在巢口等待並與雌性個體交尾，交尾後的蜂后會在蜂巢附近的地下或樹洞越冬。

---

14 根據 2020 年美國農業部 (United States Department of Agriculture, USDA) 的報告，入侵北美的是 *V. m. mandarinia*，原分布範圍在日本、韓國，以及中國的四川、河北、湖南、江西、福建和浙江。
15 根據 1990 年松浦誠和山根正氣的報導。

圖 1.3.27
黑腹虎頭蜂 (*Vespa basalis*) 工蜂

圖 1.3.28
有些黑腹虎頭蜂巢很像臺灣早期養雞的籠子

圖 1.3.29
許多黑腹虎頭蜂巢具溝槽狀巢口

黑腹虎頭蜂

學名：*Vespa basalis* Smith, 1852

別名：因腹部呈現黑色，體表分布細小絨毛，也稱為黑絨虎頭蜂，臺語俗稱黑尾仔 (oo-bué-á)；蜂巢很像臺灣早期養雞的籠子（圖 1.3.28），又俗稱雞籠蜂。

體型：蜂后體長 27~28 mm ／雄蜂體長 21~23 mm ／工蜂體長 20~22 mm

- **特徵**：體表密生絨毛，頭部紅褐色，前胸背板橙紅色，中胸背板黑色，下緣中央有橙斑，中胸盾板橙紅色，腹部黑色，第一腹節端部有一不明顯的淺色環帶（圖 1.3.27）。

- **分布**：分布於臺灣、巴基斯坦、尼泊爾、印度、緬甸、越南、泰國、斯里蘭卡、印尼的蘇門答臘、中國的東南方，臺灣廣泛分布在海拔 1,500 m 以下地區。

- **築巢方式**：一般於國曆 3 至 4 月間開始築巢，發展旺盛的蜂群會把附近的樹葉清除，蜂巢呈現不規則形，初期巢口為圓形，到了秋季巢口數目增加，有些呈現溝槽狀（圖 1.3.29）以利蜂群快速出巢，可大量攻擊。

- **習性**：防禦行為極強，成熟的蜂群有時甚至高達上萬隻個體。出現在蜂場時，經常在蜂箱前或地上撿拾半死的蜜蜂。

圖 1.3.30
黃腳虎頭蜂 (*Vespa velutina*)

圖 1.3.31
黃腳虎頭蜂初期的蜂巢為圓型，如網球般大小，形似倒掛的小碗

圖 1.3.32
黃腳虎頭蜂成熟的蜂巢，巢口會向外突出。

黃腳虎頭蜂	學名：*Vespa velutina* Lepeletier, 1836
	別名：因為其六足的跗節都是黃色又稱為黃跗虎頭蜂，臺語叫花跤仔 (hue-kha-á)。
	體型：蜂后體長約 26 mm／雄蜂體長 21~23 mm／工蜂體長 20~22 mm 體型與黑腹虎頭蜂差不多，營養及環境條件也會影響個體大小。

・特徵：中胸背板黑褐色，中胸背板兩側及前胸背板紅褐色，腹部每一腹節基部呈黑褐色，後部呈棕紅色，腹部末端呈棕紅色，跗節為黃色（圖 1.3.30）。

・分布：原產於東南亞（印度東北部、中國南部、西南部和中部、香港、臺灣、緬甸、泰國、寮國、越南、馬來西亞、蘇門答臘、爪哇），全球有 10 個亞種，臺灣的是黃腳虎頭蜂黃跗亞種 (*Vespa velutina flavitarsus* Sonan, 1939)，主要分布在海拔 2,000 m 以下地區，有些甚至可達海拔 2,500 m 左右，是經常危害養蜂場及民眾的虎頭蜂種[16]。

・築巢方式：黃腳虎頭蜂築巢的位置多半在樹上、懸岩或屋簷下，初期的蜂巢為圓型如網球般大小，像是倒掛的小碗（圖 1.3.31），隨著蜂群發展，蜂巢逐漸變大，巢口會向外突出呈現豬嘴巴的形狀（圖 1.3.32），是辨識黃腳虎頭蜂巢最明顯的特徵。

・習性：黃腳虎頭蜂在狩獵時會像直升機一樣在半空中滯留，伺機抓取出巢或回巢的蜜蜂。

[16] 第一個入侵歐洲樣本於 2005 年在法國西南部捕獲，根據馬丁・胡斯曼 (Martin Husemann) 等人的調查，2020 年 2 月在德國北部的漢堡發現了 *Vespa velutina nigrithorax* 亞種，是這個物種目前為止出現緯度最高的紀錄，在歐洲是嚴重的外來入侵種。

圖 1.3.33
黃腰虎頭蜂 (*Vespa affinis*)

圖 1.3.34
黃腰虎頭蜂蜂巢初期呈小葫蘆狀
有長管狀突出

圖 1.3.35
黃腰虎頭蜂的巢

黃腰虎頭蜂

學名：*Vespa affinis* Linnaeus, 1764，*Vespa formosana* 為同種異名。
別名：俗稱黑尾虎頭蜂、烏尾仔（臺語）
體型：蜂后體長 25~30 mm ／雄蜂體長 22 mm ／工蜂體長 22 mm

- **特徵**：胸背板黑褐色，最大的特徵是腹部前半部呈黃色，後半部其餘各節呈黑色（圖 1.3.33）。

- **分布**：臺灣、中國的東南部、琉球等地，在臺灣廣泛出現在海拔 1,500 m 以下區域，是最常在民宅築巢的虎頭蜂種類。

- **築巢方式**：蜂巢常建在樹枝上、窗台外、屋簷下，常出現在人類活動的範圍。蜂巢初期呈小葫蘆狀有長管狀突出（圖 1.3.34），隨著蜂巢持續發展，蜂巢形似籃球（圖 1.3.35）。

- **習性**：與中華大虎頭蜂、黑腹虎頭蜂和黃腳虎頭蜂相比，黃腰虎頭蜂攻擊性較弱。

圖 1.3.36
姬虎頭蜂 (*Vespa ducalis*)

姬虎頭蜂

學名：*Vespa ducalis* Smith, 1852
別名：由於腹部第一、二腹節有暗黃色條紋，因此又稱為雙金環虎頭蜂；第三腹節以後為黑色，所以也俗稱黑尾虎頭蜂、烏尾仔[17]（臺語）。
體型：蜂后體長 39~40 mm／雄蜂體長 30~32 mm／工蜂體長 36~38 mm
是體型僅次於中華大虎頭蜂的種類，有些甚至與中華大虎頭蜂相當。

- **特徵**：頭部橘黃色，胸部背板黑色，後胸背板紅褐色，腹部第一、二腹節有暗黃色條紋，體表絨毛少，跗節褐色（圖 1.3.36）。
- **築巢方式**：姬虎頭蜂與中華大虎頭蜂一樣築巢在土穴、石洞或樹洞之中，主要分布於海拔 1,500 m 以下，巢脾數約 2~4 片，個體數較少。
- **習性**：除了蜜蜂之外也會攻擊長腳蜂，將長腳蜂的幼蟲及蛹帶回作為虎頭蜂幼蟲的食物。

17 此俗名與黑腹虎頭蜂、黃腰虎頭蜂相同，因此以俗名稱呼易產生混淆。

窄

寬

圖 1.3.37
擬大虎頭蜂（上）從側面看時臉頰約與複眼同寬；
而中華大虎頭蜂（下）臉頰寬度大於複眼寬度。

圖 1.3.38
擬大虎頭蜂巢去除外殼後，
內部巢脾的排列狀況。

擬大虎頭蜂	學名：*Vespa analis* Fabricius, 1775 別名：正虎頭蜂 體型：蜂后體長 26~32mm ／雄蜂體長 23~27 mm ／工蜂體長 22~27 mm

- **特徵**：外形類似中華大虎頭蜂，與中華大虎頭蜂一樣，頭部與腹部末端呈現橘黃色，但擬大虎頭蜂體型較小，兩者辨識的重點在於側面臉頰的寬度，擬大虎頭蜂側面看時臉頰較窄，約與複眼同寬，而中華大虎頭蜂臉頰寬度大於複眼寬度（圖 1.3.37）。小盾片及後胸背板呈紅褐色。
- **築巢方式**：築巢的位置、過程、形狀與黃腰虎頭蜂類似，蜂巢初期也呈小葫蘆狀的長管突出，但擬大虎頭蜂的蜂巢外殼虎斑紋較明顯，巢脾數目約 4~6 個，巢房數目約 700~1,500 個（圖 1.3.38）。
- **習性**：擬大虎頭蜂不如中華大虎頭蜂、黃腰虎頭蜂常見，且個性溫馴，攻擊性較低。

圖 1.3.39
威氏虎頭蜂 (*Vespa vivax*)

威氏虎頭蜂	學名：*Vespa vivax* [18]，與中國的壽胡蜂相同，但學者對威氏虎頭蜂的分類位階看法並不一致 [19]。
	體型：雄蜂體長 21~22 mm／工蜂體長 20 mm

- **特徵**：頭、胸部為暗紅褐色。腹部以黑色為主，腹部第四節背板呈金黃色帶是重要特徵，腹部腹面第二、三、四節有黃色斑（圖 1.3.39）。
- **分布**：主要分布在海拔 1,500~2,500 m 左右的山區。
- **築巢方式**：4 至 5 月開始築巢，多築巢在 3~4 m 高的樹上。蜂巢與黃腰虎頭蜂類似，呈橢圓形。
- **習性**：個性溫馴，除非觸碰到牠們的巢，要不然不會主動攻擊人類。牠們不但攻擊性低，而且數量稀少，相關的研究資料不多，反而應該多加珍視。

18 威氏虎頭蜂同物異名為 *Vespa mediozonalis* 和 *Vespa wilemani* Meade-Waldo。
19 1991 年麥可・阿奇爾 (Michael E. Archer)，以及 1997 年卡彭特 (Carpenter)、小島純一等人認為威氏虎頭蜂是壽胡蜂的亞種，不過 1998 年趙榮台等人仍視其為臺灣的特有種。以目前研究，臺灣的威氏虎頭蜂推測可能為特有亞種，但確切的位階分類仍需要更多的標本鑑定與進一步研究。

圖 1.3.40
雙色虎頭蜂 (*Vespa bicolor*)

| 雙色虎頭蜂 | 學名：*Vespa bicolor* Fabricius, 1787
別名：中國稱為黑盾胡蜂
體型：蜂后體長 21 mm ／雄蜂體長 13~14 mm ／工蜂體長 13~16mm |

- **特徵**：全身淡黃，僅有中胸背板黑色（圖 1.3.40）。
- **分布**：廣泛分布在亞洲，臺灣從日治時期的昆蟲採集紀錄都沒有出現過，2003 年在臺中市首次發現蹤跡[20]。目前已擴散並在野外建立族群，2022 年已向北分布至新北市與臺北市。
- **築巢方式**：蜂巢築在土中，也會築巢在屋簷下或樹穴中，巢體為橢圓形，有外殼包覆。
- **習性**：跟其他虎頭蜂一樣會捕捉蜜蜂和其他小型生物，對臺灣環境生態的影響需要進一步的研究調查。

[20] 為林業試驗所的趙榮台博士所發現，發現地點鄰近海港與空港，極有可能是境外移入的外來種，入境原因可能是虎頭蜂蜂后在木頭或者貨物內越冬造成的。

蜜蜂與虎頭蜂之間的戰爭

虎頭蜂是蜜蜂的天敵，蜜蜂因為數量眾多，來源穩定，經常成為虎頭蜂獵捕的目標。臺灣的虎頭蜂中，除了威氏虎頭蜂數量稀少之外，其他都會在蜂場出現，並且造成蜂群損失，其中以中華大虎頭蜂的危害最大。當中華大虎頭蜂發現蜜蜂蜂巢時，會在蜂巢口附近殺死蜜蜂後帶回巢中餵食幼蟲，此一時期稱為捕獵期 (hunting phase)。

經過數次狩獵往返後，中華大虎頭蜂會在蜜蜂蜂巢附近釋放魏氏腺 (van der Vecht gland) 作為記號，吸引更多同伴前來捕獵，然後進入增援期 (recruitment phase)，超過三隻中華大虎頭聚集之後，就會出現集體攻擊行為，當越來越多虎頭蜂前來，原先的覓食行為就改變成集體屠殺，屠殺期 (slaughter phase) 的中華大虎頭蜂會用強而有力的大顎咬開木質巢口，衝進蜂巢內將蜜蜂咬死丟在一旁。

每隻中華大虎頭蜂平均1分鐘就能夠殺死40隻以上的蜜蜂，20~30隻的中華大虎頭蜂大約在2~3小時之內，就能消滅一群30,000隻左右的蜜蜂族群，最後進入佔據期 (occupation phase)，中華大虎頭蜂陸續將蜜蜂的幼蟲和蛹帶回巢餵養幼蟲，這段時間大概會維持十天左右[21]。

除了危害最嚴重的中華大虎頭蜂外，其他例如姬虎頭蜂、黃腰虎頭蜂、黃腳虎頭蜂多半是在巢口停走、徘徊，零星捕捉蜜蜂。虎頭蜂捉到蜜蜂後，會先飛到附近的樹叢或較不被打擾的地方肢解蜜蜂，將蜜蜂咀嚼成肉球帶回去餵食幼蟲（圖 1.3.41）。

圖 1.3.41
黃腳虎頭蜂 (*Vespa velutina*) 獵捕西洋蜜蜂 (*Apis mellifera*) 後將其嚼成肉球

圖 1.3.42
西洋蜂將黃腳虎頭蜂包圍形成蜂球，藉此殺死虎頭蜂。

當西洋蜂與東方蜂群彼此相鄰，虎頭蜂的捕食行為偏好以西洋蜂為主，且捕捉到西洋蜂的成功率較東方蜂高。當大量的虎頭蜂在巢口盤旋時，蜜蜂會降低出巢的意願，食物缺乏的情況下蜂群就會越來越弱。

雖然虎頭蜂是蜜蜂的天敵，但蜜蜂也不是省油的燈，當虎頭蜂捕捉蜜蜂時，彼此形成激烈的攻防戰，不同種類的蜜蜂面對不同種的虎頭蜂有不同的防禦行為。一般來說東方蜂（野蜂）較為靈活，有較高的防禦能力，當東方蜂遇到虎頭蜂侵擾時，會集體拍動翅膀和搖擺腹部威嚇虎頭蜂，讓虎頭蜂不敢靠近，這種行為大多只會出現在東方蜂，很少出現在西洋蜂群。

除了威嚇外，東方蜂和西洋蜂都會趁著虎頭蜂靠近時，集體衝上前包圍虎頭蜂形成蜂球(bee ball)（圖 1.3.42），藉由大顎撕咬和提高溫度和二氧化碳濃度造成虎頭蜂死亡。

不同種的蜜蜂面對不同虎頭蜂是否會形成蜂球，以及蜂球的溫度條件不盡相同，2005 年譚墾等人在中國雲南研究發現，黃腳虎頭蜂的致死溫度是 45.7 ± 0.48 °C，東方蜂與西洋蜂的致死溫度分別是 50.7 ± 0.48 °C 以及 51.8 ± 0.42 °C，兩種蜜蜂都比黃腳虎頭蜂能夠忍受較高的溫度。

2009 年菅原道夫等人認為，日本的中華大虎頭蜂能夠在 47 °C 的溫度存活 10 分鐘，但是日本蜂結成球後，內部的溫度不會高於 45.9 °C，所以蜂球中的二氧化碳增加及含氧量減少，可能是大虎頭蜂致死的重要原因，大約 5 分鐘內就會被殺死。

雖然蜜蜂會以包圍虎頭蜂的方式來保護族群，但是如果虎頭蜂的侵擾不斷增加，不堪其擾的東方蜂則會集體逃飛，另外選擇適合的地點築巢。

21 根據 1995 年小野正人等人的研究報告。

1.3.3 蜜蜂總科（花蜂總科）

蜜蜂總科 (Apoidea) 分為花蜂類 (Anthophila) 及泥蜂類 (Spheciformes)。蜜蜂科（花蜂科）、切葉蜂科、隧蜂科、分舌蜂科、短舌蜂科（澳花蜂科）、準蜂科（毛腳蜂科），這些都屬於花蜂類，英文統稱為 bees，主要以花朵的花蜜、花粉為主要食物來源。

蜜蜂總科與蜜蜂科其實也可以翻譯成花蜂總科與花蜂科，早期中文翻譯成蜜蜂總科、蜜蜂科，對於不了解蜂類的人而言，容易把蜜蜂科之下的所有蜂類都稱為蜜蜂，但嚴格來說，只有分類於蜜蜂屬 (*Apis*) 之下的蜂才能稱為蜜蜂。如果能稱為花蜂科，比較能夠讓人理解蜜蜂只是花蜂的一小部分成員。

泥蜂類包含銀口蜂科 (Crabronidae)、細腰蜂科 (Sphecidae)、長背泥蜂科 (Ampulicidae)，英文統稱為 wasp，成蜂採食花蜜，幼蟲的食物來源則是成蜂捕捉的小昆蟲或蜘蛛（圖 1.3.43）。

圖 1.3.43
a
黃紋細腰蜂 (*Sceliphron deforme taiwanum*) 的巢，從底部的破洞處隱約可見巢內放置許多成蜂捕捉的獵物。

b
打開泥製的蜂巢，裡面有許多成蜂捕捉的蜘蛛，這些蜘蛛即為黃紋細腰蜂幼蟲的食物。黃紋細腰蜂的幼蟲位於照片中左上角。

● 獨居性泥蜂類

獨居性泥蜂類多半在土穴築巢、採集泥巴營築巢室或利用現成孔洞築巢，例如長背泥蜂科下的長背泥蜂屬 (Ampulex) 會在地表挖洞築巢；細腰蜂科下的日本藍泥蜂 (Chalybion japonicum punctatum)（圖 1.3.44）會利用現成孔洞築巢；黃紋細腰蜂 (Sceliphron deforme taiwanum)、黃柄壁泥蜂 (Sceliphron madraspatanum formosanum) 採集泥巴將巢築成長條型；細腰蜂屬（毛泥蜂屬）(Sphex)、鋸泥蜂屬 (Prionyx) 的泥蜂會挖洞築巢於沙泥地中。

銀口蜂科之下的短翅泥蜂屬 (Trypoxylon) 則在細竹莖內或山壁凹處，用泥團做成細長通道造型的泥巢。小唇泥蜂屬（捷小唇泥蜂屬）(Tachytes)（圖 1.3.45）會在地面挖築洞穴；節腹泥蜂屬 (Cerceris) 會在覆滿蓋落葉的砂質地挖洞；豆短翅泥蜂屬 (Pison) 喜愛在地面爬行或短距離飛行，於隱蔽處築橢圓形泥巢；方頭泥蜂屬 (Ectemnius) 會在細瘦的植物莖幹中或枯木中築巢。

泥蜂類雖然分類於蜜蜂總科之下，但牠們多半捕捉其他小昆蟲，例如蜘蛛、蜚蠊、螽蟴、蟋蟀、鱗翅目或雙翅目以及其他昆蟲作為幼蟲的食物，所以英文為 wasp 而不是 bee。成蜂則以花蜜為食，但不把花蜜、花粉帶回巢，因此後足第一跗節特別細長，不像花蜂的第一跗節特別膨大。

由於種類多、食性廣，造就了豐富的生態多樣性，在植物傳粉、控制其他小型節肢動物的數量上扮演重要角色。

圖 1.3.44
日本藍泥蜂
(Chalybion japonicum punctatum)

圖 1.3.45
條胸捷小唇泥蜂
(Tachytes modestus)

圖 1.3.46
扁頭長背泥蜂獵捕蟑螂

蟑螂的剋星 —— 扁頭長背泥峰

扁頭長背泥蜂 (*Ampulex compressa*) (英文是 Jewel wasp)，屬於蜜蜂總科下的長背泥蜂科 (Ampulicidae)，主要分布在熱帶地區。這個科特徵是爪內緣有齒狀突起，中足脛節有兩根距 (spur)，後翅沒有或僅有小的翅臂區。

扁頭長背泥蜂具有狩獵行為。發現蟑螂後，牠們先以口器咬住獵物，再用螫針刺入體內，第一劑毒液迅速使蟑螂暫時麻痺。隨後進行第二次注射，高度特化的螫針會依據蟑螂頭部的結構與化學成分，精準穿過神經結鞘 (ganglionic sheath) 注入毒液。這些毒液會改變蟑螂的大腦反應，促使多巴胺 (dopamine) 大量分泌，使其完全喪失逃生意志，方便扁頭長背泥蜂挖洞築巢。

接著，扁頭長背泥蜂會用大顎咬斷蟑螂的兩根觸鬚，並從中吸取部分體液，隨後將獵物拖入事先準備好的巢穴，在其身上產下一顆卵，最後封起洞口離開。

牠們的毒液不僅能改變蟑螂腦部對感覺的反應，還能降低其新陳代謝，使蟑螂在被活埋後依然存活。待扁頭長背泥蜂的幼蟲孵化後，便以新鮮的蟑螂組織為食，之後化蛹並羽化離巢。

● 獨居性花蜂類

這裡指的獨居性花蜂類，是除了蜜蜂 (honey bee)、無螫蜂 (stingless bee) 和熊蜂 (bumble bee) 以外的花蜂，雖然小蘆蜂 (allodapine bee) 與隧蜂 (sweat bee) 有些種類具有社會行為，但其複雜程度低於前三者。蜜蜂、無螫蜂以及絕大多數的熊蜂為真社會性，他們的共通點是會把蜜儲存在巢房內，但獨居性花蜂沒有儲存蜂蜜的習性。獨居性花蜂的種類遠遠高於社會性花蜂，因篇幅所限，僅列舉一小部分。

木蜂

木蜂是蜜蜂總科 (Apoidea)、蜜蜂科 (Apidae)、木蜂亞科 (Xylocopinae)、木蜂族 (Xylocopini)、木蜂屬（絨木蜂屬）(Xylocopa) 的蜂類統稱，目前已知的木蜂屬有 33 個亞屬 470 種，主要分布在熱帶和亞熱帶，少數分布在溫帶地區。

木蜂屬物種繁多，社會行為與交尾策略皆具高度變化，營巢方式也相當複雜。即便同屬不同種，受地理分布與築巢環境影響，其社會行為、巢型結構，以及巢室的大小與數量，都可能呈現迥異的樣貌。

目前已知臺灣本島、金門及馬祖共有 7 種木蜂，分別是銅翼皆木蜂 (Xylocopa tranquebarorum)、白領帶木蜂紹德亞種 (X. dejeanii sauteri)[22]、紅胸木蜂 (X. ruficeps)、臺灣絨木蜂 (X. bomboides)、灰胸木蜂 (X. phalothorax)、藍翅木蜂 (X. auripennis)、Xylocopa nr. appendiculata，主要分布於中、低海拔地區，常見於春、夏兩季。

木蜂主要在竹子或實心枯木上鑽孔築巢、產卵，所以又稱為木匠蜂 (carpenter bees)。在竹子上築巢的木蜂會用強而有力的大顎將竹子咬開一個洞，利用中空的材質做主道，建造巢室。在枯木築巢的木蜂，咬開巢口後會向一個方向或多個方向挖主道，然後在主道內做巢室。

雌蜂在挖洞營巢時，會用後足的脛節基板 (tibial plate) 為支點來提高挖洞的效率，並用第六腹節背側的臀板 (pygidial plate) 來夯實坑道的內壁。由於在木頭上鑽孔築巢會加速木頭的分解，在木造房屋鑽孔影響木結構的穩定度時會被視為害蟲，但另一方面，木蜂訪花時能夠幫助植物傳粉。

木蜂挖好巢室後會開始訪花，將花粉與花蜜的混合物儲藏在內，接著產下一顆卵作為幼蟲的糧食，再用唾腺分泌物與鑽穴的竹、木屑混合製成隔板，將巢穴分成許多隔間。

如果同一棲地中的木蜂數量過多，同種雌蜂之間會競爭資源，加強對巢室的守護，以防禦同種雌蜂以及其他天敵入侵和篡奪巢室，例如銅翼皆木蜂幼蟲體內會發現長索跳小蜂 (Anagyrus) 的幼蟲。

另外，目前已知臺灣產木蜂攜播毛趾蟎科、長毛附蟎屬的蜂蟎對木蜂具有危害性，例如 Sennertia sp.、S. alfkeni (=S. japonica)、S. horrida、S. nr. cerambycina、S. nr. horrida 等，攜播部位以木蜂的翅基部與前伸腹節為主，在白領帶木蜂的雌蜂與雄蜂間具有不同的部位分布偏好。

[22] 白領帶木蜂紹德亞種過去被鑑定為 Xylocopa collaris。

1.3

銅翼𦬒木蜂（圖 1.3.47）因為會在枯掉的竹子內築巢，因此在臺灣常被稱為竹蜂。銅翼𦬒木蜂體長約 25mm，體色黑色，單眼明顯隆起，前胸背板具革質狀光澤，三對足黑色有絨毛，翅膀具有藍色金屬光澤，訪花的時間短暫，雌蟲唇基黑色，雄蟲唇基為白色是最大的特徵。銅翼𦬒木蜂一年數代，雌蜂從春季開始營巢，將蜂糧存放在竹子內並產卵，卵在竹管內發育，剛羽化的的成蜂會暫時逗留在竹洞內，隨後離巢尋找適合的竹子繁殖後代一直到秋末。

白領帶木蜂紹德亞種，又稱黃領木蜂或黃領花蜂，其發現者為漢斯‧紹德 (Hans Sauter)。1902 年，漢斯‧紹德在臺灣期間採集了許多花蜂標本，成為臺灣花蜂分類研究的重要基礎，如今多數標本收藏於歐洲博物館。

此亞種體長約 25 mm，雌雄外形差異顯著。雌蜂體型圓潤、通體黑色，唇基亦呈黑色，胸背板上橫亙一條黃褐色帶狀斑，是其主要識別特徵（圖 1.3.48）。雌蜂會在枯木上鑽圓形洞築巢，巢型很長，常分布於低至中海拔地區，是臺灣常見的訪花性蜂類（圖 1.3.49）。雄蜂則呈灰白至褐色，複眼帶綠灰色並佈有黑色斑點，唇基淡褐至灰白色為其主要特徵。牠們具有領域性，會驅趕入侵者，並偏好在固定地點棲息（圖 1.3.50）。

紅胸木蜂又名紅胸花蜂，體長約 25 mm。胸部與三對足覆滿橙黃色絨毛，胸背板中央帶有一條黑色縱斑，腹部呈黑色（圖 1.3.51）。平時多見於花間吸蜜或穿梭飛行，築巢時則會在枯木上鑽洞。

木蜂的外形跟熊蜂類似，有些人會誤認，事實上兩者有著不同的分類地位與生物學習性（表 1.3.7）。

圖 1.3.47
銅翼𦬒木蜂雌蟲在訪葫蘆科的花

圖 1.3.48
白領帶木蜂紹德亞種雌蟲正在枯木上鑽洞築巢

圖 1.3.49
白領帶木蜂紹德亞種雌蟲正在訪大花咸豐草

圖 1.3.50
白領帶木蜂紹德亞種雄蟲具領域性,會在雌蜂巢穴附近驅趕其他入侵的蜂類,然後再回到同樣的地方棲息。

圖 1.3.51
紅胸木蜂雌蟲在訪葫蘆科的花

表 1.3.7 木蜂與熊蜂的差異

	木蜂 (carpenter bee)	熊蜂 (bumble bee)
分類	木蜂屬	熊蜂屬
社會行為性	獨居性	真社會性
巢室	在木頭或竹子上鑽孔	自行分泌蜂蠟
腹部外觀	腹部絨毛短少	腹部佈滿絨毛
後足的構造	後足不具有花粉籃	後足具有花粉籃

蘆蜂與小蘆蜂

蘆蜂 (small carpenter bee) 是屬於蜜蜂科 (Apidae)、木蜂亞科 (Xylocopinae)、蘆蜂族 (Ceratinini)、蘆蜂屬（又稱花蘆蜂屬）(Ceratina) 的小型蜂類，依種類不同，有些是獨居性，有些則具初級的社會行為。

根據 2010 年桑德拉・雷漢 (Sandra Rehan) 等人的報告，蘆蜂族起源於約 4,700 萬年前的非洲，隨後在 4,400 萬年前擴散到歐亞大陸，並於 3,200 萬年前擴展到美洲。除了南極洲外，其他大洲皆有分布，物種多樣性高，全球超過 300 種，臺灣約有十幾種，根據宋一鑫教授的報告，臺灣在亞屬分類已知的有蘆蜂亞屬 (Ceratina)、花蘆蜂亞屬 (Ceratinidia)、旗毛蘆蜂亞屬 (Neoceratina)、綠蘆蜂亞屬 (Pithitis) 和革蘆蜂亞屬 (Lioceratina) 等，每一種體長各異，以臺灣特有種的臺灣花蘆蜂（又名高砂花蘆蜂）[Ceratina (Ceratinidia) ttakasagona] 為例，體長約 4.5~7 mm。

蘆蜂常見於菊科、唇形科、豆科、十字花科、薑科、玄參科、葫蘆科、無患子科、馬鞭草科的花上，牠們不像蜜蜂具有花粉籃，而是利用後足上的絨毛來沾附花粉。蘆蜂會在竹管、枯枝管內營巢，巢內通常具有好幾個巢室，每個巢室有成年雌蜂蒐集的花粉作為幼蟲食物來源。提供適當的竹管引誘蘆

圖 1.3.52
蘆蜂 (Ceratina sp.)

蜂前來築巢，不但能夠協助作物授粉，提升農產品品質，也能維護本土生物資源的多樣性，因此具有經濟及生態價值。

另一種與蘆蜂相似的物種為小蘆蜂 (allodapine bee)，特徵為背側身體光滑無毛。

大多數小蘆蜂的幼蟲生活在較敞開的巢室中，被餵食的次數也比較多，有些種類是獨居性，有的具有較複雜的社會行為。臺灣常見的為 *Braunsapis*，例如何威布朗蜂 (*B.hewitti*)[23]（圖 1.3.53），體長約在 4~5 mm 左右，雌蜂常在植物莖中築巢，巢穴中的幼蟲孵化後以成蜂蒐集來的花粉為食。

隧蜂

隧蜂 (sweat bee) 指的是蜜蜂總科 (Apoidea)、隧蜂科（也稱小花蜂科）(Halictidae) 的蜂類，包含獨居及社會種類，部分隧蜂在行為上有初級的社會性行為，所以不一定都是獨居蜂。一部分的隧蜂偏好採集特定蜜粉源植物 (oligolecty)，因此若某些植物的棲地遭到破壞，可能會導致蜂族群數量減少。

大多數的隧蜂會在土壤中築巢，在一些社會行為較低的種類，雌蜂會不時打開巢室給幼蟲補充食物，而具有較複雜社會行為的種類會一直敞開巢室，並且定期地照料幼蟲，與蜜蜂逐漸供給幼蟲食物的行為類似。

隧蜂巢穴結構的複雜程度，與物種社會化程度之間僅存在很小的正相關[24]。在隧蜂類群中，巢穴牆面塗層是防水的，1968 年蘇珊娜·巴特拉 (Suzanne W. T. Batra) 認為這種分泌物塗層至少有一部分來自於雌蜂的杜氏腺 (Dufour's glands)。

在臺灣隧蜂科常見的有隧蜂屬 (*Halictus*)、淡脈隧蜂屬 (*Lasioglossum*)、彩帶蜂屬 (*Nomia*) 等，因物種繁多及體型小，在研究及分類利用上有相當的困難性。福爾摩沙隧蜂 (*Lasioglossum formosae*) 常見於低海拔，體長約 5~5.5 mm，體色黑色，胸背寬大近似圓型，腹部橢圓長形，具淡黃褐色環紋，後足密生毛叢（floccus）可黏著花粉，因此能夠幫助植物授粉（圖 1.3.54）。

圖 1.3.53
何威布朗蜂在中空的植物莖內的巢穴。
幼蟲在巢穴內隨機排列，幼蟲取食在巢內顆粒狀的花粉，成年的雌蜂則在巢穴附近棲息。
（根據 Sakagami, 1960 重新繪製）

23 何威布朗蜂過去被鑑定為 *B.sauteriella*。
24 根據 1962 年坂上昭一和查爾斯·米契納 (Charles D. Michener) 的研究。

圖 1.3.54 a
淡脈隧蜂會利用腹部或後足上的絨毛
（又稱花粉梳）(scopa) 來沾附花粉。

圖 1.3.54 b
藍彩帶蜂
(*N. chalybeata*)

彩帶蜂（圖 1.3.55）分類於隧蜂科之下的彩帶蜂屬 (*Nomia*)，根據「臺灣物種名錄」記載 17 種，其中藍彩帶蜂 (*N. chalybeata*) 外觀與蜜蜂科、無墊蜂屬的青條花蜂相似，彩帶蜂與青條花蜂腹部黑色具藍色光澤條紋，但是彩帶蜂頭及胸背板不具密集的黃褐色絨毛，複眼黑色，腹部藍色條紋較窄。彩帶蜂不像青條花蜂會懸停在半空中，飛行也不如青條花蜂快速。彩帶蜂夜晚會以腳攀附樹枝群聚休息，而青條花蜂則以大顎咬枝條群聚睡覺（圖 1.3.56）。

隧蜂、蘆蜂、切葉蜂、蜜蜂有些種類外形相似容易混淆，蒐集花粉的方式及形態是分辨指標。舉例來說，隧蜂的花粉梳 (scopa) 位於腹部、後足腿節、脛節、跗節等處；蜜蜂的花粉梳位於後足基跗節內側；青條花蜂位於後足；切葉蜂的花粉梳在腹部的腹側，腿節、脛節、跗節不具有花粉梳。

圖 1.3.55
彩帶蜂
(*Nomia* sp.)

圖 1.3.56
青條花蜂 (Amegilla sp.)
夜間咬住枝條休息

圖 1.3.57
青條花蜂訪花時會在半空中短暫懸停，
並伸出細長的舌。

無墊蜂

無墊蜂 (blue banded bee) 指的是蜜蜂總科 (Apoidea)、蜜蜂科 (Apidae)、無墊蜂屬 (Amegilla) 的訪花蜂類，屬於獨居蜂，有集體築巢和群聚的習性。

無墊蜂的雌性個體每年國曆 5、6 月時，會在土牆、土堆或是直接在地上挖洞築巢，喜歡群聚築巢在非常靠近的區域，因此傳統老土房子的牆上常能看到牠們營巢的洞口。雄性個體則會在傍晚時，用強而有力的大顎咬住枝條或枯草，三對足及舌頭會縮在胸腹下方，聚集在一起休息。

無墊蜂的雌性和雄蜂個體可從頭部頭盾形狀、腹部及腿部的毛色來分辨，但是因為同一屬內數種的雌蜂外形和體型非常近，形態辨識有一定的困難度，有時要以分子親緣方法來鑑定。常見的有鞋斑無墊蜂 (Amegilla calceifera) 和螯無墊蜂 (A. urens)。

>> 鞋斑無墊蜂

無墊蜂之下的青條花蜂（分類於 *Amegilla* 屬之下的 *Zonamegilla* 亞屬）體色鮮艷，臺灣已知的青條花蜂有鞋斑無墊蜂 (*Amegilla calceifera* Cockerell, 1911)、*Amegilla korotonensis* Cockerell, 1911 跟 *Amegilla zonata* Linnaeus, 1758，加上另外一種未確認種，這 4 種只能根據雄蟲特徵加以區分，雌蟲的辨識非常困難。

青條花蜂外形腹部圓胖，體長約 12~13 mm，因為腹部有 4~5 條青色環紋而得名，雌蜂有 4 條，雄蜂有 5 條。飛行能力強，能在空中停留，會在同一個地方多次採集，但每次停在花朵上的時間很短，準備訪花吸蜜時會先伸出長長的口吻（圖 1.3.57）。

>> 螯無墊蜂

同一屬的螯無墊蜂 (*Amegilla urens* Cockerell, 1911) 行為和青條花蜂類似，但胸部為黃褐色，腹部為黑色，不具青色條紋（圖 1.3.58）。

圖 1.3.58
螯無墊蜂 (*Amegilla urens*) 的雄蟲
於夜間咬住枝條休息

切葉蜂

切葉蜂 (leafcutter bees) 泛指蜜蜂總科 (Apoidea)、切葉蜂科 (Megachilidae) 的蜂類。切葉蜂科又分為切葉蜂亞科及毛腹蜂亞科 2 個亞科，74 屬、248 亞屬及 2 個未定亞屬。切葉蜂屬 (*Megachile*) 是最大的屬，包含 56 個亞屬，1,520 種。切葉蜂亞科共包含 5 個族，除 Dioxyini 族在臺灣尚未發現外，目前臺灣已知有 4 個族、7 個屬，約 41 種。

根據宋一鑫教授的研究，臺灣已知切葉蜂的 4 個族，分別是切葉蜂族 (Megachilini)、壁蜂族 (Osmiini)、紋花蜂族 (Anthidiini)、堀木蜂族 (Lithurgini)。

切葉蜂族 (Megachilini) 之下有切葉蜂屬 (*Megachile*)、尖腹蜂屬 (*Coelioxys*) 與 *Radoszkowskiana* 屬，臺灣僅分布前兩者。其最明顯的特徵是足部不具爪墊且不分叉。切葉蜂屬可依體型與切齒形態分為多齒切葉蜂、切葉蜂與石蜂型，臺灣目前記錄有 23 種。尖腹蜂屬則為寄生性，常盜寄生於切葉蜂的巢內，目前臺灣已知 11 種。

壁蜂族 (Osmiini)，又稱筒花蜂族，全球共有 20 個屬，臺灣目前僅記錄 1 屬 1 種，即紹德孔蜂 (*Herades sauteri*)。

紋花蜂族 (Anthidiini)，又稱黃斑蜂族，特徵是毛量稀少且身上具紅、黃、白色斑紋。此族在全球分布超過 30 個屬，包含寄生與非寄生的種類。臺灣已知有 3 個屬、共 4 種（詳見附錄摺頁〈蜂的分類〉）。

堀木蜂族 (Lithurgini) 又稱刺脛蜂族，是切葉蜂科中很小的一個族，只有 3 個屬，其特徵是腹部具有臀板 (pygidial plate)。目前

臺灣已知僅有 1 屬 1 種，名為白帶切葉蜂 (*Lithurgus collaris*)，會在乾枯的莖木中築巢。

切葉蜂屬於獨居性的訪花性蜂類，沒有工蜂、蜂后之分，只有雄性和雌性個體，雄蜂負責與雌蜂交尾，交尾後死亡，完成交尾的雌性個體具有產卵能力，負責營巢、訪花、採集、繁殖產卵的任務。

其幼蟲以成蟲蒐集來的花粉為食，由於成蟲後腳不像蜜蜂有花粉籃 (pollen basket) 構造，因此無法將花粉集結成團置於後腳，而是把花粉堆積在腹部的絨毛（又稱花粉梳），回巢後再用腳把花粉刮下來填塞在巢室內。

通常切葉蜂雌蜂腹部末端較尖，腹面有長毛形成的花粉梳；雄蟲觸角較長，臉部密生長毛，腹部末端截平。為了躲避天敵，牠們訪花速度快，停在花朵上的時間相當短，有些種類遇到威脅的時候，腹部會瞬間向上翹起，擺出特殊防禦姿態並伺機迅速離開。

切葉蜂科的花蜂築巢的位置包括土穴（圖 1.3.59）、木材孔洞、乾燥的植物莖等等，築巢所使用的材料也很多元，例如植物葉片（圖 1.3.60）、花瓣、樹脂和泥塊，依照不同屬或種群而有所不同。大顎較大者是用泥營巢；大顎較小者用葉子營巢，而且大顎內緣有切緣 (cutting edge) [25]。切葉蜂屬 (*Megachile*) 把切好的葉子帶回巢時，是大顎、三對足都用上把葉子捲起來，是行為上的辨識特徵。

根據查爾斯・米契納 (Charles D. Michener) 的研究，依雌蜂腹部形狀和大顎的構造，可將切葉蜂大致分為三個類群。

圖 1.3.59
橙腹切葉蜂 (*Megachile takaoensis*) 在土穴築巢

圖 1.3.60
薔薇切葉蜂 (*Megachile tranquilla*) 利用葉片築巢

>> 第一類群

雌蜂的腹部較扁平，從基部逐漸向末端縮窄，大顎第 2 或者第 2 和第 3 齒間縫具有切緣，主要利用植物葉片築巢，切葉蜂的口器發達，以葉片、花瓣為營巢材料的切葉

[25] 切緣 (cutting edge) 為位於大顎內側鋸齒狀凹處的銳利構造。

蜂，會用大顎將葉片或花瓣切割成圓形、半圓形或長條形的缺口，然後將葉片帶回巢裡做成育幼的隔間。

所選擇的植物種類多樣，例如金露花、紅仔珠的葉片、薔薇科的葉片、九重葛的花瓣都是營巢的材料，蛹均被葉片包裹，稱為蜂繭 (cocoons)。

>> 第二類群

雌蜂的腹部圓厚，兩側平直，大顎齒間縫沒有切緣，主要利用樹脂築巢。粗切葉蜂 (*Megachile sculpturalis*) 是臺灣少數大型的切葉蜂，其巢室不使用葉子，而是採集樹脂作為巢室的隔間，即屬於第二類群。

>> 第三類群

雌蜂的腹部形狀與第二類群類似，但是大顎齒間縫具有切緣，而且會混合葉片、泥土及樹脂築巢。

臺灣已確認紀錄的切葉蜂涵蓋了上述三個類群，其中以第一類群種類較多。

全世界體型最大的切葉蜂與臺灣體型最小的切葉蜂

切葉蜂 (leafcutter bees) 泛指蜜蜂總科 (Apoidea)、切葉蜂科 (Megachilidae) 的蜂類，其外部特徵是大顎發達。全世界最大的切葉蜂是華萊士巨蜂 (*Megachile pluto*)（圖 1.3.61），雌蜂體長可達 38 mm（全世界最大的虎頭蜂——中華大虎頭蜂體長約 40 mm），翼長可達 63 mm，是英國博物學家和探險家阿爾弗雷德·拉塞爾·華萊士 (Alfred Russel Wallace) 所採集，最初於 1858 年發現。

本來以為這種蜂已經滅絕了，但沒想到 2019 年 1 月在印尼的一個小島再次看到牠的蹤跡，不過牠們的生存持續受到威脅，數量依然稀少且被盜採。蜂類多樣性非常重要，希望大家除了關心蜜蜂，也能為獨居蜂、寄生蜂等非社會性的蜂類多保留一些棲地。

臺灣目前已知最小的切葉蜂是紹德孔蜂 (*Heriades sauteri* Cockerell)，體長約 0.6 cm，另一種體型也很小的切葉蜂為凹窩黃斑蜂 (*Bathanthidium bifoveolatum* Alfken)，體長約 0.7 cm，數量稀少，在蜂類保育上應該珍視。

圖 1.3.61

● 獨居蜂的生態行為及其重要性

社會性的蜜蜂具有很高的經濟價值、某些虎頭蜂因為對人畜有威脅所以為人所知，並有較多的研究資料，但事實上，社會性蜂類的種類在所有蜂類中的佔比很少，全世界的蜂類當中至少 85 % 偏向獨居性。

在臺灣超過 180 多種的花蜂中，只有不到 15 種是社會性，一百多種胡蜂總科中，約有三分之二是獨居性，可見獨居蜂具有高度的生物多樣性。

這些針尾類種類繁多的獨居蜂，根據行為及食性，大致可簡單分成：具有捕食行為的狩獵蜂 (hunting wasps)，和訪花行為的花蜂 (bees) 兩大類（表 1.3.8）。

獨居性狩獵蜂主要隸屬於胡蜂總科 (Vespoidea) 之下的胡蜂科 (Vespidae)、蛛蜂科 (Pompilidae)，以及蜜蜂總科的穴蜂科（或稱細腰蜂科、泥蜂科）(Sphecidae) 和銀口蜂科 (Crabronidae)。訪花性獨居蜂主要包含蜜蜂總科的蜜蜂科 (Apidae)、分舌蜂科 (Colletidae)、切葉蜂科 (Megachilidae)。

狩獵蜂的幼蟲食物，其蛋白質來自於成蜂所捕捉的昆蟲或蜘蛛，而花蜂的幼蟲食物主要是成蜂採集的花粉蜜，不同的蜂種會捕捉不同的獵物或採集不同花粉蜜。

>> 獨居蜂的築巢方式與習性

獨居蜂種類繁多，不同的獨居蜂有不同的營巢習性，有些種類會蒐集泥土並混合自身分泌物製成泥甕或泥管，有些會在土壤或枯木中挖掘坑道作為育幼的空間，有些會利用管狀物與坑穴等隱蔽處築巢，並將野外獲取的獵物或花粉蜜攜回巢中供其幼蟲取食。有些以泥土作為隔間的獨居蜂，會先在底部墊上一層泥土，深處的巢室較大為雌性，靠近巢口的巢室較小為雄性。

由於獨立營巢與育幼，並沒有同伴支持與協助，所以稱為獨居蜂 (solitary wasp or bee)，日本學者岩田久二雄於 1930 年代使用「借坑性ハチ類」（借坑性蜂類），指的是利用孔洞或空洞築巢的蜂類，英文稱為 trap-nesting 或 tube nesting wasps or bees。

以竹管和木質坑洞為例，獨居蜂的成蜂選定巢穴的位置並加以清理後，會在坑洞內放入蒐集來的食物，並產下一顆卵（或者先產卵再存放食物），然後用樹葉、草葉、乾草、樹脂 (resin) 或者泥土與唾腺分泌混合物填

表 1.3.8 針尾類獨居性蜂類與社會性蜂類的代表

	廣義的獨居性蜂類	社會性蜂類
狩獵性蜂類	蛛蜂、蜾蠃、細腰蜂	長腳蜂、虎頭蜂
訪花性蜂類	切葉蜂、木蜂	蜜蜂、熊蜂、無螫蜂

補巢室做成一隔間,接著再將食物與卵放入管內,並建造第二個隔間,最後封閉洞口保護幼蟲;有時候隔間與隔間之間會有假巢室,也就是沒有卵也沒有食物,但依然做出隔間。

每一個隔間如同封閉的「套房」,卵孵化後,幼蟲獨立在隔間內取食成蜂之前蒐集到的食物,接著進入蛹期,然後羽化。供糧的方式為一次給予幼蟲發育期間充足食物的大批供糧 (mass provisioning),與每日餵食幼蟲食物直到封蓋化蛹的漸進式供糧 (progressive feeding) 兩種,漸進供糧的成蜂,有時候夜間會在巢口休息。

羽化時通常最接近坑洞口的蜂先離開,接著後面的蜂咬開隔間依序羽化。雄性個體通常比雌蜂早羽化,儲糧多寡也會影響羽化時間,雌蜂儲糧多,雄蜂儲糧少。雄蜂羽化後會在巢口附近停留徘徊,等待與之後羽化的雌蜂交尾。交尾後的雌蜂會選定巢穴位置,有些種類會將巢穴重複使用,確定巢穴狀況並進行清潔,然後開始採集食物及產卵,繼續繁衍下一代。

獨居性狩獵蜂會捕捉鱗翅目、雙翅目及其他昆蟲的成蟲或幼蟲(這些有一部分也是農業害蟲)作為蜂類幼蟲的食物(圖 1.3.62),因此能夠維持生態穩定及控制害蟲數量。

獨居性花蜂不像蜜蜂一樣會把蜜存放在巢穴內,由於無法生產蜂蜜、花粉等蜂產品,所以常被人忽略,研究資料也不及蜜蜂來得多,但牠們在生態上卻有非常重要的意義與價值。

訪花性獨居蜂的食物主要是花粉與花蜜,並將花粉與花蜜的混合物蒐集在巢內作為幼蟲的食物,不同種的花蜂對蜜粉源的喜好與訪花行為也存在一定程度的差異,訪花的過程還會幫助植物授粉,由於種類與個體上的豐富度,以及多樣性的訪花行為,能夠協助更多種類的植物授粉,因此是非常重要的授粉昆蟲。

圖 1.3.62
蜾蠃捕捉鱗翅目幼蟲到竹管中,夜間於竹管中棲息。

打造獨居蜂巢

植物授粉無法完全仰賴蜜蜂,不同的植物需要不同的昆蟲授粉,獨居性花蜂對植物的授粉至關重要,獨居性狩獵蜂則會捕捉其他昆蟲及小動物,具有重要的生態價值。多數獨居性蜂類是原生種,當我們給予適當的棲地條件,就有利於牠們的繁衍,提高生物多樣性及原生物種的數量;另一方面因為獨居性蜂類攻擊性非常低,較為溫馴,打造獨居蜂巢有助於蜂類推廣及環境教育,吸引獨居蜂前來築巢還能評估自然環境中蜂的多樣性及族群的變化。

可以作為引誘獨居蜂前來營巢、育幼的材料很多，竹子就是一種便宜、在地、容易取得、容易被大自然分解的天然資材，其成品成本低廉，製作簡便，可以降低農民的負擔。這種專供獨居性蜂類營巢的設施統稱為獨居蜂巢，也可以叫蜂旅館 (bee hotel) 或蜂公寓 (bee condo)，英文雖然慣用 bee hotel 與 bee condo，但其實會來築巢的蜂類也包含 wasp，由於是引誘獨居蜂來築巢，所以也稱為誘引巢體 (trap nest)，如果是專門誘集切葉蜂 *Osmia* 屬蜂類的則稱為 mason bee house。

獨居蜂的種類極多，不同的獨居蜂喜歡在不同的孔徑營巢，簡易的製作方式是，選擇內徑 0.4~1.4 cm 的乾燥竹子，將竹子一段一段切下（注意竹子不可有裂痕或破損），裁切時一端保留竹節，另一端開口，從竹節到開口的長度約 15~20 cm，孔徑大小與長度呈正比，選擇的孔徑越小，竹管越短，孔徑越大，竹管越長。將 25 根甚至更多裁切好的竹子束成一綑，數量越多，能提供獨居蜂

圖 1.3.64
以木、壓克力為材料所做成的獨居蜂巢，便於觀察卵、幼蟲與蛹在巢室內的發育狀況。

更多選擇，引誘到的機率也就越高，種類也較多樣（圖 1.3.63）。

除了竹子之外，也可以在乾燥的原木上鑽數個直徑 0.5~1.2 cm、深度 13~15 cm 的孔洞。使用木頭時，注意木材的氣味盡量不要太過強烈，也不可使用防水夾板等化學處理過的材料，木材種類建議可使用柳杉。

獨居蜂防禦性極低，是很好的環境教育材料，為了便於觀察，鑽孔時可將木材剖面的三分之一處外露，然後貼上透明壓克力板，就可以觀察卵、幼蟲與蛹在巢室內的發育狀況（圖 1.3.64）；不過要注意，壓克力不要暴露在光線下，才不會降低獨居蜂營巢的意願。透明的試管雖然也有助於觀察，但因為臺灣高溫多濕，試管無法透氣，幼蟲很容易軟爛死亡。

國外則有商業品化、可重複使用的木質產

圖 1.3.63
以竹子做成的獨居蜂巢

品 Binderboard®，長 13 cm，高度 4 cm，深度 10 cm，洞口內徑約 0.6 cm，三排共計 39 孔。也有類似的獨居蜂巢，以兩片具有半圓形凹槽的木板組合而成（圖 1.3.65）。有些獨居蜂會重複使用獨居蜂巢的孔洞，雖然使用前獨居蜂會稍加清潔，但住過的孔洞如果太髒亂會影響獨居蜂生存，如果是以樹脂為隔間材料的獨居蜂，則很少被重複使用。當獨居蜂羽化後，人可以協助清潔完充分陰乾，再提供給獨居蜂利用。

獨居蜂巢放置的時間與位置

吸引獨居蜂的方法，除了提供尺寸合宜的孔洞外，擺放的時機與位置也很重要。一般來說，獨居蜂羽化後開始營巢，在臺灣，從春季到秋末都有機會吸引到獨居蜂前來居住，冬季引誘到的機率最低。

獨居蜂巢最好擺放在通風乾燥、有陽光且可以遮風避雨的地方，巢口盡量不要面對受風面，也不要把獨居蜂巢直接擺放在地上，否則易受地棲性生物侵襲（圖 1.3.66），像螞蟻就經常會跑進蜂巢內活動。以泥土作為隔間並封口的獨居蜂需要足夠的材料才能營巢，因此巢管附近要有潮濕的泥土供獨居蜂築巢取用，水源及食物充足、採泥方便，築巢意願就會高。

如果放在樹上，建議將巢管安置於樹叉，避免懸吊造成晃動；如果放在住家，也不要經常從巢口經過以免驚擾獨居蜂，降低了獨居蜂營巢的意願。獨居蜂生性害羞，在巢口封起來之前不要經常移動、翻看，否則營巢、育幼到一半的成蜂很容易棄巢而去。

打造獨居蜂巢是一種「誘蜂」的概念，透過棲地的營造引誘獨居蜂前來居住，誘來的蜂

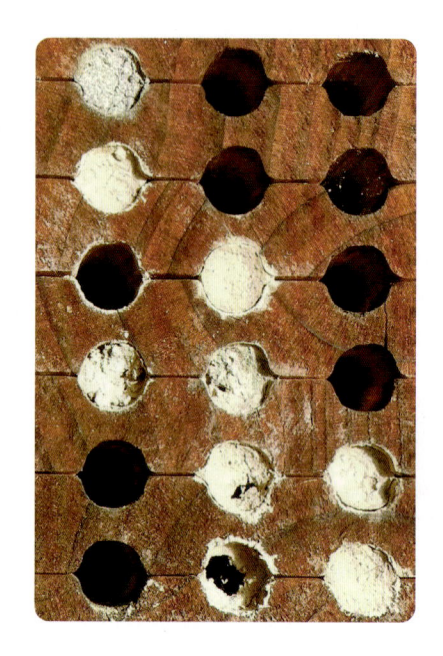

圖 1.3.65
以兩片半圓形凹槽的木板組合而成的獨居蜂巢

圖 1.3.66
放置獨居蜂巢不可直接貼地，
以防地棲性生物侵襲。

不同於一般飼養蜜蜂的方式，誘到獨居蜂後只需低度管理，棲地環境的友善才是關鍵所在。不要使用化學農藥是最基本的，此外也

圖 1.3.67
三種典型的社會性花蜂的工蜂，皆分類於蜜蜂科 (Apidae)，
由左至右分別為精選熊蜂 (*Bombus eximius*)、東方蜂 (*Apis cerana*)
以及黃紋無螫蜂 (*Lepidotrigona hoozana*)，
牠們都是臺灣原生種，有著不同的體型與生態習性。

可以種植一些獨居蜂喜歡的蜜源植物，以當地原有的蜜源植物為優先，有助於原生植物的繁衍，切記不可種植強勢入侵種（請參閱第四章「蜜粉源植物與蜂類授粉」）。

● **會儲存蜂蜜的社會性花蜂類**

因為人類對甜食的喜愛與追求，能夠生產糖蜜的生物就成為人類關注的對象，除了蜜蜂之外，無螫蜂與熊蜂是少數會將蜂蜜儲存在巢房中的蜂類，也都會把花朵上的花粉集結成團狀放在後足脛節的花粉籃，屬於扁脛花蜂 (corbulate bees)（圖 1.3.67）。

在演化上，無螫蜂比蜜蜂更早出現，分化較複雜，蜜蜂相對來說是比較晚出現的授粉蜂，因此分化較單純，但因為行為習性高度特化，物種間存在不少的差異。

熊蜂的社會性屬於原始真社會 (primitively eusocial) 型態，工蜂會把預先蒐集好的花粉團跟卵和幼蟲放在一起，成蜂和幼蟲之間的直接接觸較少，熊蜂的工蜂採集花蜜後也會儲存在巢房，但蜜量很少，相較之下，蜜蜂與無螫蜂的社會行為較為複雜（表 1.3.9），蜜蜂的蜂蜜產量尤其多。關於蜜蜂的種類、習性及飼養技術會在第二章說明。

無螫蜂

無螫蜂又稱無針蜂 (stingless bees)，與蜜蜂、熊蜂、虎頭蜂、長腳蜂同屬於真社會性昆蟲。分類位階屬於蜜蜂總科 (Apoidea)、無螫蜂族 (Meliponini)，根據 2023 年麥可·恩格爾 (Engel Michael) 等人的報告，目前已知有 605 種、45 個屬。

臺灣目前只發現一種無螫蜂，為黃紋無螫蜂（又名臺灣無螫蜂、臺灣無針蜂）(*Lepidotrigona hoozana*)，經 DNA 比對為臺灣特有種。工蜂體長 4.27~4.61 mm，前翅沒有亞前緣室，中胸小盾片棕黑色至黑色，中胸週緣圍繞黃白色濃密短毛，腹部第一背板骨化不完全，呈淡黃色，由於體型小，因此臺語稱「蒼蠅蜂」(hôo-sîn-phang)。在一些東南亞國家，把當地的無螫蜂稱為銀蜂，也因為蜂蜜甜中帶酸，故稱其為酸蜂。

>> 無螫蜂的生態特性

無螫蜂最大的特徵是大顎發達而螫針退化，因此牠們不像蜜蜂以螫針防禦，而是依靠咬或其他方式保護蜂巢。

牠們多以樹脂 (resin) 與腹部分泌的蜂蠟 (wax) 為築巢材料，巢口通常呈長管狀，外觀如一個向外延伸的喇叭（圖 1.3.68）。巢脾則以水平層層排列的方式構成，每層巢脾由許多細小短柱 (pillar) 支撐連結。巢房為褐色圓形或橢圓形，用於儲存食物與育幼（圖 1.3.69），幼蟲區外層包覆著褐色包膜 (involucrum)，可隔絕溫度、保持溫暖。

無螫蜂的階級 (caste) 與蜜蜂相似，包括一隻產卵蜂后、少數雄蜂及大量工蜂，藉由分

圖 1.3.68
有些種類的無螫蜂會以蜂蠟、樹脂與泥土等混合物築成呈長管喇叭狀向外延伸的巢口。

封來擴張族群；一個健康的無螫蜂群，個體數往往可達數萬隻。

工蜂後足脛節能攜帶花粉，剛羽化時體色偏淡，日齡增長後逐漸變深，並在群體中負責不同的工作。當工蜂建好巢房後，已交尾的蜂后會將腹部伸入已預先放好食物的巢房中產卵，工蜂隨後封蓋，這種行為與熊蜂及部分獨居蜂類似。

圖 1.3.69
黃紋無螫蜂巢穴內部

（圖中標示：封蓋幼蟲、蜜）

蜂群中有蜂后時，工蜂會在已經預先放置食物的巢房邊緣產下營養卵供蜂后食用；如果蜂群失去蜂后，工蜂除了產下營養卵外，也會在巢房中央產下未受精卵。雄蜂除了與蜂后交尾，也會出現啃咬巢房的行為。

>> 無螫蜂的飼養

人類飼養無螫蜂的歷史悠久，1992年伊娃・卡蓮 (Eva Crane) 指出超過 37 種無螫蜂被人為飼養利用，在西洋蜜蜂未引入各地之前，無螫蜂是重要的原生授粉蜂及甜味物質的來源。在馬來西亞、泰國、墨西哥、委內瑞拉、巴西和澳洲等國家，都有利用無螫蜂的傳統（圖 1.3.70），以用於作物授粉及生產蜂蜜。在臺灣，原住民會把無螫蜂的蜂膠 (propolis) 煮沸後以煤油混合，以填補容器縫隙、連接木器。

雖然無螫蜂蜜的產量不如蜜蜂，但越來越多人對無螫蜂蜜產生濃厚的興趣，而且無螫蜂也是很重要的植物傳粉者。根據 2009 年 畢斯波・杜斯・桑托斯 (Bispo dos Santos) 等人在巴西的研究顯示，*Melipona quadrifasciata* 這種無螫蜂在溫室中對番茄的授粉效率比西洋蜂還要高。由於無螫蜂體型小、飛行速度快且口吻長，因此可以幫助不同的植物授粉，例如殼斗科、忍冬科、木犀科、八仙花科、桔梗科等。

根據宋一鑫教授[26]在 1996 年的研究，黃紋無螫蜂活動最適合的溫度在 20 ℃ 以上，春天時的活動時間大致在早上六點至下午六點左右，冬季溫度高於 17 ℃ 時會外出採集，採集的時間約在上午十點至下午三點，但無螫蜂的訪花行為也會依據環境中的蜜粉源植物分布而有所不同。

野生的無螫蜂群多棲息在樹洞或岩縫中，傳統的收捕方式，是先準備一個空箱，箱子上

[26] 宋一鑫教授是臺灣第一位對黃紋無螫蜂進行有系統的科學研究與觀察的臺灣學者。

圖 1.3.70
澳洲昆士蘭當地飼養無螫蜂所使用的蜂箱

鑽一個小孔，然後將所有巢房連同無螫蜂移入空箱中。

過程中盡量避免破壞巢房和傷及蜂群，然後把管狀的巢口固定在箱子的小孔上以利蜂群進出，並視蜂群狀況餵食新鮮的糖水（糖：水 = 2：1，重量比 w/w）及添加花粉。除了將巢口周圍密封之外，也可在蜂箱上蓋的內側加裝一片玻璃或透明塑膠片，方便日後觀察蜂群活動。

除了木盒，無螫蜂亦可養在挖空成桶的樹段中。蜂箱擺放在屋簷下遮風避雨，或把蜂箱放在支架上，並在支架上塗抹天然的驅蟲劑，避免螞蟻、蜘蛛、壁虎等天敵入侵。當蜂群穩定發展後，可隨著蜂群持續壯大將木盒加高，並透過分封的方式繁殖蜂群，減少人為收捕野生蜂群造成的環境破壞。

>> 引誘無螫蜂

直接破壞樹幹將無螫蜂蜂巢取下來的方式，非常容易導致樹木死亡、森林物種被破壞，從樹幹轉移到蜂箱的過程中也會對蜂群造成很大的傷害，誘蜂是相對比較友善的方式。可以將木盒放置在無螫蜂出現的地方，於陽光充足時再引誘蜂群入住，藉此吸引無螫蜂分封時前來營巢。

飼養無螫蜂所需的條件不在箱子本身，而是在環境狀況。飼養無螫蜂需在蜜源、粉源、膠源充足，且沒有化學農藥充斥的地方，野生的無螫蜂數量少，維持原始棲地的完整性才能保育牠們，人為強行收捕會對蜂群造成很大的緊迫，容易造成蜂群逃飛、死傷甚至滅群，過度捕捉野生族群、人為干擾亦會影響植物的授粉，對生態造成衝擊。

熊蜂

熊蜂 (bumble bees) 從中文名來看，牠就像黑熊一樣身上長滿了絨毛，而且體型碩大，在所有蜂類中可以算是重量級的角色。

熊蜂在分類上是蜜蜂科 (Apidae)、熊蜂族 (Bombini)、熊蜂屬 (Bombus) 的蜂類，熊蜂與其他訪花性蜂類相比體型較大，且胸、腹部有絨毛 (pile) 覆蓋，因此能適應較寒冷的氣候。熊蜂主要分布在溫帶地區，只有少部分種類分布在熱帶及亞熱帶。

目前全世界已經確認的熊蜂約有 288 種[27]，其中約有 30 種是寄生性熊蜂 (cuckoo bumble bees, Psithyrus 亞屬)。

1992 年石達愷整理前人文獻及參閱國內外重要標本館，發現臺灣共有 9 種熊蜂，分別是精選熊蜂 (Bombus eximius)（圖 1.3.71）、雙色熊蜂 (B. bicoloratus)（圖 1.3.72）、黃色熊蜂 (B. flavescens)、威氏熊蜂 (B. trifasciatus)、短頰熊蜂 (B. angustus)、信義熊蜂 (B. formosellus)（圖 1.3.73）、楚南熊蜂 (B. sonani)、蓬萊熊蜂 (B. monozonus) 以及台灣熊蜂 (B. taiwanensis)[28]。

在臺灣記錄的 9 種熊蜂中，精選熊蜂、雙色熊蜂、黃色熊蜂與威氏熊蜂的分布範圍涵蓋低海拔至中高海拔地區。信義熊蜂與楚南熊蜂則主要棲息於中高海拔，其中信義熊蜂的分布高度甚至可達 3,500 公尺以上。威氏熊蜂的中文名沿用其異名 B. wilemani，其有效學名為 B. trifasciatus。蓬萊熊蜂屬於寄生性種類，而台灣熊蜂的觀察紀錄則相當稀少。

---

27 根據保羅 · 威廉斯 (Paul H. Williams) 等人 2022 年的報告。
28 2022 年保羅 · 威廉斯 (Paul H. Williams) 與嘉義大學宋一鑫、林依靜、農業部林業試驗所陸聲山合作，利用形態學和分子技術鑑定台灣熊蜂為台灣特有種。

圖 1.3.71
精選熊蜂 (*Bombus eximius*) 的蜂后

圖 1.3.72
雙色熊蜂 (*Bombus bicoloratus*) 的工蜂

圖 1.3.73 a
信義熊蜂 (*Bombus formosellus*) 工蜂

圖 1.3.73 b
信義熊蜂 (*B. formosellus*) 雄蜂

表 1.3.9 蜜蜂、無螫蜂與熊蜂的差異

項目 \ 蜂類	蜜蜂屬 (*Apis* spp.)	無螫蜂屬 (*Trigona* spp.)	熊蜂屬 (*Bombus* spp.)
世代	蜂后可活多年	蜂后可活多年	蜂后只活一年
巢房形狀	工蜂與雄蜂為六角形，蜂后為圓柱形	圓形	圓形
蜂群起始方式	分封方式創設	分封方式創設	蜂后獨立建巢
幼蟲發育狀況	一隻幼蟲存在於一個巢房中	一隻幼蟲存在於一個巢房中	剛孵化的幼蟲在同一卵杯內形成幼蟲團，幼蟲團隨日齡增加而擴大，幼蟲體各間會逐漸以蠟分隔，形成單一幼蟲室
成蜂行為	成蜂之間經常交哺並藉此交流訊息	成蜂之間經常交哺並藉此交流訊息	成蜂之間很少交哺
警戒性	經常透過化學訊號傳遞訊息，並藉此抵禦外敵	經常透過化學訊號傳遞訊息，並藉此抵禦外敵	警戒行為較低，不太透過化學訊號傳遞訊息
巢內的個體數量（註）	較多	較多	較少
採蜜量（註）	較多	中	較少
螫針	有螫針	無螫針	有螫針
註	同屬不同種，甚至同種不同亞種之間的一些習性仍有差異，此表只是為了易於理解而對三種蜂的粗略比較。		

>> 熊蜂的生活史

一般而言，熊蜂是一年生的社會性昆蟲，少數為一年兩代。根據築巢習性可分為地下種、地表種、地上種三型[29]。

分布在溫帶地區的熊蜂大多喜歡在地下築巢，例如 *B. terrestris*、*B. lapidaries* 和 *B. lucorum* 等，通常會選擇一些小型哺乳動物例如老鼠、田鼠的廢棄巢穴。喜歡在地表營巢的熊蜂例如 *B. muscorum* 和 *B. ruderarius*，常會選擇雜亂的草叢裡，分布在熱帶雨林的熊蜂如 *B. transversalis*，築巢時會在地表依坡而建一個圓錐形的巢窩，並在巢窩上面搭建一個類似雨傘的棚蓋以防止雨水進入。地上種有時候會選在比較高的樹上，例如 *B. hortorum* 會在廢棄的鳥窩裡築巢[30]。

在溫帶地區，熊蜂蜂后於春季結束休眠 (dormancy) 後會先覓食，以補充體力，接著尋找安靜且少受干擾的環境築巢。若發現廢棄的鼠窩，牠會進入洞穴，修整入口通道，並將其改造成適合育幼的巢穴。

接著蜂后會從腹部分泌蜂蠟，將第一個卵杯 (egg cup) 固定在巢穴內部的地面上，放入採集來的花粉團，並在花粉團表面產下數顆卵，形成第一批卵團 (initial egg clump)。之後，會將卵杯密封成球狀，並在卵團旁以蜂蠟建造一個蜜杯 (honey pot)，將外出採得的花蜜儲存在其中。同時，蜂后也會在剛形成的蛹室 (pupal cell) 頂部繼續建立新的卵團。

幼蟲孵化後會在同一幼蟲團內，彼此沒有分隔，而形成幼蟲團 (brood clump)。第一批工蜂羽化後會參與巢內的各項工作，例如協助蜂后築巢、育幼及外出採集食物。一般在第二批工蜂羽化後蜂后就不再外出採集，只負責產卵。

隨著蜂群壯大，參與築巢與育幼的工蜂數量也逐漸增加。工蜂餵食幼蟲時，會先咬開包覆幼蟲的蜂蠟，形成一個小孔，將食物送入後再將孔封回。隨著幼蟲成長，末齡期會吐絲將彼此隔成獨立的蛹室。成蜂則會用大顎刮下蛹室表面的蜂蠟收集起來，轉而用於其他幼蟲團的發育需求（圖 1.3.74、1.3.75）。當成蜂羽化離開後，空出的蛹室便會被蜂群改作儲存蜜與花粉之用。

到了夏末秋初，蜂群中會開始出現下一代蜂后與由未受精卵發育的雄蜂 (drone)。新蜂后性成熟後會離巢與雄蜂交尾，交尾成功後鑽入土中進入休眠狀態，直到翌年春天甦醒，再建立新的熊蜂族群；而原有的蜂群則在此時逐漸衰敗並最終崩解。

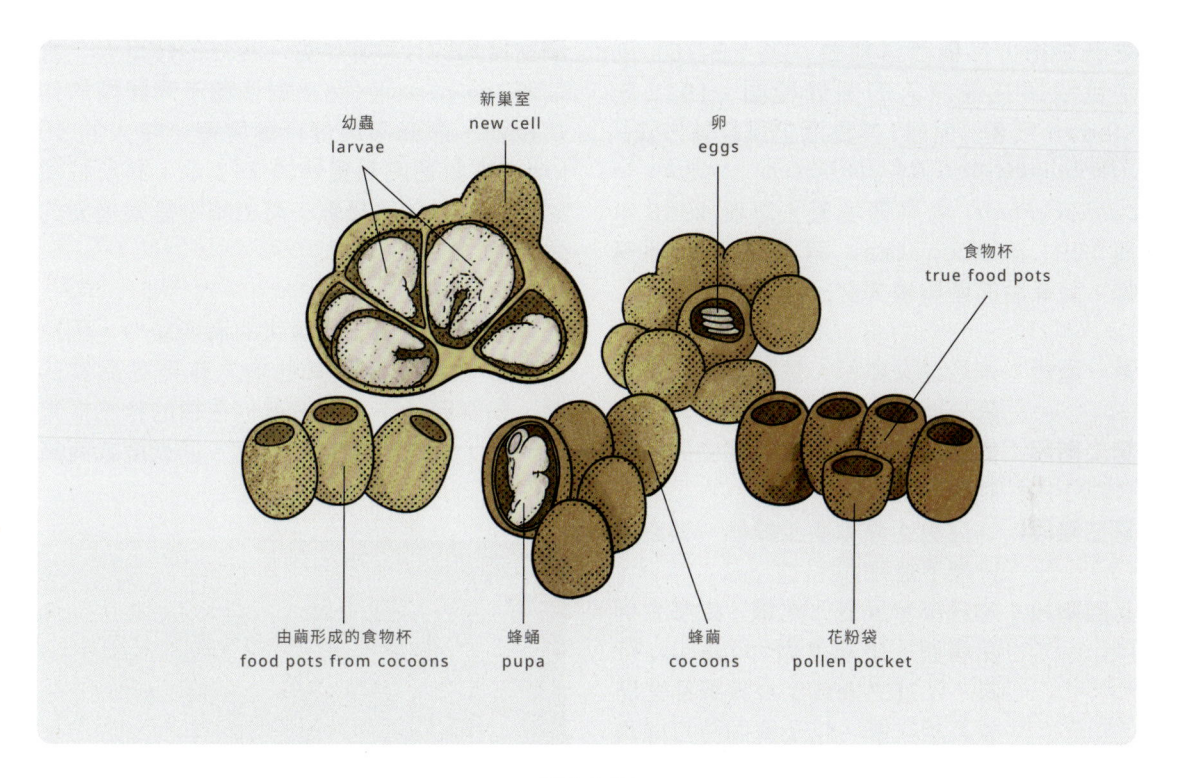

圖 1.3.74
熊蜂 (*Bombus* sp.) 巢的結構

圖 1.3.75
雙色熊蜂 (*Bombus bicoloratus*) 的蜂巢

29 根據 1912 年史雷登 (Sladen) 的研究。
30 依 1975 年 Alford、1998 年 Munn 和 2003 年 Taylor 等人的報告。

歐洲熊蜂，又稱西洋熊蜂（圖 1.3.76），是目前研究最深入的熊蜂種類。1912 年 Sladen 所著《熊蜂：其生活史與飼養方法》(The Humble-Bee, its Life-history and How to Domesticate it) 為早期名著。之後 1988 年與 1991 年 Duchateau 等人研究歐洲熊蜂，將蜂后的產卵模式劃分為四個階段。

第一階段：蜂后建立卵杯，並在卵杯內產下第一批卵。
第二階段：蜂后於第一批蛹室上建立卵杯，並產下第二批卵。
第三階段：蜂后會從原本產工蜂卵，轉變為只產下雄蜂卵。
第四階段：當蜂群發展邁入尾聲，工蜂會開始產卵，出現食卵 (oophagy) 行為，工蜂之間或工蜂與蜂后之間會互相攻擊，以及會同時打開兩個以上的卵杯。

臺灣對本土熊蜂的研究起步較歐美晚，直到江敬晧博士成功在室內飼養精選熊蜂與楚南熊蜂，才開創了國內熊蜂研究與人工飼養的里程碑，是臺灣研究熊蜂的先驅。

根據江敬晧博士的研究，楚南熊蜂的蜂群活動自國曆 4、5 月開始，至 8、9 月結束，一窩工蜂數量約有 50 多隻。精選熊蜂的發育及活動季節則從每年 9~10 月開始，延續至隔年 4~5 月，一個蜂群內的工蜂可多達一至兩百隻。精選熊蜂與楚南熊蜂在各發展階段及週期的平均天數，詳見表 1.3.10。

>> **熊蜂的利用**

熊蜂的食物和蜜蜂一樣是花蜜和花粉，由於熊蜂採蜜量有限，因此飼養熊蜂最主要的目的不在於生產蜂蜜，而是用來授粉，尤其在網室授粉的效果非常好。熊蜂的體型大、食性廣 (polylectic)，可以幫多種不同類型的作物授粉，熊蜂平均飛行速度每小時大約 30 km，採集速度是蜜蜂的 2~3 倍，對於柱頭感受性只限於早晨數小時的植物是很重要的優點。

熊蜂沒有像蜜蜂一樣複雜的溝通能力，因此當有少數熊蜂發現其他地方有更高品質的蜜、粉源時，不會影響其他在標的作物採集的同伴，對於小空間、低溫、低光度或有風

圖 1.3.76
歐洲熊蜂 (*Bombus terrestris*) 的工蜂

的環境適應力也比蜜蜂好，因此熊蜂很適合在氣候不穩定的時節授粉。但熊蜂巢內儲存的食物不多，在露天授粉時如果長期天氣不佳，可能導致蜂群死亡。

世界各國例如荷蘭、以色列、美國、日本、臺灣、澳洲、紐西蘭、韓國、捷克、波蘭、中國等都長期投入熊蜂的研究，甚至發展出

表 1.3.10 精選熊蜂 (*Bombus eximius*) 與楚南熊蜂 (*B. sonani*) 發展各階段及發展週期平均天數比較（Chiang et al., 2009）

蜂種	樣本數	第一階段	第二階段	第三階段	第四階段	總計
精選熊蜂	30	21.0 ± 1.8	22.3 ± 2.7	79.4 ± 5.8	76.8 ± 11.7	199.4 ± 12.1
楚南熊蜂	20	17.2 ± 1.5	17.1 ± 1.6	29.4 ± 3.4	34.6 ± 4.3	98.1 ± 6.1

（數值以平均數、標準差表示之。）

國際性的熊蜂生產公司，荷蘭、以色列發展商品化的熊蜂，不只滿足國內網室授粉的需求，同時還出口到其他國家，以取代昂貴、費時的人工授粉或振動授粉。

日本自 1991 年開始引進歐洲熊蜂用於網室授粉，因授粉效果顯著，使用量逐年增加。然而，此舉也導致引入種的熊蜂在日本建立野生族群[31]，不僅與當地的小峰熊蜂（*Bombus hypocrita*）爭奪食物與築巢空間，也造成其他原生種熊蜂族群數量下降。

除了與原生種熊蜂競爭食物與棲地外，還在原生種熊蜂體內發現進口熊蜂攜帶的病原，例如寄生性蟎類 (*Locustacurus buchneri*)。因此，日本除了制定「防止特定外來生物危害生態系法」以規範歐洲熊蜂的使用外，也積極推動原生種熊蜂的人工繁殖。但由於熊蜂授粉需求量龐大，短期內仍難以完全取代進口熊蜂。

臺灣也曾於 1993 及 1994 年引進歐洲熊蜂，以評估網室番茄授粉的效果，發現確實可以節省人工成本的支出，減少使用化學合成的番茄生長素。但是歐洲熊蜂不耐高溫而影響授粉的效率，可見臺灣原生熊蜂的研究更顯重要。

臺灣原生種的精選熊蜂分布於低海拔至中高海拔，對溫度的適應範圍較廣，且工蜂數較多，訪花數量也多，再加上會產生較多的新蜂后，繁殖潛力大，因此適合用於農業授粉。臺灣網室栽培面積日益增加，精選熊蜂具有發展成商業化授粉昆蟲的價值。

2021 年臺灣已正式販售商品化的精選熊蜂進行授粉，此種原生蜂的開發與利用可減少對外來種的依賴，避免外來種入侵的隱憂，例如傳播病原給本土熊蜂的風險。

[31] 除了日本，澳洲、紐西蘭、阿根廷和智利等國也有歐洲熊蜂入侵現象。

>> **熊蜂人工飼養技術**

根據江敬晧博士 2006 年的研究，飼養熊蜂前需先準備一個長 17 cm、寬 11 cm、高 9 cm 的木盒作為產卵誘導盒。木盒中間以隔板分成巢房區 (nesting area)、取食與排泄區 (feeding and defecating area)，隔板下緣 1.5 cm 處鑽一處直徑約 2 cm 的圓孔，方便蜂后在兩區之間穿梭，兩側則各設一個覆有金屬網的通氣孔（圖 1.3.77）。

兩區的上蓋均使用透明玻璃或壓克力，且為獨立的抽拉式設計，便於觀察。巢房區底部可放一塊厚約 0.5 cm 的可移動木片，讓蜂后在上面建立卵杯產卵，以便日後轉移到更大的木盒時，不致破壞蜂巢結構。取食與排泄區的底部鋪上濾紙以吸收排泄物，糖水盒則置於濾紙一角。

放入蜂后後，需提供花粉團作為食物。切勿捕捉後足花粉籃已攜帶花粉的蜂后，因為那表示該蜂后已建立族群並開始繁衍，一旦捕捉，不僅整個蜂群會滅亡，蜂后也難以適應人工環境，甚至拒絕產卵或死亡。

木盒應置於 27 ℃、相對濕度 65 % 的環境，並保持全程黑暗，以免光線刺激造成不安。為了避免驚擾，蜂后入盒後的前兩天不要觀察，第三天起可用紅光查看；更換食物時須動作輕緩，減少震動。

若蜂后一個月內開始產卵，表示引入成功；超過一個月仍不產卵則為失敗。若蜂后在人工環境中顯得不安，可試著在盒中放入 3~4 個來自其他群的熊蜂蛹，以提升產卵意願。

當蜂后開始產卵並有第一批工蜂羽化後，可將蜂群轉入較大的成熟蜂群飼養盒（圖 1.3.78）。該飼養盒長 27 cm、寬 19 cm、高 15 cm，以實木或壓克力製成，中間隔板按 3：2 比例分為巢房區與取食排泄區。排泄區底部鋪金屬網，方便排泄物掉落、易於清理，隔板中央鑽一個直徑約 2 cm 的通行孔，兩側各設直徑約 3 cm 並覆金屬網的通氣孔。

圖 1.3.77
飼育熊蜂時所使用的產卵誘導盒

上蓋同樣是透明玻璃或壓克力，並為抽拉式設計。取食排泄區開有小孔方便餵食糖水；新鮮花粉粒則放在直徑約 4 cm、高 1 cm 的小盒中，由工蜂自行取食。當蜂群持續擴張，若巢房區空間不足，可在其上方加疊一層木盒，提供更多棲息與育幼空間。

>> **熊蜂人工誘導交尾**

同一巢會陸續產生新蜂后，由於羽化時間不會在同一天，且剛羽化的蜂后尚未性成熟，所以可暫時留在巢內，只要一看到就單獨放入小型木盒中。新蜂后出現後，隨後則是雄

圖 1.3.78
飼養熊蜂時所使用的飼育盒

性個體的雄蜂出現，剛羽化的雄性熊蜂未性成熟，暫時沒有交尾意願，可數隻放在一起、不必單獨放置。分辨老蜂后與新蜂后的方法可以從絨毛的多寡判斷，一般來說老蜂后絨毛較少，腹部長，新王反之。分辨雌蜂與雄蜂的方式可以從觸角長度判斷，雄性個體的觸角比雌性個體長。

從暗室中把羽化一陣子已性成熟、且有外出意願的雄性熊蜂，以及已羽化但還未交尾的蜂后分別放入小木盒中，再準備一個交尾用的小帳篷，把兩者都放入小帳篷中。

先把蜂后從小木盒中全部放出來，待數分鐘後再把雄蜂從小木盒中放出。把帳篷帶到氣候良好，陰天無雨的戶外，注意不可太陽直射，否則會降低熊蜂交尾的意願。交尾時一開始雄蜂會趴在蜂后身上且移動腹部，多數時候蜂后會抬足企圖把雄蜂趕走，表示蜂王不接受雄蜂，若時間太久蜂后及雄蜂過於疲累交尾則會失敗。

成功交尾時，雄蜂的腹部會對準蜂后的腹部，蜂后的螫針會伸出向上翹起，雄蜂放開蜂后僅腹部與蜂王相接且不斷抖動身體，此過程蜂后有時會擺動後足企圖結束交尾，但交尾仍會繼續。兩隻正在交尾時，有時候其他雄蜂也會靠在蜂后身上，可在不打擾交尾的情況下把干擾的雄蜂抓走（圖 1.3.79）。

交尾過後的雄蜂放走，避免無精子的雄蜂再次與蜂后交尾。未與蜂后交尾的雄蜂留下來，隔日再與未交尾的蜂后以同樣方式進行交尾。將已成功交尾的蜂后放在布丁盒中，置於較不受打擾的室內全暗環境，布丁盒中放入 50 % 新鮮糖水，再放入花粉加糖水搓揉的花粉團。

隔天把新交尾的蜂后迷昏，把迷昏以後的蜂后放置在產卵誘導盒中，產卵誘導盒內置新鮮糖水及花粉團，正常情況下大約一週後蜂后即可產卵，超過一週很難持續發展，即使產卵族群也無法繼續發育。

>> 熊蜂的病蟲害

熊蜂跟蜜蜂一樣有許多病蟲害，例如熊蜂線蟲 (Sphaerularia bombi)、熊蜂孢子蟲 (Apicystis bombi)、熊蜂短膜蟲 (Crithidia bombi)、熊蜂微粒子 (Nosema bombi) 和一些寄生性蟎類 (Parasitellus spp., Parasitellus fucorum; Locustacurus buchneri)，也會受到侵擾性生物如蜂箱小甲蟲 (Aethina tumida)、蠅類、蛾類的威脅。除此之外，寄生性熊蜂屬 (Psithyrus) 的蜂后也會進到熊蜂巢房內篡奪原蜂巢的蜂后，使原蜂巢工蜂照顧寄生性熊蜂的子代。

>> 熊蜂網室授粉

在網室中蜂箱架高不貼地，精選熊蜂巢內溫度最好維持在 25~28 ℃ 之間，巢內超過 30 ℃ 時會有振翅搧風的行為，當巢內溫度高達 35 ℃ 巢脾會變形，可能會對幼蟲產生不良的影響，因此可以安裝通風設備，盡量避免蜂巢內溫度過高。此外也要避免過度驚擾蜂群，夜間避免強光照射，如不得已要夜間開箱，應使用紅燈觀察。

熊蜂跟蜜蜂一樣，巢房內需要存放足夠富含蛋白質的花粉，讓幼蟲能正常發育，否則就會大量死亡，而幼蟲死後花粉需求減少，也會降低工蜂採集花粉的意願，進而降低授粉效率，因此需要適時餵食新鮮的糖水及花粉。但目前人工飼養的熊蜂額外餵食的花粉，大都來自於蜜蜂所採集的花粉，病原的傳播是未來需要關注的議題。

圖 1.3.79
精選熊蜂 (*Bombus eximius*) 的交尾過程

購買熊蜂後的注意事項

經過數十年的研究,目前吉田田有限公司已建立精選熊蜂量產技術,可供農民授粉,避免捕捉野生熊蜂減少生態壓力,以及引進外來種造成的生態隱憂。

- 安置熊蜂的環境及運輸過程都要低於 32 ℃ 以下,如果溫度高於 32 ℃,要將蜂箱置入降溫裝置中,並做遮陽設施。
- 收到熊蜂後要立即安置,靜置 15 分鐘後再打開蜂箱出入口。熊蜂第一次出巢後就會記憶蜂巢位置,所以安置後不要任意改變位置與方向。熊蜂會利用紫外光來定位和搜尋食物,需注意溫室內是否阻擋大量紫外光。
- 蜂箱四周要做好防螞蟻處理。
- 每日要注意箱內的糖水是否充足,糖和水的比例為 1:1,煮沸後冷藏備用。建議每 3~4 日更換未食用完畢的糖水。
- 確保蜂箱不會潑到水,若有必要可進行遮蔽。

Chapter II

如何飼養西洋蜂與東方蜂（野蜂）

2.1　蜜蜂的種類與特性
2.2　了解西洋蜂與東方蜂（野蜂）────
　　　蜜蜂解剖生理學對飼養技術的重要性
2.3　蜜蜂的一生 ────
　　　西洋蜂與東方蜂（野蜂）的生物學特性
2.4　西洋蜂與東方蜂（野蜂）的巢房結構
2.5　養蜂工具介紹、使用方式與時機
2.6　蜜蜂的營養與如何餵食
2.7　蜂場的選擇、如何取得蜂群、蜂箱的擺放與搬遷
2.8　西洋蜂與東方蜂（野蜂）的照顧與管理
2.9　西洋蜂與東方蜂（野蜂）的繁殖

Section 2.1
蜜蜂的種類與特性

蜜蜂 (honey bee) 在分類上屬於節肢動物門 (Arthropoda)、昆蟲綱 (Insecta)、膜翅目 (Hymenoptera)、蜜蜂科 (Apidae)、蜜蜂屬 (Apis) 的蜂類，嚴格來說只有分類在蜜蜂屬之下的蜂才能稱為蜜蜂。

早期認為蜜蜂只有六種，1980 年之後，尼泊爾、東南亞等地陸續發現新種蜜蜂，再加上分子技術的日益發展，目前已鑑定出九種蜜蜂，分別是大蜜蜂 (A. dorsata)、黑大蜜蜂 (A. laboriosa)、小蜜蜂 (A. florea)、黑小蜜蜂 (A. andreniformis)、沙巴蜂 (A. koschevnikovi)、綠奴蜂 (A. nuluensis) 和印尼蜂 (A. nigrocincta)、東方蜂 (A. cerana)、西洋蜂 (A. mellifera)。[1]

九種蜜蜂中，除了西洋蜂之外，其他都分布在亞洲，所以後來學者就將這些分布於亞洲的蜜蜂通稱為亞洲蜜蜂 (Asian honey bee)。

同一種 (species) 的蜜蜂又細分為亞種 (subspecies)，甚至受人類馴化的品種 (race) 及品系 (strain)。有時候為了經濟考量，蜜蜂品種也會進行有計劃的選種或育種工作，以符合產業需求。（關於「物種」與「品種」的定義可參考第一章）。

2.1.1 蜜蜂的分布及生物學習性

九種蜜蜂的分布及生物學習性簡述如下：

一、大蜜蜂 (Apis dorsata Fabricius)：
英文為 giant honey bee; large honey bee，又稱排蜂、巨型印度蜜蜂、印度大蜂。主要分布於南亞、東南亞、中國的廣東、廣西及雲南等地。體長約 15~19 mm，前翅黑褐色並有光澤，身體表面除了腹部 1~3 節背板覆蓋短而密的橘紅色絨毛，其餘部分覆蓋黑褐色短毛（圖 2.1.1）。

大蜜蜂有遷徙的習性，會築巢在高處水平的樹枝或懸掛於岩石下，蜂巢為單巢脾，一棵樹上甚至可以超過 70 個蜂巢。巢脾可長達 1~2 m、寬 1 m、厚 1.5~2 cm，大蜜蜂體型雖大，但蜂蜜產蜜量比西洋蜂少。

二、黑大蜜蜂 (Apis laboriosa Smith)：
又稱為岩壁蜂、岩蜂 (rock bee)、大排蜂。主要分布在中國雲南、四川、廣西、西藏、尼泊爾、不丹、緬甸、印度北部。體長約 15~20 mm，腹部除了各節有明顯的白色絨毛環之外，其餘皆有黑色絨毛（圖 2.1.2）。

三、小蜜蜂 (Apis florea Fabricius)：
英文為 dwarf honey bee or red dwarf honey bee，俗稱小排蜂，原產於東亞及東南亞，在泰國、中國的雲南和廣西都有分布，體長約 0.7~1 cm，比東方蜂和西洋蜂

---

[1] 不同的學者對蜜蜂的分類仍持不同看法，有些學者認為 Apis dorsata breviligula 為 Apis breviligula，Apis cerana indica 為 Apis indica。請參閱 2010 年 Nathan Lo 等人的研究。

Chapter II
如何飼養西洋蜂與東方蜂（野蜂）

圖 2.1.1
大蜜蜂

圖 2.1.3
小蜜蜂

圖 2.1.2
黑大蜜蜂

都還要小，是兩種小蜜蜂之一（另一種為黑小蜜蜂）。

分類學上小蜜蜂到了 1990 年代才跟黑小蜜蜂區分開來，外形上小蜜蜂比黑小蜜蜂的顏色更紅一點，工蜂頭胸部黑色，第一、二腹節為橘紅色或棕紅色（暗紅色），其餘為黑白相間條紋（圖 2.1.3）。

小蜜蜂為單巢脾，巢脾上緣較寬處是儲蜜區，下方較窄是花粉儲存區和育幼區，大多築巢在海拔 2,000 m 以下的的灌木叢或小喬木的枝條上，距離地面 3~5 m 高的位置，巢的大小約 25~35 cm 長、15~27 cm 寬，巢脾通常暴露在外，因此工蜂護脾的能力較強，受驚擾時具有攻擊性。

當蜜源缺乏時小蜜蜂常會棄巢逃飛，環境良好則容易分封，雖然跟東方蜂、西洋蜂一樣會儲存蜂蜜，但蜂蜜產量較少。

小蜜蜂在臺灣對生態及養蜂業的威脅

臺灣首次於 2017 年在距離高雄港附近十幾公里處發現小蜜蜂的蹤跡，推測小蜜蜂可能是透過貿易入境到臺灣，近年來被全球科學家認定為強勢入侵種，會擠壓臺灣原生種的東方蜂的生存空間。有些民眾會因蜜蜂消失、農業授粉昆蟲需求增加、想要吃蜂蜜，而希望去保護入侵臺灣的小蜜蜂，這是錯誤的觀念。

目前已知小蜜蜂體內病原及外寄生蟲有畸翅病毒 (deformed wing virus, DWV)、黑王台病毒 (black queen cell virus, BQCV)、東方蜂微粒子 (*Nosema ceranae*)、螺旋菌質體 (*Spiroplasma* spp.) 及欣氏真瓦蟎 (*Euvarroa sinhai*)。欣氏真瓦蟎目前在臺灣還沒有發現，因此隨意飼養、遷移小蜜蜂對臺灣農業具有很大的潛在威脅。蜜蜂病毒會透過蜂蟹蟎、採集蜂之間資源的搶奪以及訪花行為來傳播。欣氏真瓦蟎與蜂蟹蟎有著類似的生物特性，雌蟎會藉由攜播 (phoresy) 方式將病原散布到蜜蜂身上，並通過吸食其血淋巴來獲取所需的營養，於寄主蜂群中越冬。

科學證據顯示此蟎可以在西洋蜜蜂和東洋蜜蜂上存活，代表寄生性蟎對異種寄主有交叉侵染的能力。目前已確認入侵臺灣的小蜜蜂族群對臺灣的生態和養蜂產業帶來不少風險。牠們擴散速度非常快，還可能攜帶對西洋蜂有害的病原和寄生蟲。此外，小蜜蜂也會與本地蜜蜂競爭蜜源和築巢地點，造成生態及經濟上的損失。社會大眾與養蜂人對於小蜜蜂出現在生活周遭要有所警覺，如果看到小蜜蜂的蹤影，切記不要驚擾、運輸、買賣或移動蜂巢至他處飼養，以免干擾或危及國內養蜂產業與本土生態。

四、黑小蜜蜂 (*Apis andreniformis* Smith)： 俗稱小排蜂，主要分布在東南亞，中國雲南、印度東部、印尼的蘇拉威西島 (Sulawesi) 及菲律賓等地。體型與小蜜蜂相似，黑小蜜蜂的工蜂第一腹節則為黑色（圖 2.1.4）。

五、沙巴蜂 (*Apis koschevnikovi* Buttel-Reepen)： 分布於婆羅洲和馬來西亞的沙巴洲 (Sabah)、印尼的蘇門答臘 (Sumatera)，習性與東方蜂類似，但體色為磚紅色，主要棲息於海拔 1,700 m 以下的土穴中。

六、綠努蜂 (*Apis nuluensis* Tingek. Koeniger and Koeniger)： 分布於馬來西亞沙巴州及婆羅州等地，棲息在海拔 1,700 m 以上的地方，多選擇土穴或粗樹枝上築巢，經由分生親緣相關技術，已從東方蜜蜂分離出來，血緣與印尼蜂最接近，但是翅脈相與東方蜂近似，外部形態與沙巴蜂差異明顯。

圖 2.1.4
黑小蜜蜂

七、印尼蜂 (*Apis nigrocincta* Smith)：
又稱蘇拉威西蜂，分布於印尼蘇拉威西島 (Sulawesi)、民答那峨島 (Mindanao) 等區域，常於洞穴中築巢，形態較東方蜜蜂大，上唇基部與足部略帶黃色，工蜂體長約 11 mm。

八、東方蜂 (*Apis cerana* Fabricius)：
英文為 Asian honey bee; eastern honey bee，中國學者稱為中國蜂、中華蜜蜂或簡稱為中蜂，臺灣俗稱野蜂（圖 2.1.5）。

主要分布在亞洲，適應溫度範圍大，具有逃蜂 (abscond) 與遷徙 (migrate) 的習性，原產地從東方的日本到西方的伊朗東部，南方的印尼，北方中國的烏蘇里，根據 2013 年安娜‧克茨 (Anna H. Koetz) 的報告，2007 年東方蜂已傳播至昆士蘭的凱恩斯 (Cairns) 並在當地建立族群。

圖 2.1.6
西洋蜂義大利亞種

九、西洋蜂 (*Apis mellifera* Linneae)： 亦稱西方蜂，英文為 western honey bee 或 European honey bee，原產於歐洲、亞洲西部及非洲地區，主要分布於中亞、西伯利亞、歐洲、非洲，目前已被引進到世界上所有的養蜂國家（圖 2.1.6）。

西洋蜂因為經濟效益高且易於觀察，是人類目前為止研究最多的蜂類，全世界大約將近 30 個亞種，1976 年弗里德里希‧魯特涅 (Friedrich Ruttner) 把全世界的西洋蜂分為近東群 (Near East)、熱帶非洲群 (Tropical Africa) 及地中海群 (Mediterranean) 三群（表 2.1.1）。

圖 2.1.5
東方蜂

東方蜂的分類與名稱問題

臺灣原生種的東方蜂在分類與名稱上都沒有釐清也沒有統一的稱呼，分類也還有待進一步釐清。

1988年弗里德里希·魯特涅 (Friedrich Ruttner) 以東南亞地區18個國家採集的93個樣品分析東方蜂形態特徵後，將東方蜂分為四個亞種，分別是中蜂 (Apis cerana cerana Fab.)、印度蜂 (Apis cerana indica Fab.)、喜馬拉雅蜂 (Apis cerana himalaya)、日本蜂 (Apis cerana japonica Radoszkowski)。

也有學者認為中國的東方蜂有五個亞種，分別是中蜂、西藏蜂 (Apis cerana skorikovi Maa)、印度蜂、阿壩蜂 (Apis cerana abansis)、海南蜂 (Apis cerana hainana)，其中中蜂因環境不同又可分為華南型、華中型、華北型、雲貴高原型、東北型五個生態型 (ecotypes)。

中國對當地原生種的東方蜂多稱為中華蜜蜂，簡稱中蜂，分布在臺灣的東方蜂為中蜂亞種，因此臺灣有些學者也根據中國學者的名稱將東方蜂稱為中國蜂，民間常以野蜂稱之。在日本的亞種則為日本蜂，日本人稱為在来種蜜蜂。

1920~1930年代日本極力推廣養蜂，當時可能引進東方蜂日本亞種（也就是日本蜂）到臺灣，1927年楚南仁博 (Sonan Jinhaku) 鑑定臺灣產東洋蜜蜂屬於日本亞種 (Apis indica japonica Radoszkowski = Apis cerana japonica Radoszkowski)，並以日文漢字稱為東洋蜜蜂。

1902年漢斯·紹德 (Hans Sauter) 來臺灣採集昆蟲，將許多昆蟲標本送到歐洲，1913年恩布里克·斯特蘭德 (Embrik Strand) 便根據漢斯·紹德的標本鑑定，發表臺灣的野生蜜蜂為 Apis mellifica indica Fabricius，同一年井上丹治 (Inoue Tanji) 鑑定為 Apis indica Fabricius，而有學者認為 A. indica 是 A. cerana 的異名。巴特勒 (Butler) 於1954年提出「Eastern Honeybee」，因此後來也有臺灣學者將 A. cerana 翻譯成東方蜜蜂或東方蜂。

在魯特涅提出的四種東方蜂亞種中，他將臺灣的東方蜂列入 A. cerana cerana Fabricius 亞種，但是他的資料中並沒有包含臺灣的標本。1990年葉盈君的學位論文曾經測量臺灣的個體，依據肘脈指數 (cubital index) 推論臺灣的族群與 cerana 亞種相近。

2000年史密斯 (Smith) 等人比較亞洲各地區

東方蜂的粒線體 DNA (mitochondrial DNA, mtDNA)，結果無法區別出臺灣的東方蜂的生物地理分布。雖然東方蜂陸續被推定分出七、八個亞種或是生態型，也仍未使用臺灣的標本去界定臺灣的東方蜂的位階[2]。

日本蜂也曾引進到臺灣繁殖，蜂群繁殖期間很難進行隔離，是否與臺灣本土的東方蜂雜交需進一步的研究。

基於文化上的影響，近年來有些養蜂人主張將臺灣的東方蜂正名為臺灣蜂，由於各地語言不同、利用不同、認知不同而會有不同稱呼，使用俗名未嘗不可，但在更多分類特徵及演化證據出現之前，貿然將臺灣飼養的東方蜂以臺灣蜂作為中文名時，容易使人誤以為臺灣的東方蜂有獨特的分類地位。臺灣的東方蜂若要重新命名，需要更多研究與討論，目前臺灣原生種的蜜蜂以東方蜂或野蜂稱之較為妥當。

2 關於東方蜂的分類與名稱問題，請參考宋一鑫等人 2006 年的報告。

圖 2.1.7
臺灣的東方蜂是否有獨特的分類學地位還有待進一步釐清

表 2.1.1 西洋蜂亞種（Ruttner, 1976）

近東群	熱帶非洲群	地中海群
安納托利亞蜂 (*Apis mellifera anatoliaca* Maa)	埃及蜂 (*Apis mellifera lamarckii* Cockerell)	沙哈拉蜂 (*Apis mellifera saharinsis* Baldensperger)
亞當蜂 (*Apis mellifera adamis* Ruttner)	葉門蜂 (*Apis mellifera yemenitica* Ruttner)	突尼斯蜂 (*Apis mellifera intermissa* Buttel-Reepen)
塞浦路斯蜂 (*Apis mellifera cypria* Pollmann)	海濱蜂（坦桑海濱蜂）(*Apis mellifera littorea* Smith)	伊比利亞蜂 (*Apis mellifera iberica* Goetze)
敘利亞蜂 (*Apis mellifera syriaca* Buttel-Reepen)	東非蜂 (*Apis mellifera scutellata* Lepeletier)	歐洲黑蜂 (*Apis mellifera mellifera* Linnaeus)
黃色高加索蜂 (*Apis mellifera meda* Skorikov)	非洲蜂 (*Apis mellifera adansonii* Latreille)	西西里蜂 (*Apis mellifera sicula* Montagano)
高加索蜂 (*Apis mellifera caucasica* Gorbachev)	大黑山蜂（乞力馬札羅蜂）(*Apis mellifera monticola* Smith)	義大利蜂 (*Apis mellifera ligustica* Spinola)
亞美尼亞蜂 (*Apis mellifera armeniaca* Skorikov)	海角蜂（開普頓蜂）(*Apis mellifera capensis* Escholtz)	塞克比亞蜂 (*Apis mellifera cecropia* Kiesenwetter)
		馬斯頓蜂 (*Apis mellifera macedonica* Rutter)
	單色蜂 (*Apis mellifera unicolor* Latreille)	喀尼阿蘭蜂 (*Apis mellifera carnica* Pollmann)

在上述的西洋蜂當中，又以義大利蜂 (*A. m. ligustica*)、喀尼阿蘭蜂 (*A. m. carnica*)、歐洲黑蜂 (*A. m. mellifera*) 以及高加索蜂 (*A. m. causcasia*) 四個亞種最具經濟優勢，而廣泛被世界各地的養蜂人所飼養。

蜂種生物特性的優劣表現其實很主觀，不同地區、不同的養蜂人會根據自己的需求將蜜蜂的特徵加以分等，引進後是否能適應當地環境並符合當地的經濟利益，甚至與當地其他蜂種之間的影響，都需要進一步的評估與研究。

有些人對於動物呈現黑色或深色有偏好，以為黑色或深色的性狀表現優於其他顏色，這多半基於文化上的影響，其實顏色不能作為性狀表現優劣的依據。

以下列四大經濟品種各有其優點和缺點，雜交也不見得能夠符合世界各地每個養蜂人的需求，應以客觀的態度描述和看待這些典型的特徵，而非單純地以「有益」或「不利」二分法加以歸類。

一、義大利蜂：
英文為 Italian bee，原產於義大利，體色黃，腹毛有金色環帶，引進臺灣後是目前最多人飼養的蜂種。

性情溫和、分封性弱，容易維持強群、蜂王產卵能力強、工蜂採集能力強，能採集大量集中蜜源，但飼料消耗大、越冬能力差，不耐寒、易迷巢，食物不足時易發生盜蜂，容易感染幼蟲病。

二、喀尼阿蘭蜂：
英文為 Carniolan bee，原產於奧地利境內阿爾卑斯山及巴爾幹半島北部。又名卡尼鄂拉蜂，簡稱卡蜂。

體色黑，性情溫和、採集能力強，善用零性蜜源、越冬性強、抗歐洲幼蟲病、不易盜蜂、定向性強不易迷巢，但分封性強，不喜好採集蜂膠。

三、歐洲黑蜂：
英文為 Common European black bee，廣泛分布於歐洲。體色黑，分封性弱、採蜜能力強、越冬性強、定向性強、抗微粒子病能力強，但群勢發展較慢。

四、高加索蜂：
英文為 Grey Caucasian mountain bee，原產於高加索中部高原。體色灰，性情溫和、分封性弱、採集能力強，能採集零星蜜源、喜歡採蜂膠，但易感染微粒子病。

殺人蜂

廣義的「殺人蜂」指的是攻擊性較強會叮人致死的蜂種,例如中華大虎頭蜂和從非洲引進到巴西的東非蜂,這裡要介紹的是後者。

1950 年代前後,巴西養蜂業所飼養的蜂種是西洋蜂的各個歐洲地區的亞種,這些亞種雖然溫馴但並不適應南美洲的氣候環境,導致蜂蜜產量一直不見起色,因此聖保羅大學 (Universidade de São Paulo) 的沃里克・埃斯特萬・克爾 (Warwick Estevam Kerr) 博士在 1956 年從坦尚尼亞將東非蜂 (*Apis mellifera scutellata*) 引進巴西,希望藉此增加巴西養蜂業的蜂蜜產量。

由於東非蜂的攻擊性強,因此在蜂巢口安裝禁王片防止東非蜂蜂后離巢,後來因為人為管理上的疏失,結果蜂群飛離實驗區域在野外建立族群。西洋蜂亞種之間可以進行雜交,東非蜂與歐洲的亞種雜交後即是所謂的「非洲化蜜蜂」,但另有學者根據分子遺傳學的研究顯示,這些擴散至野外的蜜蜂在遺傳組成上與東非蜂非常接近。

東非蜂分封 (swarm) 性強,具有遷徙 (migrate) 與逃蜂 (abscond) 的能力,每年以 300~500 km 的速度擴散,並於 1990 年左右到達美國與墨西哥邊。東非蜂抵達美洲後影響了當地的生態,除了歐洲的許多亞種的蜜蜂生存棲地受到威脅外,也可能影響了美洲原生蜂種例如無螫蜂的族群。

歐洲蜂的許多亞種很容易因為一種名為蜂蟹蟎的外寄蟲寄生而滅群,但東非蜂具有很強的抗蜂蟹蟎與抗病力,蜂蜜採集量也高於其他歐洲蜜蜂,授粉能力也很好,而其他人工飼養的歐洲亞種則因為病蟲害的因素,很難在自然界長期生存。

不過東非蜂對蜂巢的防禦很積極,過於接近蜂巢很容易受到攻擊,反而造成經濟、社會和生態問題,因而有殺人蜂 (killer bee) 的稱號,但事實上牠們並不像電影與媒體所呈現的如此誇大,通常只有在無法脫身的情況下才會被蜜蜂殺死。

育種及引種大幅度地提升了經濟發展和競爭力,例如臺灣許多水果都是長時間選育而來。雖然並非所有自海外引進的物種以及人為選育出來的品系都會造成生態上的危害,也並非所有的外來種都能適應新的環境,1972 年臺灣曾經自中美洲引進的馬雅皇蜂 (*Melipona beecheii* Bennett) 後來沒有活下來即是一例,但即使如此,也不能忽視外來種對環境生態的衝擊和原生物種的潛在威脅,生態保育與產業發展同樣重要,不能因為利益而忽視對生態造成的隱患。

引種必須依法申報,若為一己之私夾帶走私未經檢疫的蜂種,極有可能造成病原菌的傳播,2015 年境外移入的囊雛病 (sacbrood) 造成臺灣的東方蜂大量死亡就是一例。亞種之間又能夠雜交,有可能對原生種的基因造成影響,雜種可能獲得更好的生物特性,但是也可能雜交後繼承了親代各自的缺點導致變得更差,一個物種表現的「好」與「壞」,從人類的角度而言是非常主觀的,物種的生物表現在不同地區有不同的主觀認定與需求,東非蜂的案例足堪引以為鑑。無論如何引種與育種都要非常嚴謹,另一方面也要增加原生種的研究,減少對外來種的依賴。

東方蜂（野蜂）與西洋蜂的差異

東方蜂（野蜂）與西洋蜂在生態行為上很相似，少部分略有差異（表 2.1.2）。從分類學的角度來看，東方蜂與西洋蜂是兩種不同的蜂種，但這兩種蜂具有一定程度的飼養脈絡與關聯性。

在西方科學基礎對蜜蜂生物學特性的深入研究下，1954 年中國的龔一飛教授成功馴化了中華蜜蜂，而使得東方蜂的飼養有了進一步發展，可見東方蜂（野蜂）與西洋蜂在養蜂知識有部分重疊，一些飼養原則很類似。但飼養東方蜂（野蜂）時也要注意，不能把某些養西洋蜂的行為用在東方蜂（野蜂）的身上。

全世界的九種蜜蜂都會產生蜂蜜，但不是所有的蜜蜂都適合飼養，很早期的時候，所謂養蜂其實是放養或單純的採收，沒有花時間去照顧蜜蜂，採蜜大多是毀巢取蜜，後來經過長期對蜜蜂生物學習性的研究，目前只有東方蜂與西洋蜂能夠透過飼養管理技術來提升蜂產品的品質與產量。

現今臺灣有東方蜂 (Apis cerana)、西洋蜂 (A. mellifera) 與小蜜蜂 (A. florea) 三種蜜蜂，其中又以東方蜂與西洋蜂有較長的飼養歷史，經濟規模以西洋蜂位居首位。

如果將東方蜂（野蜂）與西洋蜂混養，當外界蜜、粉源缺乏且蜜脾暴露時，不同群之間非常容易引起盜蜂。被盜的西洋蜂蜂勢變

表 2.1.2 東方蜂（野蜂）與西洋蜂的差異

東方蜂 (Apis cerana)	西洋蜂 (Apis mellifera)
工蜂巢房寬約 4.8 mm	工蜂巢房寬約 4.8 mm
工蜂體長 12~13 mm	工蜂體長 13~15 mm
抗蟹蟎能力強	抗蟹蟎能力弱
幾乎不產膠	產蜂膠
善用零星蜜源	喜愛集中蜜源（優先採集集中蜜源）
8°C 仍外出採集	10°C 以下採集活動降低
一般飛行距離約 1~2 km	一般飛行距離約 2~5 km
易逃蜂	較少逃蜂
蜂王產卵量一天最多約 700 多顆，蜂勢較弱	蜂王產卵量一天最多可達 2,000 多顆，蜂勢較強
後翅的中脈明顯伸出	後翅的中脈未明顯伸出
註	同蜂種不同亞種之間的習性仍有差異，此表只針對臺灣飼養的東方蜂中華蜂亞種與西洋蜂義大利蜂亞種及其雜交種進行概略性的比較。

弱、易怒，被盜的東方蜂（野蜂）蜂王則產卵量下降，工蜂無育幼意願，最後可能造成逃蜂，還會造成蜂群損傷及彼此傳播病原。

因此，如果同時飼養兩種蜂種，最好分場飼養，並提供充足的蜜源。發生盜蜂時要縮小巢口，東方蜂（野蜂）群巢口加裝禁王片使蜂王無法飛出，可紓解其盜蜂、逃蜂的情緒（請參閱 P199「盜蜂的處理方式」）。

此外，小蜜蜂在臺灣屬於外來入侵種，會傳播多種病原，並競爭蜜源與棲地，蜂蜜產量又遠低於東方蜂與西洋蜂。產量的多寡並不是判斷蜂蜜品質好壞的標準，為了養牠結果危害臺灣原生種的蜜蜂以及養蜂產業，得不償失。

九種蜜蜂屬於不同的種 (species)，具生殖隔離 (reproductive isolation)，自然情況下彼此不能雜交產生後代。亞種之間通常是地理隔離，未產生生殖隔離，因此同種之下的不同亞種、品種及品系的蜜蜂則可以交配或經人工育種方式產生下一代。

從日治時期至今，東方蜂以及西洋蜂的許多亞種都曾經透過官方或個人私自引進到臺灣，由於臺灣養蜂密度高，蜂群繁殖期很難隔離，因此臺灣現今許多養蜂場所飼養的東方蜂和西洋蜂不一定都是純種品系。

● **蜂種的鑑定**

蜂種的鑑定最基本的方式是以體色區分，但是隨著蜂種的廣泛交流與研究，單以體色作為依據已經不足，因此逐漸發展出不同的形態指標，例如體型、吻長、覆毛區域、肘脈指數、背板長度、紋路、脛節長度、跗節指數、頰寬、毛色、觸角長度和顏色、生殖器形態等等，更進一步甚至需要分子親緣方法來加以鑑定。

以東方蜂（野蜂）和西洋蜂為例，兩者的翅脈就有明顯差異，例如東方蜂後翅的中脈明顯伸出，西洋蜂的中脈未明顯伸出（圖 2.1.8）。

蜂種的鑑定對於育種來說非常重要，優良的育種場要能夠確保種原品系的純度，避免基因汙染，確保蜂王品質，在生態調查上也能評估不同蜂種與品系在環境中的變化，不但是重要的基礎研究，對於未來產業應用更是不可或缺。

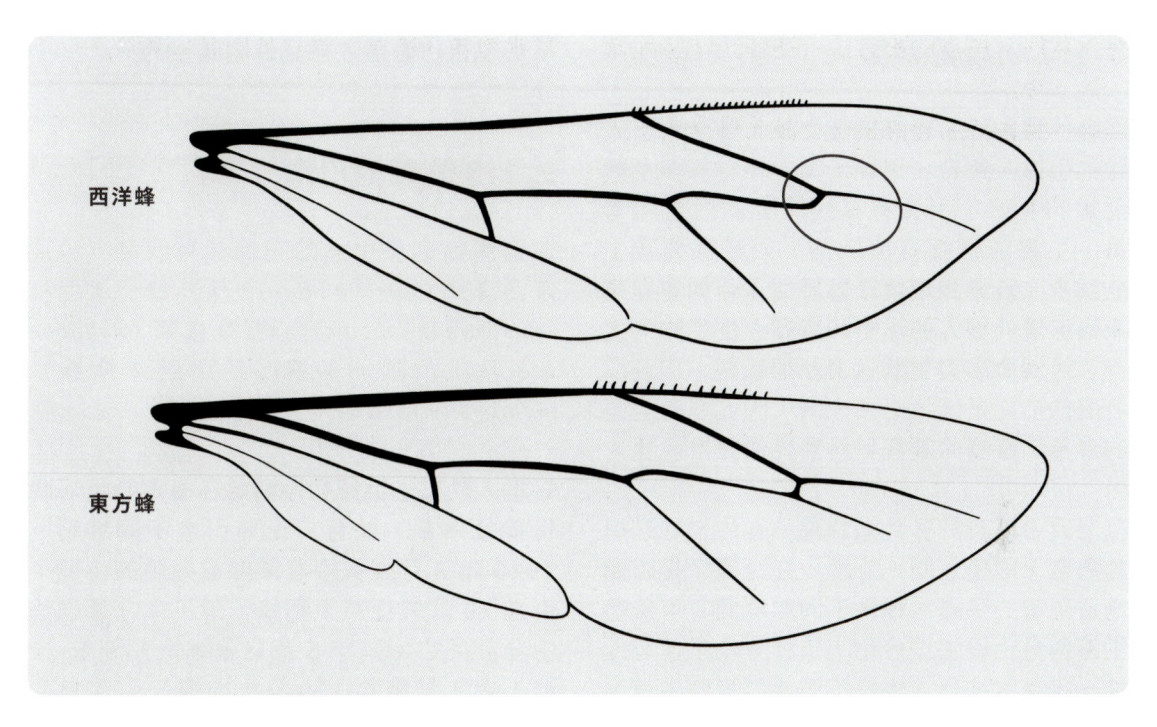

Chapter II
如何飼養西洋蜂與東方蜂（野蜂）

圖 2.1.8
東方蜂 (*Apis cerana*) 與西洋蜂 (*Apis mellifera*) 在翅脈上的差異。
東方蜂後翅的中脈明顯伸出。西洋蜂後翅的中脈未明顯伸出。

肘脈指數

肘脈指數 (cubital index) 是蜜蜂外部形態特徵的重要指標，不同蜂種的肘脈指數不同，每一個蜂種的肘脈指數都有固定的範圍，因此常作為蜂種的鑑別與分類依據，進行蜜蜂育種時，測定肘脈指數能了解一個蜂群是否混雜。

測量肘脈指數的方法是，先準備顯微鏡和測微尺，然後取蜜蜂的右前翅，在第三亞緣室 (s3) 下緣的翅脈被第二中肘橫脈 (2m-cu)（請參閱圖 2.2.15 a）分成 a、b 兩段，a 除以 b 即為肘脈指數（圖 2.1.9）。根據 1990 年葉盈君的分析，東方蜂肘脈指數為 3.44 ± 0.42 (2.74~4.33)，西洋蜂肘脈指數為 2.22 ± 0.35 (1.19~2.96)。

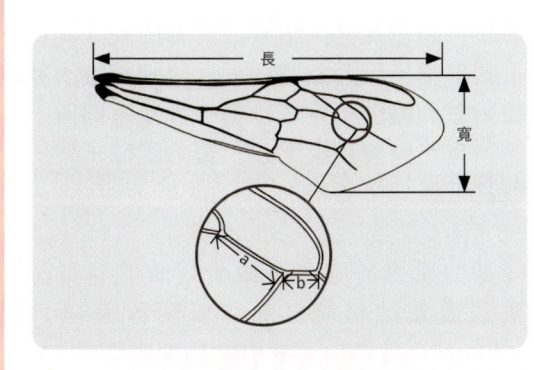

圖 2.1.9
使用右前翅測定肘脈指數。
第三亞緣室下緣的翅脈被第二中肘橫脈分成 a、b 兩段，這兩段的比值 a 除以 b 即為肘脈指數。

2.1.2 物種的傳播

物種的移動除了自然遷徙之外，多半來自人類的引進、買賣、運輸，其中存在許多主觀需求和喜好，引種有其經濟上的效益和考量，引種前應該審慎評估，須經檢疫及生態調查、監測和環境影響評估，否則會提高病蟲害境外移入的風險和影響原生生物的生存。經濟發展與生態保育都很重要，但經濟發展的前提是環境必須永續，因此要有全盤的考量，嚴謹的調查與科學評估非常重要。

臺灣與中國有許多共通蜂種，從生物地理學的角度，即使是同一蜂種，在經歷了長時間地質尺度的隔離，種內不同族群間有可能發生遺傳分化與生理分化，這種分化不僅可能進一步導致種化，也是不同族群適應生育環境的結果。雖然臺灣島現今地貌形成的歷史可能不到六百萬年，且在第四紀冰河期臺灣島曾多次與亞洲大陸相連，地質年齡相對年輕，地理隔離時間不長，但仍要避免任意在兩地域之間引入同種蜂種，使得臺灣原生蜂種與移入的蜂種產生遺傳交流，因為這種行為不僅會妨礙物種本身的分化，也可能會干擾其對各自生長環境的適應。

九種蜜蜂除了西洋蜂之外，另外八種蜜蜂的原產地皆位於亞洲，美洲、澳洲及紐西蘭沒有原產蜜蜂，而是後來由其他區引進。隨著人類貿易、交流、買賣、運輸、傳播等種種因素，有些種蜂的分布發生改變，也可能對當地原生蜂種造成影響。東方蜂及小蜜蜂曾被引到歐洲進行研究，但可能同時引進了亞洲地區的蜜蜂病蟲害。澳洲引進西洋蜂之後，對當地養蜂產業有極大的助益，但也影響當地原生蜂種的生存。原產於亞洲的東方蜂分布至澳洲後，同時會將蜂蟹蟎傳播到澳洲的西洋蜂身上，造成產業損失，這些都是不可忽視也必須注意且長期關注的。

2.1.3 蜂種的引進

在臺灣為刻意引進的花蜂類有四種，分別是西洋蜂 (*Apis mellifera*)、東方蜂日本亞種 (*Apis cerana japonica*)、馬雅皇蜂 (*Melipona beecheii*) 及歐洲熊蜂（又稱西洋熊蜂）(*Bombus terrestris*)。

日本人於二十世紀初期開始在臺灣發展現代化養蜂事業，並且自海外引進不同蜂種。1910年3月經美國農業部昆蟲局的協助，引進70群純種義大利蜂，但不幸在運送途中全部死亡。同年5月自日本九州引進27群，次年繁殖為160群，後來又引入世界各地蜂種。1912年楚南仁博的報告中提到臺灣的蜜蜂就有日本蜂及義大利蜂兩種。1945年以後，臺灣持續引進西洋蜜蜂許多亞種，但沒有追蹤記錄，且許多亞種常進行混種以致品系難以區分。

以義大利亞種為例，純種義大利蜂的蜂王腹部顏色為橘黃色，但臺灣飼養的義大利蜂蜂王腹部常出現深色體節，已非純種義大利亞種，然而體色不足以作為蜂種品系的唯一標準，有時需要判斷吻長、覆毛區域、肘脈指數甚至是分子分析。

臺灣的蜜蜂研究專責單位行政院農業部苗栗區農業改良場（前蠶蜂業改良場）於1991起，陸續自海外引進高加索亞種 (*A. m. caucasica*)、義大利亞種 (*A. m. ligustica*)、喀尼阿蘭亞種 (*A. m. carnica*)、海角亞種 (*A. m. capensis*)，進行西洋蜜蜂品種改良。

除了東方蜂與西洋蜂之外，1972年臺灣曾

自中美洲英屬宏都拉斯（現在的貝里斯）引進一群馬雅皇蜂（Royal mayan bee，學名 *Melipona beecheii* Bennett），後因實驗損耗蜂群無法立足。

1993年自荷蘭引入歐洲熊蜂（又稱西洋熊蜂）（*Bombus terrestris* Linnaeus），進行番茄及飼養實驗，雖然目前為止還沒發現歐洲熊蜂在臺灣野外立足的紀錄，但控管不當仍會逃逸至野外，與原生種競爭棲地與食物並傳播病原。

雖然不是所有的外來種 (alien species; exotic species; introduced species) 都能適應新的環境，例如1972年自中美洲英屬宏都拉斯引入臺灣的馬雅皇蜂就沒有存活下來，存活下來的外來種也不一定都會成為強勢入侵種，但外來種仍然可能是潛在的強勢入侵種 (invasive allien species, IAS)，例如小蜜蜂 (*Apis florea*) 進入臺灣，後來就發現會傳播病原給臺灣的蜜蜂並競爭蜜源與棲地，具入侵性。

所謂的強勢入侵種是指一個被人類有意或無心引進到非其自然分布的地區，不但可以在非原產地自行繁殖擴張，進而將原生物種淘汰、佔領該環境，對環境、經濟和人類健康造成傷害的物種。是不是入侵種需要科學上的審慎評估，並不是把自己不喜歡的物種就安上「外來入侵種」之名要加以消滅。

任何外來種的引入都必須經過科學上的審慎評估，即便是基於經濟考量也不該貿然引入，臺灣以及世界各地都曾經因為不當引入外來種而影響原棲地的生態，不只對原生動、植物，也對經濟造成難以挽回的破壞。一般來說，任何一個外來物種的輸入都應該要經過主管機關的同意，根據「野生動物活體及產製品輸出入審核要點」，無論是一般類或是保育類動物，都需要經過相關主管機關的審查才能輸入。若民眾的防、檢疫觀念不足，境外移入的新興物種及其病原將造成重大的社會負擔和經濟損失。

臺灣飼養西洋蜂後促進了產業的發展，成為臺灣養蜂業及作物授粉的重要蜂種。東方蜂與西洋蜂的採蜜行為略有不同，西洋蜂在臺灣的環境適應力也不及東方蜂，西洋蜂雖然能夠在野外建立族群，但環境溫度較低時，外出採集行為下降，對抗虎頭蜂的能力較差，食物不足時會大量死亡甚至滅群，而且非常容易受到蜂蟹蟎的危害。

不過西洋蜂在人為管理與照顧下較能度過蜜粉源不足的環境壓力，病蟲害可以得到控制，加上西洋蜂與許多原生蜂種的生態棲位相似，蜜源植物與棲地高度重疊而彼此競爭，所以西洋蜂群與各種原生蜂類的競爭關係未來也需要更深入的調查，投入更多東方蜂以及其他原生蜂種的研究工作以減少對外來種的依賴。

人為大量飼養外來蜂種的生態隱憂

西洋蜂在沒有人為管理及照顧的情況下，很容易因蜂蟹蟎寄生及虎頭蜂的危害而滅群，但人為飼養的西洋蜂則可透過飼養者的管理來防治蜂蟹蟎和虎頭蜂，並藉由人工繁殖技術不斷增加族群數量，也會隨著養蜂人而四處遷移。

目前全球多數國家皆引進了西洋蜂 (*Apis mellifera*) 與西洋熊蜂 (*Bombus terrestris*) 等可受人為管理的蜂種，飼養規模亦不斷擴大，其主要原因來自於人類對作物授粉服務與蜂產品的高度需求。然而，國際間越來越多研究顯示，本土的野生花蜂（包含社會性

花蜂與獨居性花蜂）的多樣性和豐富度有下降趨勢。

導致野生花蜂數量減少的因素包含棲息地的喪失，例如簡化的農業景觀 (simplified agricultural landscapes)、不當土地利用與開發所造成的地貌改變，進而減少蜜粉源植物與築巢所需資源，加上農藥的不當使用，更加深蜂類生存壓力。此外，人為飼養的外來種蜜蜂可能透過資源競爭、氣候變遷引發的植物群落改變，以及病原體傳播，對本地野蜂族群造成不利影響。

許多研究都顯示養蜂密度很高的地區可能加劇蜜粉源的競爭，例如，2023 年諾貝特‧肖伯樂 (Norbert Sauberer) 等人研究指出，西洋蜂會竊取切葉蜂費力蒐集於腹部的花粉。2024 年提齊安諾‧隆代伊 (Tiziano Londei) 等人亦發現，西洋蜂會竊取紅尾熊蜂 (*Bombus lapidarius*) 身上的花粉，這樣的行為不僅使野生蜂類採集到的花蜜與花粉數量與品質下降，也增加病原傳播風險。同年加布里埃拉‧昆蘭 (Gabriela Quinlan) 等人於美國馬里蘭州調查 3,840 個養蜂場，結果顯示人為管理的西洋蜂以及都市化，都與 6 個屬的原生蜂族群數量下降有關，原生蜂種數量的減少，將威脅生態系統並導致生態多樣性下降。2025 年羅倫佐‧帕斯夸萊 (Lorenzo Pasquali) 等人在義大利的吉安努特里島 (Giannutri) 進行實驗，發現人工移入的西洋蜂會與當地原生的獨居性蜂類 *Anthophora dispar* 及西洋熊蜂競爭蜜粉源，導致原生蜂群的數量嚴重下降。

蜜蜂雖然重要，這些受人為管理的蜂群確實能為人類提供作物授粉與蜂產品等實質效益，然而牠們無法完全取代本土野生花蜂（如隧蜂、小蘆蜂、切葉蜂、地花蜂……）在生態系中的角色。除了蜜蜂之外，本土野生花蜂同樣是農業與自然生態系統中不可或缺的重要傳粉者（請參閱 P119「獨居蜂的生態行為及其重要性」）。人為管理的蜂群若未謹慎評估，其擴張可能犧牲原生物種與整體生態系統。

經濟收益固然重要，但不應以犧牲環境為代價。養蜂產業的永續發展，不只依賴技術與管理，更有賴良好的生態環境。養殖密度、病原體監測、外來蜂種引進風險評估等，皆需依據科學實證審慎規劃。特別是人為飼養的外來蜂種是否應進入自然保護區（包含國家公園、國家自然公園、自然保留區、野生動物保護區、野生動物重要棲息環境、自然保護區）更是值得深思的重要課題，因為這些區域可能是原生蜂種的重要棲息地。

雖然蜂群衰竭失調症 (colony collapse disorder, CCD)（請參閱 P334）使蜜蜂受到關注，授粉需求常被作為蜜蜂進入自然生態保護區的理由，但相關論述仍有待商榷。首先，雖然受管理的蜜蜂儘管因高溫及寒冬而有所損失，但飼養的蜂群數量一直有增加的趨勢。其次，外來種蜂類對當地生態的影響，包括資源競爭、病蟲害傳播、基因污染與生態系統的改變，皆可能帶來難以逆轉的後果。

因此，我們除了重視蜜蜂，也應積極採取行動，減少人為管理的外來蜂種對原生蜂種與整體生態的潛在威脅。具體作法例如，增加當地原有的蜜粉源植物種類及數量，提升蜜源植物的多樣性。在溫室使用這些受人為管理的外來蜂種可以避免這些蜂群逃到野外，而在已開發的開放式田間環境使用受人為管理的蜂群，可將蜂群放置在農田中心，與自然棲息地保持最大距離，必要時限制外來種蜂群進入自然生態保護區，並適當控管密度，以免對原生野蜂造成排擠與衝擊。

Section 2.2

了解西洋蜂與東方蜂（野蜂）
——蜜蜂解剖生理學對飼養技術的重要性

自然環境中的野生蜜蜂通常會築巢在能遮風避雨的地方，例如石縫及樹洞中或懸岩下，蜂巢向下方展，假如下方空間不足而上方出現更多空間，就會向上建造新的房，巢脾上方存放蜂蜜，幼蟲則在巢脾下方發育，外界低溫時成蜂就會在幼蟲區集結成團保暖（圖2.2.1）。

圖 2.2.1
野生蜂群會築巢在能遮風避雨的樹洞、石縫、懸岩或屋簷下。

遇到逆境例如高溫、寒冬、病害、蟲害、敵害、食物缺乏，或者當初蜂群選擇的地點以及築巢條件不佳時，蜂群中的個體數量會減少或逃飛，如果能適應環境的變遷，來年春天或環境變好的時候蜂群就會壯大，不能適應就會滅亡。當環境惡化、病蟲害發生時，野生無人照料的蜂群有時候會滅群，但蜜蜂因為會分封來增加群族數量，所以即使某一窩滅群了，也會有其他蜂群因為找到更適合的環境而繼續繁衍。

養蜂人會把蜜蜂放在箱子裡，讓牠們能夠遮風避雨，遇到環境惡化時會給予支持，例如保暖、降溫、餵糖水、餵食補助花粉（花粉餅）、控制病蟲害、協助清除敵害、侵擾性生物以及調換和增加巢片等等，藉由飼養技術與設備的支援維持蜂群數量，盡量不讓蜂群滅亡，好在下次開花泌蜜時採收蜂蜜或其他蜂產品。

但不是所有的環境都適合蜜蜂生存，蜜蜂不同於關在籠子裡飼養的生物，蜜蜂會外出飛行數公里採集食物，仰賴環境中的開花植物，如果環境條件沒有改善甚至持續惡化、人類不當使用化學農藥，即使給予支持與照料，蜂群內的個體數也很難增加，嚴重時也會滅群，因此維持環境的友善非常重要，養蜂產業要提升，不只是技術問題，更是環境問題。

生物會反應環境的改變，同一種蜂在不同環境可能做出相對應的調適機制，蜂群的表現也會出現差異，不同人、不同地區積慣成習之下則發展出不同的飼養技術。養蜂與蜜蜂的生物學特性、生理構造息息相關，養蜂產業規模的擴大，很大一部分來自於數百年來人類對蜜蜂生物學特性長期且深入的研究，讓養蜂技術有了長足的進展。

掌握蜜蜂的生物學特性，不但可以了解有趣的生命現象，也是改良、精進養蜂技術的基礎，透過觀察、科學化的實驗了解蜜蜂的生理行為機制，從而調整、改進飼養方法，使

蜜蜂成為經濟價值最高的昆蟲。解剖生理學和病理學同時也能幫助診斷、了解病蟲害的狀況，正確的病理診斷可以提供有效的防治策略，避免不當用藥，因此蜜蜂生物學可以說是養蜂的基礎。

2.2.1 蜜蜂的外部形態與生物學特性

蜜蜂體表由幾丁質 (chitin) 構成，形成外骨骼 (exoskeleton)，身上密布絨毛，體重大約 0.1 g。成蜂外部形態可分為頭 (head)、胸 (thorax)、腹 (abdomen) 三個部分，翅膀 (wings) 與足 (leg) 位在胸部，腹部有螫針 (stinger) 或產卵管 (ovipositor)（圖 .2.2.2）。

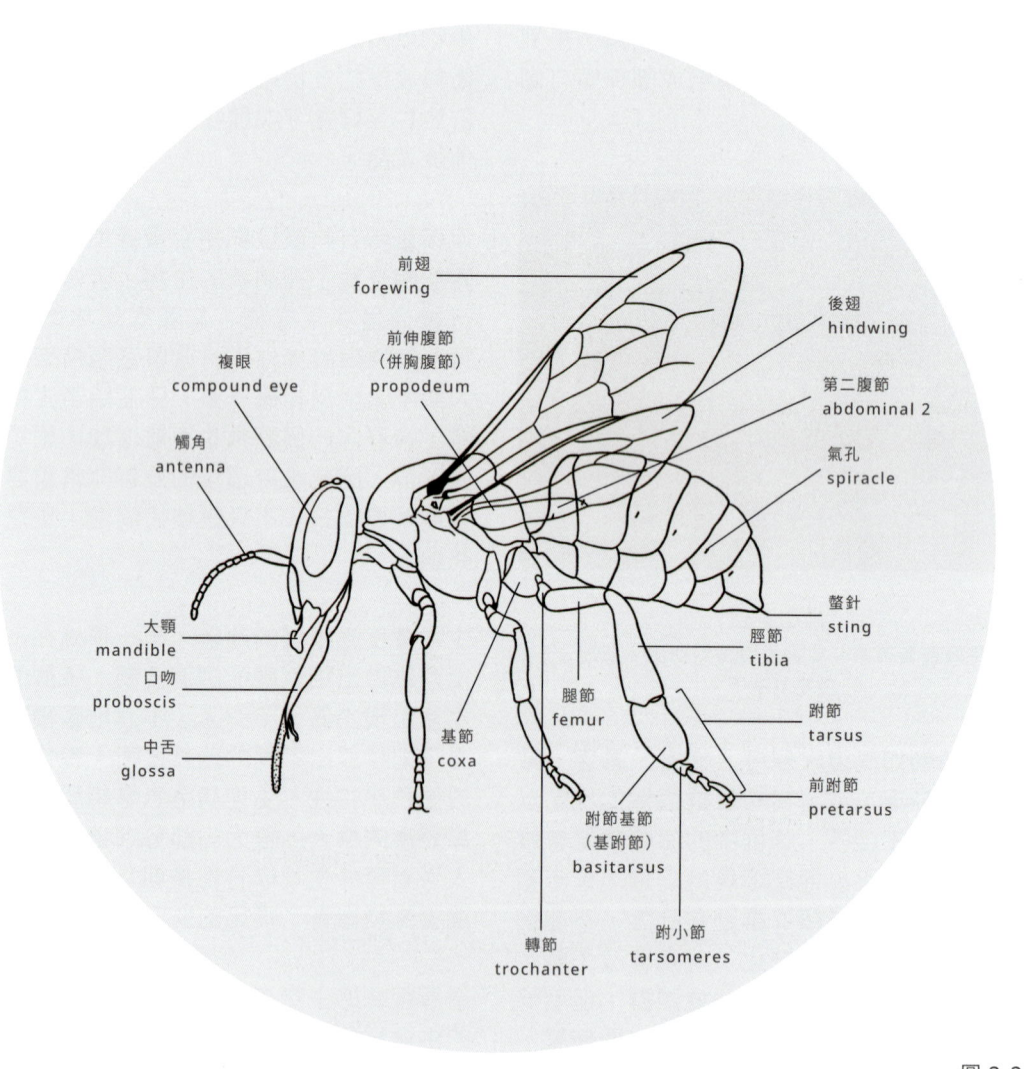

圖 2.2.2
西洋蜂 (*Apis mellifera*) 工蜂的外部形態特徵

頭部

蜜蜂的頭部是感覺和取食的中心，包含一對觸角 (antennae)、一對複眼 (compound eyes)、三個單眼 (ocellus)，一組口器 (mouth parts)（圖 2.2.3），後方具有後頭孔 (occipital foramen)，是頭部的神經、消化管及其他器官通到胸部的共同孔道。

蜂王、工蜂、雄蜂的頭面形狀各不相同，蜂王的頭面呈現心臟形，工蜂呈現三角形，雄蜂呈現圓形。

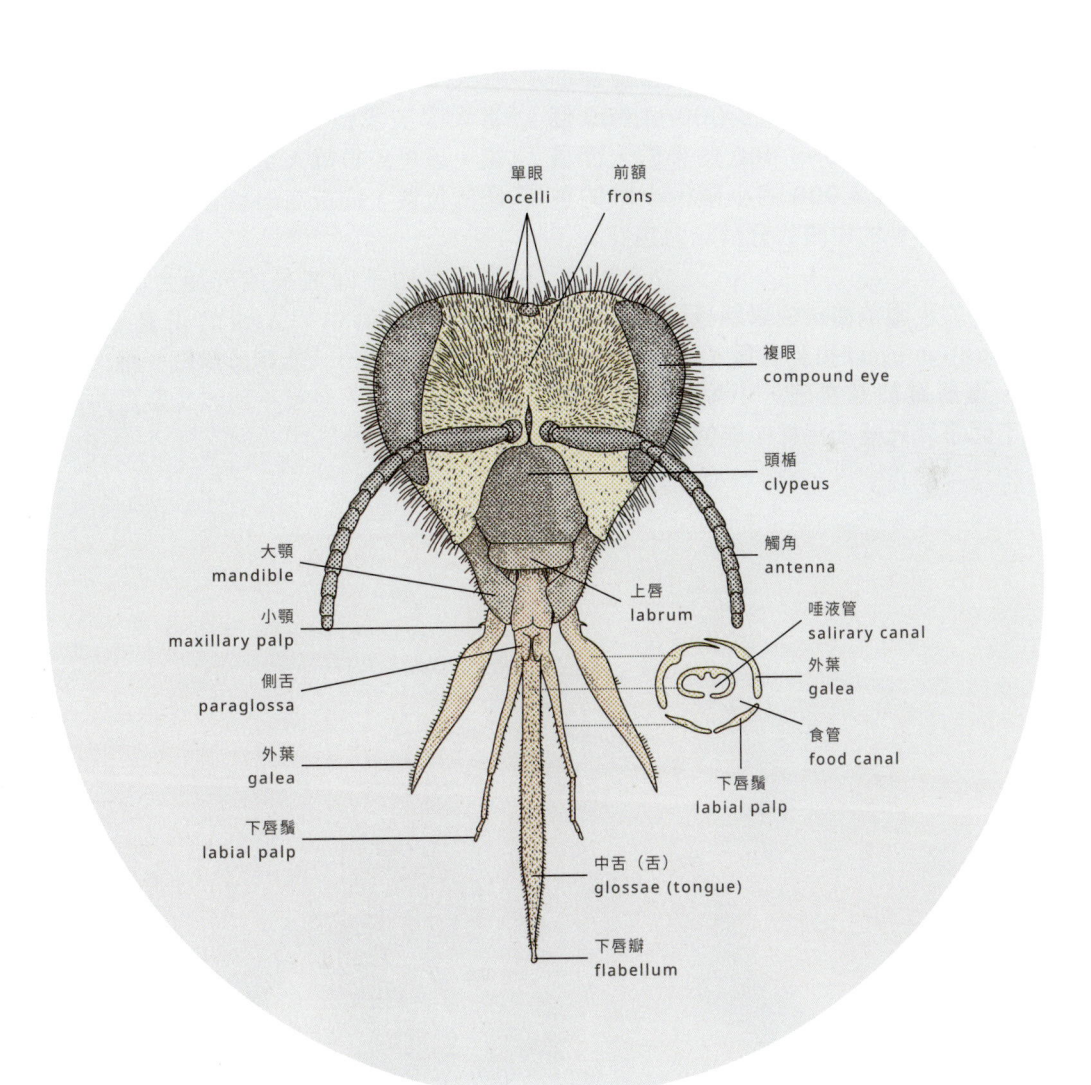

圖 2.2.3
西洋蜂 (*Apis mellifera*) 工蜂頭部正面觀

蜜蜂的眼與視覺

蜜蜂的眼分為複眼 (compound eye) 和單眼 (ocellus)。複眼在頭的兩側（圖 2.2.4 a），複眼中間有三個單眼。蜂王和工蜂的複眼呈腎形，雄蜂的複眼呈半球形，在頭頂處兩眼幾乎連在一起。

單眼主要感受光線，蜂王和工蜂的單眼位於頭頂，雄蜂的單眼在前額。複眼由許多六角形的小眼 (ommatidium) 互相緊密連接而成，蜂王每隻複眼大約有 3,000~4,000 個小眼，工蜂約 4,000~5,000 個小眼，而雄蜂每隻複眼約有 8,000 個小眼，小眼的數目越多，對運動的物體的分辨能力越好。

昆蟲複眼的小眼依據排列與結構可分為並置眼 (apposition eyes) 和重疊眼 (superposition eyes)，蜜蜂屬於並置眼，小眼表面是集光器，下面是感光器及視桿，能捕捉來自特定方向的光，每個小眼都有一個水晶體，且被色素細胞隔開。因此視桿只能接受該小眼水晶體聚集的光線，這些水晶體可聚集成光束，並傳送到視桿（感光細胞）所形成的感光部位（圖 2.2.4 b）。

蜜蜂會以光羅盤 (light-compass) 的形式利用太陽找到方向，具有出色的偏振光導航能力。所謂的偏振光是太陽光穿過地球大氣層時，被氣體分子和其他微粒子散射，使光波在天空的不同點上按一個特定的方向振動。當太陽被雲遮住時，蜜蜂即使沒有看到太陽，還是能根據天空中反射的偏振光確定太陽的位置，進行定向和導航。

陽光是由不同波長的光組合成的混合光，在光譜色帶中，人類的視覺波長大約為 700~400 nm，能夠分辨紅、橙、黃、綠、藍、靛、紫，但看不到波長更短的紫外光。（圖 2.2.5）

圖 2.2.4 a
蜜蜂的複眼

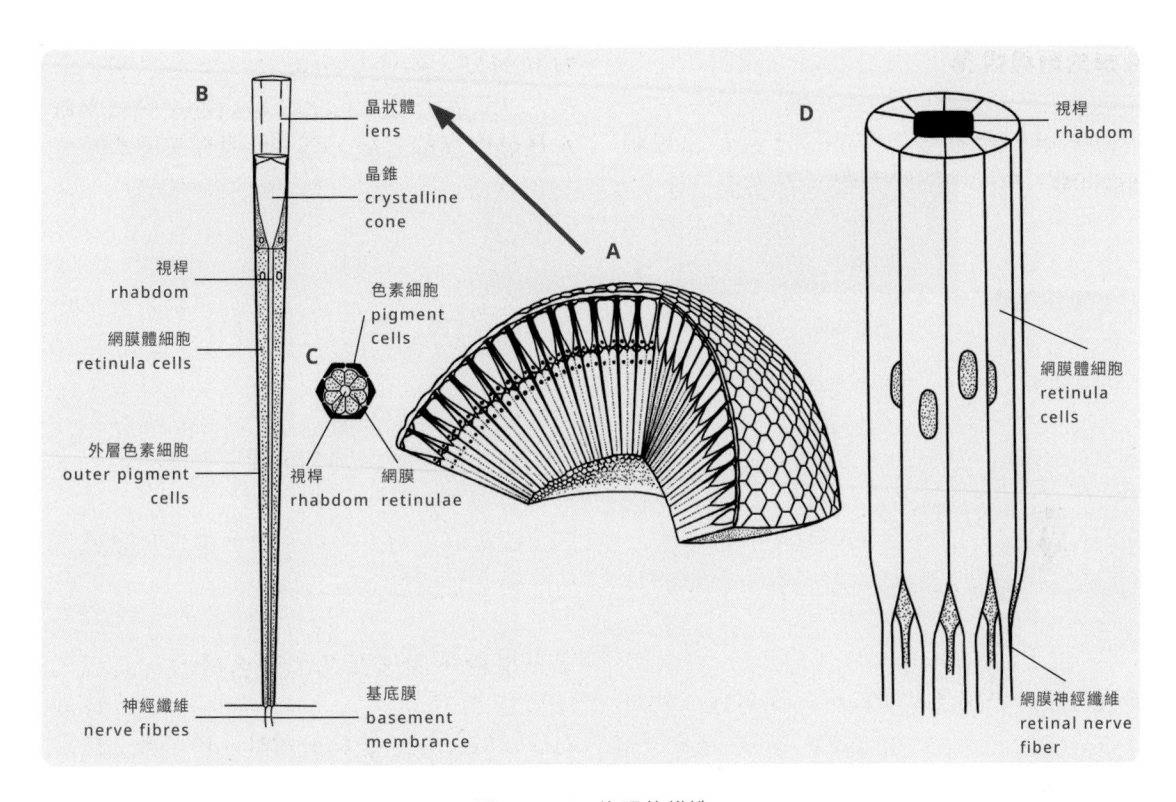

圖 2.2.4 b　複眼的構造
(A) 複眼部分切除後顯現出小眼及鏡面的排列　(B) 單一的工蜂小眼　(C) 單一小眼的視桿與網膜體細胞橫切面
(D) 雄蜂複眼的內部結構圖，8 個網膜體細胞中間部分的橫切面顯示其中 2 個細胞比其他的 6 個細胞小，
中間的視桿被包圍排列成平行四邊形。
（根據 Lindauer, 1960；Neese, 1968；CSIRO, 1970；Rossel, 1989；Carreck, 2013 重新繪製）

蜜蜂則是 700~300 nm，能夠分辨黃、青、藍及紫外光，就蜜蜂的光譜感度而言，其形成彩色視覺的三原色為 335 nm、435 nm、540 nm 等三波長的色光（圖2.2.6），蜜蜂眼中的白色則是這三種色光的等比例合成。

蜜蜂可以分辨不同顏色的能力，也是藉感光細胞 (photoreceptor) 所發出的神經訊號在視覺神經系統中交互形成的，這也是為什麼在陰天的時候，蜜蜂能夠從紫外光來判斷太陽的位置進而找到蜜源（請參閱 P202「蜜蜂的舞蹈」）。

人類雖然看不到紫外光，但可以光學器材來呈現紫外光的視界，透過儀器得知花朵的中心與周圍的紫外光反射率差異，造成的蜜源標記 (nectar guide) 能夠讓蜜蜂很快找到蜜源的位置。不過所有的蟲媒花的蜜源標記並不普遍，許多花朵並不反射紫外光，因此蜜源標記也不是蜜蜂找到蜜源最主要的依據。

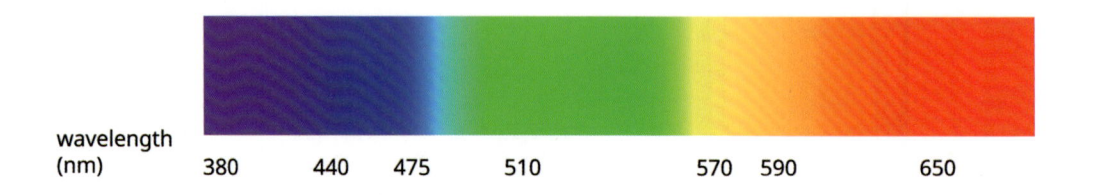

wavelength (nm) 380   440   475   510   570 590   650

圖 2.2.5
可見光譜

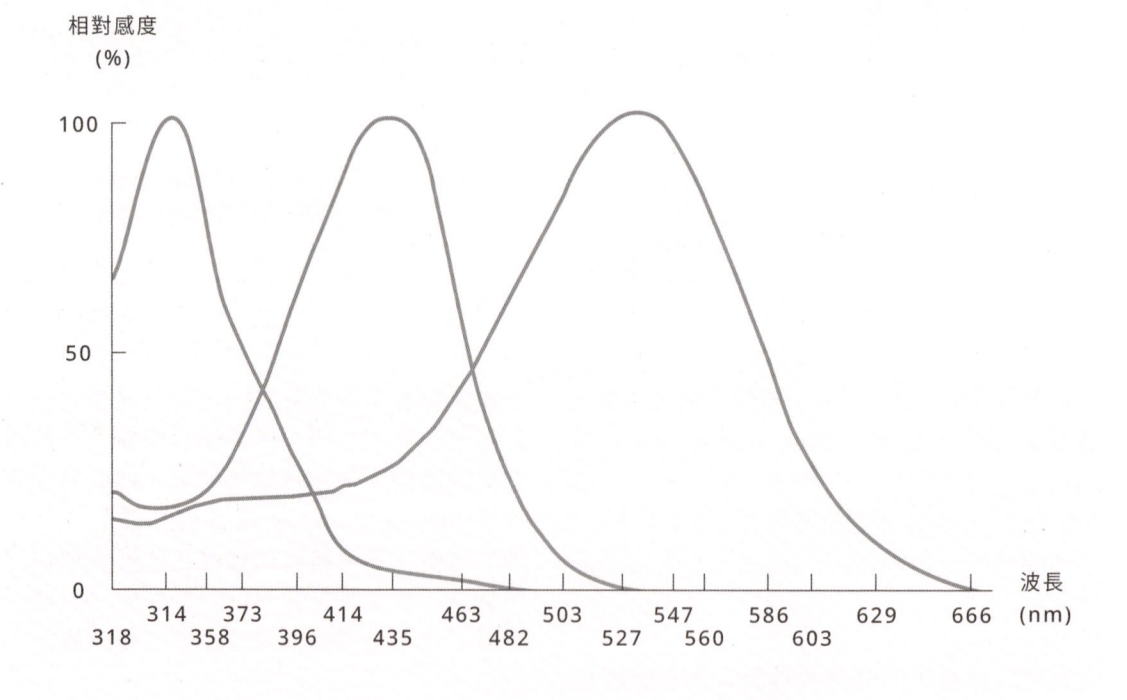

相對感度 (%)

波長 (nm)

318 314 373 414 463 503 547 586 629 666
     358 396 435 482 527 560 603

圖 2.2.6
縱座標表示與最大反應強度相關的反應百分比強度 (%)，橫座標表示波長（單位為微毫米）。
雄蜂與工蜂的顏色感受器不同，缺少黃色感受器。
（根據 Autrumc 和 von Zwehl,1964 重繪）

圖 2.2.7
夜間使用紅光照射，蜜蜂比較不會受到驚擾。

蜜蜂具有趨光性，白光由許多不同波長的光組成，因此養蜂場附近如果夜間開啟日光燈，則會有蜜蜂在光源處徘徊，不要開紗窗並檢查紗窗是否有破洞可以避免飛入屋內。

蜜蜂看不見波長更長的紅色，因此在夜間觀察蜜蜂時，用紅色光線照射蜜蜂比較不會受到驚擾（圖 2.2.7），身穿紅衣與蜂螫也沒有直接關係（參閱 P285「預防蜂螫與蜂螫後的處理」）。根據蜜蜂視覺的特點，把蜂箱塗成黃色、藍色、深藍色或白色（有些能反射紫外線）和不同形狀的圖案，讓蜜蜂更容易辨識巢房，減少蜜蜂迷巢。

蜜蜂可以記憶複雜的形狀及花樣，奧地利的動物學家卡爾‧馮‧弗里希 (Karl von Frisch) 已經證實蜜蜂有很好的形狀視覺。但是當圖像為兩條垂直交叉的線條時，蜜蜂就無法分辨出「＋」與「×」的差別。

與脊椎動物的眼相比，昆蟲複眼的解像力不算太好，然而以飛行控制、導航、捕捉獵物、逃避捕食者以及覓尋配偶等目的而言，複眼表現優異。複眼有極高速的動態視覺，可以利用複眼所接收到的光影或光影流 (optical flow; optic flow) 來推算飛行距離和調控姿勢，降落的時候會靠視覺去偵測物體邊緣 (edge) 來作為降落標的，所以在降落時不會與降落面碰撞，因此不一定需要蜂箱巢口前方的起降板，才能從空中直接安全著陸回巢。

蜜蜂的觸角與嗅覺、聽覺、觸覺

蜜蜂的觸角 (antenna) 屬於膝狀 (geniculate; elbowed)，由柄節 (scape)、梗節 (pedicel) 與鞭節 (flagellum) 構成（圖 2.2.8）。觸角是蜜蜂的嗅覺 (olfactory)、聽覺 (auditory) 和觸覺 (tactile) 器官，上面佈滿感覺器，例如錐狀感覺器 (basiconia sensilla)、板狀感覺器 (placodea sensilla)、毛狀感覺器 (trichodea sensilla)、壇狀感覺器 (ampullacea sensilla)、腔錐感覺器 (coeloconica sensilla)。

1958 年布麗姬・多斯塔爾 (Brigitte Dostal) 發現西洋蜂的每根觸角共有 8,408 個毛狀感覺器，其中末節的感覺器最多，有 1,113 個，第 3 節和第 4 節最少，分別為 334 個和 548 個；另有 2,888 個板狀感覺器、114 個錐狀感覺器和 236 個壇狀與腔錐複合感覺器。板狀感覺器能感受氣味，觸角末節的毛狀感覺器能感覺物體表面，幫助蜜蜂感受巢壁的厚度和光滑度（圖 2.2.9）。

蜜蜂的觸角是多種感覺的接收器官，在蜂巢內，蜜蜂透過觸角感知食物、蜂蠟、幼蟲與蜂王的狀況，並協助辨識巢內環境與其他個體。在交哺 (trophallaxis) 與搖擺舞 (waggle dance)（請參閱 P202「蜜蜂的舞蹈」）等社會互動過程中，觸角也參與氣味與觸覺訊息的交換，協助傳遞有關食物來源的位置與品質等資訊。在巢外覓食時，蜜蜂透過觸角上的感覺器接收花朵釋放的化學訊號與其他環境線索，協助辨識蜜源植物並進行學習與定位。因此蜜蜂的觸角是一種高度精密且多功能的感知器官，其靈活的運動與感應能力對於蜜蜂的行為調節與群體協作至關重要。

不同蜂群間有著不同的氣味，每個蜂群的氣味是由巢內氣味以及所採集的花蜜、花粉的味道混合而成，每群蜜蜂對花蜜有各自的採集偏好，因此花蜜的比例不同。外勤蜂依靠群味回到原本的蜂巢，所以在進行蜂場管理時，缺蜜期間不同蜂群的成蜂不能突如其來的隨意合併，否則可能會互咬廝殺，但飛錯巢的外勤蜂如果攜帶採集的食物會比較容易被其他蜂群接受。在大流蜜期蜜源充足，因為同時採集相似的蜜源植物，所以不同群的氣味差異不明顯，外勤蜂容易飛入鄰近的蜂群內，互咬廝殺的情況比較不會發生，合併蜂群相對容易（請參閱 P327「合併蜂群」）。

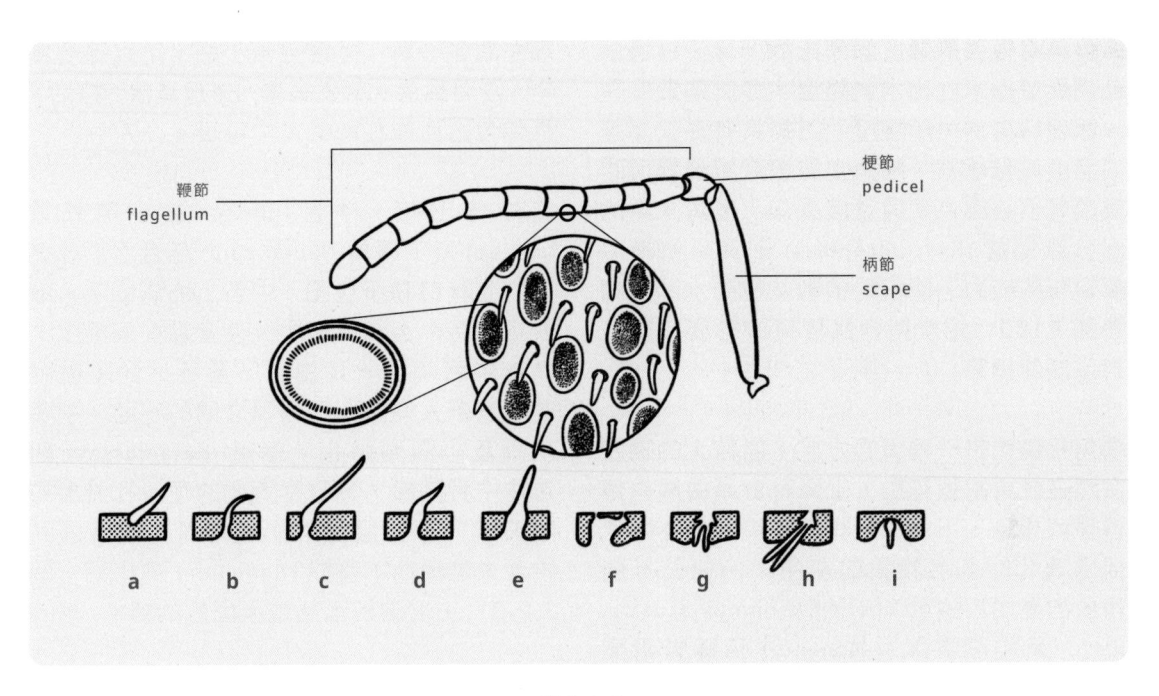

圖 2.2.8
西洋蜂 (*Apis mellifera*) 工蜂的觸角
（根據 Lacher, 1964；Dade, 2009 重新繪製）
a~d 毛狀感覺器；e 錐狀感覺器；f 板狀感覺器；g 腔錐感覺器；
h 壇狀感覺器；i 鐘狀感覺器

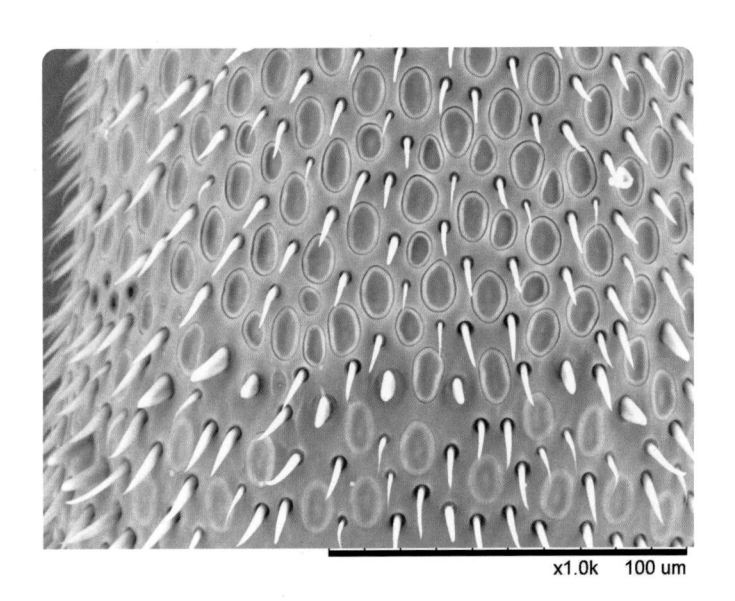

圖 2.2.9
掃描式電子顯微鏡下蜜蜂觸角上的感覺器

蜂群具有很強的溫度調節能力，夏天通過扇動翅膀並採水吐出水滴降溫，冬天則聚集在一起保持巢房內的溫度。工蜂具有高度發達的溫度感覺器官，觸角上的壇狀感覺器與腔錐感覺器被認為參與溫度感知，觸角末端的水分感受器 (hydroreceptors) 則具有辨識濕度變化的能力，能協助偵測並找到水源（請參閱 P190「溫度對蜜蜂發育的影響及蜜蜂對溫度的調節」）（圖 2.2.8）。

觸角相碰也是一種溝通方式，當較大的物體突然在蜂巢附近晃動，工蜂就會藉由觸角傳遞警報訊息，不過這種訊息交流的動作通常伴隨著化學刺激物質的產生，例如螫針腔釋放的異戊乙酸 [Isopentyl (isoamyl) acetate, IPA]、茉莉花香醇 (2-Nonanol) 和薰衣草酯 (2-Nonyl acetate)。

這些化合物是警戒費洛蒙 (alarm pheromone) 的成分，類似香蕉味或花香味，當蜜蜂釋放異戊乙酸時螫針腔會打開，螫刺向外突出並拍打翅膀，把附近積極查看且具有攻擊性的工蜂吸引過來。

觸角長度也是分類學家辨識蜂類性別的重要指標之一，許多蜂類的雄蜂個體比雌性個體的觸角還要長，例如蜜蜂、熊蜂、虎頭蜂的工蜂及蜂王的鞭節有 10 節，而雄蜂的鞭節有 11 節。

蜜蜂的口器

蜂的口器 (mouthparts) 是嚼吮式 (chewing-lapping type)，或稱咀吮式、咀吸式，包括上唇 (labrum)、大顎 (mandible)，下方是小顎 (maxilla) 和下唇 (labium) 特化的口吻 (proboscis)。上唇是一橫片，連在唇基上，後面柔軟的內唇能夠讓上唇前後活動。大顎左右各一對，堅硬且具小齒，可以咀嚼食物、咬開巢房、用蠟築巢、清理巢房、打鬥、移除包括死蜂在內的巢中垃圾。

口吻伸出時，中舌 (glossa) 被小顎外葉 (galeae) 及下唇鬚 (labial palp) 結合而形成食管的管狀口吻所包圍。中舌上佈滿細毛，取食花蜜時中舌浸入蜜中，使蜜黏在細毛上，然後中舌縮回，藉由上下重覆抽動將黏附的蜜液帶入外葉與下唇鬚之間的空腔。小顎內葉及小顎鬚退化，側舌 (paraglossae) 則包住中舌基部，導引從背側的唾液孔流出的唾液進入一條腹面的小管，而將唾液送到中舌末端稱為下唇瓣 (flabellum) 的小葉（圖 2.2.3），以溶解固態或半固態的糖。

工蜂的口吻也用來飼餵幼蟲、飼餵蜂王與傳遞食物。不同種的蜜蜂口吻長度各異，口吻的長短與訪花行為、採集能力有很大的關係，口吻長的蜜蜂可以採集蜜腺較深的花朵，口吻短的蜜蜂採集蜜腺較淺的花朵。不採蜜時，口吻呈 Z 字形折疊於頭部下方。

大顎基部頰內有一對囊狀腺體稱為大顎腺 (mandibular gland)，其開口在上顎內側，能夠分泌大顎腺費洛蒙 (mandibular gland pheromone)（圖 2.2.10）。

工蜂的大顎腺會分泌一種稱為 10-羥基-(E)-2-癸烯酸 (10-HDA, 10-hydroxy-(E)-2-decenoic acid) 的化合物，是育幼食物中的關鍵成分之一。此物質含有多種脂肪酸，如己酸 (hexanoic acid)、辛酸等，皆為蜂王乳的重要組成。其分泌量與工蜂的年齡密切相關，剛羽化的工蜂體內 10-HDA 含量極少，隨著日齡增長，分泌量也逐漸提高。

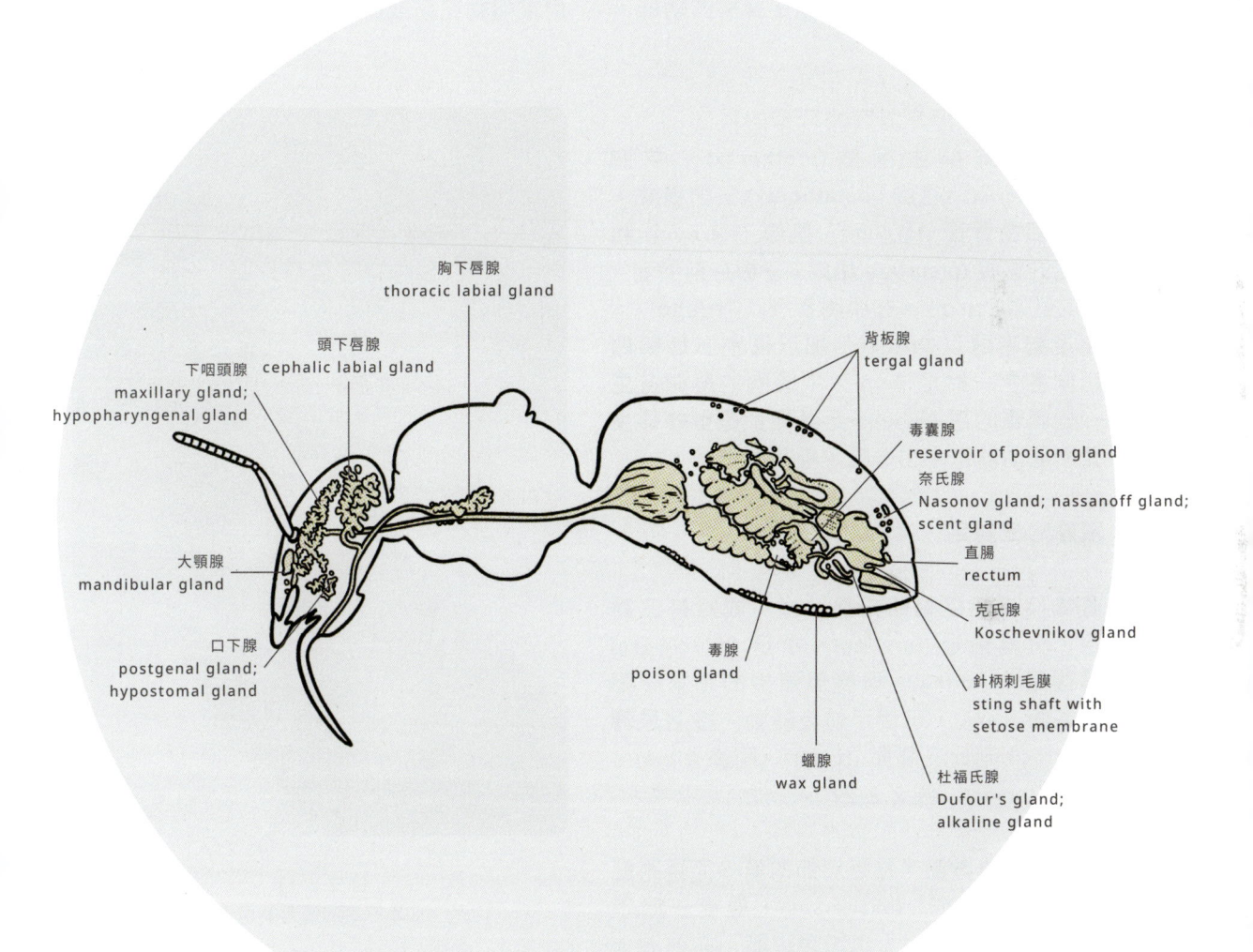

圖 2.2.10
工蜂腺體部位圖

蜂王大顎腺分泌的化學物質主要化合物是癸烯酸〔(E)-9-oxo-2-decenoic acid, 9-ODA〕，又稱為蜂王質 (queen substance)，這種性費洛蒙 (sex pheromone) 具有抑制成年工蜂卵巢發育、能維持蜂群正常運作、並穩定蜂勢的功能。

胸部

蜜蜂的胸部由前胸 (prothorax)、中胸 (mesothorax)、後胸 (metathorax) 三節構成，每節都由背板 (tergum)、腹板 (sternum) 和兩側的側板 (pleurum) 組成，各板在前胸者，英文冠以 "pro"，在中胸者冠以 "meso"，在後胸者冠以 "meta" 加以區別。每節的兩側各生一對足 (leg)，中後胸的背側各生一對膜質的翅 (wing)，足與翅都是蜜蜂最主要的運動器官，也是鑑定種類的依據。

蜜蜂的三對足

蜜蜂與其他昆蟲的成蟲一樣，成蜂有三對足，分為前足 (fore leg)、中足 (middle leg) 與後足 (hind leg)。與胸部連接的是第一節是基節 (coxa)，可使足前後轉動，接著是轉節 (trochanter)、腿節 (femur)、脛節 (tibia)、跗節 (tarsus)（圖 2.2.2）。

跗節又分為數節，接近脛節的第一節是跗節基節（基跗節）(basitarsus)，最後一節是前跗節 (pretarsus)，也稱端跗節，前跗節上有一對爪 (claws)，爪的中央有褥墊 (pad)。前跗節上的特殊構造可讓蜜蜂垂直或倒懸行走，築巢時用來處理蠟片。

工蜂的前足又稱為清潔足 (cleaning leg)。基跗節內側有一個半圓形的凹槽，凹槽內有短毛，脛節基部有一個小骨片 (fibula)，能將觸角扣在凹槽內，這兩個結構組成觸角清潔器 (antenna cleaner)（圖 2.2.11），蜜蜂訪花時觸角會沾附許多花粉粒，有時也會附著灰塵及異物，影響方向的辨別及嗅覺功能，因此需時常用觸角清潔器清理。中足有一根用來撬動花粉或蜂膠的刺 (spine)。

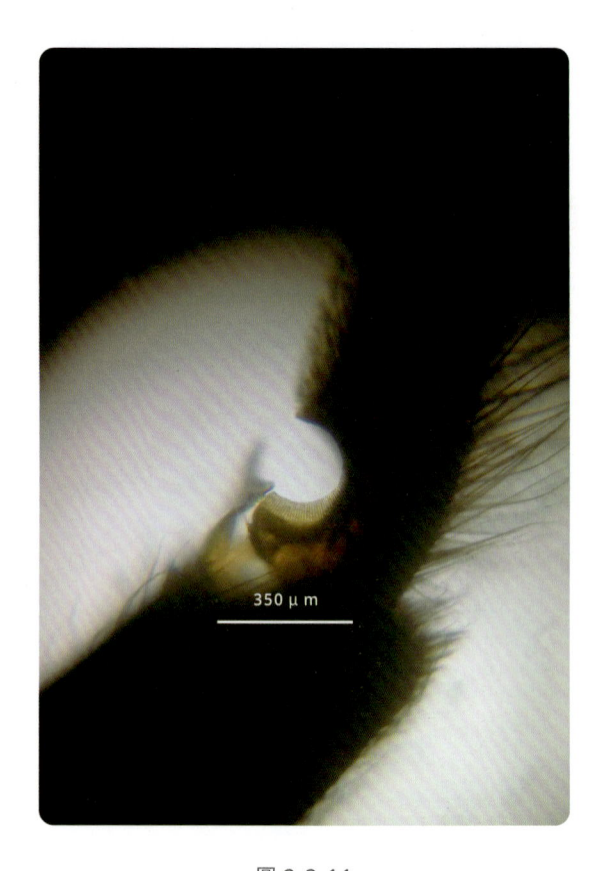

圖 2.2.11
工蜂前足的觸角清潔器

工蜂的後足又名攜粉足 (pollen-carrying leg)，脛節寬扁，外側表面略凹陷，邊緣有長毛，形成可以攜帶花粉的特殊構造，稱花粉籃 (pollen basket; corbicula)（圖 2.2.12），將採集的花粉粒集中在裡面。脛節內側有花粉耙 (pollen rake; rastellum)，可以將另一腳的花粉刮下。脛節末端與第一跗節連接處形成一夾鉗，稱為花粉壓 (pollen press)，將

花粉壓到花粉籃內。第一跗節特別膨大，內側有數排堅硬短毛，就像梳子一樣，稱為花粉梳 (pollen comb)，能刷取身體後端的花粉（圖 2.2.13）。

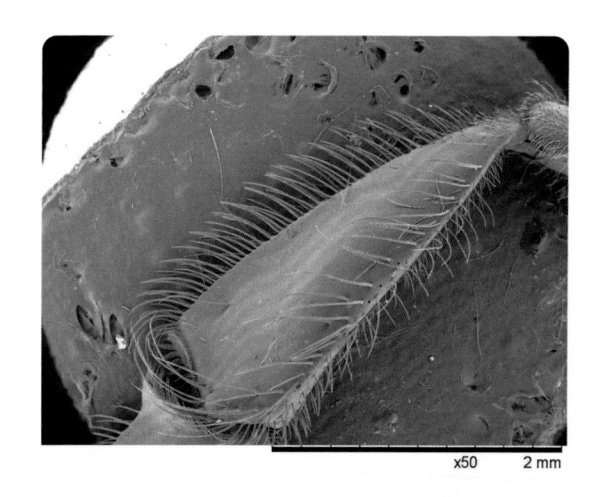

圖 2.2.12
掃描式電子顯微鏡下工蜂的花粉籃

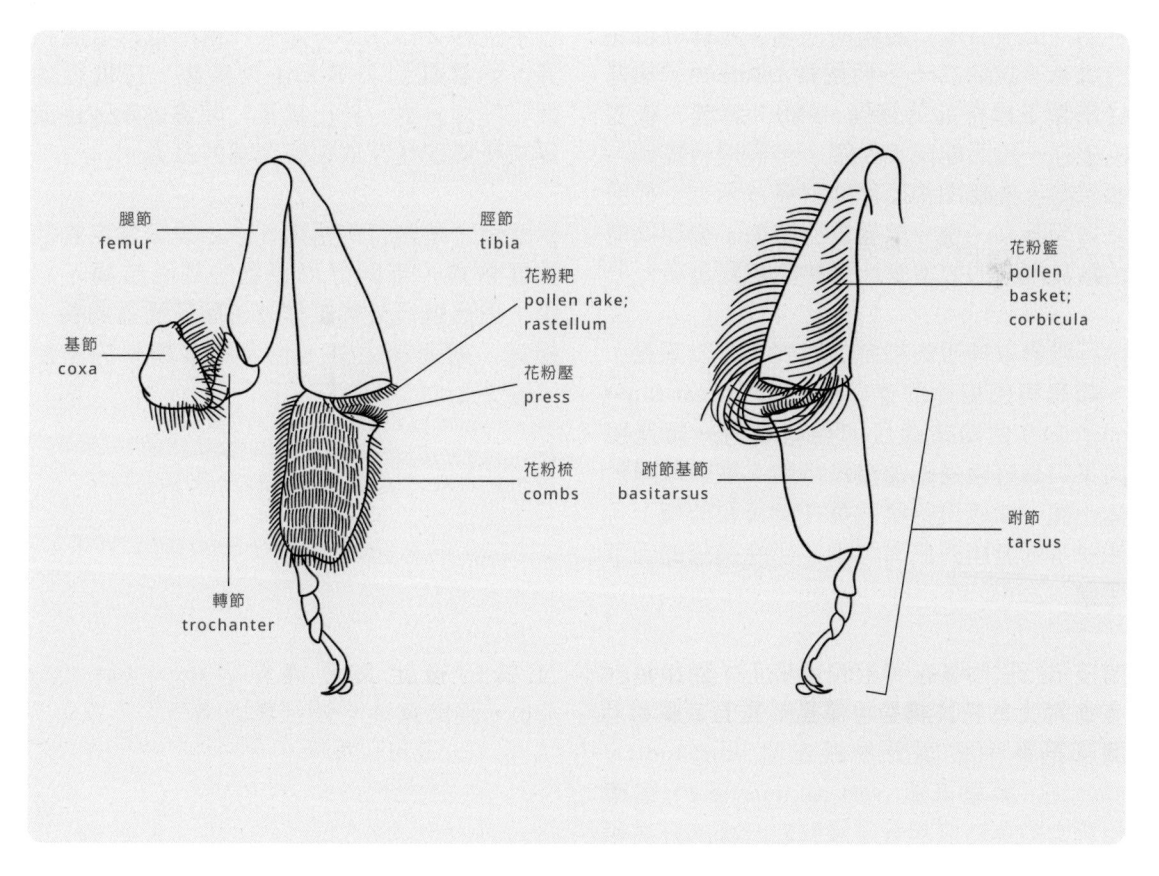

圖 2.2.13
西洋蜂 (*Apis mellifera*) 工蜂後足的構造；
左圖為內側，右圖為外側。（根據 Dade, 2009 重新繪製）

蜜蜂的翅膀與飛行

蜜蜂的翅膀和許多昆蟲一樣是外骨骼的延伸，如薄膜般的角質緊繃在纖細而堅固的翅脈上，組成既靈活又堅實的翅面。翅膀分為前翅 (fore wings; front wings) 與後翅 (hind wings)，前翅較大，後翅較小。翅膀上有翅脈 (veins) 與翅室 (cells)，飛行時受力最大的前緣 (costal margin) 由較粗的翅脈支撐，翅脈延伸到後緣 (inner margin) 逐漸變細。

翅脈的脈序 (venation) 基本上都是縱向翅脈 (longitudinal vein)，主翅脈含有氣管、血管及神經纖維，因此翅脈不只能夠強化翅膀，也能夠攜帶血液到翅膀的末端。蜜蜂的後翅前緣有一排約二十多個翅鉤 (hamuli)，能勾住前翅下緣捲起的翅摺 (fold)，將前、後翅相連在一起而能同步運動，參與飛行控制，如果前、後翅不相連蜜蜂就無法飛行。從空氣力學看來，現今昆蟲飛行時前、後翅同時拍動其飛行的效率會比原始有翅昆蟲高。

飛行昆蟲根據肌肉控制的方式可分為兩類，一類是與翅相連的直接飛行肌 (direct flight muscle)，例如蜻蛉目的昆蟲。另一類是肌肉不與翅膀相連的間接飛行肌，蜜蜂就屬於這一類。間接飛行肌附著在背板和腹板上，翅膀基部發達的肌肉可調控翅膀邊緣的上下運動。

間接飛行肌附著在背板和腹板上，翅膀基部發達的肌肉可以調控翅膀邊緣的上下運動，胸部的肌肉主要分為縱走肌 (longitudinal muscles) 與垂直肌 (vertical muscles)，這兩組肌肉的運動控制著蜜蜂胸部背板的升高和降低，當垂直肌收縮時胸部背板下拉，翅膀被抬升，縱走肌收縮時胸部背板向上彎曲，翅膀就會向下運動。

這套依賴胸部彈性的振動系統，主要優點是能獲得很高的肌肉伸縮頻率，蜜蜂可將翅膀產生的動能儲存在胸部，然後在每次振翅時適時地釋放，在拍翅循環的每一個階段當飛行肌放鬆時，能量都因胸部的彈性恢復其形狀而被保存起來（圖 2.2.14）。

蜜蜂在飛行時，翅膀呈現柔軟的擺動狀態，擺動的過程產生氣流渦，以弧形方式來回翻轉晃動以產生升力，把身體托舉到空中。

蜜蜂的飛行時速大約 24 km，翅膀每秒鐘能扇動約 180~200 次。工蜂飛行速度和距離取決於攝取花蜜後所得到的熱量，工蜂飛行半徑約 2~5 km，如果蜂巢附近缺乏蜜粉源，則會飛到 7~8 km 外採集，在飛行過程（例如分封、外出採集）時會逐漸消耗離巢前所攝取並存放在蜜胃裡的蜂蜜。

翅膀除了是飛行的構造外，也是分類昆蟲的重要依據，不同類群昆蟲的翅脈結構不相同，因此進行分類工作時，除了測量翅長、翅寬、翅面積之外，也會觀察翅膀的形態（圖 2.2.15）。

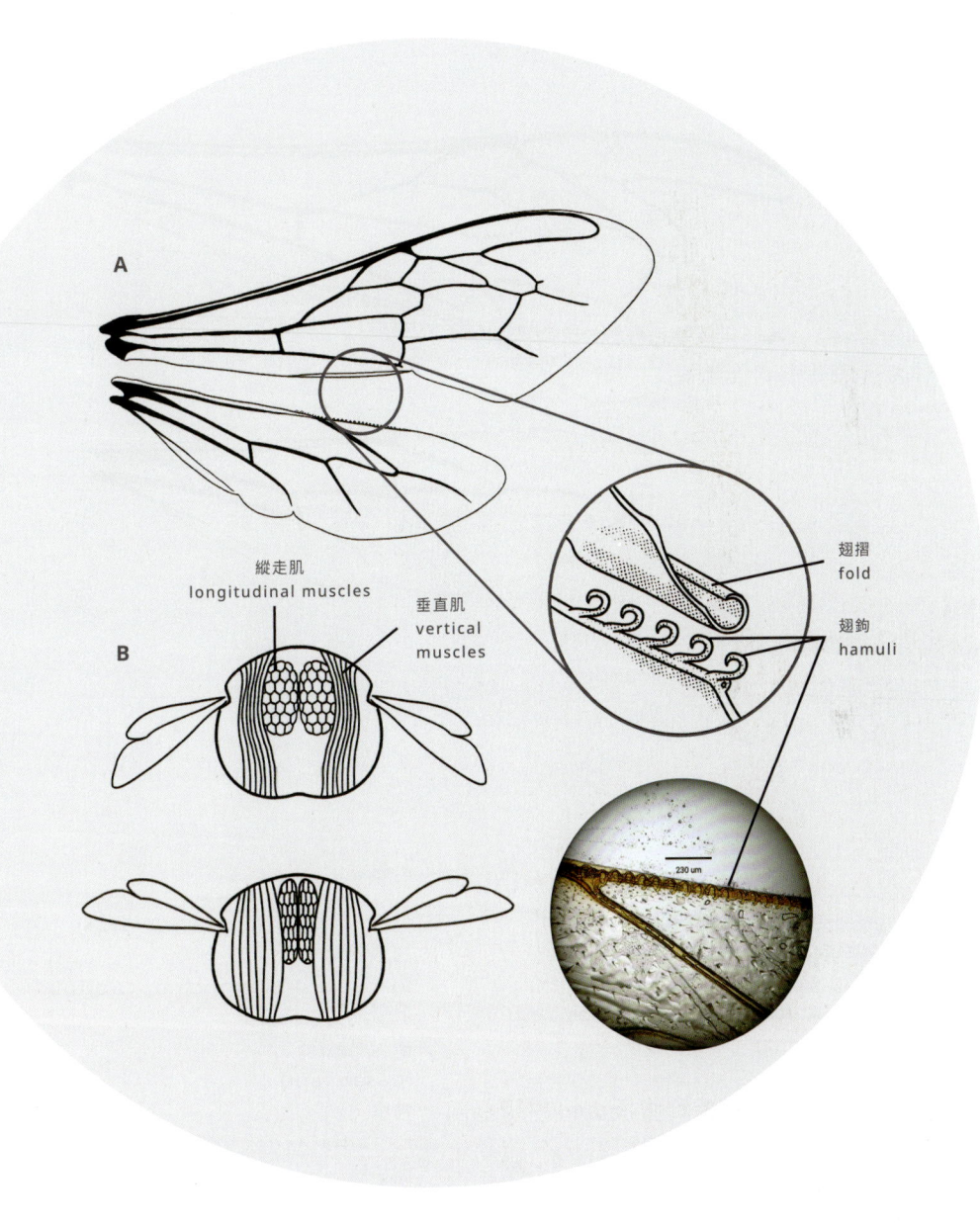

圖 2.2.14
(A) 前翅與後翅的翅脈與翅鉤，在飛行時後翅的翅鉤會與前翅的翅摺連結在一起。
(B) 蜜蜂胸部肌肉組織提供飛行時所需的力量。縱走肌收縮和垂直肌放鬆帶動翅膀向下，相反的，縱走肌放鬆和垂直肌收縮帶動翅膀向上。
（根據 Dade, 2009 重新繪製）

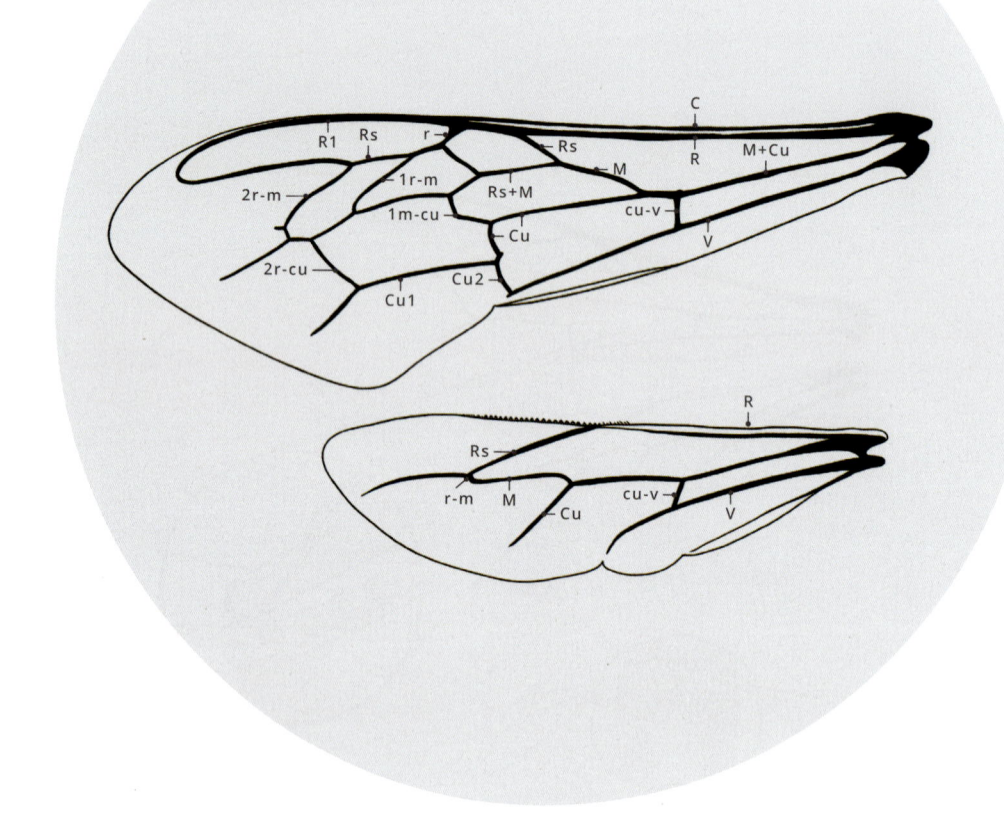

圖 2.2.15 a 翅脈

1m-cu - first medio-cubital cross-vein
 (first recurrent)
 第一中肘橫脈，連接中脈與肘脈
2m-cu - second medio-cubital cross-vein
 (second recurrent)
 第二中肘橫脈
1r-m - first radio-medial cross-vein
 (second submarginal cross-vein)
 第一徑中橫脈，連接徑脈和中脈
2r-m - second radio-medial cross-vein
 (third submarginal cross-vein)
 第二徑中橫脈
C - costa
 前緣脈
Cu - cubitus
 肘脈

Cu1 - first branch of cubitus
 肘脈的第一條分支
Cu2 - second branch of cubitus
 肘脈的第二條分支
M - media
 (basal vein)
 中脈
r - radial cross-vein
 徑橫脈
R - radius 徑脈
R1 - first branch of radius
 徑脈的第一條分支
Rs - radial sector
 徑分脈
V - vannal vein
 (anal vein)
 臀脈

Chapter II
如何飼養西洋蜂與東方蜂（野蜂）

170 / 171

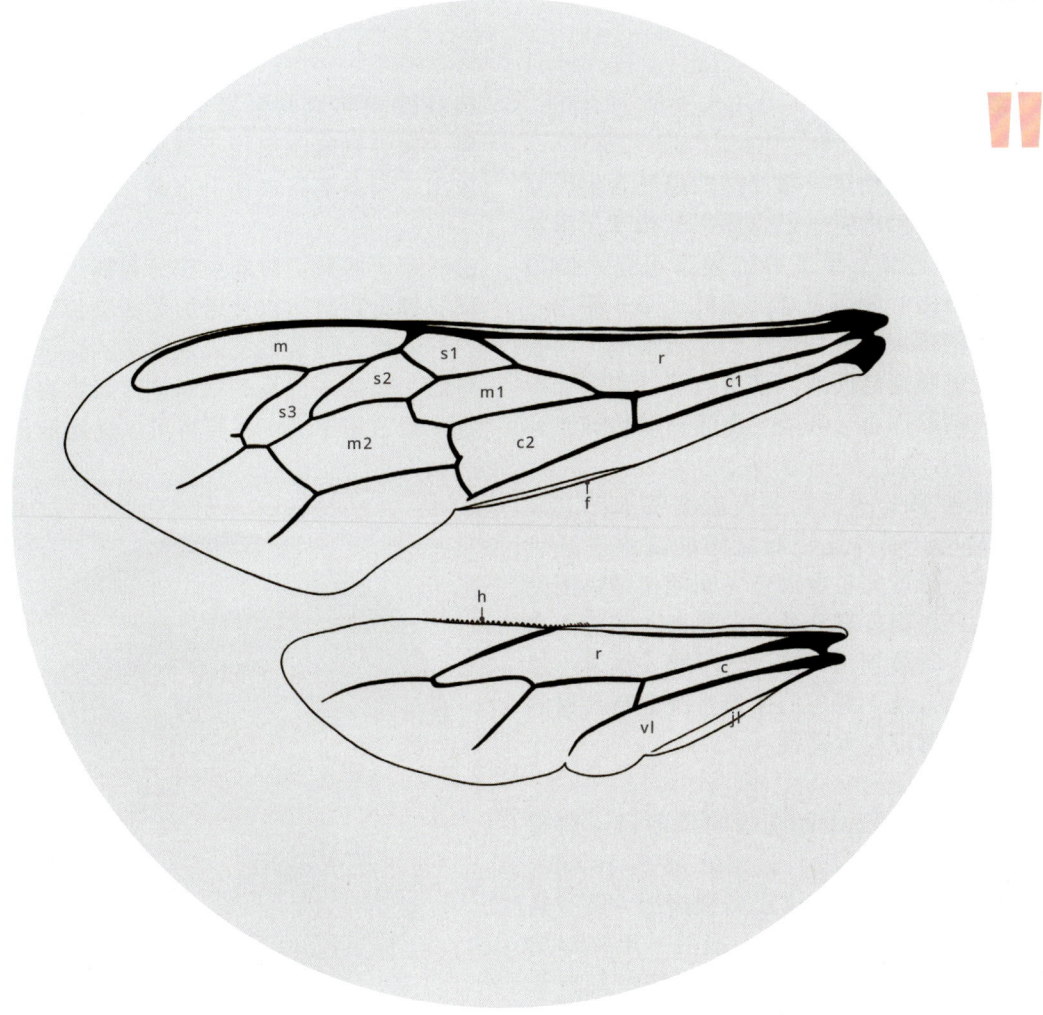

圖 2.2.15 b 翅室

c - cubital cell
肘室
c1 - first cubital cell
第一肘室
c2 - second cubital cell
第二肘室
f - fold on posterior margin of fore wing
前翅後緣的翅摺
h - hooks (hamuli)
on anterior margin of hind wing
翅鉤／後翅前緣
jl - jugal lobe
翅垂片
m - marginal cell
外緣室

m1 - first medial cell
第一中室
m2 - second medial cell
第二中室
r - radial cell
徑室
s1 - first submarginal cell
第一亞緣室
s2 - second submarginal cell
第二亞緣室
s3 - third submarginal cell
第三亞緣室
vl - vannal lobe
翅扇片

2.2

● 腹部

蜜蜂的腹部因為第一腹節在成蟲時合併於胸部，所以腹部的第一個環節在形態學上應為第二腹節。蜂王及工蜂的腹部可見六個環節，雄蜂由七個可見環節組成。每一節由一塊較大的背板和一塊較小的腹板構成，兩者之間由側膜連結而成，使腹部可以伸縮和彎曲，有利於採食、呼吸、血液循環和排泄。

每一個腹節背板的兩側有成對的氣門（氣孔）(spiracles)，是呼吸氣體的交通孔道，也是水分蒸散的主要部位，同時也是蛻皮時摒棄舊氣管表皮部分所經的要道。腹腔內充滿血液，有著消化、排泄、呼吸、循環、神經和生殖系統。蜂王的生殖系統含有大量的卵，因此腹部又大又長。

工蜂第四至第七腹節腹板中央各有一對蠟腺 (wax gland) 開口可分泌蜂蠟 (beewax)，液態蠟質通過細胞孔滲出到蠟鏡上，與空氣接觸後凝結成鱗片狀的小蠟片，用來建造巢房（圖 2.2.16）。新製成的蜂蠟具有苯甲醛 (benzaldehyde)、癸醛 (decanal)、糠醛 (furfural)、壬醛 (nonanal) 及辛醇 (octnal) 等等，這些化合物是蜂蠟的氣味來源，能吸引蜜蜂聚集。

工蜂第六節背板內有奈氏腺 (Nassanoff gland)（圖 2.2.10），能分泌奈氏腺費洛蒙 (Nasonov gland pheromone)，這種費洛蒙有玫瑰花香味，主要成分是香葉草醇 (geraniol)、橙花醇 (nerol)、香葉草酸 (geranic acid) 和橙花酸 (nerolic acid)，具有定向、召集工蜂及穩定分封群的作用。

當養蜂人抖蜂後，就容易發現大量的工蜂腹部翹起、露出奈氏腺釋放奈氏腺費洛蒙，並扇動翅膀將氣味散播出去以利其他工蜂聚集，當外勤蜂回巢找不到入口，守衛蜂也會放出這種費洛蒙來指引方向（圖 2.2.17）。

由於奈氏腺費洛蒙能引誘分封群，因此可用來收捕分封群，以及增加蜜蜂為特定植物授粉的效果。但費洛蒙必須一定的比例使用才有效。有些未提及的化學物質雖然也是其成分，但含量不同，不見得可以達到效果。

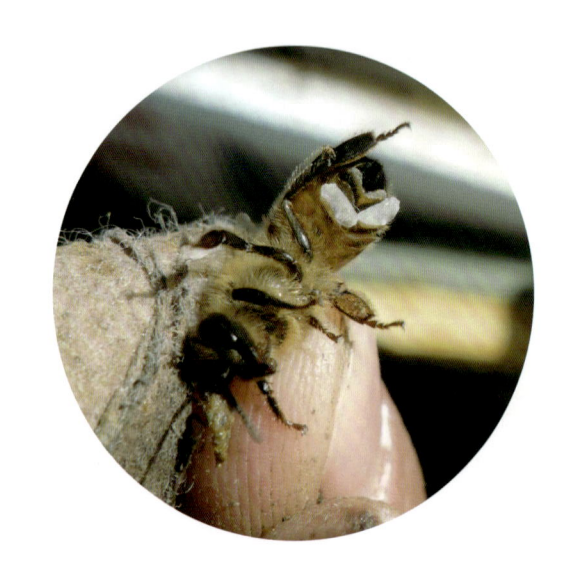

圖 2.2.16
蜜蜂腹部腹側的蠟腺能夠分泌蜂蠟

螫針的構造

工蜂腹部的末端有自衛用的螫針，雄蜂沒有螫針，工蜂的螫針是直形，長度大約是 1.62 ± 0.18 mm，藏在第 7 節螫針腔 (sting chamber) 內部。

工蜂的螫針是由產卵管特化而來，構造上包含兩根具倒刺的細針（也稱螫刺）(lancet) 與一根刺鞘 (stylet)，中間有細管和毒腺連通（圖 2.2.18）。兩根細針嵌在刺鞘內，

Chapter II
如何飼養西洋蜂與東方蜂（野蜂）

172 / 173

奈式腺

圖 2.2.17
蜜蜂釋放奈式腺費洛蒙。
藉由抬起腹部並將最後一個腹節向下傾斜露出奈氏腺。

2.2

共同形成一條細小的毒液傳送通道。當螫針刺入時，刺鞘會先固定於皮膚表面，隨後由螫針後方的肌肉牽引使兩根細針前後滑動，推進深入皮膚，同時毒囊則會收縮，將毒液注入體內。

由於螫針上的倒刺會勾在皮膚上，使整個螫針連同毒腺與毒囊一併脫離蜂體，提高了毒液注入的效果。同時還會釋放警戒費洛蒙，吸引其他工蜂前來攻擊，因此，一旦被蜜蜂螫傷，一定要儘速將螫針拔除。由於螫針較短，且控制其運動的肌肉不夠強壯，蜜蜂在螫刺後無法將螫針收回，最終將因腹部器官受損而在數小時內死亡。

不同的蜂種其螫鞘及細針上的倒刺形態、數目也不一樣，根據1974年丹尼斯・普爾 (Dennis M. Poore) 研究102種蜂類，發現除了 Anthophora curta 外，其餘蜂類的螫針上都有倒刺，細針上的倒刺形態多樣，有利刃型 (acute barbs)、鋸齒型 (saw-toothed barbs)、圓型 (rounded barbs)、節凸型 (knobbed barbs) 與退化型 (reduced barbs)。許多蜂類為圓型倒刺，螫刺後較容易拔出，使牠們能反覆使用螫針不致脫落。

毒腺的構造

螫針的基部連接著螫針球 (sting bulb)、鹼性腺 (alkaline gland) 與毒管 (venom duct)。毒管與毒囊相連，毒囊則與兩條細長的毒腺 (venom glands) 相通，毒腺在末端會合併，分泌的毒液儲存在毒囊中。平時，蜜蜂將螫針收納於螫針球基部，待攻擊時才伸出。

蜂毒液呈酸性，由毒腺和鹼性腺的分泌物所組成。鹼性腺又稱副腺或杜福氏腺 (Dufour's gland)，其開口位於螫針基部，分泌具揮發性的物質，是蜂毒的主要來源之一，亦具有釋放警戒費洛蒙的功能。這些費洛蒙的主要成分為乙酸異戊酯，氣味近似香蕉，並且含有十多種微量揮發物，可用來標示外敵或入侵者。

工蜂毒液的分泌量會隨著日齡變化。剛羽化時毒液幾乎為零，隨日齡而逐漸增加，約在20天後又會開始下降。此外，不同蜂種與環境條件也會影響毒液的成分與含量。有些蜂類如虎頭蜂，可多次螫刺，但跟著次數增加，每次注入的毒液量也會逐漸減少。

2.2.2 內部構造及生理

蜜蜂體內的器官，包括消化排泄系統、呼吸系統、循環系統、神經系統及感覺器官、生殖系統等（圖 2.2.19）。

● 消化和排泄系統

蜜蜂的消化系統由消化管 (alimentary canal) 組成，消化管分前腸 (fore-gut; fore-intesine; stomodaeum)、中腸 (mid-gut) 及後腸 (hind-gut)。前腸包含咽喉 (pharynx)、食道 (oesophagus)、蜜囊 (honey stomach; crop) 及前胃 (fore stomachor proventriculus)。

咽喉在口器後方，是消化管的最前方，食道是一條細長的肌肉壁的管狀體，食物在口器咀嚼時伴隨著唾腺 (salivary gland) 分泌的唾液，使食物易於通過咽喉及食道。

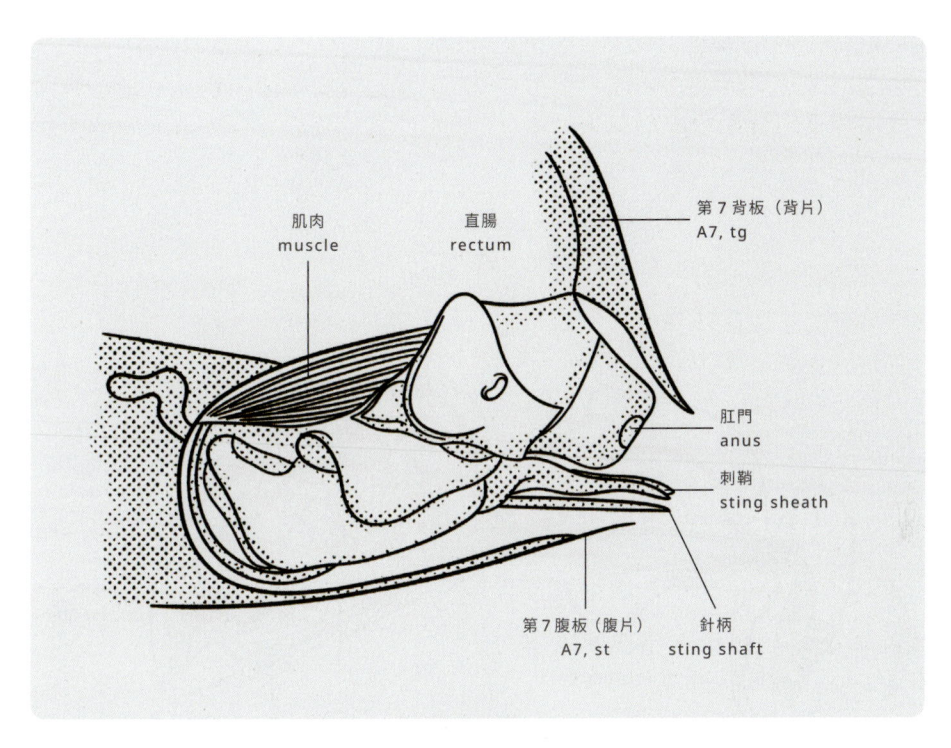

圖 2.2.18 a
蜜蜂螫針腔的側面解剖圖（根據 Dade, 2009 重新繪製）

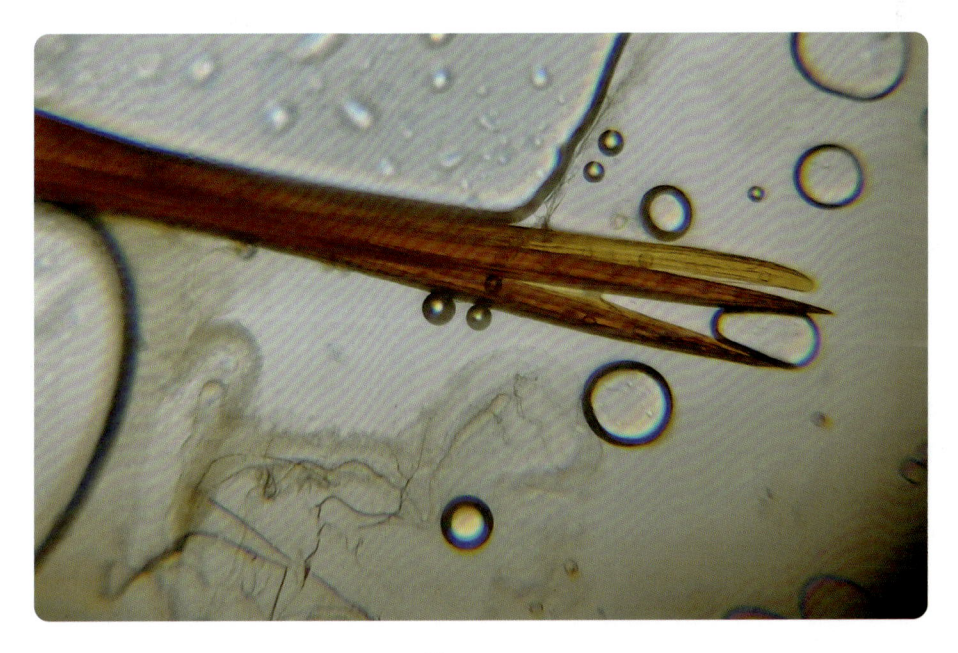

圖 2.2.18 b
蜜蜂的螫針由針鞘及兩根細針組成

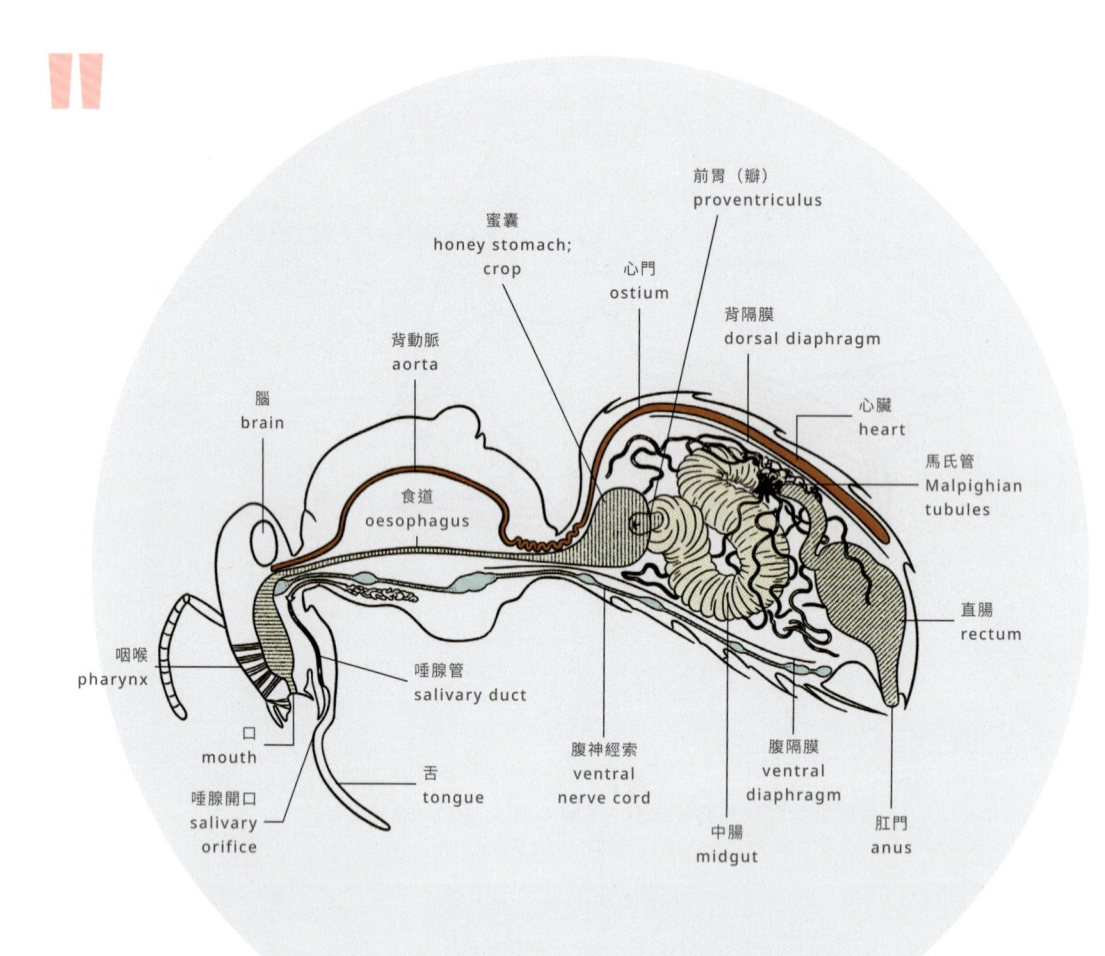

圖 2.2.19
工蜂體內縱剖面構造
（根據 Graham, 1992 重新繪製）

蜜囊又稱蜜胃，是儲存花蜜和水的囊袋，工蜂的蜜囊伸縮性很大，一般約 14~18 mm³，儲存花蜜後蜜囊會擴大到約 50~60 mm³，佔據腹腔大部分的空間（圖 2.2.20）。蜂王及雄蜂的蜜囊則不發達。

前胃位於蜜囊與中腸之間，是一小段細管道，是食物進入中腸的調節器，前胃的前端伸入蜜囊內，端部是十字形的肌肉唇，後端形成一個漏斗狀的前胃瓣伸入中腸，當前胃的肉唇瓣關閉時，花蜜就不能進入中腸，如果同時蜜囊收縮，就可以將蜜囊中的花蜜吐回口腔。

中腸是蜜蜂消化食物及吸收養分的主要器官，腸壁有許多環狀的皺褶，以增加腸壁消

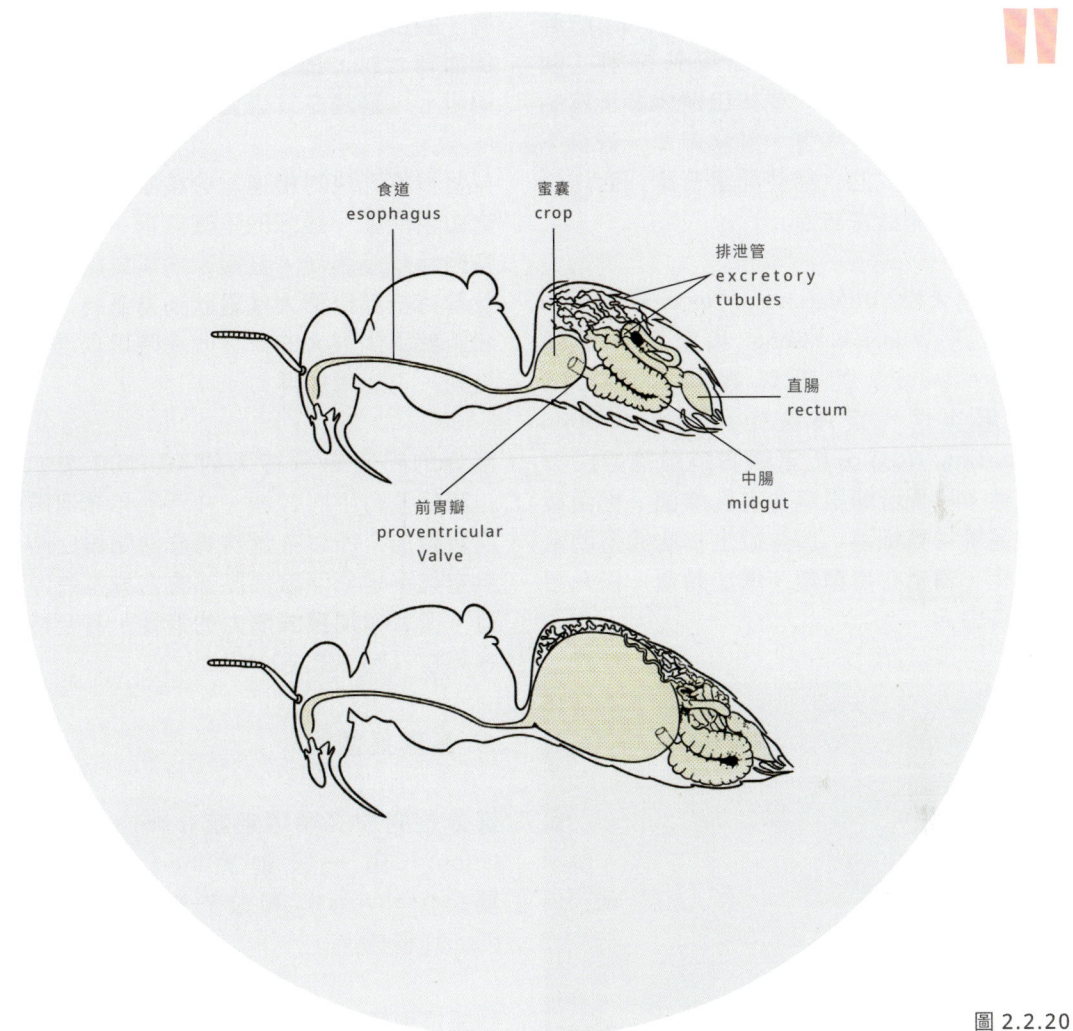

圖 2.2.20
工蜂的消化和排泄系統
顯示空的蜜囊（上圖）與蜜囊被填滿（下圖）的狀態
（Dade, 2009 重新繪製）

化吸收食物的面積，腸壁內的腸壁細胞能分泌消化酶，具有消化和吸收功能，消化的食物營養通過圍食膜 (peritrophic membrane) 送入周圍的血液中。

中腸與後腸交界處的馬氏管 (Malpighian tubules) 是蜜蜂主要的排泄器官，能從血液裡取走代謝過程中產生的廢物。

後腸由前段細長的小腸和後段短粗的直腸組成，在中腸未消化的食物經小腸繼續消化和吸收，最後剩餘的食物殘渣經直腸排出體外。直腸的分泌物可以抑制排泄物發酵腐敗，這讓蜜蜂即使在冬季、雨季或天候不佳無法離巢時，也能長時間不外出排泄而不影響健康。

健康的蜜蜂不會在巢房內排便，而是等到好天氣的時候才會飛出巢外排泄（圖 2.2.21），如果在巢內或巢口邊緣發現蜜蜂的排泄物，可能是病害、氣候濕冷、營養不良蜂群衰弱造成的（請參閱第三章「西洋蜂與東洋蜂的病蟲害防治」）。

美國德州大學 (University of Texas at Austin) 的鄺華丹 (Waldan K. Kwong) 和南西・莫蘭 (Nancy A. Moran) 的研究團隊，於 2016 年利用次世代定序技術 (next generation sequencing, NGS) 分析蜜蜂腸道菌落組成與功能性，發現蜜蜂腸道含有乳酸菌、桿菌與鏈黴菌等常見細菌，這些微生物能夠幫助蜜蜂消化、轉化有毒糖類、增加體重、提升蜜蜂免疫力。

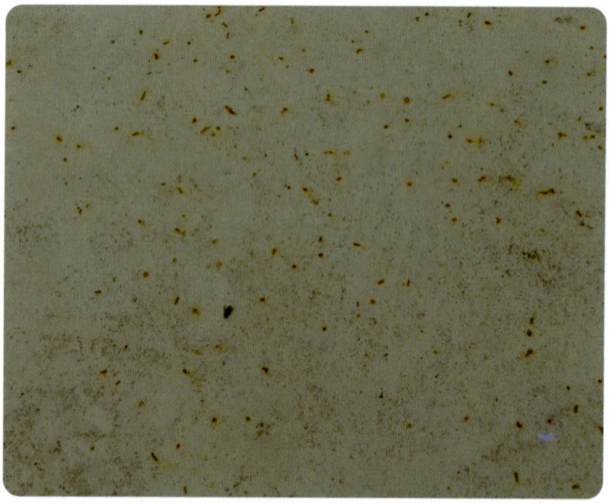

圖 2.2.21
正常的蜜蜂會飛出巢外排泄，因此蜂巢前方地面可見橘黃色的蜜蜂排泄物。

● **呼吸系統**

蜜蜂的呼吸系統包含氣管 (trachea)、支氣管 (tracheal branch)、微氣管 (tracheole)、氣囊 (air sac) 和氣孔（氣門）(spiracle) 等構造。氣孔是氣管組織與外界通道的開口，分布在胸、腹部的兩側，胸部的側面有三對，腹部側面有七對，其中最後一對氣孔位在第八腹節板上，隱藏在靠近螫針的基部。

氣管與氣孔成對相連呈分枝狀，分布體內各處由粗而細，最細的是微氣管，貼附於內部各組織或細胞間，直接輸送氧氣給各組織。氣管有些部分膨大呈囊狀稱為氣囊，在胸部和腹部兩側很大的氣囊收縮時可以增強氣體流動，也能增加浮力。

蜜蜂的呼吸每分鐘大約 40~150 次，在靜止和低溫時呼吸較慢，在活動和高溫時呼吸次數增加，所以在運送蜂群關閉巢口時，如果空氣不足或溫度過高都會造成蜜蜂呼吸困難，還會增加蜜蜂體力的消耗，甚至造成蜜蜂死亡（圖 2.2.22）。

● **循環系統**

蜜蜂是開放式循環系統 (open system circulation)，由一段動脈 (aorta) 組成的背管 (dorsal vessel) 和位於腹腔背面的心臟 (heart) 構成。

動脈是引導血液向前流動的血管，腹部的消化道和背管之間由背膈膜 (dorsal diaphragm) 隔開，腹部的消化道和腹神經索之間由腹膈膜 (ventral diaphragm) 隔開。

心臟由五個心室組成，每個心室兩側各有一個開口，稱為心門 (ostium)，是血液進入背管的地方。心臟前端為動脈，血液由體腔經心門流入心臟，藉由心臟的搏動向前流，透過動脈推向頭部，在頭部的血管口噴出後，向兩側及後方回流到體腔。

血液在體內流動時將養分輸送到體內各個器

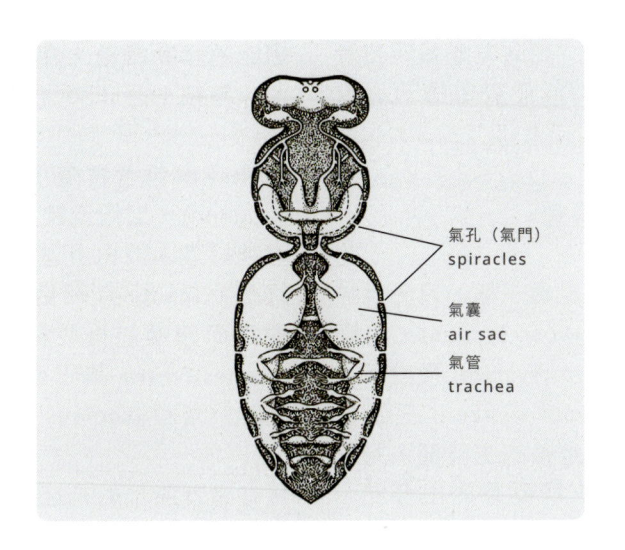

圖 2.2.22
蜜蜂的呼吸系統，由氣孔、氣管和氣囊組成。
（根據 Dade, 2009 重新繪製）

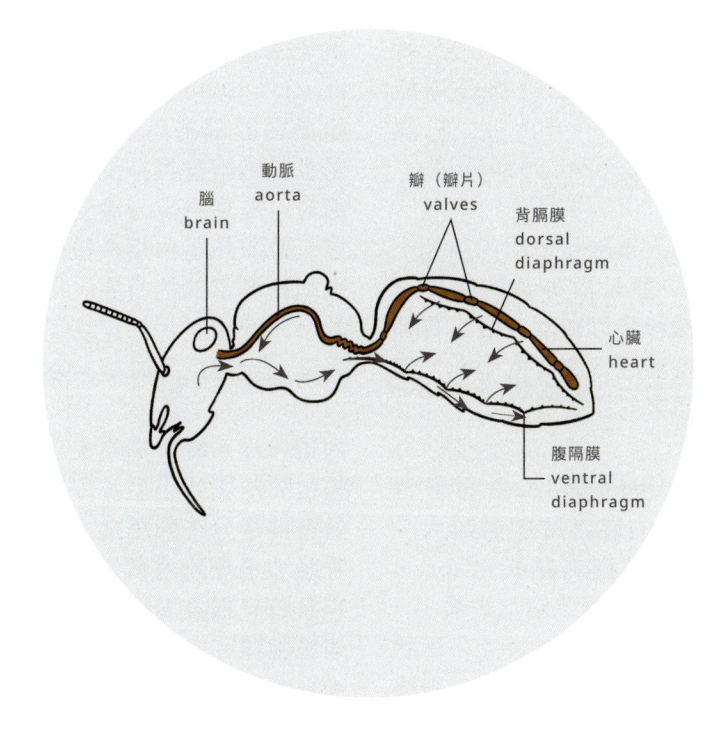

圖 2.2.23
蜜蜂的循環系統。血液經由瓣膜進入心臟，
經由主動脈向前運送到大腦附近的體腔，並由膈膜相關的肌肉向後運送。
（根據 Dade, 2009 重新繪製）

官,以及翅和足等部位,同時將各器官新陳代謝所產生的廢物送到馬氏管等排泄器官(圖 2.2.23)。

● 神經系統及感覺器官

蜜蜂的神經系統跟其他昆蟲一樣,可分為中央神經系統 (central nervous system)、內臟神經系統 (visceral nervous system) 及皮下神經系統 (peripheral nervous system) 三個部分。中央神經系統是神經系的主幹部,為一切刺激傳達的終點及一切反應的出發點,由腦 (brain) 和縱貫全身的腹神經索 (ventral nerve cord) 組成(圖 2.2.24)。

蜜蜂的腦位於食道上方,也稱腦神經球 (cerebral ganglion) 或食道上神經球 (supraoesophageal ganglion),是頭部背側神經球中樞,由三對癒合的神經球組成的,即前腦 (protocerebrum)、後腦 (deutocerebrum)、第三腦 (tritocerebrum)。

前腦佔比最大,有通入複眼和單眼的神經,是管轄視覺的中心,並且與複雜的學習行為、行為順序的選擇和發展有關。後腦有神經連結至觸角,是各種感覺職能的中心。第三腦則與處理從身體來的訊號有關。

腦中的蕈狀體 (mushroom body) 主司學習與記憶,行為越複雜的昆蟲蕈狀體越大,蕈狀體與腦大小的比例稱為腦指數 (brain index),膜翅目的蜂類中,葉蜂腦指數最小,獨居性蜂類次之,真社會性蜂類最大。蕈狀體如果受損,蜜蜂的學習能力會下降,蜜蜂幼蟲取食到低劑量的化學農藥例如益達胺,羽化後的成蜂學習行為異常。由於蜜蜂有學習與記憶能力,因此蜜蜂即使離巢數公里覓食依然能找到巢穴位置,飼養蜜蜂時突然短距離移動蜂箱,外勤蜂返巢後會在原處逗留、集結。

腹神經索包含食道下神經球 (suboesophageal ganglion)、二個胸神經球及五個腹神經球。腹神經索由成對且融合在一起的神經球(神經節)(ganglia) 和縱橫相連的神經組成,縱走而連接前後成對神經球的為聯絡神經 (connectives),橫行連於成對神經球間的稱為神經連鎖 (commissures)。

位在蜜蜂腹部的神經球可以控制局部的神經動作,所以即使蜜蜂的頭部與腹部分離,腳長在胸部仍然可以爬行一陣子才死亡,剛被壓死的蜜蜂可能具有螫刺的能力。

蜜蜂的腹部具有許多鐵顆粒 (iron granules),這些鐵顆粒藉由鐵沉積囊胞 (iron deposition vesicles, IDVs) 包覆。蜜蜂感受磁場變化的受器是在腹部的營養細胞 (trophocyte),蜜蜂的營養細胞會與神經系統相互連結,這些鐵顆粒可能是磁場感應受體,負責感應地球磁場,並將訊號由相連接的神經元傳遞出去,進而影響蜜蜂的行為,楊恩誠教授與江昭皚教授研究證實,如果切斷蜜蜂的腹神經索,大腦就無法感受磁場的變化。

內臟神經系統又稱為交感神經系統,包含一些位於前腸的小型神經節,與腦後葉相連,並有神經分布到腸道、氣管、血管等內臟和腺體,是支配內臟活動的反射中心。皮下神經系統又稱為周緣神經系統,包括感覺器官的細胞體和中央神經系統聯繫的傳入、傳出神經纖維。

蜜蜂的感覺器官是接受來自體內、體外訊息刺激的器官,訊息通過神經系統的作用,引起特定的生理或行為反應。

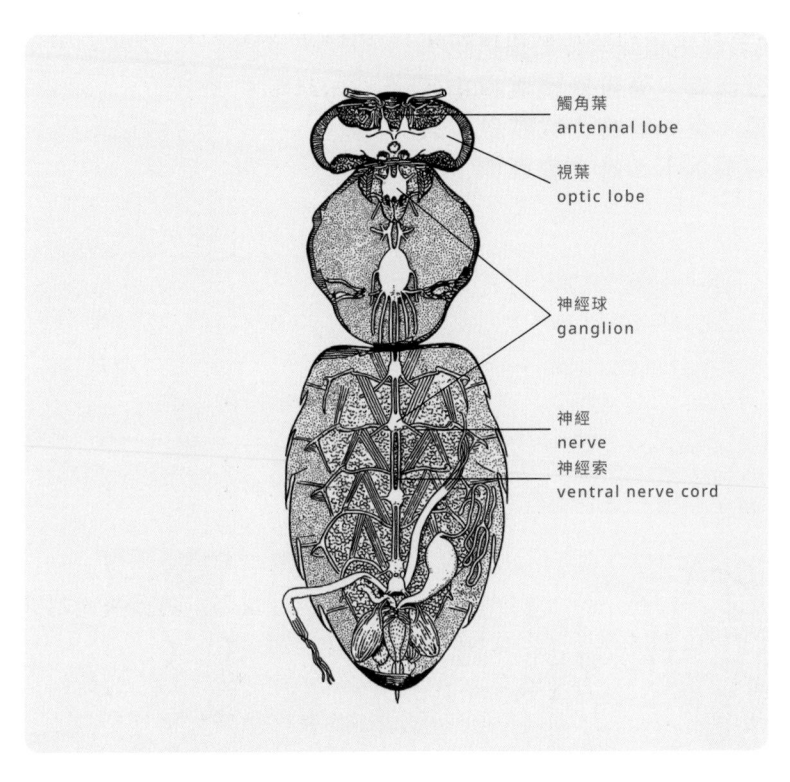

圖 2.2.24
蜜蜂的神經系統（根據 Dade, 2009 重新繪製）

● 生殖系統

雄蜂具有一對睪丸 (testis)，精子於睪丸內的精管 (sperm tube) 中形成，成熟後經由輸精管 (vas deferens) 輸送至貯藏囊 (seminal vesicle) 暫時儲存，待交尾時釋放。兩個貯藏囊末端各連接一條黏液腺 (mucous gland)，兩條黏液腺在開口處匯合後與射精管 (ejaculatory duct) 相連，最終連結到陰莖。

雄蜂平時將陰莖收於腹腔內，只有在交尾時才會翻出體外。如果進行人工授精，可透過輕壓腹部使陰莖翻出，並收集精液（圖 2.2.25）。

蜂王的生殖系統包括卵巢 (ovary)、輸卵管 (oviduct)、受精囊 (spermatheca) 與陰道 (vagina) 等構造（圖 2.2.26）。一對梨形卵巢內含數百條微卵管 (ovariole)，卵即在其中發育。成熟卵子會從卵巢進入側輸卵管 (lateral oviducts)，兩條側輸卵管再匯合成一條中輸卵管 (median oviduct)，卵經此通過陰道，最後由生殖孔 (gonopore) 產出。

受精囊為蜂王儲存精子的器官，位於陰道側旁，藉由受精囊管 (spermathecal duct) 與陰道相通，其末端有一條受精囊腺 (spermathecal gland)。蜂王與雄蜂交尾後，精子即儲存在受精囊中，供蜂王終生使用。

工蜂的生殖系統與蜂王相似，但卵巢退化，只有少數幾條微卵管，而且受精囊極小，毒囊則比較發達，產卵管特化成螫針。只有在蜂群失王的情況下工蜂才會產卵（圖2.2.27）。

陰莖
penis

睪丸
testis

黏液腺
mucus gland

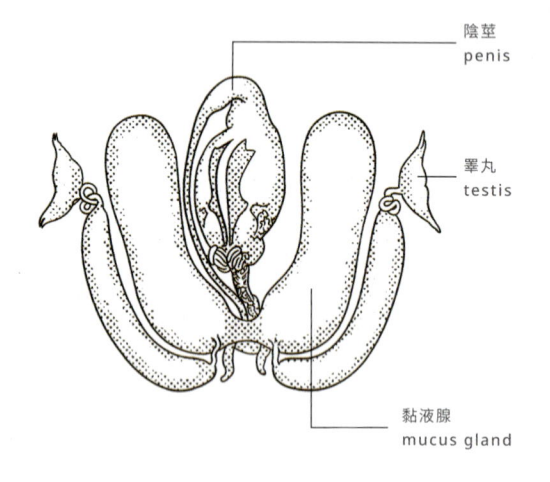

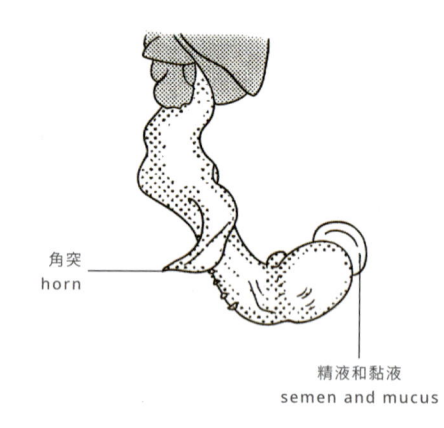

角突
horn

精液和黏液
semen and mucus

圖 2.2.25
雄蜂的生殖系統
上圖左／顯示交尾前生殖系統在腹腔內的構造
上圖右及下圖／交尾後從腹腔伸出的構造
（根據 Dade, 2009 重新繪製）

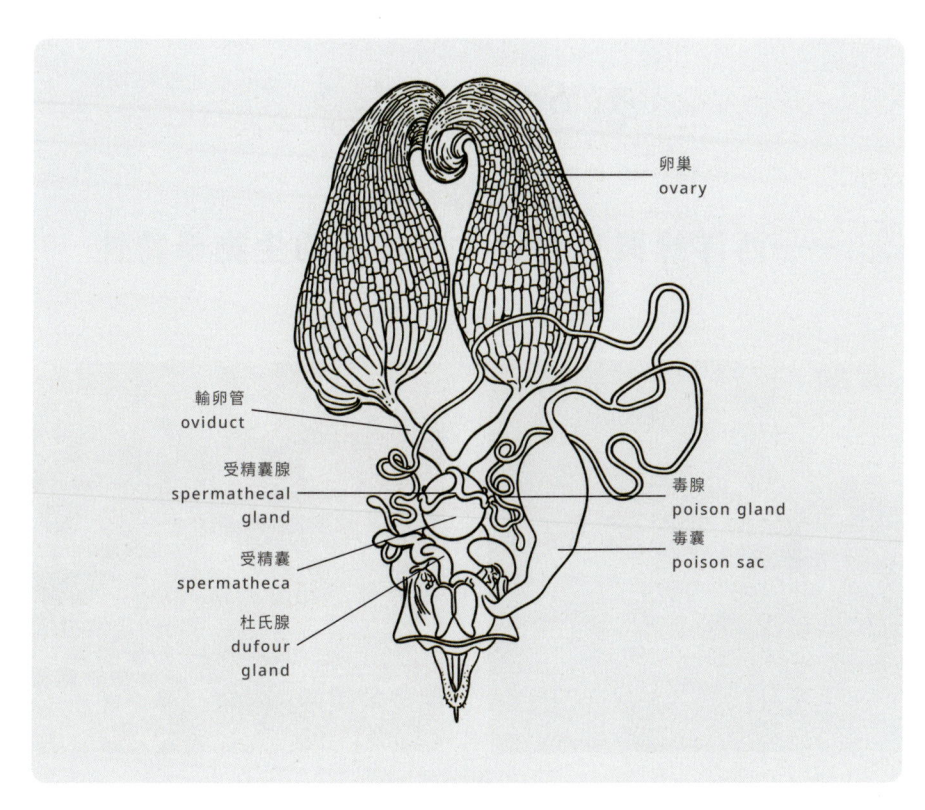

圖 2.2.26
成功交尾的蜂王的生殖系統（根據 Dade, 2009 重新繪製）

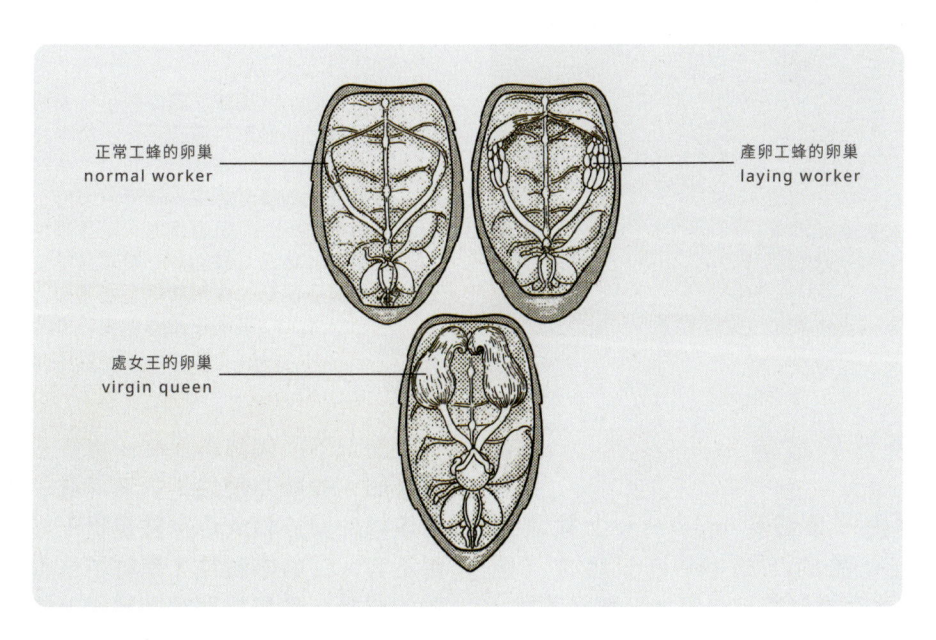

圖 2.2.27
正常工蜂、產卵工蜂和處女王的卵巢（根據 Dade, 2009 重新繪製）

Section 2.3

蜜蜂的一生
——西洋蜂與東方蜂（野蜂）的生物學特性

圖 2.3.1
蜜蜂的成員
左圖上／工蜂：體型較小，頭略呈三角形，複眼呈長卵形（橢圓形），複眼在頭部兩側，中間不相連接。
右圖上／雄蜂：體寬，頭近似圓形，複眼較大，呈半球形，兩複眼中央相連結。
左圖下／蜂王（蜂后）：體長通常會超過翅膀，頭呈心臟形，複眼複眼呈長卵形（橢圓形），複眼在頭部兩側，中間不相連接。

2.3.1 蜂群的成員

一個蜂群由一隻蜂后 (queen)、少數雄蜂 (drone) 及大量的工蜂 (worker) 組成（圖 2.3.1）。蜂后為雌性，在日本又稱女王蜂，2002 年出版的《海峽兩岸昆蟲學名詞》中，將 queen 統一翻譯為蜂王。

一般情況下一個蜂群只有一隻蜂王，主要負責產卵。雄蜂為雄性，負責與蜂王交尾，依環境條件與族群大小，數量從十幾隻到幾百隻不等。工蜂為雌性，是維持蜂群發展很重要的成員，也是族群裡數量最多的，依據蜂群的小大從數百隻到數萬隻不等。

蜜蜂成員的決定因子

決定蜜蜂雌性或雄性個體的機制，在於蜂王所產下的卵是否受精，巢房的形式引導蜂王是否產下受精卵，以及根據幼蟲期所攝取的食物來決定（圖 2.3.2）。

蜂王產卵前會先確定巢房的大小，如果是雄蜂房 (drone cell)，蜂王會將腹部伸入巢房底部產下一顆未受精卵 (unfertilized egg)，孵化後 1~3 日齡的雄蜂幼蟲食物為乳白色的雄蜂乳 (drone jelly)，幾乎不含花粉粒，4 日齡後則改餵含有蜂蜜與花粉的混合食物，發育完成後經蛻皮與蛹期羽化成為雄蜂。

若是工蜂房 (worker cell)，會在巢房底部產下一顆受精卵 (fertilized egg)，孵化後 1~3 日齡的工蜂幼蟲食物為工蜂乳 (worker jelly)，來源是成年工蜂下咽頭腺 (hypopharygeal glands) 和大顎腺 (mandibular gland) 分泌的水狀物和乳狀物質。

3~4 日齡以上的工蜂幼蟲則是成年工蜂下咽頭腺分泌的水狀物加上蜂蜜及花粉粒所組成的擬工蜂乳 (modified worker jelly)，幼蟲完成發育後，進入蛹期，最終羽化成為工蜂。

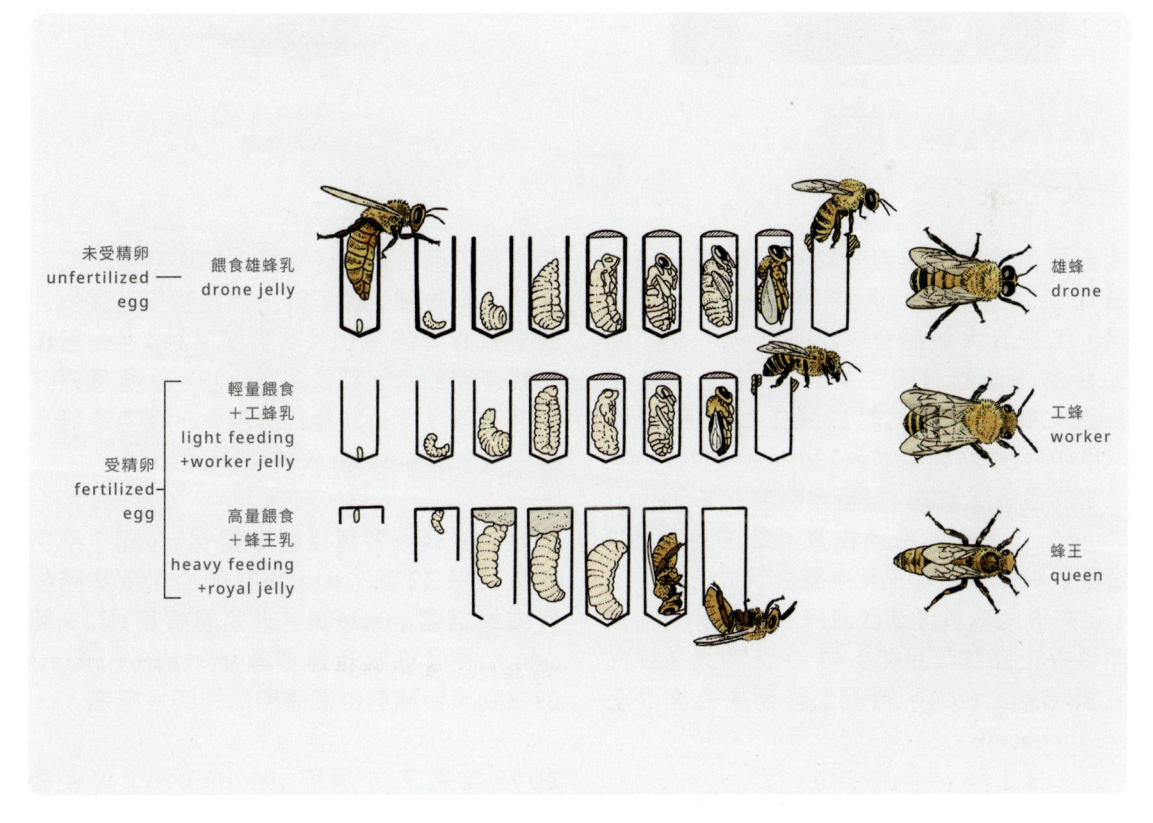

圖 2.3.2
蜂王所產的卵發育為雄蜂、工蜂或蜂王的決定因素與各階段的變化。

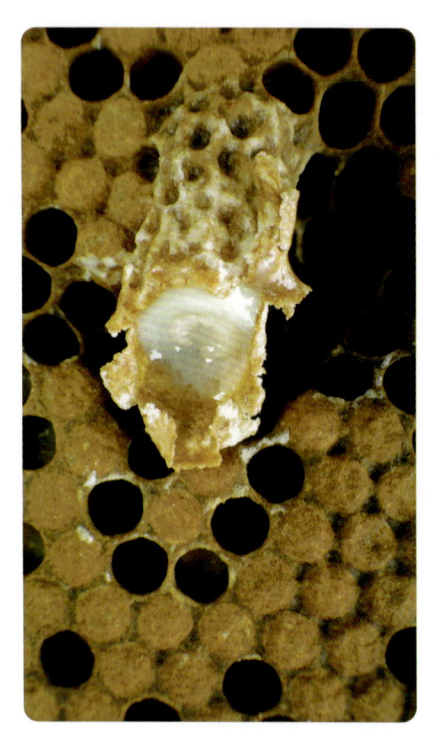

圖 2.3.3
王台中的蜂王幼蟲及蜂王乳

圖 2.3.4
蜂王前蛹期

蜂王與工蜂同樣源自受精卵，但蜂王幼蟲是在王台 (queen cell) 中發育長大。此期間，工蜂會大量餵食蜂王乳 (royal jelly) 給王台內的幼蟲（圖 2.3.3），使之發育為蜂王。蜂王乳來源於成蜂工蜂下咽頭腺 (hypopharyngeal glands；brood-food gland) 分泌的澄清狀物質，以及大顎腺 (mandibular glands) 分泌的乳白狀物質。蜂王幼蟲在 3 日齡以前攝取的蜂王乳中乳白狀成分較多，4 日齡後則較多澄清狀成分。幼蟲進入前蛹期後停止進食（圖 2.3.4），此時大量蜂王乳囤積於王台內，待羽化後便成為處女王 (virgin queen)。

工蜂雖然有卵巢但不會與雄蜂交尾，工蜂在沒有交尾的情況下也能產卵，只是產下的全是未受精卵並發育成雄蜂，如果群落出現了大量成年雄蜂，失王後工蜂數量逐漸減少，蜂群就會瀕臨滅亡（請參閱 P294「失王與工蜂產卵的原因和處理方式」），這種未受精卵也可以發育為雄蜂的現象，稱為產雄孤雌生殖 (thelytokous parthenogenesis)。

雌性由受精卵發育成雙倍體 (diploid)，染色體數目是 32 個 (2N)，雄性則由未受精卵發育成單倍體 (haploid)，染色體數目是 16 個 (1N)，透過單雙套遺傳系統 (haplodiploidy) 的機制，使族群中個體間的相關性很高。

2003 年馬丁·貝耶 (Martin Beye) 等人發現蜂的性別由一個叫做互補性別決定的基因 (complementary sex determiner, CSD) 所決

定。雌性個體擁有來自蜂王與雄蜂的兩個不同 CSD 基因，能產生功能性蛋白質，啟動雌性發育途徑，而未受精卵只有一個 CSD 基因，則缺乏功能性蛋白質，因此發育為雄蜂。雖然蜂王與工蜂都源自受精卵並擁有相同的基因組成，但取食不同的食物後，導致生理及外觀特徵有極大的差異。

2.3.2 西洋蜂與東方蜂（野蜂）的發育過程

蜜蜂是膜翅目的昆蟲，所有的膜翅目都屬於完全變態 (holometaboly)，一生都會經歷卵 (egg)、幼蟲 (lava)、蛹 (pupa)、成蟲 (adult) 四個階段（圖 2.3.5）。卵孵化為幼蟲，蛹羽化成成蟲。

蜜蜂的卵很小，重量在 0.12~0.22 mg，長度在 0.13~0.18 cm 之間，微彎立在巢房底部，顏色為乳白色，兩端圓鈍，粗細略有不同，稍粗的一端是頭部向著巢口（圖 2.3.6）。即將孵化的卵會開始震動，後期會強烈彎曲下垂。

剛孵化的幼蟲破膜而出呈 C 字形平躺在巢房底部，大約只有 0.1 mg，成年的工蜂會將下咽頭腺分泌水狀物質與大顎腺分泌的乳狀物質（比率大約 3：1）吐在工蜂幼蟲周圍，使幼蟲浸潤在食物池中。

幼蟲被餵食大量後成長速度很快，經由四次蛻皮最後充滿整個巢房（圖 2.3.7）。幼蟲到了末齡便停止進食，然後由成年的工蜂分泌蜂蠟將巢房封蓋，幼蟲便在此時化蛹 (pupation)。雄蜂的封蓋突起，而工蜂的封蓋則沒有突起（圖 2.3.8）。

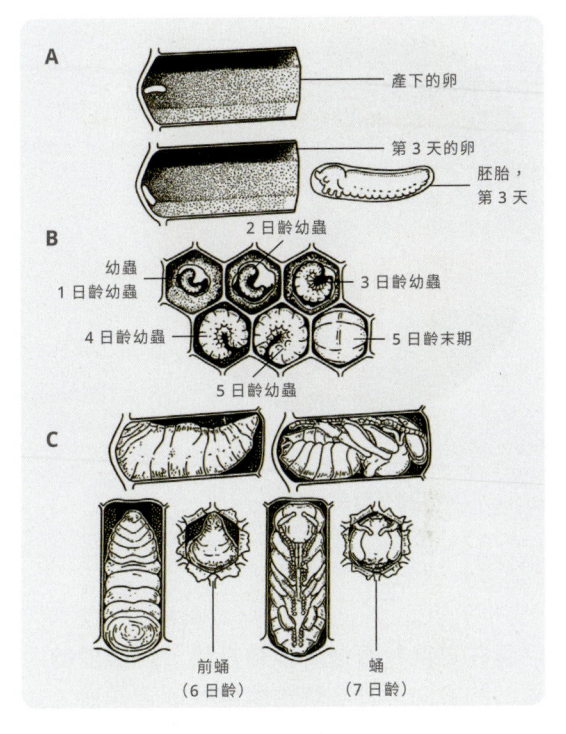

圖 2.3.5
工蜂從卵到蛹的發育階段。(A) 工蜂在幾乎水平的巢房中發育，卵期三天。(B) 幼蟲有五個齡期，每個齡期被蛻皮分開，共蛻皮四次，每次蛻下舊皮後持續生長，到後期蟲體幾乎充滿整個巢房。(C) 此時成蜂會分泌蜂蠟封蓋巢房。封蓋後，幼蟲逐漸伸直身體，將頭部朝向巢口，隨後排出糞便並吐絲作繭，進入前蛹期。在繭內完成第五次蛻皮後進入蛹期。
（根據 Dade, 2009 重新繪製）

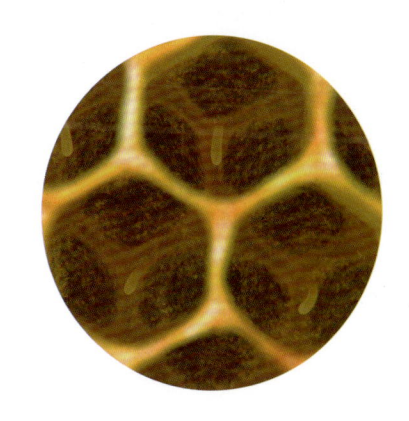

圖 2.3.6
蜜蜂的卵

圖 2.3.7 a
工蜂幼蟲及封蓋蛹

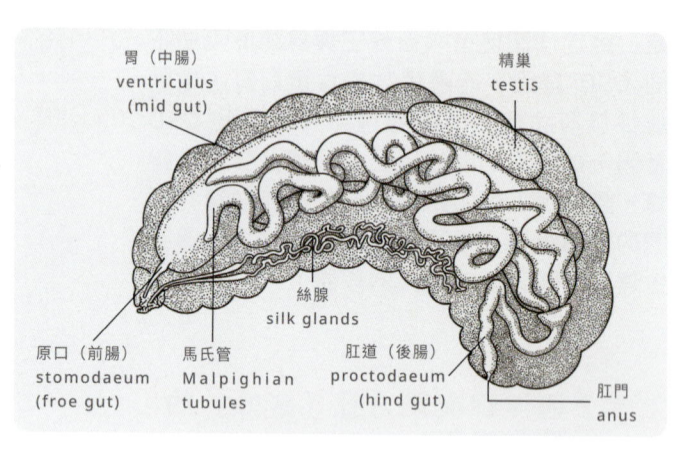

圖 2.3.7 b
蜜蜂幼蟲剖面圖（根據 Dade, 2009 重新繪製）

幼蟲在巢房封蓋後會翻轉身體，將頭部轉向巢口的方向，其身體由曲捲狀逐漸伸直，並將體內積存的糞便排至巢房底部。隨後吐絲作繭，進入前蛹期 (pre-pupa stage)，並在繭內進行第五次蛻皮，轉變為蛹期（pupal stage）（圖 2.3.9）。

蜜蜂的蛹屬於裸蛹 (exarate)，附肢不緊貼身體，進入蛹期後，外形上逐漸形成頭、胸、腹三個部分，觸角、複眼、口器、翅膀、足也顯現出來，蛹的外表從乳白色逐漸變深，身體也開始硬化，從身體各部位的顏色變化可判斷其日齡（圖 2.3.10）。

整個蛻皮及變態過程由神經肽 (neuropeptides)〔包括促前胸腺激素 (prothoracicotropic hormone, PTTH)、蛻皮啟動激素 (ecdysis triggering hormone, ETH) 及羽化激素 (ecolosion hormone, EH)〕、蛻皮固醇 (ecdysteroids) 及青春激素 (juvenile hormone, JH) 三種激素調節。

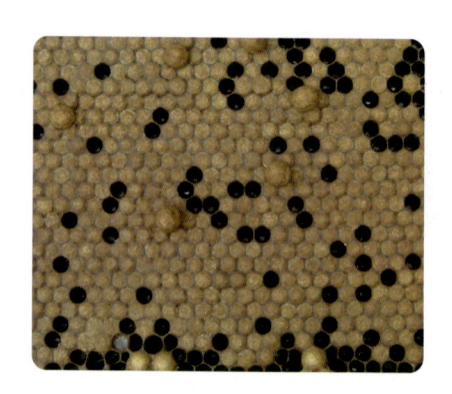

圖 2.3.8
封蓋幼蟲及蛹，平的是工蜂，凸的是雄蜂。

圖 2.3.9
蛹

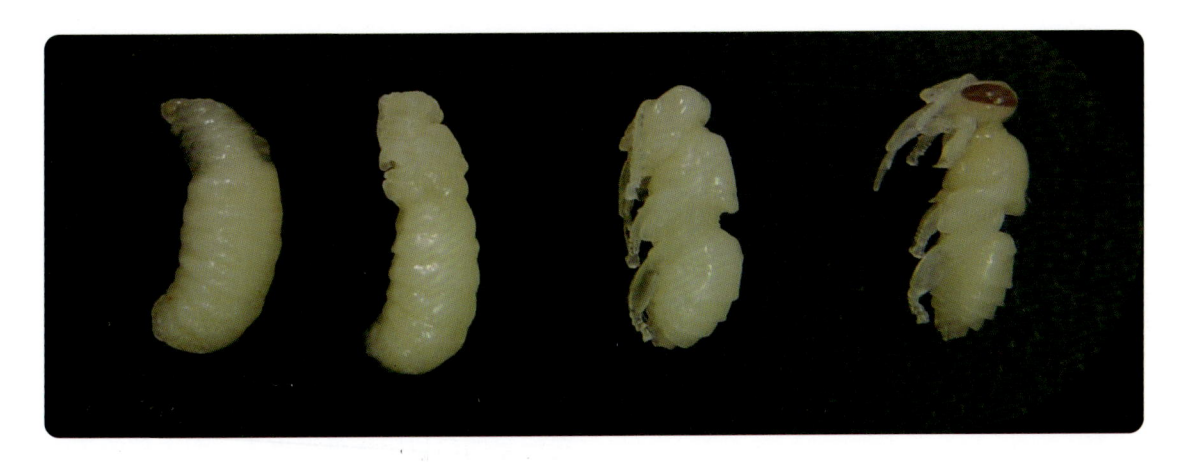

Chapter II
如何飼養西洋蜂與東方蜂（野蜂）

圖 2.3.10
工蜂蛹期的變化

成蜂在蛹內完全發育成熟後，脫去蛹皮，然後咬破巢房封蓋羽化。羽化後的工蜂外骨骼較軟，胸背板的絨毛多而柔嫩，體色較淡，隨著羽化時間增加，外骨骼逐漸變硬，絨毛堅起，剛羽化的工蜂背板多毛，年老的工蜂胸部毛少，腹部體節末端較黑（圖 2.3.11）。

具有階級的社會性蜜蜂，其成蟲之體型大小取決於營養多寡，蜂王所需營養比工蜂多，因此體型差異很明顯。

圖 2.3.11
上圖／工蜂正在羽化
中圖／剛羽化的工蜂
下圖／剛羽化的工蜂和老齡工蜂
（白圈是剛羽化的工蜂，灰圈是老齡工蜂。）

● 溫度對蜜蜂發育的影響及蜜蜂對溫度的調節

蜜蜂從卵到成蟲的發育階段需要許多條件，例如適合個體發育的巢房、足夠的食物、合適的溫度、濕度等等。蜜蜂的發育天數基本上不會變化太大（表2.3.1），除了與蜂種有關外，也會受溫度影響，如果溫度太高發育會提早，溫度太低則會發育遲緩，而且羽化的蜜蜂較不健康，特別是翅膀發育不全。

蜂群有很強的調節巢房溫度的能力，能夠感覺出 0.25 ℃ 的升降變化，當蜂巢溫度在 34 ℃ 時會積極增溫，直到 34.4 ℃ 時加溫的行為才會趨緩，但在蜂巢溫度升到 34.8 ℃ 時蜜蜂就會開始出現降溫的行為，氣溫達到 45 ℃ 以上蜜蜂對水的需求就會急速增加（請參閱 P197「蜜蜂對水的需求」）。

環境溫度過高時，成蜂會透過拍動翅膀形成氣流，或採水藉由水分蒸散作用來降低巢房內的溫度，寒冷時會離開邊脾和空巢房，緊密地聚集在巢脾中間，或震動身體來提升巢房內的溫度。一般來說 31~36 ℃、相對濕度 75~90 % 是最適合幼蟲發育的條件，即使寒冬也會盡量維持在 20~30 ℃，如果蜂群內沒有幼蟲，溫度則會維持在 14~32 ℃ 之間。

越弱小的蜂群越不利於越冬，到了春季發展成強盛蜂群的速度也較慢，所以最好在入冬前的秋季將弱群併入強群，汰弱扶強，以利春季蜂群的發展。越冬的蜂群在春季氣溫回暖後之後開始發展，將蜂巢中心的溫度維持在 32~35 ℃ 左右，起初蜂王每天的產卵量只有一、兩百顆，蜜蜂採食量增加後，會將蜂巢中心保持穩定的育幼溫度並擴大面積，蜂王產卵量也隨之增加。

與夏季的蜂巢溫度相比，冬季蜂巢的溫度調節並不精細。嚴寒的冬季蜜蜂透過群體的聚集和緊密結合度來調節溫度，如果蜂巢周圍的溫度低於 18 ℃，群體的聚集就會形成，當蜂巢溫度降到 13 ℃ 的時候外界環境的溫度更低，大多數的蜜蜂就會很緊密地聚集在一起，以維持蜂巢中心幼蟲區的溫度。

聚集的蜂群在外圍的工蜂活動力很低以形成隔熱層，有時也可以發現寒冬時工蜂會聚集在蜂箱門口以阻隔低溫進入，而內部的工蜂會不停地擺動腹部、增加呼吸頻率並取食儲蜜以產生熱能，盡力使蜂巢的溫度不低於 20 ℃。

2.3.3 西洋蜂與東方蜂（野蜂）的行為及分工

工蜂的數量根據族群大小，從數百隻到數萬隻不等，蜂王產下受精卵的數量越多，工蜂就越多，工蜂的數量越多越能維持族群的穩定發展，而蜂王必須與雄蜂交尾才能產下受精卵，其產卵量又與貯精囊內的精子數量、環境溫度、蜂群內是否有充足的食物有關，因此工蜂、蜂王、雄蜂各個角色之間相互依存、彼此需要，缺一不可。

美國昆蟲學家威廉‧莫頓‧惠勒(William Morton Wheeler) 在 1911 年的一篇文章〈螞蟻群落作為一個有機體〉(The ant-colony as an organism) 中，以「超有機體」（又稱超個體）(superorganism) 的概念來稱呼社會性昆蟲，一個巢穴中的整個蟻群當成一個群體，群體成員有嚴格的分工和協作，每一個個體擔當不同角色，很像一個有機體的各種器官。

表 2.3.1 東方蜂與西洋蜂發育天數

		卵	幼蟲	蛹	合計
蜂王	西洋蜂	3	5.5	7.5	16
	東方蜂	3	4~5	8	15~16
雄蜂	西洋蜂	3	6.5	14.5	24
	東方蜂	3	6~7	13	22
工蜂	西洋蜂	3	6	12	21
	東方蜂	3	5	12	20
註	蜜蜂會因地理與環境因素不同而演化出不同品系，其生物特性會有差異，所以即使同一種蜜蜂，不同地區不同品系的發育天數也不盡相同。				

自從惠勒提出「超有機體」的概念後，也被進一步應用到蜜蜂、胡蜂和白蟻等其他社會性昆蟲類群上。蜜蜂是以群體為單位，蜂群的發展運作由內在因素，如蜂王產卵狀況、工蜂的育幼、覓食、清潔、防禦行為，以及外在環境條件，如溫濕度、風力、水源、蜜粉源多寡等彼此交互作用、互相影響。

● 蜂王（蜂后）(queen)

蜂王的體型明顯大於工蜂，腹部修長且超過翅膀末端。雖然體長大於雄蜂，但體寬比雄蜂窄。一般來說一個蜂群只會有一隻蜂王，主要工作就是產卵，蜂群內所有的工蜂與雄蜂都由蜂王所生，蜂王的壽命平均約 3 年，環境條件差的話，蜂王的壽命很少超過 3 年，若環境條件良好，蜂王可存活 3 年以上。在其漫長生命歲月裡，每日的產卵量從數十顆到上千顆不等，巢內所有的成員都是由蜂王所生。

自然情況下，蜂群培育新蜂王的原因有三種，一是蜂群繁衍過大，產生大量工蜂，原蜂王的費洛蒙不足以控制蜂群並建造王台，蜂王在王台內產下受精卵後產生新蜂王，老蜂王或羽化後的新蜂王（處女王）與一部分工蜂到其他環境建立新族群。

二是蜂群失王大約 1 日後，工蜂會餵食蜂王乳給 2 日齡以下的工蜂幼蟲，並將工蜂房改造成急造王台 (emergency queen cell)，使之發育成新蜂王。

三是自然交替，當原蜂王衰老或傷殘，工蜂會建造王台讓蜂王在其中產卵，產生新蜂王後不進行分封，而是新王與老王暫時同居一段時間，之後老王被蜂群淘汰，有時老蜂王會在處女王羽化前死亡。

工蜂會對王台裡的幼蟲特別照顧，給予大量的蜂王乳並時常護住王台，蜂王幼蟲在幼蟲期的第五天半時會伸直身體，頭部朝下吐絲作繭，然後化蛹。如果在整個發育期間餵食的蜂王乳不夠或者溫度太低，蜂王就無法羽化，即使羽化發育也不正常或產卵力不佳（P319「蜂王交尾的過程及影響交尾的因素」）。

● 雄蜂 (drone)

雄蜂是蜂群內唯一的雄性成員，雄蜂除了跟處女王交尾之外，不負責其他工作，也因為沒有螫針所以不會抵禦外敵。雄蜂的數量會依據季節、巢內食物多寡、族群大小而有所差異，通常在數十隻到數百隻之間，在繁殖季節雄蜂數量較多，而食物缺乏、環境條件變差時則數量較少。

雄蜂羽化後，大部分時間都在巢脾上爬行。約至 7 日齡後時開始試飛（定位飛行）以辨識蜂巢位置，天氣良好時一天可飛 3~4 次，一生平均約進行 25 次定位飛行。具完整飛行能力後，飛行距離約 6 公里，時速則在 9~16 公里之間。

具飛行能力的雄蜂可與處女王交尾，性成熟的雄蜂貯精囊內含有大量的成熟精子，一隻雄蜂大約只有 1.5~2 μL（微升）的精液，每微升的精液含大約 700 多萬條精子，不同蜂種的精子量各異，義大利蜂可產大約 1,000 多條精子，野蜂（東方蜂）平均只有 60 萬條，精液量少且黏稠。

成年雄蜂的壽命平均約 60 天左右，最短約 14 天，最長可達 90 天左右。由於雄蜂不事生產，因此在食物缺乏的季節，工蜂會將雄蜂趕出巢房阻止雄蜂進入，任其在外冷死、餓死。雖然雄蜂不工作，但蜂王要能夠產下受精卵、繁衍後代，必須有雄蜂的存在，因此在蜂群中仍然很重要。

● 工蜂 (worker)

工蜂顧名思義是工作的蜜蜂，所有的工蜂都是雌性，羽化後的工蜂壽命大約 40~45 天，這 40 多天大致上可分為內勤蜂 (house bee) 與外勤蜂 (field bee)。剛羽化的工蜂飛行能力不佳，只能爬行，因此主要負責巢房內的工作，包含清理巢房 (cleaning activities)、建造巢脾 (comb building)、哺育幼蟲 (brood tending)、服侍蜂王 (queen tending)、接收食物 (food handling)，其中負責照顧幼蟲的內勤蜂又稱為育幼蜂或護士蜂 (nurse bee)，年老力衰、體弱多病的外勤蜂也會在巢外爬行。

內勤蜂的工作

羽化後約 3 天的工蜂主要負責清潔巢房的工作，用大顎修補巢房邊緣，咬去部分繭，把巢房清理乾淨讓蜂王產卵或讓其他工蜂存放蜂蜜及花粉。3~6 日齡的工蜂大顎腺開始發育，可以哺育幼蟲。幼蟲身上的幼蟲辨識費洛蒙 (brood-recognition pheromone) 有助於成年工蜂辨認雄蜂、工蜂幼蟲及蛹，工蜂哺育幼蟲時會先確定幼蟲頭部的位置，然後將大顎靠近幼蟲的頭部，打開大顎形成滴狀物質，在幼蟲四周形成食物池 (pool)，成蜂也會餵食由花粉與蜂蜜調配而成的蜂糧 (bee bread) 給老熟的幼蟲。

羽化後 6 日齡左右下咽頭腺 (hypopharyngeal gland) 較成熟，開始分泌蜂王乳。工蜂除了餵食蜂王乳給蜂王外，也會透過交哺 (trophallaxis) 行為把蜜囊 (crop) 中的蜜吐出

Chapter Ⅱ
如何飼養西洋蜂與東方蜂（野蜂）

來餵養其他飢餓的工蜂（圖 2.3.12）。羽化後 7~21 日齡工蜂的蠟腺充分發育，其中又以 12~18 日齡的工蜂蠟腺最為發達，是建造巢房的主要成員。

外勤蜂的行為

10~12 日齡的工蜂下咽頭腺的分泌減少，差不多在這個時候工蜂開始離巢，在第一次飛行時將腸道的糞便排出，腸道內廢物的堆積也會刺激飛行。

圖 2.3.13
工蜂在巢口扇風

圖 2.3.12
蜜蜂的交哺行為

>> **扇風 (ventilation)**

為了調節蜂群的溫度，工蜂會站在巢房門口扇動翅膀產生氣流，以降低蜂群中的溫度、調節濕氣、減少蜂群中二氧化碳的含量，這個現象在盛夏特別明顯（請參閱 P190「溫度對蜜蜂發育的影響及蜜蜂對溫度的調節」）（圖 2.3.13）。

>> **試飛 (orientation flights)**

工蜂羽化 13~20 天左右，會選擇風和日麗的好天氣進行試飛（又稱定位飛行）。試飛通常發生在中午至下午，此時的蜜蜂外出卻不遠離蜂巢，而是頭朝向巢口上下飛行擺動，持續的時間從十幾分鐘到幾十分鐘不等（圖 2.3.14），每次試飛以後會照例繼續巢內的工作。透過多次的試飛，不但有助於蜜蜂記憶巢房的位置，還能夠鍛鍊胸部的肌肉，增加飛行能力。

圖 2.3.14
試飛

>> 清潔 (cleaning)

待工蜂具有長時間飛行能力後，就會搬運廢棄物和死掉的蜜蜂出巢，進一步外出採集花蜜、花粉、蜂膠和水。負責清潔打掃的工蜂要在黑暗的蜂巢中將死去同伴的屍體搬出巢房，需要很敏銳的嗅覺，蜜蜂身上散發的碳氫化合物 (cuticular hydrocarbons, CHCs) 就具有辨識的作用，當蜜蜂還活著的時候，這些分子會持續散發到空氣中，使同伴間能互相辨識，但個體死亡半小時後散發量開始減少，工蜂就會把牠們搬出巢房。

>> 守衛 (guard duty)

蜜蜂會以腹部末端的螫針禦敵（圖 2.3.15）。在 15~20 日齡時，工蜂體內的異戊乙酸 [Isopentyl (isoamyl) acetate, IPA] 含量達到高峰。這種化合物屬於警戒費洛蒙，能引導其他工蜂追擊外敵，因此該時期的工蜂多擔任守衛角色。克氏腺費洛蒙 (koschevnikov gland pheromone) 是此類警戒費洛蒙的來源之一。

不同日齡的工蜂對警戒費洛蒙的反應程度不同。剛羽化的工蜂反應較遲鈍，至 5~10 日齡時變得敏銳；到了 28 日齡的外勤蜂反應最為強烈，之後在 36 日齡時又會逐漸減弱。與釋放奈氏腺費洛蒙不同的是，守衛時觸角向前，受到威脅有時會舉起前足，中後足站立抬起腹部露出螫針，但釋放奈氏腺費洛蒙時不會露出螫針（圖 2.3.16）。

圖 2.3.16
工蜂腹部抬起露出螫針，並震動翅膀產生氣流釋放警戒費洛蒙。

>> 採集 (foraging)

外勤蜂採蜜時為了提高效率，會以鄰近蜂巢的蜜源為優先，但如果遠處有大面積的蜜源，就會放棄附近的少量蜜源，而且甜度高的先採，甜度低的後採，採集半徑平均在 2~5 km，如果蜂巢附近缺乏蜜源，也會飛到 7~8 km 外採集，在高樓林立的市中心飛行距離較短。

採集行為具有特定的偏好，喜歡採集曾經採過的蜜源，這種行為稱為定花性 (flower constancy)，蜜蜂從外出到回巢，牽涉到視覺、嗅覺、磁場、光線等等複雜的因素（參閱 P156「蜜蜂的外部形態與生物學特性」及 P202「蜜蜂的舞蹈」）。採集行為也受

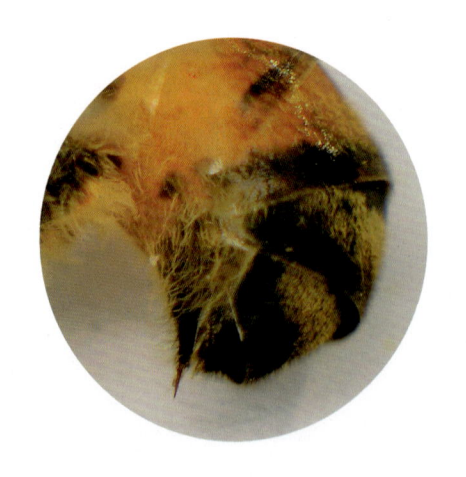

圖 2.3.15
蜜蜂的螫針

溫度影響，環境溫度高達 38 ℃ 時，除了採水很少外出覓食，低於 10 ℃ 時，西洋蜂幾乎停止採集，但是東方蜂（野蜂）則能接受更低的環境溫度，有時 10 ℃ 也會外出採集。

蜜蜂採蜜時會將中舌伸入蜜中，透過舌上的細毛沾黏花蜜，再把中舌縮回，以反覆抽動的方式把花蜜帶入體內，存在腹部的蜜胃（蜜囊）（請參閱 P164「蜜蜂的口器」和 P174「消化和排泄系統」）。採蜜回巢的工蜂會將蜜交由內勤蜂釀製，內勤蜂會將花蜜點滴散於巢內，使其大面積暴露於大氣下，加速蒸散作用，經過內勤蜂唾液中的轉化酶 (invertase) 使多醣的蔗糖轉化成單醣的葡萄糖和果糖，並排除蜜中過多的水分，當蜂蜜的含水量降低以後，再用蠟將巢口封住使之成為熟成蜜 (ripened honey)，因為巢口蓋上蜂蠟，也稱封蓋蜜。

蜜粉源植物受季節變化，外勤蜂有不同的採粉行為和喜好，有些偏好採集蜂蜜，有些偏好採集花粉或蜂膠，相同蜂種的不同蜂群飼養在同一地區，若該地區粉源植物種類繁多，不同蜂群採集回巢的花粉種類也可能不一樣（圖 2.3.17）。

有些外勤蜂可能一次採集一種花粉，也可能一次採集兩種以上的花粉，而且針對不同的花型，蜜蜂有不同的採集花粉方式。當蜜蜂飛到花朵上在雄蕊間快速活動，花粉就會沾附在細小的絨毛上，蜜蜂再把頭、胸部及身上的花粉刷集下來，傳遞到後足的花粉籃中，整個過程在飛行時完成，有時候則在停飛時完成。

蜜蜂訪花時身上沾到花粉，離開花之後蜜蜂會用三對足梳理頭部、胸部和腹部的花粉粒，但是中足達不到中胸背部，所以有時候可見回巢的蜜蜂，中胸背部上常有花粉粒。

蜜蜂依序將花粉從前足傳給中足再傳到後足，花粉最後會集中在後足第一跗節內側的花粉梳上面。收集的花粉送入花粉籃的動作很有趣，蜜蜂先用一側的花粉梳清理花粉後，左右側花粉梳相併合。後足脛節內側的花粉耙將另一足花粉梳上的花粉刮下，放到花粉壓上，花粉壓把花粉粒順勢推擠到脛節外側的花粉籃中，花粉籃中有一根剛毛可以協助固定花粉。最後蜜蜂會用花粉壓將花粉往上壓實，加上花粉本身的黏性牢牢黏在後足的花粉籃中成團狀，再由蜜蜂帶回巢內（圖 2.3.18）。

採粉回巢的工蜂會先將後足伸入巢房內，再用中足將花粉團剷落在巢房裡，然後繼續外出採集。內勤蜂則用大顎將花粉團搗碎，混合一點蜂蜜及唾液後調配成蜂糧 (bee bread)。

隨著蒐集的花粉越來越多，內勤蜂就會將花粉壓實，使蜂糧充滿整個巢房。蜜蜂採

圖 2.3.17
同一個養蜂場的不同蜂群，在同一時間採收到不同種的蜂花粉。

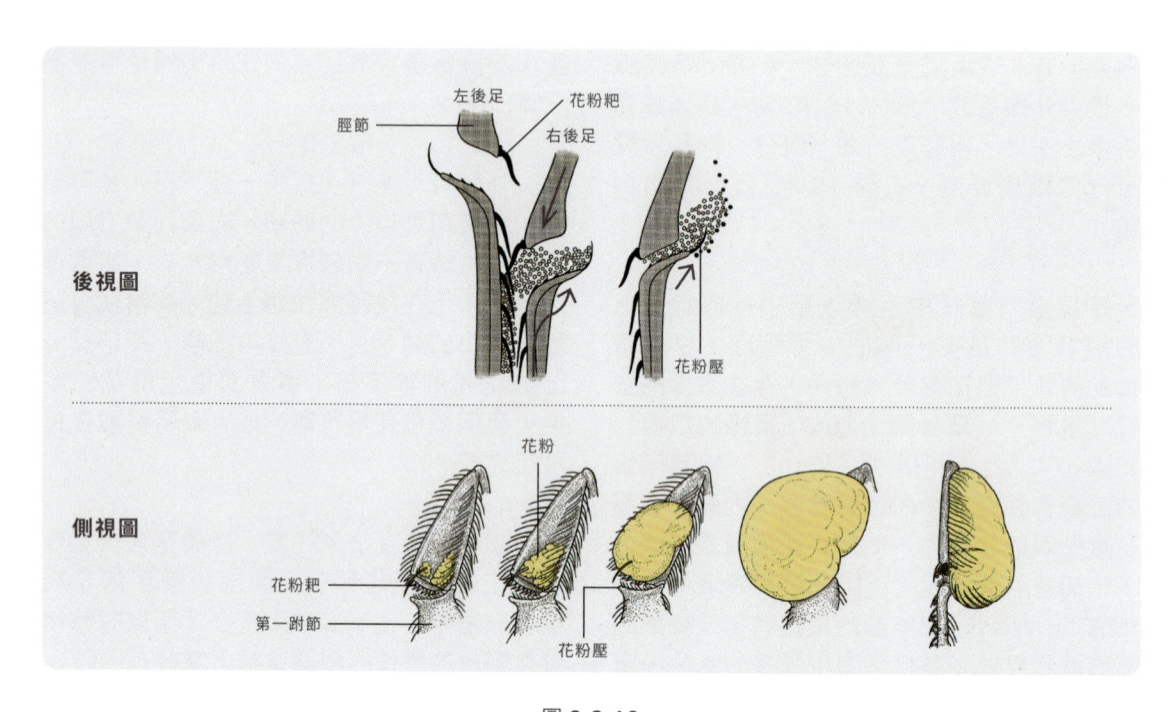

圖 2.3.18
蜜蜂收集花粉的過程。蜜蜂後足脛節內側的花粉耙將另一足花粉梳上的花粉刮下，
放到花粉壓上，花粉壓把花粉粒順勢推擠到脛節外側的花粉籃中。
（根據 Dade, 2009 重新繪製）

集花粉的意願與巢內的儲蜜和幼蟲數量有關，幼蟲體上有刺激飛行費洛蒙（foraging stimulating pheromone），強盛的蜂群如果儲蜜充足而且又有很多未封蓋的幼蟲，成蜂採集花粉的意願就會增加，但不同蜂群雖然有相同的未封蓋幼蟲數，蜜蜂採集花粉量也不盡相同。如果外界粉源充足，此時又餵食補助花粉（花粉餅）給蜜蜂，就會減少採集花粉的意願。

除了蜂蜜與花粉外，外勤蜂也會採集蜂膠（圖 2.3.19），蜂膠的採集隨著蜂種及膠源植物而定，東方蜂採膠的行為較少，西洋蜂較多。老齡、有採集經驗的外勤蜂會採集植物的表面分泌物並混合蜂蠟及唾液，蒐集在後足的花粉籃，因此一隻蜜蜂採粉與採膠每次只能擇其一。蜂膠具有抑制微生物生長的功效，採集回巢後並不存放在巢房內，而是直接用於填補蜂箱缺口和縮小巢門，包裹無法搬運的屍體和異物。

圖 2.3.19
工蜂後足花籃上的蜂膠

圖 2.3.20
工蜂採水

圖 2.3.21
當蜂群內的溫度過高時，工蜂會將水滴散播到巢內，並扇動翅膀以排出熱空氣來降低巢內的溫度。

蜜蜂對水的需求

水對蜜蜂來說非常重要，蜂群只要一天得不到水分，蜜蜂可能就會陸續死亡。

一般來說，花蜜的水分含量較高，在大流蜜期蜜蜂能從中取得大量的水分，所以幾乎不需要額外採水，但如果溫度太低或者蜜中的含糖量較高則需要水分的稀釋。

蜜蜂採水是吸入蜜囊中帶回巢（圖2.3.20）。天氣炎熱時將採集來的水分配到各個巢房，並將水珠匯集到舌部，把水滴分散成薄膜狀使之快速揮發來調低巢內的溫度（圖2.3.21），強盛的蜂群在炎熱的夏季一天有時候會需要數公升的水，這些感受溫度與找尋水源會需要觸角上許多感覺器的協助（參見 P162「蜜蜂的觸角與嗅覺、聽覺、觸覺」）。

休息與巡邏

開箱檢查蜜蜂群常會看到蜜蜂停在巢脾或蜂箱裡一動也不動，看似在偷懶，但其實這也是蜜蜂生活的一部分。蜜蜂工作一陣子後，會在巢內巡邏與休息，巡邏時會收集蜂群內部資訊，來決定之後的工作，休息則是為了下一個工作補充、保留體力。

工蜂的壽命

工蜂的壽命和任務通常會因工作量、營養狀況、溫度及環境條件而有所改變，根據蜂群發展的需求，工作會互相調整。內勤蜂的工作內容是漸進式的且部分重疊，沒有嚴格的順序性，有時外勤蜂也會轉為內勤蜂，例如遭到破壞的蜂群僅剩下殘存的老工蜂時，許多老工蜂會恢復下咽頭腺的功能並開始發揮作用。

如果缺乏分泌蜂蠟的工蜂，一些老工蜂的蠟

腺會恢復發育以協助建巢，刺激因子包含蜂巢中存在建造巢室的空間、蜂王的產卵能力、工蜂數量與食物多寡等等。

工蜂的壽命受季節、花粉消耗量、育幼與工作型態等多種因素影響，約 15~60 天甚至更久。當外界蜜粉資源充足時，內勤蜂會迅速轉為外勤蜂投入採集，但由於勞力消耗大，壽命因此縮短；相反地，在低溫的冬季，因外出次數減少，工蜂壽命則相對延長。外出覓食的風險遠高於巢內，羅納德·李班茲 (C. Ronald Ribbands) 的研究指出，較早開始外出覓食的工蜂平均壽命僅 30.1 ± 1.2 天，而後外出的工蜂則為 37.1 ± 0.6 天。

正常來說每日會有數十隻到數百隻工蜂死亡，個體數量越多的蜂群死亡數越高。死亡的個體會被工蜂拖出蜂巢外面，蜂群較弱、環境溫度較低時丟棄的屍體會離巢口較近，若巢內及巢口發現大量工蜂死亡，可能是飢餓、蜂群太弱、化學農藥、病蟲害所致。

盜蜂

盜蜂 (robbing) 是不同蜂群之間因搶奪食物所造成的現象（圖 2.3.22），工蜂會從蜂箱的巢口、隙縫等處鑽入以盜取其他蜂群的蜂蜜。盜蜂常發生在蜜源缺乏、採蜜季末期、開箱時間過長、將含有蜂蜜的巢片長時間暴露在外等等。

一般來說，強群會搶奪弱群的存糧，造成不同蜂群間的互咬廝殺，導致工蜂傷亡，經常被盜的蜂群也較易叮人，若強弱懸殊，被盜群則會棄守，嚴重時還會造成蜂王死亡。除了蜂群的損失外，盜蜂還會傳播病原，例如被盜群已經染病，摻雜在蜂蜜裡的病原則會因此傳播給其他蜂群。自然界資源缺乏時不

圖 2.3.22
盜蜂

同生物之間的競爭十分激烈，同一種生物之間的競爭也同樣激烈，盜蜂除了發生在同蜂種不同蜂群外，不同蜂種間也會發生盜蜂。

東方蜂與西洋蜂混養且管理不當時，會出現西洋蜂盜東方蜂，或東方蜂盜西洋蜂。盜蜂有時會秘密進行而不易察覺，為數不多的工蜂同時飛入巢中盜取而沒有出現打架的情形，例如東方蜂飛行速度較快、行動靈敏，就會飛入蜂勢較弱的西洋蜂群偷食蜂蜜。

如何預防盜蜂

預防盜蜂的方法是維持蜂群強盛，在管理上同蜂場的蜂群盡量群勢一致，避免強群與弱群的比例太過懸殊，儲蜜不夠要適時補充糖水，餵糖水的時候最好在傍晚，建議全場統一餵食，先餵食強群再餵食弱群，餵完糖水立刻蓋好蜂箱蓋，檢查蜂群的時間不可過長，不要使巢脾長時間暴露在外，引起其他

蜂群覬覦。

盜蜂的處理方式

如果不幸發生盜蜂，先縮小被盜群的巢口，僅供 1~2 隻工蜂出入，並檢查是否有隙縫讓盜蜂群有機可乘，若發現蜂箱破洞則立即修補。噴水可暫時減緩盜蜂的狀況，但翅膀乾後仍會繼續，嚴重時噴煙也無法阻止，建議在入夜後盡速把被盜的蜂群搬到超過 5 km 以外的地方。

● 逃蜂

逃蜂（absconding）是東方蜂（野蜂）適應環境的一種機制，當環境出現逆境，例如蜜粉源缺乏、夏季高溫、敵害（例如虎頭蜂侵擾）、病害（例如囊雛病）、蟲害（例如蠟蛾）、人為破壞或改變蜂群原來的棲息環境（例如捕捉、買賣、運輸）、經常去騷擾蜂群、過度採收蜂蜜等，都會導致原巢房內空蕩蕩地不留一隻蜜蜂只剩下巢房。

逃蜂之前蜂王會降低產卵量、甚至停止產卵且降低食物的攝取，減少體重為日後飛行做準備，工蜂會將巢房內的蜂蜜取食殆盡，無育幼意願甚至會吞咬幼蟲，工蜂有時會聚集在蜂箱蓋上，附脾、戀巢性差。

逃蜂時大量的工蜂會飛出蜂巢，這種行為與在巢口盤旋的試飛行為不同，試飛時工蜂頭部朝向巢口盤旋飛行，逃蜂則是所有蜜蜂集體出巢在空中飛行。

如何預防逃蜂

想要降低逃蜂的機率就要盡可能維持環境的友善，避免周遭土地使用化學農藥及有害物質，外界環境能夠提供充足的蜜、粉源。流蜜季末期蜂蜜留給蜜蜂食用，要採收也不要取盡。

夏季盡量選擇陰涼的地方、不要太陽直射，在夏季高溫、蜂王產卵量下降的季節減少開箱打擾次數，勤於捕捉侵擾蜂群的虎頭蜂，汰換老舊巢脾，在蜜粉源充足及蜂群穩定時清理蜂箱底部的殘蠟、減少蠟蛾孳生等等。

在巢口使用禁王片雖然可以防止蜂王離巢，但有時在逃蜂情緒高漲的情況下，蜂王有可能會卡在禁王片上而死亡。禁王片不宜一年四季 24 小時長期使用，因為工蜂進出巢房易受阻礙、不利巢房清潔及攜帶花粉回巢。

失王期過長，東方蜂交尾成功後巢內沒有幼蟲，蜂群容易逃蜂，此時就算放置禁王片也不見得有效，如果蜂群內卵、幼蟲、封蓋幼蟲（蛹）不足，要從其他蜂群中取幼蟲及封蓋幼蟲巢脾（不含成蜂）放入不穩定的蜂群的中間，利用蜜蜂照顧幼蟲的習性，使蜂群暫不棄巢，因此同時擁有兩群以上的蜜蜂才能夠互相支援、調配。

巢內幼蟲數量多、外界蜜粉源充足，外勤蜂經常攜帶花粉回巢，不要過度開箱干擾，逃蜂的機率就會降低。

不同的東方蜂群在不同環境的習性不盡相同，同樣方法不一定全然適用，逃蜂有時候很難避免，比起一味地限制，有時候需讓蜂群釋放逃飛的情緒，逃蜂的蜂群偶爾也會自行飛回原巢。

圖 2.3.23
分封後會有很多蜜蜂在空中飛舞，相當壯觀。

● 分封

自然環境中，蜜蜂是以分封 (swarming) 的方式來增加族群的數量，分封是蜂群繁衍的機制，當環境條件適合蜜蜂繁殖，例如蜂量多、存蜜足的春季，蜂群中的蜂王與一部分工蜂會離巢（有時候可能會伴隨少量雄蜂），而把原來的蜂巢留給羽化的處女王繼續繁衍後代，但偶爾也會出現一隻或數隻處女王與工蜂飛離原蜂巢的情況，此外若遇到惡劣的陰雨天不利於分封，處女王與老蜂王可能會暫處一巢。

分封的習性也跟蜂種有關，例如喀尼阿蘭蜂 (Apis mellifera carnica) 的分封性就比義大利蜂 (Apis mellifera ligustica) 強。分封是蜜蜂向外擴張建立新族群，類似「分封領地」的概念，所以寫成「分封」較為恰當，早期臺灣的文獻也寫成「分封」，後來因為蜜蜂的「蜂」字較廣為人知，「蜂」字在養蜂領域廣泛使用，一部分也可能受中國用語的影響而寫成「分蜂」。

離巢的分封群一開始會飛出巢房，此時大量的蜜蜂滿天飛舞（圖 2.3.23），然後牠們會暫時找地方集結，集結的地點可能是屋簷、木樁、樹叢、牆壁等地（圖 2.3.24），接著派出偵查蜂尋找適合築巢的地點。

因為是暫時性的，所以這時候的分封群並不會建造巢房，而暫時停留的時間從數小時到一、兩天不等。每隻回來的偵查蜂會透過舞蹈來傳達適合築巢的位置，當越多偵查蜂同時往同一個方向和角度跳舞時，就表示該位置適合定居，例如石縫、樹洞中，一經發現後蜂群會集體離開（關於蜜蜂跳舞請參閱 P202「蜜蜂的舞蹈」）。

分封群是一種自然現象，主要的目的是尋覓長期住所，相對來說比較溫馴，不必過於擔

圖 2.3.24
分封時，蜜蜂會暫時集結在屋簷、木樁、樹叢、牆壁等地。

心害怕，只要不主動侵擾，牠們是不會有強烈的攻擊行為的。分封與逃蜂不同，分封只是一部分蜜蜂離巢，原來的蜂巢仍留有一部分蜜蜂繼續活動；而逃蜂是所有蜜蜂全數離巢，另覓新的居所。

如何預防分封

自然分封時，蜂王和一部分的工蜂離巢會導致蜂勢變弱，若離巢的是已經產卵的蜂王，則蜂群會暫時處於沒有產卵蜂王的狀態，所以養蜂人會盡量避免自然分封。巢口放置禁王片、花粉採集器，或者蜂王已剪翅導致無法離巢，則工蜂會飛回原巢，但這些阻止蜂王離巢的方式無法完全避免分封，而且不當剪翅蜂王可能會被蜂群淘汰。

仔細檢查巢脾每個區域將王台清除、淘汰老蜂王誘入新蜂王，以及將蜂群拆成數箱弱群可以降低自然分封的機率。分封也跟蜂種特性有關，有些蜂群天生分封性強，有些較弱。春天的繁殖季節蜂群容易每隔三、五天就建造王台，若強群不斷出現王台，可配合蜂群的分封情緒，將強群拆箱。

東方蜂（野蜂）的分封熱發生時，即使不斷把王台割除也難以抑制分封的情緒，此時可保留外觀完好的王台，然後將蜂群拆成數個小蜂群，藉由人工分封組織成小群的交尾群（nucleus colony）（請參閱 P311「西洋蜂與東方蜂（野蜂）的繁殖」），讓處女王羽化後交尾，一來以人工分封取代自然分封趁機培育新蜂王、汰換老蜂王，二來分封熱前更換蜂王，新王能控制蜂群運作，也比較會咬掉王台降低分封的機率。

此外盡可能使蜂群舒適，例如夏季高溫時增加通風，讓蜂群能夠取得充分的水源，成蜂、幼蟲、存糧比例要均衡，過於擁擠時可添加巢礎框、空巢脾或繼箱、把蜜搖出來，提供更多空間讓蜂群運用，減緩分封情緒。

如何處理分封群

當下發現分封時可先關閉巢口，避免繼續損失工蜂，由於無法得知蜂王是否已先離巢，所以不要在巢口等蜂王離巢時捕捉，而且即使看到蜂王也不一定抓得到。如果蜂王還沒離巢，蜂群有時候會回到原巢口集結。關閉巢口後巢內通風不良，天氣炎熱時要特別小心，此時巢箱的前後氣窗都要開啟且沒有被蜂膠塞住，並將集結的蜂儘速收捕。

分封與逃蜂群有時候來自養蜂人的蜂群，收捕蜂群可減少養蜂場蜂群的損失，在人口集中的區域可降低民眾的恐慌，或避免蜜蜂定居在住宅的裝潢之中，減少不必要的困擾。

但如果蜂群已定居在無法取出巢脾的位置，例如電線桿、樹洞或天然石縫內，應保留蜂群不要強行收捕，近年來東方蜂因感染一種病毒性傳染病——囊雛病 (sacbrood) 而大量死亡，若人為移動包括捕捉、交易蜂群，都可能會加速病毒擴散，使健康的蜂群遭受到感染。

此外也應避免過度捕捉野生蜂群減少生態壓力，過度收捕野外石縫、樹洞中穩定的野生蜂群，會干擾蜜蜂的自然繁衍以及野生植物的授粉（請參閱 P24「養蜂真的能夠保育蜜蜂嗎？」），收捕過程勢必會對蜂群造成緊迫、損傷，強行收捕蜂群可能會破壞生態，將蜂群強行搬離原棲息地，新的環境可能不適合蜂群生存。

若因蜜粉源植物不足、環境汙染、病原孳生、人為過度干擾、強行採收蜂蜜等種種因素，就會導致蜂勢衰弱、罹病、傳播病原、再次逃蜂甚至滅群。

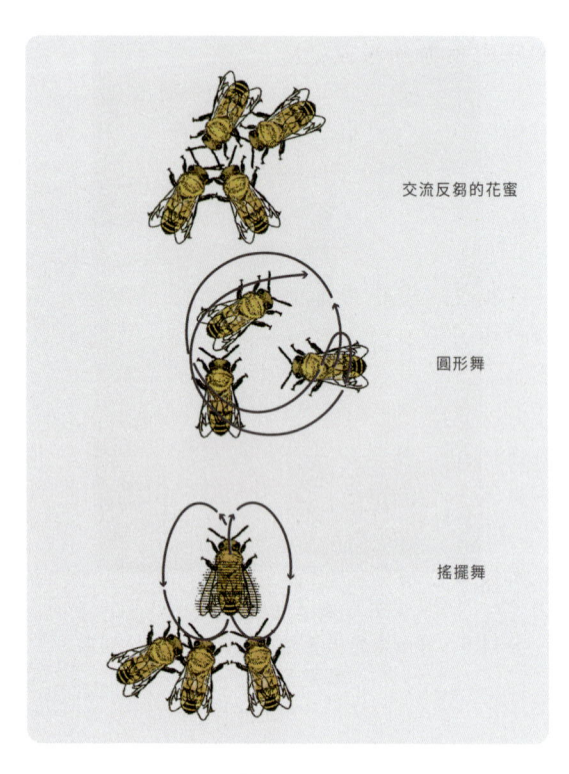

交流反芻的花蜜

圓形舞

搖擺舞

圖 2.3.25
工蜂在巢脾上跳圓形舞與搖擺舞

● 蜜蜂的舞蹈

蜜蜂彼此溝通的方法包括費洛蒙 (pheromone)、聲音及舞蹈（圖 2.3.25），當蜜蜂發現蜜、粉源時，這些花朵的氣味、顏色和形狀即成為蜜蜂採集的刺激因子，外勤蜂採集回巢後就以花蜜的香味、翅膀翅動的頻率、觸角的相互接觸、舌頭交換所採集的蜂蜜和複雜的舞蹈等方式，將食物來源地與蜂巢之間的距離傳達給巢內的工蜂，舞蹈同時也可以傳達分封時偵查蜂回巢後希望用來築巢場所的距離與方位。

恩斯特・史匹茨納 (Ernst Spitzner) 在 1788 年已經提出蜜蜂舞蹈的訊息交流，只是他的觀察當時並沒受到重視，直到奧地利動物學家卡爾・馮・弗里希 (Karl von Frisch) 出版 *Über die Sprache der Bienen*，對蜜蜂舞蹈、視覺、嗅覺與味覺的深入研究，1973 年弗里希與勞倫茲 (Konrad Lorenz) 和尼可拉斯・庭伯根 (Nikolaas Tinbergen) 三人共享了諾貝爾生理學或醫學獎，也開啟了蜜蜂行為研究的大門。

弗里希的研究團隊以透明觀察箱飼養喀尼阿蘭蜂 (*Apis mellifera carnica*)，在蜂箱外 300 m 處給予糖水，然後在採食糖水的工蜂胸背板上點上記號，並觀察做過記號的工蜂在巢內活動的情形，發現採食糖水的蜜蜂回巢後會在巢片上跳舞。

具不同意義的訊息舞蹈

交換各種訊息的舞蹈有很多種，例如圓形舞 (round dance) 與搖擺舞 (waggle dance)。圓形舞又稱圓圈舞，當食物（蜜源）距離蜂巢約 100 m 以內時，回巢的工蜂分享帶回來的食物後，會在巢脾上繞小圈圈，繞了一、兩圈後又往反方向繞，如果採集回巢的食物品質很好，跳舞的程度就越激烈。這種舞蹈雖然沒有顯示方向，但研究顯示，當時受測的 174 隻工蜂當中，有 89 % 在接觸跳舞的工蜂後 5 分鐘就找到了食物的來源。

如果食物距離巢房較遠，回巢的工蜂就會跳搖擺舞來傳達更複雜的訊息。這種舞的形態是在巢脾上邊走邊搖身體，搖擺時腹部振幅最大，頭部振幅最小，搖擺時還會振動翅膀，然後轉彎形成一個半圓後回到中間，持續邊走邊搖擺後再轉向形成另一個半圓。

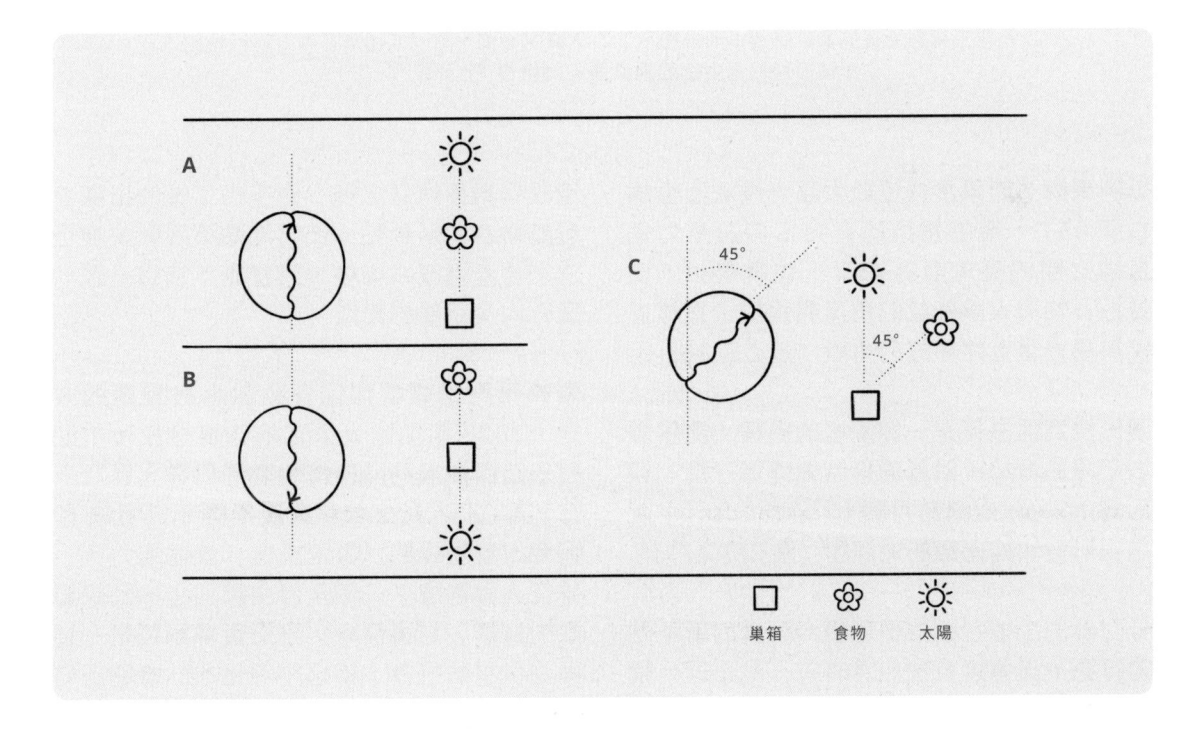

當搖擺的幅度越大，表示食物的品質越好，搖擺的時間越長，表示食物的距離越遠。兩個半圓所形成的直線搖擺方向跟食物的位置有關，直線搖擺的方向與重力垂直線之間有相應的角度，當食物與太陽在同一個方向時，蜜蜂跳舞的直線搖擺就會朝上，如果食物與太陽的方向相反，直線搖擺就會朝下，根據太陽與食物之間角度的不同，蜜蜂直線搖擺與重力垂直線的夾角就會不同。

圖 2.3.26
搖擺舞的方向指示
(A) 當花朵（食物）跟太陽的方向相同，蜜蜂跳舞時頭朝上，直線與重力線一致。
(B) 當花朵與太陽的方向相反，直線與重力線一致，但頭朝下跳舞。
(C) 花朵位於太陽右側 45 度時，舞蹈位於垂直方向右側 45 度。

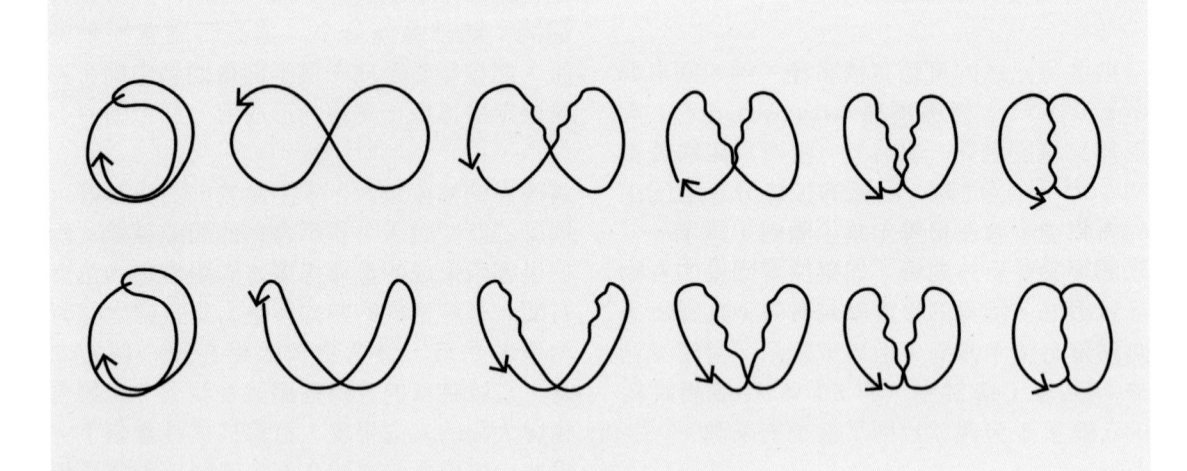

圖 2.3.27
西洋蜂 (*Apis mellifera*) 從跳圓形舞（左）到搖擺舞（右）的轉變。
隨著食物距離的增加，工蜂跳舞的形狀會逐漸變化。上排顯示了西洋蜂透過 8 字形圖案
作為圓形舞到搖擺舞的過渡；下排顯示了西洋蜂透過鐮形舞（或稱新月舞）進行過渡，
亦即鐮形舞就是中間的過渡型。（引自 Frisch, 1967）

舉例來說，如果食物位於太陽光線地面垂線右側 45°，蜜蜂舞蹈的直線搖擺與重力垂直線之間的夾角則為 45°，也就是說，蜜蜂把食物與太陽形成的角度轉換成了直線搖擺與重力垂直線形成的角度（圖 2.3.26）。

圓形舞到搖擺舞是一個漸進的過程，隨著食物距離的增加，跳舞的形狀會逐漸改變，鐮形舞 (sickle) 或稱新月舞 (crescent dance) 就是圓形舞和搖擺舞的過渡型（圖 2.3.27）。

分封群的工蜂在跳舞傳達適合築巢的新地點的行為，與傳達食物訊息時有一點不同。找尋新地點的偵查蜂不會帶回食物，當出現有可能築巢的新地點時，偵查蜂會開始跳舞，根據方向及地點的好壞，節拍和時間長短都不一樣，舞蹈有時會持續 15~30 分鐘，而不像找食物一樣只有 1~2 分鐘。

接收到舞蹈訊息之後，更多的工蜂外出探查可能適合的新地點，如果地點不好就會被否決，逐漸達成共識後，只會剩下指出一致同意方向與距離的舞蹈。

蜜蜂舞蹈是蜂群傳遞食物訊息很重要的方式，2023 年加州大學聖地亞哥分校及中國科學院西雙版納熱帶植物園的研究人員發表在科學期刊 *Science* 的研究顯示，社會學習會改善蜜蜂的「舞蹈語言」表達能力。研究人員創建了一個全部由剛羽化的幼蜂組成的蜂群，結果發現，雖然蜜蜂舞蹈是一種與生俱來的行為，不過剛羽化的幼蜂缺乏向有經驗的外勤蜂互動學習，而影響舞蹈資訊的準確性。

研究發現成蜂的舞蹈具有教學作用，蜜蜂舞蹈就像人類、鳥類等脊椎動物的語言交流，

新手向有經驗的個體學習比牠們自己獨自摸索能更好地獲得技能，蜂群內缺少有經驗的成蜂，就像嬰幼兒在成長初期喪失了跟成人學習和互動的機會。

研究同時證實，腦容量很小的無脊椎動物也具備有學習的能力，相互交流和學習是蜜蜂社會的基石。這項研究對於探索人類和動物語言的起源和演化具有重要的科學啟示。

跳舞時的擺動及聲音

蜜蜂在搖擺跳舞時會產生聲音，身體搖擺產生 15 赫茲（Hz），振動翅膀產生的頻率是 200~300 赫茲的頻率，蜜蜂的聽覺能感受到 200~300 赫茲的頻率，對低頻、振動比較敏感，新羽化的蜂王也會用細微的聲音進行交流。

蜜蜂跳舞時會利用翅膀與腹部的振動與聲音，將蜜源的方向與距離傳達給巢中的其他同伴。這些振動訊號能被蜜蜂身上的特殊機械感受器——絃音感覺器（chordotonal sensilla）接收，絃音感覺器又稱為導音器（Chordotonal），包括位於觸角梗節的江氏器（Johnston's organ）、足部脛節的膝下器（subgenual organ）及鼓膜器官（tympanal organ）三種。

江氏器能偵測到觸角末端每分鐘極微弱的振動，並且將這些振動訊號傳送至蜜蜂的大腦神經。

膝下器位於足部腿節與脛節交界處，是典型的絃音感受器，能發出基板振動（substrate-borne）訊號，其感覺細胞能對振動聲音產生反應，並與蜜蜂的舞蹈語言有關，不同的舞蹈則會影響水平與垂直方向的基板振動。膝下器懸浮於淋巴液中，當蜜蜂搖擺舞動時，胸部會橫向搖晃，產生強烈的振動訊號，這些振動透過基板傳導，膝下器接收後轉換成神經脈衝，傳入中樞神經系統，使蜜蜂理解舞蹈所傳達的訊息。

Section 2.4

西洋蜂與東方蜂（野蜂）的巢房結構

蜂巢是由許多相鄰的六角形巢房組成，用來育幼並儲存蜂蜜和花粉。巢房的來源是工蜂腹部四對蠟腺 (wax gland) 旁的脂肪細胞代謝蜂蜜所分泌的蠟質製造而成。

工蜂腹部四至七節的腹面的蠟鏡 (wax mirrors) 下面有特化的真皮細胞，泌蠟時液態的蠟在蠟鏡上與空氣接觸後硬化成鱗片狀的蠟片，蠟片再由蠟鏡下方擠出（圖 2.2.16）。蜜蜂在 32.2 ℃ 時最易操作蜂蠟。

2.4.1 巢房的結構

每一個巢房的建築過程，是以中間為基礎向兩側展開。巢房不是完全水平的，而是從巢房底部至開口處有大約呈 9~14°的仰角，以避免存蜜流出。蜜蜂巢房的房底由三塊菱形蠟片構成，兩菱形蠟片的夾角為 120°，巢房底部的三塊菱形蠟片又各為巢脾另一面的三個巢房的三分之一個底面，巢房的六面隔牆寬度完全相同，形成一個結構最堅強、最節省面積的幾何圖形（圖 2.4.1）。

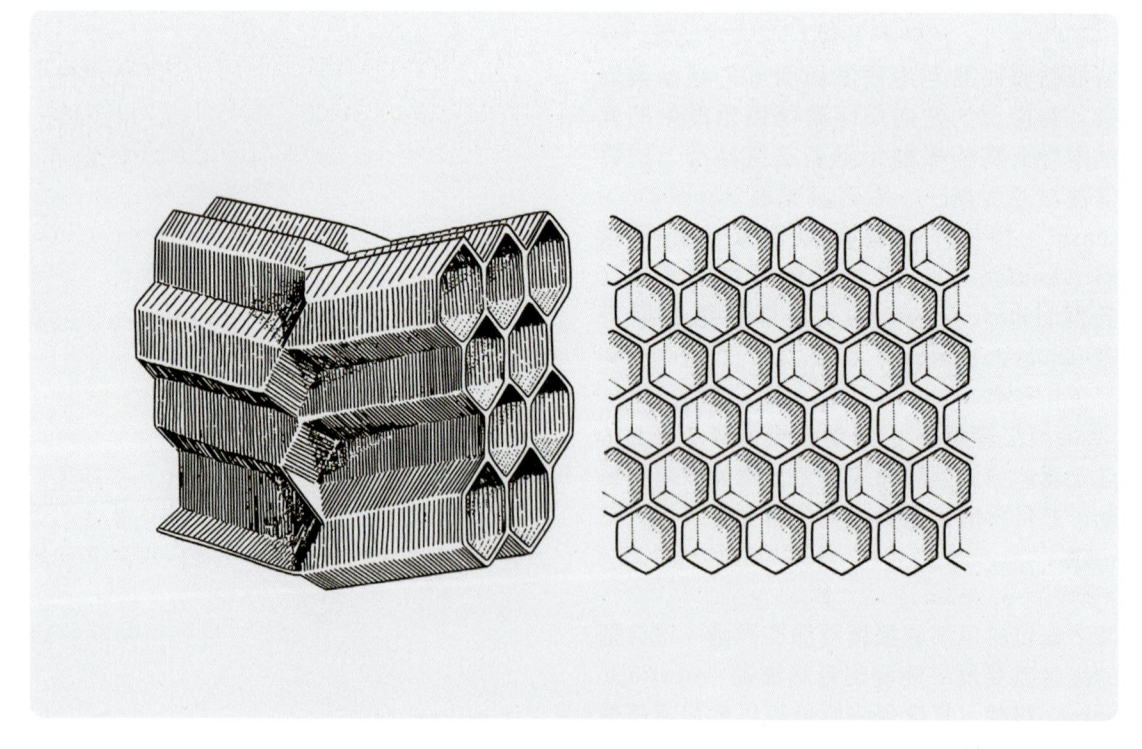

圖 2.4.1
巢房的結構和巢房的角度（根據 Frisch, 1974 重新繪製）

建造巢房時，蜜蜂頭部與胸部之間具有可偵測重力的本體感受器 (proprioceptor) 毛板，能夠準確定向巢房的角度。

觸角末節的毛感器用來感覺物體表面，幫助蜜蜂感受巢壁的厚度和光滑度，工蜂向巢壁添加蠟時會重複地用上顎推磨巢壁並不時振動來確定巢壁的厚度，讓巢壁厚度維持在 73 微米 (μm) 左右。

● **巢房的顏色**

剛分泌的蠟是白色的，新建好的巢房顏色也接近白色，蠟質的色澤與蜜蜂取食的花蜜或糖水顏色有關，例如當蜜蜂取食白砂糖調配而成的糖水，初建的巢房顏色較淡，取食二砂的糖水後建造的巢房顏色較深。

巢房顏色也會隨著使用時間和次數而加深，逐漸變成黃色、褐色、黑褐色。

● **蜜蜂生產蜂蠟的效率**

蜜蜂生產蜂蠟的效率可能跟蜂群對蜂蜜的消耗量、蜂蜜品質、蜜蜂工作量、環境條件以及蜂種有關，不同的研究所得到的數據並不相同。1965 年霍斯特曼 (Horstmann) 估算生產 1 g 蜂蠟要消耗 2.8~8 g 的蔗糖，認為平均生產每 1 g 蜂蠟需要約 4.7 g 的蔗糖比較可靠。

也有研究估計 66,000 隻蜜蜂工作一小時，可將 1 kg 蜂蠟造出大約 77,000 個巢房，用來儲存約 22 kg 的蜂蜜，一個蜂群一年消耗約 60~80 kg 的蜂蜜。

2.4.2 巢房的形式

巢蜂的形式分為雄蜂房 (drone cell)、工蜂房 (worker cell) 以及王台 (queen cell) 三種（圖 2.4.2）（表 2.4.1）。

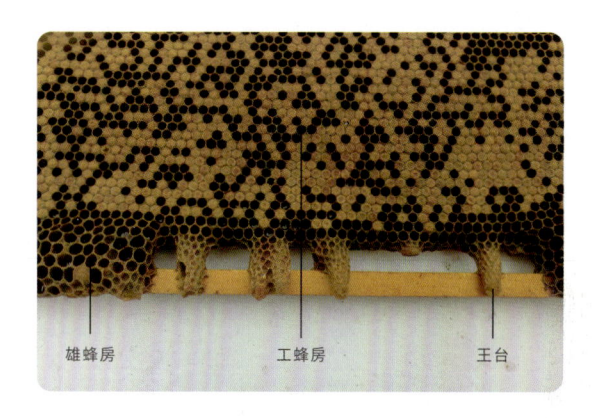

圖 2.4.2
雄蜂房、工蜂房、王台

雄蜂房與工蜂房都呈六角形，但雄蜂房較大，工蜂房較小。東方蜂與西洋蜂巢房的尺寸有所差異，東方蜂的巢房略小於西洋蜂。

工蜂房主要集中在巢脾中間，用於工蜂幼蟲成長的房間和儲存蜂蜜、花粉的空間。雄蜂房則多半在巢脾邊緣，除了作為雄蜂幼蟲發育的空間外，存放的食物以蜂蜜為主，若巢脾破損修補後也容易形成雄蜂房。

王台體積比工蜂和雄蜂房還要大，初期呈半圓形或橢圓形，開口朝下，當蜂王產卵其中之後，隨著幼蟲持續發育，橢圓形的王台逐漸向下延伸，從基部到端部的直徑由粗而細，類似圓柱形，表面有如花生殼般的皺褶。直徑方面，東方蜂王台直徑大約 6~9 mm，西洋蜂的王台直徑大約 8~10 mm。

王台出現的原因跟種蜂、環境條件、蜂群發

展狀況有關。當蜜粉源充足、溫度適宜,原來的巢箱無法提供蜂群足夠的發展空間就會出現分封王台 (swarming queen cell)。若原蜂王年老力衰、受傷、精子即將用盡時,蜂群會出現交替王台 (supersedure queen cell)。

分封王台和交替王台通常出現在巢片的四周,特別是下緣。蜂群失王後,工蜂會將 1~2 日齡的工蜂幼蟲巢房改造成王台,以培育新蜂王,這種王台稱為急造王台 (emergency queen cell)(圖 2.4.3),比較常出現在巢片的中間而且數量較多。

若雄蜂房及工蜂房損毀,蜜蜂會進行修補,但損毀程度較為嚴重的話,蜜蜂有時也會在破損凹陷處建造王台。

王台是蜂王發育期的生長空間,只使用一次,並不存放蜂蜜和花粉。如果蜂王沒有在王台內產卵,王台就不會繼續發展,而是開口內縮,成為廢棄的假王台 (dummy queen cell)(圖 2.4.4)。

除了上述雄蜂房、工蜂房、王台三種巢房形式之外,另有連結工蜂房、雄蜂房以及巢片之間的多角形或不規則巢房,用於儲藏蜂蜜和加固巢脾。

圖 2.4.3
急造王台

表 2.4.1 巢房尺寸

	東方蜂	西洋蜂
雄蜂	5~6.5 mm	6.3~7 mm
工蜂	4.4~5.3 mm	5.2~5.4 mm
蜂王（蜂后）	6~9 mm	8~10 mm

圖 2.4.4
左圖／自然王台
右圖／廢棄的王台

Section 2.5

養蜂工具介紹、使用方式與時機

養蜂的時候需要運用一些工具方便飼養者管理及生產蜂產品,十九世紀中葉之前,養蜂的裝備與器具基本上沒有太大的改變,直到活框蜂箱、巢礎和搖蜜機的出現才大大提升了養蜂的效率,蜂蜜產量也因此有大幅度的增加。

好的工具固然重要,但重點是了解蜜蜂的習性,配合適當的管理技術和工具的使用,讓蜜蜂在蜜、粉源充足、無污染的環境下生存,才是把蜂養好的關鍵。下述的養蜂工具設備當中,若是買來的蜜蜂,基本上已經包含巢框,至於蜂箱有時候要自備,亦可隨著蜜蜂購入。

初學者可先準備好起刮刀、蜂刷、燻煙器、割蜜刀、面罩和手套,其他工具視情況日後再選購。

2.5.1 蜂箱、巢框與巢礎

蜂箱的設計原理

養蜂業在數百年間急遽發展,其中一個原因要拜活框式蜂箱的發明所賜。在活框式飼養尚未普及之前,早期養蜂人多半將木頭挖空,或使用竹桶、編織籃,把誘捕到的蜜蜂放入其中讓蜜蜂繁衍(圖 2.5.1),屬於無框式飼養,採蜜時則將巢脾取下擠出蜂蜜。這種毀巢取蜜的方式使得巢房無法重複使用,採蜜後蜂蜜減少,蜜蜂還要消耗更多的蜂蜜來建造新巢房,增加了蜜蜂的工作負

圖 2.5.1
把編織的竹桶置於屋簷下飼養蜜蜂

擔,而活框式飼養則改善了這個問題,但還是有一些養蜂人目前依然採用傳統的桶狀蜂箱來養蜂。

蜂箱和巢框的設計與蜂路 (bee space) 息息相關,是奠基現代化養蜂技術的重要關鍵。十九世紀時,在烏克蘭養蜂人佩特羅・普羅科波維奇 (Petro Prokopovych) 和波蘭養蜂人約翰・傑爾宗 (Jan Dzierżon) 的研究基礎下,美國養蜂人勞倫茲・洛林・朗斯特羅 (L. L. Langstroth) 發現蜂巢蜂路原理。

「蜂路」是巢內的蜜蜂能夠在不同巢片上自由移動的空隙,當巢片之間以 6~10 mm 左右的距離隔開時,蜜蜂便不會在巢框之間造蠟橋或贅脾 (burr comb; brace comb; bridge comb),這個距離剛好讓蜜蜂可以不受阻礙地跨越相鄰的巢脾。

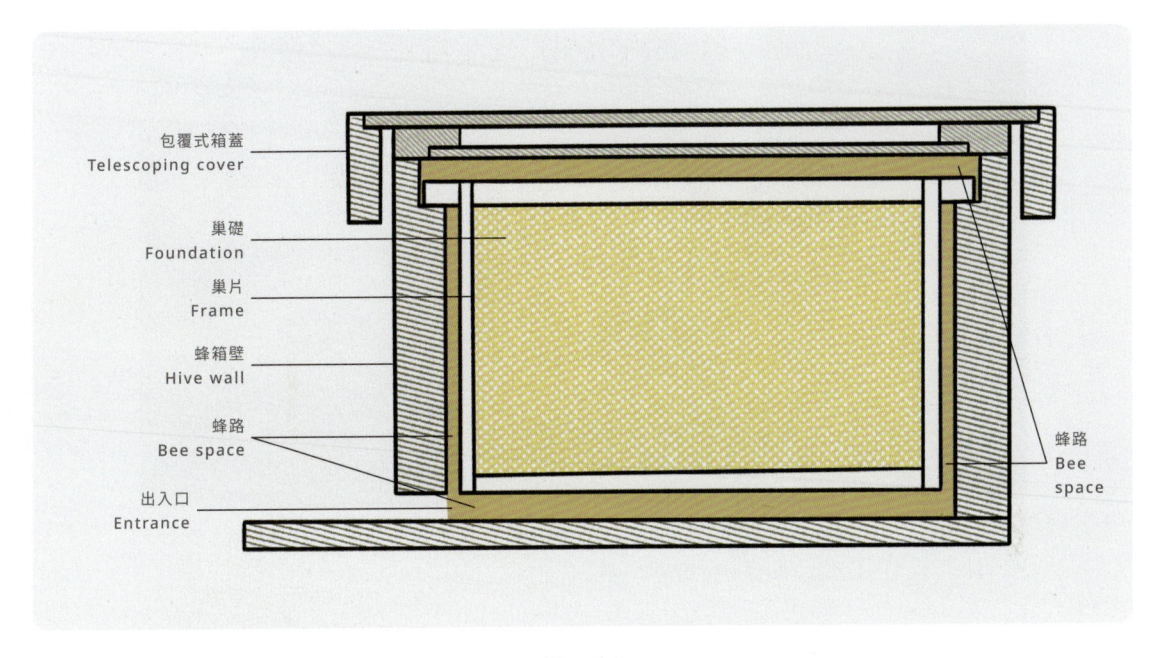

Chapter II
如何飼養西洋蜂與東方蜂（野蜂）

包覆式箱蓋 Telescoping cover
巢礎 Foundation
巢片 Frame
蜂箱壁 Hive wall
蜂路 Bee space
出入口 Entrance
蜂路 Bee space

圖 2.5.2
活框式蜂箱及巢片的剖面圖

了解蜂路能提升飼養效率，避免蜂路太大蜜蜂消耗蜂蜜來建造贅脾，或蜂路太小則受到擠壓並妨礙蜜蜂羽化。在活動式巢框的蜂箱中，巢框和蜂箱內壁之間都有蜂路（圖 2.5.2），包含上蜂路 (top bee space) 與下蜂路 (bottom bee space)，頂固定在上方的天然蜂巢，巢脾向下發展（圖 2.5.3），所以只有巢脾與巢脾之間的垂直蜂路，當蜜蜂以活框式飼養在箱內即有水平蜂路 (horizontal bee space)。蜂路會因蜂種、蜂群發展而有所不同，一般來說，西洋蜂的蜂路比東方蜂（野蜂）大，在實際操作過程，巢框之間容許兩隻蜜蜂擦身而過即可。

蜂路的發現進一步開創了活動式巢脾（框）的發展，並以此為基礎衍生出不同的蜂箱和巢框尺寸，其中朗氏蜂箱 (Langstroth hive) 就被廣泛使用（圖 2.5.4）。活框飼養大大提升了飼養效率，提高蜂產品的產量，不但

圖 2.5.3
未經人為管理的蜂巢，巢脾向下發展，只有巢脾與巢脾間的垂直蜂路。

圖 2.5.4
澳洲昆士蘭地區的朗氏蜂箱

容易製作，也便於檢查蜜蜂發育狀況，進一步做出適當的處置，調整數量和巢框間的距離，採蜜時不必再破壞巢房，蜜蜂能夠重複使用，養蜂人取出蜂蜜後可以淘汰舊巢片替換成新的巢片，巢片和蜂箱搬運到適合的地點後巢房也不容易損壞。

🌸 蜂箱的材質

早期的蜂箱由斷樹、草編製成，後來逐漸發展成方形或長方形，臺語稱「蜂廚」（phang-tû）。蜂箱的材質基本上可分為有機質與人工合成兩大類，有機質主要是木頭和竹子，常見的有全板原木、拼板、膠合板（又稱為合板、夾板）等。

木材種類很多，例如杉木、松木、櫸木、梧桐木等等，臺灣早期也有檜木。人工合成的則有保麗龍、塑木、微晶木等等。

不同材質的蜂箱各有優劣，人工合成的塑料蜂箱不怕白蟻蛀食也不必油漆，缺點是濕度的調節不如木材，難以被自然分解，有些材質重量較重不易搬運，長期高溫負重下可能會彎曲。

保麗龍和 PS 板（又稱穩熱板）蜂箱也不怕白蟻、不必油漆，而且輕便、易裁切、隔絕溫度的效果較好，但蜜蜂會咬保麗龍，抗撞、耐壓程度不及木材及塑料，不易清除殘蠟及贅脾，即使將贅脾刮下來也可能殘留塑膠微粒，因為 PS 板長期使用後會產生細小的粉塵和微粒（圖 2.5.5）。

2024 年 Dong Sheng 等人研究發現 1~100 μm 的微塑膠 (nano/micro-plastics, NMP) 會導致蜜蜂體重下降、中腸組織受損、腸道發育不良、影響呼吸功能，造成蜜蜂對蔗糖溶液的攝食量減少、對糖的敏感度和反應能力受到干擾、影響蜜蜂的認知功能。

目前臺灣的蜂箱材質以木頭為大宗，原木佳但價高，膠合板（夾板）相對便宜，為了防蟲蛀、抗腐蝕、防水，會使用較多的甲醛、

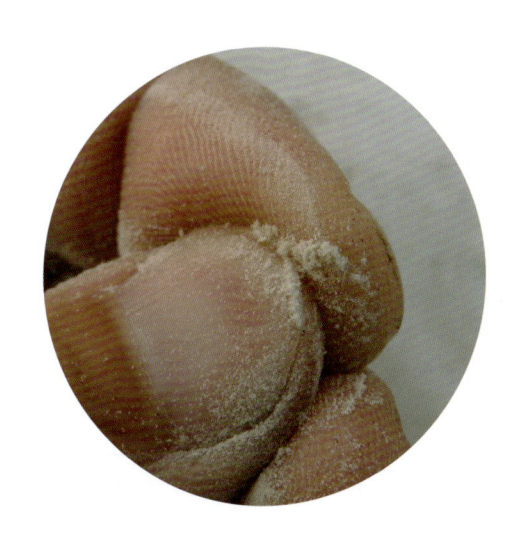

圖 2.5.5
PS 板長期使用後會產生細小的粉塵和微粒

甲苯等物質。若是取貨運的棧板組裝蜂箱，則不可選用經鉻化砷酸銅 (Copper-chrome-arsenate, CCA) 處理的材質。

製作精良的蜂箱黏固牢靠不易脫落，輕微敲擊也不致於解體，接縫處極小或甚至沒有隙縫，能防止其他小型動物進入。

● 蜂箱樣式與種類

隨著養蜂人口增加及養蜂技術的交流與精進，蜂箱的造型設計趨向多元，雖然蜂箱的類型及質材多變，但基本的大原則可分成活動式巢框與無巢框兩大類。

活動式巢框的蜂箱基本上都是依循蜂路 (bee space) 的原理，在活動式巢框的設計基礎上改變巢框的尺寸和蜂箱大小（圖 2.5.6）。蜂箱大小與巢片尺寸有關，可以依據環境條件、蜂種特性、使用習慣、需求與喜好自行調整，放置的巢片數量從 1 片到 20~30 片以上都有人使用，沒有嚴格的限制。

不同國家和地區蜂箱的設計和使用習慣略有不同，例如朗氏蜂箱 (Langstroth hive)、改良型國家標準蜂箱 (Modified National hive)、史密斯蜂箱 (Smith hive)、商業型蜂箱 (Commercial hive)、達旦蜂箱 (Dadant hive)、沃瑞蜂箱 (Warré hive)、AZ 蜂箱、WBC 蜂箱和日式重箱等等（表 2.5.1）（圖 2.5.6），這些蜂箱主要是在造型、巢框尺寸和蜂路間距上進行改良與調整，由於不同的蜂箱及巢框尺寸不同，不見得能夠混用。

在箱蓋的設計上，主要分為兩種：蜂箱蓋與巢框頂梁之間保留縫隙，以及蜂箱蓋蓋上之後緊貼在巢框頂梁兩方。

有些國家和地區將蜂箱蓋與巢框頂梁之間保留縫隙的設計稱為運輸型箱蓋 (migratory lids)，會有這樣的名稱是因為蜂箱蓋與箱體周圍對齊、節省了運輸空間，箱蓋上有通風口，以利運輸時通風及溫度調節。

另一種蜂箱蓋蓋上之後緊貼在巢框頂梁上方，稱為包覆式箱蓋 (telescopic cover)，因為縮小了箱內的空間，所以能夠更好的抵禦低溫環境，箱蓋大於箱體也能避免雨水流入箱內（圖 2.5.7）。

此外，許多國家和地區的蜂箱其箱底與箱體能夠分離，因此箱體能夠同時運用於下層供蜂王產卵、或繼箱存放蜂蜜，靈活調整。有些種類的蜂箱體外側會鑿一個半圓型的把手方便搬運，但容易藏匿蜘蛛。

為了利於排水，蜂箱的出入口一般來說都設計在蜂箱底部，出入口的尺寸與大小沒有標準規格與限制，長條形或圓形皆可。

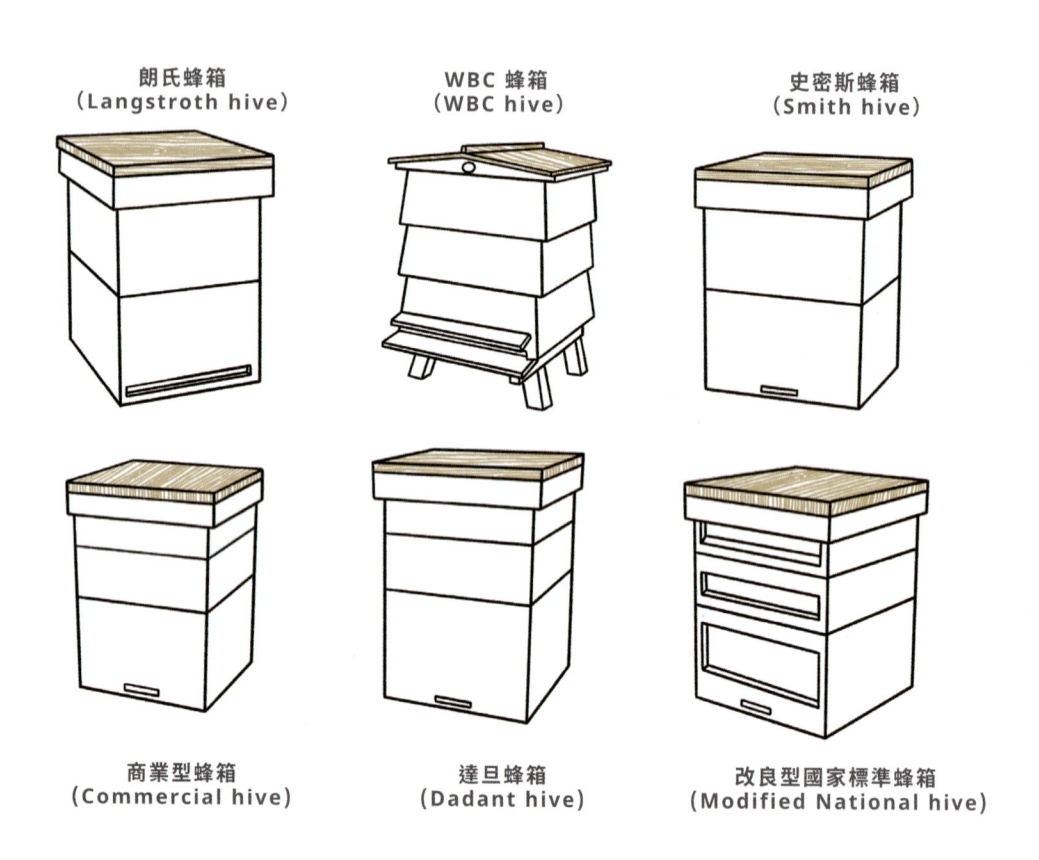

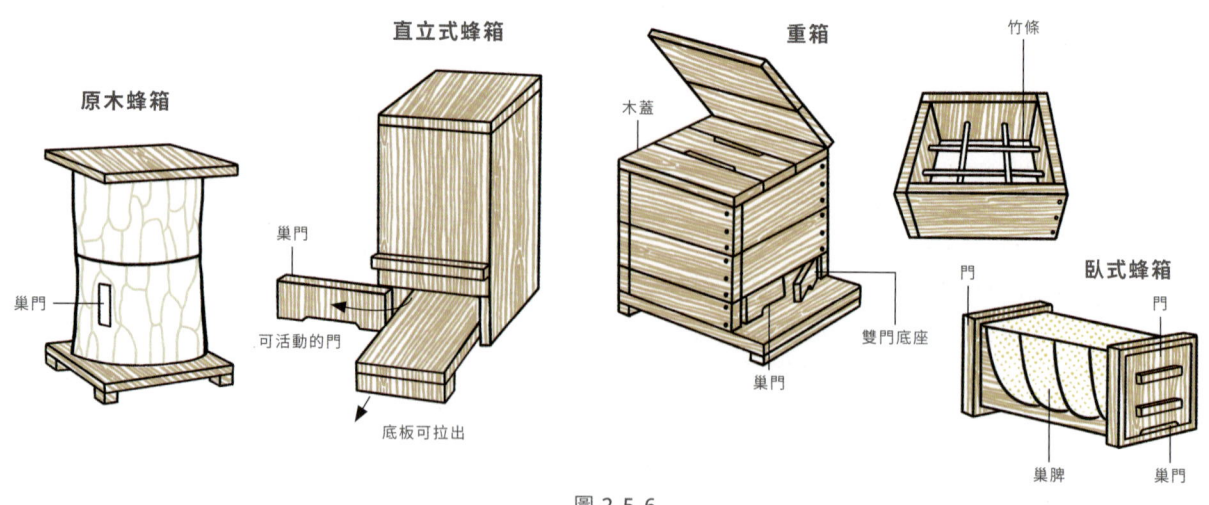

圖 2.5.6
各種蜂箱的類型

表 2.5.1 各種蜂箱的類型與尺寸

蜂箱類型	幼蟲箱外部尺寸 (mm) （註）
朗氏蜂箱	508 × 413 × 242
改良型國家標準蜂箱	460 × 460 × 225
史密斯蜂箱	416 × 463 × 225
商業型蜂箱	265 × 465 × 267
達旦蜂箱	508 × 470 × 298
WBC 蜂箱	451 × 413 × 225 （幼蟲箱） 546 × 456 （外殼）
註	一些蜂箱類型在世界各地有不同的樣式，尺寸可能略有差異。

圖 2.5.7
運輸型箱蓋 (migratory lids)（左 3）與
包覆式箱蓋 (telescopic cover)（左 1 和左 2）

臺灣常用的朗氏標準箱

臺灣的現代化養蜂技術由日治時期流傳下來，所使用的蜂箱也是源自日本，基本的設計與朗氏標準箱並無二致，但細部設計與歐美常用的朗氏標準箱還是略有不同（圖 2.5.8、2.5.9）

臺灣常用的朗氏標準箱前後各有一個氣窗，將前氣窗的木板向下扳動可以關閉巢口，搬運蜂群時，前、後氣窗同時打開有利於空氣流通。底座與箱子密合為一體，無法分離，底部延伸的部位稱為起降板，可放置花粉採集器，並且在搬運時與前一個蜂箱保持距離，可加強通風效果。

臺灣的掀蓋式蜂箱闔上後能夠與箱體密合，箱蓋前緣凸出便於單手開啟，蜂箱蓋加高，內部與頂梁 (top bar) 之間的空間可以放置糖盒，由於蜂箱蓋尚有空間，蜂群會向上發展產生贅脾。

臺灣使用的蜂箱寬度，依尺寸常見的有 130、135 和 140 呎，可放置 9~10 片巢片，所以選用繼箱和隔王板時，要注意尺寸必須符合。

類似的蜂箱樣式也因為部分臺灣的養蜂人於 1970 年代起移居泰國、引進養蜂技術而出現在泰國的一些地區。

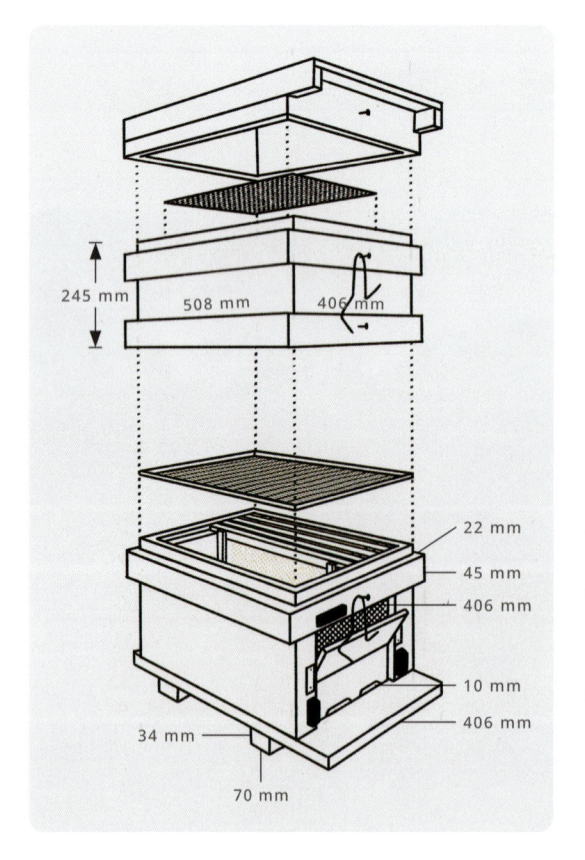

圖 2.5.8
蜂箱的構件和尺寸
（根據不同的設計樣式，尺寸可能略有差異。）

圖 2.5.9 a
臺灣常用的朗氏蜂箱

Chapter Ⅱ
如何飼養西洋蜂與東方蜂（野蜂）

圖 2.5.9 b
臺灣常用的朗氏標準箱各部位名稱

圖 2.5.9 c
臺灣常用的朗氏標準箱各部位名稱

圖 2.5.9 d
臺灣常用的朗氏標準箱各部位名稱

標準箱尺寸的交尾箱／育王箱

交尾箱是一種供蜂王交尾期間使用的蜂箱（請參閱 P316「如何組織交尾箱」），臺灣有一種可放置 4~5 片巢片的蜂箱，以作為處女王交尾期間使用（圖 2.5.10），能夠節省空間，待處女王成功交尾後，巢片可以與朗氏標準箱搭配使用，若交尾失敗也利於併入其他蜂群。這種巢片數量較少的蜂箱，也可以飼養蜂量較少的東方蜂（野蜂）和西洋蜂。

圖 2.5.10
臺灣常用的育王箱（交尾箱）

迷你蜂箱／迷你交尾箱

不同於標準箱尺寸，迷你蜂箱的巢框小於標準框，巢框材質可能是木頭或塑膠，每個國家和地區的尺寸不盡相同（圖 2.5.11），體積小的巢框用於處女王交尾時，僅需少量工蜂就能組織交尾箱，有利於大量育王，即使蜂王交尾失敗甚至失王過久造成工蜂產卵，對整體蜂群來說損失較小。

但尺寸太小工蜂數量少，蜂群維持不易，蜂勢太弱時螞蟻、蟑螂等生物容易入侵，嚴重甚至導致滅群。由於巢框規格不同於朗氏標準箱，需要額外訂製。

圖 2.5.11 a
單層迷你蜂箱

圖 2.5.11 b
加上繼箱的迷你蜂箱

重箱

重箱就是繼箱的一種,體積較小近似於方形,尺寸介於標準巢框與迷你交尾箱之間,類似於迷你蜂箱的立體版,可以隨著蜂群不斷發展疊加箱體,也稱為日式重箱。不同地區、不同養蜂人使用的大小不同,規格並不統一,沒有固定的尺寸。相較於朗氏標準箱,體積較小的重箱蜂群容易聚集,跟迷你蜂箱一樣適合用來飼養東方蜂(野蜂),而且這種巢框面積小的重箱,蜂蜜填滿巢房的速度較快,但與大面積的巢框相比,採收蜂蜜的效率較低。

重箱大致可分為無巢框與有巢框(圖2.5.12)兩大類。有巢框的重箱日文為「現代式縱型巢箱」,類似朗氏標準箱的縮小版,如果巢框規格是朗氏標準框的一半,那麼使用巢礎時只需將市售常見的標準框巢礎一分為二,而不致於浪費巢礎。無巢框的蜂箱會在箱內加裝鐵條或木條以支撐巢房重量,但無法隨時觀察蜜蜂的發育狀況。

圖 2.5.12 a
有巢框的日式重箱

圖 2.5.12 b
有巢框的日式重箱內部構造

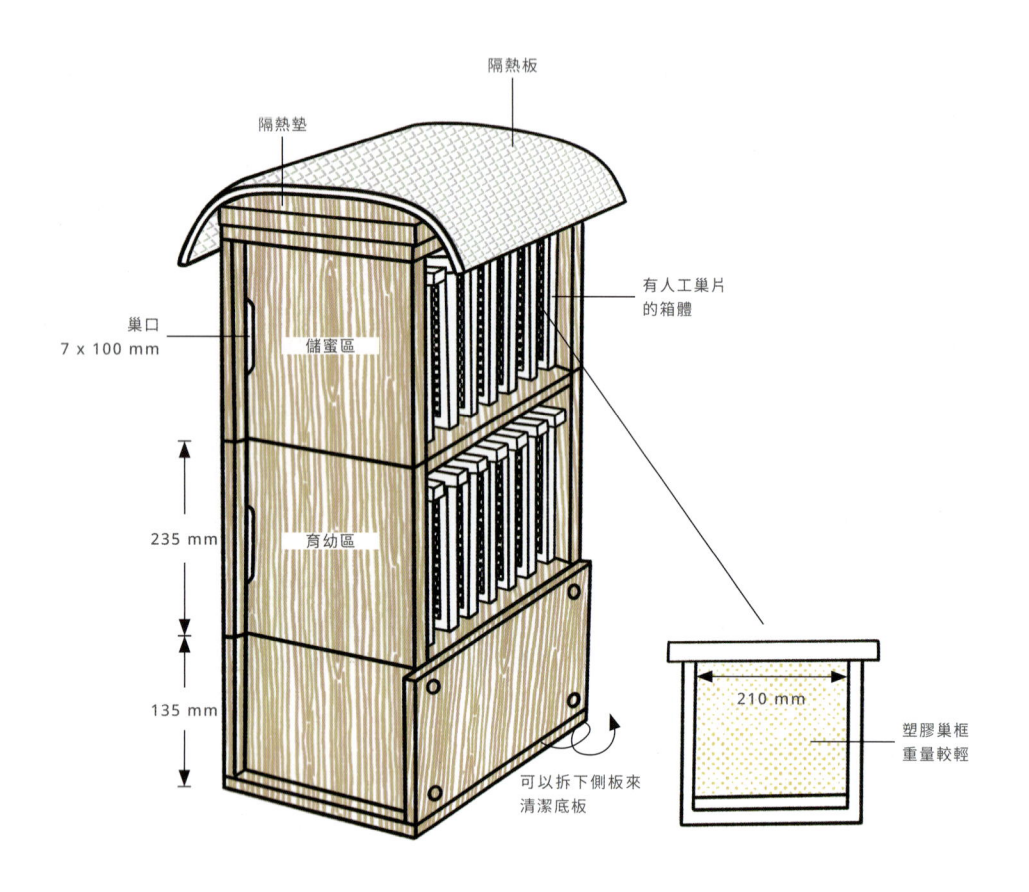

圖 2.5.12 c
現代直立式重箱
（根據藤原誠太，2010 重新繪製）

無巢框的日式重箱在取蜜時，先以細尼龍線或鐵絲將最上層繼箱取下收取巢蜜 (comb honey)。由於蜂群會向下建造新的巢房，因此取完蜂蜜後的空箱就加在原蜂箱的下層，讓蜜蜂建造新的巢房用來哺育幼蟲，以此類推，此法可使巢脾汰舊換新。

至於朗氏標準箱的活框式飼養，因為底部限制了蜂群向下發展的空間，所以繼箱都是往上堆疊。

頂梁蜂箱

源自於歐美地區的頂梁蜂箱 (top bar hive, TBH) 又稱上掛式蜂箱，中國翻譯為「頂吧蜂箱」，之所以有這個名稱，是因為這種蜂箱只使用巢框的頂梁讓蜜蜂築巢，而沒有邊條與底條，也沒有使用鐵絲及巢礎。

早期是在草編的籃子上放置木條讓蜜蜂築巢（圖 2.5.13），後來發展為長方形，沒有固定的尺寸，頂梁的數量隨著蜂群消長呈橫向發展，依箱體的尺寸頂梁可以不斷增加。

頂梁蜂箱的樣式基本上分為肯亞型 (Kenya Top Bar Hive; Kenyan Top Bar Hive, KTBH) 和坦尚尼亞型 (Tanzanian Top Bar Hive, TTBH) 兩類（圖 2.5.14），頂梁蜂箱結合了傳統的無框養殖與活框飼養的特點，減少了巢礎的使用，同時又可以移動巢脾、便於檢查蜂群狀況，大大節省成本（圖 2.5.15）。

這種蜂箱的巢框因為少了邊條與底條，也沒有鐵絲和巢礎的支撐，所以巢脾較軟，巢片呈水平情況下在夏季高溫時容易斷裂，且蜂群發展旺盛時巢房可能黏住蜂箱內側造成管理上的不便，也會因為沒有巢礎而容易建造出大量的雄蜂巢房，因此也發展出在箱內放置完整巢框的樣式，例如坦尚尼亞型的有框版，形式上與活框式飼養無異。

這種橫向的平面化飼養管理，可配合隔王板使用，以區隔育幼區（產卵區）和儲蜜區，方便採收無幼蟲的蜂蜜（請參閱 P229「以單層平箱採收無幼蟲的蜂蜜」）。

頂梁蜂箱在肯亞的某些地區會用來防止大象入侵農田，減少人象衝突（請參閱 P224「人、蜜蜂與大象」）。

圖 2.5.13
早期的蜂箱將木條放在編織的籃子上讓蜜蜂築巢

肯亞型

坦尚尼亞型

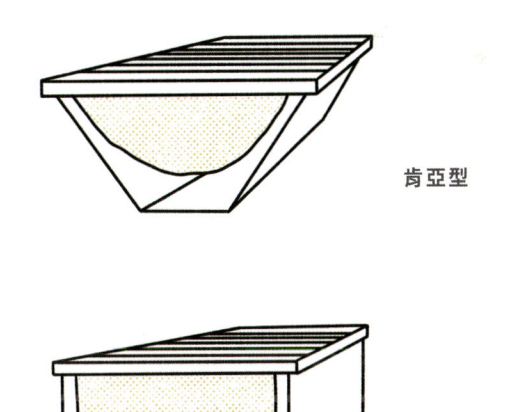

圖 2.5.14
頂梁蜂箱的兩種樣式

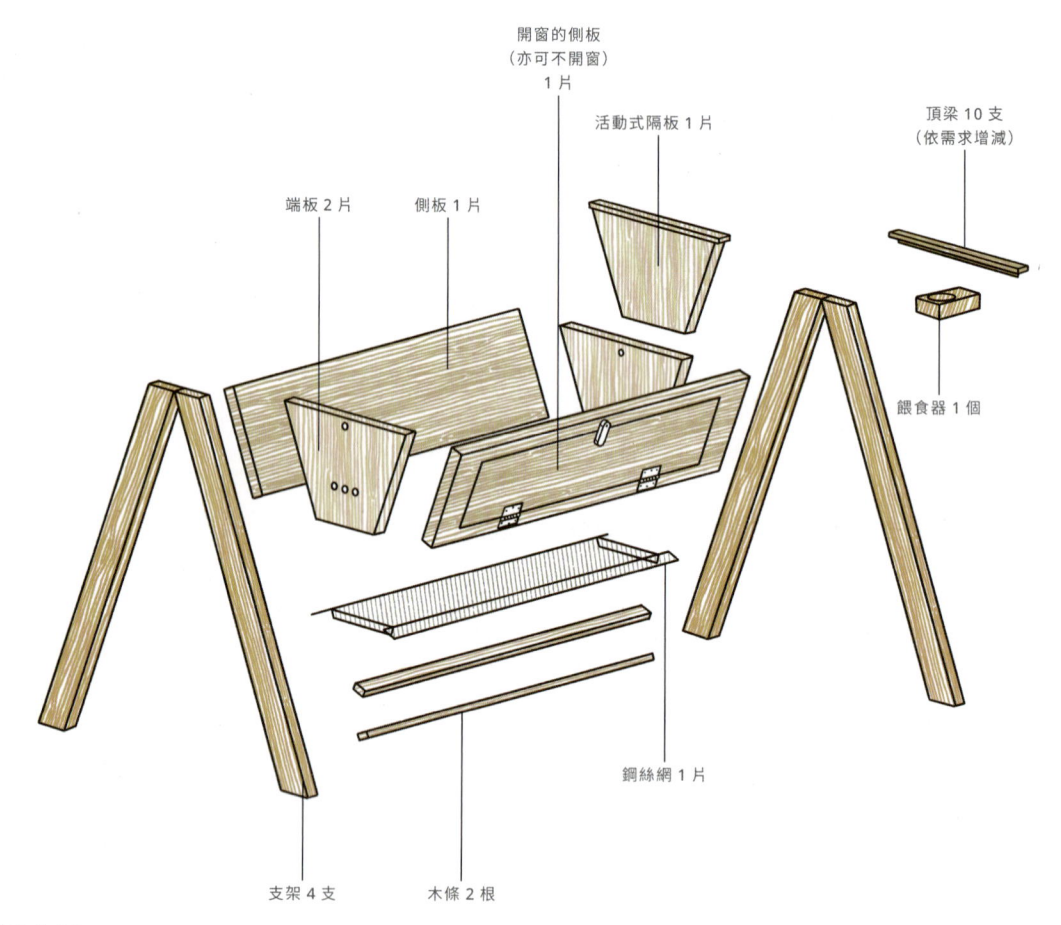

圖 2.5.15
頂梁蜂箱的零組件

(標註：端板 2 片、側板 1 片、開窗的側板（亦可不開窗）1 片、活動式隔板 1 片、頂梁 10 支（依需求增減）、餵食器 1 個、鋼絲網 1 片、支架 4 支、木條 2 根)

沃瑞蜂箱

沃瑞蜂箱 (Warré Hive) 就像是一種垂直發展的頂梁蜂箱。由 Abbé Émil Warré 發明。

斯洛維尼亞 AZ 蜂箱

源於斯洛維尼亞，設計者是著名的養蜂人安東・奇尼德希奇 (Anton Žnideršič)。這種蜂箱的特別之處在於蜂箱可以從後面打開，檢查時方便抽取每一層的巢脾，蜂箱置於卡車上，一側曝露在外變成行動蜜蜂屋，利於蜂群移動採收蜂蜜。

WBC 蜂箱

由威廉・布勞頓・卡爾 (William Broughton Carr) 於 1890 年發明並以他的名字命名的蜂箱，主要流行於英國。WBC 蜂箱最大的特徵是雙層外壁，外部的外殼 (lifts) 上、下緣部分重疊以達到排水的效果。早期的 WBC 蜂箱尺寸並沒有統一，造成不同尺寸的蜂箱與巢框無法交替使用。

部分養蜂人認為雙層外壁對蜂群具有更好的保暖效果，然而在檢查下一層繼箱內的蜂群時需要額外移除外殼，此舉造成操作上的不便，而且與改良型國家標準蜂箱相比，造價較高。

自流蜜蜂箱

2015 年澳洲人薩德・安德森 (Cedar Anderson) 和他的父親斯圖亞特・安德森 (Stuart Anderson) 於網路募資平台集資販售的自流蜜蜂箱 (Flow Hive)，最初其實是 1939 年由西班牙人胡安・畢茲卡多・格洛里亞 (Juan Bizcarro Garriga) 設計的 BEEHIVE，並於 1940 年 12 月 3 日獲得專利[3]。澳洲開始販售自流蜜蜂箱後不久，中國亦推出類似的產品。

自流蜜蜂箱也是一種繼箱的概念，塑膠製的儲蜜區位於上層，當上層的儲蜜區存滿蜂蜜後，只需裝上取蜜管 (flow tube)，再用一根金屬 L 型的取蜜把手 (flow Key) 插入孔中翻轉 90°使塑膠巢房錯開，蜂蜜就會沿著塑膠管道流出（圖 2.5.16）。

自流蜜蜂箱多用於西洋蜂的養殖，優點是不必打開蜂箱也不必使用搖蜜機就能取出蜂蜜，缺點是價格相對昂貴，且蜜蜂對塑膠材質接受度低，由於日常的蜂群檢查管理完全無法省略，因此不利於時常檢查蜂群發育狀況，搬運較為不便，多用於定點飼養、蜂箱數不多、蜜源充足且經濟條件較佳的休閒養蜂人，臺灣由於蜜源狀況不穩定，所以不一定適合。

自流蜜蜂箱使用條件與繼箱一樣，蜜蜂與進蜜量一定要充足，此外要注意，如果蜂蜜的含水率低、環境溫度低時，自流蜜的流速會很慢，採蜜的效率會比較差。

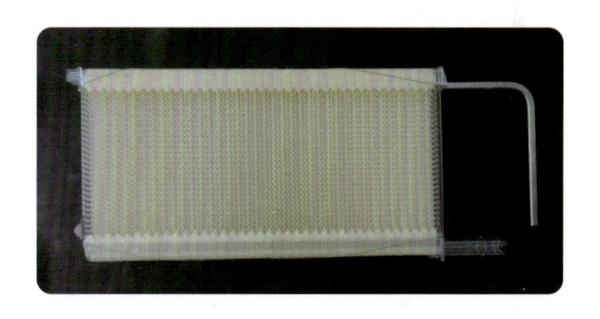

圖 2.5.16 a
自流蜜蜂箱的巢片和把手

圖 2.5.16 b
自流蜜蜂箱的巢片結構，取蜜時轉動把手使巢房錯開即可流出蜂蜜。

[3] 專利號 United States Patent US 2223561。

人、蜜蜂與大象

2020 年 5 月 27 日在印度西南部的喀拉拉邦 (Kerala)，一頭懷孕的母象因誤食了塞有炸藥的鳳梨後嘴部嚴重受創，當時母象為了舒緩疼痛，把口鼻浸在水中，最終死於寧靜谷國家公園 (Silent Valley National Park)，造成一屍兩命的不幸事件，事發後引起廣大民眾的不滿以及人們對野生動物保育議題的討論。涉嫌放置鳳梨炸彈的印度男子成為眾矢之的，民眾紛紛強烈譴責，要求政府嚴懲兇手。

我們絕不該用這種方式驅趕野生動物，但是跳脫出來仔細想一想，有哪一個農民會讓自己辛苦種植、賴以為生、必須養家活口的作物遭到野生動物的破壞？

人類的領地與所有權的概念無法套用在動物身上，肚子餓看到食物就吃是動物的天性，臺灣或許不會發生大象與農民爭地的情況，但原本住在淺山的臺灣獼猴，面對人類無止盡的開發土地和非法濫用所造成的棲地破壞與縮減，不得不與人類比鄰而居，有時發生闖入民宅、取食農作物等問題，我們與臺灣獼猴的衝突一直沒有減少。

許多人對臺灣獼猴的誤解，也加劇了衝突的發生，有些人的反應不外乎使用鞭炮、BB槍、捕獸鋏、棍棒等方式，藉由私刑、虐待加以挾怨報復。

事實上印度的鳳梨炸彈事件，只是凸顯出人類長期以來不斷擴張領地所造成的後果。不論是鳳梨炸彈還是人猴衝突，都不過是冰山一角，面對大自然，沒有人能夠置身事外。指責農民的同時，我們也應該思考，為什麼人獸衝突一直存在？我們為什麼要不斷地與野生動植物爭地？我們的土地利用有沒有問題、該不該檢討？

人類因為不了解野生動物而對牠們感到不滿，但衝突真的無解嗎？2008 年部分非洲肯亞地區發展出「蜂巢柵欄」來防止大象進入農地破壞作物，避免農民直接和大象發生衝突。非政府組織拯救大象 (Save the Elephants) 的動物學家露西・金 (Lucy King) 從當地民眾口中得知大象會避開蜂窩跑到其他地方覓食，於是就把蜂巢掛在農田四周，結果發現效果顯著，比起以往挖壕溝、擊鼓、設置通電柵欄等方式更能防範大象，不致搞得兩敗俱傷。

近年來印度少數農民也仿效這個方法，在農地周圍大約每 10 m 設置一個支架，將蜂箱掛在支架上，中間用鐵絲串接起來形成柵

欄，當大象想要硬闖農田而觸動鐵絲時，附近的蜂箱就會晃動，讓蜂巢內的蜜蜂傾巢而出趕走大象，也因為有了蜜蜂，農民因此多了蜂產品的收入。

這個方法需要農民學習如何照顧蜜蜂、負擔成本，也需要細緻的規劃和充分的耐心。而且也不是每一種蜜蜂都有效，像是東非蜂 (*Apis mellifera scutellata*) 因為活動力和攻擊性比較強，才有比較好的效果。而亞洲地區的東方蜂 (*Apis cerana*) 比較溫馴，效果就差了一點。

此外攻擊性較強的東非蜂在傾巢而出時，附近的農夫也必須暫停工作以免受到波及。人跟其他生物一樣，必然會對大自然做出反應，不同的地區有不同的條件，人類有許多方法可以防止大象靠近農田，蜂巢柵欄只是其中一種方法，但不是最終也不見得是最好的解決方法。

我們需要更深入地去了解各種動物的生態與習性，才有辦法試著找出適合的解決方法，進而兼顧人類及動物的生存，雖然一時之間可能很難找到完美解決衝突的方法，但試著去理解就是走向改變的第一步，才能讓人類跟野生動物都有機會一起在這片土地上過得更好。也希望藉此能夠重新檢討土地利用的問題，思考人與自然之間的關係，試圖找出更多可行的方案，減少衝突，與其他生物和平共處。

圖 2.5.17
位於非洲肯亞，置於農地旁的頂梁蜂箱。

透明觀察箱

透明觀察箱主要用來實驗、觀察蜜蜂的行為。隨著蜜蜂生態推廣教育的普及，透明觀察箱也用於教育及展示，蜂箱設計出入口後亦可用於一般飼養及交尾箱，但蜜蜂具有趨光性，因此長期飼養最好進行遮蔽。觀察箱的做法通常是木製框架配合透明玻璃或壓克力板，亦有全壓克力製成，體積小的觀察箱可放 1~2 片巢片，方便攜帶（圖 2.5.18）。

圖 2.5.18
單片式透明觀察箱

● 選擇適合自己的蜂箱

養蜂方式與工具的使用很多時候是積慣成習的，蜂箱的種類非常多，每一種蜂箱的設計都有其優、缺點。養蜂要因勢利導，因地制宜，可根據不同的環境條件、飼養習慣、蜂種特性和個人喜好選擇不同的蜂箱類型，沒有最完美的蜂箱，只有適不適合的蜂箱。

臺灣常用的朗氏標準箱巢框規格一致，方便流通、能夠調換巢片相互支援，產業鏈成熟容易購買，巢框尺寸不需要額外訂製，方形的蜂箱設計有利大量堆疊，利於運輸，可飼養東方蜂（野蜂）或西洋蜂，是目前臺灣數量最多的蜂箱。對於初次接觸養蜂，以及飼養箱數多、規模較大的養蜂場而言，朗氏標準箱是不錯的選擇。

長期定點飼養，不會經常搬運蜂群追花逐蜜，飼養規模較小的休閒養蜂人，在蜂箱的選擇有很大的自由度，除了朗氏標準箱之外，也可使用迷你蜂箱、重箱、頂梁蜂箱或其他種類、規格的蜂箱。蜂巢越小，蜜蜂儲蜜速度較快，但養蜂人的採蜜效率較低。要養在挖空的樹幹、竹桶內也可以，只是很難提取巢牌觀察巢房內的狀況，採收蜂蜜時也比較不方便。

● 如何使用繼箱與繼箱的優缺點

由於蜜蜂會將蜂蜜儲存在巢牌的上方，下方用於育幼，因此為了取得雜質較少的蜂蜜，一些養蜂人會在成蜂數量多且蜜源充足的情況下，於原有的蜂箱上面再加一層繼箱 (super box; super)，供蜜蜂儲蜜之用。

繼箱就像樓房的概念，隨著蜜蜂與蜂蜜的增加可以不斷向上疊加（圖 2.5.19），並在繼箱與幼蟲箱之間使用隔王板 (queen excluder)，防止蜂王到繼箱產卵，使卵、幼蟲、蛹不會與蜂蜜在同一個巢片上，只要繼箱內的蜂蜜達到一定的量就可採收，方便採蜜作業，對下層蜜蜂干擾較少，隔王板下層的少量蜂蜜則留給蜜蜂食用。大部分情況隔王板都能發揮作用，只有少數體型較小的蜂王才會通過隔王板。

臺灣常見的有全繼箱巢片或全框巢片 (full depth)，和半繼箱（臺灣又稱為淺繼箱）巢片或半框巢片 (half depth) 兩種。全繼箱巢片尺寸與一般常用的巢片相同，適合大流蜜

圖 2.5.19
蜂群旺盛且蜜源非常充足的大流蜜期，可不斷疊加繼箱供蜜蜂儲存蜂蜜。

外也可以使用標準框一半尺寸或類似尺寸的巢框來飼養東方蜂（請參考 P213「蜂箱樣式與種類」）。

冬末初春溫度還不是很穩定，偶爾仍會出現低溫，若空間太大，蜂箱內的溫度不易維持，對蜂群的發展不利，西洋蜂最好還是等到平箱已發展到 8 片以上的蜂量後再使用繼箱。平箱插入巢脾讓蜂群使用時，優先選擇之前已建好巢房的新巢框，省去蜜蜂建造巢房的時間，蜂群發展的速度會比較快，注意幼蟲區的巢框（脾）不宜使用超過兩年，如果都沒有之前已經建好巢房的巢框，就使用巢礎框讓蜜蜂建造新巢房。

在臺灣蜜源較不穩定，第一次放上繼箱後，繼箱內的巢框最好逐步增加，使蜂脾相稱，不要一次放置太多。如果繼箱使用的尺寸是標準巢框（全繼箱巢片）(full depth)，可先從下層幼蟲箱內取一片富含蜂蜜的老舊巢脾到上層繼箱。

取到繼箱的巢脾上面如果有初齡幼蟲，可能會出現王台，要記得清除王台，然後再把標準尺寸的巢礎框插入下層的平箱讓工蜂建造新巢房，建好巢房的新巢片可留在下層供蜂王產卵之用以羽化出較健康的蜜蜂，依此方法逐步把下層超過兩年的老舊巢框移到繼箱，搖蜜後可順勢淘汰。

使用的繼箱如果是淺繼箱巢片 (half depth)，可以先把淺繼箱巢礎框放在下層的產卵區（幼蟲區），讓工蜂建造巢房，待巢房建好就要移到上層的繼箱，注意不要放置太久，以免蜜蜂在淺繼箱巢框下緣建造贅脾。

在某些地區大流蜜期蜂群非常旺盛時，有些飼養西洋蜂的養蜂人會直接放置已滿脾

期、蜜源充足時使用。半繼箱巢片的尺寸為全繼箱巢片的一半，適合外界流蜜量略少時使用，由於深度較淺所以可較快存滿蜂蜜，在埋線時，巢礎只要對半裁切即可，不會浪費巢礎。

使用繼箱的首要條件是蜂勢強，工蜂數量多，且進蜜量要充足，否則效果不彰。使用繼箱通常會搭配水平隔王板，置於下層平箱的幼蟲區（產卵區）與上層繼箱的儲蜜區之間，蜂王在下層產卵，上層的儲蜜區不會有幼蟲，尤其歐美一些飼養西洋蜂的大規模養蜂場，採收蜂蜜時不一定會在蜂箱旁邊，而是把儲滿蜂蜜的巢片帶回搖蜜的廠房（圖 5.2.11），取出蜜片時如果含有卵、幼蟲或蛹，在沒有工蜂照顧下不久後會死亡，因此隔王板的使用很重要。

由於東方蜂（野蜂）的蜂王產卵量較低，蜂量少於西洋蜂，所以旺盛的東方蜂可保留 5~6 片標準框的蜂量，在外界蜜源充足且蜂不露脾的條件下，其餘的巢框用於繼箱，注意當下層平箱未放滿巢脾的時候，上層繼箱的巢片跟底下的幼蟲箱巢片要在同一邊。另

的繼箱，一次加一層或兩層以上的繼箱，繼箱內都是已經蓋好巢房且搖過蜜的巢片(stickies)，而不是巢礎框。

當第一個繼箱已儲滿一半至三分之二以上的蜂蜜後，再將第二個繼箱添加在第一個繼箱上。待第二個繼箱至少要儲滿一半以上的蜂蜜後，把第一個繼箱與第二個繼箱調換，使第一個繼箱在上，第二個繼箱在下貼於底下的幼蟲箱，然後再添加第三個繼箱。要添加第四個繼箱時，再把第三個繼箱調到底下幼蟲箱的上方，其順序如圖示（圖 2.5.20）。每次添加新的繼箱前，成蜂的數量要充足。如果不想要添加太多繼箱，也可以把第一個繼箱的蜜搖出來以後放回蜂群繼續使用。

在流蜜量大的季節，如果蜂群不需要經常搬運，使用繼箱是一個值得考慮的選擇。由於蜂王被隔王板區隔在下層，上層的巢房不會有幼蟲（除非蜂王體瘦意外跑到繼箱），所以可以減少搖蜜時對幼蟲的傷害，維持蜂勢，搖下來的蜂蜜也不會被幼蟲的體液汙染。如果不使用繼箱，搖蜜機的轉速就要控制得非常恰當，才不會傷害到幼蟲或讓幼蟲掉出巢房。此外，進蜜量大的時候如果短時間無法立即搖蜜，使用繼箱可以有更充裕的時間調配採搖蜜時程，也可以儲存更多蜂蜜，讓蜜蜂有更多時間蒸散蜂蜜中的水分。

臺灣因為地狹人稠，蜂群密度高，蜜源狀況並不穩定，此外臺灣的養蜂人經常開箱檢查蜜蜂發育的狀況以及調片支援、勤於生產蜂王乳，再加上臺灣山林地多，很難使用堆高機這類的重機具，搬運蜂箱的方式多採用扁擔肩挑，繼箱某種程度上會造成管理與運輸上的不便，以致於臺灣大規模的職業養蜂場大多採用單層平箱飼養，鮮少使用繼箱。

圖 2.5.20
加繼箱的方法。最下層為巢箱，繼箱上的數字表示疊加繼箱的順序。

● 以單層平箱採收無幼蟲的蜂蜜

由於臺灣蜜源狀況不穩定、蜜期短，不見得有機會使用繼箱，就算使用繼箱也會增加管理與搬運上的負擔，此時可利用垂直隔王板，藉由蜜蜂會把蜂蜜儲存在外側的習性，把老舊的空巢脾調到外側形成儲蜜區，隔王板的另一則為產卵區（幼蟲區），並在產卵區的上面覆蓋 32 目白色細質尼龍網（或其他代替品），防止蜂王從上方跑到儲蜜區產卵（圖 2.5.21）。

這種橫向的平面化飼養管理，在平時可適度調整產卵區的巢脾數量，以 8 片巢片為例，產卵區可維持在 4~5 片，其餘 3~4 片用垂直隔王板隔離為儲蜜區，讓蜂王產卵更集中，有利於蜂王乳的生產，冬季也有助於蜂群保溫，維持蜂群繁殖。

到了採蜜時可將產卵區縮減至 2 片，儲蜜區增加到 6 片。相較於採蜜期間囚禁蜂王限制產卵量以取得較多空巢房讓工蜂儲蜜（請參閱 P305「採蜜時禁王（關王）」），使用隔王板區隔出產卵區，讓蜂王持續產卵，採蜜結束後能夠延續蜂勢，工蜂數量不至於出現斷層，蜂群發展較為正常。由於儲蜜區的巢脾上沒有幼蟲及蛹，採蜜結束後可順勢淘汰老舊巢脾（請參閱 P307「抽出蜂箱內多餘的巢片」）。

● 木製蜂箱的上漆與修補

木製蜂箱外層最好要上漆以延長使用年限，至於蜂箱內層則不需上漆。油漆時可用油性漆料，也可以使用水性防水漆，若使用油性漆料要與松香水或甲苯調合，水性漆則用水稀釋。

油漆時最少塗兩層，先上底漆再上面漆，不要一次塗太厚。選用夾板與木心板製作的蜂箱時，裁切面更是油漆的重點部位，否則非常容易裂開。上過漆的蜂箱一定要陰乾數星期後才可以使用。

雖然油漆可以延長木質蜂箱的使用期限，但材質、工藝的細緻度、使用習慣、環境的溫濕度都會影響蜂箱的使用壽命，蜂箱經常搬運，逐花而居採收蜂蜜與花粉，蜂箱的材質就必須更加堅固。

蜂箱如果發現破洞要盡快修補或更換，以免其他生物侵擾。若破洞不大，可用石粉攪拌南寶樹脂將破洞填實，或者用木屑攪拌 AB 膠（環氧樹脂與硬化劑的混合劑）填補後磨平再上漆。如果破損的面積較大，就要將破損的木板裁切掉，換上新的木板後，用釘子固定牢靠再重新上漆。

圖 2.5.21
利用隔王板區隔幼蟲區（左）與儲蜜區（右）

巢框與巢礎

巢框的尺寸

巢框 (frame) 可便於養蜂人觀察蜂群發展的狀況，巢框的尺寸跟蜂箱的造型、樣式、大小息息相關，不同尺寸的巢框在不同的目的及條件下各有其優缺點。

舉例來說，在流蜜期巢片尺寸越小、儲蜜速度越快，蜂蜜越容易封蓋，低溫時便於蜜蜂成團群聚保暖，但搖蜜的效率較低，而且巢框數較多檢查蜂群的時間會比較久。而大尺寸巢框需較多時間才能採收封蓋蜜，但搖蜜的效率較高。

巢框有好幾種不同的規格（圖 2.5.22），養蜂人會根據不同的需求選用，常在澳洲使用的巢框會用不同的名稱加以辨識方便稱呼（表 2.5.2）。

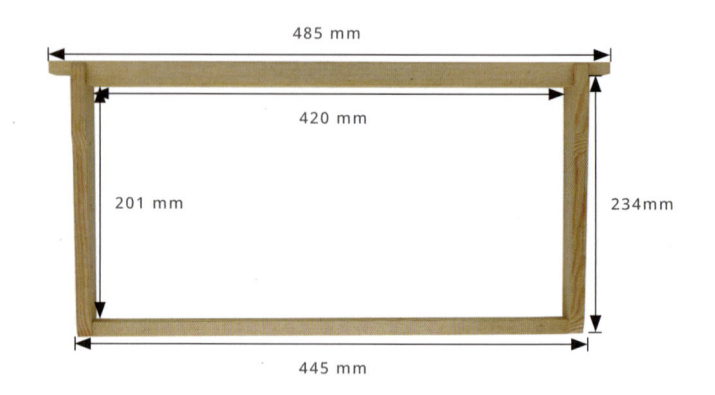

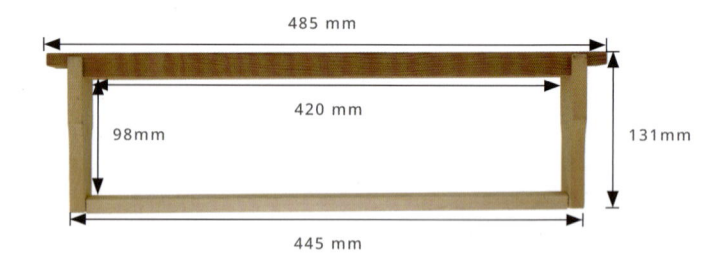

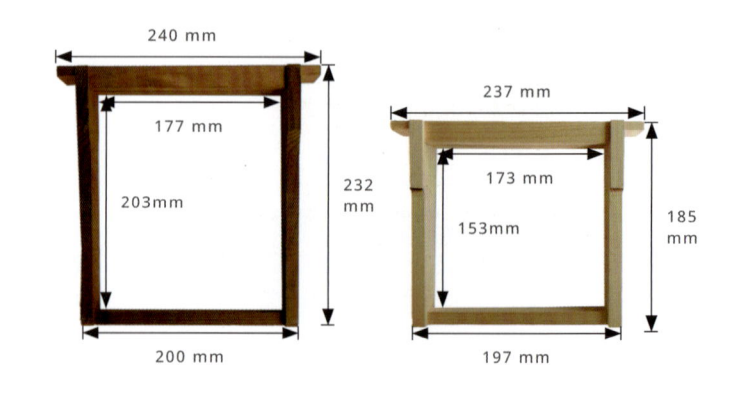

巢框的尺寸可以靈活變化，因此需要適合的蜂箱來搭配使用，在添購蜂箱、繼箱與巢框時，尺寸一定要相符，例如有些中國的巢框長度略長於臺灣常用的巢框，因此無法完全將巢框完全放入臺灣常用的蜂箱中。

表 2.5.2 蜂巢尺寸（根據 Warhurst, 2005）

	深度 Depth (mm)	巢框底條長度 Frame end bar length (mm)
全框巢片 (Full depth)	244 or 245	232
WSP	193	181
Manley	168	159
Ideal	147	137
半框巢片 (Half depth)	122	111
註	不同國家與地區，尺寸略有差異。	

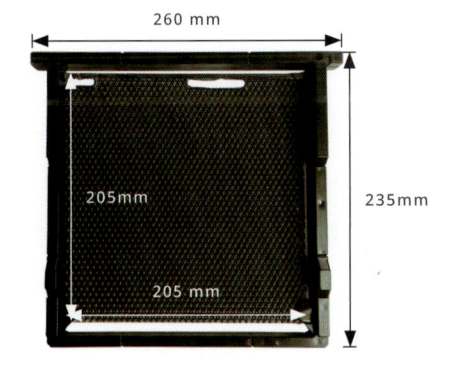

圖 2.5.22
各種巢框的材質與尺寸
左頁上圖／臺灣常用的朗氏蜂箱木質標準框
左頁中圖／淺繼箱的木質巢框
左頁下圖／小型蜂箱的木質巢框
本頁下圖／小型蜂箱的塑膠巢框

巢礎的材質與種類

十九世紀中期,養蜂業的另一個重大發展是巢礎 (foundation) 的出現,巢礎是一片薄片,兩面都有六角形的凹凸巢房基礎,巢礎固定在巢框上面以後成為巢礎框,放入蜂箱內,工蜂分泌蜂蠟循著巢礎上的六角形紋路將巢房建立起來,成為蜜蜂可使用的巢片。

使用巢礎能增加巢脾的強度,並提升蜜蜂建造整齊巢房的效率,品質佳的巢礎蜜蜂接受度高,有利蜂勢發展,病蟲害的發生也會減少,對蜂群管理上經濟且有效率。

巢礎分為鋁製巢礎 (aluminum foundation)、蠟質巢礎 (beeswax foundation) 與塑膠巢礎 (plastic foundation),在所有的材質中,蜜蜂較容易接受蠟質巢礎。1930 年代歐洲生產的巢礎材質是鋁片,並用蜂蠟處理讓蜂群接受以利建造巢房,到了二次世界大戰之後塑膠製品逐漸大量使用才開始出現塑膠巢礎。

現今最常用的巢礎主要是蠟質巢礎與塑膠巢礎(圖 2.5.23)。蠟質巢礎的原料是蜂蠟,為了加強巢礎的強韌性,有些製造者會在製造過程添加石蠟或其他蠟質,但石蠟比例太高會影響品質。

巢礎製作的基本原理,是把蠟熔化後倒入六角形的模板中,冷卻後成形,目前量產的巢礎都以全自動巢礎機製作,為了殺死蜂蠟中的微生物,避免病原菌感染蜂群,會進行高溫殺菌處理,有些製造商會將蜂蠟熔解後,放入電動加溫殺菌釜以 150~180 ℃ 經 12 小時殺菌。

殺菌處理後的蜂蠟流入印模的滾輪中,壓成大片巢礎板,最後依據不同尺寸進行裁切。臺灣製造的蠟質巢礎用於標準箱的尺寸約 41.8 × 20.3 × 0.2 cm。

製作好的蠟質巢礎必須妥善包裝、存放才不會變形。最好在兩片巢礎中間夾一張薄紙,防止表面六角形的突起損壞,每 30~40 片

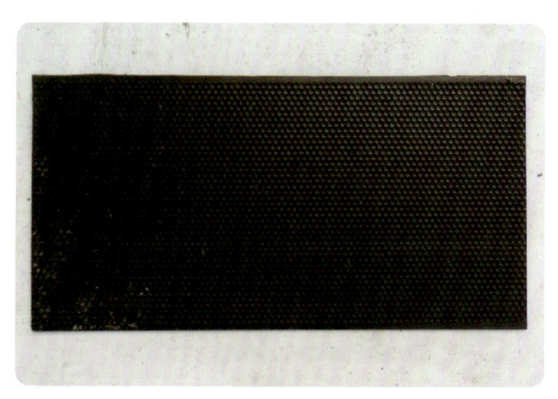

圖 2.5.23 a
蠟質巢礎

圖 2.5.23 b
塑膠巢礎

的巢礎再以牛皮紙或舊報紙包裹放進紙箱，存放於陰涼處，並注意防蟲、防霉。存放溫度不可過高，否則容易相黏變形，工蜂巢礎變形後放入蜂群中易產生雄蜂房，存放溫度太低巢礎則易脆裂。

蠟質巢礎的優點在於蜜蜂接受度較高，缺點是不能重複使用，如果品質不佳蜜蜂也不會建造巢房，巢礎存放過久氣味散失也比較不受蜜蜂喜愛。

塑膠巢礎材料為聚苯乙稀 (polystyrene)，使用塑膠巢礎不必拉鐵絲而且輕便，能夠重複使用且不易變形，但廢棄後不易被分解，容易造成環境的負擔，且蜜蜂接受度低。

為了增加蜜蜂的接受度，使用前最好在巢礎表面塗上一層薄薄的蜂蠟以增加蜜蜂建造巢房的意願（圖 2.5.24），通常在大流蜜期、築巢情緒高漲的情況下，蜜蜂才比較願意在塑膠巢礎上築巢。

另外還有一種全巢房塑膠巢片 (plastic full-comb)，全巢房塑膠巢片的好處除了可以重複使用外，也不會有蠟蛾的危害。

這種巢房雖然聲稱可以用於幼育區供蜂王產卵，但事實上蜂王產卵的意願較低，育幼情形不佳，若把巢房底部以蜂蠟處理可以改善，但巢房歷經數代蜜蜂羽化後，巢房內層的繭很難清除，因此塑膠巢片和塑膠巢礎比較適合用在繼箱儲存蜂蜜。

臺灣市售的巢礎大致分為西洋蜂工蜂巢礎、西洋蜂雄蜂巢礎與東方蜂（野蜂）工蜂巢礎三種，由於巢房大小皆不相同，因此在選購及使用巢礎時不可搞錯。工蜂巢礎最常使用，能產出大量的工蜂，蜂勢發展快速，提升蜂產品產量。雄蜂巢礎能製造大量雄蜂巢房，產出的雄蜂蛹可作為蜂產品再利用，另外繁殖期大量健康性成熟的雄蜂有利於處女王交尾。

圖 2.5.24
使用塑膠巢礎前先在表面塗一層蜂蠟

釘製巢框、拉鐵絲與埋線

臺灣以木製巢框為大宗,木製巢框由頂梁 (top bar)、兩個邊條(或稱為邊框) (side bar; end bar) 與底條 (bottom bar) 組成(圖 2.5.25),邊條上寬下窄,寬處呈凵形可嵌入頂梁使之更加穩固(圖 2.5.26),日文為「ホ式巢枠」,巢框突出的兩端為耳 (lug),可掛在蜂箱內緣。當數個巢框放入蜂箱緊緊相靠時,巢框之間自然會形成蜂路,便於蜜蜂來回穿梭,當巢框緊靠時形成的空間也利於提取巢片。

另有一種巢框的邊條上、下寬度相等,邊條與頂梁同寬的巢框沒有凵形卡槽,日文為「ラ式巢枠」,巢框結構較不穩固(圖 2.5.26)。

木製巢片使用前要經過釘製、拉鐵絲與埋線三個步驟(圖 2.5.25)。釘製巢框、埋線是非常重要且基本的技術,良好的巢片能提升飼養者的管理效率、增加產量、減少工作負擔,避免不必要的資源消耗。

圖 2.5.25
由上而下依序為:
巢框;拉好鐵絲的巢框;埋好線的巢礎框;工蜂建好巢房的巢片。

頂梁兩端有釘孔方便打入鐵釘，內側有凹槽用於嵌入巢礎。邊條依不同的設計會有二至四個小孔，小孔的一側應具備金屬孔眼，防止鐵鐵繃緊時切割木頭。巢框雖然是消耗品，但邊緣不要太粗糙，使用時才不會傷手。

釘製巢框、拉鐵絲與埋線皆有許多不同的習慣與方法，也有專用的拉框器（圖 2.5.27）專門供釘製巢框與拉框使用，而使用一般的五金工具即可拉鐵絲較為經濟，不必另外購置拉框器。拉鐵絲的方式有平行與交叉法，其中以平行法埋線效果較佳。

圖 2.5.26
上圖／
「ホ式巢枠」(上) 與「ラ式巢枠」(下)
下圖／
邊條與頂樑同寬，沒有凵形卡槽的「ラ式巢枠」。

圖 2.5.27
拉框器

材料（圖 2.5.28）：

• 2.5 cm 鐵釘數個（臺灣常用的巢框一組需要 8 根釘子），也可使用釘槍。

• 略小於巢框內緣面積的木板一個，其厚度至少要大於巢框邊條寬度的一半以上。

• 埋線器 (wire embedder; spur embedder) 1 個。
埋線器可使用汽車充電器、改裝後的摩托車電瓶、桌上型電腦電源或筆記型電腦電源線等等（圖 2.5.29），但要小心老舊的電能加熱設備使用不慎，造成漏液、爆炸發生意外。

• 鐵鎚 1 支
• 老虎鉗 1 支
• 斜口鉗 1 支

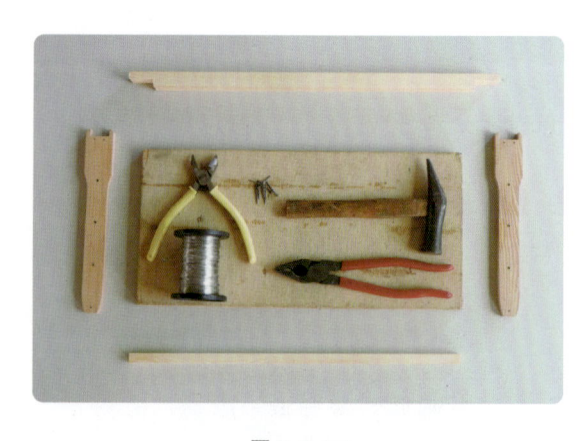

圖 2.5.28

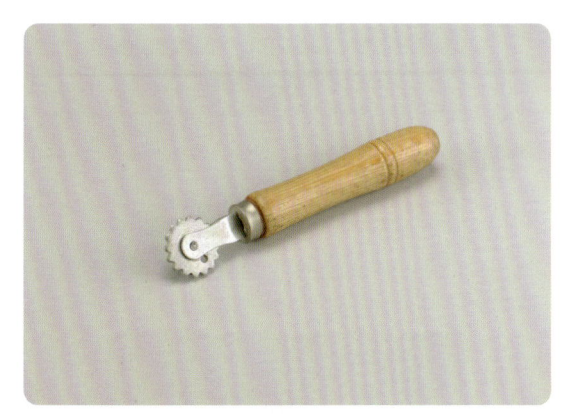

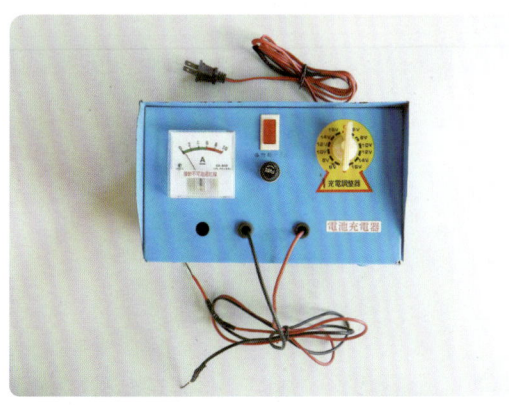

Chapter II
如何飼養西洋蜂與東方蜂（野蜂）

圖 2.5.29
上圖左／傳統埋線器
上圖右／用燈具變壓器改裝的埋線器
下圖／用電瓶充電器來作為埋線器

>> 釘巢框

1. 製程良好的巢框有孔眼及銅環，利於裝釘與穿線。

2. 先將邊條卡在頂梁端處，邊條的金屬孔眼朝外（圖 2.5.30），以 2.5 cm 鐵釘或釘槍固定頂梁與邊條銜接處的三個孔洞。

3. 固定好兩側的邊條後，底條則對齊邊條的最下緣。

圖 2.5.30

2.5

>> 拉鐵絲

1. 將蠟質巢礎固定在巢框上之前，要先在巢框上拉鐵絲。如果巢框邊條的孔眼數為 3 孔，則鐵絲長度為頂梁長度的三倍再略多一些，然後將鐵絲以 S 型穿入邊條的孔眼中（圖 2.5.31）。

圖 2.5.31

* 鐵絲的尺寸以 24 號為佳，利於導電、埋線；22 號鐵絲亦可，比較不容易拉斷，但不易埋線。

2. 先將一端的鐵絲繞過邊條，並纏繞 3~4 圈（圖 2.5.32），用老虎鉗從中間的第二孔處，將鐵絲拉緊，此時第一孔的鐵絲呈現繃緊狀態。

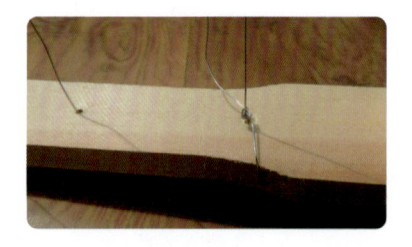

圖 2.5.32

3. 再從第三孔處將鐵絲拉緊，此時第二孔與第三孔的鐵絲呈現繃緊狀態。

4. 再把鐵絲繞過邊條並纏繞三至四圈，然後用斜口鉗剪掉兩端多餘的鐵絲（圖 2.5.33）。

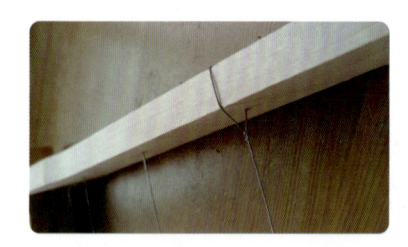

圖 2.5.33

5. 最後將巢框豎起，用老虎鉗夾住鐵絲兩端，以鐵鎚敲擊把鐵絲打入邊條內以利後續埋線（圖 2.5.34、圖 2.5.35）。

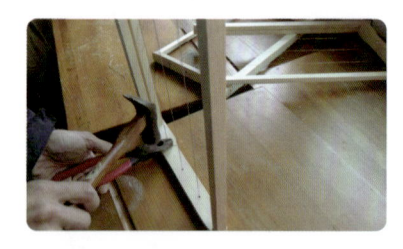

圖 2.5.34

圖 2.5.35

/ POINT /

- 具有張力、平直的鐵絲能提供良好的支撐性，埋線才能平整。測試鐵絲的鬆緊程度可以用手指彈撥，能發出響亮的聲音者為佳。

- 如果拉好鐵絲後發現鐵絲略鬆，可以用老虎鉗把邊條外側的鐵絲扭成閃電的形狀（圖 2.5.36），以增加鐵絲的緊度。

- 如果拉鐵絲時不小心太過用力而斷掉，長度不足以繞過邊條但又不想重新拿新的鐵絲，可另外再釘一個釘子在邊條上，然後把鐵絲繞進釘子中（圖 2.5.37）。

- 另一種拉鐵絲的方式，則是先釘好邊條，底條先不固定，然後把鐵絲穿入巢框中，最後固定底條時將邊條往外撐開，撐開的同時把鐵絲拉緊。

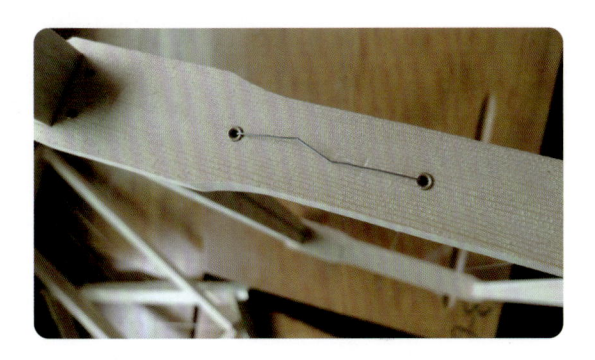

圖 2.5.36

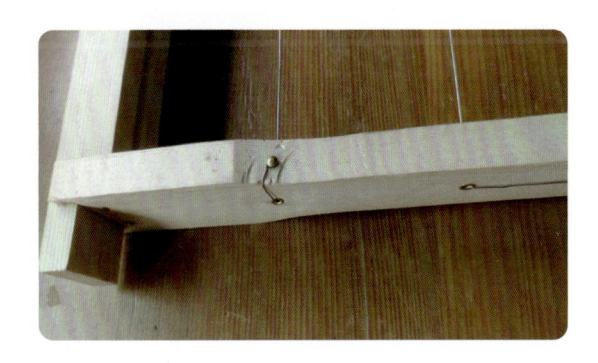

圖 2.5.37

>> 埋線

蠟質巢礎需要固定在鐵絲，固定巢礎的方法稱為埋線。拉好鐵絲後要使用埋線器將鐵絲嵌埋入巢礎中，傳統的埋線方式是將埋線器加熱後，沿著鐵絲滑行，使鐵絲受熱、將巢礎埋入其中，也可以利用電流熱效應的原理將巢礎加以固定。

1. 由於蠟的質地較軟，取用蠟質巢礎時需平整不能變形、破損與折痕。

2. 將巢礎置於巢框內，把巢框、巢礎置於木板上，巢礎要在鐵絲與木板之間（圖 2.5.38）。

3. 埋線器通電之後，將兩極置於鐵絲上，通電後兩極之間的鐵絲遇熱會把巢礎軟化，軟化後的蠟會把鐵絲包住，因此稱為埋線（圖 2.5.39）。

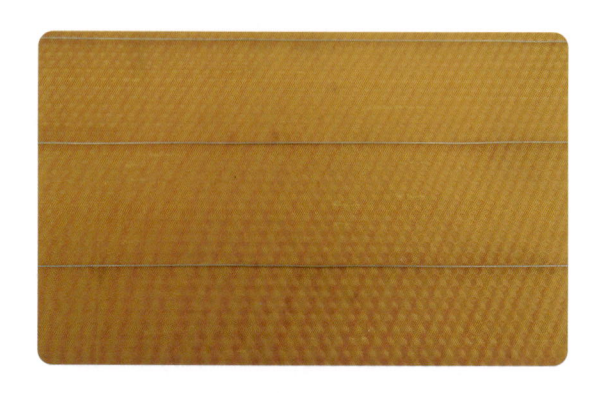

圖 2.5.38
埋線前先將蠟質巢礎置於鐵絲與框板之間

圖 2.5.39 a
利用電流熱效應的原理將蠟質巢礎固定在鐵線上

圖 2.5.39 b
鐵絲埋於蠟質巢礎之中

/ POINT /

- 埋線時特別注意電流量不可太強,過熱會把巢礎完全熔化。除了電流量之外,也可以控制通電時間來調整鐵絲的熱度。

- 初次使用時,建議將一條鐵絲分兩至三段埋線,並用低電流測試,以防巢礎完全斷掉,待熟悉之後再增加埋線的長度。

- 埋線時盡量把鐵絲融於巢礎之中,減少鐵絲外露,因為蜂王不會在鐵絲外露的巢房上面產卵(圖 2.5.40),並盡可能保持巢礎的平整,若巢礎品質差且彎曲變形,插入蜂箱後工蜂有時會造出雄蜂房而產出過多的雄蜂(圖 2.5.41)。

- 蜂蠟遇熱容易變形,因此埋線後的新巢礎框最好要盡快放入蜂箱之中讓蜜蜂使用,至於未埋線的巢框則可以事先釘好以節省時間。

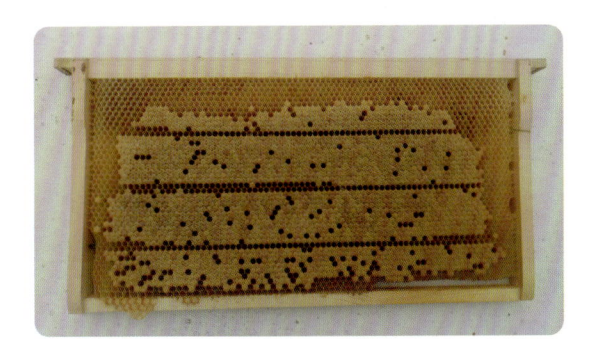

圖 2.5.40

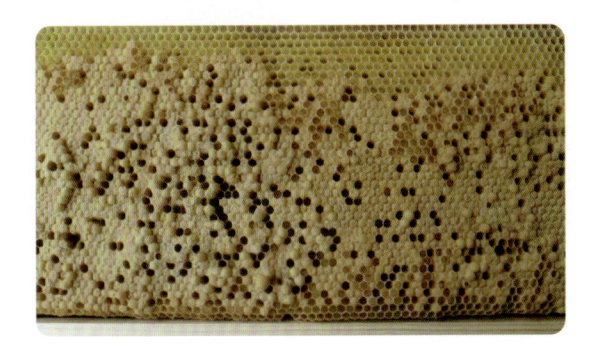

圖 2.5.41

圖 2.5.42
若要節省巢礎，可把木條置於巢框中間
可使蜜蜂製作巢房。

圖 2.5.43
巢蜜

沒有巢礎的巢框

釘好的木製巢框也可以在沒有巢礎的情況下使用。巢框釘好後不要拉鐵絲，而是再拿一根底條固定在巢框的中間，增加巢框的支撐性（圖 2.5.42），放入蜂群時，置於兩個已經有巢房的巢片中間讓工蜂築巢。

這種巢框可以節省巢礎，做出來的巢房很大機率為雄蜂房，可用於生產大量雄蜂，若用於繼箱的蜜片，也可以生產巢蜜 (comb honey)（圖 2.5.43），食用時不必擔心咀嚼到含有石蠟的巢礎。

小巢框如何置於大蜂箱中

第一次使用小尺寸的巢框時，為了提升蜜蜂的使用效率，可先把已固定好巢礎的小巢框用竹籤、筷子或細支條架在兩片大巢框中間，待小巢框上的巢房建好後再拿回小尺寸的蜂箱使用（圖 2.5.44）。

圖 2.5.44
將小片的巢礎框置於大蜂箱中讓蜜蜂建造巢房

新巢片插入蜂箱的時機與位置

巢礎框插入蜂箱的時機與位置，要根據蜂群的發展狀況加以判斷。一般來說國曆 2 月中旬過後氣溫開始回升，外界蜜、粉源逐漸增加，蜂群也開始進入繁殖階段，此時可進行蜂勢、蜂群的擴張以預備流蜜期的來臨。

蜂王產卵量大、工蜂數量多、存蜜充足，出現贅脾時是插入巢礎框與新巢片的最佳時機，如果工蜂數量少、蜂群太弱，例如前一夜餵食適量糖水，隔天糖水卻沒吃完，就不宜插入新巢礎框。

配合蜂群建造巢脾的意願，巢礎框或新巢片最好插在贅脾出現的區域（圖 2.5.45）。有些養蜂人主張巢礎框應放在最旁邊，理由是大流蜜期巢脾上方儲蜜區的巢房會加深以存放更多蜂蜜，這時如果蜜蜂還沒有在新的巢礎造好巢房，會使新的巢房不平整，但其實只要蜂群旺盛、蜂多於脾、儲蜜充足、蜂王產卵量大，將巢礎框插在贅脾出現的兩片舊脾之間，或者子脾外側，新巢房建造的速度快，就不太會出現巢房不平整的狀況。

插入新巢礎框後可餵食一些糖水，加速蜜蜂建造巢房，也減少巢內蜂蜜的消耗。或者抽出 1~2 脾幼蟲片再插入巢礎框，減少內勤蜂哺育幼蟲，轉而加速蜂群建造巢房，但要注意抽出的幼蟲片不宜過量，以免使原來的蜂群出現斷層，造成工蜂數量大減。

一般來說只要蜂群旺盛、食物充足，每次放置一片巢礎框大約 3 天工蜂即可將新巢房建好，但如果遇到下雨，建造巢房的速度就會變慢；假如超過一週沒有蓋好巢房，可能是因為蜂群太弱、工蜂數量不足、儲蜜太少、巢礎品質不佳、巢礎種類有誤（例如將東方蜂的巢礎放入西洋蜂巢中）、使用方法不當（例如塑膠巢礎未塗上蜂蠟）、失王或生病等因素所造成。

當蜜蜂已經在巢礎框建好巢房後，如果蜂多於脾的旺盛狀況依舊且蜜量充足，可再加入另一片新的巢礎框，盡量每次只放一片巢礎框，也就是前一片巢礎框全部建好巢房後再放第二片，不要一次放置大量巢礎框造成工蜂負擔，影響蜂群的正常活動。

放入的巢礎框待工蜂建好巢房後，在蜜蜂還沒有存放蜂蜜、花粉之前，可移到中間區域供蜂王產卵，使幼蟲能在新巢房中發育，讓蜜蜂較為健康，而舊巢片可陸續移到外側，待流蜜期結束、蜂勢下降後予以淘汰（請參閱 P307「抽出蜂箱內多餘的巢片」）。

圖 2.5.45
當蜂多於脾、蜜源充足且蜂群出現贅脾的時候，可將巢礎框放置在贅脾的旁邊。

巢框的汰換

巢框建議使用兩年左右就要淘汰，因為蜜蜂羽化前會蛻皮（請參閱 P187「西洋蜂與東方蜂（野蜂）的發育過程」），在巢房內層留下幼蟲期和蛹期脫下的蛹皮與繭（圖 2.5.46），成蜂在清潔巢房時只能清除一部分的繭，大部分的繭仍會留在巢房中，歷經數代羽化後巢房內壁越來越厚，蜜蜂的體型會越來越小，並易形成病蟲害孳生的溫床，不利於養蜂及生產，所以適時汰換老舊巢脾能保持工蜂體型正常、維持蜂群健康。此外，老舊巢框的重量較重，在搬運上也會增加負擔。

如果蜜蜂建好的新巢片長期用於繼箱存放蜂蜜而沒有育幼，巢房內層沒有繭，只要流蜜期結束後存放得當，就能延長使用年限。

為了便於管理與汰換老舊巢框，當巢礎框放進蜂群中時，可在頂梁上標記日期。

圖 2.5.46
老舊巢脾上會積大量的繭

2.5.2 其他養蜂工具

面罩與防蜂衣 (bee veil; bee suit)

面罩也叫面網（圖 2.5.47），可保護頭部及臉部，避免遭受蜂螫，防蜂衣則是可以同時保護軀幹與四肢（圖 2.5.48）。簡易的面罩僅由尼龍網布製成，下方兩條鬆緊帶穿過腋下套在頭上，在套入頭上之前，戴上有帽緣的帽子，例如棒球帽、漁夫帽、斗笠等，讓面網與臉部形成一個區隔的空間，避免蜜蜂接觸臉部。

簡易的面罩套上後需將鬆緊帶穿入腋下，再將衣領塞入面罩中防止蜜蜂飛入。除了簡易面罩之外，還有半身與全身防蜂衣 (all-in-one bee suite)，以保護身體避免蜂螫。

由於臺灣高溫多濕，夏季穿戴之後容易汗流浹背，同時面網也會降低觀察蜂群發育狀況的視線，對初學者來說，面罩或防蜂衣雖然能避免部分蜂螫，但容易阻礙觀察巢房內的狀況。

手套 (gloves)

檢查蜂群發育狀況的時候，手是最接近巢房的部位，為了避免手部被叮，通常會使用手套保護手部（圖 2.5.49）。手套要有一定的厚度，材質以皮革為佳（真皮、合成皮皆可），綿紗手套雖然便宜且容易取得，但依然會被螫傷。

使用手套雖然可以保護手部，但也會因手套的厚度而降低手感妨礙操作，也比較容易在放置巢框時壓死蜜蜂。

圖 2.5.47
面罩

圖 2.5.48
防蜂衣

圖 2.5.49
手套

起刮刀 (hive tool)

起刮刀臺語又稱「檢查耙」（kiám-tsa-pê），是養蜂必備的工具（圖 2.5.50），主要用途是撬動黏固的巢框、剷除贅脾與蠟屑，刮去多餘的巢房等。

根據不同的使用習慣有不同的設計，但最基本的設計都會有一端呈現平鏟的形狀方便刮除蜂蠟，另一端有些設計用來移動被蜂蠟黏住的巢框，有些設計用來開啟盛裝蜂蜜桶的開口。

起刮刀的材質以堅硬的不鏽鋼為佳，品質好的起刮刀硬度高、不容易變形且不易生鏽。

圖 2.5.50
起刮刀

燻煙器 (smoker)

燻煙器也叫噴煙器（圖 2.5.51），十九世紀由美國養蜂人摩西・昆比 (Moses Quinby) 發明。

燻煙器的設計是按壓鼓風箱（煙皮）後送氣到金屬圓筒的燃燒室，將金屬圓筒內正在燃燒的燃料所造成的煙從噴煙嘴送出。

金屬圓筒內設有一個類似蒸架的墊片，將燃料與鼓風箱的送氣口區隔開來，注意墊片不可遺失或倒置，以免燃料阻礙空氣流通。

圖 2.5.51
燻煙器

蜂刷 (bee brush)

蜂刷是方便將蜜蜂掃除的工具，刷毛的材質以馬毛為宜，質地柔軟不傷蜂，選用時特別注意不要容易掉毛（圖 2.5.52）。

圖 2.5.52
蜂刷

割蜜刀 (honey knife)

割蜜刀是在取蜜時切除封蓋蠟所使用的工具，有時候也會用於巢房的清除與整理。割蜜刀分為硬式、軟式（圖 2.5.53、2.5.54），此外還有電熱割蜜刀與蒸氣割蜜刀（圖 2.5.55）。由於蜂蠟遇熱後質地變軟，使用一般的割蜜刀時可浸入熱水中加熱，以增加切除封蓋蠟的效率。

另一種針式割蜜叉，又稱梳蜜耙 (decapping fork; cappings scratcher)（圖 2.5.56），則是用來刮除割蜜刀不易切開的封蓋蜜上的封蓋。割蜜刀不用時應保持乾燥避免生鏽，長期存放時可塗抹少量食用油保養，待使用前再洗淨並確保刀刃鋒利。

圖 2.5.53
軟式割蜜刀

圖 2.5.54
硬式割蜜刀

圖 2.5.55
蒸氣割蜜刀

圖 2.5.56
梳蜜耙

搖蜜機 (extractor)

搖蜜機是採收蜂蜜的工具,搖蜜機的設計原理是透過離心的方式,將巢房中的蜂蜜甩到桶身內壁,1865 年法蘭茲・馮・赫魯施卡 (Franz von Hruschka) 應用離心原理組成搖蜜機,其雛形沿用至今。

現代的搖蜜機以 304 或 316 不鏽鋼材質為佳,與蜂蜜接觸的部分不可生鏽以免影響蜂蜜品質,亦有塑膠製的簡便搖蜜機。除了材質,軸心齒輪跟培林的密合及穩定度是選用的關鍵,如果螺絲沒鎖緊或齒輪密合度低,都會降低搖蜜機的使用年限。

搖蜜機主要有放射型搖蜜機 (radial extractor) 與切線型搖蜜機 (tangential extractor) 兩種(圖 2.5.57、2.5.58 a、b)。使用放射型搖蜜機時,巢片呈風車葉片狀擺放,可容納較多的巢片,適用於大規模的養蜂場,不用翻轉巢片就能同時將兩面的蜂蜜離心出來,巢片也比較不易損壞。

切線型搖蜜機放置巢脾的框架(脾籃)與搖蜜機的半徑呈直角,搖蜜時,巢脾一面的蜂蜜分離後,巢脾需要換面才能分離另一面的蜂蜜。切線型搖蜜機體積較小、價格相對低廉,適合小規模的休閒養蜂人,但如果轉速過快,巢片在離心的過程可能會損壞。

有些簡易的切線型搖蜜機並沒有設計出蜜口,搖蜜後必須握住桶身兩側的提把將蜂蜜倒出來,較費時費工,也沒有設計煞車,只能透過把手來控制離心的速度。為了提升效率,另外也有電動搖蜜機與電動割蠟機(圖 2.5.58 b、c、d)。

全自動化搖蜜設備是水平軸而非垂直軸,利用垂直的離心而非水平的離心力把蜜甩出來,此機械配合切除蠟蓋及搬運的工作,大大減少勞力支出,但價格高,且需要較大的空間(圖 2.5.58 e)。

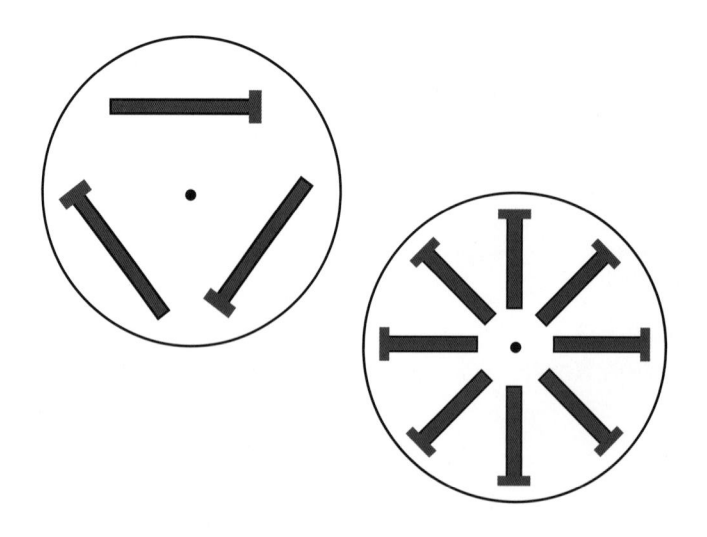

圖 2.5.57
切線型搖蜜機(左)及放射型搖蜜機(右)

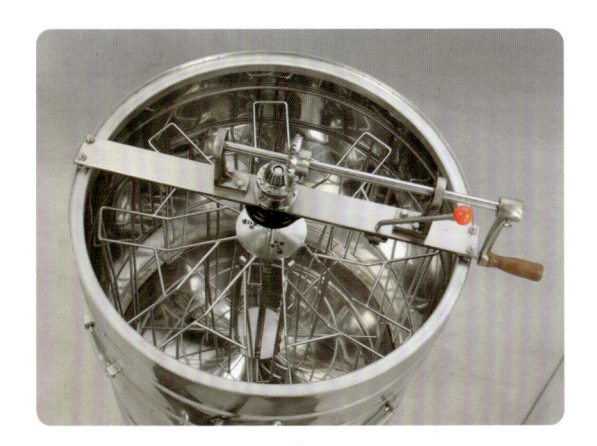

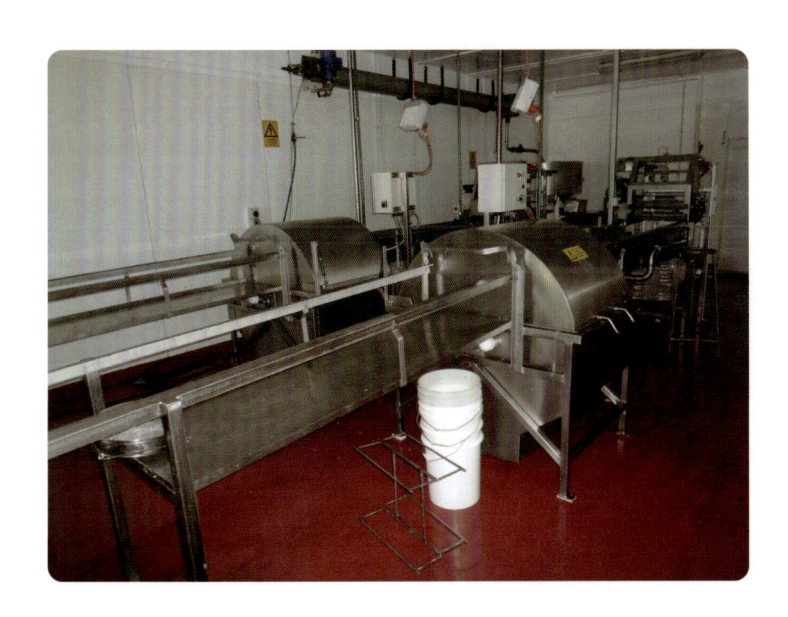

Chapter II
如何飼養西洋蜂與東方蜂（野蜂）

圖 2.5.58
a 上圖左／手動式放射型搖蜜機
b 上圖右／電動式切線型搖蜜機
c 中圖左／電動割蠟機
d 中圖右／繼箱內的蜜脾取下來後，移到專門取蜜的廠房內，用電動割蠟機割除封蓋上的蠟。
e 下圖／全自動割蠟機及搖蜜機

濾網（honey strainer; screen filter）

若幼蟲與蜂蜜在同一片巢片，搖蜜時幼蟲和成蜂有時候會不慎掉進搖蜜機，也會伴隨著蜂蠟混在蜂蜜中，濾網的功用就是過濾蜂蜜中的雜質。濾網可以使用布或金屬，網目越細，能過濾越細小的雜質，但效率較低。

花粉採集器或採粉器（pollen trap）

花粉採集器是專門用來蒐集蜂花粉的工具，臺灣現今常用的花粉採集器由穿孔片、篩網、集粉盒組成，穿孔片上有許多直徑 0.45~0.5 cm 的圓孔（圖 2.5.59），蜜蜂會將花朵上的花粉蒐集在後腳的花粉籃並集結成團，當蜜蜂回巢前，將花粉採集器置於巢口迫使蜜蜂通過，後腳的花粉團就會掉落於下方的盒中。

由於蜂箱類型多元，採購花粉採集器之前要先確定是否符合蜂箱巢口尺寸。

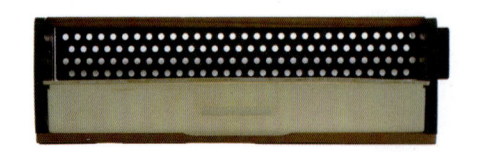

圖 2.5.59
花粉採集器

王籠（queen cage）

王籠是一種限制蜂王活動空間的容器，這種囚王器上面有小孔或縫隙，阻止蜂王離開，材質有塑膠、竹、木、金屬等（圖 2.5.60）。

王籠的設計大致可以分為兩種。第一種的王籠工蜂無法通過，工蜂僅能透過小孔或縫隙傳遞食物給蜂王。第二種的王籠縫隙較大，可以讓工蜂通過以接近王籠內的蜂王，但蜂王依舊無法離開，但少數體型纖細、較瘦的蜂王仍然有機會通過。

誘入新蜂王時要選用工蜂無法通過的王籠以確保蜂王安全，這種王籠通常會設計食物槽以便放置花粉、蜂蜜或煉糖，讓蜂王及工蜂在運送過程中不致餓死。

如果只是把蜂王囚禁在原來的蜂群中，完全沒有工蜂圍王的疑慮，就可以使用工蜂可以通過的王籠，讓蜂王受到更多的照顧，這種王籠可在採蜜時幽禁蜂王時使用。

王台保護器呈圓柱形，一端口徑較大，另一端口徑較小，可將王台置入其中以防被咬開，這種保護器也可以作為上述第一種工蜂無法通過的王籠使用（2.5.61）。

王籠夾（圖 2.5.62）雖然可在不觸碰蜂王的情況下將蜂王關起來，但保險點還是先把蜂王抓住，闔起來時要注意不要夾傷蜂王。

針式王籠則是把蜂王的活動範圍限制在巢片上（圖 2.5.63）。

王籠也可以自製，製作第一種王籠時要注意材質不可過厚，以免工蜂無法透過舌頭傳遞食物給蜂王。

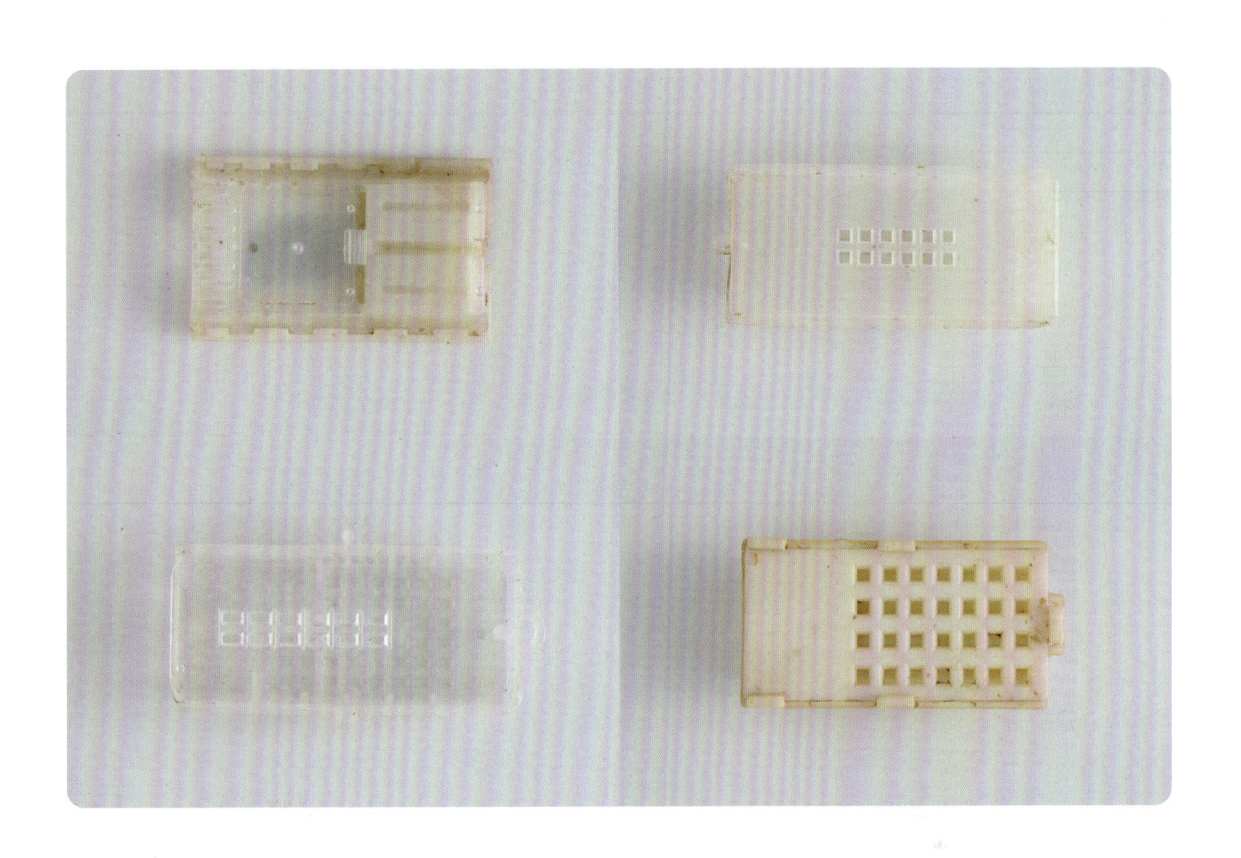

圖 2.5.60
上圖／四種不同的盒式王籠
下圖左／竹製王籠
下圖右／彈簧式王籠

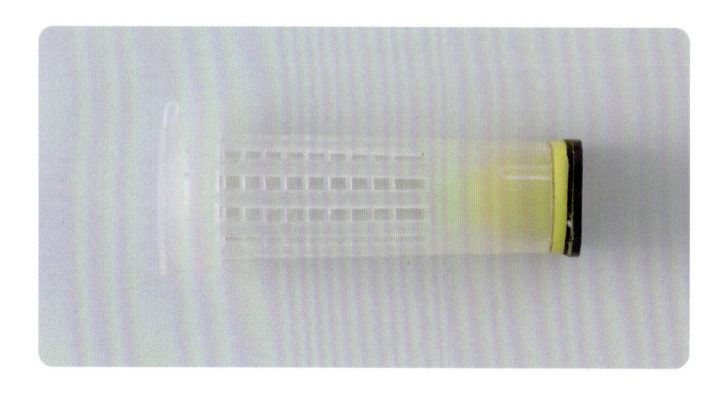

圖 2.5.61
王台保護器

圖 2.5.62 a
塑膠製王籠夾

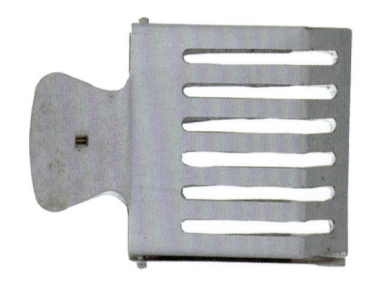

圖 2.5.62 b
金屬製王籠夾

圖 2.5.63 a
金屬製針式王籠

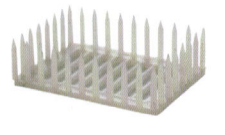

圖 2.5.63 b
塑膠製針式王籠

隔王板（queen excluder）

通常由金屬、塑膠、竹、木製成，板上有許多孔隙，其尺寸僅供工蜂通過，但蜂王與雄蜂無法通過。雖然隔王板能阻隔大部分的蜂王，但如果蜂王體型較小也有可能通過。

隔王板（圖 2.5.64）可分為水平隔王板與垂直隔王板兩種，水平隔王板用於幼蟲箱與繼箱之間，垂直隔王板大小則與巢片相似，置於同一箱的巢片之間。

隔王板的製作分為線型與片型。

線型的隔王板以直徑 0.2 cm 的金屬線隔出 0.4 cm 的間距。

竹子製成的線型隔王板則選用竹節較少、無蟲蛀的毛竹為原料，製成 0.2 cm 粗的竹條。金屬線型隔王板較牢固，但容易生鏽，竹子線型隔王板重量較輕，但堅固度不及金屬，容易損壞。

片型隔王板以金屬片為原料，機床設備製出長 3.8 cm、寬 0.45 cm 的長方形橢圓孔。

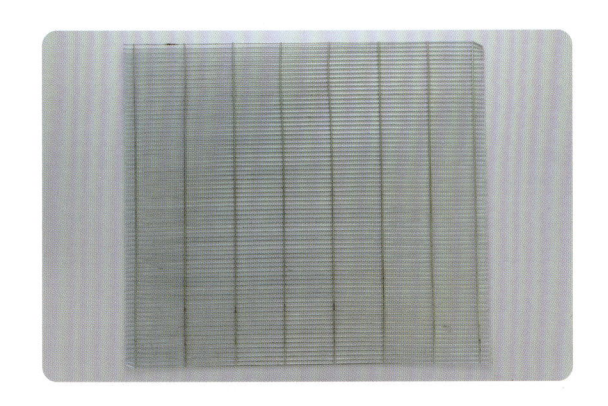

圖 2.5.64
上圖／水平隔王板
下圖左／線型垂直隔王板
下圖右／片型垂直隔王板

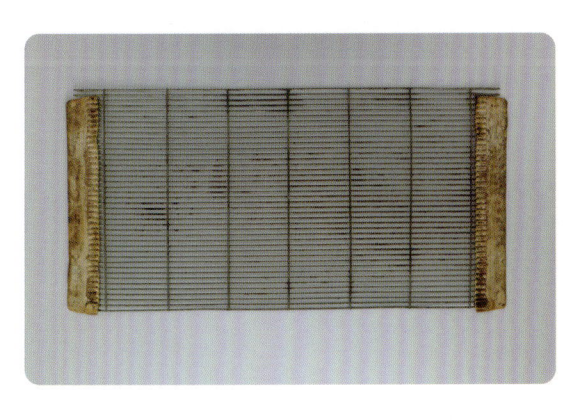

保暖板與隔板 (divison board)

尺寸與巢片類似，通常由木、塑膠、保麗龍製成，用於蜂箱裡巢框的最外側，可區隔出巢片與蜂箱之間的間隔，有利保溫及避免蜜蜂在側邊建造贅脾（圖 2.5.65）。

圖 2.5.65　隔板

禁王片 (queen excluder trapping; barrier fance; anti-escape frame)

置於巢口，孔隙 3.9~4.0 mm 僅供工蜂通過，防止蜂王離巢的工具，有些方形的竹製王籠置於巢口也具有類似的效果（圖 2.5.66）。

圖 2.5.66
左圖／金屬製禁王片；右圖／塑膠製禁王片

移蟲針（grafting tool）

生產蜂王乳及人工繁殖蜂群時，移工蜂幼蟲所需要的工具。傳統的移蟲針由鵝毛管或竹子製成，另有金屬移蟲針及移蟲管，但操作上較為不便。新式的彈力移蟲針由舌片、塑膠管、推蟲桿、彈簧、推柄製成，移蟲較為方便（圖 2.5.67）。尖端的舌片為最先接觸幼蟲時的位置，推動推柄透過彈簧可將推蟲桿向前延伸，將提取出來的幼蟲放入王杯中。移蟲針的前端最好柔軟有彈性，以免移蟲時傷及幼蟲。由於移蟲針的推柄和彈簧容易脫落，可用細繩固定以防遺失。

圖 2.5.67　移蟲針

王台棒與人造王杯（queen cell cup）

生產蜂王乳及人工繁殖蜂王所需，仿造自然王台的形狀，直徑約 9~10 mm，深度約 9~13 mm，將幼蟲移入其中誘使工蜂照料以生產蜂王乳或形成王台。

人造王杯可分為塑膠與蠟質兩種，自製蠟質王杯需要使用王台棒（或稱育王棒、蠟碗棒）（圖2.5.68），蠟質王杯只能使用一次，而塑膠王杯可重複使用。

圖 2.5.68　王台棒

蠟質的人造王杯僅用於培育蜂王，而塑膠王杯則生產蜂王乳與培育蜂王兩者皆可，一般來說，培育蜂王的王杯深度較淺，生產蜂王乳的深度較深。

市售的塑膠王杯有單顆與王台條兩種，王台條利於生產蜂王乳，個別拆下後也可用於培育蜂王（圖 2.5.69）。

圖 2.5.69　人造王杯 (人工王台)

王台框或育王框 (queen rearing frame; cell bar frame)

培育蜂王及生產蜂王乳所需,框中有 2~4 個木條,可以使用蜂蠟將王台固定在木條上,木條用釘子稍加固定便於轉動(圖 2.5.70),亦有鑲嵌式能將木條與王台一同取下。王台框的長度與一般巢框相同,寬度則各異,較窄者僅能安裝王杯,較寬者可再安裝王台保護器,兩種王台框都能用來培育蜂王及生產蜂王乳。

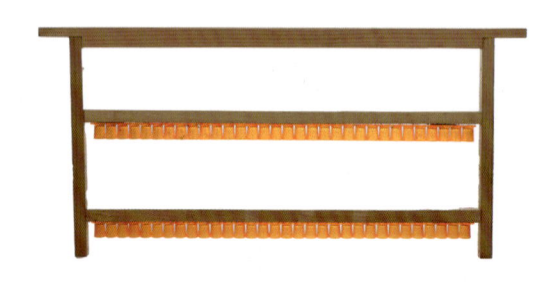

圖 2.5.70 王台框

夾子 (tweezers) 與挖乳棒 (royal jelly spoon; royal jelly pen)

生產蜂王乳時,需要用夾子將幼蟲夾出,並用挖乳棒取出蜂王乳置於容器中(圖 2.5.71)。

圖 2.5.71
左圖/矽膠挖乳棒;右圖/金屬挖乳棒

脫蜂板 (clearer board; bee escape board)

一種讓蜜蜂只能單向進出的木板（圖 2.5.72），樣式多元。搖蜜之前，先將脫蜂板置於幼蟲箱與繼箱之間，讓上層的蜜蜂單向進入下層的幼蟲箱，以減少對蜜蜂的干擾，但較為耗時。脫蜂板也用於提取蜜片以後，置於箱上讓殘留在箱內的蜜蜂飛出。

圖 2.5.72
左圖／脫蜂板外側
右圖／脫蜂板內側

餵食器 (feeder)

用於餵食糖水、補助花粉和代用花粉的用具。當蜂群內的儲蜜、儲粉不足時，需要餵食糖水及補助花粉維持蜂群生存所需，避免餓死。依不同的需求餵食器有不同的樣式，例如巢口餵食器（圖 2.5.73）、框式餵食器（圖 2.5.74）、多孔餵粉器（圖 2.5.75）、頂部餵食器（圖 2.5.76）、糖盒（圖 2.5.77）等等。

巢口餵食器可以不必打開蜂箱來餵食蜜蜂，例如博德曼餵食器（Boardman feeder）。準備一個可完全密封的罐子，罐口蓋子上有小孔，將裝有高果糖漿的罐子倒置在一個金屬或木製的盒子上，將盒子插在巢口，使罐口的糖液緩慢流出供蜜蜂取食。

另一種巢口餵食器則是將糖水倒入杯中，蓋上有長柄的杯蓋，倒置後糖水流在長柄上，將長柄從巢口插入蜂箱供蜜蜂取食，要注意如果長柄高度大於巢口而無法伸入蜂箱內，則容易引起螞蟻和其他蜂類取食。

框式餵食器 (frame feeder) 尺寸與巢框類似，但深淺不一，與巢框同深者可充當隔板使用。框式餵食器與巢口餵食器通常用於蜂箱蓋與巢框頂梁之間空間很小，巢框上無法放置糖盒的包覆式箱蓋 (telescopic cover) 的蜂箱（請參閱 P213「蜂箱樣式與種類」）。

餵食花粉的多孔餵粉器（花粉餵食器），則是將調配好的補助花粉塞入孔洞中，置於巢框的最外側。

頂部餵食器 (top feeder) 有各種樣式和尺寸，面積與蜂箱相同，置於箱蓋與箱體之間，將糖水置於其中，餵食器的其中一個短邊與箱體內的蜂群互通，可以讓蜜蜂爬上來取食。

臺灣常用一種淺盤當做糖盒，置於蜂箱內的巢框之上（圖 2.6.1），倒入糖水後再放樹枝供蜜蜂停留，此種糖盒亦可用其他淺盤取代，但內側要粗糙以利蜜蜂爬行。

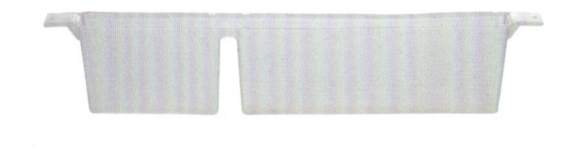

圖 2.5.73
巢口餵食器
上圖／博德曼餵食器
下圖／巢口餵食器

圖 2.5.74
框式餵食器
上圖／深的框式餵食器
中圖／淺的框式餵食器
下圖／使用框式餵食器時置於蜂箱內的外側

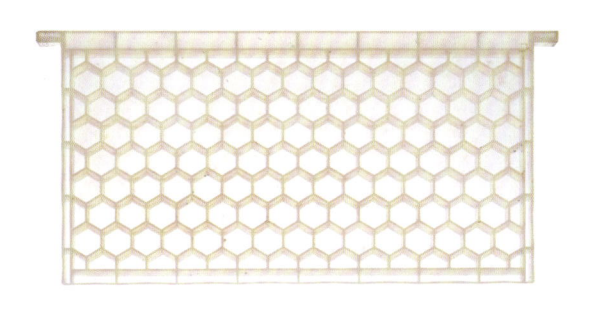

圖 2.5.75
多孔餵食器（花粉餵食器）
左圖／花粉餵食器
右圖／將調配好的補助花粉塞入花粉餵食器的孔洞中供蜜蜂取食

圖 2.5.76
頂部餵食器

圖 2.5.77
糖盒

Section 2.6

蜜蜂的營養與如何餵食

2.6.1 蜜蜂的營養

營養是蜂群健康與否的重要因素，幼蟲必須藉由成蜂的餵食來攝取營養，營養充足且發育健全的幼蟲才能羽化出健康的成蜂，蜂群的生產力才會提升。蜜蜂的生理和發育也受營養因素的調控，是蜜蜂分化的一個重要條件，幼蟲期營養物質的攝取量和品質決定了發育方向，例如被餵食營養豐富的蜂王乳的幼蟲會發育為蜂王，而被餵食營養較缺乏的幼蟲則發育為工蜂。

3日齡以上的工蜂幼蟲主要攝取成蜂分泌的擬工蜂乳，其中含有較多糖分。雄蜂幼蟲所食用的雄蜂乳富含生物素 (biotin)、維生素 B1 (thiamine)、膽鹼 (choline)、泛酸 (pantothenic acid)、蛋白質、脂質與礦物質；而擬雄蜂乳則含有較多糖類、核醣黃素 (riboflavin) 與葉酸 (folic acid)。至於蜂王幼蟲，其主要食物為蜂王乳，其中泛酸類、葉酸與生物素的含量皆高於工蜂乳。

成蜂階段，主要從花粉中獲取營養，而花蜜則提供能量來源。各種植物分泌的花蜜其醣類組成各不相同。外勤蜂對醣類的需求較高，能夠利用的醣類種類相當多，包括果糖 (fructose)、葡萄糖 (glucose)、蔗糖 (sucrose)、麥芽糖 (maltose)、海藻糖 (trehalose)、半乳糖 (galactose)、木糖 (xylose)、阿拉伯糖 (arabinose)、纖維糖 (cellobiose)、甘露醇 (mannitol)、山梨醇 (sorbitol) 等。

花粉提供豐富的營養素，包括蛋白質、脂質、礦物質與維生素。花粉的營養成分會隨植物種類與開花季節而有所不同。即使來自同一植物，若栽種於不同地區，亦可能因氣溫、年雨量、土壤微生物、肥力及酸鹼值等環境因素而產生營養差異。這些成分對蜜蜂壽命及其下咽頭腺、卵巢與脂肪體等構造的發育皆具關鍵影響。

富含營養的花粉有助於工蜂下咽頭腺的完整發育，例如油菜花粉與羅氏鹽膚木花粉能有效促進腺體成長，並提升蜂王乳的品質。相較之下，咸豐草與玉米所產的花粉，對於腺體發育的效果則較為有限。此外，如茶花蜜中含有松三糖與棉子糖，若蜜蜂攝取過量，會導致幼蟲產生生理障礙。因此，當發現蜜蜂採集茶花粉回巢時，要將其花粉採收下來，並補充糖水以緩解症狀（請參閱 P399「有毒蜜粉源植物」）。

工蜂在餵食幼蟲的過程中會大量取食花粉，這些花粉中的蛋白質對蜜蜂的生長與發育很重要，是蜜蜂肌肉、組織及各種腺體的主要成分。蜜蜂在羽化後兩週左右是組織快速發育的關鍵階段，此時必須攝取大量花粉來滿足營養需求。若攝取的蛋白質不足，會導致體重減輕、體內氮含量下降，進而影響蜂群的發展。

餵養蜜蜂時如果只提供糖分，剛羽化的工蜂體內含氮量會明顯減少，死亡率上升，但只要及時補充花粉，這些工蜂就能恢復正常。顯示花粉是不或缺的營養來源。相較之

下，老齡工蜂只需醣類就能維持活動所需的能量，牠們體內早期儲存的營養足以維持生命。由此可知，即使蜂群在短時間內遇到營養不良或不利環境，仍具備一定程度的自我調節能力。

在天然花粉中有許多的甘胺酸 (glycine)，但即使在人工配製的花粉餅中額外添加甘胺酸，對蜜蜂的發育仍然不如食用天然花粉。這說明即便某種胺基酸的營養價值很高，單一成分並無法達到育幼的效果。事實上，蜜蜂需要來自多種植物的花粉，以獲得更多元且均衡的胺基酸與營養來源。

蜜蜂所需的脂肪主要來自花粉，雖然脂肪在大多數花粉中的含量並不高，乾重平均約 5 %，但對蜜蜂的生長與健康卻扮演重要角色。在食物短缺時這些儲存在體內的脂肪能維持生存所需。脂肪酸 (fatty acids)、脂醇 (sterols) 與磷脂質 (phospholipids) 不僅供應蜜蜂日常所需的能量，也參與細胞膜的建構與體內代謝。

花粉中脂醇能夠吸引蜜蜂，脂醇中的膽固醇 (cholesterol) 對蜜蜂的發育和繁殖非常重要。蜜蜂需要膽固醇來維持正常的生理功能，但蜜蜂無法自行合成膽固醇，只能從食物中獲取。適量的膽固醇不僅能提升蜜蜂的活力，還能促進幼蟲發育。

維生素對蜜蜂的生長與育幼至關重要，其中泛酸 (pantothenic acid) 能促進工蜂的下咽頭腺發育，若蜜蜂缺乏硫胺 (thiamine, B1) 及核黃素 (riboflavin, B2)，就會發育不良。幼蟲若缺乏肌醇 (inositol) 和吉林酸 (gibberellic acid) 則會死亡。此外在蜜蜂飼料中添加適量的維生素 E 有助於提高蜂王乳的產量，對蜂群的繁殖和健康都有正面幫助。

花粉是蜜蜂獲取礦物質的主要來源，含有鉀、鈣、磷、鐵、鈉等多種重要營養素，這些成分也能在蜂王乳中發現。雖然蜜蜂對礦物質的需求量並不高，但這些礦物質對蜜蜂的成長與生理功能仍然扮演關鍵角色。

腸道微生物亦會影響蜜蜂健康。有些乳酸菌（如 Leuconostoc mesenteroides）有利於蜜蜂腺體發育、保護蜜蜂腸道，抑制病原菌入侵；但有些微生物過量會對蜜蜂生理造成不利的影響。若隨意將人類常食用的益生菌餵給蜜蜂，不見得對蜂群有益，即使是已知的蜜蜂益生菌也需掌握餵食量與方法。

2.6.2 餵食糖水與花粉餅（補助花粉）的時機

蜜蜂將採集來的花粉團放入巢房後，會由內勤蜂再加入蜂蜜和一些分泌物將花粉混合處理，經加工後的花粉能長時間保存，這種存於巢房中的花粉稱為蜂糧 (bee bread)。當外界的蜜、粉源不足時，蜂群的數量會大為減少，東方蜂（野蜂）雖然善用零星蜜源，但適時的餵食可以減少逃蜂與盜蜂的機率。西洋蜂善用集中蜜源，採蜜能力強，蜜源不足時才會採集零星蜜源，所以糖水與花粉的消耗量大，如果缺粉、缺蜜期養蜂人不進行餵食蜜蜂就會飢餓而死。

蜂蜜、花粉分別提供不同的營養需求，當蜜源不足時要給予糖水，粉源不足時必須餵飼補助花粉 (pollen supplement) 或代用花粉 (pollen substitutes)，以維持蜂群發展所需。補助花粉與代用花粉都能提供蜜蜂營養，主要差別在於，補助花粉有添加蜂花粉及其他營養成分，代用花粉則不添加蜂花粉，完全由其他營養成分組成。

餵給蜜蜂吃時通常呈塊狀、條狀或餅狀，俗稱花粉餅，而蜂糧則是蜜蜂將花粉採回巢後加上蜂蜜，存放在六角形巢房的物質，兩者有所不同，名稱上不能誤用。如果缺蜜時未能及時補充糖水，只餵食補助花粉，刺激育幼的效果較差。

蜜蜂會取食較甜的蔗糖、葡萄糖、麥芽糖及果糖，蔗糖中的二砂糖含有微量的礦物質及有機物，與白砂糖相比保留了更多蔗香，因此更能吸引蜜蜂取食，冰糖亦無不可，只是價高。餵糖時，糖與水的比例在 1:1 至 2:1 之間（重量比 w/w），濃度越高採食意願較高，且能提供更多的熱量，但成本也比較高。此外在糖水中添加蜂蜜能夠增加蜜蜂的採食意願，缺點是成本較高，且使用蜂蜜會增加傳播病原菌的風險。冬季低溫時可先用熱水加速砂糖融化，餵食的糖水溫度不宜超過 45 °C，亦可待恢復常溫之後再進行餵食。

糖水餵食的方法大致可分為箱外餵食與箱內餵食兩種，可依不同的餵食方法選用不同的餵食器。箱外餵食是在蜂群附近放置糖水，讓外勤蜂採食，好處是不必開箱，但需選在溫暖無雨的氣候，否則蜜蜂不會外出採食，箱外餵食也容易引來螞蟻、虎頭蜂等侵擾性生物和天敵，甚至發生盜蜂，在臺灣不建議使用。

箱內餵食在臺灣最常用的方法是，取一個淺盤放在巢框上面，淺盤內側不可太光滑否則不利蜜蜂爬行，把糖水倒入其中供蜜蜂採食，表面積越大，採食的效率越高。可在糖盒中放置樹枝或網子供蜜蜂停留，減少溺斃的機率（圖 2.6.1），由於工蜂會用大顎咬開吸附糖水的物質，所以漂浮物不宜選擇水果網、泡棉等密度較低的塑化物，以免產生粉屑汙染蜂群及蜂產品。

圖 2.6.1
在巢框上放置花粉餅與糖水來餵食蜂群

當巢蜂箱蓋與巢框之間屬於沒有空隙的包覆式箱蓋 (telescopic cover)（請參閱 P213「蜂箱樣式與種類」），則需使用框式餵食器或巢口餵食器。使用前需騰出空間將框式餵食器置於巢片旁邊，餵食糖水的餵食器內側的表面粗糙以利蜜蜂爬行，還需放入枯葉、枯枝避免蜜蜂溺斃，但即使如此，蜜蜂還是有可能死在框式餵食器中。至於巢口餵食器則不會有蜜蜂溺死的狀況，而且不需開箱就能餵食，不但適合用於不喜歡常被干擾的東方蜂（野蜂），西洋蜂也可使用（更多餵食器請參閱 P257）。

箱內餵食的好處是可以降低不同群的蜜蜂搶食，但在寒冬低溫時開箱會降低巢房內的溫度，而且缺蜜的季節開箱過久也容易引起盜蜂，因此餵食的速度要快，不可開箱太久。餵食的時間以傍晚為佳，天黑這段時間雖然能減少盜蜂的機率，但蜜蜂較兇，因此開箱動作要慢且輕柔，餵完糖水要立即闔上蜂箱蓋不要逗留。

還有一種餵食糖水的方式，是在蜂箱箱體與蜂箱蓋之間加一塊木板或軟墊，木板或軟墊中間挖一個直徑約 3 cm 的孔洞，將濃稠的高果糖漿倒入可完全密封的桶子或罐子裡，然後在蓋子上鑽一個直徑 1~1.5 mm 的小孔，並把桶子或罐子倒置，小孔對準木板或軟墊上的孔洞，讓高果糖漿緩慢從小孔流出供蜜蜂取食（圖 2.6.2）。

注意需選用質地濃稠、未稀釋的高果糖漿使之緩緩流入，而且容器蓋子上的小孔不宜過大以免流速過快，招來螞蟻。這種方式可以減少開箱打擾蜂群的頻率及餵食次數。

除了糖水之外也可以使用糖霜，一般市售糖粉（糖霜）為了避免結塊會添加澱粉，建議

圖 2.6.2
將高果糖漿放入桶中餵食蜜蜂

自行將砂糖磨成細粉後，不加水直接放入糖盒中供蜜蜂取食。

另外亦可使用固態的糖磚 (candy) 來餵食蜜蜂。製作方法是把 500 g 的水和 2500 g 的白砂糖 (1:5 w/w) 放入鍋中加熱，不斷攪拌直至沸騰，沸騰後再煮三分鐘。三分鐘後將鍋子從火爐上移開，放入冷水中隔水降溫，冷卻的過程持續攪拌，將鍋壁的糖漿拌入鍋子中間。當顏色變混濁後倒入模具或金屬托盤中分裝，冷卻後的糖磚應呈現硬塊狀，不可如麥芽糖般柔軟，使用時放在巢框上方供蜜蜂取食（圖 2.6.3）。

圖 2.6.3
使用糖磚餵食蜜蜂

這種餵食方式可以減少開箱次數，避免寒流來臨時開箱時間太長影響蜂群調節溫度，進而使蜂群失溫、幼蟲死亡，同時又能長期供應熱量給蜂群，只是與糖水相比，蜜蜂採食糖磚的效率較低。

臺灣大部分的養蜂環境不常低於 0 ℃，所以餵食糖水是最普遍且取食效率較高的方法，蜜蜂吸食糖水後可存放在巢房中利用。正常來說餵食糖水後要能夠在一天內吃完，如果隔天開箱發現仍然殘留糖水，下次餵食就要減半，若有蜜蜂死在糖盒中，需要檢查蜂勢是否太弱、蜂王產卵狀況不佳、蜂群感染病蟲害、糖水濃度太低或糖水發酵變質。

餵糖水與花粉餅（補助花粉）的時機，要依據蜂群儲蜜、儲粉量及蜂群的發育狀況而定，透過蜂群記錄表可以量化蜂群的發育及食物儲存的狀況，若蜂群的存糧低於整體蜂群比例的 1 成時則需要餵食。建議全場一起餵食，餵食的多寡要配合蜂群的強弱，掌握「強群餵多，弱群餵少」、「少量多餐」、「先餵強群再餵弱群」的原則。

初學者以為弱群食物不足要多加給予，殊不知弱群採食能力較弱，一次給予太多的糖水，殘留的糖水容易發酵，也會引來螞蟻等侵擾性生物，此外即使在糖盒內放置樹枝供蜜蜂停留，弱群也仍會有蜜蜂溺死其中（圖 2.6.4）。而強群因為蜜蜂數量多，消耗量大，所以必須給予較多的食物。

餵食分為補充餵食（補助餵食）和獎勵餵食，餵食糖水最基本的目的在於補充巢內儲蜜的不足，先進行補充餵食，在缺蜜期不致於讓蜜蜂餓死。當儲蜜能夠維持蜂群基本所需後，可再進行獎勵餵食，以促進蜜蜂外出採集。獎勵餵食可在外界開始出現少量蜜源時進行，直到外界蜜源能夠供給蜂群發展所需為止，且巢內有一定的儲蜜時，進行獎勵餵食能刺激蜂王產卵，生產蜂王乳時進行獎勵餵食以及補充花粉餅（補助花粉），可提升蜂王乳的產量和品質。

另外也可以在糖水與花粉餅中加入「哈妮勇」（農牧字第 1080732481 號）或「旺村蜂®」（農牧字第 1120716099 號），「哈妮勇」是一種水解蛋白，富含蜜蜂所需胺基酸，能增加蜂王產卵量、提升工蜂採集能力與蜂產品產量與品質。「旺村蜂®」是一種長效型粗蛋白，富含蜜腸胃道益生菌，能延長蜜蜂個體壽命。

巢內儲蜜不足時給予糖水後蜜蜂活動力會增加，因此連日陰雨的寒冬不要在白天餵食，以免刺激蜜蜂大量外出減少壽命，成蜂可能凍死在外（圖 2.6.5），導致巢內成蜂不足，不利維持蜂群保溫，幼蟲無法順利羽化，東方蜂（野蜂）雖然耐寒能力較佳，但要注意盜蜂，必要時仍需餵食。

餵食不能毫無節制，如果糖水餵食過多，一方面成本太高，另一方面巢房內會出現「蜜壓子」的情況，巢房存放大量糖水，導致蜂王沒有空間產卵造成日後工蜂數量減少。雖然糖水能夠維持蜜蜂生存，但糖水不能完全取代蜂蜜對蜜蜂的重要性。

雖然比起糖水，攝取蜂蜜的蜂群發育會更好，但蜂蜜是蜜蜂病原傳播的媒介，所以用蜂蜜餵食蜜蜂的風險非常高。此外蜜蜂會將糖水儲存在巢房之中，因此餵糖水時不應採收蜂蜜，即使採收下來也不能稱為蜂蜜。第一次採收蜂蜜若含有之前餵食的糖水需另外標示，可在缺蜜時餵給蜂群。

圖 2.6.4
蜂群如果太弱，蜂少於脾，餵食過多的糖水時，
即使放置枝條讓蜜蜂攀爬，蜜蜂仍然有可能死在糖盒裡。

圖 2.6.5
在連日陰雨的寒冬，如果沒有餵食或餵食方式不當，
容易造成蜂群大量死亡。

2.6.3 餵食花粉餅（補助花粉）與發酵花粉的方法

將花粉餅（補助花粉）放在幼蟲較多的巢框上方（圖 2.6.6），取食意願及利用效率比放在邊緣和糖盒內來得高，或者也可放在蜂路間增加採食意願。當蜂群中的幼蟲及成蜂太少、罹患病蟲害、外界花粉數量過多或者花粉餅（補助花粉）變質，都會降低蜜蜂採食花粉餅（補助花粉）的速度或意願。

餵食的花粉餅（補助花粉）大小需依照蜂群強弱來決定，將補助花粉搓揉成餅狀（所以稱為花粉餅），先以一個手掌大小為基準，如果蜂群內成蜂及幼蟲量多但花粉儲存量少，就可以給予較多的補助花粉（花粉餅）。如果蜂群太弱則先少量餵食，避免一次給予太多，弱群吃不完引來蟑螂、螞蟻等侵擾性生物，原則上強群餵多，弱群餵少，餵食後最好一週內能取食完畢。

餵食發酵花粉時可沿著巢框頂梁上緣擠成條狀供蜜蜂取食，但調配好的花粉餅盡量不要太稀，避免溢流到巢框之間。如果蜂箱屬於包覆式箱蓋 (telescopic cover)（請參閱 P213「蜂箱樣式與種類」），蜂箱蓋與巢框之間沒有空隙，就必須使用多孔餵粉器（花粉餵食器），將配好的花粉餅（補助花粉）塞入餵粉器的孔洞中，置於巢脾最外側，孔洞朝向巢脾（圖 2.5.75）。

若蜂群中花粉的存量充足則不需要餵食，大量進粉時甚至需要適時採收，以免發生「粉壓子」的情況發生（也就是蜜蜂大量採集花粉回巢後，巢房被花粉占滿，限縮了巢內可產卵的空間，導致卵與幼蟲的數量下降）。東方蜂（野蜂）群的花粉存糧不足時，雖然可從西洋蜂群內取出花粉巢脾，放入東方蜂（野蜂）群中，但病原傳播的風險非常高。

圖 2.6.6
將調配好的花粉餅放在幼蟲較多的巢框上方，較能促進蜜蜂取食。

2.6.4 花粉餅（補助花粉）或發酵花粉的配方

● 花粉餅（補助花粉）

使用花粉餅（補助花粉）或代用花粉，僅僅是在環境中缺乏天然花粉的情況下，來輔助蜜蜂度過缺粉期，其配方很多，需根據蜜蜂的營養需求加以調配才能為蜜蜂補充營養。

基本原料及比例如下：

新鮮蜂花粉：二砂糖或白砂糖：脫脂黃豆粉
＝ 3：2：1 重量比 (w/w)

糖分越高對蜜蜂的吸引力越強，適口性越好，蜂花粉比例越高能提供更多的營養，比例可以改變，所以也可以調整為：

二砂糖或白砂糖：新鮮蜂花粉：脫指黃豆粉
＝ 3：2：1 重量比 (w/w)

有些養蜂人會使用黃豆粉用於調整濕度並作為蛋白質的補充品，調配時黃豆粉最後才加，實際配製過程並沒有一定的比例，但黃豆粉無法完全取代天然花粉對蜜蜂的重要性，配方中也可以不添加黃豆粉，直接將蜂花粉與糖混合後餵食蜜蜂。如果調配的花粉餅（補助花粉）數量龐大，可以使用揉麵機（攪拌機）協助攪拌（圖 2.6.7）。

圖 2.6.7
製作花粉餅的攪拌機

作法 1：使用新鮮蜂花粉

首先將未乾燥的新鮮蜂花粉與砂糖充分混合（或事先將砂糖磨成細粉，加速糖的溶解），經過不斷相互搓揉，直到蜂花粉與糖不再呈現顆粒狀、完全融合，最後再加入脫脂黃豆粉來調整濕度（也可以不添加黃豆粉），使花粉餅（補助花粉）呈現黏土狀，不至於太過軟爛溢流。

作法 2：使用已乾燥蜂花粉

如果使用已乾燥的蜂花粉，可以先將 600 g 乾燥蜂花粉浸泡在 300~400 g 的糖水中（二砂糖與水的重量比為 1：1，可先以熱水使糖粒溶化，恢復常溫再使用），充分攪拌後靜置 2~3 小時，待乾燥的蜂花粉吸收糖水軟化後，再搓揉使花粉團粒化開（圖 2.6.8），並適度加一些砂糖增加適口性（也可事先將砂糖磨成細粉，加速糖的溶解），若濕度太高、質地太軟可加入脫脂黃豆粉吸收水分，調整花粉餅（補助花粉）的濕度。製成後的花粉餅（補助花粉）如果沒有餵完，可切成小塊放入冷凍庫儲存，防止酸敗及減少營養流失。

圖 2.6.8
乾燥蜂花粉吸收糖水軟化後，再搓揉使花粉粒化開。

新鮮花粉對工蜂下咽頭腺發展的效果最好，儲存期間花粉中的營養成分與花粉的來源、乾燥程度、空氣溫度、相對濕度都有關係。花粉隨著儲存時間越長，營養成分例如必需胺基酸 (essential amino acid) 會逐漸降低，存放越久育幼效果越差，常溫存放數年的花粉不易使蜜蜂腺體發育，因此建議優先選擇妥善冷凍存放未經乾燥的新鮮花粉作為原料才能引起蜜蜂腺體的發育，但如果花粉已發酵變質則不宜使用。

不可從染病的蜂場購買蜂花粉，最好能夠使用伽瑪輻射照射 (Gamma irradiation) 處理過的蜂花粉，伽瑪輻射照射不但能夠殺死美洲幼蟲病 (American foulbrood, AFB) 病原，而且根據 2018 年麥克・西蒙・芬斯特羅姆 (Michael Simone-Finstrom) 等人的研究，伽瑪輻射照射可以有效使白堊病病菌──蜜蜂球囊菌 (*Ascosphaera apis*)、東方蜂微粒子 (*Nosema ceranae*) 和蜜蜂畸翅病毒 (deformed wing virus, DWV) 失去活性，降低病原菌的數量和病原的傳播。

使用自家採收的蜂花粉，減少使用來源不明的蜂花粉，可以降低蜂群染病的機率，在花粉充足的季節進行採收並妥善保存，不但避免粉壓子，也能夠降低購買蜂花粉的成本，前提是場內的蜂群不能帶有病原（請參閱 P331「蜜蜂病蟲害的傳播途徑」）。

病原會存在於蜂蜜與蜂花粉中

調配花粉餅時添加蜂蜜雖然能夠增加適口性，提高蜜蜂採食意願，但很多會感染蜜蜂的病原菌都可能存在於蜂蜜中，藉此傳染給蜂群，因此使用蜂蜜會增加蜜蜂罹病的風險，一定要特別注意。

● 發酵花粉

由於蜂花粉價格較高，大量餵食蜂花粉會增加飼養成本，因此已有許多花粉代用品問世，其中發酵花粉就是其一。發酵花粉能減少花粉的使用量，降低飼養成本，但無法完全取代天然蜂花粉對蜜蜂的重要性。

材料：

蜂花粉	100 g
蜂蜜	30 g
水	400 g
白砂糖	300 g
脫脂黃豆粉	500 g
糖粉或細粒特砂	600 g

作法：

1. 將水 200 g、乾燥蜂花粉 100 g、蜂蜜 30 g 三者充分攪拌均勻，使蜂花粉完全溶解成為花粉泥，常溫放置一夜使之初步發酵。

＊若要降低成本可不添加蜂花粉，若不考量成本，蜂花粉可多加作為蜜蜂營養所需。

2. 次日將水 150 g 與白砂糖 300 g 溶解、混合均勻後，拌入靜置一夜的花粉泥，再加入 500 g 的脫脂黃豆粉攪拌成團。

3. 最後用 50 g 的水沖洗容器內殘留的原料，一同放入密封的夾鏈袋中靜待發酵。

＊發酵時間視溫度而異，36 ℃~38 ℃ 約 1~2 天即可發酵完成，30 ℃ 需 4~6 天，低於 30 ℃ 則需要更長的發酵時間；溫度不可超過 45 ℃，否則有可能會殺死微生物而停止發酵。

4. 發酵後袋子會膨脹鼓起（圖 2.6.9），此時打開袋子把氣體洩出後再密封，不再鼓起即發酵完成。

5. 發酵完成後鬆軟不甜且口感略帶酸味，此時加入 600 g 的糖粉以增加甜度和適口性。糖粉也可用細粒特砂取代，但需不斷攪拌使之溶解，即完成發酵花粉的製作。

＊加入糖粉後發酵花粉會更加液態化，可再加入黃豆粉調節濕度。

＊完成的發酵花粉可常溫存放，但應盡速用完，若要長期儲存可放入冰箱冷藏，以免持續發酵降低適口性。

圖 2.6.9
製作發酵花粉時，發酵後會膨脹鼓起。

Section 2.7

蜂場的選擇、如何取得蜂群、蜂箱的擺放與搬遷

2.7.1 養蜂場的選擇

蜜蜂需要飛出巢外採集食物，蜜、粉源植物的發育和蜂群的活動同時受氣候條件影響，養蜂場的環境對於蜂群發展至關重要。

首先養蜂場附近要避免化學農藥及廢水汙染，否則會造成蜂群大量死亡，蜂產品也因為殘留化學農藥而無法食用，所以週遭若有農業活動要隨時注意是否噴灑化學農藥，掌握噴藥的時間，必要時在噴灑前遷移蜂群，人口密集區則要注意是否有防治登革熱的施藥作業。

養蜂場盡量選擇在蜜、粉源充足的地方。乾淨的水源非常重要，不但能夠提供蜂群發展所需，在檢查蜂群時也能方便清潔雙手和工具。此外不要在短期內曾經發生嚴重傳染性病害（例如美洲幼蟲病）的地方飼養蜜蜂。

放蜂箱的地點若屬於國有地要主管機關同意，養蜂場最好選擇手機有訊號的地方，緊急時才能聯絡，如果自己一個人到養蜂場最好讓親友知道避免意外發生，同時要讓車輛能夠抵達，人員發生意外或車輛發生事故時以利救援，搬運蜂箱及器材也比較方便。

同時也要避免蜜蜂被偷，除了門禁措施外可裝監視器或在蜂箱內放置 GPS 追蹤器。蜂群最好能夠就近照顧，遇到問題可以即時處理，例如虎頭蜂肆虐的時候就需要經常捕捉。為了因應臨時的化學農藥噴灑、虎頭蜂肆虐、盜蜂等狀況需要搬遷，最好要有兩個以上可以放置蜂群的場地才不會捉襟見肘。

蜂箱擺放時，巢口的方向要根據環境條件進行調整，理想的條件是背風向陽、坐北朝南，但實際上仍要依現地狀況調整。蜂箱巢口盡量不要朝著受風面，例如冬季大多吹東北風，所以蜂巢口要避免面向北或東北。並且善用遮避物減少烈日曝曬，例如放在夏季枝葉茂密，冬季落葉的植被下可增加光照，以能達到夏季遮陰冬季保暖的效果，東方蜂（野蜂）盡量選擇在陰涼隱蔽之處，避免夏季太陽直射。

地上經常泥濘或全年頻繁出現蝸牛表示濕度高（圖 2.7.1），建議不要在該地區長期放置蜂箱。除非短期暫置，要不然蜂箱一定要墊高，避免蜂箱直接接觸地面，墊高除了降低地面濕度的影響外，也要考慮下雨後，雨水反彈的高度，蜂箱外會有泥巴附著，就是雨水反彈後的痕跡（圖 2.7.2），巢口要略微前低後高以利排水。

若有海蟾蜍 (*Rhinella marina*) 出沒，最好置於 60 cm 以上的架子。蜂箱前的草要定期修剪，不宜過長擋到蜜蜂進出，如果暫時無暇處理，可將蜂箱向後拉。如果是採蜜期轉地飼養，短期暫置蜂群，可以拿 50 kg 大小的空的砂糖袋墊在蜂箱下面（圖 2.7.3）。

在經濟條件許可下可考慮架設棚架或 C 型鋼，夏季太陽經常直射造成蜂群溫度過高時

可搭建遮陽網。若有中華大虎頭來襲,可在蜂箱周圍包覆孔徑 0.8 cm 的黑網來防止中華大虎頭蜂侵犯(關於虎頭蜂的防治請參閱 P371)(圖 3.4.22)。如果無法架設棚架,可在蜂箱上放置面積大於蜂箱的防水板以延長蜂箱使用年限,同時降低夏季高溫對蜂群的影響。

蜜蜂返巢的時候,可能會因為刮風或其他環境因素而回到原本不是自己的蜂群中,這種迷巢現象與盜蜂不同,因為這些外勤蜂帶著花蜜、花粉或水,就會被其他蜂群所接受,下次或次日外出回巢就可能由於風向的改變而得到校正。但若是處女王交尾期間迷巢,則培育新蜂王容易失敗,因此蜂箱之間的距離宜保持寬敞,每箱蜂群拉開間距約 1~2 m,可降低迷巢和方便日常的檢查作業。

場地除了擺放蜂箱外,最好能夠有放置養蜂工具的空間,如果環境條件不允許,最簡單的做法是準備一個可攜帶的工具箱。

臺灣有些地方住商混合,城市與鄉村、住宅區與商業區的分界不一定很明顯,許多人口密集區旁邊就是郊山、淺山,例如臺北市區緊鄰四獸山、金面山、陽明山,高雄市緊鄰柴山。不論是都市還是鄉村,蜜蜂與其他昆蟲一樣都是環境中既有的昆蟲,除了養蜂人所飼養的蜜蜂之外,環境中還有很多野生的蜜蜂和蜂類與人類共享自然資源。養蜂與飼養任何合法的動物一樣都是個人的自由,但即使合法,仍要善盡飼主的責任,避免因缺乏管理引起盜蜂,影響其他蜂群和傳播病原,以及不當使用費洛蒙誘引蜜蜂,並要盡可能減少分封引發民眾恐懼,可適時地運用植栽進行掩蔽,同時藉此多種植當地原有的蜜粉源植物。若蜜蜂養在人口密度較高的地方,蜜蜂的排泄物可能會造成鄰里困擾,強

圖 2.7.1
蝸牛是養蜂場的濕度指標之一

圖 2.7.2
下雨時泥水飛濺反彈,使泥巴附著在蜂箱上。

圖 2.7.3
採蜜期間轉地飼養,短暫放置蜂箱時,可將空糖袋墊在蜂箱下面。

盛的蜂群在試飛時會可能引起側目,且要注意光害,由於蜜蜂有趨光性,因此蜂箱巢口盡量不要朝著鄰居家門口與強光處(請參閱P158「蜜蜂的眼與視覺」),臺灣俗語「千金買厝,萬金買厝邊」,若鄰居能夠好好溝通,最好還是不與鄰居撕破臉。

林下養蜂

養蜂除了原本產銷班的商業養蜂外,還有後來興起的城市養蜂(休閒養蜂),以及林下經濟的林下養蜂,不論在鄉村、都市還是森林養蜂,最基本的養蜂操作技術大致相同。林下養蜂是一種混林農業(agroforestry),自2019年4月2日農委會(現今的農業部)修正發布「國內養蜂產銷班或團體申請使用國有林地放置蜂箱注意事項」後,養蜂人可依據自身需求於一個月前向林業及自然保育署申請,在所轄的國有林地放置蜂群,以不干擾林地、不影響林木生長、不使用化學農藥的原則,鼓勵開發多元蜂產品,促進臺灣蜂產業的發展。

林地再用可以提高養蜂人的收入,發展特色蜜源,雖然蜜蜂很重要,卻不能完全取代野生花蜂在生態上的價值。森林是許多原生的獨居性蜂類,例如木蜂、蘆蜂、切葉蜂、穴蜂的棲地,大量飼養西洋蜂是否會衝擊原有的授粉蜂,還需要進一步的科學評估與生態監測。

雖然森林化學農藥汙染少,但有些林班地緊鄰農業利用地,還是需要注意化學農藥噴灑的問題,產業之間的衝突還是需要協調。而且不見得每個林班地都有豐富的蜜粉源,虎頭蜂的危害也不容忽視,此外人為飼養的東方蜂(野蜂)多已感染囊雛病,如果移動蜂群將會加快疾病的傳播速度。其實任何政策都應該要審慎評估與嚴格的審查機制,才不會把美意變成浩劫(請參閱P152「蜂種的引進」)(圖2.7.4)。

圖 2.7.4
行政院農業部林業試驗所蓮華池研究中心的林地養蜂場

2.7.2 什麼時候開始養蜂

在臺灣，每年國曆 3~5 月是養蜂最好的時機，此時環境中的蜜粉源充足，虎頭蜂較少，蜂群發展迅速，但這個時候同時也是採蜜的季節，因此蜂群的價格較高。

一般來說五月中旬過後，荔枝蜜、龍眼蜜大致上已採收完畢，有些養蜂人會拋售蜂群，並藉此淘汰老舊巢框，此時蜂群價格較低，但蜂群的狀況也較差，而且再過不久就要進入夏季，溫度高、蜜粉源缺乏、虎頭蜂逐漸增加，蜜蜂較難飼養。

2.7.3 如何購買與挑選東方蜂（野蜂）與西洋蜂

養蜂在臺灣已是成熟的產業，蜜蜂可向熟識或信譽良好的養蜂人購買。購買蜜蜂不是以「隻」為單位，而是以「箱」或「群」為單位，每箱裡面有許多巢片（巢脾），購買時連蜂帶片（脾），雙方可討論買賣的巢片數量，蜂群的狀況會影響價格的高低。

從箱外觀察，蜜蜂正常進出，而不是翻滾爬行。打開蜂箱後多數蜜蜂不會亂衝，而是穩定在蜂箱裡活動。

每一箱蜂群需要包含一隻已經正常產卵的蜂王，巢框、巢脾越新越好，取出巢片檢查，產卵圈要盡量大且集中，巢脾中央不要有太多不規則的雄蜂房，要有正常的卵、幼蟲、封蓋幼蟲（蛹），有儲蜜和儲粉，但不要看蜜很多就買，夏季沒蜜、沒粉很正常，有蜜表示環境不錯或養蜂人之前有餵食。

成蜂數量與巢片數量要成正比，理想的情況是蜂不露脾，由於白天多數外勤蜂會外出採集，導致不同時間蜂箱內的工蜂數量會有變化，但無論何時，最好每一片巢脾的每一面都能爬滿七、八成以上的工蜂，或者與賣家溝通好，入夜後待工蜂回巢後再搬遷蜂群。

由於蜜蜂飛行半徑大約 5 km，買到蜜蜂後要載到至少 5 km 外的地方安置，外勤蜂才不會回到原來的位置。最好現場挑選蜂群以確定蜂王與蜂群狀況，避免事後發生爭議。初次養蜂可考慮購買兩箱以上，因為兩箱以上蜂群才能互相支援。

購買東方蜂（野蜂）不要有囊雛病和蠟蛾，購買西洋蜂建議進行蜂蟹蟎檢測，蜂蟹蟎數量不要太多，也不能出現白堊病、美洲幼蟲病、下痢等症狀（請參閱 P329「西洋蜂與東方蜂（野蜂）的病蟲害防治」）。

2.7.4 誘蜂

在蜂群繁殖的季節，蜜蜂會離巢尋找合適的地點繁衍，因此可以準備一個清潔消毒乾淨的舊蜂箱，放置於背風向陽、坐北朝南、背後有依靠的隱蔽處引誘野生蜂群進駐，盡量不要選擇經常人為干擾、太陽長期直射的地方。注意擺放位置的土地產權問題，公有地或別人的私有土地都要事先經過同意，也需注意蜂箱不要被搬走。

箱內塗上蜂蠟以及煮過蜂蠟的水無法保證一定能夠誘到蜜蜂。誘蜂的成敗與否最重要的條件不在於箱子的種類和是否使用蜂蠟，而在是否有適合蜜蜂居住的環境條件，例如充足的蜜粉源、合宜的溫濕度、無化學農藥汙染等等。

包裹蜂

在一些緯度較高的地區，經過一個冬天之後蜂群數量大減，此時快速增加蜂群的方式就是從其他養蜂場購買包裹蜂 (package bees)，而包裹蜂的買賣也跟現代化農業有關。

在歐洲人抵達澳洲和北美洲之前當地是沒有蜜蜂 (honey bee) 的，當地的植物是透過許多原生種的獨居性蜂類、無螫蜂 (stingless bee) 或熊蜂 (bumble bee) 傳粉，而歐洲蜜蜂因為採蜜量大，具高經濟價值，所以人類將牠們散播到世界各地。在北美洲一些緯度比較高的區域蜜蜂難以越冬，而南方的春天來得比較早，所以當農業生產過程需要蜜蜂授粉時，不同國家的蜜蜂就藉由航空運輸，例如澳洲的蜜蜂空運至北美洲，這種空運的包裹蜂只有蜜蜂而沒有蜂箱和巢框以降低成本，除了空運，也會從南方經陸路載蜜蜂到北方。

包裹蜂的運送方式，是將蜜蜂裝進通風的籠子內（圖 2.7.5），內含供蜜蜂取食的糖水和一隻已經產卵的蜂王，每個籠子的蜜蜂是依訂單的需求以重量計算，從數磅到數十磅不等。運送過程需低溫以降低蜜蜂活動，避免蜜蜂過熱而死亡。待蜜蜂抵達目的地之後，蜜蜂連同蜂王會裝進已經準備好空巢房的蜂箱中 (install a bee package)，讓蜂群繁衍。

國與國之間物種的運輸防檢疫非常重要，蜜蜂的病蟲害很多，例如微粒子病、美洲幼蟲病、白堊病、蜂蟹蟎等等。其中蜂蟹蟎是全球養蜂業最嚴重的蟲害，以往只有紐、澳等少數國家沒有或很少蜂蟹蟎的威脅，雖然近年來在澳洲的昆士蘭 (Queensland) 及新南威爾斯 (New South Wales) 部分地區發現蜂蟹蟎，但整體來說，養蜂條件還是比其他國家來得有優勢。

4 月為南半球的秋天，蜜蜂數量多，可補充北半球早春時蜜蜂不足的問題，加上澳洲養蜂規模龐大且產業鏈完整，所以能夠供應其他國家的蜜蜂需求。這種因經濟需求空運活體蜜蜂到其他國家的方式，是全球化浪潮所產生的現象，也凸顯物種經人為傳播對生態系統和經濟發展所帶來的改變。

圖 2.7.5
抖包裹蜂用的器材
左圖／將蜂箱內的蜂群藉由金屬漏斗集中在籠子中；右圖／填裝包裹蜂的箱子

2.7.5 蜂群搬遷與移動

購買蜜蜂之後要搬到指定的飼養場所，或是在流蜜期搬到蜜源植物附近採收蜂蜜。由於蜜蜂的飛行半徑約 2~5 km 且具有記憶能力，（請參閱 P168「蜜蜂的翅膀與飛行」及 P180「神經系統及感覺器官」），5 km 以內的短距離移動會使外勤蜂回到原來的位置，因此蜂箱放置定位後最好不要經常移動，若要移動，短距離的移動建議每日移動 0.5~1 m，使外勤蜂慢慢習慣，或者將蜂群移到飛行距離以外的地方（最好距離原址 5~6 km 以上），待 20 天左右再移到新的指定位置。

如果把兩箱蜜蜂調換位置，其中一箱蜂群較弱或蜂王力衰時，則大量的外勤蜂回巢後有可能發生圍王的情形。

長距離搬運蜂群最好在入夜後進行，一來大部分的蜜蜂都已回巢，二來臺灣的氣候高溫多濕，夜間搬運可降低溫度，減少蜜蜂被悶死的機率，再者較無光害刺激。雖然入夜後蜜蜂會回巢休息，但偶爾有少數工蜂會在外過夜，因此蜂群搬離後，可在原址放幾箱弱群或帶有巢片的蜂箱，收容隔日早上回巢的蜜蜂。移動東方蜂（野蜂）時，最好要走過兩個未經交疊的世代的幼蟲羽化（大約 40 天以上），蜂群穩定後再搬遷比較妥當。

夏季高溫搬運蜂箱前可以先餵一點點水，並在蜂箱外灑水降溫（請參閱 P197「蜜蜂對水的需求」）。如果使用的蜂箱蓋是無法與箱體緊密相扣的包覆式箱蓋 (migratory cover)（請參閱 P213「蜂箱樣式與種類」），可使用金屬扣帶 (strapping) 固定蜂箱（圖 2.7.6）。

使用臺製的朗氏蜂箱需將蜂箱與蜂箱蓋用蜂箱鐵鉤固定，天黑後先用燻煙器在巢口燻個幾下，讓蜜蜂躲進蜂箱內再迅速關閉巢門、打開前後氣窗，氣窗若被蜂膠或蜂蠟塞住要清除乾淨，以免通風不良，注意臺製蜂箱的前窗板要用關門塑膠粒（轉仔）固定，避免巢口掀開（圖 2.7.7）。

圖 2.7.6
使用金屬扣帶固定蜂箱

圖 2.7.7
搬運蜂群前，要用蜂箱鐵鉤固定蜂箱蓋，並打開前後氣窗，前窗板要用轉子轉定。

在臺灣許多採蜜區位於果園、樹林間，有些則在丘陵或山坡地，大型的重機具不易進入，加上比較少使用繼箱，所以多半用扁擔肩挑搬運蜂箱至貨車上，抵達目的地後再從貨車上挑下來歸位（圖 2.7.8）。

有些歐美大規模養蜂場會把蜂箱放在貨運的棧板上，搬運時使用堆高機移動蜂箱（圖 2.7.9），有些養蜂場則使用吊車或吊具將蜂箱搬上貨車，尤其使用繼箱的蜂群更是如此（圖 2.7.10）。

圖 2.7.8
當蜂群數量很多時，臺灣的養蜂人會用扁擔搬運蜂箱。

圖 2.7.9
使用堆高機搬運蜂箱

圖 2.7.10
使用吊具搬運蜂箱

下雨天地面濕滑，搬運蜂箱危險度較高，若當晚必須搬離而夜晚即將下雨，在不得已的情況下，有些養蜂人會在天色還沒有完全黑的時候開始搬運。

此時可留一至兩箱蜂群在原地，這兩箱不關閉巢口，讓來不及回到原蜂群的工蜂歸順到這兩箱中而不至於無家可歸，只是晚歸的工蜂可能會被蝙蝠或者其他夜行性動物吃掉。

蜂箱搬到車上時，巢片兩端要與車頭同一方向，車輛在行駛期間如果煞車可減少巢片擺動擠壓造成蜜蜂受傷。搬運蜂箱前用木條壓住海綿固定巢片，減少巢片搖晃避免蜜蜂受傷，使用不帶蜂路的巢框搬運蜂箱時，可以使用巢框固定卡條。

禁王不是必要的，但如果擔心移動過程導致蜂王受傷，還是可以在運輸前將蜂王囚禁在王籠內。

蜂箱可層層堆疊，出發前一定要用繩子或貨物捆綁帶固定牢靠以免蜂箱掉落（圖2.7.11），東方蜂（野蜂）震動後易逃蜂，搬運時可墊舊棉被提供緩衝。運送過程盡量平穩行駛，減少顛簸與劇烈晃動，勿急煞車，過彎時放慢車速。

蜂箱搬到指定位置後可等待數分鐘，待蜂群穩定後再打開巢門。

圖 2.7.11
搬運蜂箱時一定要將蜂箱捆綁牢靠，以免蜂箱掉落。

● 捆工結的綁法

在沒有貨物捆綁帶的情況下,可以用繩子以捆工結固定蜂箱。

捆工結也稱卡車司機結 (trucker's hitch),是一種三分之一省力系統,常用於捆紮貨物。

首先用雙套結把繩子的一端固定在貨車車廂下緣的勾子上,將繩子繞過蜂箱到貨車的另一邊,在繩中做一個繩環壓住主繩,用下方的繩子將繩環繞二至三圈(第二圈壓在第一圈的後面),下方形成兩個繩環,然後將繩子穿過下方的第二個繩環後,把繩子勾在車廂下緣的勾子上,繩子往下用力拉緊,使蜂箱和貨物牢靠(圖 2.7.12),最後在繩尾打結固定。

由於繩子反覆使用交互摩擦後容易耗損,因此使用前一定要再次檢查繩子的狀況。

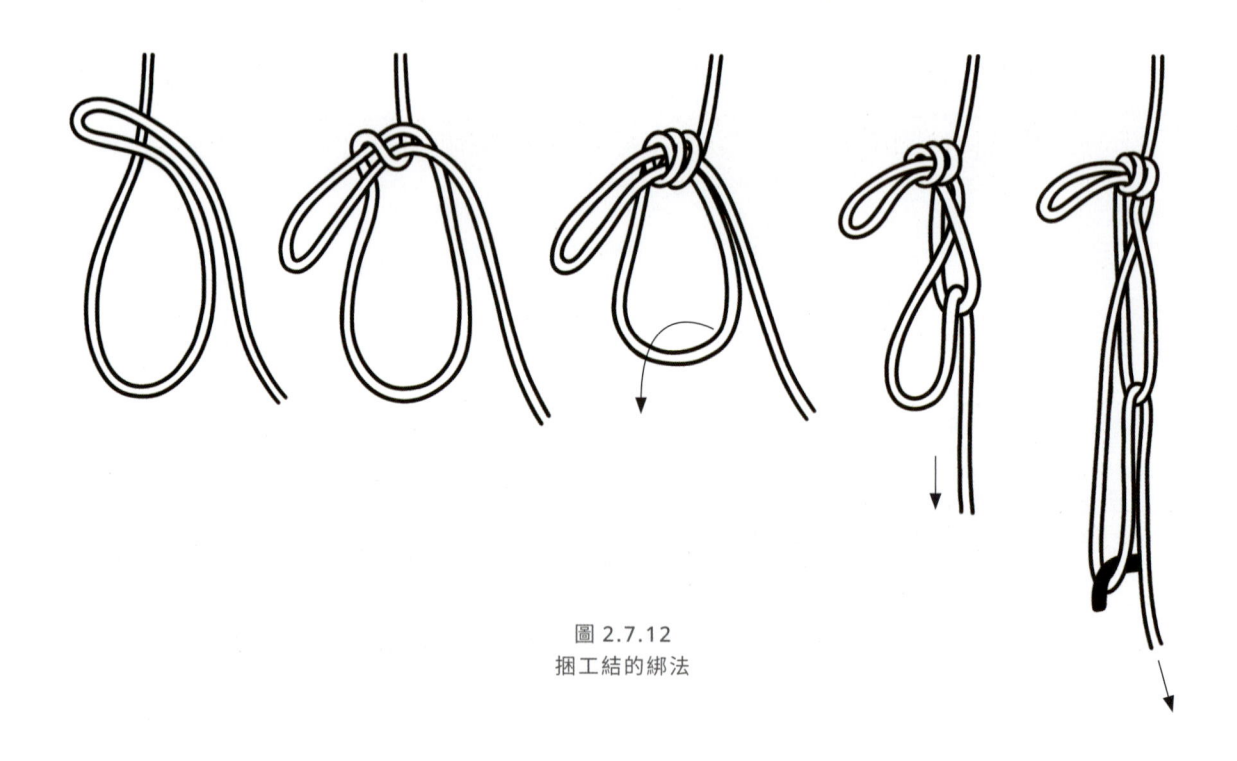

圖 2.7.12
捆工結的綁法

追花逐蜜　轉地飼養

在臺灣，國曆 3 月荔枝、龍眼逐漸開花，由南往北，開花期逐漸延後，這時候許多養蜂人會將蜜蜂載到南部，隨著花期由南往北移動蜂群。出發前要先準備好交通工具，租大貨車載運蜂群、調配人手、收集當地環境資料，包含氣候狀況、植物的流蜜量、化學農藥的使用情形等等。

採收蜂蜜的地區不一定為養蜂人所有，國有地要跟主管機關申請或租賃，私人土地則要跟土地溝通，談好放置蜂箱的條件，例如收成後回饋一定數量的蜂蜜，然後跟地主約定好蜂群進入的時間。

有時候地處偏僻、人煙罕至，採蜜期間經常住在簡易工寮、帳篷裡或睡在車上，過程非常辛苦（圖 2.7.13）。

圖 2.7.13
臺灣的養蜂人在採蜜期間會搭建臨時的住所（攝於高雄市田寮區）

2.7.6 過箱的方法

蜂群交易時，賣家不一定會連同蜂箱一起出售，所以需要將巢片及箱內的蜜蜂移到另一個箱子中。此外蜂箱使用一段時間後要清潔消毒（請參閱 P384「蜂具的消毒與清潔」），以杜絕病原菌滋生，因此需要將待清潔消毒的蜂箱內的巢片與蜜蜂換到另一個箱子。

過箱在白天進行蜜蜂比較不兇。過箱時先把原蜂箱移開，再把準備好的空蜂箱放在舊蜂箱的位置，移巢框時，幼蟲多的巢框放在蜂箱中間，食物多的在旁邊，初學者如果不太會判斷，巢框盡量不要更換位置。巢框之間的間距不宜太寬也不宜太窄（圖 2.8.12）。蜂王有時會在蜂箱內壁或底部爬行，移蜂時要確定蜂王有一併移到新蜂箱。

當舊蜂箱內的巢片依序移到新蜂箱後，舊蜂箱的內壁及底部會有許多成蜂爬行，此時將蜂箱巢口處抬起使蜂箱傾斜，並用蜂箱的邊緣敲擊地面，讓箱內的蜜蜂集中在底部一側，然後將蜂箱倒置翻轉 180°後，用蜂箱的後緣敲擊地面，使箱內的蜜蜂掉落，讓蜜蜂爬回巢內（圖 2.7.14），不可敲擊蜂箱角以免蜂箱損壞。敲擊後若蜂箱內還有殘留少量成蜂，可用蜂刷刷落於巢口處便於蜜蜂回巢。

東方蜂過箱後最好在巢口放置禁王片以免蜂群逃飛，直到工蜂大量採花粉回巢後才把禁王片拿掉。換下來的舊蜂箱可用起刮刀刮除箱內的殘蠟和碎屑，清洗後徹底消毒，杜絕病蟲害傳染，並且檢查蜂箱是否有破損。

圖 2.7.14
過箱時用蜂箱的後緣敲擊地面，使箱內蜜蜂掉落，讓蜜蜂爬回巢內。

Section 2.8

西洋蜂與東方蜂（野蜂）的照顧與管理

要了解蜂群的發展狀況，開箱檢查是不可避免的，開箱檢查能夠清楚掌握蜂群發展狀況，但也不必每日檢查，過於頻繁地開箱會擾亂蜂群內的秩序，也會破壞蜂群的作息與溫度調控，東方蜂（野蜂）甚至會逃蜂，對蜂群有害無益。

檢查的頻率依蜂種、環境條件和蜂群狀況而異。東方蜂渡夏期間比較不會有王台，所以分封的機率較低，但要擔心過度驚擾造成逃蜂，在連日下雨後的放晴日也要防止逃蜂，有經驗的養蜂人通常會在巢口觀察蜜蜂進出的狀況來決定是否需要開箱。

西洋蜂比較能夠接受人為干擾，但也不必每日開箱，一般來說，例行性的檢查 7~10 天進行一次，繁殖季節蜂群經常出現王台，不進行適當的管理措施則會分封，極度缺乏蜜源的時候需每 1~3 日餵食糖水以免蜜蜂餓死，虎頭蜂經常出現在蜂場也要每日捕捉。

北部冬天連日低溫且下雨的非繁殖季節則要減少開箱的次數與時間，有時候除了餵食之外，兩週才會進行一次完整的檢查，頻繁開箱會導致箱內溫度太低，而增加了蜜蜂的死亡率。

總而言之，養蜂必須根據不同的環境條件進行調整，不同的區域有不同的飼養方式，各種方式有其優、缺點，但仍有許多基本的操作原則有助於日常管理。

2.8.1 升煙及使用燻煙器的技巧

開箱檢查前要先點燃燻煙器，蜜蜂會透過費洛蒙來進行溝通，煙可以擾亂蜜蜂的費洛蒙、驅離蜜蜂，降低蜂螫的機率，因此最好能保持煙持久不滅。使用燻煙器前，要先將之前殘留的灰燼倒乾淨才有利於重燃燻煙器，且可避免過多灰燼汙染蜂群與蜂蜜。

燻煙器的燃料種類很多，許多有機質可以作為燻煙器的燃料，差別在於燃燒時間的長短，其中枯掉的松葉因含有油脂，非常適合作為燃料使用，刨過的薄木削也很適合。紙張是日常生活容易取得的材料，燃燒簡便，但放入燻煙器後容易熄滅，檢查蜂群的時間過長時要經常重新點火，降低工作效率。

此外要特別注意紙張上的化學油墨，尤其是廣告傳單，燃燒過程易產生有害物質，應盡量避免使用。在人口密集的區域，也須留意煙燻氣味可能會對鄰里造成影響。

燻煙器內類似蒸架的墊片要放置正確，不可倒置，以免燃料阻塞氣孔。取枯松葉或紙張點燃放入燻煙器中，輕按壓鼓風箱將空氣送入金屬圓筒中，使燃料在金屬圓筒中明火燃燒（圖 2.8.1），再酌量添加更多燃料，當濃煙升起時再大力按壓鼓風直到濃煙出現。

開始燃燒後可添加乾燥的果殼、艾絨、植物種子例如龍眼、林投等以延長燃燒時間，或加入曬乾的柚子皮、檸檬皮等柑橘類果皮減少刺鼻味（圖 2.8.2）。

圖 2.8.1
燃燒燃料後使燻煙器產生濃煙，蓋上蓋子待火熄滅後再用煙燻蜜蜂。

燻煙器的煙一定要濃厚，煙最好呈濃濃的白色或淡黃色，對蜜蜂燻煙時出煙口不能有火焰或火星以免燙傷蜜蜂。觀察蜜蜂期間如果煙變小，趁煙未熄之前就打開蓋子讓空氣流通並按壓鼓風箱，使其重新燃燒殘存的燃料，當濃煙升起時再添加新的燃料。

燻煙器使用後可用紙張或其他物品塞住風口，使燃料自行熄滅，待下次使用時再將灰燼倒出，可避免發生火災。燻煙器長期使用後，內壁會積累許多黑色焦油與焦碳，可用噴燈燒軟後刮除（圖 2.8.3），暢通出煙口。

圖 2.8.3
用噴燈將燻煙器內陳年的焦油與焦碳燒軟後刮除

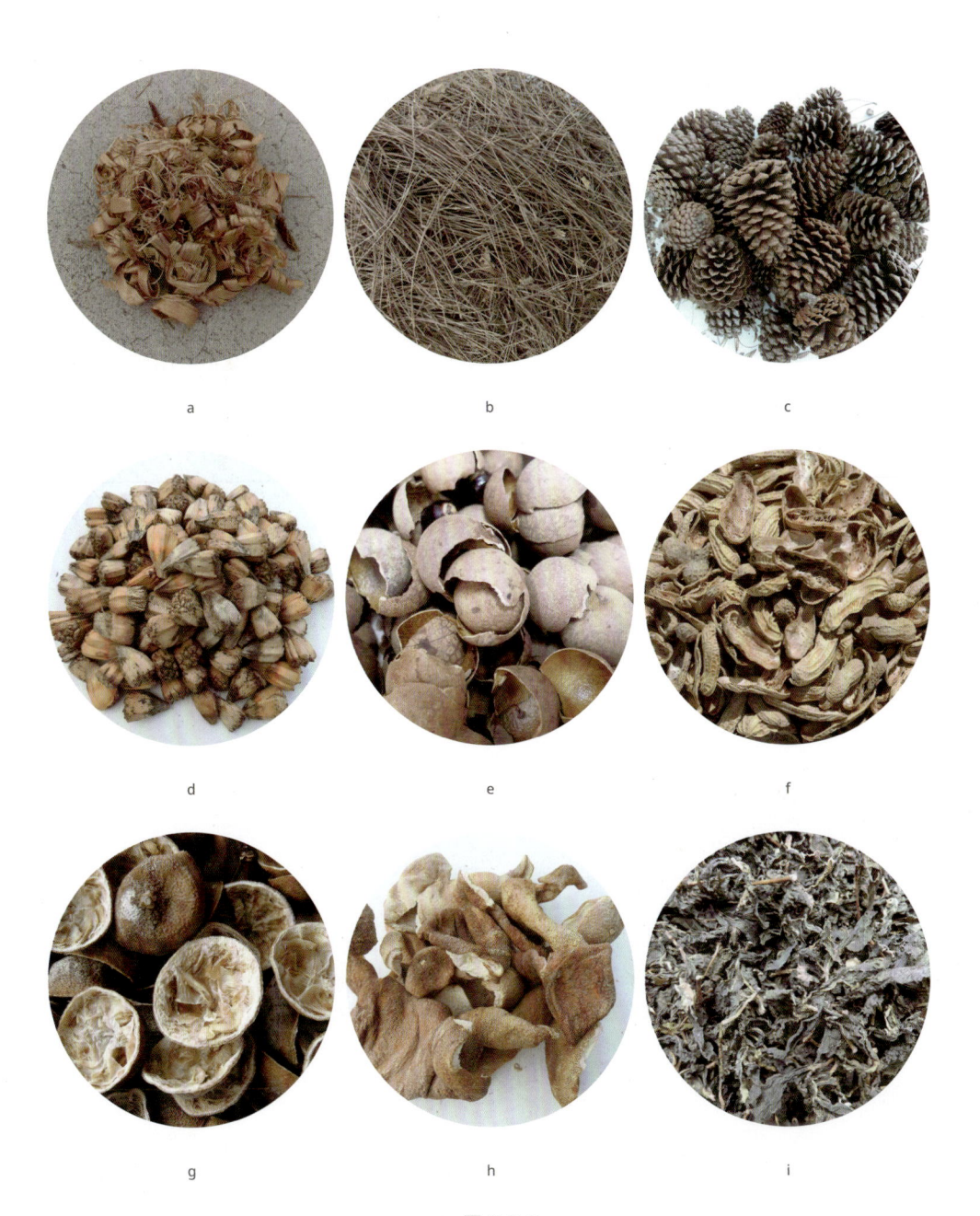

Chapter II
如何飼養西洋蜂與東方蜂（野蜂）

282 / 283

圖 2.8.2
各種適合用來燻煙的燃料

a 刨過的木削； b 乾枯的松葉； c 乾枯的木質毬果；
d 乾枯的林投果； e 曬乾的龍眼籽與龍眼殼； f 曬乾的花生殼；
g 曬乾的橙皮； h 曬乾的柚子皮； i 曬乾的茶葉

a~b 適合先點燃後放在燻煙器底部的燃料
c~i 適合放在燃燒後的燃料上方慢慢悶燒

2.8

2.8.2 開箱及闔上蜂箱蓋

正確的開箱動作能減緩蜂群躁動避免蜂螫。開箱檢查蜂群時,先在巢口輕輕按壓燻煙器徐徐送出濃煙,讓巢口的蜜蜂躲進蜂箱內,打開蜂箱蓋後在巢框上緣輕輕燻煙讓蜜蜂躲入蜂箱內,注意不要過度用力按壓鼓風箱產生大量的熱氣及火花傷及蜜蜂。

飼養西洋蜂時可視蜂群狀況噴煙減少蜂螫機率,但觀察東方蜂(野蜂)時不宜多次燻煙,以免造成逃蜂,燻煙器通常備而不用。

蜜蜂受到驚擾後常會爬出蜂箱,若貿然闔上蜂箱蓋會壓死蜜蜂,不但造成蜜蜂死傷,蜂群也會比較兇,也會引來螞蟻,因此闔上蜂箱蓋前先以燻煙器輕輕噴向蜜蜂,再拿蜂刷將蜂箱四週的蜜蜂刷掉(圖 2.8.4),一手拿蜂箱蓋靠在蜂箱的後緣,對準箱蓋與箱體的位置,一手拿蜂刷將另外三側的蜜蜂刷掉,趁蜜蜂還沒爬上來之前迅速蓋上蓋子。

有些養蜂人會在蜂巢前緣安置蜂箱蓋墊片,降低蜜蜂被壓死的機率,或者拿小石頭取代,注意石頭不能太大,以免蜜蜂從縫隙中跑出來(圖 2.8.5)。由於內勤蜂飛行能力不佳,因此巢口若有蜜蜂爬行,可放一根樹枝讓蜜蜂爬回巢內。

圖 2.8.4
蓋上蜂箱蓋之前若有蜜蜂在蜂箱周圍爬行,要用蜂刷掃除蜜蜂,以免蜜蜂被壓死。

圖 2.8.5
在蜂箱前緣放置小石頭避免壓死蜜蜂
(注意石頭不可太大)

預防蜂螫與蜂螫後的處理

如何避免蜂螫

針是多數蜂類的一種防衛機制，只有在自我防衛時才會螫人，不是所有的蜂類都會主動攻擊人，很多蜂螫事件都發生在人類先接近、拍打到蜂巢或蜂群造成的，通常保持距離即可避免。

一般來說，社會性蜂類的攻擊性比獨居性蜂類來得高一些，但即使是社會性蜂類，攻擊程度也有差異，同一蜂種之下的不同亞種也不一樣，例如義大利蜂比東非蜂來得溫馴，某些虎頭蜂的攻擊性比長腳蜂來得高，另外蜂的體型大小與攻擊性、警戒程度沒有正相關。但無論是何種蜂，保持距離，不要接近、驚擾蜂群是預防蜂螫最好的方法。

雖然大部分的蜂類都有螫針，但不同蜂種的警戒行為和攻擊性各異，而體型大小與攻擊性強弱沒有直接關係。舉例來說，社會性蜂類當中，巨紅長腳蜂（又名棕長腳蜂）(Polistes (Gyrostoma) gigas) 是長腳蜂當中體型最大者，但攻擊性很低，除非觸碰或拍打到蜂巢和個體，要不然幾乎不會攻擊人；而同樣是社會性的黑腹虎頭蜂（黑絨虎頭蜂）(Vespa basalis)，體型比巨紅長腳蜂小很多，但攻擊性卻非常強。在所有蜂類當中，只有少數具有較高的攻擊性，大多數的蜂類攻擊性很低甚至不會攻擊人，人類之所以會被叮，都是人類先靠近、觸碰到牠們。

養蜂時為了管理蜂群會近距離接近蜜蜂，難免會遭受蜂螫。盡量避免穿著黑色有毛絮的衣物檢查蜂群，衣著的顏色雖然與蜂螫有關，但不是最主要的因素。

蜜蜂會螫的原因很多，例如蜂種特性、接近傍晚多數蜜蜂都回巢的時候、缺蜜缺粉、經常被盜的蜂群、下雨天、颳大風、掀開蜂箱蓋的速度過快、操作時動作太粗魯、不當的侵擾（例如敲打、揮舞、吹氣）、蜜蜂螫在手套上所殘留後的警戒費洛蒙氣味、過度採收蜂蜜等等，像是之前受到驚擾後蜂群的情緒還未穩定再開箱就很容易叮人。

內勤蜂比起外勤蜂較不易螫人（請參閱P194「守衛」），此外有一些蜜蜂如果經常且正確地開箱檢查，對少量煙霧騷擾已習以為常也會比較溫馴，相較之下，粗放管理方式的蜜蜂防禦性比較強。

其實不同蜂種，甚至同一種蜂種的警戒範圍，跟季節、環境溫度、氣候條件、外界刺激、族群大小、地理位置、風向、氣味、人

的行為等等因素有關，因此變化很大，穿著長袖可以減少蜂螫面積，但蜜蜂非常兇的時候連牛仔褲都能叮穿。經驗豐富的養蜂人能夠觀察蜜蜂的習性，檢查蜂群時適時噴煙、避免壓死蜜蜂、動作輕柔且流暢不亂揮舞肢體，蜂群很兇時暫時離開不強行留在現場，被蜂螫的機率就會大大降低，也減少蜜蜂死傷。外出登山健行時，和一般防蚊液相比使用含敵避（DEET）成分的防蚊液能夠防止部分蜂螫。

蜂螫後該怎麼處理

蜜蜂、虎頭蜂、長腳蜂這類社會性蜂類螫刺之後會釋放警戒費洛蒙，引起同伴群起而攻，因此被螫的當下一定要立即離開現場不能逗留。被叮的位置會在身體任何地方，其中多在頭部、臉部和四肢，養蜂人因為手指接觸巢框因此也是經常被叮的部位。

被螫到後會帶來巨大的疼痛，如果有螫針留在患處，一定要立即將針拔除（圖 2.8.6），有經驗的養蜂人一感到疼痛會直接用身上的衣服抹掉螫針，螫針停留在身上的時間連一秒都不到。拔除螫針後疼痛感會降低，疼痛感大約會持續 3~10 分鐘不等，疼痛之後伴隨的是患部紅腫以及搔癢，大約會持續 1~7 天，狀況因人而異，搔癢時不要用手去抓傷口，有可能會導致進一步感染，例如蜂窩性組織炎。

被螫後螫針停留的時間越長、毒液量越多，紅腫、疼痛過敏反應的程度也越劇烈，蜂種亦有關聯，例如虎頭蜂毒就明顯比蜜蜂高出許多。有些部位的疼痛非常明顯，例如手指、指甲縫、鼻子與上唇之間的人中等等。

多數遭到蜂螫的患部都會腫脹，例如嘴唇、眼皮、手部很明顯，相比之下牙齦、頭皮、陰囊腫脹的程度較低。腫脹程度及身體的免疫反應除了跟毒液量、部位有關外，也與當天的生理狀況有關。

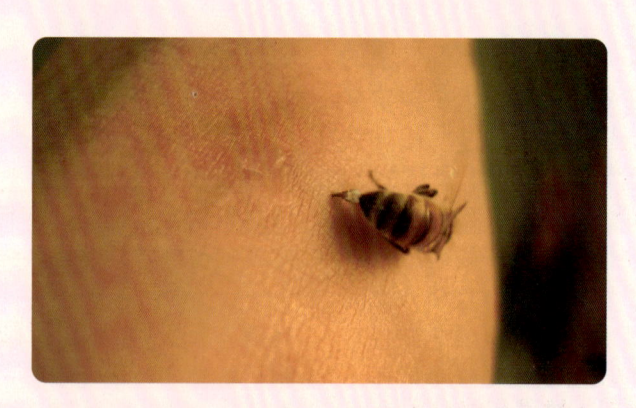

圖 2.8.6
被蜜蜂螫刺後螫針會留在患處，一定要盡快拔除螫針。

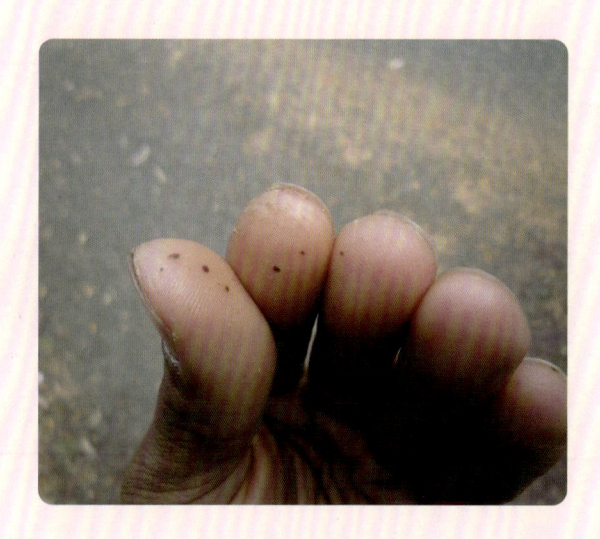

圖 2.8.7
蜂螫後數日，血液在皮下凝結。

有些養蜂人經年累月地被蜜蜂螫後免疫反應較不明顯，有可能是身體產生減敏治療的效果，但不是每個人都會產生這樣的生理反應，即使經常被蜜蜂螫的養蜂人，偶爾也可能出現類似蕁麻疹的症狀。要特別注意有些人初次被蜂螫時並沒有太明顯的過敏症狀，但之後如果再被叮，則可能導致更嚴重的過敏反應。

坊間流傳蜂螫後可用尿液塗抹患處以減緩不適的症狀，事實上人體的新鮮尿液正常時呈弱酸性，pH 值通常都介於 5~7 之間，而蜂毒的過敏原是多肽類、酶類，因此不具有酸鹼中和的效果。

此外亦流傳可使用姑婆芋、左手香等植物的莖、葉分泌物塗抹患部，雖然蜜蜂螫刺深度不至於讓傷口大量流血，但仍會造成表皮破損，微量滲血瘀於皮下（圖 2.8.7），因此某些物質塗在患處時可能會刺激皮膚或微生物感染。其實每個人的體質及對蜂毒的反應不盡相同，所以效果因人而異，而且上述的做法對全身性毒性反應或過敏性休克並無效用，盡速就醫才能保命。

冰敷患處能舒緩不適，一般的做法是每小時冰敷 20 分鐘，用毛巾或衣物包住冰袋，避免冰袋與皮膚接觸以預防凍傷。服用抗組織胺藥物 (Antihistamine) 可幫助緩解患處搔癢及腫脹，但抗過敏藥依成分也有分不同類、不同劑量，各有其對應適應症，以目前社會氛圍及制度，除非醫療不便的情況，否則被螫叮後身體異常反應增加宜盡速就醫。對蜂毒嚴重過敏的人，遇到緊急情況一般會使用腎上腺素（圖 2.8.8），最簡易的是腎上腺素注射筆（如 Epinephrine; Adrenaclick;

Auvi-Q; EpiPen; Symjepi）自救，但腎上腺素注射筆在臺灣是處方用藥，必須由醫師開立處方箋才能取得。

除了腫脹及疼痛，有些人會有打噴嚏、流鼻水等症狀，對蜂毒嚴重過敏的人被蜂螫後，通常數小時內還會出現頭痛、發燒、眩暈、昏倒、抽搐、噁心、嘔吐、吸吸困難、眼睛浮腫或腹瀉反應，這些僅是一部分的症狀，每個人的體質不同，對蜂毒的生理反應也不同，如出現上述症狀要盡速就醫不可延誤。

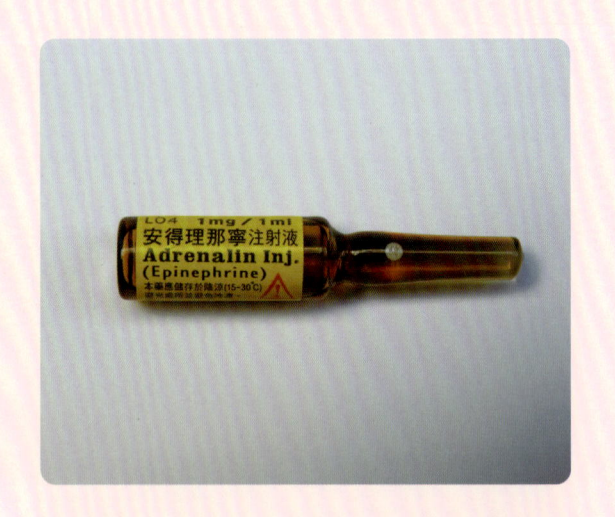

圖 2.8.8
腎上腺素
上圖／腎上腺素安瓿；下圖／腎上腺素注射筆

2.8.3 提取巢片與放置巢片

觀察蜂群時雙腳要站穩，除非必要盡量不要任意移動腳步，移動腳步前一定要低頭觀察避免踩到蜜蜂。

開箱燻煙後可先用起刮刀將巢框頂梁上的蠟刮除，再鬆動巢框將巢框的間距拉大（圖2.8.9），一開始先從空間較大的一側提取巢框檢查，如果箱內放滿巢框造成空間狹小，提取巢框的速度要慢，避免巢框之間的蜜蜂相互磨擦滾動 (rolling bees) 造成死傷、激怒蜜蜂，如果蜂王正好在這兩片巢框之間就可能導致受傷。如果蜂箱內的巢框太多，取出來的巢框可直立在蜂箱旁邊（圖2.8.10），這樣蜂箱內就可騰出操作空間。

圖 2.8.10
蜂框取出後可暫時立在蜂箱旁邊，以利後續檢查蜂群。

圖 2.8.9
提取巢框前，可用起刮刀鬆動巢框。

剛採集回巢的蜂蜜因為還沒有經過蜜蜂的釀製濃縮，水分較高，採回來的花粉則尚未壓實，觀察巢房時如果呈水平狀使巢口朝下，蜂蜜及花粉容易掉落，不但增加工蜂工作量，掉落在蜂箱外會引來螞蟻取食，進一步侵擾蜂群。因此觀察巢框另一面時，最好轉動巢片，使巢口與地面垂直（圖2.8.11），否則巢框就要位在蜂箱正上方，以免蜂蜜、花粉掉落巢外。

巢框放回蜂箱時，盡量把幼蟲較多的放在中間，花粉及蜂蜜較多的放在外側，而且一定要注意巢框之間的距離，巢框的間距不可太寬也不可太窄。

巢框間距太寬不利蜜蜂在巢片間移動，冬季時也難以維持蜂箱內的溫度，太窄蜜蜂受擠壓，幼蟲甚至很難順利羽化。此外西洋蜂與東方蜂（野蜂）的蜂路 (bee space) 距離不同，在實際操作時由上往下看，能夠讓1~2隻蜜蜂擦身而過即可，再根據寒暑不同溫度稍加調整（圖2.8.12）。

如果使用繼箱，繼箱取下來時可將底部與地面垂直（圖2.8.13），避免巢框底條與泥土接觸和壓死蜜蜂，也可以把蜂箱蓋反過

來放在地上,再把繼箱放上去。可用起刮刀去除隔王板和下層幼蟲箱的巢框頂梁上的蜂蠟,降低繼箱歸位時壓死蜜蜂的機率。

檢查蜂群需長時間累積經驗才能熟悉操作,仔細觀察蜂群興衰和行為表徵,待了解蜂群習性後,有時可以減少開箱檢查的時間,有經驗的養蜂人通常觀察巢門口或僅掀開蜂箱蓋,看到蜂群的狀況就可略知一二,不必提取巢框逐一檢查,但當蜂群旺盛過於擁擠,或者環境條件不足以支持蜂群發展時就需要加倍照料、詳細檢查。

圖 2.8.12
巢片的間距不可太寬,也不可太窄,一般來說可讓蜜蜂擦身而過即可。

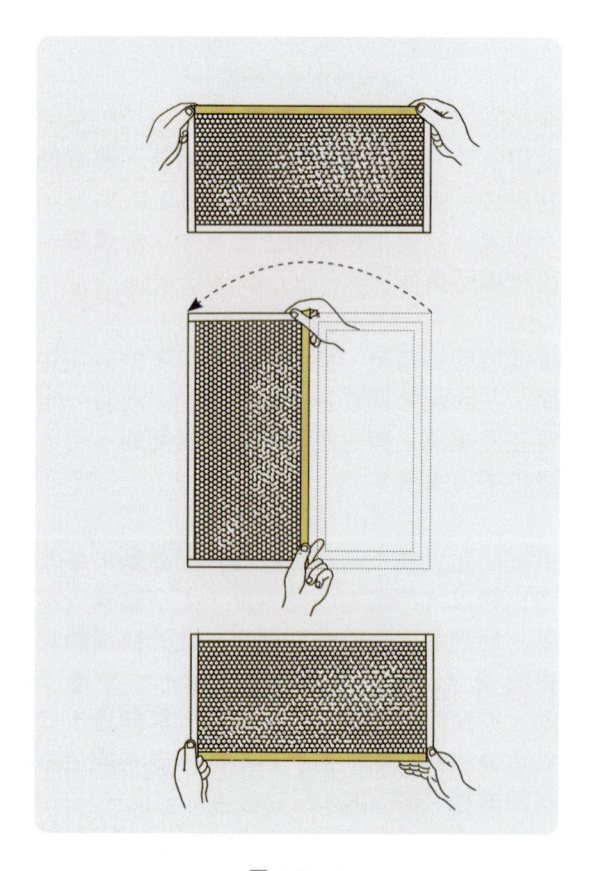

圖 2.8.11
翻轉巢脾的方法

圖 2.8.13
取下繼箱後,可將繼箱立起來,避免箱內的巢框底條直接接觸地面。

2.8.4 清除贅脾

若蜂勢旺盛、存蜜量多,在巢房空間不足時,蜜蜂會在巢框外製造贅脾,贅脾是蜜蜂所建造的巢房不在養蜂人期待的位置,相當於違章建築,過多的贅脾有礙檢查,為了便於管理應用起刮刀刮除,包含巢框上緣和周圍的殘蠟、蜂箱底部的蠟瘤(蠟球)(圖2.8.14),以及割除巢框周圍多餘的深色老舊巢脾。

此外也要清除流蜜期間在隔王板所產生的蜂蠟,以免操作時壓死蜜蜂。刮除下來的贅脾和蜂蠟要集中密封保管,以待日後過濾使用,盡量不要把贅脾長時間留在養蜂場,以免孳生病蟲害。

可準備數個未拉鐵絲的空巢框,將贅脾(巢脾)上的成蜂抖入蜂箱中,然後用割蜜刀或美工刀將贅脾(巢脾)割下來,裁成符合巢框的尺寸,割除雄蜂房,盡可能保留工蜂幼蟲及封蓋幼蟲,鑲入巢框之中,最後用橡皮筋把贅脾(巢脾)固定在巢框上,固定巢片時要注意巢房呈 13°仰角,不宜倒置(圖2.8.15)。

由於贅脾(巢脾)質地較軟,操作時動作要輕柔,避免破壞巢房和壓死蜜蜂。把鑲好巢脾的巢框放在兩片舊巢片的中間,1~2 日後等工蜂用蜂蠟固定好巢脾,就可以把橡皮筋拆下來。

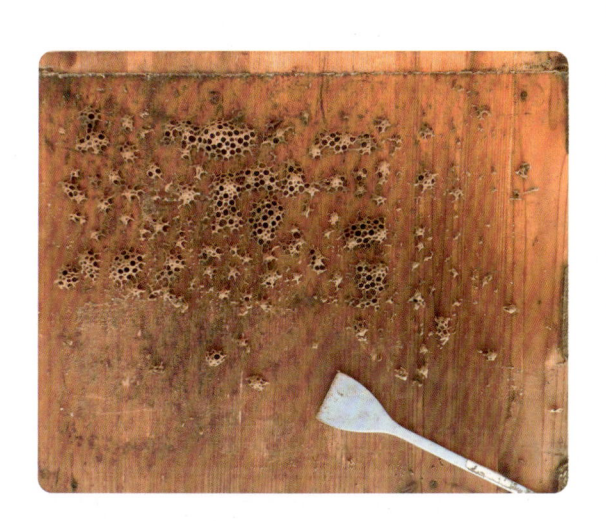

圖 2.8.14
隨時清除蜂箱底部的老舊殘蠟

圖 2.8.15
贅脾如果有大面積的工蜂幼蟲及蛹,可以用橡皮筋固定在巢框上,放入蜂箱中讓蜂群照顧。

● 如何保留贅脾上面的工蜂幼蟲

蜂王有時候會在贅脾上面的工蜂房產卵,羽化後的工蜂是維持蜂群發展的重要成員,因此這些贅脾上面的工蜂就有保留的價值。

2.8.5 尋找蜂王

蜂群內的工蜂都是由蜂王所生,因此蜂王的狀況極為重要,建議初次養蜂者先找到蜂王才抖蜂,以免蜂王受傷。尋找蜂王時可依著巢片的順序逐一檢查,蜂王可能會在任何一片巢脾,有較多的機率經常在空巢房、卵和未封蓋的幼蟲片上。

工蜂數量多的時候，蜂王常會被工蜂遮住，有時候蜂王還會躲在巢脾與巢框之間的縫隙，或在蜂箱內壁、底部爬行而不易發現，也可能從還沒檢查的巢片跑到已經檢查過的巢片上，所以要多檢查幾次。提取巢片時如果蜂王攀附巢脾的能力不佳，有可能會掉在蜂箱外面，移動腳步時一定要看路以免不小心踩死蜂王。年老力衰、受傷的蜂王有時候會死在蜂箱巢口附近。

如果檢查蜂群的時間有限，來回檢查 2~3 次仍然無法找到蜂王，可以觀察巢房內是否有正常卵，如果有卵，卵的分布平均，而且是一個巢房僅有一顆卵的正常情況，又沒有大量的急造王台，蜜蜂在巢脾上的活動很穩定，代表 3 日之前蜂王都還在蜂群之中，便可不必過於擔心，可待數小時後或隔日再找蜂王即可。

如果無法在巢房中發現任何一顆正常的卵，工蜂在巢內的活動很不穩定，甚至是出現大量急造王台，失王的機率就非常高，接下來連續 5 至 7 天都沒有找到蜂王，巢房內依然沒有正常的卵，養蜂人可從其他蜂群調入幼蟲片抑制工蜂產卵（請參閱 P294「失王與工蜂產卵的原因和處理方式」），並培育新蜂王或誘入新蜂王，使蜂群得以延續。

觀察卵的分布狀況是判斷蜂王好壞的重要指標，即使發現蜂王在蜂群之中，但在巢房內沒有發現卵或產卵量很低、產卵不集中、同一區域幼蟲日齡不一致，表示蜂王狀況或外界環境不佳。蜂王產卵狀況受年齡、食物存量、氣候環境等諸多條件影響，如果環境條件和巢內食物存量已改善，但蜂王仍然長期產卵不佳就要考慮更換（請參閱 P325「換王與誘入新蜂王的方法」）。

● 如何判斷蜂王的優劣

一般來說，腹部肥大代表儲存大量的雄蜂精子，產卵能力較佳，此外蜂王要能夠穩重地在巢脾上爬行，四周有侍衛蜂照顧（圖 2.3.1）。

外觀雖然可以作為挑選蜂王的標準之一，但蜂王的實際產卵狀況更為關鍵，偶爾也會遇到體型瘦小，但產卵能力很好的蜂王，反之也有少數案例發生腹部肥大產卵能力卻不盡理想的情況。

巢片上的工蜂卵、幼蟲數量與密度，是判斷蜂王產卵能力的重要依據，好的蜂王會將工蜂卵產在巢房底部的中央（圖 2.3.6），產在每個巢房中的卵時間相近，形成一個集中的「產卵圈」，產卵圈越大，圈內空巢房少，卵及幼蟲越集中，幼蟲發育日齡一致、幾乎在同時間進入封蓋期，表示蜂王的產卵能力很好（圖 2.8.16）。

蜂王的產卵狀況也會因氣候、食物多寡而有差異，如果天氣太冷或太熱、外界食物缺乏，蜂王的產卵量就會下降，產卵圈也較不會集中，此時要給予保暖或降溫（請參閱 P302「蜂群的四季管理」），並補充食物，不一定要更換蜂王。

如果發現許多巢房內出現兩顆以上的卵散落其中，且蜂群躁動不安，也無法找到蜂王，就是已經失王造成工蜂產卵（圖 2.8.17）。

交尾不順利、受傷或老蜂王的貯精囊內的精子耗盡後只會產下雄蜂卵，此時蜂王雖然在巢房內，但工蜂房出現許多雄蜂封蓋，這都不是好的現象。外觀上也可以大致判斷新舊蜂王的差異，以義大利蜂為例，相較於剛交

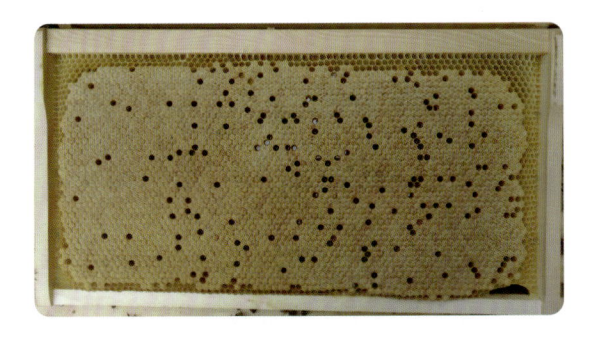

Chapter II
如何飼養西洋蜂與東方蜂（野蜂）

圖 2.8.16
好的蜂王會在巢脾上大面積地集中產卵，使幼蟲日齡一致，然後在相近的時間封蓋進入蛹期。

圖 2.8.17
蜂群失王過久，工蜂會在一個巢房內產下多顆卵。

圖 2.8.18 a
剛交尾成功的義大利蜂蜂王腹部肥大，體色鮮黃。

圖 2.8.18 b
老齡的義大利蜂蜂王腹部較瘦，體色較深。

尾成功的蜂王，老王體色較深，腹部較瘦，附脾能力差，侍衛蜂少（圖 2.8.18）。

蜂王產卵的高峰期通常在交尾成功後的第一年，有些產卵能力佳者可達兩年。很多養蜂人為了確保蜂群的旺盛，通常一至兩年會更換蜂王，有些養蜂人甚至在半年之內就更換蜂王。但並不是所有的蜂王都會在一年之內就耗盡貯精囊的精子，因此最好的方式為發現蜂王產卵狀況不佳時，先觀察一段時間，如果持續不理想就要適時更換。

掌握基本的大原則，在判斷蜂王好壞時至少不會有太大的偏差，而一些細節和狀況會根據環境的條件和飼養的方式加以調整，隨時應變。

● 失王與工蜂產卵的原因和處理方式

蜂群裡面唯一會產卵的是蜂王，正常情況下工蜂不會產卵，因為工蜂幼蟲及蛹的抑制費洛蒙 (inhibitory pheromone)、蜂王大顎腺費洛蒙、蜂王背板腺費洛蒙都能抑制成年工蜂卵巢發育（請參閱 P181「生殖系統」）。

但如果蜂群失王 (queenless) 或者處女王交尾失敗，隨著工蜂幼蟲逐漸羽化又沒有正常產卵的蜂王分泌費洛蒙，工蜂的大顎腺與微卵管會開始發育，西洋蜂大約 23~30 天左右出現產卵工蜂 (laying worker)，有些東方蜂（野蜂）失王後出現工蜂產卵的時間可能更短，工蜂腹部無法伸入巢房底部，每個巢房內會有兩顆以上的卵散落其中。

由於工蜂並沒有跟雄蜂交尾，所以產下的卵都是未受精卵，這些未受精卵孵化的幼蟲皆發育為不事生產的雄蜂，最後導致蜂群滅亡（圖 2.8.19）。

圖 2.8.19
蜂群失王後，工蜂會在巢房內產下大量的未授精卵，使得原本的工蜂巢房產生許多雄蜂。

失王的原因可能是原蜂王衰老無法繼續產卵而被淘汰、老王分封飛走後處女王交尾失敗、檢查蜂群時蜂王受到擠壓受傷、或不慎掉到巢房外面沒有成功爬回巢中、盜蜂造成蜂群廝殺、蜂王受傷或死亡等等。

蜂群大約經過 10 小時左右即可偵測失王的狀況，蜂群焦躁不安，而且採集食物與建造巢房的意願大減。失王 12~48 小時左右，工蜂會把 2 日齡以下的工蜂幼蟲巢房改造急造王台，並且餵食蜂王乳以培育新蜂王（請參閱 P184「蜜蜂的一生 —— 西洋蜂與東方蜂（野蜂）的生物學特性」）。

急造王台通常出現在巢脾的中間，數量在十幾個到幾十個不等（圖 2.4.3），體積比正常的王台略小。若急造王台內的蜂王順利羽化且交尾成功，蜂群會逐漸恢復正常。

交尾後的蜂王及工蜂幼蟲會抑制工蜂卵巢的發育，根據研究，如果把工蜂幼蟲及蛹全數移除，成年工蜂的卵巢發育會逐漸增加，但如果只把蜂王移除而不移除工蜂幼蟲及蛹，則成年工蜂卵巢的發育很少增加，可見工蜂幼蟲及蛹的存在比起蜂王的存在更能夠抑制工蜂產卵。

由於蜂王的蜂王質與幼蟲釋放的幼蟲費洛蒙能夠抑制工蜂產卵，因此失王群的處理方式，就是從其他蜂群調入工蜂幼蟲巢片，並且誘入一隻已經具備產卵能力的蜂王，也就是說養蜂時最好有兩箱以上的蜂群才能調配支援。

處女王交尾失敗導致失王時間過長，甚至造成工蜂產卵時，建議把交尾失敗、失王時間太長的蜂群拆散成數個小群，併入正常的蜂群中，若要重新分群也要待蜂群穩定以後再

進行。強盛的蜂群失王後，誘入新蜂王比較不容易成功，最好也能拆成小群併入其他蜂群中。

此外也可以在失王群中放入一個封蓋的王台，但有時候強勢的蜂群失王太久，放入的王台會被工蜂咬破，如果要使處女王能順利羽化，最好是移蟲後馬上放入失王群讓工蜂哺育，同時最好還要調入幼蟲片協助穩定蜂群，因為已經失王很長一段時間，可能會在處女王交尾成功前就工蜂產卵。

已經工蜂產卵的巢片，趁幼蟲還沒有封蓋前可放入冷凍庫冷凍，然後再拿到強群讓巢內的工蜂清理，避免羽化出過多體型小的雄蜂。如果已經封蓋，可用割蜜刀割除。

2.8.6 檢查蜂箱底部

蜂箱底部常常會有碎屑、蜜蜂屍體、蠟片、蠟塊等雜質，檢查箱底可以了解蜂群狀況，並協助工蜂清潔。

抖蜂前利用起刮刀將蜂箱底部的雜質刮起來放在掌心，觀察是否有蜂蟹蟎、蠟蛾等害蟲，並維持蜂巢清潔（請參閱 P329「西洋蜂與東方蜂（野蜂）的病蟲害防治」）尤其是東方蜂（野蜂）易受蠟蛾侵擾，刮除後才能保持蜂群健康、減少逃蜂機率。

2.8.7 抖蜂的技巧

詳細檢查蜂群時，需要抖蜂才能看清楚巢房內部的狀況，採蜜時也必須把蜜蜂抖掉，才不會讓蜜蜂隨著巢框進入搖蜜機。此外工蜂常常會把王台包住，不抖蜂很難發現王台，

抖蜂技巧熟練蜜蜂比較不會跌傷，因此抖蜂是養蜂人非常重要的基本技巧。

當蜂箱內的巢框放滿時，先取一到兩框巢片立在蜂箱旁邊，騰出箱內空間。抖蜂時站穩腳步，用大拇指和食指抓住巢框兩端的耳，將巢框盡量伸入蜂箱內，巢框不要提太高，以免太多蜜蜂和含水率較高的蜂蜜抖到蜂箱外面，增加內勤蜂回巢的困難度並引來螞蟻覓食。

抖蜂的時候力量要夠，不要上下甩動，而是用前臂以高頻率、小幅度快速震動的方式將蜜蜂抖入蜂箱內（圖 2.8.20），避免巢框撞擊到蜂箱及其他巢框。

圖 2.8.20
抖蜂時，用大拇指和食指抓住巢框兩端的耳，將巢框盡量伸入蜂箱內，以高頻率、小幅度快速震動的方式將蜜蜂從巢脾上抖落。

一般例行性的檢查不必把巢片上的蜜蜂完全去除，只要抖掉一部分的蜜蜂能看清楚巢房內的狀況即可，但在調片、搖蜜時最好使用蜂刷去除巢片上的蜜蜂。刷蜂時以柔軟的刷毛前端輕輕地將蜜蜂刷進蜂箱內，避免太多蜜蜂掉落蜂箱外。

東方蜂（野蜂）經常受到驚擾後容易逃蜂，因此非必要不要抖蜂。檢查時可翻轉巢框，使底部朝上讓王台露出來，不收蜂蜜、不詳細檢查，只是觀察巢框上的特定區域時，可在蜂群穩定時對著巢片輕輕吹氣，讓蜜蜂爬開，但在缺蜜、開箱方式不當、陰雨天、接近傍晚、經常受到驚擾等許多因素下，持續吹氣可能會引發蜂螫。

檢查東方蜂時可用澆花器噴霧水來取代噴煙，但要注意在冬季低溫時蜂群易失溫，且箱內濕度太高易發霉或孳生病原。抖蜂技巧尚未純熟時，建議先找到蜂王，蜂王所在的巢片不抖蜂，或將蜂王關入王籠，以免蜂王受傷。（抓取蜂王的方式可參閱 P324「如何抓取蜂王及運送蜂王」）

2.8.8 如何檢查、記錄與管理蜂群

養蜂需要花時間照顧與管理，對於初次養蜂的人來說，打開蜂箱看到密密麻麻的蜜蜂難免會不知所措，要避免這個狀況除了事先了解蜜蜂的生物學特性外，還可以藉由記錄表加以輔助。

記錄內容可分為工作記錄與蜂群記錄，工作記錄包含運費、所使用的材料、蜂群及材料成本、下次檢查應注意的事項、蜜粉源的分布及開花期、蜂產品的收成量等等。

蜂群紀錄表格上則有巢框數、卵、幼蟲、封蓋（蛹）、儲蜜、儲粉、空巢房、蜂王狀況、罹病狀況、防治狀況、其它注意事項等欄位。每個欄位相當於蜜蜂發展過程會經歷的階段、巢房的利用狀況和遇到問題時的處置方式。

記錄時，打開蜂箱提取每一片巢框尋找蜂王，並把卵、幼蟲、封蓋（蛹）、儲蜜、儲粉、空巢房的比例全部總檢一遍，就能了解蜜蜂在羽化之前各階段的發展狀況、比例和食物的多寡。

記錄的方式有兩種，第一種是掌握佔比後，卵、幼蟲、封蓋（蛹）、儲蜜、儲粉、空巢房欄位相加之後等於巢框數。舉例來說，巢框數為 8，因此蜂箱內所有的卵、幼蟲、封蓋（蛹）、儲蜜、儲粉、空巢房整體比例相加要等於 8。第二種是不論巢框數為何，皆以 10 為分母，欄位內的卵、幼蟲、封蓋（蛹）、儲蜜、儲粉、空巢房為分子，上述欄位相加後要等於 10（表 2.8.1）。兩種記錄方式皆可，但記錄方式要統一，以免造成日後換算的不便。

此外也可以將蜂王開始產卵的日期、產卵的好壞記錄在表格中，配合標記蜂王，以便評估蜂王是否需要更換。若蜂群罹患病蟲害，最好也詳細記錄防治方式與時間，以利擬定防治策略（請參閱 P329「西洋蜂與東方蜂（野蜂）的病蟲害防治」）。

蜂群內每個發育階段的比例會隨著環境條件產生變化，詳細且完整的紀錄能數據化地具體呈現該區域的蜂勢，進行相對應的處置，例如在長期陰濕多雨的低溫環境下，蜜蜂無法外出採集，如果儲蜜、儲粉低於蜂群整體比例的 1 成就要餵食，以免蜜蜂餓死。當

表 2.8.1 蜂群檢查紀錄表

蜂群編號：	1		蜂王來源：	☑自行培育		□購買自 養蜂場		□其他	開始產卵日期：		112 / 03 / 13
蜂群特性：	溫馴				飼養地點與遷移記錄：		112 / 04 / 11 起飼養於臺北蜂場				

日期	巢框數	巢 片 狀 況				蜂王狀況	罹病狀況	防治狀況	其 它 注 意 事 項
		幼蟲&卵	封蓋	儲蜜	儲粉	空巢房			
4/16	10	2.5	2	3	2.5	0	產卵正常	未發現	無	
8/15	10	2	1.5	2	1.5	3	產卵正常	發現蜂蟹蟎	噴草酸	餵食花粉餅

卵與幼蟲的比例較少，蜂群日後的成蜂數量也會變少。各地區的蜜、粉源條件也會反應在蜂群的消長上，例如有些蜂群在渡夏前會儲存大量蜂蜜，渡夏時蜂王開始減產，期間慢慢消耗蜂蜜，逐漸釋出空巢房，待夏季結束後蜂王產卵量回升，中央的產卵圈開始擴大，這些季節與蜂群的變因都可以透過紀錄表量化呈現。

經驗豐富的養蜂人經年累月下，對於環境條件與蜂勢已非常熟悉，不見得會使用蜂群紀錄表。每一個養蜂人都有自己記錄蜂群的方法和習慣，有效地記錄能提升工作效率、減少不必要的支出、減輕記憶負擔，了解蜂群的發展狀況並提前因應，透過這些豐富的資料，能對該地區的環境條件和蜂群消長有深入了解，適當的保存這些資料，更有助於未來資料的查詢和進一步研究分析。

除了紀錄表外，也可以善用養蜂場附近唾手可得的物品，例如在蜂箱上放置石頭，若出現想保留的自然王台，或巢片需要事後處理及利用，可在巢框或蜂箱上做記號，或用巢片夾住草莖標記，另外也可貼膠帶在蜂箱上、用防水筆畫記號等等（圖 2.8.21）。

圖 2.8.21
善用粉筆及蜂場周圍的草莖、石頭來標記蜂群狀況。

● 觀察卵、幼蟲、封蓋、蜂蜜及花粉的狀況

檢查蜂群時除了尋找蜂王外，也要觀察卵、幼蟲、封蓋幼蟲、儲蜜、儲粉的分布狀況與數量（圖 2.8.22）。在蜂群旺盛、花粉充足的情況下，巢房內的幼蟲周圍食物池豐富（圖 2.8.23），含大量的乳白色物質且充滿光澤，反之如果巢房內的幼蟲乾燥，周圍沒有水狀物質，就是缺乏花粉的徵兆，這時候的幼蟲營養不足，蜂群發展也不會健全，要立即給予花粉餅（補助花粉）。

圖 2.8.23
巢房內的幼蟲，周圍有乳白色的食物池。

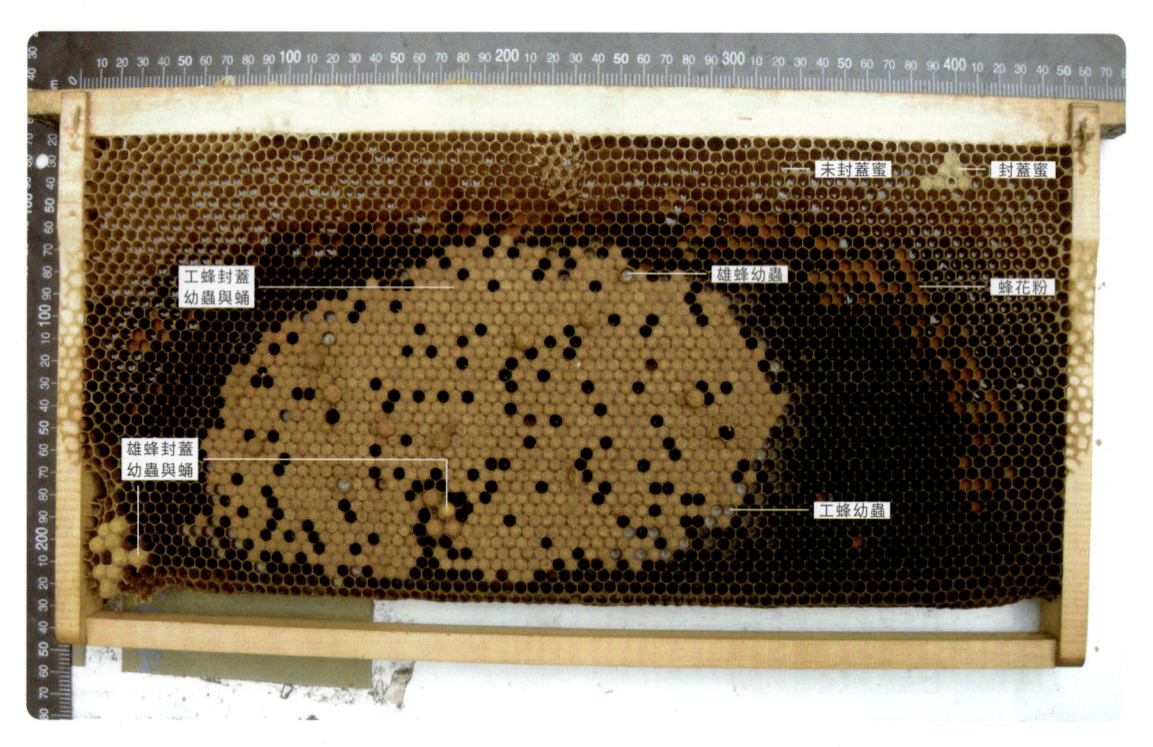

圖 2.8.22
巢脾上蜜蜂各發育階段及食物的分布情形。
巢脾中間是幼蟲，往外一層是花粉，最外層是蜂蜜。
巢房內白色的是幼蟲。深咖啡色是封蓋幼蟲及蛹，其中平的是工蜂幼蟲及蛹，凸的是雄蜂幼蟲及蛹。
液態的是未封蓋蜜，淺黃色封蓋的是封蓋蜜。
蜂花粉則因植物的花粉而呈現不同的顏色，例如橘色、深黃色等，填塞在巢房中。

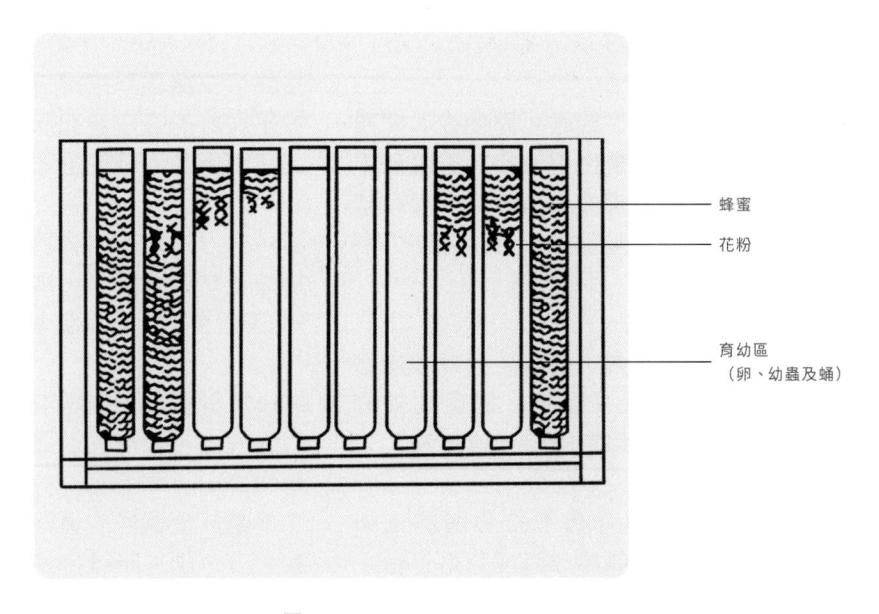

圖 2.8.24
活框式蜂箱及巢片的剖面圖，圖中顯示蜂蜜、花粉及育幼區在蜂群中的分布位置。

（標示：蜂蜜、花粉、育幼區（卵、幼蟲及蛹））

正常發育的蜂群，幼蟲會集中在巢脾的中間偏下方，蜂蜜與花粉會放置在外側，因此巢框放回蜂箱要把幼蟲較多的巢片往中間放置（圖 2.8.24）。

早春或春繁時蜂王會大量產卵，產卵圈越大蜂群發展越快，如果產卵圈受到封蓋蜜的限制，可割開讓蜜蜂取食，不但能達到獎勵的作用、降低飼養成本，還可以空出巢房供蜂王產卵、擴大產卵圈，要不然有時候巢內可能會出現「蜜壓子」和「粉壓子」的情況，蜂蜜、花粉太多而限制了產卵圈的大小，當產卵圈太小，未來蜜蜂數量就會減少。

此時不要等待蜂蜜封蓋，而是要把蜜搖出來，空出巢房讓蜂王產卵，或者在蜂多於脾的情況下添加巢礎框、空巢脾、繼箱讓蜂群使用並調入幼蟲片。

當大量進粉、進蜜時，花粉與幼蟲相互交錯，造成產卵圈不集中、雜亂無章的現象，此時可以把蜜片調到最旁邊，而把老熟的封蓋蛹片調到蜂巢中間，讓蜜蜂羽化後的空巢房能讓蜂王產卵。流蜜期結束後蜜、粉源不足的季節，有時候會發生巢房內仍有老舊封蓋蜜，此時也可把老舊的封蓋蜜割開讓蜜蜂取食。

若卵的數量很少，則可能跟蜜、粉源不足和蜂王體內精子數量不夠有關，若是環境造成產卵量下降，則需要額外補充花粉餅與糖水，若是蜂王精子數量不夠，則要考慮更換蜂王（請參閱 P292「如何判斷蜂王的優劣」）。

● 清除多餘王台

有些蜂群或蜂種分封性較強，即使在非繁殖季節和非自然交替也會出現王台，王台若不清除很容易分封造成損失，所以如果沒有繁殖蜂群的需求，就可用手捏掉或用起刮刀剷除不需要的王台。

工蜂通常會將王台包圍，所以要抖蜂才能徹底清除王台。東方蜂（野蜂）盡量在外界蜜、粉源充足、蜂群穩定的時候再抖蜂。

蜂群失王時，工蜂會培育1~2日齡的工蜂幼蟲成為蜂王，把工蜂房改造成急造王台，這時可以把所有的急造王台清除後，調入幼蟲片和一隻產卵的蜂王，或者一個封蓋的王台，若都沒有，最好保留急造王台以應急。

如果蜂群持續旺盛而不打算拆箱增加蜂群數量，可添加空巢脾、使用繼箱等方式增加空巢房的數量，舒緩蜂群分封的情緒，但王台還是要清掉。

正常未失王的強盛東方蜂（野蜂）群，在工蜂及雄蜂的封蓋幼蟲多、王台數多的情況下，若不斷把王台清除，蜂群仍會分封，並且工作情緒低、進蜜量減少，因此建議順著蜂勢將蜂群拆開，降低蜂群分封情緒，同時保留外形完好的王台組織成新的交尾箱，藉機培育新蜂王、淘汰老蜂王。

● 維持群勢一致

除了交尾箱和備用蜂群之外，蜂場管理上盡量讓每一箱蜂群的強弱不要相差太多，卵、幼蟲、封蓋、儲蜜、儲粉的比例盡量均衡，以免在蜜源缺乏的時候發生盜蜂。

強群可支援弱群來維持蜂場內群勢一致，前提是弱群的蜂王產卵狀況佳，沒有罹病，因此建議飼養兩箱以上才能互相支援。

調片的方法是取出強群的封蓋蛹片，將蜜蜂抖掉後拿到弱群中，調入的封蓋蛹片最遲在12天就會羽化，使蜂群內的工蜂數量增加。

然後再從弱群中取出空巢房比例較高的巢片到強群中，也可以從弱群中取出卵、幼蟲片到強群中，降低弱群的工蜂的育幼負擔，也才不至於使弱群的巢框數太多，強群的巢框數太少，調片時維持蜂不露脾，蜂量與巢脾數均等是基本原則。

如果是巢框數少而蜂王產卵能力佳的小蜂群，持續發展後形成蜂多於脾，則可以從強群中調入一脾封蓋脾，加速蜂群發展，然後強群可再插入新的巢礎框或空巢片，使之蜂脾相稱。

西洋蜂與東方蜂（野蜂）的工蜂蛹期正常約12天，在不打開巢房的情況下很難了解蛹的發育狀況，一般來說老熟的封蓋蛹，封蓋表面的顏色較剛封蓋的蛹略深，提取強群中老熟的封蓋蛹片給弱群，能在短時間內增加內勤蜂的數量，提升蜂勢。盡量不要從強群中提取卵和幼蟲較多的巢片到弱群，因為弱群本身工蜂數量不足，調入太多卵及幼蟲片會增加育幼負擔。

由於各蜂群的氣味不盡相同（參閱P162「蜜蜂的觸角與嗅覺、聽覺、觸覺」），所以調片前最好要把蜜蜂抖掉，以免工蜂互咬廝殺，尤其在缺蜜期若不把蜜蜂抖掉，直接併入很容易打架，至於在蜜源充足的大流蜜期，工蜂互咬的情況比較不明顯。抖掉成蜂

的巢片若有幼蟲，要盡速放入蜂群中讓蜂群照顧，以免幼蟲死亡。

蜂群檢查與飼養管理的重點及注意事項

- 確定蜂王正常產卵。
- 清除贅脾及不必要的王台。
- 維持蜂不露脾，巢框數與成蜂數量要成正比。
- 如果蜂多於脾、出現贅脾且大量進蜜時可加巢片。
- 卵、幼蟲、封蓋、蜜、花粉比例要平均。
- 儲蜜、儲粉低於蜂群整體比例的 5 % 就要餵食，花粉、蜂蜜不可互相取代。
- 餵食的原則為強群餵多、弱群餵少、少量多餐，糖水要一天內吃完。
- 儲蜜、儲粉分別超過蜂群整體比例的 30~40 % 就可以採收，不要發生蜜壓子和粉壓子。
- 幼蟲較多的巢脾盡量放中間，花粉、蜂蜜較多的巢脾放外側。
- 巢片間距可讓兩隻蜜蜂擦身而過，不可太寬也不可太窄。
- 檢查是否有病蟲害，例如蜂蟹蟎、白堊病、美洲幼蟲病、囊雛病，也要防治螞蟻等侵擾性生物。
- 隨時捕捉出現在養蜂場的虎頭蜂。
- 冬季注意保暖，夏季注意防曬及環境中是否能夠提供水源。
- 養蜂的場地不可太潮濕，周圍不可噴灑化學農藥。
- 適時淘汰老舊巢脾。
- 東方蜂（野蜂）切記不可過於頻繁開箱打擾蜂群。
- 在夏季、外界缺乏食物及連續下雨後的放晴日要防止東方蜂（野蜂）逃蜂。

● 汰弱扶強

從強群調封蓋蛹片到弱群，可以增加弱群的蜂量，但也不要一味地從強群抽出封蓋片，因為如果弱群的蜂王本身的產卵能力不佳，一直從強群中提取封蓋片會削弱強群的發展；這時候可以淘汰弱群的蜂王，併入強群，這樣流蜜期採蜜才能提高產量。如果是嚴重罹患病害的蜂群則建議隔離燒毀，不要併群，以免病原擴散，此種蜂群即使用藥，也不一定能夠根除病原，用藥不當甚至會使病原產生抗藥性，蜂產品也可能會有藥物殘留而影響食安。

2.8.9 蜂群的四季管理

養蜂需要因應氣候的變化進行調整，概略的管理措施可參閱表 2.8.2。

此表僅作為飼養管理的參考，由於全臺各地緯度、海拔及每年的氣候條件、蜜粉源狀況不盡相同，蜂勢消長有時會提前或延後，每個地區物候[4] (phenology) 與傳統農民曆或陽曆的關聯性不一定十分密切，再加上極端降雨與乾旱的狀況難以預測，因此無法一體適用，許多細部的管理措施及因應策略仍要配合當地的環境條件、蜜粉源狀況、蜂種特性及飼養習慣加以調整。

● 採蜜前的管理

不同的地區因氣候環境條件，使得流蜜時間、流蜜量有所差異，臺灣各地的流蜜季節與狀況也不盡相同，大部分以國曆 3、4 月為主，流蜜時間取決於氣候條件是否適合植物分泌花蜜，同一時間有的地方還沒開始流蜜，有的地方則已經開始，有的地方正處於大流蜜期，有的地方則為流蜜後期，因此養蜂人要能適時地掌握環境及蜂群的狀況，在流蜜前將蜂群飼養到最佳狀態以因應流蜜期的到來。

採蜜前要先挑選優良、強盛的蜂群，選擇清潔能力佳的蜂群作為培育新蜂王的蜂種，把健康的弱群併入強群中。

為了因應隔年春季的蜂蜜採收，每年入秋時可挑選優良的蜂種來更換老蜂王，保持蜂王的高產卵量，維持蜂群的強盛。強群相對健康、蜂群活動力佳也不易染病，反之老舊的蜂王會導致蜂群數量下降，進蜜量大減。

早春與流蜜期易分封，因此採蜜前應加強蜂群的檢查，清除王台避免分封造成工蜂數量減少。

在臺灣一般來說，油菜花期結束後外界蜜粉源就會不足，此時給予花粉餅不但能增加蜂王的產卵量、補充幼蟲發育時的營養所需，也減少工蜂外出覓食的辛勞，整體蜂群才能強盛。

臺灣海拔分布廣，各地環境條件、每年的氣候狀況、飼養習慣、蜂種特性不盡相同，南部氣候溫和，有時候會在立春過後開始春繁，北部有些地區的養蜂人於驚蟄時開始繁蜂，時間只是參考，最終還是要以各地的氣候條件和蜜源狀況來調整，並非一成不變，但如果環境中的蜜源不足、氣候條件無法促使植物泌蜜，蜂群就難以壯大。

---

[4] 物候 (phenology)：一個物種的發育、成長、出現、休眠與氣候、季節等非生物因子的關聯性。

表 2.8.2 西洋蜂與東方蜂（野蜂）群的四季管理

國曆月份	二十四節氣		管理措施
一月	小寒	越冬	越冬，少數地區可採收冬季蜜源。餵糖水及花粉餅。
	大寒		
二月	立春		餵糖水及花粉餅，清除王台預防分封，為採期做準備。
	雨水		準備迎接流蜜期，蜂群增殖，培育蜂王。
三月	驚蟄	春繁	
	春分		蜂群活動旺盛，培育蜂王，防止分封，採收蜂蜜。
四月	清明		
	穀雨		蜂群活動旺盛，採收蜂蜜，培育蜂王，若發現虎頭蜂要立即捕捉。
五月	立夏		
	小滿		大流蜜期結束，僅少數區域仍有蜜源，準備渡夏，東方蜂（野蜂）防止逃蜂，西洋蜂防治蜂蟹蟎。
六月	芒種	渡夏	
	夏至		蜂勢弱，西洋蜂可考慮合併蜂群，淘汰老舊巢片，餵糖水及花粉餅，做好防颱措施，西洋蜂防治蜂蟹蟎，割除雄蜂房，虎頭蜂出現頻繁，高溫，注意蜂群是否缺水，東方蜂（野蜂）減少開箱防止逃蜂。
七月	小暑		
	大暑		
八月	立秋		餵糖水及花粉餅，做好防颱措施，防虎頭蜂，高溫，注意蜂群是否缺水，東方蜂（野蜂）減少開箱防止逃蜂。
	處暑		蜂勢稍加恢復，防虎頭蜂，培育蜂王。
九月	白露	秋繁	
	秋分		次流蜜期，視儲蜜狀況採收蜂蜜，培育蜂王，防分封、防虎頭蜂。
十月	寒露		
	霜降		流蜜期結束後西洋蜂防治蜂蟹蟎，準備越冬。
十一月	立冬		
	小雪	越冬	氣溫明顯下降，蜂群活動力較低，注意蜂群保暖，可考慮合併蜂群。
十二月	大雪		
	冬至		
註			須因應各地氣候條件及蜜、粉源狀況進行調整。

也有一些養蜂人在立秋開始大量餵食花粉餅（補助花粉），把握秋繁時機，過了冬天到二十四節氣的春分左右蜂群才會強盛，東方蜂（野蜂）因為善用零星蜜源，所以有可能提早。從早春到流蜜這段時間，需花八至十週開始繁蜂讓蜂群壯大，通常只要立春前維持六巢框的蜂量，到了國曆3月中旬就能比較快達到8片巢框的蜂量，以迎接流蜜期的到來。

大流蜜期來臨前，蜂群中應有產卵能力佳的蜂王、充分的花粉餅（補助花粉）、蜂群沒有罹病且不再使用化學藥劑。若來不及於八至十週繁蜂，可透過合併蜂群來增強蜂勢（請參閱P327「合併蜂群」）。

飼養西洋蜂者若發現蜂蟹蟎，要盡快防治（請參閱P329「西洋蜂與東方蜂（野蜂）的病蟲害防治」），以免蜂勢變弱影響採蜜能力。若使用福化利防治蜂蟹蟎，在採蜜前一定要停止用藥，以免影響蜂蜜品質。

北部冬季潮濕多雨，蜂箱內濕度較高，容易孳生病原導致蜜蜂體弱，影響採蜜能力，採蜜前要注意蜂箱底部的清潔。由於採蜜時會大量抖蜂，如果蜂箱底部的殘蠟、贅脾或蠟瘤殘留過多，抖後有大量蜜堆疊於蜂箱內，採蜜完放回巢片時，蜜蜂及蜂王容易受擠壓而損傷。刮除並清洗暫時不用的糖盒，以免糖盒發霉。

蜂勢逐漸變強時，如果贅脾和儲蜜增加，可以插入巢礎框讓工蜂建造巢房，提供更多可利用的巢房，也讓蜂王在新巢片上面產卵，以產出健康碩壯的工蜂，同時注意巢內工蜂數量，避免一次插入太多空巢脾。老舊巢脾重量較重，可以善用隔王板將老舊巢片隔開，待蜜蜂羽化後，將兩年以上的老舊巢脾淘汰（請參閱P307「抽出蜂箱內多餘的巢片」），可減輕蜜蜂搬遷和搖蜜現場手提及肩挑蜂箱的負擔。

一定要慎選地點，除了蜜源、粉源、水源狀況外，還要隨時掌握附近農作物噴灑農藥的情形，要有備案，如果發現蜜蜂中毒一定要立即搬遷。

● 流蜜期的管理

採蜜期間不要餵食糖水，並用搖蜜機把之前餵糖水的蜜搖出來，以免人工餵食的糖水混雜在蜂蜜之中。如果之前餵過糖水，第一次搖下來的蜜要另外標示，可作為調配花粉餅（補助花粉）之用。

為了增加採蜜效率，最好放置已經建好巢房的空巢片，或者是已經搖過蜂蜜的空巢片(stickies)，以減輕蜂群造脾的負擔，轉而投入生產的行列，其次才放置巢礎框。

如果蜂量及蜜源充足又不需經常搬遷，可以考慮使用繼箱，根據流蜜量的多寡選擇使用淺繼箱或全繼箱。繼箱中同樣應為已建好巢房的空巢片，讓蜜蜂直接儲存蜂蜜，增加採蜜效率（請參閱P226「如何使用繼箱與繼箱的優缺點」）。如果之前從未使用過繼箱，最好在採蜜之前讓工蜂建好巢房，若使用無巢房的巢礎框，蜜蜂就需要消耗蜂蜜來建造巢房，進而減少蜂蜜的收成。

繼箱因為提供蜂群較多的使用空間，有時可以降低分封機率，但建造王台與分封與否，也受蜂種特性的影響，若蜂群本身極好分封，採蜜時仍需清除王台避免蜂群損失。

如果不使用繼箱，流蜜期間可以在巢框上

方放置塑膠網蓋或內墊 (inner mat)，防止蜜蜂建造過多贅脾且有利蜂蜜封蓋（圖 2.8.25），但高溫時仍需要將塑膠網蓋拿起以防蜂群過熱死亡。

圖 2.8.25
採蜜期間可在巢框上放置內墊，防止蜜蜂建造贅脾。

蜂蜜是否可以採收要根據環境條件、蜂勢強弱來決定，每位養蜂人的標準也不盡相同。一般來說，當蜂群內的蜂蜜儲存量超過蜂群整體比例的 30~40 % 即可採收，但產業上則不一定會依此為依據，在臺灣大流蜜期的時間較不穩定，不論蜂蜜是否封蓋，職業養蜂人平均約每 3 天採收一次蜂蜜，再加上環境濕度高、流蜜期短，所以不一定非得等到蜂蜜全數封蓋後才採收，而且有時候採收下來的封蓋蜜含水率也可能高於 20 %。因此採收下來的蜂蜜要經過水分測定，販售的蜂蜜含水量最好在 20 % 以下，若水分太高則需低溫濃縮或冷藏減緩發酵，甚至冷凍延長儲存時間（請參閱 P492「過濾蜂蠟的方法」）。

採蜜時禁王（關王）

採蜜期間有些養蜂人會禁王（將蜂王幽禁在王籠內），蜂王仍在蜂群內但無法產卵，做法上可分為採蜜期間長時間禁王，以及採蜜當天短期禁王，其必要性及做法因人而異。

採蜜期間長期禁王目的在於降低產卵量，以便騰出巢房讓工蜂儲蜜，內勤蜂不必照顧幼蟲，能快速轉變為外勤蜂投入採蜜行列。一般而言在主要流蜜期將蜂王幽禁於王籠內，禁王時為了讓工蜂能接近蜂王，盡量選用工蜂可以通過的王籠，讓蜂王受到更多照顧。

不論東方蜂還是西洋蜂禁王時間都不宜太長，禁王過久蜂王體型會變小，影響蜂王產卵能力，如果蜂王本身年老力衰，很容易在囚禁過程死亡，甚至有幽禁老蜂王隔日即死的案例。

此外，採蜜期工蜂的勞動力增加、壽命較短，禁王過久無新的工蜂以維持蜂群發展就容易產生斷層，蜂勢會快速下降，因此若採蜜期間工蜂數充足時，可考慮使用繼箱，繼箱內皆具完整巢房的空巢脾讓工蜂儲蜜，或使用橫向的平面化飼養管理技術（請參閱 P229「以單層平箱採收無幼蟲的蜂蜜」）。

採蜜當天短期關王，能避免採蜜抖蜂時失王或操作過程蜂王損傷，尤其是東方蜂（野蜂），在抖蜂後蜂王容易隨著工蜂爬出巢房而不回巢，失王後工蜂勞動力下降，影響蜂蜜產量和蜂後續發展。採蜜當天短期關王對蜂王及蜂群的影響較小，因為採蜜結束當天就把蜂王放回原蜂群使之繼續產卵，蜂群不會出現斷層，但每次採蜜皆要重新尋找蜂王，較為耗時。

● 採蜜後以及夏季的蜂群管理

採蜜結束後要將搖蜜機、割蜜刀清洗乾淨，金屬物件上少許食用油防止生鏽。在蜂箱還堪用的時候修補完整、重新上漆，將鬆動的箱體重新固定、更換損壞脫落的零件。有些養蜂人會在蜂蜜採收完畢、盛夏來臨之前進行育王與拆箱分封，增加蜂群數量。

臺灣每個地區每年的環境條件、蜜源分布不一定相同，但普遍來說國曆 6 月採蜜期結束，或端午節、夏至過後差不多蜂群就要開始渡夏（有可能提前或延後數日），小暑、大暑更是炎熱，環境中的蜜源明顯減少，蜂群較兇，檢查蜂群的時候動作要快，要不然很容易引起盜蜂，飼養東方蜂（野蜂）時則要避免頻繁、長時間開箱打擾蜂群。

進入夏季之後，虎頭蜂數量變多，在炎熱、外界環境蜜、粉源缺乏、虎頭蜂肆虐、蜂蟹蟎族群量增加等多重不良因素影響下，使夏季成為臺灣飼養蜜蜂非常困難的季節。

臺灣在秋季有時候會有一波流蜜期，所以夏季的管理非常重要，適時給予糖水和花粉餅（補助花粉）、捕捉侵擾蜂群的虎頭蜂、防治蜂蟹蟎，如果蜜蜂沒有得到適當的照顧，就無法在秋天流蜜來臨時達到最佳的收成，嚴重時蜂群甚至會衰弱造成秋衰 (autumn collapse) 以及東方蜂（野蜂）逃蜂。

檢查巢內的食物

在梅雨鋒面來臨之前，檢查巢內食物儲存的狀況，如果儲蜜不足要餵糖水，否則蜜蜂會餓死。蜂群中若有存蜜，盡量留給蜜蜂渡夏，即使存蜜充足要採收也不要盡取，否則東方蜂（野蜂）容易逃蜂。東方蜂（野蜂）渡夏期不宜餵食過多糖水，此時大部分蜂群的蜂王已降低產卵量，餵食糖水後可能會加速逃蜂，這時可適當餵食含糖量較多的花粉餅（補助花粉），刺激蜂王產卵、防止逃蜂，但也不宜過量餵食，最好等到秋繁時再提高餵食量。

蜂群數量下降可減少蜂群對飼料（花粉餅、糖水）的消耗，降低飼養成本，因此渡夏時只要提供維生所需的糖水就好，如果沒有成本考量則不在此限。

蜜蜂數量從 8 脾巢片減少到 6 脾後，要隨時注意巢內的儲蜜與儲粉，若蜂量低於 4 脾且蜂少於脾，則易受螞蟻、蟑螂等昆蟲侵擾，除非從強群支持，要不然很難在秋季流蜜來臨前繁衍成 8 脾的強群進行採蜜。

補充水源

注意蜂場四週是否有水源，如果沒有要提供充足的飲水。充足的水源有利於蜜蜂調節溫度，夏季高溫要特別注意給水。水源可能來自積水的水槽、水窪、青苔上的水珠或溪流等等，有時候也會利用蜂箱內壁上凝結的水珠。不論春季大量育幼、夏季高溫還是冬季低溫蜜蜂都需要水。

水源最怕受到汙染（例如化學農藥、工廠汙水），在大湖邊和水流較大的河流，蜜蜂可能會淹死或被沖走，如果養蜂的區域沒有乾淨的水源就必須額外供水。以淺盤裝水，裡面可擺放石頭、浮萍或任何可讓蜜蜂駐足的物品，水溫以 18~32 °C 為佳，不宜超過 38 °C。蜜蜂具記憶能力，能提高採集效率，水源最好在 100 m 以內並且多處分散放置，發現蜜蜂在特定區域採水後就固定放置在該處，天氣冷的時候放在陽光下可提高

採水次數。容器要定期清洗，避免水質汙染和孳生蚊蟲。水源最好置於蜂箱外，不建議箱內餵水以免讓蜂群內的濕度過高。

協助蜂群降溫

外界溫度過高時，強盛蜂群的工蜂會停留在蜂箱外形成所謂的「蜂鬍子」（圖 2.8.26），此時可以加上不含巢框的空繼箱，增加蜂箱內的空間以利工蜂調節溫度。

此外也可以擴大巢門、增加蜂箱通風、提供充足的水源、給蜂群遮蔭（圖 2.8.27），或是在蜂箱外圍包覆隔熱紙（圖 2.8.28）。有些蜂箱蓋表面為了耐用而使用金屬材質，如果蜂箱內的工蜂數量很少，又在烈日下曝曬，就會導致箱內溫度過高，若不及時降溫，箱內的巢脾可能會融化。

抽出蜂箱內多餘的巢片

蜂量減少時要抽出多餘的巢片，以維持不露脾。在沒有工蜂維護的情況下，空巢房容易發霉（圖 2.8.29）、藏匿蟑螂和孳生蠟蛾，進一步造成蜂群弱化，因此必須抽出多餘的巢片，使蜂脾相稱。建議只要蜂不露脾即可，不一定要蜂多於脾，以免成蜂太多造成蜂群緊迫，且東方蜂（野蜂）有可能分封。

同時也要注意蜂蜜、花粉的儲存量和蜂王的產卵狀況，在不低於四脾的數量下讓蜂群有足以維生的食物。若脾數太少蜂勢太弱、蜂王的產卵量太低，幼蟲就會減少，花粉餅（補助花粉）的採食意願也會降低，加上弱群易罹患病蟲害，在多重因素交互影響下蜂群就容易滅亡。

臺灣炎熱的夏季不利蜂群繁衍（東方蜂、西

圖 2.8.26
當溫度過高時，蜂群會在巢口聚集形成蜂鬍子。

圖 2.8.27
在蜂場架黑網遮陽降溫

圖 2.8.28
可在蜂箱外包覆隔熱墊用於保溫及降溫

圖 2.8.29
發霉的老舊巢片

洋蜂皆然），這時候的蜂勢明顯衰弱，當蜂勢逐漸衰弱時，幼蟲、封蓋、儲蜜、儲粉呈現零星分布，若抽出巢片會導致幼蟲和封蓋幼蟲的死亡，偏偏在蜂勢較弱的情況下，蜂王所產下的每隻工蜂都很重要。

為了等待工蜂羽化，同時又要避免蜂王持續在即將抽離的巢片上產卵，此時可以趁蜂量充足、蜂不露脾的條件下，使用隔王板將巢片分隔為有王區和無王區，把欲抽離的巢片放在無王區，然後在有王區的巢框上覆蓋紗網，以防蜂王從上方爬過，24 天蜜蜂全數羽化後即可抽出。

若巢房內還有儲蜜，可用搖蜜機搖出後再存放於陰涼處，流蜜期結束後也可順勢將老舊的空巢框淘汰，若發生傳染性病害則巢脾要燒毀，不可重複使用。

蜂不露脾是養蜂的重要原則，也是觀察蜂勢發展的指標，如果工蜂持續減少、不斷抽出空巢框，可能是蜂王產卵能力下降、環境中的蜜粉源不足，也沒適時補充食物、罹患病蟲害等因素，造成蜂勢變弱、空巢房的數量增加。

縮減巢脾後，巢門口最好也要跟著縮小，要不然很多小昆蟲（例如螞蟻、蟑螂）會跑進蜂箱內，侵擾蜂群、盜取食物。飼養西洋蜂一定要利用夏季蜂王產卵量下降、封蓋面積變少的時候進行蜂蟹蟎防治（請參閱 P329「西洋蜂與東方蜂（野蜂）的病蟲害防治」）。

空巢片的存放方式

確定巢片上沒有卵、幼蟲、蛹及蜜、粉後，就可以把巢片從蜂箱內抽出，老舊的巢片趁機淘汰，堪用的空巢片可置於冰箱，或把巢片放在真空壓縮袋中密封存放才不會孳生蠟蛾（圖 2.8.30）。

圖 2.8.30
將堪用的空巢片置於真空袋中存放

舊巢框的處理——焚燒、回收與再利用

淘汰下來的老舊巢片為了杜絕病原傳播，建議焚燒後掩埋，無法自行焚燒的地區則必須要進入正常的垃圾處理管道，例如裝入垃圾專用袋透過清潔隊送入焚化爐焚燒或掩埋。

由於傳染性病原體都有相當驚人的活力（請參閱 P329「西洋蜂與東方蜂（野蜂）的病蟲害防治」），巢框若要重複使用則必須徹底消毒、清潔以免病原孳生。有些病原在 100 °C 的環境中仍具有活力，單純用水煮是無法殺死的。

蜂群如果曾經罹患傳染性病害，尤其是美洲幼蟲病 (American foulbrood disease, AFB) 這種惡性傳染病，一定要將巢框焚毀依廢棄物處理法處理，不要重複使用，以免疾病死灰復燃。

重複使用的巢框，經年累月下鐵絲無法維持原有的張力，建議將鐵絲重拉才利於埋線。清理老舊巢框時，先從邊條把鐵絲剪斷後抽出，再將巢脾整塊從巢框上切下來，浸入沸水消毒後，用起刮刀及巢框頭清溝器清除殘蠟，最後再徹底消毒。

巢框數量很多時可以使用蒸蠟機加速處理。若是塑膠巢礎，可先在太陽底下曝曬直到巢房軟化，再從最邊緣把巢房剝離下來，千萬不能放進蒸氣機中，否則會軟化變形。

防颱

夏季還要注意防颱，颱風來臨前蜂箱上面如果有遮陽的木板或波浪板要先取下，扣好蜂箱蓋後壓 1~2 塊空心磚（圖 2.8.31），避免蜂箱因強風翻倒。除非要搬遷蜂群，要不然平時巢口一定要打開，即使颱風來也不要關閉巢口，蜂箱墊高，注意巢口要略微前低後高以利排水。確實檢查養蜂場的排水系統，若是易淹水的區域一定要趁早將蜂群搬離（不過事實上易淹水的地區並不適合養蜂）（圖 2.8.32）。

圖 2.8.31
颱風來臨時要扣好蜂箱蓋，並在在蜂箱上放置 1~2 個空心磚。

圖 2.8.32
颱風來臨前要確實檢查養蜂場的排水系統，易淹水的區域要趁早將蜂群搬離。

● 冬季蜂群管理

二十四節氣的寒露過後接著是霜降，要把握秋繁的末期，太弱的蜂群不易越冬。不同地區環境條件不一，每年的狀況也不一定一樣，一般來說於 8 月中旬（立秋）左右開始大量餵食花粉餅（補助花粉）讓蜂群茁壯，以迎接秋季流蜜期的到來。

到了霜降，秋繁就接近尾聲，準備要迎接冬天的到來。臺灣冬季雖不似溫帶地區寒冷，但北部偶爾會有 10 ℃ 以下的低溫，通常國曆 12 月氣溫開始大幅下降，一月最為寒冷，尤其是北部經常陰濕多雨，蜂勢較差，所以養蜂人可適時地依據蜂群狀況和氣候條件的變化協助蜂群保暖，減少蜜蜂調節溫度的活動，維持蜂群發展以提升產品的產量。

發展良好的蜂群，其卵、幼蟲、蛹、蜂蜜、花粉的分布明顯，中間為卵、幼蟲和蛹，外圍是花粉和蜂蜜（圖 2.8.22），因此提取巢片檢查蜂群後要養成習慣，將卵及幼蟲較多的巢片放置在蜂箱內部中間的位置，花粉、蜂蜜則放在兩側，以免影響蜜蜂調節溫度（請參閱 P190「溫度對蜜蜂發育的影響及蜜蜂對溫度的調節」）。

冬季可縮小巢口，適時補充食物，必要時予以退片，淘汰老舊巢脾（請參閱 P307「抽出蜂箱內多餘的巢片」），避免巢脾發霉，不要蜂少於脾，而且要減少打開蜂箱的次數與時間，避免蜜蜂花費大量能量維持族群內的溫度。太弱的蜂群不見得有能力採食糖盒裡的糖水，有些養蜂人會噴一點溫糖水急救，但要特別注意低溫時，當糖水降溫後反而會更容易讓蜜蜂失溫。

添加保溫物的保溫方式，可分為箱外保暖與箱內保暖兩種。箱外保暖可在蜂箱外覆蓋泡棉或任何可增加溫暖的物品（圖 2.8.28）。箱內保暖則是縮小巢片間距（讓兩隻蜜蜂可以擦身而過），若箱內仍留有空間，可在最外側的巢片旁邊放置木製隔板或穩熱板（PS 板），但要注意 PS 板容易產生塑膠微粒或粉塵，會污染蜂產品、危害蜜蜂及人體健康。此外可覆蓋不透氣的墊子（圖 2.8.33），盡量縮小巢內空間，避免溫度流失，利於蜜蜂聚集。

保暖板的放置間隙要與蜂路相似，太寬強群會做贅脾與蠟橋，且無保暖效果，太窄則阻礙蜜蜂在巢房內的活動。保暖板放在兩側的保暖效果雖然比只放一側來得好，但其中一側的保暖板若緊靠在蜂箱內壁，因為有小隙縫，容易藏匿螞蟻、蟑螂等小昆蟲，若有殘蠟又會滋生蠟蛾不時侵擾蜂群，因此偶爾要取出清理，但再放回蜂箱內壁時常有蜜蜂攀爬其間造成操作上的困難。

冬季蜜粉源缺乏時蜜蜂會死亡，加上蜂王年邁產卵量下降，成蜂死亡量高於羽化的數量，造成來年春天蜂勢太弱，稱為春減(spring dwindle)。更換老蜂王、做好冬季保暖、適當餵食、防治病蟲害，就比較不會出現春減的現象。

圖 2.8.33
利用保暖墊及保暖板來減少蜂群溫度流失

Section 2.9

西洋蜂與東方蜂（野蜂）的繁殖

完善的蜂群繁殖場要知道蜜蜂品種、基因及其生物學特性，並能夠追溯其母系來源，建立完整的系譜，為了避免純種與其他品系雜交，專業的蜂王繁殖場至少要與其他養蜂場距離 6 km 以上，有些育種場會淘汰非種用的雄蜂來確保蜂王的品質。

2.9.1 快速增加蜂群的方法

養蜂人利用分封的習性發展出人工分封來增加蜂群的數量，也避免自然分封造成養蜂人的損失。

如果可以購得蜂王，最簡單增加蜂群的方式，是將 8~9 片的強盛蜂群平均拆成 2~4 個小群，每個小群都有適量的卵、幼蟲、封蓋蛹儲蜜和儲粉及成蜂（拆箱的方式可見 P316「如何組織交尾箱（群）」），巢脾數量與成蜂數量要成正比，維持蜂不露脾，隔天再觀察蜜蜂是否飛回原巢。如果拆出來的蜂群成蜂數量不夠，就要再從原來的蜂群中抖入成蜂。

接著把老蜂王留在其中一箱內，讓其他分出來的蜂群成為失王群，待失王 3~7 天後再誘入一隻已產卵的新蜂王，誘入新蜂王前要把巢內的王台清除乾淨（請參閱 P325「換王與誘入新蜂王的方法」）。

2.9.2 培育新蜂王的時機

新蜂王產生的關鍵在於交尾，在臺灣只要天氣晴朗、工蜂、雄蜂、蜜粉源充足、天敵少且無病蟲害，每個月處女王都有機會交尾成功，但整體來說以清明節前後，大致在二十四節氣的立春到端午節這段時間，交尾的成功率最高，另一個交尾的高峰期為白露與秋分。

過了夏至，到了小暑及大暑，天氣炎熱，蜜、粉源普遍缺乏，蜂勢下降，交尾的成功率則大幅降低，此外虎頭蜂、鳥類太多也會降低交尾的成功率。

選擇培育新蜂王的時機因人而異，有些養蜂人喜歡在春季換王，多數飼養西洋蜂的養蜂人會在中南部採蜜，此時與其他蜂群的雄蜂交尾，能增加基因多樣性，而且交尾成功機率高，虎頭蜂也比較不猖獗。

選在春季採蜜期間換王的另一個考量，是交尾期巢房內不會有卵，空下來的巢房蜜蜂可以存放更多蜂蜜。有些養蜂人則喜歡秋季換王，交尾成功的新王度過冬季後仍維持較高的產卵量，隨著蜂群的繁衍正好迎接春天的採蜜季節。

事實上養蜂人應要隨時掌握蜂王的產卵狀況（請參閱 P292「如何判斷蜂王的優劣」），如果發現蜂王產卵不佳就要準備更換。

2.9.3 自行培育蜂王

養蜂人會依蜂種特性，選擇不同品種及品系的蜜蜂來飼養（請參閱 P140「蜜蜂的種類與特性」），並從擁有數千箱以上蜂群的專業育種場購買純種的蜂種。

但臺灣目前產業規模較小，沒有這樣的專業育種場，所飼養的西洋蜂以義大利蜂亞種為主，且已有不少雜交種，許多亞種常進行混種以致品系難以區分，所以許多養蜂人則會依需求，選擇採蜜能力強、喜好分泌蜂王乳或蒐集蜂膠的蜂群作為種蜂，以強盛、健康的蜂群為基礎來自行繁殖蜂王。臺灣飼養東方蜂（野蜂）的養蜂人也很少依品種、品系來育種，一般來說最好選擇健康的蜂群作為種群。

繁殖蜂群需要有王台以便產生處女王與雄蜂交尾，王台可分為人工王台（包含塑膠王台及人造蠟質王台）和自然王台（包含急造王台）（請參閱 P190「西洋蜂與東方蜂的行為及分工」及 P206「西洋蜂與東方蜂的巢房結構」），最有效率的方式是透過移蟲產生大量的人工王台。

使用人工王台好處在於只要掌握移蟲的技術，王台的數量可以自行控制，不受限於蜂群是否自行產生。透過移蟲能精確掌握處女王羽化的時間，縮短交尾箱處於無產卵蜂王的時間，進而降低工蜂產卵的機率，而且人工王台可輕易與巢框分開，能夠更靈活地提取所需的巢框組織交尾箱。

無法掌握移蟲技術的人可以使用自然王台來繁殖蜂群，自然王台會隨著蜂群發展自然產生，正常的自然王台主要出現在蜂群旺盛、蜜粉源充足的繁殖季節，有一些喜好分封的蜂種也會產生較多的自然王台。

有時候也能透過餵食來增加蜂群數量，在蜂群繁殖季節誘發分封情緒，讓蜂群產生王台。東方蜂（野蜂）通常使用自然王台，接受度較高，先把老蜂王抓離原蜂群，然後置入一個封蓋的王台，讓處女王與雄蜂交尾，使蜂群產生新蜂王。

自然王台出現的時間易受外界環境影響，出現時間不易掌握，數量上也無法穩定取得品質較好的王台。有些自然王台常固定、附著在巢框上，很難完好無損地單獨取下，即使使用刀片切下來也不一定能確保王台完整，而必須連同整片巢框一起調動，組織交尾箱時經常受到限制，而且王台一經封蓋就不容易精確掌握處女王的羽化時間。

急造王台由於是用工蜂房改造，先天條件不佳，因此除非沒有其他更好的王台可以使用，否則盡量不要使用急造王台。

除了王台之外，還需要有足夠的健康雄蜂與處女王交尾，由於雄蜂從卵到羽化需 24 天，從羽化到性成熟約 12~14 天，從卵到性成熟約 38 天左右。蜂王從移 1 日齡幼蟲到羽化為 12 天，從羽化到性成熟約 3~7 天，從移蟲到蜂王性成熟約 15~19 天，因此可在移蟲前 20 天左右培育優良的雄蜂。

如果飼養的蜂群數不多，建議每隔幾年要誘入其他地區的新蜂王，或者交換王台，以免蜂群長期自家交尾影響蜂王的表現。若條件允許，養蜂場最好預留 5~10 % 的備用蜂王，以便失王或蜂王表現不佳時能隨時補充與更換。

如何人工移蟲

移蟲需準備以下工具

王台框、塑膠王杯（塑膠王台）或蠟質王台、移蟲針、頭燈。

先把塑膠王杯（塑膠王台）或蠟質王杯用蜂蠟黏固在王台框上，每個塑膠王杯之間的距離不要太近，最好間隔 0.5~1 cm。

移蟲前可先用筷子沾一些蜂王乳在塑膠王杯內，提升工蜂吐漿的機率，但只要移蟲技術純熟，即便不使用蜂王乳，移蟲成功機率一樣可以很高。

若要自製蠟質王杯，則需要使用王台棒（或稱育王棒、蠟碗棒），並準備一碗清水和維持在液態的蜂蠟。

使用時先將育王棒前端浸泡在清水中約 5~10 分鐘充分濕透，取出把王台棒表面多餘的水分甩掉（不要擦拭），再將前端浸泡於液態蜂蠟中 1~2 秒後迅速取出，不要留在蜂蠟裡太長的時間，取出後直接置於清水中冷卻 1~2 秒定型，如此反覆 2~3 次左右，最後於清水中冷卻凝固脫模，即完成人造的蠟質王杯（圖 2.9.1）。

移蟲的方法

選定種用蜂群 (breeding stock) 後，取出 1~2 日齡的幼蟲巢片，選擇老舊的巢脾會比較容易移蟲，用蜂刷掃除巢片上的成蜂。用移蟲針把 1~2 日齡的工蜂幼蟲從巢房中挑起來，以 1 日齡最佳（圖 2.9.2），幼蟲不要超過 2 日齡。挑起工蜂幼蟲後推動移蟲針的推柄，把幼蟲放置在塑膠王杯內。

圖 2.9.1 a
先將王台棒浸泡在清水中

圖 2.9.1 b
王台棒前端浸泡於液態蜂蠟中 1~2 秒

圖 2.9.1 c
製作好的蠟質人造王杯

移好蟲後，塑膠王杯開口朝下盡速放入強盛的蜂群中，以免幼蟲在沒有成蜂的照顧下死亡，如果移蟲過程環境過於乾燥，可置於擰過的濕布上（圖 2.9.3）。

移好蟲的王台框要放在幼蟲區偏中間的位置，緊鄰幼蟲脾，以利工蜂哺育，吐漿的機率才會高，盡量不要放在上層的繼箱。然後要用隔王板把蜂王跟王台隔開，最好在巢框上方放置紗網，避免蜂王從上方爬過隔王板把王台咬掉（圖 2.9.4）。

蜂王幼蟲發育期間不要抖動王台框，此外蜂群要有充足的食物，可餵食花粉餅（補助花粉）以提高吐漿的機率並提高蜂王品質。

人工移蟲是目前最有效率的移蟲方式，能夠產出大量且日齡一致的蜂王幼蟲，方便管理。若移入 1 日齡的西洋蜂工蜂幼蟲，則處女王將在 12 天後羽化，東方蜂（野蜂）則稍微提前，羽化的時間也會受溫度影響（請參閱 P190「溫度對蜜蜂發育的影響及蜜蜂對溫度的調節」）。羽化後如果氣候良好、蜜粉源及雄蜂充足、敵害少，可望在 1~2 星期左右交尾成功。

圖 2.9.2
用移蟲針將工蜂房內的 1 日齡幼蟲挑出來

圖 2.9.3
移蟲過程若環境濕度太低，可將移好蟲的王台暫置於濕布上。

圖 2.9.4
移好蟲的王台框要緊鄰幼蟲脾，然後用隔王板把蜂王和王台框隔開。

二次移蟲

所謂的二次移蟲是在移蟲的第二天,把吐漿成功王台內的幼蟲夾出,再重新移入一隻新的 1 日齡幼蟲,以確保移蟲期間幼蟲皆有充分的蜂王漿可供取食,提升蜂王品質。

是否需要二次移蟲見人見智,筆者在澳洲有 8,000 多箱蜂群的專業蜂王繁殖場工作,移蟲時完全不沾蜂王乳在塑膠王台內,也沒有二次移蟲,每次繁殖的上千隻蜂王品質仍然非常優良,深受澳洲及海外養蜂人的青睞。

免移蟲育王盒

移蟲對於視力不佳且經驗不足的養蜂人來說有其困難,因此有了免移蟲育王盒的設計。免移蟲育王盒是由卡爾·詹特 (Karl Jenter) 開發的套件,用於培育新蜂王,完成的套件包含兩個棕色的零件及一個黃色的基座(圖 2.9.5),另外中國亦有仿製與 Jenter Kit 相似的簡易套件(圖 2.9.6)。

使用方式是先將育王盒固定在已有巢房的巢框中間,將蜂王關入有六角形孔洞的塑膠盒內並放入蜂箱中。

套件蓋子上的隙縫能將蜂王限制在盒內僅供工蜂通過,六角形孔洞的另外一面放置了塑膠王杯,當蜂王產卵在六角形孔洞內時,卵正好落在塑膠王杯內,然後再從盒的另一面取下塑膠王杯安裝在王台基座上,連同王台框一起放入蜂群中讓工蜂哺育,王台封蓋後有時會配合王台保護器一同使用。

育王盒的優點是免去視力不佳所造成移蟲上的困難,但實際使用上,育王盒內的蜂王產卵意願很低,尤其是中國製的簡易套件常淪為大型的塑膠王籠,也很難掌握蜂王產卵量及時機,因此育王的效率並不高。

圖 2.9.5
免移蟲育王盒原版套件 Jenter Kit

圖 2.9.6
中國製造的育王盒

如何組織交尾箱（群）

如果是移 1 日齡的西洋蜂幼蟲到王台內，則正常情況下處女王 12 天後就會羽化；東方蜂（野蜂）會稍微提前，最好在移蟲後第 9 天或者處女王羽化前 3 天組織交尾箱（群）(nucleus colony)，最遲在移蟲後第 10 天就要組織好交尾箱。（根據表 2.3.1 東方蜂與西洋蜂發育天數，人工繁殖蜂王的期程可參考圖 2.9.7）。

組織交尾箱的方式大致有三種。一種是原蜂群不動，在原蜂群旁邊或數公尺外放置一個空蜂箱，然後從原蜂群中提取 2~3 片巢片，連蜂帶片放進空的蜂箱中，這 2~3 片要平均包含幼蟲、封蓋蛹、蜂蜜及花粉；以 3 片巢框為例，即 1 片未封蓋的幼蟲片、1 片封蓋蛹片和 1 片食物片（食物片內蜂蜜及花粉各半）。

由於外勤蜂會回到原蜂群，因此要再抖 2~3 片的成蜂到空箱內，使箱內含有 3 片巢框但有 5~6 片的蜂量，隔日再觀察新蜂群的蜂量是否能平均爬滿巢框，維持蜂不露脾，若成蜂太少就要再從原蜂群補充，蜂王要留在原蜂群，不要移到分出來的蜂箱中。

第二種做法跟第一種類似，一樣從原蜂群中提取 2~3 片巢片，連蜂帶片到空的蜂箱中，其內要平均包含幼蟲、封蓋蛹及蜂蜜及花粉，以 3 片巢片為例，即 1 片卵及未封蓋的幼蟲片、1 片封蓋蛹片和 1 片食物片（食物片內蜂蜜及花粉各半），但不用多抖蜜蜂到新的蜂箱中，而是直接移到 5 km 外放置，蜂王同樣要留在原蜂群中。

第三種是把原先放置蜂箱的位置空出來，原蜂群及空蜂箱分別位於原先放置蜂箱位置的兩側，然後從原蜂群中取一半的巢片，連蜂

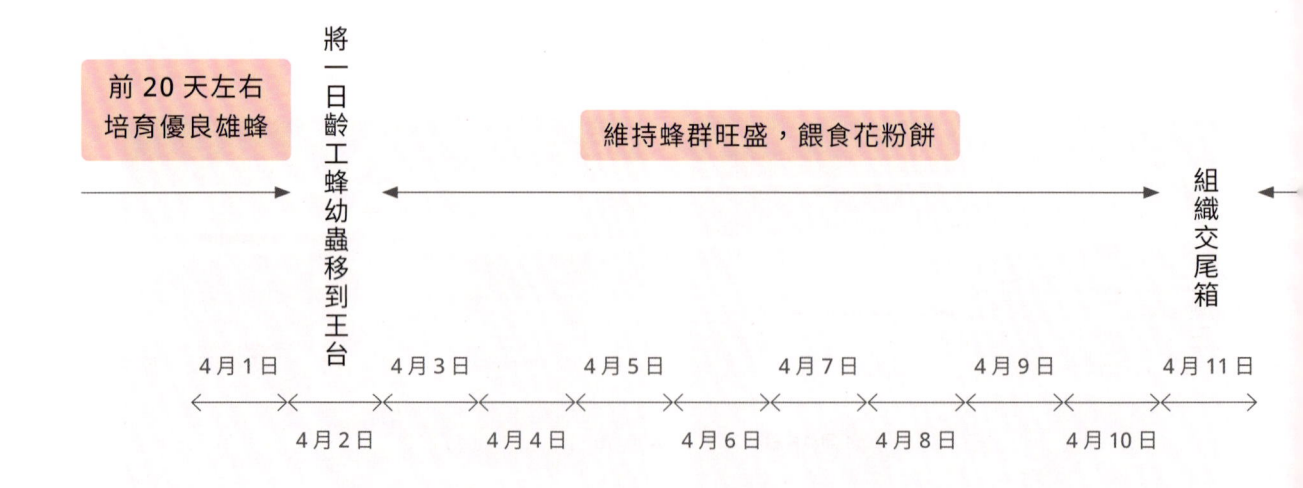

| 前 20 天左右培育優良雄蜂 | 將一日齡工蜂幼蟲移到王台 | 維持蜂群旺盛，餵食花粉餅 | 組織交尾箱 |

4月1日　4月2日　4月3日　4月4日　4月5日　4月6日　4月7日　4月8日　4月9日　4月10日　4月11日

帶片地放入空蜂箱中,不再抖入成蜂到蜂箱中,外勤蜂回巢後則平均進入兩個蜂箱中,隔天再開箱觀察箱蜂量是否均等,不要偏集一方。

新組織好的蜂群是一個沒有蜂王的交尾箱(群),組織交尾箱的好處是能保有原來的蜂群,即使處女王交尾失敗,原蜂群仍然可以繼續繁衍。

交尾期間處於失王狀態,蜂群的發展較不正常,小蜂群只要少量工蜂即可組織成一個交尾箱,處女王交尾失敗損失的工蜂也不會太多。小群交尾箱因為工蜂數量較少,螞蟻、蟑螂容易入侵,且工蜂數量少,外勤蜂採集食物的效率較低,所以需要花較多心力維護,交尾成功要發展成強群速度較慢,因此小蜂群可作為備用蜂王的暫時居所。

大群因為巢片數較多,處女王羽化後要花比較多時間巡視巢房,養蜂人尋找蜂王也比較費時,但大群交尾箱如果處女王交尾成功,發展成強盛蜂群的時間較快。

交尾群可使用標準箱的巢片,也可以另行訂製(請參閱 P218「迷你交尾箱」)。蜂場內所使用的巢片若都是統一規格,交尾箱內的處女王只要交尾成功,要從其他蜂群中提取巢片支援就很容易,若處女王交尾失敗,併群也很方便。

圖 2.9.7
人工繁殖蜂王的期程

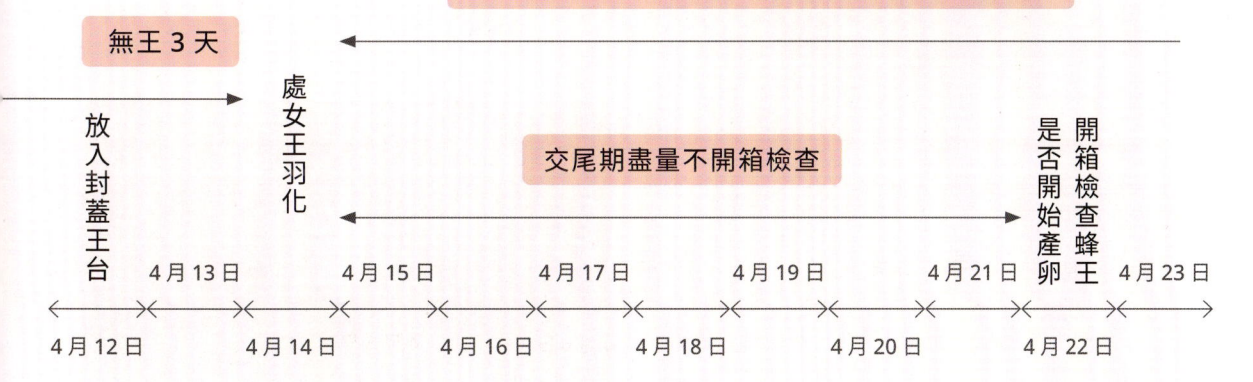

2.9

● 置入王台

組織好交尾箱後,把一個 2~3 天後處女王即將羽化的王台放在巢片的邊緣(圖 2.9.7)。有王台的巢片不要抖蜂,以降低處女王羽化失敗及受傷的機率。

雖然放置兩個以上的王台能夠降低處女王不羽化的機率,但處女王羽化後會刺殺其他尚未羽化的處女王,或者跟其他已經羽化的處女王打架廝殺而受傷。

為了減少處女王迷巢的機率,交尾箱外部可加以彩繪,塗上不同顏色、形狀的圖案(請參閱 P158「蜜蜂的眼與視覺」),交尾箱之間距離最好相距 2~10 m 或更遠。

羽化當天或次日可開箱檢查王台內的處女王是否正常羽化,如果暫時找不到處女王,可從王台開口判斷,處女王正常羽化的王台其開口處會在端部(圖 2.9.8),如果羽化失敗(例如感染黑王台病毒,也有可能是王台受到擠壓、震動、搖晃、環境溫度等因素造成),則要再放入一個封蓋的王台、調入幼蟲片或者併回原蜂群。

交尾期間不需一直開箱檢查,只要組織交尾箱時掌握了上述方法,交尾箱內成蜂及食物量充足,等到處女王羽化後 1~2 週再開箱檢查是否交尾成功即可。

圖 2.9.7
將即將羽化的人工王台置於巢片下緣

如何從外觀挑選王台

圖 2.9.9

王台的來源最好是優良的種蜂,例如產卵能力強的蜂王、清潔能力強的蜂群,不論是人工王台還是自然王台,封蓋成形後宜保留外形圓、短、胖的王台(圖 2.4.2),不要選擇長度太長或者畸形的王台(圖 2.9.9)。

圖 2.9.8
處女王正常羽化的王台,其開口處會在端部。

蜂王交尾的過程及影響交尾的因素

剛羽化的蜂王不具有產卵能力，稱為處女王 (virgin queen)，處女王的體型小和工蜂類似，分辨工蜂與處女王的方法，可觀察處女王的胸部與腹部。處女王胸背板黑色幾乎無細毛，腹部體節分色不明顯，而工蜂胸部具細毛，腹部體分色節明顯。以義大利蜂 (*Apis mellifera ligustica*) 為例，剛羽化的處女王體色淡黃腹部較長（圖 2.9.10），行動緩慢，隨羽化時間增加腹部呈橘黃色且體型變小，體長與工蜂相似，行動活潑，易受驚嚇。

處女王羽化後會先巡視蜂巢，破壞其他王台（圖 2.9.11），但如果蜂群急欲分封，工蜂就會保護王台，若先羽化的處女王未能將其他王台內未羽化的處女王殺死，則有可能出現分封，或者處女王之間互相打架廝殺，勝者留在巢內，受傷的一方會被蜂群淘汰。有時候也會出現先羽化的處女王與一部分的工蜂離巢造成分封，例如東方蜂（野蜂）的處女王羽化後，不見得會咬其他王台，而是待處女王羽化後多次分封。

處女王羽化 3~7 天性成熟後即可與雄蜂交尾 (mating)，交尾的過程是在空中完成的，所以也稱為婚飛，婚飛跟費洛蒙有很大的關係。蜂王的背板腺費洛蒙 (tergite gland pheromone) 及大顎腺費洛蒙 (mandibular gland pheromone) 這兩種性費洛蒙 (sex pheromone) 具有引誘雄蜂交尾的功能，雄蜂費洛蒙 (drone pheromone) 也能促使雄蜂聚集以利交尾。雖然蜂王的背板腺費洛蒙跟蜂王大顎腺費洛蒙同為性費洛蒙，但背板腺費洛蒙只能在 30 cm 以內的距離吸引雄蜂，而大顎腺費洛蒙能夠從 50~60 m 以外吸引雄蜂。

圖 2.9.10
正在羽化的處女王

圖 2.9.11 a
剛羽化的處女王咬破其他王台

圖 2.9.11 b
被咬掉的王台

蜂王（蜂后）
queen

雄蜂
drone

圖 2.9.12
處女王和雄蜂交尾的過程
交尾時處女王會飛出巢外，在空中與雄蜂交尾。

交尾時會選擇風和日麗的好天氣，飛到空中並釋放性費洛蒙，雄蜂聞到味道後會在空中追逐處女王，在高速飛行的過程中，雄蜂抱住處女王，把精子射入處女王體內，儲存到處女王腹部的貯精囊 (spermatheca) 中（請參閱 P181「生殖系統」），交尾過後雄蜂就會死亡（圖 2.9.12）。

處女王大約會跟 5~15 隻左右的雄蜂進行交尾，直到腹部的貯精囊儲存約 500~700 萬顆的雄蜂精子為止，這些精子將供其終生產卵使用。西洋蜂處女王從羽化到完成交尾、開始產下受精卵的整個過程約需 1~2 週，而東方蜂（野蜂）處女王的交尾期可能更短。

交尾時間長短以及影響交尾成敗的因素很多，例如氣候條件、敵害（例如鳥類、虎頭蜂、蜻蜓、蟾蜍、蜥蜴、螳螂等等）、生理缺陷（殘翅）、雄蜂數量等等，羽化後超過一個月還未交尾成功的處女王會失去交尾能力，稱為遜王。

一般來說，超過 3~4 週以上才交尾成功的蜂王，產卵高峰期可能極短，產卵量迅速下降，甚至短期內產下大量的雄蜂（圖 2.9.13），此時養蜂人為了確保蜂群生命延續及蜂群強盛，會把狀況不好的蜂王淘汰（請參閱 P325「換王與誘入新蜂王的方法」）。

交尾成功後的蜂王約 2~3 天開始產卵，此時的蜂王腹部肥大，體態穩健（圖 2.9.14）。

雖然體態是判斷蜂王交尾成功與否及產卵能力的其中一種方式，但偶爾會有少數蜂王交尾後腹部膨大較不明顯，因此檢查巢房內是

圖 2.9.13
蜂王腹部內的精子用盡，產下大量的未授精卵，出現大量的雄蜂。

圖 2.9.14
交尾成功的蜂王

否有正常的卵是最準確的做法，優良的新蜂王產卵量高且產卵圈集中（請參閱 P292「如何判斷蜂王的優劣」）。

在蜂王背板腺費洛蒙的作用下，工蜂能夠辨識蜂王，對已產卵的蜂王特別照顧，誘導內勤蜂圍繞著蜂王形成衛隊 (court)，這些圍在蜂王周圍的侍衛蜂會不時輕觸蜂王身體，清潔蜂王的排泄物及餵食蜂王乳（圖 2.3.1 左圖下）。

雖然在繁忙的產卵季節內勤蜂會餵食蜂王乳給蜂王，但在溫帶地區不產卵的冬季，內勤蜂會給予較少的蜂王乳，甚至有時候只餵食工蜂乳給蜂王。一般來說除了逃蜂與分封之外蜂王不會再離開蜂巢，只會待在蜂巢裡產卵，但也有少數案例，已經開始產卵的蜂王會在逃蜂與分封以外的時間離巢。

在蜂不露脾的情況下，蜂王交尾成功後蜂群容易建造贅脾，此時可待工蜂數量逐漸增加後，從強群調入封蓋片加速蜂群發展。

● 人工受精技術

勞埃德．華生博士 (Dr. Lloyd R. Watson) 於 1920 年代設計一套人工受精技術，能將雄蜂的精液注入蜂王的生殖道內，之後的研究者紛紛改良設備、技術與儀器，1932 年諾蘭 (Nolan) 組合了一個重金屬台，銲有腳架，可使解剖顯微橫放台面上。

馬肯森 (Mackensen) 及羅伯特 (Roberts) 進一步改良成為目前通用蜂王人工受精器。萊德勞 (Laidlaw) 於 1944 年發現蜂王陰道有瓣褶，會阻止雄蜂的精液注入產卵管的通路，用探針將瓣褶下壓後可從下方注入精液。1947 年馬肯森更進一步使用二氧化碳來麻醉蜂王，使蜂王保持安靜以利受精。

人工受精與自然交尾各有其優缺點，自然交尾的蜂王貯精囊內平均含有 500~700 萬顆雄蜂精子，人工受精的蜂王貯精囊內的精子數量有時不易掌握，此外人工受精所花費的時間及人力比自然交尾要高出許多。

不過自然交尾要成功需要良好的氣候條件，燕子、蜻蜓、虎頭蜂、蜥蜴及蟾蜍等動物都可能捕捉處女王導致交尾失敗，人工受精能確保處女王無虞，且人工受精能完全控制雄蜂的來源及一次交尾所用的雄蜂數，投入相關研究能對遺傳育種的發展有所助益。

2.9.4 標記蜂王

要在成千上萬的工蜂中要找到蜂王有時候不太容易，有些蜂王體色較深更不容易發現，例如東方蜂（野蜂）(Apis cerana)、高加索蜂 (A. mellifera causcasia)、喀尼阿蘭蜂 (A.mellifera carnica) 的蜂王體色較深，這時候可以用水性顏料或兒童用的指甲油在蜂王的背板上做記號，可抓住翅膀以利標記或使用蜂王標記瓶（蜂王標記器）（圖 2.9.15）；不要用過於刺激性的顏料，也不要讓顏料接觸到蜂王的頭、眼、觸角與腹部，初學者標記蜂王之前可先取數隻工蜂或雄蜂試驗以確保安全無虞。

若要使用油漆筆，做完記號後最好把蜂王暫置於工蜂無法通過的王籠內，待顏料乾後再放出，以免工蜂把未乾的顏料清除，也避免顏料氣味過重造成圍王。較不刺激的顏料很難不脫落，所以過一段時間要再重新上色。

標記時可以選擇粉紅色、淡綠色、白色、水藍色等與蜂群反差較大的顏色，顏色也可以用來記錄蜂王的年紀，以區分新王與老王，便於管理。例如年份的最後一位數字是 1 和 6 用白色，2 和 7 用黃色，3 和 8 用紅色，4 和 9 用綠色，5 和 0 用藍色（圖 2.9.16）。

處女王雖然也可以標記，但並不建議，標記最好的時機還是要等到交尾成功、穩定在巢中活動之後。

圖 2.9.15
蜂王標記器

年份尾數	顏　色
1 or 6	⬡ 白
2 or 7	🟡 黃
3 or 8	🔴 紅
4 or 9	🟢 綠
5 or 0	🔵 藍

圖 2.9.16
標記蜂王的五種顏色（左）。
綠色的顏料標記在蜂王的胸背板（右）。

* 例如 2011 年、2016 年羽化、產卵的蜂王用白色；2012 年、2017 年用黃色，同一顏色的兩個年份相差五年。蜂王的壽命很少會到五年，養蜂場通常一、兩年就會把老蜂王淘汰，所以相差五年就不會搞混蜂王的年紀。

蜂王剪翅

有些養蜂人為了避免蜂王分封或逃蜂，會將蜂王剪翅。剪翅後的蜂王無法飛行，有時離巢的蜂群會回到原蜂箱停止分封和逃蜂，但檢查蜂群時若蜂王不慎掉落到箱外而沒有發現，蜂王也可能無法爬回蜂巢造成失王。蜂王剪翅並不能完全減緩蜜蜂逃飛的情緒，而且假如蜂群要淘汰老蜂王，那麼即使剪翅老蜂王還是會被淘汰。此外翅脈具有攜帶血液的功能（請參閱 P168「蜜蜂的翅膀」），所以並不是所有養蜂人都會將蜂王剪翅。

如果要剪翅最好選在流蜜期，用小剪刀將蜂王其中一邊的前翅與後翅剪掉二分之一至三分之二（圖 2.9.17），小心不可傷及蜂王，剪翅必須在確定交尾成功開始產卵之後，否則會影響處女王交尾。

圖 2.9.17

2.9.5 如何抓取蜂王及運送蜂王

買賣、誘入蜂王前需要把蜂王從原蜂群抓出，抓取蜂王時可用食指和大拇指輕輕捏住蜂王頭胸部兩側，千萬不能太用力，也不要擠壓到腹部，以免蜂王受傷，但也不能太輕以免蜂王逃脫。或者以食指和大拇指抓住蜂王的翅膀，若要標記蜂王，可在抓到翅膀後改用另一隻手抓住一側的足。

蜂王不宜抓在手上太久，抓到蜂王後要關進工蜂無法通過的王籠，在王籠內放置調配好的煉糖、花粉餅（補助花粉）或沾了糖水的棉球，不要直接滴液態蜂蜜在王籠內，以免蜂蜜流出和沾黏到蜂王。雖然蜂王單獨關在王籠裡也會自行取食蜂蜜或由葡萄糖及果糖調配的食物，但最好還是再放入 5~7 隻同一蜂群的工蜂相伴，以增加蜂王的存活率。

運送蜂王可以隨身攜帶也可以郵寄，一般來說氣溫在 15~20 ℃ 郵寄和攜帶蜂王比較安全，蜂王在王籠內尚未寄出之前，若外界溫度太低可用電暖器保溫，但距離不可太近（圖 2.9.18）。

7 日內的運輸期存活率較高，如果帶入曾經噴灑過化學農藥及殺蟲劑的場所蜂王會中毒死亡。國際間的運輸一定要遵守當地規定，報關檢疫，千萬不可私自夾帶。

圖 2.9.18
外界溫度太低時，可用電暖器幫待運送的蜂王保溫。

2.9.6 換王與誘入新蜂王的方法

當蜂王壽命已達兩年或者更短，產卵量逐漸下降，產卵圈不集中，蜂王貯精囊內的精子不足或者交尾不完全，產下大量未受精卵就需要汰換。假如養蜂場的規模不大，場內繁殖的蜂王容易近親交尾，長此以往易造成蜂王品質不佳，因此需要從專業養蜂購買適用性的蜂王。由於蜂群間的氣味不盡相同，貿然誘入新蜂王到蜂群中會造成圍王，工蜂會包圍外來蜂王並不斷地咬、螫導致蜂王死亡（圖 2.9.20）。

圖 2.9.20
工蜂圍王

誘入新蜂王前要先將老蜂王抓離原蜂群，使蜂群失王，失王的時間約 3~7 天不等，一般來說越強盛的蜂群失王時間要越久，失王時間若不夠長，新蜂王會被工蜂攻擊。流蜜期、剛羽化不久的年輕內勤蜂群比較容易接受新王，所以可以調入即將或正在羽化的老熟封蓋片提高新蜂王被蜂群接受的機率，最好還要再調入幼蟲片協助穩定蜂群。

誘入的蜂王如果年紀較大，被蜂群接受的機率也比較低。通常缺蜜期、老齡的外勤蜂太

● 如何製作煉糖

運輸蜂王時要在王籠內放置食物供蜂王及工蜂取食，避免蜂王餓死。簡易的方式可在王籠內放置沾了少許糖水的棉花和調配好的花粉餅，長時間運輸可放置煉糖（圖 2.9.19）。大批調配的煉糖也可以代替糖水用來餵食蜜蜂，調配好的煉糖放入塑膠帶中冷藏存放。餵食蜜蜂時，將整袋的煉糖放在巢框上方，然後用刀割開供蜜蜂取食，此法也可以在寒冬時減少開箱次數。

圖 2.9.19
拆開運輸用的王籠，圓形凹槽內可見調配好的煉糖。

煉糖的基本配方：
糖粉：蜂蜜 = 2：1 重量比 (w/w)

* 蜂蜜的含水率會影響比例的多寡，如果蜂蜜含水率高，所需要的糖粉也要增加。

先將 20 g 白砂糖 (granulated sugar) 用磨豆機磨成糖粉備用，亦可直接拿糖粉 (caster sugar) 或顆粒更細的糖霜 (icing sugar) 取代。把糖粉分數次加入 10 g 蜂蜜中，過程要不斷攪拌直到成團為止。蜂蜜亦可用高果糖漿代替以減少病原傳播。調配好的煉糖用手搓揉成可團不散，切記煉糖不可太稀，否則容易流失而且也會黏住蜂王造成死亡。配好的煉糖如果沒有潮解變軟即可使用，否則就要再加入糖粉繼續搓揉。

多、工蜂產卵嚴重的蜂群、以及強盛的蜂群失王後，比較不容易接受新蜂王，此時可將工蜂產卵的蜂群拆散，併入其他有王的強群之中，若是強盛的失王群也可拆成數個小的失王群後再誘入新王。

將王籠內一隻已產卵的新蜂王和煉糖一同放入失王的蜂群之中，置於蜂箱內的巢片上或巢片之間，王籠旁邊可放一些花粉餅（補助花粉）讓工蜂取食，待 3~5 天後再把新蜂王放出王籠。

誘入新蜂王前要仔細檢查蜂群內是否出現王台和處女王，若有王台和處女王必須盡數清除。蜂群有時候會自行更替老蜂王，交替期間老蜂王與新蜂王會同時存在巢房中，如果只看見老蜂王而不知已有一隻已經開始產卵的新蜂王，則會誘入失敗。

新蜂王放出來後先觀察工蜂接受新蜂王的情況，如周圍的工蜂輕觸、舔食新蜂王、餵食蜂王乳、幫新蜂王清理身體，則表示新蜂王已經被接受，如果蜂王被工蜂團團包圍，工蜂以大顎攻擊蜂王，則要盡快將蜂王救出，重新關入王籠內。有些養蜂人急於知道是否成功誘入新蜂王而頻頻開箱檢查，甚至在惡劣的天候下進行，可能會造成工蜂圍王。

少數新蜂王受到驚嚇打開王籠後會逃飛，特別是蜂王關在王籠內過久體態變瘦，若新蜂王的原蜂群在近處通常會飛回原蜂中，但有可能未飛回巢之前即被天敵捕食。為了避免發生蜂王逃飛，在打開王籠後立即闔上蜂箱蓋讓蜂王自行爬出，數分鐘再開箱檢查蜂王是否正常被蜂群接受。

有一種木製的王籠常用於蜂王運輸、誘入新蜂王（圖 2.9.21），這種王籠由圓孔鑽鑿出凹槽後覆蓋紗網，兩端有洞可讓工蜂和蜂王進出，運送時用軟木塞塞住，盒內一端的凹槽內放入煉糖再蓋上白蠟紙（圖 2.9.19），供籠內的蜜蜂取食，誘入新蜂王時把有煉糖一端的軟木塞拔開，籠內及籠外的蜜蜂持續取食煉糖，期間蜂群逐漸接受新蜂王，待取食完畢新蜂王從王籠內爬出時即被蜂群接受，不必刻意將王籠打開。同樣原理，誘入新蜂王時可將王台保護器較窄一端的黑色基座拔除，然後填塞煉糖，讓內外蜂同時取食，取食完畢後蜂王從王籠中爬出。

誘入新蜂王時也可以使用針式王籠，把新蜂王囚禁在正在羽化的工蜂巢脾上讓蜂群接受。類似的方式可用鐵絲網自製，將 10 cm² 的鐵絲網修剪四角後，折四邊成形一個鐵盒狀，然後壓入正在羽化的工蜂封蓋區，巢脾上最好包含一些蜂蜜供食用，王籠內除了蜂王和正在羽化的工蜂外不含其他老齡工蜂，蜂王先被羽化的工蜂接受後數日即可移走王籠。

圖 2.9.21
木製王籠，常用於運輸、誘入新蜂王。

誘入新蜂王時在蜂王身上塗蜂蜜也是一個方法，新蜂王放入失王群後讓工蜂舐食蜂王身上的蜂蜜，進而接受新蜂王，但腹部有氣孔（請參閱 P178「呼吸系統」），若蜂王關在王籠內，在沒有足夠的工蜂協助清理的情況下蜂王會死亡。

2.9.7 合併蜂群

健康的蜂群才有機會發展成強勢的旺群，養蜂時，與其飼養大量的弱群不如精簡蜂群數量使之強盛，採蜜前合併蜂群使蜂群壯大能增加產蜜效率。弱群難以越冬，在冬季來臨前合併蜂群、淘汰產卵不佳的蜂王可提高蜂群的存活率，把處女王交尾失敗的蜂群合併可避免工蜂產卵，減少損失。東方蜂（野蜂）群勢較小，盡量維持 6~7 片標準框的蜂量即可。

併群 (uniting; combine beehives) 的原則為「無王群併入有王群」、「弱群併到強群」、「老蜂王群淘汰後併入新蜂王群」、「鄰近的蜂群互併」。若弱群互併，短時間工蜂數量多，但因蜂王本身產卵狀況不佳，未來還是弱群，因此要汰弱扶強，保留產卵量較佳的蜂王，以提升生產效率。

併群前先淘汰產卵不佳的蜂王，使較弱的蜂群失王至少 3~7 天（西洋蜂 5~7 天，東方蜂 3~4 天），再把失王群併入有王群中，併入之前先將王台清除乾淨，以免處女王羽化後造成分封。併群的方法不當很容易造成兩群廝殺，損失蜜蜂，原則上小蜂群併箱、外界環境蜜源充足時工蜂之間比較不會廝殺、打架，反之流蜜期結束或蜜源缺乏的季節合併蜂群就要相對謹慎。

西洋蜂併群時，噴大量濃煙擾亂蜜蜂的氣味，噴灑草酸稀釋液也有類似的效果，同時還可以防治成蜂身上的蜂蟹蟎，併箱時先把蜂王關在王籠裡然後噴草酸，隔天再把蜂王放出來。也可以在兩群之間放置一張穿有小孔的報紙，待蜜蜂慢慢把報紙咬開後，氣味相通即完成併群。

有些養蜂人習慣在天完全黑以後合併蜂群，合併時兩群放在同一個蜂箱內，中間以隔板區隔，兩蜂群不相鄰，待次日再靠在一起，但最好在外界蜜源充足時進行，並噴煙和稀釋後的草酸濃縮液，以防蜂群互咬。如果是工蜂產卵的蜂群最好分批合併（請參閱 P294「失王與工蜂產卵的原因和處理方式」）。

併群後內勤蜂留在合併群內，但有些外勤蜂會回到原先的位置，這些外勤蜂最後會進入鄰近的的蜂群內，成為其他蜂群的一份子。併群時如果擔心圍王（蜂王被工蜂包圍並咬傷蜂王），可以先將蜂王關在工蜂無法通過的王籠內加以保護並置於蜂群中，1~2 日後再將蜂王從王籠內放出。

蜂王從王籠內放出來以後，進一步觀察蜂王與工蜂間的互動，如果工蜂以口吻餵食蜂王表示蜂王已被蜂群接受，若發生工蜂攻擊蜂王，要立即把蜂王救出關在王籠內隔離。

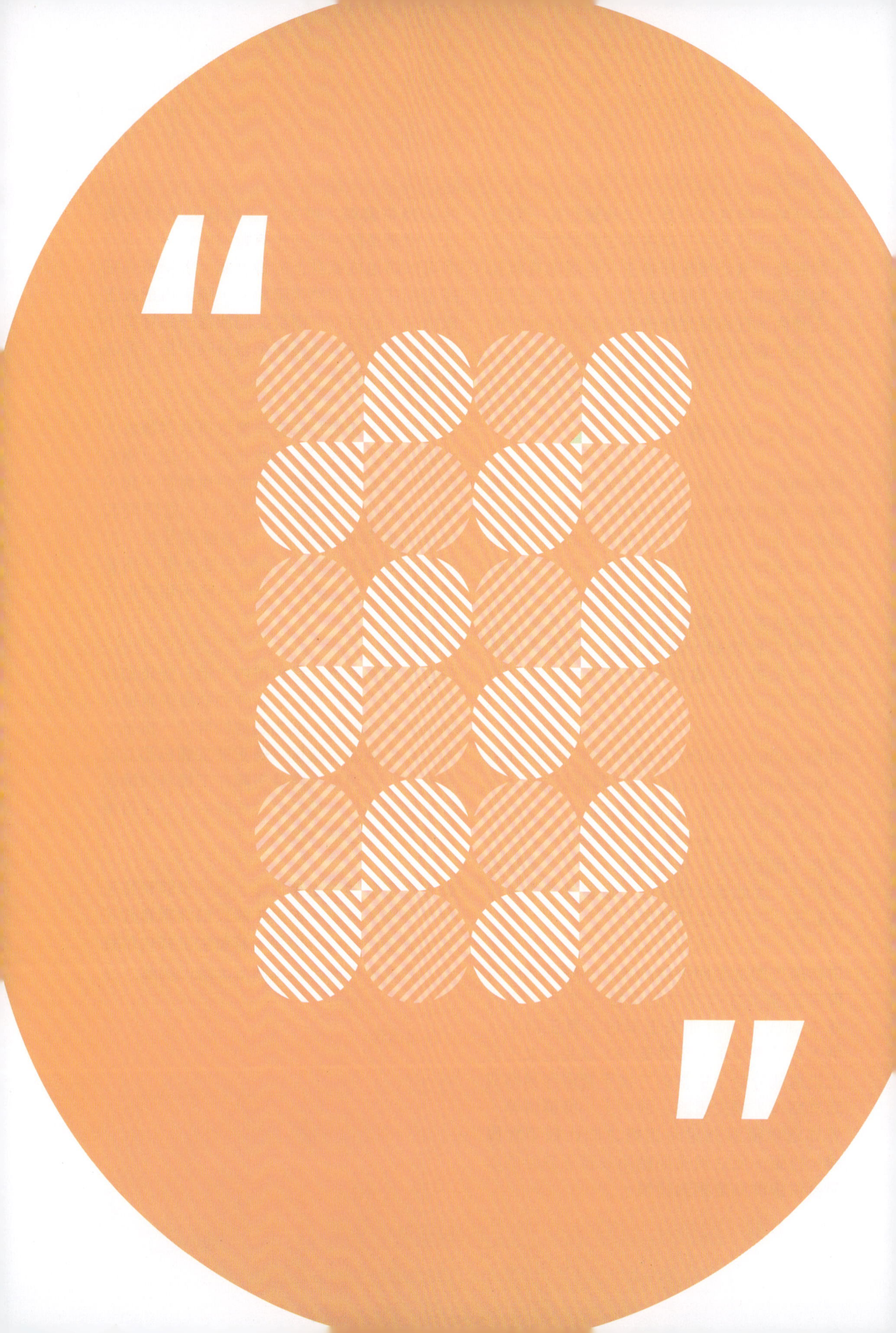

Chapter III

西洋蜂與東方蜂（野蜂）的病蟲害防治

3.1 病蟲害防治的基本觀念
3.2 非傳染性病害
3.3 傳染性病害
3.4 蟲害與敵害
3.5 蜂具的消毒與清潔

Section 3.1

病蟲害防治的基本觀念

蜜蜂跟人一樣有可能會生病，蜜蜂發病需要病原、蜜蜂還有氣候三個條件的配合，透過管理技術與適時察覺病蟲害的發生，可以控制病蟲害的危害，減少蜜蜂死亡的機率。害蟲的防治要基於生物學知識以及周遭生態系對其造成的影響，在防治觀念上，先要理解我們很難殺死所有的病蟲害，多數時候只能透過管理技術、維護環境，配合正確的觀念與方法，將病蟲害控制在不致氾濫的程度。

蜜蜂的病害可以分為非傳染性病害與傳染性病害，非傳染性病害如寒害、熱病、遺傳性疾病等等。傳染性病害則大致可分為病毒病、細菌病、真菌病等等。細菌病如美洲幼蟲病 (American foulbrood, AFB)、歐洲幼蟲病 (European foulbrood, EFB)；病毒病如囊雛病 (sacbrood, SBV)、麻痺病 (bee paralysis)；真菌病如白堊病 (chalk brood)、微粒子病 (nosema disease)。蟲害主有蠟蛾、蜂蟹蟎，另外還有虎頭蜂、螞蟻等敵害。為了有效防治病蟲害，必須先了解牠們的生物學特性，才能切中要害地擬定防治策略。

養蜂人都不希望蜜蜂生病，有些養蜂人看到蜜蜂生病就想用藥物治療，更應該注意用藥安全與風險的管理。

臺灣的環境衛生用藥受「環境用藥管理法」規範，農藥受「農藥管理法」規範，動物用藥受「動物用藥品管理法」的規範，並有明確的動物用藥品檢驗標準和動物用藥殘留標準。根據「動物用藥品管理法」第 12-1 條和第 12-2 條的規定，應標示許可證字號、製造業者與輸入業者名稱及地址、負責人姓名及地址、副作用、禁忌及其他應注意事項、停藥期間等等，上市之前也必須進行毒理試驗，如半致死劑量 (Median Lethal Dose, LD_{50}) 的安全性評估。這些規範的目的，是確保使用者、消費者與環境的安全。

臺灣與中國和各個國家的交流日益頻繁，社群媒體上常常出現很多產品，其中不少是未受規範的藥品，有些人在未查證也不了解成分內容的情況下就買來直接餵給蜜蜂或進行防治（其實不只發生在養蜂業，其他產業亦有類似情形），該商品可能沒有經農業部核准，進行毒性試驗、代謝試驗和安全性評估，沒有合法登記也不符合臺灣現有法規。

過度依賴藥物，飼養技術就很難進步。病蟲害的發生就像一面鏡子，反應出環境條件的狀況與飼養技術的問題，其實很多時候只要做好蜂場管理，就能阻絕許多病蟲害。預防勝於治療，許多病蟲害都可透過飼養管理事先預防，不見得一定要使用化學藥物治療。

有時候用藥是不得已的，即使要用也必須遵照規範，不論商家宣稱販售或提供的物質是不是藥，請不要忘記，餵食給蜜蜂吃或使用在蜂箱內的外來物質都有可能會殘留在蜂產品裡面影響食安，不同藥物的代謝時間不一樣，除了用藥之外，更應該檢視環境條件與飼養狀況，才能從根本解決問題。政府制定合理的法規並嚴格執行，民眾提升相關知識，對於許多訊息多方查證，食安、產業、環境若要改善，是政府與民間共同的責任。

3.1.1 蜜蜂病蟲害的傳播途徑

當蜂群密度過高、經常遷移，或因管理過度頻繁開箱，都是促使病蟲害傳播的有利因素；若再加上養蜂人對病蟲害缺乏足夠認識與應對能力，就非常容易引發感染。一旦蜂群發病，病原往往擴散迅速，對蜂群造成嚴重危害。

一、境外移入

若未經妥善評估便引進外來蜂種，極有可能連帶將病蟲害一同帶入，對本地蜂群造成風險。因此，引種前必須取得主管機關的核准，並要求生產者提供蜂源地的無病害證明文件。同時，應嚴格避免自疫區或曾出現病蟲害的地區引入蜂群，以防疫病擴散，降低潛在威脅。目前我國對於動植物檢疫有嚴格的規定，根據「野生動物活體及產製品輸出入審核要點」，無論是一般類或是保育類動物都需要經過相關主管機關的審查才能輸入，但仍有少部分養蜂人未經檢疫自行從國外引入蜂后，是非常不當的做法。此外，從海外進口或購自海外的蜂產品，例如蜂蜜、花粉、蜂王乳，如果沒有食用完畢而餵給蜂群，也有可能增加蜂群染病的風險。

二、場間傳播

臺灣養蜂密度高，蜂場距離太近，蜂群分布區域重疊，尤其春季採蜜時大量蜂群聚集到少數的產蜜區，使得蜜蜂病蟲害經蜜蜂採蜜、採水、盜蜂、養蜂人的手和工具傳播。如果購買的花粉來自染病的蜂場，也會增加蜂群染病的風險，自家蜂群採收的花粉妥善保存，當外界粉源不足時調配成花粉餅（補助花粉）餵給蜜蜂食用，可減少其他蜂場經由花粉傳播病原，同時降低購買花粉成本。

三、場內傳播

蜜蜂的病蟲害可經由多種途徑傳播，例如受污染的食物與水源、感染個體的接觸，或因管理不當而造成的交叉感染，包括盜蜂行為與器具消毒不全等。此外，流浪蜂與迷巢蜂誤入其他蜂群，以及不同蜂群間巢片的調動，也常成為病原擴散的媒介。

3.1.2 頑強的病原——蜜蜂傳染性病害的病原活力

傳染性病原體通常具有極高的存活力。以美洲幼蟲病為例，其病原孢子在土壤中可生存約 10 年，即使在乾燥蜂屍中也能長達 35 年不失活；即便將蜂蠟加熱至 100°C 仍可存活 5 天。歐洲幼蟲病的病原體則可在室溫下存活約 1 年，在冰箱中更能活超過 10 個月。囊雛病毒的傳染力也不容小覷，一隻感染幼蟲體內所含病毒量便足以導致數千隻幼蟲死亡。即使在蜂屍中，病毒傳染力仍可維持約 10 個月；若存在於蜂王乳中，感染力可持續約 27 天。至於蜜蜂微粒子病的孢子，在乾燥室溫環境可存活約 60 天，冷藏狀態下更可延長至約 210 天；在土壤中的蜂屍內能維持 44 至 71 天的存活時間，若在蜂巢中則最長可達 2 年之久。

這些病原體不但會潛伏在環境和蜜蜂體內，也會存在於蜂蜜及蜂花粉之中，如果使用來路不明或是染病蜂群採收的蜂蜜及花粉製作成花粉餅（補助花粉）餵食蜂群，那麼就會增加疾病傳播的風險，造成損失。由於病原體肉眼看不見，所以如果病原在蜂群中一直維持很低的比率，蜂群不容易出現病徵，當環境變異及病原增加，蜂群中有相當數目的蜜蜂罹病後，才會被人們發現。

3.1.3 蜜蜂病蟲害的防治策略

目前蜜蜂病毒性疾病（例如蜜蜂囊雛病、東方蜂囊狀幼蟲病、蜜蜂畸翅病、以色列麻痺病）、細菌性疾病（例如歐洲幼蟲病、美洲幼蟲病）、真菌性疾病（例如白堊病）以及微粒子病都是非人畜共通傳染病，不會感染人類，所以染病蜂群的蜂產品人類都可以食用，但千萬不可以拿去餵蜜蜂。

雖然有些抗生素或防腐劑可供防治細菌病或真菌病，但如果用藥不當就會產生抗藥性，也會造成蜂產品的藥物殘留，對產業、環境及食安都是不利的。近年來食安問題越來越受到重視，標準日益嚴格，化學藥物的使用不可不慎。

有些地區或國家有抗病蜂種，引進抗病的蜂種若在未經檢疫的情況下，反而會把病蟲害散播到臺灣，並且可能改變原有的生態系，對產業及生態造成衝擊。

預防勝於治療，多數的病蟲害可以透過事前的管理得到控制，甚至防範未然，做好環境衛生及蜂場管理是預防病蟲害最重要、最根本但卻最容易被忽略的方式（圖 3.1.1）。盡量使全場的蜂群群勢一致，檢查蜂群的時候不要把蜜、粉滴到蜂箱外面，減少盜蜂，更換老蜂王，維持蜂不露脾，提供蜂群充足的營養。

老舊的巢片經常孳生病原，所以使用超過兩年以上老舊的巢片一定要淘汰，割除下來的贅脾和淘汰的巢片不要任意丟棄在養蜂場。巢框若要重複使用，一定要將蜂蠟刮除乾淨，清洗後徹底殺菌消毒，否則蜜蜂很容易生病，若用舊的巢脾來作新巢礎，卻沒經過充分消毒，就可能把病原菌帶進蜂群中。

圖 3.1.1
未妥善處理養蜂器具、沒有做好清潔消毒的養蜂場是病原傳播的溫床。

蜂箱一樣也要定期更換並清潔，把殘留在箱內的蜂蠟及底板的蠟球（蠟瘤）刮除乾淨，並徹底消毒（請參閱 P384「蜂具的消毒與清潔」）。經常清洗蜂具，保持蜂場整潔，不要買賣疫區或帶病原的蜂群、用這些蜂產品餵食蜜蜂等等，都可以降低疾病爆發的機率，比起等到發病時才用藥更能夠減少環境負擔、保障蜂產品安全。

如果蜂群不幸發病，根據不同病原及蜂群罹病程度進行不同的處理，嚴重時要隔王斷子或燒毀。由於病原有相當強的致病力，傳染病爆發時將蜂群移到不同地方放置並不能分散風險，反而加速病原的傳播，燒毀的目的就如同養豬場的豬隻罹患口蹄疫和非洲豬瘟一樣，撲殺嚴重感染惡性傳染病的蜂群才能降低病原傳播的機會。

疾病發生時有些人會期待馬上就有藥物可以使用，但藥物的研發是一個漫長、嚴謹又辛苦的過程，從室內到田間試驗都需要一定的樣本數量，除了療效外，也要了解藥物對蜂

群生長發育的影響程度，以及蜂產品的殘留量，並進行毒理試驗，了解其半衰期，其目的在於確保使用者與消費者的安全並降低環境壓力，並不是單純「有效果」就好。

事實上不論是化學防治還是生物防治都不能只看「效果」，藥物的使用要小心謹慎，不當投予藥物都可能殘留在蜂產品中，甚至危害環境、影響食安，而不當的生物防治亦會對生態造成威脅。病蟲害的防治用藥要有規範，而且要有科學化數據、理論基礎，確實了解使用的劑量、濃度、次數、方式、時機及斷藥期。

不同的防治方法有不同的防治率，為了減少化學農藥的使用，盡可能採取害蟲綜合管理 (IPM) 策略，雖然無法像使用化學農藥一樣立即看到成效，但對環境較為友善。

病蟲害的防治不能頭痛醫頭，腳痛醫腳，需要全盤的考量，臺灣地狹人稠，養蜂密度高，病蟲害的傳播速度很快，如果急功近利，損失的不只是個人，還有整體的環境和產業發展，唯有政府與民間共同努力與堅持，提供研究經費，做好最基本的管理與防護工作，才能有效控制病蟲害的傳播。

蜂蝦、乾蝦、爛蝦

臺灣養蜂界有許多通俗用語，以疾病來說，常有「乾蝦」、「爛蝦」的說法，初學者常常搞不清楚，到底「乾蝦」、「爛蝦」是什麼意思呢？

健康的幼蟲為乳白色、呈現 C 型彎曲平躺在巢房底部，乍看之下很像剝好殼的蝦仁，所以臺灣的蜂農常以臺語「蜂蝦」(phang-hê) 來稱呼幼蟲（也有人指蜂蛹）。

罹病的幼蟲因不同的病原呈現不同的病徵，白堊病 (chalkbrood disease) 病徵的幼蟲如木乃伊，外表包著白色菌絲，時間久了菌絲長出黑色孢子，脫水縮小使屍塊呈堅硬的黑色塊狀，所以臺語稱「乾蝦」(ta-hê)。

美洲幼蟲病 (American foulbrood, AFB) 典型病徵為封蓋穿孔發臭，幼蟲軟爛，屍體黏稠，用牙籤插入攪動可拉出長長的黏絲，所以臺語稱「爛蝦」(nuā-hê)。「爛蝦」有時候也是幼蟲軟爛症狀，例如歐洲幼蟲病 (European foulbrood, EFB) 和囊雛病 (sacbrood, SBV) 的統稱。

3.1

蜂群衰竭失調症候群

近年來許多研究顯示蜜蜂數量減少，蜜蜂減少的原因很多，包括蜂蟹蟎的傳播、蜜粉源的缺乏、氣候變遷、環境汙染與化學農藥的不當使用等等，而 2006 年起國際間發生蜜蜂大量消失事件，稱為蜂群衰竭失調症 (colony collapse disorder, CCD)，症狀包含了外勤蜂失蹤、巢中剩下未成年的幼蜂、找不到蜜蜂屍體、巢內仍有封蓋幼蟲、蜂王、蜂蜜和花粉，沒有盜蜂的現象。蜜蜂是重要的農業授粉媒介，由於缺乏蜜蜂授粉，使得價值數十億美元的產業受到損失。2009 年已有許多研究人員提出造成蜂群衰竭失調症的原因，例如病毒、蜂蟹蟎、微粒子病、化學農藥，以及長途運輸和營養缺失產生了交叉性的壓力，造成免疫快速下降的缺陷問題，都可能與蜜蜂消失有關。

在病毒方面，以色列急性麻痺病毒 (Israeli acute paralysis virus, IAPV) 由蜂蟹蟎傳播，會導致蜜蜂顫抖，使工蜂離巢並且死亡，目前已證實所有 CCD 蜂巢皆有以色列急性麻痺病毒的感染，但也不能排除各種因素的協力作用所致。微粒子的病原感染中腸，造成工蜂營養缺失，蜂體虛弱，再加上蜂蟹蟎危害或其他因素，也會引發免疫力下降，而促使外勤工蜂無法回巢。雖然科學研究證實，導致蜜蜂族群數量減少的蜂群衰竭失調症與蜂群感染病毒有關，但不太可能是唯一的原因。

此外，大量使用類尼古丁 (neonicotinoid) 殺蟲劑，包括兼具廣效性、系統性的殺蟲劑益達胺 (imidacloprid) 也有嫌疑。益達胺是由根部吸收透過木質部傳播，可以在一定比例的花粉及花蜜中發現。益達胺能與昆蟲體內的尼古丁乙醯膽鹼受器 (nAChR) 結合，會導致神經系統過度興奮而使昆蟲麻痺致死。這種神經活性化學物質在日常應用有建議的劑量，免除對蜜蜂的傷害，餵飼益達胺劑量要超過 2,000 ng，幼蟲的封蓋、化蛹及羽化率才會明顯降低，而 0.4~200 ng 對幼蟲的封蓋、化蛹及羽化率皆無顯著差異。

雖然益達胺的亞致死劑量並未影響羽化率，但根據楊恩誠教授的研究，以口吻延伸反應 (proboscis extension reflex, PER) 評估羽化後的工蜂學習能力，結果發現給予幼蟲 0.04 ng 以上的益達胺，工蜂羽化後的學習能力明顯降低，推測低劑量的益達胺可能影響蜜蜂的神經系統發育，進而造成工蜂喪失其訪花採蜜的功能，工蜂搜索食物的時間更長，可能會迷路，即使返巢也很難跳舞指引食物方向；這個損害是由於負責統籌嗅覺記憶的蕈狀體 (mushroom body) 活動改變（請參閱 P180「神經系統及感覺器官」）。

授粉媒介族群衰退已是一個全球關注的問題，目前歐洲一些國家如法國、德國、義大利已對益達胺多所限制，以確保農業及生態的永續。

Section 3.2

非傳染性病害

非傳染性病害並非由病毒、細菌或真菌等病原體所造成，而是與環境因素或蜜蜂自身的生理狀況有關，例如劇烈氣候變化、遺傳缺陷、營養不足或中毒等。這類問題的症狀有時候並不明顯，影響時間也可能很短，但若不良環境持續存在或惡化，就可能進一步引發傳染性病害。

3.2.1 生理性病害

下痢（腹瀉）(dysentery) 是成蜂常見的一種消化問題。導致下痢的原因很多，像是冬天或早春連續陰雨、寒流來襲導致氣溫驟降時，蜂群就可能出現症狀。有時則是食物的問題，例如餵給蜜蜂水分過高的糖水，或蜂群太虛弱，糖水沒吃完而發酵變質。此外，蜜蜂為了維持巢內溫度會吃進較多蜂蜜，若遇上連日降雨無法飛出巢外排便，也容易造成消化不良引發下痢。

由於下痢的原因很多，所以在遇到的時候要逐步判斷、檢視所有可能的原因，有必要的話甚至要進行病理解剖。假如是環境引起的，輕症者待天氣回暖數日後，蜜蜂飛出去大便之後就能夠自行痊癒，如果是食物引起的，就要趕快把壞掉的糖水倒掉，蜂群太弱的話就要維持蜂不露脾。

營養不良會導致幼蟲死亡或成蜂的體型明顯較小，容易出現在花粉不足的蜂群中，使工蜂沒有足夠的蛋白質分泌幼蟲食物的工蜂乳，3 日齡以下的幼蟲無法正常發育，甚至被工蜂清除或吃掉，蜂王也會因營養不良而停卵。

當氣溫超過 35 °C、相對濕度 75 % 以上時蜜蜂容易發生熱病 (overheated bees)。這種情況常見於成蜂數量少、幼蟲多、食物不足、巢內溫度調節出現問題時。熱病會導致剛羽化的蜜蜂無法順利展開翅膀，翅膀捲曲，失去飛行能力。這種症狀與蜂蟹蟎造成的翅膀畸形類似，因此需要進一步檢查蜂巢中是否有蜂蟹蟎寄生。此外受到熱病影響的幼蟲與蛹也可能死亡，屍體會變成黃褐色或黑色。適當調節蜂箱的通風與遮陰，能有效降低熱病的發生（請參閱 P306「採蜜後以及夏季的蜂群管理」）。

成蜂太少蜂勢太弱，再遇上特別寒冷或日夜溫差大的時候容易發生凍害 (chilled brood)，主因為環境變化太快、蜂群內部溫度調節不及所致。1~2 日齡的幼蟲死亡率較高，死後呈黃褐色或黑色是這種病的特徵，嚴重時封蓋幼蟲及蛹也會死亡。適時的幫蜂群保暖，可以降低凍害的發生（請參閱 P310「冬季蜂群管理」）。

3.2.2 遺傳性病害

有些蜜蜂的病害成因不明，可能與遺傳有關，例如二倍體雄蜂 (diploid drones)、遺傳致死因子 (genetic lethality)。

正常雄蜂染色體為單倍體，但二倍體的雄蜂

圖 3.2.1
遺傳致死因子及黑王台病毒都會
造成蜂王幼蟲黑化

染色體異常形成二倍體，卵孵化後會被工蜂吃掉或移出巢房。遺傳致死因子會使幼蟲死後多呈灰黑色（圖 3.2.1），體內成為水質，類似囊雛病（囊狀幼蟲病）。

3.2.3 化學農藥中毒

二十世紀化學工業合成出農藥，使用農用化學藥劑使農作物的生產得到大幅提升，但也帶來不少問題，例如人畜中毒、環境汙染與食安疑慮，蜂群也會深受其害並殘留在蜂產品中。

一般人常把殺蟲劑概括為農藥，其實不是很正確，雖然有些居家害蟲防治藥劑的主要成分與某些農藥的殺蟲劑主要成分相同，但廠家在生產製劑時即有使用標的的考量，農藥使用與環境衛生用藥的要求不同，必須將農藥與環境衛生用藥作區隔，以免衍生不良的後果。

把農藥施用於居家中常會造成嚴重危害，在室內使用農藥有違現行的環境衛生用藥管理法。農用化學藥劑有不同特定用途，如殺蟲劑、殺蟎劑、殺草劑、殺真菌劑、植物生長調節劑等。

化學農藥有不同的作用機制及半衰期，根據不同的種類、濃度與劑量，蜜蜂中毒後的症狀各不相同，有些死於田野，有些死於蜂箱門口和蜂箱內。蜜蜂中毒後會引起消化作用受阻，以致飢餓或失水而死，或使神經系統失去功能，無法飛行、足失去功能、失去定向能力，無法找到食物、不能回巢、失水虛脫而死等等，蜂王也可能停止產卵。

蜜蜂農藥中毒可能由一種作用或兩種以上作用共同造成，僅從外觀及症狀鑑別是哪一類型農藥或哪一種農藥非常困難，蜜蜂農藥中毒後的症狀僅能作為一種判斷參考，實際上還是必須進行實驗室分析檢驗。

急毒性的化學農藥會造成蜜蜂大量死亡，但

圖 3.2.2
化學農藥、長期飢餓、病蟲害都會導致
蜜蜂大量死亡。

不能因大量死亡就單純地判斷是蜜蜂中毒，因為食物不足導致蜜蜂餓死、病害等等也會有大量死亡的現象（圖 3.2.2）。

由於化學農藥施用時可能會殘留在植株上，蜜蜂再將花朵上採集到的蜂蜜、花粉帶回蜂巢，因此檢測蜂產品就可知道環境中化學農藥汙染的狀況。根據 2017 年乃育昕、陳裕文教授等人從臺灣 14 個養蜂場採集 155 件蜂花粉樣本，進行了 232 種農藥檢測，檢測出 56 種化學農藥。

在這個研究中，蜂花粉的化學農藥殘留物以氟胺氰菊酯 (fluvalinate) 和陶斯松 (chlorpyrifos) 的濃度最高，其次是貝芬替 (carbendazim)、加保利 (carbaryl)、克凡派 (chlorfenapyr)、益達胺 (imidacloprid)、愛殺松 (ethion) 和氟芬隆 (flufenoxuron)，這些都是臺灣普遍應用在田間的化學農藥，反應了蜂群、蜂產品及環境嚴重汙染的問題。大量農藥殘留是永續農業最嚴重的問題之一，臺灣農業環境遭受的農藥壓力高於歐美，不僅會影響蜜蜂與各種蜂類的生存，還會污染蜂產品。

確實掌握養蜂場附近的化學農藥施用狀況，是減少蜜蜂化學農藥中毒的有效方法。所使用的農藥必須是合法登記的藥劑，養蜂人對養蜂場附近的農作物耕作時序要有充分了解，並與當地農會和農友保持密切聯繫，知道何時施用藥劑、施用的藥劑種類及作物，事先確實地掌握地方資訊，以便及早因應。

盡快將蜂群搬離是避免蜜蜂中毒最好的做法，中毒後的蜂群要避免盜蜂引起鏈鎖反應，蜂產品也禁止食用。

Section 3.3

傳染性病害

臺灣歷年來曾面臨多種病蟲害威脅，像是 1967 年發生的美洲幼蟲病、1972 年出現蜜蜂微粒子病、1974 年發現蜂蟹蟎、1983 年有白堊病、2015 年則是囊雛病（囊狀幼蟲病）等等，至今仍對蜂群造成不少的衝擊。此外，歐洲幼蟲病、蜜蜂麻痺病、大蠟蛾、小蠟蛾與虎頭蜂等問題也不容忽視，都極需養蜂人審慎應對。

3.3.1 病毒性疾病

根據 2013 年 de Miranda 等人的報告，目前已知 24 種感染西洋蜂 (Apis mellifera) 的病毒中，以類小 RNA 病毒 (picorna-like virus) 危害最嚴重。隨著基因定序技術的發展與學者陸續投入研究，已有許多蜜蜂小 RNA 病毒完成定序，例如急性蜜蜂麻痺病毒 (acute bee paralysis virus, ABPV)、慢性蜜蜂麻痺病毒 (chronic bee paralysis virus, CBPV)、蜜蜂黑王台病毒 (black queen cell virus, BQCV)、克什米爾蜜蜂病毒 (Kashmir bee virus, KBV)、以色列急性麻痺病毒 (Israeli acute paralysis virus, IAPV)、蜜蜂囊雛病毒 (sacbrood bee virus, SBV)、蜜蜂畸翅病毒 (deformed wing virus, DWV) 以及蜂蟹蟎病毒 (varroa destructor virus, VDV)。

多數的病毒普遍潛伏在臺灣的養蜂場，已監測到的種類至少包括急性蜜蜂麻痺病毒、慢性蜜蜂麻痺病毒、蜜蜂黑王台病毒、蜜蜂畸翅病毒、西洋蜂囊狀幼蟲病毒、東方蜂囊雛病毒（東方蜂囊狀幼蟲病毒）等（表 3.3.1）。

這些 RNA 病毒大小約 20~60 nm，分布很廣泛，多數呈現潛伏性感染，並且常有重覆感染的現象，也就是同一隻蜜蜂受到兩種以上病毒感染，東方蜂 (Apis cerana) 和西洋蜂 (A. mellifera) 均可能被檢測到混合感染，若外界環境不佳、蜂勢衰弱或食物缺乏時，很容易引起蜂群的衰弱和死亡。

苗栗區農業改良場曾與臺灣大學昆蟲系王重雄教授合作，利用 RT-PCR (reverse transcription PCR) 技術，進行臺灣地區北、中、南、東共 9 個養蜂場西洋蜂病毒監測，根據 2010 年盧美君等人的研究指出，有 DWV、SBV、BQCV、KBV、KV（目前已被認定為 DWV-A 型）等 5 種病毒潛伏存在於養蜂場，平均感染率在 6 月為 42 %，12 月為最高達 94.4 %。

6 月期間成蜂主要感染的病毒為 SBV 及 DWV，冬季則不論發育階段，以 BQCV、KBV 及 DWV 為主要感染之病毒種類。

除 SBV 外，其它 4 種病毒可感染任一發育階段的蜂群，就發育階段而言，幼蟲的感染比例最高，其次為蛹及成蜂。蜜蜂病毒的傳染主要經由蜂蟹蟎、餵食及蜂王垂直傳染，事實上檢測的蜂蟹蟎、蜂蜜、花粉、蜂王漿及蜂王樣本中，也有蜜蜂病毒的潛伏。

表 3.3.1 不同蜜蜂病毒典型症狀及發病時期

病毒種類	症狀	發病期
急性蜜蜂麻痺病毒 (acute bee paralysis virus, ABPV)	蜜蜂顫抖、無法飛行、體毛脫落	成蜂
慢性蜜蜂麻痺病毒 (chronic bee paralysis virus, CBPV)	麻痺顫抖、無法飛行、在蜂箱外或地面爬行、體毛脫落、體色較深	幼蟲、成蜂
蜜蜂黑王台病毒 (BQCV)	蜂王幼蟲發黑、表皮下形成囊狀物、外觀腫脹	蛹、成蜂
蜜蜂畸翅病毒 (DWV)	畸翅、腹鼓脹、麻痺、失去方向感、體色較黑	成蜂
西洋蜂囊狀幼蟲病毒 (AmSBV)	幼蟲染後無法化蛹、體色呈現淡黃色、腫脹、體壁下形成囊狀物	幼蟲
東方蜂囊雛病毒 (AcSBV)	幼蟲染後無法化蛹、體色呈現淡黃色、腫脹、體壁下形成囊狀物	幼蟲

囊雛病

囊雛病又稱囊狀幼蟲病 (sacbrood disease)，是由正鏈核醣核酸的單股 RNA 病毒 (positive-sense single-stranded RNA virus, ssRNA virus) 所引起的蜜蜂疾病，病原為囊狀幼蟲病毒 (sacbrood virus; SBV)，病毒的分類屬於傳染性軟化症病毒科 (Iflaviridae)、傳染性家蠶軟化症病毒屬 (Iflavirus)。1964 年首次在西洋蜂身上發現 SBV，因此將此病毒稱為西洋蜂囊狀幼蟲病毒 (*A. mellifera* Sacbrood virus, AmSBV)。

目前已證實囊雛病廣泛散布於全球各地的西洋蜂群，所幸在西洋蜂的症狀比較輕微，幾乎不會發病，因此西洋蜂感染囊雛病之後很少發生嚴重的危害，但囊雛病卻可以在東方蜂體內造成嚴重病徵，直到蜂群完全滅亡。

經研究證實，從西洋蜂與東方蜂分離的囊雛病擁有不同的血清型 (serotypes) 及化學特性，因此在東方蜂體內發現的囊雛病稱為東方蜂囊狀幼蟲病毒 (*A. cerana* sacbrood virus, AsSBV)，藉此加以區分兩種病毒。

圖 3.3.1
罹患囊雛病的東方蜂 (*Apis cerana*) 幼蟲在巢房內呈現尖頭狀，
如獨木舟般蹺起（左），取出幼蟲後外表包裹一層厚囊（右）

許多國家的蜂群都曾受到東方蜂囊雛病的危害，1974 年越南首次檢測到東方蜂囊狀幼蟲病毒，並造成 90 % 的東方蜂群損失，1976 年泰國發現東方蜂感染此病毒，接著中國、印度、韓國也都發現東方蜂囊狀幼蟲病毒感染，而且有極高的死亡率。該病毒會透過蜂蜜、蜂花粉傳播，顯示餵食疫區的產品給蜜蜂，蜂群染病的風險很高。

臺灣早期並無囊雛病的正式紀錄，到了 2015 年首次發現東方蜂囊狀幼蟲病毒後，此病毒於 2016 年在臺灣的東方蜂族群迅速蔓延，造成大量蜂群死亡，對臺灣的東方蜂族群造成嚴重衝擊，經過分析，臺灣東方蜂囊狀幼蟲病毒分離株的親緣關係與中國分離株最為相似。

根據 2021 年陳裕文、乃育昕教授等人的研究，監測東方蜂囊狀幼蟲病毒 (AcSBV) 及西洋蜂囊狀幼蟲病毒 (AmSBV) 的全基因體定序，發現兩種病毒在東方蜂及西洋蜂有交互感染的現象，兩種病毒都可以在東方蜂幼蟲複製，造成一定程度的危害，但是東方蜂囊狀幼蟲病毒在西洋蜂幼蟲與成蜂裡，卻呈現攜帶但不太複製的情況，顯示西洋蜂和東方蜂一起飼養可能的風險及防檢疫的重要性。

病毒會藉由蜜蜂取食蜜、粉源以及交哺時傳播，感染蜜蜂的幼蟲與成蜂，造成蜜蜂幼蟲死亡，而成蜂的病徵則不明顯。

幼蟲染病後，依罹病程度概分為幼蟲期發病與蛹期發病，幼蟲期發病時會在化蛹前死亡，染病特徵是幼蟲頭部和胸部的顏色從白色變成淡黃色，最後變成深褐色或黑色，死亡的幼蟲體內逐漸液化，不會平躺於巢底部，而是呈現尖頭狀，前端上蹺像獨木舟狀，體色及體節分節都不明顯，並逐漸囊化黏附在巢室一側，用夾子夾出，外表包裹一層厚囊（圖 3.3.1），通常不久後就會被工蜂拖出巢外。

蛹期發病時罹病幼蟲會進入蛹期，輕微者可能羽化，嚴重則無法羽化，死亡的蛹體也會

被工蜂拖出巢外，造成族群衰弱。

預防勝於治療雖然老生常談但至關重要，減少囊雛病的危害，最好減少人為移動東方蜂群，以免健康的野生蜂群受到感染，加強蜂群管理，避免東方蜂與西洋蜂近距離混養，注意染病的弱群很容易被盜蜂搶食，造成病情傳播，抗病育種也是值得努力的方向。

3.3.2 細菌性疾病

● 美洲幼蟲病

美洲幼蟲病 (American foulbrood, AFB) 對養蜂產業威脅極大。這種病是由一種會產生孢子的細菌所引起，學名為 *Paenibacillus larvae larvae*，過去被鑑定為 *Bacillus larvae*。這種細菌屬於革蘭氏陽性的微需氧菌。

Paenibacillus larvae larvae 能抵抗惡劣環境，在乾癟的病死幼蟲體內能存活 35 年。根據 1940 年 Burnside 的報告，孢子即使在水中煮沸長達 7 小時，或在稀釋蜂蜜中以 106°C 煮沸 5 小時，甚至放入 98°C 的乾熱環境加熱 2 天、混在 100°C 蜂蠟中持續加熱 5 天，仍無法完全殺滅。1993 年 Machova 也指出，即使將孢子浸泡在 0.5% 的硫酸中超過 37 小時，也無法減低活性。

Paenibacillus larvae larvae 具有極高的致病力，不過東方蜂對這種病害的抵抗力比西洋蜂高，這可能與東方蜂幼蟲的腸道防禦機制有關。此外東方蜂會積極清潔巢房，當蜂群察覺到病原感染，會在病幼蟲尚未封蓋之前，就將其移出巢房，進一步降低孢子污染蜂巢與擴散的風險。

美洲幼蟲病會感染蜂王、雄蜂和工蜂的幼蟲，對整個蜂群造成威脅。感染的過程是幼蟲吃下被病原孢子污染的食物，這些孢子會在幼蟲腸道中快速萌發繁殖，大約在 24 小時內開始活動。

罹患美洲幼蟲病的幼蟲會從白色轉為棕黃色，隨著感染時間增加，逐漸變成深褐色甚至是黑褐色，最後腐敗黏稠有腥臭味，被感染的幼蟲通常在前蛹期或蛹期 (prepupal stages) 死亡。

美洲幼蟲病罹病初期與歐洲幼蟲病的症狀相似，要檢測是否罹患美洲幼蟲病，可以用細小枝條輕輕插入巢房內死亡的幼蟲，拉出時若出現約 2 cm 的黏稠物，且封蓋巢房表面凹陷、呈油亮感，甚至會破洞，就可能受到美洲幼蟲病感染。

美洲幼蟲病並沒有特定的發病季節，在臺灣一年四季都可能出現。迷巢蜂、盜蜂、分封、人工更換巢脾都會傳播美洲幼蟲病。弱群中含有大量的病原孢子，一旦遭到其他蜂群的盜取，這些孢子就很容易被帶回健康的蜂巢中。另外，使用包裹蜂、餵食來歷不明和含有病原孢子的蜜與花粉給蜜蜂，也都會增加傳播的風險。

美洲幼蟲病幾乎遍布世界各養蜂地區，臺灣也曾多次出現大規模的疫情。一旦蜂群感染過美洲幼蟲病，即使表面看來康復，蜂箱內仍可能殘留大量的病原孢子，分布在巢脾、巢框、蜂箱等各個角落。只要環境條件合適，這些潛伏的孢子就可能再次爆發疫情。

要有效預防美洲幼蟲病，最關鍵的方法之一就是早期監測蜂群中是否潛藏病原孢子。陳裕文教授於 2004、2005 年針對臺灣蜂場

採收的蜂蜜，以及進口的泰國蜜進行調查，在採收的蜂蜜樣本中發現了美洲幼蟲病的孢子，可見臺灣的蜂群仍處於感染的威脅之中。美洲幼蟲病的病原孢子在臺灣蜂場中仍普遍存在，若將從國外購買的蜂蜜餵給蜜蜂，可能會加速病原的傳播。近年來國際貿易頻繁，早期監測病原及建立國人良好的防疫觀念是非常重要的防治方法。

美洲幼蟲病的病原孢子只會感染蜜蜂幼蟲，不會感染人類，因此即使蜂群曾感染過美洲幼蟲病，所生產的蜂蜜、蜂王乳和蜂花粉等蜂產品仍然可以食用。也許有人會擔心「蜂蜜中檢出病原孢子是否表示品質不好？」事實上蜂蜜中檢出病原孢子與蜂蜜品質之間沒有直接關聯。即使在全國蜂蜜評鑑中檢驗出病原孢子，這些蜂蜜仍都是在各項評比中表現優異、品質優良的產品。

美洲幼蟲病具高度傳染性，而且其病原孢子又有極高的抗逆性，因此目前最有效的防治方式，就是將感染的蜂群連同巢脾、蜂箱一併銷毀後掩埋，以徹底杜絕病源。

如果感染情況尚屬輕微（例如整個蜂群的病徵數低於 30 隻個體），可採將罹病蜂群中的成蜂抖落到一個全新的蜂箱中飼養，而原來的蜂箱、巢脾與病幼蟲則應立即集中焚燒銷毀。由於成蜂體內仍可能帶有病原孢子，因此千萬不可以引起盜蜂，以免把病原散播出去。

但若當一個蜂群中有超過 30 隻罹病個體，就表示感染已經非常嚴重，必須連同巢脾、巢框、幼蟲、成蜂甚至蜂箱一併焚毀後掩埋，以防病原孢子殘留、進一步擴散。所以養蜂人要能在感染初期及時發現異狀，一旦錯過了早期的發病徵兆，美洲幼蟲病很可能已經擴散至整個蜂場，此時再處理就必須銷毀更多蜂群，造成更大的損失。

全面銷毀雖然有效，但在實務上要養蜂人自行銷毀常常難以執行。比較現實的權宜之計是針對已發病蜂群進行焚燒或銷毀，如果蜂箱、巢框與工具尚有保存價值，則必須經過確實的消毒與殺菌處理後才能再次使用，最好的滅菌方式是使用伽瑪輻射照射或高溫高壓至少 2 小時，單憑水煮是不行的（請參閱 P384「蜂具的消毒與清潔」）。

這樣雖然無法完全根除風險，但可在兼顧防疫與實務操作之間，取得較為務實的平衡。當然，最理想的情況仍是落實早期發現與定期監測，才能有效防堵美洲幼蟲病的擴散。

美洲幼蟲病的防治方式與注意事項

羥四環素 (oxytetracyclin, OTC) 又稱土黴素，商品名稱為 Terramycin®，具有控制美洲幼蟲病蔓延的效果。

根據陳裕文教授的研究，嚴重感染美洲幼蟲病的蜂群要先將巢脾、巢框、幼蟲、蜂箱全數燒毀，然後在 500 ml 的糖水（砂糖與水的重量比為 1：1）中加入 125 mg 的羥四環素，餵食 1 次，這樣的處理方式可抑制病害發生 9 天。但施用後會殘留在蜂產品中約 30~60 天，不當施用易造成病原菌產生抗藥性。而且羥四環素無法殺滅病原孢子，頂多只能暫時抑制疾病的發作，通常停藥後數週又會再復發，因此養蜂人千萬不能仰賴抗生素來解決問題。

各國對抗生素的管控日益嚴格，歐盟規定蜂產品中不得檢出羥四環素與氯黴素，臺灣目前也沒有核准使用羥四環素防治美洲幼蟲

病。要注意羥四環素對已污染的巢脾與器具無效，所以最好的防治策略是定期更換老舊巢脾、消毒蜂箱、蜂具，此外要設法燒毀後掩埋，包含巢脾、巢框、幼蟲、蜜蜂及蜂箱，而且一定要做好隔離措施，罹病蜂群不能任意遷移至其他地區。

群發病後恢復較快。比較好的防治方式是定期更換老舊巢脾、徹底消毒蜂箱、蜂具，燒毀嚴重染病的巢脾、巢框、幼蟲、蜜蜂及蜂箱，然後掩埋，做好隔離措施之外，生病的蜂群不可再移動至其他地方。

歐洲幼蟲病

歐洲幼蟲病 (European foulbrood, EFB) 又名歐洲幼蟲腐敗病，主要是由一種革蘭氏陽性菌 *Melissococcus pluton* 所引起。名為歐洲幼蟲病並非只發生在歐洲，而是因為早期研究者皆為歐洲學者。

歐洲幼蟲病主要是由成蜂傳播給幼蟲，特別是 2 日齡左右的幼蟲最容易受到感染，罹病幼蟲因無法攝取足夠的營養而死亡。這些死亡的幼蟲常會出現頭部向上翹起，是一項常見的辨識特徵。

這種病的症狀和美洲幼蟲病有些相似。幼蟲一開始呈白色，之後逐漸變黃，最後變為黃褐色或黑褐色，部分感染的幼蟲會出現扭曲、乾縮，呈現乾癟鱗片狀（圖 3.3.2），腐敗程度不如美洲幼蟲病，黏稠物也比較少，用細枝條挑病變的幼蟲，拉出的黏絲通常小於 2 cm，是區別歐洲幼蟲病與美洲幼蟲病的一個方法。

其實歐洲幼蟲病和美洲幼蟲病的病情，初期兩者在外觀上的症狀非常相似，而且有時會同時出現在同一個蜂群中，所以要準確區分這兩種病害，必須透過專業的檢驗方式，像是從病蜂身上分離出病原菌，利用培養基進行細菌培養與鑑定。

歐洲幼蟲病的傳播速度比美洲幼蟲病慢，蜂

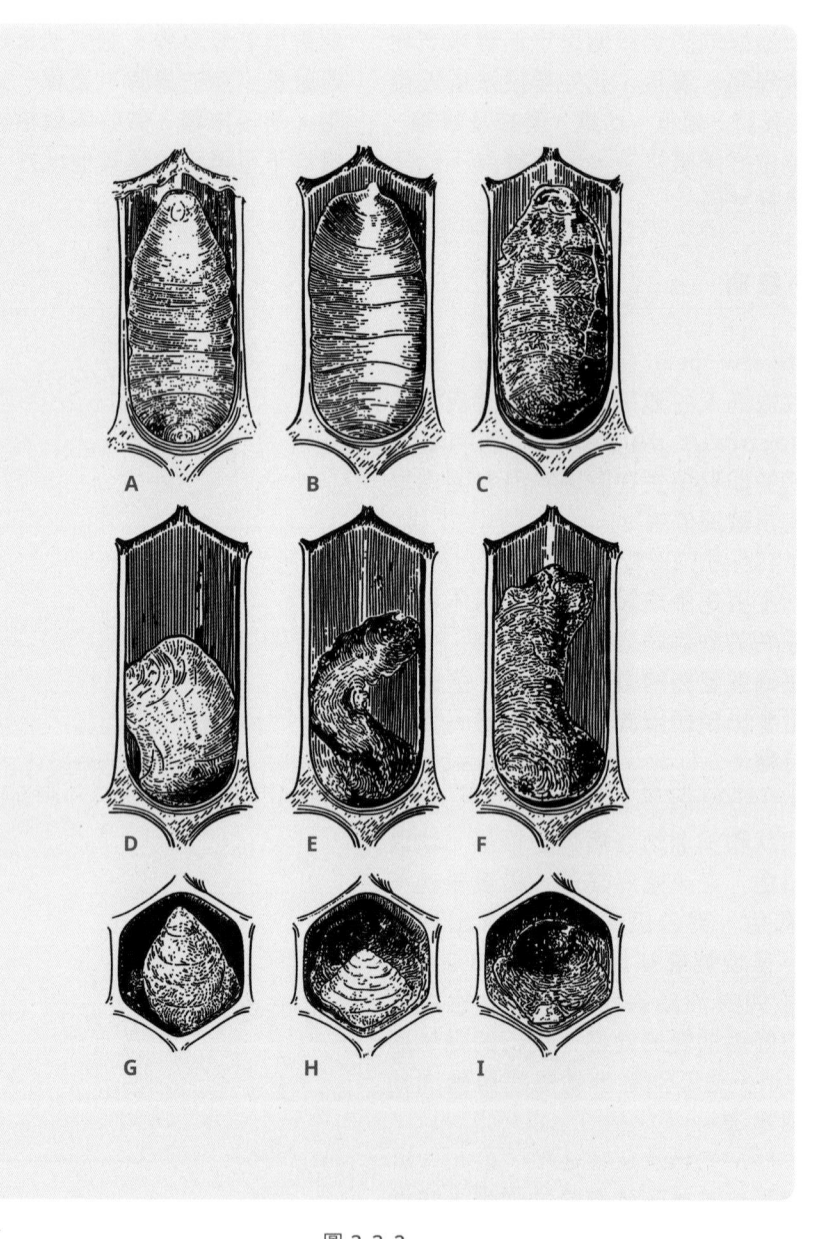

圖 3.3.2
歐洲幼蟲病的症狀：
(A) 已伸直的幼蟲剛死於歐洲幼蟲病；(B) 已伸直的幼蟲部分腐爛；
(C) 伸直的幼蟲已乾瘍鱗片狀 (EFB scales)；(D) 剛死亡的幼蟲；
(E)、(F) 乾瘍鱗片狀的死亡幼蟲呈不規則扭曲；(G) 剛死亡的伸直幼蟲的巢口視圖；
(H) 部分腐爛的幼蟲；(I) 挺直後死亡的幼蟲已乾瘍鱗片狀。
（根據 Burnside, 1936 重新繪製）

3.3.3 真菌性疾病

● 白堊病

白堊病是一種真菌性病害，病原菌的分類為爪甲團囊菌目 (Onygenales)、囊球菌科 (Ascosphaeraceae)、囊球菌屬 (*Ascosphaera*)、蜜蜂球囊菌 (*Ascosphaera apis* Olive & Spiltoir)。

發病原因主要為環境中蜜粉源受到蜜蜂囊球菌汙染，工蜂餵食 1~6 日齡幼蟲感染後，病原孢子在中腸發芽及擴散，生成菌絲穿透並侵入腸道內壁真皮細胞，形成穿孔狀，初期蟲體會長出灰色或黑色的斑點，然後長出白色菌絲，菌絲長出子實體後，蟲屍會變成黑色，菌絲因吸收水分及養分，幼蟲明顯開始萎縮變硬，狀似粉筆，所以又稱為粉筆病（圖 3.3.3）。病害嚴重時幼蟲大量死亡，導致蜂勢衰弱，影響蜂蜜及蜂王乳產量和品質，是臺灣常見的病害。

白堊病在臺灣多半出現在秋冬兩季，有些地區夏季也可能發生。雖然這種病很少會導致整群蜜蜂死亡，但會讓蜂群變弱，這時候如果剛好遇上蜂蟹蟎數量增加，就可能產生併發症，會造成蜂群健康惡化。

多數的白堊病不需額外使用化學藥劑，只要更換蜂王、保持乾燥及適當通風、補充蜂群營養即可痊癒。如果在巢房中發現罹病個體可用夾子夾出，不可與其他蜂群調換巢脾，症狀較嚴重的蜂群巢脾要清除，蜂箱和養蜂用具徹底消毒。

此外根據行政院農業部苗栗區農業改良場吳輝虎、吳登楨的研究，利用草本藥材可增強蜜蜂的清潔行為、降低蜂群病原密度與傳播

圖 3.3.3
罹患白堊病的幼蟲呈白色的硬塊

力，有利於病徵的減緩及控制，例如丁香、黃芩、辛夷及板藍根具有抑菌效果。

使用丁香、黃芩、辛夷及板藍根等乾燥藥材加水 (1:4.5 v/w)，煮沸 15 分鐘以上，過濾靜置冷卻得到萃取液，將萃取液與果糖（糖度 75 % Brix）以 1:3 (v/v) 混合，罹病蜂群每隔 3 天每群餵飼 300 g 混合液，共餵飼 10 次。除每 3 天餵飼 1 次外，對已感染的蜂可每 2 天噴灑 1 次，每巢片約噴 3 ml。

但草本藥材萃取液具有不同植物性特有氣味，萃取液氣味對蜜蜂取食具有不同程度忌避性。

● 微粒子病

微粒子病 (nosema disease; nosemosis) 是一種蜜蜂的傳染性病害，過去常稱為粒子蟲或微孢子蟲病，由於病原體分類上的沿革，已將該類病原體歸類為真菌界，故稱為微粒子病。目前研究顯示，蜜蜂微粒子病的病原體有蜜蜂微粒子 (*Vairimorph apis*) 和東方蜂微粒子 (*Vairimorph ceranae*) 兩種[1]。

蜜蜂微粒子是 1909 年由 Zander 在西洋蜂 (*Apis mellifera*) 的腸道上皮細胞中發現，臺灣 1972 年在養蜂場發現了微粒子病。過去因為西洋蜂的經濟效益和國際學者的研究人數，微粒子病的研究多著重在蜜蜂微粒子病上，直到 1996 年瑞典學者 Fries 等人才在北京的東方蜂 (*A. cerana*) 上發現東方蜂微粒子病，兩者在體積上，西洋蜂微粒子比東方蜂微粒子略大一些，在顯微鏡下外觀相似不易區分。

以前認為蜜蜂微粒子病只感染西洋蜂，東方蜂微粒子病只感染東方蜂，但 2004 年黃偉峰、王重雄等人發現西洋蜂身上帶有東方蜂微粒子病，推測十多年前西洋蜂體內可能就帶有東方蜂微粒子，此後陸續有學者證實東方蜂微粒子病已廣泛感染西洋蜂。

東方蜂微粒子病什麼時候感染西洋蜂已經不可考，目前研究的樣本最早僅追溯到 2003 年，但確實已經逐漸蔓延到全球養蜂業，有些地方甚至有取代蜜蜂微粒子病的現象。由於東方蜂微粒子可以出現在西洋蜂體內，並造成更大的死亡率，因此近距離混養兩種蜜蜂可能會在蜜源缺乏時發生盜蜂，進而造成蜜蜂死傷與病原的傳染。

臺灣的養蜂場都可檢驗出蜜蜂微粒子與東方蜂微粒子，微粒子不耐熱，微粒子成熟孢子數量與溫度和濕度呈負相關，以冬季最高，夏季最少，其他季節零星發生[2]；但根據 2024 年李頤瑄等人的研究，成熟孢子數與溫度呈正相關，其中 4 月最高，11 月最低。微粒子病過去並沒有被重視，然而全臺各地幾乎每年都能夠觀察到罹病的成蜂，此病也是臺灣飼養的東方蜂與西洋蜂族群中常見的流行病。

微粒子病是一種慢性感染，病原體常潛伏在蜜蜂體內、蜂蜜及蜂花粉中。如果病原體數量很少就不易發病，但若遇上氣候劇烈改變、蜂蟹蟎大量寄生，或餵食來源不明含有病原的蜂蜜與花粉製成的花粉餅，就可能促使病原快速擴散。由於初期症狀不易察覺，往往等到大量蜜蜂罹病才會出現明顯症狀，因此透過分子檢測可以更早鑑測微粒子的感染，及早防範。

微粒子病的感染途徑相當多，蜂群幾乎難以避免接觸，微粒子感染寄主的方式，是由蜜蜂食入含有孢子的食物，當孢子進入腸道時，孢子因內外壓差變化而破裂，當極絲 (polar filament) 在成熟孢子萌發後變成極管 (polar tube) 進入腸道表皮時，便將孢原質及細胞核注入寄主細胞中，開始進行生殖與複製，最後新生孢子則會跟著寄主的糞便排出體外。

---

1 *Vairimorph ceranae* 與 *Vairimorph apis* 過去被鑑定為 *Nosema ceranae* 與 *Nosema apis*。
2 根據 2012 年陳裕文教授等人的研究。

圖 3.3.4
微粒子病會造成蜜蜂下痢（腹瀉、拉肚子），
但下痢不代表就一定是微粒子病造成的。

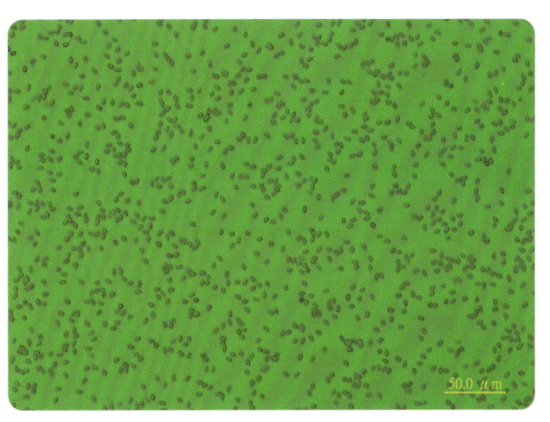

圖 3.3.5
判斷中腸中是否有成熟的孢子是診斷蜜蜂罹患
微粒子病的主要方法。
照片為純化後的微粒子孢子在顯微鏡下的畫面。

微粒子主要感染成蜂，罹病初期症狀並不明顯，外觀與行為跟正常的成蜂相同，由於微粒子經由食物傳布，主要寄生在中腸，症狀是下痢（圖 3.3.4），常與冬、春季節氣候濕冷時造成的下痢症狀相似，也就是說微粒子病會造成下痢，但下痢並不一定就是微粒子病，此時需抽出蜜蜂的中腸加以辨別，以免造成誤判而不當用藥。

健康蜜蜂的中腸顏色呈黃褐色，而且可觀察到隘縮環，而罹患微粒子病的蜜蜂，中腸呈白色或灰白色，隘縮環消失（圖 3.3.6），後腸膨大堆積大量糞便。但腸道外觀的改變不是最主要的判斷依據，更進一步的判斷方式需將中腸拉出來搗碎、離心純化後，在顯微鏡底下觀察是否有成熟的孢子（圖 3.3.5）。

罹病後期的蜜蜂會出現前後翅分離、無法飛行、腹部腫脹、腹瀉、失去螫刺能力等症狀，與麻痺病、中毒、飢餓的病徵相似。感

圖 3.3.6
罹患微粒子病的蜜蜂中腸（中）與
正常蜜蜂的中腸（左、右）

染後的蜜蜂壽命會縮短，工蜂的下咽頭腺退化，無法餵食幼蟲，蜂王也會被工蜂淘汰，導致蜂群衰弱。

煙麴黴素 (fumagillin) 能治療微粒子病，這是一種來自煙麴黴 (Aspergillus fumigatus) 的抗微生物物質，商品名為「蜂王寶」(Fumidil-B)，能抑制微粒子孢子的 DNA 複製，對東方蜂微粒子也有效。使用時將 1.5 g 的蜂王寶加入 250ml 的糖水中（砂糖與水的重量比為 1：1），可有效抑制孢子長達半年左右，若搭配高溫消毒蜂箱、器具並更換巢脾，效果更好。

不過須留意，藥效可能在半年後減弱而導致復發，而且使用不當，會造成抗生素殘留，影響環境與食品安全。

一般來說，輕微感染的蜂群只要補充營養、更換老弱蜂王，並做好蜂箱與工具的清潔消毒，等氣溫回暖後通常可自行恢復，無需用藥。預防方面，除了更換老舊巢片，秋季應維持蜂王產卵力與足夠的幼蜂數量，選擇避風、日照充足的位置養蜂。

使用農業部核准的產品「嗡嗡惜®」（農牧字第 1060732642 號）（圖 3.3.7），藉由營養補充，增強過濾微粒子真菌孢子及吸收營養的圍食膜 (peritrophic membrane) 的生長發育，間接降低微粒子病發生機率，降低 95 % 微粒子真菌孢子通過。使用時以糖水稀釋「嗡嗡惜®」1,000~2,000 倍（例如：糖水 1,000 ml 加上 0.5~1 ml 的嗡嗡惜）混合均勻後，以餵糖水方式餵食，每 3 天補充一次。

預防勝於治療，良好的蜂場管理、蜜粉源充足且無化學農藥汙染的棲地不只是預防微粒子病，也是預防各種疾病的最好方法，提供蜂群適合的居住環境及充足的營養，考量放置蜂箱的溫濕度、水源和日照條件，維持蜂群內各種日齡的幼蟲和成蜂比例的平衡，避免交叉感染和過度干擾造成蜂群緊迫促使潛伏的疾病爆發，並且注意蜂場過去是不是曾發生病蟲害，因為殘留的病原體是染病的原因之一。

在衛生管理上要定期消毒蜂箱與用具，而在冬季食物缺乏時適時補充營養，足夠的營養維持對來年春季蜂群的發展很有幫助。不幸感染後，阻斷感染源是傳染病發生時很重要的手段，嚴重感染的蜂群應該隔離燒毀。

圖 3.3.7
嗡嗡惜®

Section 3.4

蟲害與敵害

3.4.1 蜂蟹蟎

蜂蟹蟎（*Varroa destructor*，過去被鑑定為 *Varroa jacobsoni*）是一種蜜蜂的外寄生蟲，過去分類為蛛形綱 (Arachnida)、寄蟎總目 (Parasitiformes)、中氣門蟎目 (Mesostigmata)、瓦蟎科 (Varroidae)，因此也稱為瓦蟎或大蜂蟎，但 2024 年 Jaeseok 等人的分子系統發育分析發現，蜂蟹蟎應屬於厲蟎科 (Laelapidae) 的一個亞科 Varroinae。

1904 年雅可松 (Edward Jacobson) 首次在印尼的爪哇島發現，因此又稱為雅氏瓦蟎，最早是寄生在東方蜂身上，當時認為 *Varroa jacobsoni* 只是蜂蟹蟎複合種的一部分，但因為當時沒有造成嚴重的經濟危害，所以並沒有受到重視。

直到 2000 年 Anderson 和 Trueman 經由 mtDNA Co-Ⅰ基因序列和形態特徵分析才確定 *Varroa jacobsoni* 和 *Varroa destructor* 是兩個不同物種，以往嚴重危害西洋蜂的蜂蟹蟎是 *Varroa destructor* 而非 *Varroa jacobsoni* 這個種。最早寄生在東方蜂身上的 *Varroa jacobsoni* 只會對東方蜂造成輕度危害，而 *Varroa jacobsoni* 有 18 種基因型，並組成 *Varroa jacobsoni* 和 *Varroa jacobsoni* 兩個親緣種，在 18 個基因型中只有 *Varroa destructor* 日本基因型和 *Varroa destructor* 韓國基因型可在西洋蜂群中繁殖。

約在 1963 年甚至可能更早期，因蜂群在各地區移動，東方蜂與西洋蜂混合飼養導致蜂蟹蟎寄生於西洋蜂身上。1987 年美國首次發現蜂蟹蟎並迅速擴散至北美其他地區，臺灣則在 1970 年於新竹縣北埔鄉第一次發現蜂蟹蟎。根據何鎧光與安奎教授 1980 年的調查報告，1979 年全臺灣各地養蜂場蜂蟹蟎的寄生率已達到 100 %。

蜂蟹蟎有四對足，成熟雌蟎體型較雄蟎大，呈紅褐色、橢圓形，背板長約 1.57 mm，寬約 1.2 mm（圖 3.4.1）。雄蟎則體色較淡，外觀近似梨形，背板長約 0.8 mm、寬約 0.7 mm。雌蟎背部覆蓋著一整塊骨板，兩側帶有刺毛，腹部凹陷，有助於緊貼蜜蜂體表，不易因其蜜蜂的清潔行為而被移除。雄蟎通常只在封蓋的巢房中活動，因此在蜂群中較難被察覺。

蜂蟹蟎是一種專性寄生在蜜蜂身上的蟎蟲，整個生命週期都在蜂群中進行，只能在有幼蟲的巢房中繁殖。臺灣因為氣候溫暖，蜂蟹蟎全年都能繁殖，但在氣候較冷的地區，冬季蜂王有時候會暫停產卵，蜂蟹蟎就會停留在成蜂身上過冬。

蜂蟹蟎最適合的發育溫度是 30~32 °C，18~20 °C 才開始活動，低於 13 °C 活動力下降，超過 40°C 可能導致死亡。

巢房內有幼蟲時蜂蟹蟎可活 60~90 個月，如果冬季無蜜蜂幼蟲，則會附著在成蜂身上越冬，壽命依氣候與蜂種而異。

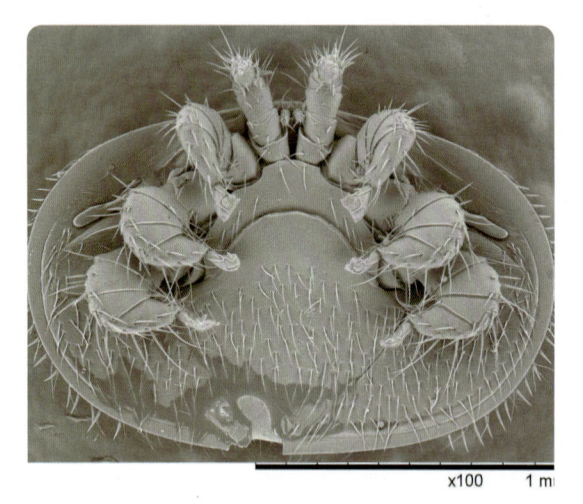

圖 3.4.1
掃描式電子顯微鏡下的蜂蟹蟎（左），寄生在西洋蜂腹部的蜂蟹蟎（右）。

蜂蟹蟎生存力很強，即使離開蜂群，在 20 °C、相對濕度 70 % 左右的環境可存活約 7 天，在死掉的蜜蜂身上可活約 11 天。所以割下來的雄蜂蛹和贅脾不要留在蜂箱旁，並且要經常清潔養蜂場環境，因為工蜂會吸食雄蜂蛹屍體的體液，蜂蟹蟎就會藉機轉移到這些吸食體液的工蜂身上。

● 蜂蟹蟎的生活史

蜂蟹蟎的生長歷程包括卵期、幼蟎、第一若蟎、第二若蟎及成蟎共五個階段。雌蟎產卵後約 1 天孵化為幼蟎，接著在 2 天內轉變為第一若蟎，再經過 2 天蛻變為第二若蟎，最終經過 3 天發育成成蟎。整體發育期約需 7~8 天，雄蟎則只需 5~6 天。

蜂蟹蟎可寄生在工蜂或雄蜂的巢房中，但寄生在雄蜂巢房中的機率更高。雌蟎若進入工蜂房，在封蓋期間大約會產下 5 顆卵；若寄生於雄蜂房則可產下約 7 顆卵。不過，並非所有卵都能順利發育為成熟個體。

根據 1986 年 Ramírez 和 Otis 的報告，其生活史可分為五個時期（圖 3.4.2）。

第一期（Phase Ⅰ）：寄生在成蜂身上

蜂蟹蟎會隨著蜜蜂羽化一起離開巢房，藉著成蜂相互接觸時，或者靠自己的爬行攀附在工蜂或雄蜂的胸部或腹部，用螯肢（chelicerae）刺穿成蜂比較柔軟的部位，通常偏好附在腹部所以不易發覺（圖 3.4.3），在胸背板發現則表示寄生狀況已經很嚴重，雌蟎通常選擇工蜂作為寄生的對象。雌成蟎會在成蜂身上寄生約 4~13 天，其中新雌蟎因為需達到性成熟，所以通常在成蜂身上停留時間比較久。

第二期（Phase Ⅱ）：進入幼蟲巢房

寄生在成蜂身上 4~13 天後，雌成蟎會離開

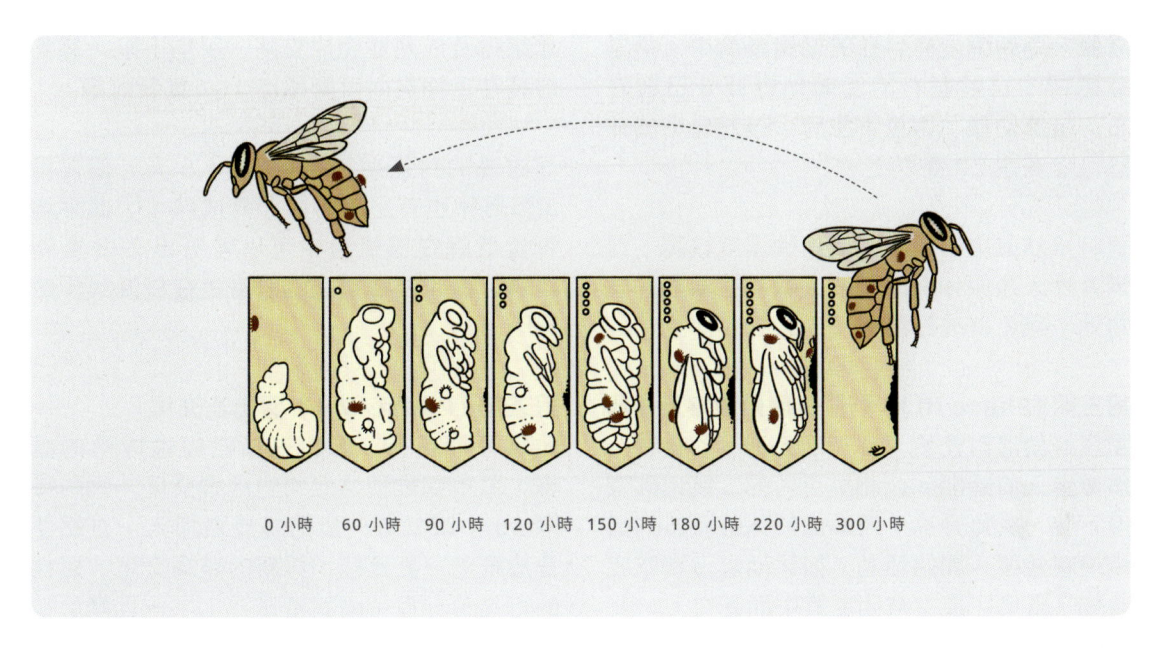

圖 3.4.2
蜂蟹蟎在西洋蜂工蜂身上的生命週期。60 小時後，未受精的卵產在巢房頂部附近（左上）。卵發育成雄蟎並與其雌蟎交配。受精卵在 90 小時後產下並發育成雌蟎。隨著更多的雌蟎孵化和生長，糞便堆向巢房底部（右下）。巢房內的所有蜂蟹蟎都以發育中的蜜蜂為食，當蜜蜂羽化時，成熟的雌蟎蟲就會離開巢房。雄蟎和留在巢房中未成熟的雌蟎都會死亡。（根據 Ramírez et al., 1986 & Ongus, 2006 重新繪製）

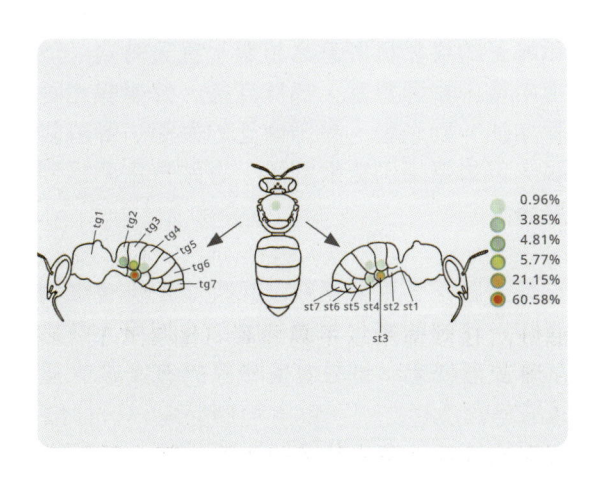

圖 3.4.3
五次試驗中 104 隻被寄生的工蜂，每個位置發現蜂蟹蟎的頻率（st：腹片、tg：背片）與其他位置相比，蜂蟹蟎偏好寄生在蜜蜂後軀 (metasoma) 的下側，尤其是第三節的位置。
（根據 Ramsey et al., 2019 重新繪製）

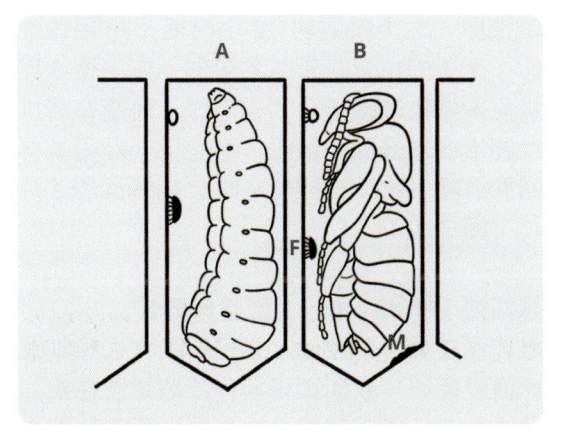

圖 3.4.4
巢房內前蛹期的工蜂 (A)；巢房內化蛹的工蜂 (B)；雌蟎產下第一個雄性卵的位置（左上）；採食地點 (F)；蛻皮地點 (M)
（根據 Donzé et al., 1997 重新繪製）

成蜂，跑到還沒有封蓋的幼蟲巢房中。通常會選擇 5 日齡左右的工蜂幼蟲或 6 日齡左右的雄蜂幼蟲，嚴重寄生時，雄蜂房中的雌蟎可能多達 20 隻以上。

這時候幼蟲房中內的二氧化碳濃度較高，雌蟎會進入類似休眠的狀態，躲藏在幼蟲的食物池，避免被成蜂移除。

第三期 (Phase III)：甦醒並開始取食及產卵

當蜜蜂幼蟲封蓋後，會先吃光剩下的食物，然後進入前蛹期。此時巢房內的二氧化碳濃度下降、氧氣升高，原本處於休眠狀態的雌蟎便會甦醒、開始活動。如果幼蟲沒有吃完食物，雌蟎可能會被困在其中而死亡。

在幼蟲伸直身體準備化蛹時，雌蟎會趁機爬上去吸取體液。牠們會避免傷害蜜蜂重要器官，因為一旦蜜蜂死亡無法羽化，雌蟎也會一同困死在巢房中。

封蓋約 60 多個小時後，雌蟎會產下第一顆雄性卵，之後每隔約 30 小時產下一顆雌性卵。產卵的位置通常在巢房偏上方，這樣可避免蜜蜂化蛹後擠壓到蟎的卵。雌蟎會將排泄物堆在幼蟲肛門附近，每產下一顆卵就會回到這裡，孵化出的若蟎也會在這個位置活動（圖 3.4.4）。

第四期 (Phase IV)：產卵與取食

雌成蟎在巢房封蓋後，會不斷吸食蜜蜂幼蟲體液並產卵，直到蜜蜂羽化咬破封蓋為止。雌蟎每次能產下的卵數與巢房封蓋的時間長短有很大的關係，一般在工蜂巢房中約可產下 5 顆卵，而在雄蜂巢房中則可達 7 顆。

工蜂巢房封蓋期約為 12 天，因此雌蟎雖然產下 5 顆卵，但通常只有最早產下的 1 雄 2 雌來得及成熟並完成交尾。平均下來，每隻雌蟎在工蜂房內可繁殖出 1~2 隻新雌蟎。

而雄蜂的封蓋期較長，約 14.5 天，使得第 3 顆雌卵也有足夠時間發育成熟，因此平均每隻雌蟎在雄蜂房中可以繁殖出 2~3 隻新雌蟎。這也是蜂蟹蟎偏好寄生在雄蜂巢房的原因。

第五期 (Phase V)：羽化及交尾

雌蟎性成熟後，會與先前已經性成熟的雄蟎，聚集到堆積排泄物的地方交尾。大約每隔 30 小時就有一隻雌蟎成熟加入，雄蟎便會放棄前一隻雌蟎，與新的雌蟎交尾。這樣的行為會一直持續到蜜蜂羽化，一旦巢房被蜜蜂咬開，雄蟎與未成熟的雌蟎就會死亡，而已交尾成功的雌蟎會隨著蜜蜂離開巢房，寄生在其他蜜蜂身上。

● 蜂蟹蟎的族群消長

蜂蟹蟎的族群變化與蜂群強弱、氣溫、蜜源和蜂王的產卵情形息息相關。春天時自然環境中蜜、粉源豐富，蜂群旺盛，蜂蟹蟎也跟著增加。到了蜜、粉源缺乏的季節，蜂群變弱，但蜂蟹蟎仍繼續繁殖，導致寄生率達到高峰。

在臺灣雖然冬季氣溫較低，但蜂王仍會繼續產卵，使蜂蟹蟎全年都能繁殖。如果入冬之前未妥善防治，往往會導致蜜蜂在冬季大量死亡。

● 蜂蟹蟎的繁殖速度與危害界限

要完全消滅蜂蟹蟎幾乎不可能，即使蜂群內暫時沒有蜂蟹蟎，之後也很容易被傳染，因此養蜂人應有與蜂蟹蟎共存的心理準備。但

這不代表放任不管,而是要在蜂蟎數量對蜂群造成明顯危害前,及時採取防治措施。

蜂蟹蟎有很強的繁殖能力,其族群以等比級數增長,族群的增長趨勢會隨著蜜蜂族群的增加而上升。蜂蟹蟎完成一個生殖週期約需21天(表3.4.1),每隻雌蟎在工蜂房內可繁殖出1~2隻新雌蟎,假如有1,000個巢房,每個巢房被1隻蜂蟹蟎寄生,那麼2個月後就會有大約8,000隻蜂蟹蟎。如果蜂群中有200隻蜂蟹蟎,則蜂群的安全期約2~3個月。若不能將蜂蟹蟎控制在低點,超過危害水平(economic injury level, EIL),蜂群就會滅亡。

● 蜂蟹蟎對蜂群的危害

東方蜂是蜂蟹蟎的原始寄主,對蜂蟹蟎的清除能力很強,能抑制蜂蟹蟎的繁殖與寄生,因此對東方蜂的危害較小。但西洋蜂尚未具備類似的機制,因此對西洋蜂的危害很大,隨著蜂蟹蟎數量的增加,會造成蜂群衰弱甚至滅亡。

蜂蟹蟎對蜂群造成的危害可分為直接與間接兩種形式。

直接影響是蜂蟹蟎寄生於蜜蜂體表,吸取其體液,導致幼蟲與成蜂出現發育不良、體重減輕、壽命縮短、翅膀畸形而喪失飛行能力、腺體萎縮等問題。若寄生發生在雄蜂身上,除了與工蜂一樣壽命縮短外,精子數量也會減少,無法與蜂王交配。

間接影響則包括蜂蟹蟎作為病原媒介,會傳播多種病毒(如以色列急性麻痺病毒、慢性麻痺病毒、黑王台病毒、囊雛病毒)、細菌(如美洲幼蟲病的病原)與真菌(如白堊病病原)。當蟎類數量暴增,蜂群會迅速衰弱,還會引來蠟蛾、蜂箱小甲蟲、蟑螂、螞蟻等害蟲入侵,造成多重感染與環境惡化,最終可能導致蜂群全面瓦解。1994年學者Shimanuki將此稱為「寄生蟎併發症」(Parasitic Mite Syndrome, PMS)。

表 3.4.1 工蜂與蜂蟹蟎生活週期

工蜂天數	蜜蜂生活週期		蜂蟹蟎生活週期	
1	未封蓋期	卵期	第一期	蜂蟹蟎寄生在成蜂身上
2	未封蓋期	卵期	第一期	蜂蟹蟎寄生在成蜂身上
3	未封蓋期	卵期	第一期	蜂蟹蟎寄生在成蜂身上
4	未封蓋期	幼蟲期	第一期	蜂蟹蟎寄生在成蜂身上
5	未封蓋期	幼蟲期	第一期	蜂蟹蟎寄生在成蜂身上
6	未封蓋期	幼蟲期	第一期	蜂蟹蟎寄生在成蜂身上
7	未封蓋期	幼蟲期	第一期	蜂蟹蟎寄生在成蜂身上
8	未封蓋期	幼蟲期	第二期	蜂蟹蟎進入未封蓋的巢房，躲藏在食物池中
9	未封蓋期	幼蟲期	第二期	蜂蟹蟎進入未封蓋的巢房，躲藏在食物池中
10	封蓋期	前蛹期	第三期	封蓋後雌蟎甦醒，開始於巢房中活動，吸食蜜蜂體液；封蓋 60 多個小時後產下第一顆雄性卵，之後每 30 個小時產下一顆雌性卵
11	封蓋期	前蛹期	第三期	封蓋後雌蟎甦醒，開始於巢房中活動，吸食蜜蜂體液；封蓋 60 多個小時後產下第一顆雄性卵，之後每 30 個小時產下一顆雌性卵
12	封蓋期	前蛹期	第三期	封蓋後雌蟎甦醒，開始於巢房中活動，吸食蜜蜂體液；封蓋 60 多個小時後產下第一顆雄性卵，之後每 30 個小時產下一顆雌性卵
13	封蓋期	前蛹期	第三期	封蓋後雌蟎甦醒，開始於巢房中活動，吸食蜜蜂體液；封蓋 60 多個小時後產下第一顆雄性卵，之後每 30 個小時產下一顆雌性卵
14	封蓋期	前蛹期	第三期	封蓋後雌蟎甦醒，開始於巢房中活動，吸食蜜蜂體液；封蓋 60 多個小時後產下第一顆雄性卵，之後每 30 個小時產下一顆雌性卵
15	封蓋期	蛹期	第三期	封蓋後雌蟎甦醒，開始於巢房中活動，吸食蜜蜂體液；封蓋 60 多個小時後產下第一顆雄性卵，之後每 30 個小時產下一顆雌性卵
16	封蓋期	蛹期	第四、五期	雄蟎性成熟
17	封蓋期	蛹期	第四、五期	雌蟎 24 小時後性成熟，與雄蟎交尾；雄蟎每隔 30 個小時與新的雌蟎交尾
18	封蓋期	蛹期	第四、五期	雌蟎 24 小時後性成熟，與雄蟎交尾；雄蟎每隔 30 個小時與新的雌蟎交尾
19	封蓋期	蛹期	第四、五期	雌蟎 24 小時後性成熟，與雄蟎交尾；雄蟎每隔 30 個小時與新的雌蟎交尾
20	封蓋期	蛹期	第四、五期	交尾成功的雌蟎在巢房中吸食蜜蜂體液直到蜜蜂羽化，雄蟎與未成熟的雌蟎死亡
21	封蓋期	蛹期	第四、五期	交尾成功的雌蟎在巢房中吸食蜜蜂體液直到蜜蜂羽化，雄蟎與未成熟的雌蟎死亡

蜂群被蜂蟹蟎寄生的徵兆

1. 成蜂突然減少，並且發現成蜂屍體。
2. 蜂群中出現大量殘翅的蜜蜂（圖 3.4.5 a）。
3. 蜂蟹蟎出現在成蜂體表及幼蟲巢房（圖 3.4.1、圖 3.4.6）。
4. 蜜蜂無法成功羽化，羽化前即死亡，吐出舌頭停留在巢房中等待工蜂清除（圖 3.4.5 b）。

圖 3.4.5 a

圖 3.4.5 b

● 蜂蟹蟎的傳播途徑

蜂蟹蟎活動力強，不僅能在巢內隨著成蜂移動，也會趁蜜蜂外出採蜜或採花粉時，轉移並寄生到其他採集中的工蜂身上。當這些蜜蜂返回巢內，便可能將蜂蟹蟎一同帶入新的蜂群，形成跨群傳播。

然而，蜂蟹蟎傳播的最主要途徑仍是來自人為操作，如蜂群間調換巢片、採蜜、分封育王或搬遷蜂箱等管理行為。此外，盜蜂也會加速蟎類的擴散。由於這些因素，使得蜂蟹蟎難以徹底根除。

● 蜂蟹蟎的寄生密度監測

在進行蜂蟹蟎防治之前，必須先評估其對蜂群的實際危害程度，才能選擇合適的應對策略。常見的監測方法包括：觀察蜂箱周圍是否有翅膀或足部畸形、受損的蜜蜂，以及巢外出現被拖出的死幼蟲或蛹。

接著可透過巢片進行檢查。由於蜂蟹蟎體型微小，且常藏匿於蜜蜂腹部側面，在大量工蜂中不易察覺，因此可隨機抓取 200 隻工蜂，檢查其身體各處。若其中有超過 10 隻被蜂蟹蟎寄生，便需立即展開防治。

另一種方法是檢查雄蜂房。可任意挑選 100 個封蓋雄蜂房，取出其中的幼蟲或蛹（圖 3.4.6），只要發現 10 隻以上的蜂蟹蟎，則表示蜂群已遭嚴重寄生，必須儘速處理。

或者用起刮刀把底板的碎屑刮起來放在手掌心觀察（圖 3.4.7），不但可以檢查是否有蜂蟹蟎，還可以協助蜜蜂清理蜂巢，減輕蜂群的負擔。

進一步檢視箱底殘屑是簡單、精確監測蜂蟹蟎族群的方法，監測前可於蜂箱底部放一片塗滿凡士林或噴膠的白色壓克力板或帆布，在上方放置鐵製篩網以免蜜蜂接觸。由於蜂蟹蟎會自然死亡，同時約有 15~20 % 的蜂蟹蟎會不慎從成蜂身上掉落，這時就會黏在壓克力板上而無法爬回成蜂身上。

圖 3.4.6
打開封蓋的雄蜂房,拉出巢房裡面的
雄蜂幼蟲或蛹,檢查是否被蜂蟹蟎寄生。

圖 3.4.7
用起刮刀把封箱底板的碎屑刮起來放在手掌心上,
檢查是否有死亡的蜂蟹蟎。

每日落蟎數可作為評估蜂蟹蟎寄生程度的指標：若每日掉落的蟎數少於 5 隻，屬於輕度寄生；5~10 隻之間為中度寄生；超過 10 隻則表示已達嚴重寄生狀況。根據估算，蜂群中實際存在的蜂蟹蟎數量，約為每日平均落蟎數的 120~130 倍。也就是說，如果一天觀察到 10 隻落蟎，表示蜂群內可能潛藏 1,200~1,300 隻雌性成蟎。一旦每日落蟎數突破 10 隻，就應立即採取防治措施。

此外還有糖搖法，處理起來對蜜蜂幾乎沒有危害，使用方法也很簡單。取 300 隻成蜂到 500 ml 的透明玻璃瓶中，並在瓶中倒入 1 匙細糖粉，套上濾網和瓶蓋，慢慢搖動 3~5 分鐘，就會讓 90 % 以上的蜂蟹蟎掉落，然後打開瓶蓋翻轉玻璃瓶，將蜂蟹蟎和糖粉透過濾網倒出，即可統計蜂蟹蟎的數量，而蜜蜂則可以再放回蜂群中，若取得 10 隻以上的蜂蟹蟎就要進行防治。

● **蜂蟹蟎防治策略**

以前的防治觀念常忽略不同防治方法間的影響，也較少關注藥劑對蜜蜂發展、藥物殘留，甚至對人體與環境的危害，多半依賴經驗和沒有根據的口耳相傳，缺乏嚴格的用藥規範。

目前仍用來防治蜂蟹蟎的福化利 (fluvalinate) 已使用超過 30 年，但蜂蟹蟎早已產生抗藥性，導致必須加重用量，也增加了藥物殘留，對產業、環境與食安造成不可忽視的風險。因此多管齊下的防治方式非常重要。

早在 1961 年，澳洲昆蟲學家 L. R. Clark 與 P. W. Geier 就提出害蟲管理 (pest management) 的概念，主張害蟲防治應該以族群生態學為基礎，從「全面消滅」轉為「有效控制」，目標是保護整體生態，而非殺光所有害蟲。

我們無法徹底根除所有的蟲害，只能把蟲害控制在不造成經濟損失的範圍內，並整合多種防治技術來管理害蟲，這種作法稱為綜合性蟲害管理 (integrated pest management, IPM)，是目前比較理想的防治策略。

防治蜂蟹蟎不只要減少蜂蟹蟎數量，還要兼顧對蜂群健康與蜂產品安全的影響。主要可分為物理防治、化學防治（化學藥劑、有機酸、植物精油）、生物防治等等。在選擇各種防治之前，必須先了解以下幾點：

1. 投給蜂群的藥劑，有可能會殘留在蜂產品中，因此使用的藥劑必須合法。

根據「農藥管理法第 9 條」：農藥之製造、加工或輸入，除本法另有規定及經中央主管機關公告不列管之農藥者外，應經中央主管機關核准登記，並發給許可證。「第 26 條」：農藥販賣業者，應置專任管理人員，並應向當地直轄市或縣（市）主管機關申請核發農藥販賣業執照後，始得營業。

這些規範的目的，除了提供有效防治效果外，也是對蜂群發展、使用者、消費者、環境的一種保障。

2. 遵照使用規範，不要隨意更改濃度與劑量。如果選擇自行調配，比例必須精準，不能有「大概就好」的心理，比例上些微的差異，都可能導致防治效果降低或造成蜂群大量死亡。

3. 隨時監測蜂群中的蜂蟹蟎族群密度，了

解蜂蟹蟎的族群密度才知道防治是否有效，如果蜂蟹蟎的密度沒有下降，要檢討防治策略，嚴重被寄生的蜂群應該直接燒毀，才能避免造成其他疾病的產生，並減少感染其他蜂群。

4. 有效搭配有機酸、植物精油進行防治，多種防治方法構成的整合性害蟲管理，可有效提升防治效果。

5. 盡量減少使用福化劑這類化學藥劑的次數，以減緩蜂蟹蟎產生抗藥性的時間，並降低殘留在產品中的風險。

6. 使用化學藥劑防治蜂蟹蟎時，要有可能產生抗藥性的心理準備。一旦發現蜂蟹蟎對藥劑產生抗藥性，應立即停止使用該類藥劑，以免影響防治效果並加劇問題。

簡易的抗藥性檢測方法是先刷或抖落 200 隻左右的蜜蜂到廣口玻璃瓶中，瓶內放入防治藥劑，再用 2~3 mm 的細紗網蓋住瓶口，放在黑暗的室溫環境中 24 小時。之後計算被藥劑殺死的蜂蟹蟎數量。

接著把整瓶蜜蜂放進冷凍庫，待蜜蜂全部凍死後，再統計瓶內剩下未被藥物殺死的蜂蟹蟎。若藥效殺死的蜂蟹蟎低於 50 %，就代表蜂蟹蟎已產生抗藥性。

（死蟎總數）／（死蟎總數＋未死蟎總數）＝殺蟎率

物理防治

物理防治可避免藥劑殘留於蜂產品中，也不會造成抗藥性問題，對食安與環境相對較為友善。不過，其單一手段的防治成效略低於化學方式，因此建議結合其他防治方法同步進行，以提升整體防治效果。

>> 蜂箱底板黏除法

蜂蟹蟎從蜜蜂身上掉落到蜂箱底部時，大約有 20 % 沒有死亡，為了防止牠們再度爬回蜜蜂身上，可以在蜂箱底部放置蜜蜂無法通過的鐵網，網子下面再放具黏性的板子（圖 3.4.8 a），或將蜂箱底部設計成可抽換的白色壓克力板，然後在板子表面塗抹凡士林或噴上膠水。也有蜂箱設計為底部與主箱分離的形式（圖 3.4.8 b），更換壓克力板時就不必搬動巢片。

這種方式不但能防治蜂蟹蟎，也能監測蜂蟹蟎的數量，但必須定期清潔壓克力板，避免蠟蛾孳生造成額外危害。

>> 加熱防治法

加熱防治蜂蟹蟎的概念最早由前蘇聯研究人員提出，由於不需使用化學藥劑，近年來仍受到許多學者關注並持續研究。蜂蟹蟎對高溫敏感，當溫度超過 40°C 時會因熱傷而死亡，而蜜蜂幼蟲則能在短時間內承受比蜂蟹蟎高出約 2~3°C 的溫度範圍。

將溫度維持在 42.3~46.5°C，巢房內的蜂蟹蟎在加熱 480 分鐘後死亡率達 100 %。42°C 處理 3 小時雖然可以殺死蜂蟹蟎，但可能會傷害蜜蜂；相較下，若以 41°C 處理 2 小時，則不會影響雄蜂的繁殖力，並可有效抑制蜂蟹蟎的繁殖。

然而，加熱法需要精密的溫控設備，執行上難以完全避開巢內的幼蟲；此外，田間環境

Chapter Ⅲ
西洋蜂與東方蜂（野蜂）的病蟲害防治

圖 3.4.8 a
在蜂箱底部放置具黏性的白板，上置鐵網以區隔巢框與蜜蜂，用於監測、防治蜂蟹蟎。

圖 3.4.8 b
蜂箱的底板可與箱體分離，易於清理及更換。

變化大，現實操作上困難較多。若用日照法，則因不同地區的日照強度、長短不同難以量化，再加上蜂群本身具備良好的巢溫調節能力（請參閱 P190「溫度對蜜蜂發育的影響及蜜蜂對溫度的調節」），高溫也可能會影響蜂群發展。

>> 糖粉防治

將細白糖粉均勻撒在成蜂身上，讓蜂蟹蟎因抓不牢蜜蜂而掉落。再搭配在蜂箱底部放置塗有凡士林的黏蟲板，就能有效阻止蜂蟹蟎重新爬回蜜蜂身上。糖粉對蜜蜂沒有傷害，但只能針對寄生在成蜂身上的蜂蟹蟎，無法處理巢房內的蜂蟹蟎。這種方式也常用來監測蜂蟹蟎的寄生密度。

>> 雄蜂片誘集及割除雄蜂蛹

利用蜂蟹蟎偏好寄生在雄蜂巢蛹的特性，在蜂群內放置雄蜂巢脾，並將蜂王限制在雄蜂巢脾上產卵，以產生大量的雄蜂幼蟲，在雄蜂房封蓋後將雄蜂巢脾從蜂群中移出。根據臺灣的氣候條件，這個方法至少可以使用半年左右。

平時蜂場管理時，割除已封蓋的雄蜂蛹可以減少蜂蟹蟎的數量（圖 3.4.9），且割下來後不要棄置於蜂箱旁邊，再配合使用草酸或百里酚（愛蜜加®）等防治方式，可以減少蜂蟹蟎的危害。

不過如果飼養箱數較少，割除所有雄蜂蛹，育王期間就沒有足夠的雄蜂與蜂王交尾，會大大減少蜂王交尾成功的機率（請參閱 P185「蜜蜂成員的決定因子」及 P319「蜂王交尾的過程及影響交尾的因素」）。

圖 3.4.9
割除巢片上的封蓋雄蜂房

>> 隔王斷子

大多數的藥劑很難殺死封蓋巢房中的蜂蟹蟎，因此需要分次施用才能達到理想的防治效果。想提高防治率，可以善用蜂王產卵率下降、幼蟲數較少的季節（例如夏季），或暫時將蜂王關入王籠中，減少幼蟲數量，待蜂蟹蟎隨工蜂羽化而離開巢房，轉移到成蜂體表，這時使用草酸和百里酚，可有效殺滅成蜂身上的蜂蟹蟎。

>> 選育清潔及繁殖能力強的蜂種

不同品種或品系的蜜蜂，對蜂蟹蟎的清潔行為表現不太一樣。例如非洲化蜜蜂 (Africanized honey bee) 對異常情況特別敏感，比較會清除巢房內的蜂蟹蟎；此外喀尼阿蘭蜂 (Apis mellifera carnica) 也有不錯的抗蟎能力。

在培育蜂王時，可以挑選產卵能力佳的蜂王和清潔能力比較好的蜂群。不過，育種需要長時間投入，且選育出來的蜂王特性未必能馬上穩定表現，同時也要兼顧其他如產蜜量、性情穩定等重要特性。

人類的行為往往基於經濟利益，在不知不覺間影響自然環境，所以育種、引種要有嚴謹的研究方法以及檢疫程序，避免造成生態隱憂和病蟲害傳播（請參閱 P148「殺人蜂」）。

化學防治

透過不同的化學成分來達到防治蜂蟹蟎的目的，這些化學成分的防治機制以燻蒸和接觸為主，使用化學資材時，注意糖水不要沾到藥劑，也不要讓糖水溢出以免蜜蜂誤食，盡量不要在餵食糖水的同時使用愛蜜加或草酸，最好在花粉餅（補助花粉）、糖水吃完後隔一天使用。

>> 福化利藥劑

福化利 (fluvalinate) 因價格低廉、使用簡便，因此常被用來防治蜂蟹蟎。這種藥劑能破壞蜂蟹蟎的神經系統，導致其痙攣、麻痺進而死亡。不過，福化利對人體的皮膚、眼睛與呼吸道具有刺激性，使用時需特別留意安全防護。

福化利常見有兩種使用形式：乳劑與控制釋放藥片。乳劑的使用方式為：將 1 份 25 % 福化利乳劑與 4 份水混合均勻，再將尺寸約 150 × 17 × 1.5 mm 的木片浸泡其中 72 小時，隨後以 45°C 烘乾 24 小時。使用時，將藥片懸掛於蜂箱內的巢脾之間，每週更換一次，連續使用三週。

Apistan® 是常用的控制釋放藥片，成分為 10 % 福化利。8 片蜂不露脾的蜂群建議使用 2 片，直接掛在巢脾之間即可，效果可持續約六週。使用完畢後，藥片需按照農藥廢棄物規定妥善處理。

然而，目前蜂蟹蟎已對福化利產生抗藥性，且此類藥劑會殘留於蜂產品中，造成食安疑慮，因此，尋找新的防治資材勢在必行。但由於蜂蟹蟎與蜜蜂同為節肢動物，要找到一個可防治蜂蟹蟎又不傷害蜜蜂的藥劑並不容易，而且劑量與濃度必須精確量化，才能讓科學得以重複檢驗。有些養蜂人會自行使用新的防治藥物，雖然勇於嘗試，但需更嚴謹的科學研究方法，才能確保蜜蜂的安全且不會殘留在蜂產品中。

>> 有機酸

用來防治蜂蟹蟎的有機酸包括甲酸 (formic acid)、草酸 (oxalic acid) 和乳酸 (lactic acid)。甲酸和草酸都有人使用，乳酸雖然也具殺蟎作用，但效果較有限，因此使用的人較少。

甲酸

甲酸，又稱蟻酸，化學式為 HCOOH。根據陳裕文教授的研究，使用時將 30 × 30 × 9 mm 的木板吸附 6 ml 的 88 % 甲酸，放入不密封的塑膠袋中，置於 9 片蜂不露脾的蜂群中，讓藥劑緩慢揮發，每日更換甲酸藥片，連續處理 3 天，間隔 6 天後再連續使用 3 天，防治率可達 80 %。也可以將 20 ml 的 65 % 甲酸滴在 30 × 30 × 10 mm 的插花海綿磚上，每隔 5 天滴一次，連續使用 3 次。

藥片要放在巢框上方，若放在蜂箱底部容易被蜜蜂的扇風行為排出，效果會大打折扣。

甲酸的劑量與濃度需嚴格控制，劑量與濃度若太低防治效果差，太高則容易傷害幼蟲、蜂王產卵率也會下降。根據 2008 年 Engelsdorp 等人的研究，甲酸除了能殺死成蜂身上的蟎，也能消滅約 60 % 以上封蓋房內的蜂蟹蟎，這是多數防治方法難以做到的。但需注意，甲酸具有強烈的腐蝕性與揮發性，使用時應配戴手套與面罩，並選在通風良好處操作，避免於氣溫超過 30 °C 時施用，以免傷害蜂群。

此外，苗栗區農業改良場也開發出 65 % 甲酸膠體：春季使用 50 g 的防治率為 73.84 %；夏季使用同劑量，防治率為 75.91 %；秋季減量至 25 g，效果更達 86.25 %，且不會對蜜蜂造成明顯的負面影響，適合輪替使用於蜂蟹蟎的整合防治中。

草酸

草酸又稱為乙二酸，化學式為 $H_2C_2O_4$。蜂蜜中原本就有微量草酸，歐盟也已經允許有機養蜂農使用草酸來防治蜂蟹蟎。草酸的施用方式可分為噴灑 (spraying)、澆灌 (trickling) 及燻蒸 (evaporation) 三種。蜂王產卵量較低、蜂群中幼蟲數較少的時候，大多數蜂蟹蟎會集中在成蜂身上，這時候使用草酸防治效果比較好。

a 噴灑法

根據陳裕文教授的研究，可將 30 g 純度為 99.5 % 的草酸溶解於 470 ml 水中，再加入 500 g 白砂糖混合，成為 1,000 g 含 3 % 的草酸糖液。

在調配時比例要精準，不能有「大概就好」的心理，否則可能會降低防治率或造成蜜蜂大量死亡。使用後如果蜜蜂死亡率偏高，可能是自行調配錯誤、磅秤精準度不夠、量杯裝水時水量不足所致。

為了減少自行調配可能產生的誤差，可以使用已經技術轉移給永祥蜂蜜實業有限公司的草酸濃縮液，效果高於自行調配的草酸液。使用前先將 1 份草酸濃縮液加 4 份水稀釋，裝入手持按壓式的澆花器（勿使用氣壓式澆花器）中。噴灑時將巢片逐一取出，巢片每一面噴灑 2~3 下（每按壓一下約 1 ml），如此一來，一片巢片有兩面共 4~6 ml（平均 5 ml），每三天使用一次，連續使用 6 次（亦可延長至 8 次），防治率高達 96 %。

草酸對蜜蜂的幼蟲具有一定的刺激性，切記噴灑時要斜著（大約 45°）噴在成蜂身上（圖

圖 3.4.10 以噴灑法防治蜂蟹蟎。將草酸濃縮液按比例稀釋後裝入手持按壓式的澆花器噴灑巢脾上的成蜂。

3.4.10），避免直接噴到幼蟲以免幼蟲死亡。此外，若只是噴在巢框或糖盒而沒有接觸到蜜蜂，是無法達到實際防治效果的。

噴灑草酸的過程雖然略為費工，但優點是能讓大多數成蜂均勻接觸藥劑，進而提高整體防治效果。施用後蜂群可能會短暫出現躁動，部分原本體弱的蜜蜂會被清除，但這是自然過程，只要劑量與濃度正確，並不會影響整體蜂群的健康與產蜜能力。

b 澆灌法
由於噴灑法需要提取巢框，使用起來較耗時費工，而澆灌法則不需移動巢片，操作便利且安全性高。

使用時將上述技轉的草酸濃縮液稀釋後，裝入 50 ml 的注射針筒（灌食針筒）中，依針筒上的刻度在巢片間隙平均澆灌 5 ml，透過成蜂在蜂箱內移動，將草酸散布給其他成蜂（圖 3.4.11）。施用時每 3 天澆灌一次，連續澆灌 6 次，防治率為 90 %。

但澆灌法不像噴灑法能較均勻地讓成蜂接觸到草酸溶液，因此比較適合在蜂箱內達到 8~9 片、蜂不露脾、蜂量充足的蜂群中使用，否則會有較多蜜蜂死亡。

c 燻蒸法
燻蒸法是利用高溫使草酸晶體迅速升華為煙霧，藉此殺死附著在成蜂身上的蜂蟹蟎。操作方式為：將約 2 g 的草酸粉放在加熱板上，加熱至約 150~160 °C，然後從巢門口將加熱裝置伸入蜂箱底部，草酸會變成煙霧燻殺蟎體。建議一週使用一次，連續施用三週。

根據歐美地區的經驗，此法在蜂王暫時停止產卵時使用，防治率大約 80 %；但若於蜂

圖 3.4.11
以澆灌法防治蜂蟹蟎。
在蜂不露脾的情況下，無需抖蜂和提取巢片，直接在巢片與巢片之間注入 5 ml 的稀釋後的草酸濃縮液。

圖 3.4.12
當蜂蟹蟎嚴重寄生蜂群時，正確使用有機酸和植物精油後，可於巢口發現大量蜂蟹蟎的屍體。

群繁殖季節進行，效果則會下降至 45 % 左右。然而，臺灣飼養的蜂群，蜂王通常不會停卵，因此燻蒸法的成效還需要進一步評估。另外，這種方法需要高溫加熱設備，操作上有一定危險性，且草酸煙霧會刺激呼吸道，使用時一定要注意安全防護。

【防治時機】
草酸防治蜂蟹蟎可於每年國曆 6 月流蜜期結束時進行，這段時間蜂群準備渡夏，若再搭配「隔王斷子」的方式，使大部分蜂蟹蟎集中寄生在成蜂體表，能有效降低巢內封蓋幼蟲的數量（圖 3.4.12）。

下半年最好在 11 月底前完成，避免秋冬季蜂蟹蟎數量激增（請參閱 P352「蜂蟹蟎的族群消長」），因為進入 12 月或隔年 1 月後，北部入冬經常陰濕多雨，寒流來臨時開箱噴灑草酸濃縮液會加速蜂群失溫。由於臺灣蜂場密度高，蜂蟹蟎傳播速度快，即使完成防治，仍需定期監測蜂群狀況，當蜂蟹蟎再度危害蜂群，須持續進行防治。

需要注意的是，草酸只能殺死附著在成蜂體表的蜂蟹蟎，對封蓋巢房內的蜂蟹蟎效果有限。因此建議在下雨天（前提是養蜂場要有遮雨棚）或傍晚天黑前進行，因為這時候外勤蜂大多已經回巢，但這時的蜂群也比較兇，操作上要特別小心。

一般來說，草酸的安全性相當高，不會明顯影響蜂蜜或蜂王乳的產量。由於蜂蜜與蜂王乳就會有微量的草酸，正確使用下並不會殘留超標，因此並沒有訂定採收停藥期。

>> 植物精油

防治蜂蟹蟎常用的植物性精油為百里酚 (Thymol)，其名稱來自香草植物百里香 (*Thymus vulgaris*)。百里酚為白色結晶狀固

體，具有揮發與燻蒸作用，透過植物精油常見的蛋白質變性 (protein denaturation) 功能，破壞蜂蟹蟎細胞膜的通透性 (cell membrane disruption)，導致細胞膜被破壞，最終達到防除蜂蟹蟎的功效。此類機制屬多重作用點位，較不易產生抗藥性，使用方便，但防治效果受溫度影響較大。

夏季高溫會使百里酚揮發過快，可能對蜜蜂產生毒性甚至造成死亡；冬季低溫時則揮發速率不足，無法達到防治效果。因此，建議於春季與秋季使用。不過，這兩個時期也正值流蜜季，為避免藥劑殘留影響蜂產品品質，最好安排在採蜜結束後施用。

根據陳裕文教授於 2009 年的研究，將百里酚置於塑膠小盤並覆以濾網（避免工蜂把藥劑清除），於國曆 6 至 9 月期間放入 9 片蜂不露脾的蜂群巢框上方，每週施用一次 10 g，連續兩次，防治率可達 82.9~95.2 %，且對蜜蜂毒性較低。至於冬季成效較不理想，可能與藥劑揮發不足有關。

需留意的是，百里酚具有一定的忌避性，氣味濃烈且容易殘留於蜂蜜與蜂王乳中，因此施用時建議避開採蜜期或蜂王乳生產期間，以免影響蜂產品的風味與品質安全。

其防治效果受劑型與溫度條件影響甚鉅，若自行調配，容易因劑量誤差而降低防治率或造成蜂群損傷。建議選用穩定製劑更為妥當。行政院農業部已於 2021 年核准緩釋型百里酚製劑「愛蜜加® Apiguard®」（進字第 03587 號）（圖 3.4.13），使用方便、安全，施用後蜂蜜幾乎無異味殘留，並獲得歐盟 Ecocert 有機認證。此製劑亦能促進蜂群清潔行為，進一步減少病蟲害風險，但仍需嚴格控制劑量，避免過量施用。

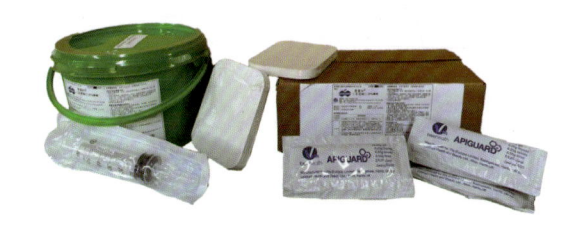

圖 3.4.13
愛蜜加® Apiguard®

建議用量為：每脾蜂對應 1 公克愛蜜加（如：3 脾蜂用 3 g、7 脾蜂用 7 g），每 5 天放 1 次，至少 5 次（表 3.4.2）。施藥時，將製劑置於箱內巢框上方（圖 3.4.14），若使用繼箱，則放置於下層巢框上。根據屏科大熱帶農業系卡雷納副教授田間試驗結果，防治率約 95 % 以上。

百里酚分子重、氣味會向下沉降，施用期間可正常開箱查蜂，但仍不宜開箱超過 15 分鐘。此外，因其植物精油氣味濃郁，建議移場前後暫停使用；若環境中蜜源不足，則施藥前應先補充糖水餵食，以維持蜂群穩定。

圖 3.4.14
將愛蜜加® Apiguard® 放置於巢框上

表 3.4.2 愛蜜加建議使用劑量

每平箱 1 脾「蜂量」、1 g 愛蜜加，每平箱每箱最高 12.5 g。

「蜂不露脾」的狀態才算「1 脾蜂量」

適用時機	適用環境溫度	狀態以及蜂況	每次、每箱用量	施用間隔及次數
入夏斷子採蜜完、秋天換王無子期、春繁前回溫時，或任何必要時	15-40 ℃ 但 20 ℃ 以上效果較好 夏天傍晚後施用，避免正中午使用 冬天溫度低於 20 ℃ 時，中午使用	平箱（一般蜂箱）：依照蜂量調整，量不超過 12.5 g 交尾箱：需等到交尾成功，蜂王開始產卵後才可以開始使用 繼箱：因蜂量較多、空間較大，因此用量較大	1 脾「蜂量」 1 g 2 脾「蜂量」 2 g 3 脾「蜂量」 3 g 4 脾「蜂量」 4 g 5 脾「蜂量」 5 g 6 脾「蜂量」 6 g 7 脾「蜂量」 7 g 8 脾「蜂量」 8 g 9 脾「蜂量」 9 g 10 脾「蜂量」 10 g 11 脾「蜂量」 11 g 12 脾「蜂量」 12 g	每 5 天施用，做滿 5 次以上

（英國 Vita 蜜蜂健康管理公司提供）

表 3.4.3 各種防治方法的機制與優、缺點

防治方法			有效成分	機制	優點	缺點
物理防治		蜂箱底板黏除法	/	/	不需使用殺蟎劑，不會有抗藥性，不會有蜂產品殘留問題	防治率低、無法殺死成蜂身上及封蓋巢房中的蜂蟹蟎
		加熱防治	/	/		無法殺死封蓋巢房中的蜂蟹蟎、高溫影響蜂群發展
		糖粉防治	/	/		耗時、費工、無法殺死封蓋巢房中的蜂蟹蟎
		雄蜂片誘集及割除雄蜂巢房	/	/		耗時、費工、防治率低
		隔王斷子	/	/		防治率低，需配合有機酸防治
化學防治	福化利藥劑	25% 福化利乳劑	tau-fluvalinate synthetic pyrethroid	接觸	使用方便	對蜂蟹蟎有抗藥性、藥劑易殘留在蜂產品中
		控制釋放藥片 Apistan®		接觸		
	有機酸	甲酸	formic acid solution 65%	燻蒸	可以殺死約 60 % 位於封蓋房中的蜂蟹蟎	對人體皮膚具有毒性，也會傷害人類的呼吸道
		草酸 噴灑法	oxalic acid solution	接觸	不會有蜂產品殘留問題，防治成本較低	耗時、費工，噴灑方式錯誤對幼蟲有害
		草酸 澆灌法		接觸		對蜜蜂具有刺激性，強群才能使用
		草酸 燻蒸法		燻蒸		對蜜蜂具有刺激性，也會傷害人類的呼吸道
	植物精油（百里香）	百里酚	Thymol	接觸＋燻蒸	農業部核准的商品化藥劑「Apiguard®」使用方便，防治率高，蜂蜜鮮少有氣味殘留，歐美國家使用近 20 年目前無抗藥性產生	冬天效果較差。蜂王乳製作時，不能使用

注意溫度低於 15 ℃ 時請勿使用！因為蜜蜂活動力降低而不搬運愛蜜加，不但無法藉由蜜蜂將愛蜜加搬運至箱內各個角落，降低藥效，也可能導致百里酚凝膠於箱內過量，而對蜂群產生負面影響。冬天溫度較低可以選擇正中午放置愛蜜加，夏天溫度高則應該要改成日落後再放置愛蜜加。

自行調配雖然能夠滿足 DIY 的樂趣，但調配過程容易產生誤差，而且容易忽略不同蜂群大小所需要施用的藥劑濃度與劑量。即使調配的劑量正確，防治成本和效果並不會比經研究證實並技術轉移、通過農業部核准的商品來得更有優勢。

由於臺灣蜂群密度高，蜂蟹蟎傳播速度較快，即使防治結束，每一至兩個月還是要進行監測以確保蜂群的健康狀況。蜂群的強弱與蜂蟹蟎的數量會隨著季節及各地不同的氣候而變化，透過之前提到的蜂蟹蟎密度監測，能了解其族群數量的多寡，在蜂蟹蟎於蜂群中的密度只有輕度寄生時，使用物理防治即可。

隨時監測蜂蟹蟎寄生量也能評估操作是否正確，一般來說只需正確使用物理防治、有機酸防治和植物精油防治，就能有效控制蜂蟹蟎的數量，藉由綜合性防治策略不但能延遲蜂蟹蟎產生抗藥性的時間，還能提高蜂產品的食用安全。

每一種防治方式都有其優缺點（表 3.4.3），在進行防治時，要根據自己的飼養狀況和需求，在合乎法規下充分評估各種風險，權衡利弊得失，在防治率、對蜂群的影響、藥物殘留、環境衝擊、成本效益之間做出取捨與妥協。

3.4.2 蠟蛾

蠟蛾會侵擾東方蜂與西洋蜂，也是導致東方蜂（野蜂）逃蜂的原因之一。

蠟蛾在分類上為昆蟲綱、鱗翅目 (Lepidoptera)、螟蛾科 (Pyralidae)，危害蜂群的蠟蛾有大蠟蛾 (學名 *Galleria mellonella* L., 英文為 greater wax moth; bee moth; bee miller; wax miller; webworm; honeycomb moth) 與小蠟蛾 (學名 *Achroia grisella* Fabricius, 英文為 lesser wax moth) 兩種，都會危害蜂群，廣泛分布於世界各地。蠟蛾在中國又稱巢蟲，但「蟲」是概括性的用字，很多蟲都有可能跑進蜂箱裡，因此用蠟蛾稱之較為精準。

蠟蛾是一種鱗翅目的蛾類，發育過程會經歷卵、幼蟲、蛹和成蟲四個階段。大蠟蛾的卵呈橢圓形白色，長約 0.3~0.4 mm。卵期的長短會受到氣溫影響，24~27 ℃ 時 5~8 天就會孵化，如果氣溫降到 10~16 ℃，則需要 35 天左右。

孵化後的幼蟲為乳白色，體長 2~19 mm，老熟的幼蟲體長約 28 mm，氣溫在 35 ℃ 時幼蟲期約 28 天。幼蟲會鑽進巢脾裡吃花粉和蜂蠟，短短一兩天內就能把巢脾咬出一堆孔洞，還會吐絲建構管狀隧道藏身其中，常夾帶蠟屑和糞便，會嚴重污染蜂群。

幼蟲做出的隧道和繭很堅韌，蜜蜂很難清理乾淨。巢脾一旦被破壞，蜜蜂能用的空間會變少，儲存的食物也會被搶食，蜂群因此變弱，甚至影響採蜜。

蛹的體長約在 12~20 mm 之間，直徑約 5~7 mm，通常裸露，有時也會被黑色的糞粒或碎屑包住。蛹常藏在蜂箱底部、頂蓋縫

圖 3.4.15 a
東方蜂巢內的大蠟蛾幼蟲

圖 3.4.15 b
小蠟蛾成蟲

隙、巢脾表面或巢框夾縫中。當氣溫 35°C 左右時，蛹期約一週，但在較低溫時可能長達 2 個月以上。

大蠟蛾的雌成蟲體長大約 20 mm，展翅後約 25~32 mm。雄蛾體型稍小，顏色也比較淡。幼蟲在發育過程中所吃的食物和發育時間，會影響牠們羽化後成蟲的體型和顏色。成蟲期約 21 天，雌蛾羽化後第二天就可以跟雄蛾交尾，第 4 天到第 10 天開始產卵，平均每分鐘能產下超過 100 顆卵，繁殖力相當驚人。

小蠟蛾的卵呈乳白色，幼蟲為白色，頭部褐色。震動巢片時一、二齡的幼蟲會捲曲，這是分辨小蠟蛾與其他蠟蛾的一個特徵。老熟的幼蟲長度約為 13~20 mm，蛹約 15 mm，顏色比較深。雌成蟲身體扁平，體色從銀灰色到淺黃色不等，頭部偏黃，長約 13~15 mm，展翅約 20 mm。

雄成蟲大概 10 mm，雌雄不易區分，不過雄蛾通常比較活潑。一隻雌蛾可以跟好幾隻雄蛾交尾，受精後約 5 個小時就能開始產卵，一隻雌蛾平均能產下 250~300 顆卵，有時甚至高達 460 顆。

小蠟蛾不只會破壞巢脾，也會取食其他乾燥有機物，以葡萄乾、乾蘋果甚至乾掉的昆蟲屍體（例如昆蟲標本）維持生長。冬季會在儲存的花粉中繁殖。小蠟蛾對蜂群的危害和大蠟蛾很類似，無論是東方蜂（野蜂）還是西洋蜂，都是趁著蜂群衰弱時入侵，所以維持蜂不露脾及蜂群的強盛可免受大蠟蛾和小蠟蛾的危害。

受蠟蛾侵擾的巢片要立即取出燒毀，或透過合法的垃圾處理管道丟棄，千萬不要棄置於蜂場造成進一步危害。未受蠟蛾破壞的巢片日後若要再使用，可放在密封多層的塑膠袋中存放（圖 2.8.30）。另外，萘丸、樟腦丸有忌避效果，但萘丸則會誘發蠶豆症患者發生溶血反應，使用時要特別注意。

3.4.3 蜂箱小甲蟲

蜂箱小甲蟲 (Aethina tumida) 是一種鞘翅目昆蟲（英文為 small hive beetle），原產於非洲，1940 年南非學者 Lundie 就曾針對此物種進行研究，其對南非的東非蜂 (A. m. scutellata) 影響不大，但對歐洲蜂品系具有高度危害，也會對熊蜂造成威脅。1998 年在美國南加州有採集記錄，2024 年則首次在臺灣發現。

蜂箱小甲蟲的幼蟲為白色，有三對胸足，蛹為白色至棕色，會鑽進蜂群附近的土壤中化蛹，羽化後再飛回蜂群產卵。成蟲體長 5~7 mm，呈深褐色至黑色（圖 3.4.16）。

幼蟲會在巢片上鑽食，嚴重時可能出現數千隻幼蟲在蜂箱底板和巢片上爬行（圖 3.4.17），不僅造成蜂蜜發酵、產生氣泡，還會散發酸味，讓蜂蜜失去商品價值，蜜蜂也不會再吃這種變質的蜂蜜，並且引來螞蟻騷擾蜂群。多種併發症影響下，嚴重時蜂群會滅亡或逃蜂。

雖然蜂箱小甲蟲最喜歡棲息在蜂群中，且幼蟲似乎必須吃蜜蜂的幼蟲才會提高存活率，但沒有蜂群時，仍能以哈密瓜、鳳梨等瓜果為食，並在這些瓜果上完成世代。這也使其能隨著農產品、貨物或交通工具擴散。目前在歐美、澳洲等地的蜂場也經常能看到牠們的蹤跡，已被列為國際重要害蟲。

● **防治策略**

蜂箱小甲蟲跟蠟蛾一樣，對弱群容易造成危害。蜂箱小甲蟲的原生地為非洲的高溫沙漠地區，在缺少雨水的情況下會降低繁殖能力，但適合在溫暖潮濕的環境生存。土壤的

圖 3.4.16
蜂箱小甲蟲的成蟲

圖 3.4.17
嚴重侵害蜂群的蜂箱小甲蟲幼蟲

溫濕度會影響蜂箱小甲蟲的羽化率。土壤溫度 18~20 °C 羽化成功率約 89 %，溫度介於 20~28 °C 羽化成功率為 91 %，低於 16 °C 則羽化成功率降為 41 %。

80 % 的蜂箱小蟲會在土表 10 cm 內化蛹，

3.4.4 虎頭蜂的防治與摘除蜂巢

養蜂人防治虎頭蜂的方法很多，其中以現場捕捉為最主要的防治手段，這種方法不但可以減少虎頭蜂的數量，對蜂農來說也可能獲得額外收入（請參閱 P484「蜂幼蟲及蜂蛹」）。不過虎頭蜂出現在蜂場的時間非常長，若只在特定時間捕撈，離開蜂場後虎頭蜂仍會出現。

除了現場捕捉之外，2002 年趙榮台等人於 1988 至 1989 年針對 209 位蜂農進行虎頭蜂來襲時所採取的防護措施調查（表 3.4.4），防治策略建議傾向多管齊下的綜合性害蟲管理 (Integrated Pest Management, IPM)，但如果虎頭蜂肆虐嚴重，最好暫時將蜂群搬離。

在虎頭蜂足上綁有化學農藥的線，或者把化學農藥塗在虎頭蜂身上，讓虎頭蜂把農藥帶回巢中毒殺其他個體可以減少虎頭蜂的數量。不同農藥的代謝時間不一樣，使用化學農藥短期內雖然能夠減少虎頭蜂的數量，但數週後虎頭蜂再出現的機率還是很高，無法完全根絕，而且化學農藥會殘留在環境中影響生態，此外也會影響到收捕虎頭蜂的人，一但接觸到化學農藥，虎頭蜂就不宜泡在米酒頭中飲用或取食幼蟲和蜂蛹。

雖然目前沒有分解虎頭蜂的生物是否受到化學農藥波及影響生態的相關研究，但以猛禽為例，根據洪孝宇等人的研究，2010 至 2018 年全臺各地蒐集 21 種猛禽物種、200 多件肝臟樣本後發現，共有 10 種猛禽、超過 6 成的樣本驗出老鼠藥殘留，顯示老鼠藥普遍進入臺灣生態食物鏈，由此可見，使用化學藥劑除了可能對生態造成不良影響，還可能增加食用虎頭蜂幼蟲與蛹者的食品安全風險。

圖 3.4.18
捕捉蜂箱小甲蟲的陷阱。
在凹槽中放油使蜂箱小甲蟲淹死其中。

83 % 在距離蜂群出入口 30 cm 內。雖然在蜂場施用土壤殺蟲劑可達到防治效果，但在友善環境的觀念下，阻止幼蟲鑽入土壤中化蛹，這種物理防治是比較好的做法。

由於蜂箱小甲蟲喜歡藏匿在陰暗處，因此在巢片之間放置陷阱，陷阱內倒入食用油，蓋上蓋子，蓋子的孔洞能讓蜂箱小甲蟲通過但蜜蜂無法通過，當蜂箱小甲蟲進入陷阱後即會溺斃其中（圖 3.4.18）。

因為蜂箱小甲蟲會離開巢房於土壤中化蛹，所以對於疫區的土壤、具風險的蜂產品以及生產蜂產品的用具，都應該要經過嚴格的檢疫。國人也應該具備防疫觀念，不能私自攜帶未經檢疫的蜜蜂，或其他可能受汙染的產品回國。

表 3.4.4 1988-1989 年受訪蜂農 (N=209)
對虎頭蜂來襲所採取的防護措施（重複圈選）

防護措施	頻度（百分比）
看到虎頭蜂就打	152 (72.7 %)
清除虎頭蜂窩	87 (41.6 %)
虎頭蜂足上綁有農藥的線	54 (25.8 %)
將蜂箱移離原蜂場	37 (17.7 %)
安裝特殊裝置	1 (0.5 %)
將農藥或殺蟲劑噴灑於蜂窩上	12 (5.7 %)
沒有辦法	16 (7.6 %)
不詳	12 (5.7 %)

（趙榮台等人，2002）

● 防虎頭蜂柵欄

由於虎頭蜂的體型比蜜蜂大，因此可以在巢口放置柵欄把虎頭蜂阻隔在外。

目前常出現在臺灣的 8 種虎頭蜂中，危害最嚴重的是體型最大的中華大虎頭蜂，可以使用孔徑約 0.8 cm 的網目包覆在蜂巢的出入口，讓中華大虎頭蜂無法進入（圖 3.4.19），但不一定能防止體型較小的黑腹虎頭蜂和黃腳虎頭蜂，若網目再縮小，則會增加蜜蜂通過的不便，影響蜜蜂採集效率甚至使蜂花粉掉落在巢外。

由於蜜蜂飛行時有一定的航道與距離，因此建議網子不要離巢口太近，否則虎頭蜂很容易就能捕捉到減速正在通過孔徑的蜜蜂，即使縮小蜂巢出入口，或者使用的柵欄過於貼近蜂巢口，虎頭蜂只要守在巢口蜜蜂就很難外出採集，蜂群最後因為食物不足而死亡。

若場地條件允許，可使用網狀拉門防止虎頭蜂靠近蜂巢，也讓蜜蜂有更多的空間往返巢口（圖 3.4.20），也可使用 C 型鋼或角鋼架設棚架（圖 3.4.21）後，在周圍包覆孔徑約 0.8 cm 的網目，但仍要注意虎頭蜂可能會從縫隙鑽入，這種方法不能百分之百防堵虎頭蜂危害，只作為輔助性的防治措施。

使用柵欄會造成蜜蜂進出巢口的不便，有時候蜜蜂需停在網目上才能通過，增加蜜蜂被虎頭蜂抓到的機率，花粉也會掉落，但與中華大虎頭蜂對蜂群的損害相比影響較小（圖 3.4.22）。

圖 3.4.19 a
在蜂箱口放置防虎頭蜂的柵欄

圖 3.4.19 b
孔徑約 0.8 cm 的網目可防止中華大虎頭蜂通過

圖 3.4.20
將蜂群置於網狀拉門內，防止虎頭蜂靠近蜂巢。

圖 3.4.21
蜂箱數不多的養蜂場，可在蜂箱四周架設角鋼，夏天可於上方鋪設網布遮陽，颱風來臨前取下。若發生虎頭蜂肆虐，可額外再加裝孔徑約 0.8 cm 的網目。

圖 3.4.22
防虎頭蜂柵欄的孔徑太小會妨礙蜜蜂進出，採集回巢的花粉也會掉落。

使用黏蟲板防治

由於中華大虎頭蜂是最嚴重的敵害，物理防治上可以先活捉一隻中華大虎頭蜂黏在黏蟲板上，中華大虎頭蜂掙扎過程中會釋放費洛蒙吸引其他同伴前來，藉此黏住其他前來蜂場的中華大虎頭蜂。

黏蟲板可以放在蜂箱出入口或蜂箱蓋上面，放在蜂箱出入口比較能夠黏到中華大虎頭蜂，但同時黏到蜜蜂的機率也比較高。黏蟲板放在蜂箱蓋上面比較不會黏到蜜蜂，但比起放在蜂箱出入口黏到中華大虎頭蜂的數量要少一些。不過黏蟲板還有可能黏到其他不會侵擾蜂群的生物，會對其他野生動物造成危害。

虎頭蜂誘捕器的製作

虎頭蜂誘捕器的使用由來已久，最早由日本傳入臺灣，後來隨著養蜂業的需求陸續進行改良。誘捕器的種類及樣式多元，其原理是利用虎頭蜂的成蜂採食甜味物質的習性，將誘餌放入容器中，使虎頭蜂易進難出。最簡單的製作方式，採用高 18.5 cm、直徑 12 cm 的保特瓶，在瓶子中間用美工刀做成十字型切口，將切口向內凹，讓虎頭蜂進入後就不易逃脫（圖 3.4.23）。

此外也可以使用捕蝦籠，把捕蝦籠裝在鐵網的上面，鐵網的底部放置誘餌，虎頭蜂進入鐵網取食誘餌後，利用虎頭蜂向上爬的習性，誘使虎頭蜂進入捕蝦籠中。

誘餌可以使用台灣啤酒加柑橘果醬，以 2:1 容積比例混合後製成，每次放置誘餌約 600 ml，並加入少量酵母促使發酵。也可以改用鳳梨或罐頭鳳梨片，加上蜂蜜與糖水發酵後使用（圖 3.4.24），藉由氣味擴散吸引虎頭蜂前來取食。誘餌的配方、十字切口的大小、吊掛的位置及高度、蜂場的地勢、風向和溫濕度條件會影響誘捕器的效果，所誘捕到的虎頭蜂種類也不盡相同，需要不斷的嘗試及調整才能提高防治率。

圖 3.4.23
使用保特瓶製作虎頭蜂誘捕器

圖 3.4.24
在虎頭蜂誘捕器中放置罐頭鳳梨片及糖水發酵後，引誘虎頭蜂取食。

● 使用蟲網捕捉

虎頭蜂是狩獵型的蜂類，誘捕器和黏鼠板都只能捕抓到一部分的虎頭蜂，而且誘捕器和黏鼠板也可能會捕到虎蜂頭之外的其他蜂類和昆蟲，誘捕器甚至可能被松鼠等生物破壞，因此無法百分之百捕殺虎頭蜂，最好能夠經常巡視蜂場，配合捕蟲網捕捉。

大部分的虎頭蜂外出狩獵時離巢較遠且專注於狩獵，用網子捕捉出現在養蜂場出現的虎頭蜂是最常見的做法。有時候虎頭蜂數量多，甚至出現攻擊性較強的虎頭蜂時，選用網徑大、桿子長、網布深的捕蟲網能與虎頭蜂保持一定的距離，並提高補捉機率，捉到虎頭蜂後網布長的捕蟲網還能反折，避免虎頭蜂掙扎逃脫（圖 3.4.25）。

由於虎頭蜂會分泌費洛蒙吸引同伴前來狩獵，回巢後的虎頭蜂也會告知蜂場的位置，因此看到虎頭蜂就捉，除了能消減虎頭蜂個體數量、避免損失蜜蜂、降低虎頭蜂幼蟲被餵食的機率、減少更多虎頭蜂前來養蜂場，還能夠將虎頭蜂泡酒增加蜂農收益。

根據虎頭蜂的生態行為，春天是蜂王外出覓食及獨立築巢的季節，此時如果能多花一點時間巡視蜂場，就有較高的機會抓到虎頭蜂蜂王，如此一來附近就會少一個虎頭蜂族群。即使只抓到虎頭蜂工蜂，因為蜂群處於建巢初期，族群中成蜂損失的比例較高，危害養蜂場的機率也會大大降低，比起到了夏、秋之季，虎頭蜂個體大量出現在蜂場後再捕捉來得更有效率。

● 清除虎頭蜂巢

如果虎頭蜂築巢的位置危及到生命、財產安全，經過審慎評估後，可以聯絡業管機關例如農業局或動保處等等協助移除（各縣市權責單位可能有所不同）。由於許多虎頭蜂約在國曆 4、5 月開始築巢，蜂群較弱，摘除時危險性較低，如果等到 9、10 月秋天族群大、攻擊性強時才摘除，風險較高。

摘除虎頭蜂的時機，晚上或白天都有人進行，選擇在晚上比較能夠等到成蜂都回巢後，連蜂帶巢一網打盡，但因視線不佳，失足的風險較高。白天視線較好，但需要花較多時間捕捉回巢的外勤蜂，如果只摧毀蜂巢

圖 3.4.25
使用長桿補蟲網能與虎頭蜂保持距離，捉到虎頭蜂時將網布反折，可防止虎頭蜂飛出。

而沒有抓到外勤蜂,殘餘的虎頭蜂會在原處盤旋聚集,並且更加兇猛。

摘除虎頭蜂時要穿厚的防護衣,面罩最好有透明塑膠布或壓克力遮蔽以保護眼睛,選擇較厚的皮製手套加以保護並維持較好的活動性。鞋子以雨鞋為最佳選擇,但要特別注意鞋子套口一定要封緊,如果不放心可用膠帶纏好,以免虎頭蜂從中鑽入(圖 3.4.26)。

捕捉虎頭蜂的方法很多,每位經驗豐富的捕蜂人都有自己熟悉的做法,再根據當時的條件適時調整,沒有唯一的標準作業流程,在此舉其中一個收捕虎頭蜂的方法作為參考。

首先視查地形,包含蜂巢的高度、位置,梯子所需長度與放置的區域和方式。著裝完畢之後,架好梯子,此時攻擊性較強的虎頭蜂會傾巢而出,這時候拿一個材質較厚的塑膠網,在網子內噴灑米酒頭,先用網子把攻擊性較高的成蜂撈在網內,捕到了一定的數量後,倒在已準備好的米酒桶內。接著爬上梯子接近蜂巢,繼續用網子捕捉成蜂,持續數次之後外勤蜂數量稍減,再用鋸子將蜂巢四周的樹枝鋸斷,以利紗網完整套住蜂巢。套住蜂巢後開口束緊,然後將包住蜂巢的樹枝鋸斷,以長繩緩緩將蜂巢垂降至地面(圖 3.4.27)。

回到地面後,繼續用網子盡可能地捕捉成蜂,使周圍的成蜂數量減少到不再盤旋逗留為止。如果是夜間摘除,可將裝有米酒頭的水桶放在蜂巢下方的地上,並用手電筒照射,由於虎頭蜂具有趨光性,會衝入酒中而溺斃。

收捕虎頭蜂巢有很高的風險,除了蜂螫之外,也可能失足受傷,但因為部分民眾對虎頭蜂製品,例如虎頭蜂酒和蜂蛹有一定的喜好,具經濟價值,因此依然有不少人投入捕捉的行列。有些捕蜂人會在春夏季將捕捉到的虎頭蜂巢懸吊在住家附近易接近的位置,試圖讓虎頭蜂群繼續繁衍,甚至等到秋季蜂群最大時再摘除,取其成蜂、蛹及幼蟲(虎頭蜂的利用方式可參考 P484「虎頭蜂幼蟲及蛹的生產」)。

圖 3.4.26
摘除虎頭蜂時的防護衣

圖 3.4.27
摘除虎頭蜂巢

3.4.5 蟻類／蟑螂／鳥類／蟾蜍／其他小型動物

● 蟻類

許多螞蟻都會趁著蜂群衰弱時盜取卵、取食蜂蜜、蜂花粉、騷擾蜂群，嚴重時甚至咬破封蓋殺死幼蟲及蛹，最後導致蜜蜂滅群或是逃飛。

病蟲害發生時要找出原因，螞蟻會進入蜂箱多半是因為蜂群太弱，操作時蜂蜜滴到箱外，死蛹、死蜂沒清理，引來螞蟻取食，進而騷擾蜂群。做好蜂群管理遠比施以化學藥劑來得重要，防治蟻害最佳的方式是維持蜂群強盛，修補或淘汰老舊破洞的蜂箱，提取巢片檢查時，不要讓蜂蜜及蜂花粉掉到蜂箱外面（請參閱 P289「提取巢片與放置巢片」）。

蜂箱如果沒有墊高、起降板下方留有縫隙、氣窗久未開啟並被蜜蜂用蜂膠填塞後所形成的蜂箱與木板間的夾層，以及蜂箱蓋的邊緣，都容易成為螞蟻繁殖的溫床和活動頻繁的區域。螞蟻也會沿著樹葉、樹枝爬到蜂箱入侵蜂群，所以要確保沒有植被接觸蜂箱與支架。除了使用經過登記、成分分析、取得核准字號的餌劑外，可用麻油或黃油塗在蜂箱支架上加以輔助，如果發現被螞蟻堆沙粒或工蟻直接黏上後接力爬過，就要塗新的麻油或黃油。也可以在蜂箱架的下方放置水盆，水中最好添加清潔劑，避免螞蟻藉表面張力游過水面。

螞蟻不是一種單一生物，不同種類的螞蟻生物特性不盡相同，許多入侵種螞蟻具多蟻后 (polygyny) 且易形成大範圍的超級群落 (supercolony)，若貿然以滾水或汽油焚燒蟻巢，容易造成蟻群擴散，反而增加防治上的困難。

誘殺疣胸琉璃蟻的餌劑配方

水＋硼砂（3 % 以下）＋糖（10~20 %）
例：1000 ml 水＋30 g 硼砂＋200 g 糖

根據林宗岐教授團隊的建議，防治琉璃蟻可用濃度 10 % 到 20 % 的糖水，混合 3 % 的硼砂（Borax，或稱四硼酸鈉，分子式 $Na_2B_4O_7$），調配好的硼砂糖水以淺盤盛裝，罩上蓋子。

蓋子可用不透明奶粉罐蓋，在邊緣缺刻數處，方便螞蟻出入。最好在室外多處放置，不要放在室內，以免反將螞蟻引入。利用琉璃蟻愛吃甜液的特性，吸引工蟻將誘餌帶回巢穴，餵食蟻后和其它螞蟻。

約 5~10 天後，琉璃蟻因消化系統受損而陸續死亡，最終使整個蟻巢瓦解，對環境造成的影響相對較小。

注意事項：
1. 糖水會逐漸蒸發變乾，2~3 天需補充一次，否則變成黏稠狀就失去效用。
2. 硼砂比例不能超過 3 %。毒性太高螞蟻不會吃或很快就會死亡，來不及帶回蟻巢就無法達到效果，因此需要時間與耐心。
3. 尚未使用的糖水必須放冰箱冷藏，以防發酵、發霉。
4. 使用硼砂餌劑時最好要覆蓋網罩，網罩的孔洞大小僅供螞蟻通過取食，但蜜蜂不會接觸到糖水，以免毒殺到蜜蜂。
5. 硼砂具低毒性，放置時仍要特別標示，避免幼兒、幼童誤食。
6. 不同的螞蟻有不同的食性，對食物有一定的堅持與偏好，有的喜歡碳水化合物，有的喜歡蛋白質，有的偏好高油脂，對劑型也挑剔，有的喜愛膠狀，有的喜愛液狀，有的喜愛固體餌劑，所以不要只想用一種藥來殺死所有種類的螞蟻。

殺蟲劑很難根除所有蟻害，以疣胸琉璃蟻 (*Dolichoderus thoracicus*) 為例，使用殺蟲劑反而會把牠們越趕越遠，讓蟻害範圍更加擴大。長效、藥性強的農藥會殺死有固定巢穴的螞蟻與其他生物，逃過農藥襲擊的琉璃蟻群會先在異地築新巢，等藥效過去後重回原有地盤，而其它與琉璃蟻競爭的物種早已陣亡，最後牠們就占領了整個地盤。也就是說，以為用了農藥就可以把疣胸琉璃蟻殺死，事實上卻把其他生物殺光，疣胸琉璃蟻反而更加猖獗。

蟑螂

許多常見的蟑螂如澳洲家蠊 (*Periplaneta australasiae*)、美洲家蠊 (*P. americana*)、德國姬蠊 (*Blattella germanica*)，都會趁機侵入蜂箱內騷擾蜂群、盜食巢內食物，但只要維持蜂群強盛、蜂不露脾並修補蜂箱破洞，即可防治。

鳥類

燕子[例如家燕 (*Hirundo rustica*)]、麻雀 (*Passer montanus*)、紅嘴黑鵯 (*Hypsipetes leucocephalus*)、珠頸斑鳩 (*Spilopelia chinensis*)、白鶺鴒 (*Motacilla alba*)、蜂虎 (Meropidae) 等鳥類會經常出現在養蜂場，有些會叼走工蜂甚至出巢交尾的處女王，但多數的鳥類相較於虎頭蜂來說對蜂群的損失較小，有些只限於零星捕捉或在地面上覓食蜜蜂屍體。

蟾蜍

臺灣原生種的黑眶蟾蜍 (*Duttaphrynus melanostictus*)（圖 3.4.28）會在夜間潛伏於蜂箱外捕食蜜蜂，但危害的程度不高。

圖 3.4.28
黑眶蟾蜍 (*Duttaphrynus melanostictus*)

圖 3.4.29
海蟾蜍 (*Rhinella marina*) 的幼體

海蟾蜍 (*Rhinella marina*)（圖 3.4.29）是原產於中美洲及南美洲一種熱帶地區陸生的蟾蜍，曾經被引入到多個國家來清除甘蔗田的害蟲，故又名蔗蟾 (Cane Toad)，在澳洲的新南威爾斯、昆士蘭及澳洲北部，海蟾蜍是極大的危害，由於沒有天敵反而成為了當地非常嚴重的入侵物種，在國際自然保護聯盟物種存續委員會的入侵物種專家小組 (ISSG) 列為世界百大外來入侵種。

海蟾蜍的環境適應力非常強，雖然原產於熱帶卻可以在 5~40 ℃ 的環境生存，甚至身體喪失約 50 % 水分都能存活，蝌蚪還能在半淡鹹水中生存。雌蟾可以一次生 8,000~25,000 顆卵，卵、蝌蚪與成體對很多動物都帶有毒性。

野生海蟾蜍的壽命為 10~15 年，飼養下的可以生活得更久，最老的更可達 35 年。牠們主要吃昆蟲，但是也會攝食小型齧齒目、爬行類、兩棲類、鳥類及多種無脊椎動物，或吃狗糧及垃圾，遇到天敵時可能從耳後腺分泌毒液，讓掠食者在食用之後中毒，對野生動物具有威脅性。

海蟾蜍 1935 年曾引進臺灣，當時所幸並未在野外建立族群。2021 年在南投縣草屯鎮發現野外族群，亟需加強移除避免擴散，養蜂場若出現海蟾蜍，除了移除之外，可將蜂箱架高 60 cm 以上遠離地面，避免海蟾蜍無止盡地取食蜜蜂。

● **其他小型動物**

蜥蜴［例如斯文豪氏攀蜥 (*Diploderma swinhonis*)］（圖 3.4.30）、蜘蛛［例如人面蜘蛛 (*Nephila pilipes*)、蟹蛛 (*Thomisus* sp.)（圖 3.4.31）］、雙突斧螳螂［又稱寬腹螳螂 (*Hierodula bipapilla*)］（圖 3.4.32）、蜻蜓、食蟲虻、鬼面蛾、花金龜 (Flower chafers)（圖 3.4.33）會零星捕食或侵擾蜜蜂，但危害較不嚴重，建議驅離即可，不建議以化學藥劑毒殺防治。

圖 3.4.30
斯文豪氏攀蜥
(*Diploderma swinhonis*)

圖 3.4.31
蟹蛛
(*Thomisus* sp.)

Chapter Ⅲ
西洋蜂與東方蜂（野蜂）的病蟲害防治

3.4.6 尚未出現在臺灣但需注意的蟲害

● 蜂蝨蠅

蜂蝨蠅（*Braula coeca* Nitzsch）是一種雙翅目、蜜蜂蝨蠅科（Braulidae）的蠅類，因成蟲無翅，形體似蝨而得名，雌蟲體長約 1.5 mm，體寬 1 mm，體表有刺毛，頭部隱於下方，觸角短且內陷。無翅無平均棍，跗節末端具有齒狀梳，用於緊密抓握蜜蜂的體毛（圖 3.4.34）。

1926 年 Argo 曾經研究蜂蝨蠅的生活史，這是一種會寄生在蜜蜂身上的小型害蟲。雌蟲會把卵產在封蓋巢房上，卵為乳白色橢圓形，大小約 1 mm × 0.5 mm，幼蟲極小，肉眼不易察覺。幼蟲會在巢脾上鑽孔取食，形成許多約 0.5 mm 的孔道，看起來有點像蠟蛾造成的破壞，但孔洞更細小。老齡幼蟲會在孔道末端化蛹，成蟲羽化後再爬回巢脾表面活動。

剛羽化的成蟲體色較淡，過一陣子會慢慢變成深褐色，體節也會變硬。成蟲會抓住蜜蜂的毛，行動敏捷。蜂蝨蠅會跟著蜜蜂四處移動，也會趁機從蜜蜂口中搶食蜂蜜和花粉，還會干擾蜜蜂活動。

臺灣雖然目前沒有發現蜂蝨蠅危害，但每個大陸地區均曾發現蜂蝨蠅，加上臺灣本身既有的其他病蟲害，因此千萬不能掉以輕心。近年來國際貿易頻繁，政府的隔離檢疫工作及全民的防疫觀念都需要落實，教育社會大眾對其意外入侵有所警覺。

圖 3.4.32
雙突斧螳螂（又稱寬腹螳螂）
(*Hierodula bipapilla*)

圖 3.4.33
白點花金龜
(*Protaetia* sp.)

圖 3.4.34
蜂蝨蠅
（根據 Comstock & Anna Botsford Comstock, 1930 重新繪製）

🟠 小蜂蟎

小蜂蟎 (*Tropilaelaps clareae* Delfinado & Baker, 1961) 為蛛形綱 (Arachnida)、寄蟎總目 (Parasitiformes)、厲蟎科 (Laelaptidae) 的蜜蜂外寄生蟲。蟲體呈黃褐色、綠紅色或淡紅色，體長呈現卵形，背部和腹部長滿短小的刺毛。牠的口器前端像夾子一樣堅硬，可咬穿蜜蜂的表皮。雌蟎體長約 0.976 mm、寬約 0.528 mm；雄蟎體長約 0.88 mm、寬約 0.512 mm。

小蜂蟎最早是在 1961 年由 Delfinado 和 Baker 在菲律賓的蜂群屍體中發現。1968 年又在大蜜蜂 (*Apis dorsata*) 觀察到小蜂蟎。到了 1970 年，小蜂蟎已經對印度的西洋蜂群造成嚴重危害，巢房無法封蓋，老齡幼蟲和蛹大量死亡，蜂群快速衰退。

小蜂蟎會寄生在蜜蜂的幼蟲和成蜂身上，生活史和蜂蟹蟎類似，但牠的發育期更短、繁殖力更強。雌蟎會在蜜蜂幼蟲即將封蓋前鑽入巢房，封蓋後約 48~52 小時會產下第一顆雄性卵，之後再產下 2~3 顆雌性卵。發育期僅需約 7 天，成蟎會隨著蜜蜂羽化而離開尋找新的寄主。

不過小蜂蟎的口器無法刺穿成蜂的體壁，因此離開巢房後，如果無法在 2 天內找到蜜蜂幼蟲進入巢房就會死亡。被寄生的幼蟲通常看起來失去光澤、無法正常發育，有些即使能羽化，也會肢體殘缺，在巢口爬行，失去飛行能力。嚴重時蜂蛹身上可發現三十多隻小蜂蟎，十分驚人。

小蜂蟎動作非常敏捷，會在巢房與巢脾上快速移動。防治上可使用福化利或甲酸等藥劑，配合「隔王斷子」，利用小蜂蟎只能停在成蜂身上 2 天的特性，有效降低小蜂蟎的數量。

目前小蜂蟎主要分布在亞洲地區，在東南亞許多國家，小蜂蟎經常與蜂蟹蟎同時出現危害蜂群。由於小蜂蟎的繁殖速度極快，對西洋蜂的危害不亞於蜂蟹蟎，在蜂蟹蟎已對臺灣蜂業造成嚴重影響的情況下，政府及社會大眾對小蜂蟎應該要提高警覺，確實做好防檢疫工作，一旦有疑似入侵的情況，務必立刻通報並積極防除，以保護臺灣養蜂產業的安全。

🟠 氣管蟎

氣管蟎 (*Acarapis woodi* Rennie, 1921) (英文為 Acarine disease; Isle of Wight disease; tracheal mite)，分類於蛛形綱 (Arachnida)、絨蟎目 (Trombidiformes)、細蟎科 (Tarsonemidae)。是目前已知會寄生在膜翅目、鱗翅目、鞘翅目和半翅目昆蟲氣管中的 15 種蟎類之一[3]。

這種蟎的體型非常微小，大約只有 120~190 μm × 77~80 μm（表 3.4.5），肉眼無法看見。牠們會躲在成蜂的氣管裡生

🟠 3 根據 Sammataro et al, 2000。

活，除了雌蟎在需要尋找新宿主時會離開氣管，其餘生活週期幾乎都躲在蜜蜂體內，不容易被發現。

要確認蜂群是否感染氣管蟎，必須用顯微鏡檢查。方法是先小心剝除蜜蜂的頭部，露出第一對氣管，再取出氣管觀察。由於氣管蟎偏好寄生在雄蜂體內，而雄蜂體型又比較大，所以一般會選擇雄蜂作為觀察對象。要注意的是，最好使用新鮮或冷凍保存的蜜蜂來檢查，因為如果用酒精泡過，氣管會變黑，反而更難辨識。

甲酸可以防治氣管蟎。將 30 ml 的 65 % 甲酸倒在一張 30 × 20 cm 的厚紙板上，然後每週將這張紙板放進蜂箱裡，連續使用三週。根據研究，這種方法的防治率可達 90 % 以上。

根據 1995 年 Matheson 的報告，氣管蟎幾乎遍布全球。慶幸的是臺灣目前還沒有發現氣管蟎的入侵紀錄。但隨著國際貿易越來越頻繁，氣管蟎未來仍有進入臺灣的風險，因此在檢疫與防疫工作上，不能掉以輕心。

表 3.4.5 氣管蟎各生命階段大致的體型

階段	長 (μm)	寬 (μm)
卵 (egg)	128	72
老齡幼蟲 (mature larvae)	168	68
雌成蟲 (adult female)	140	80
雄成蟲 (adult male)	100	52

病蟲害的控制與管理

- 淘汰老舊的巢片。
- 補充蜂群的營養，確認蜂群內有足夠的食物。
- 防止盜蜂。
- 汰弱扶強。
- 更換老蜂王。
- 保持蜂場的清潔與通風。
- 定期消毒蜂箱與養蜂用具。
- 維持蜂脾相稱、蜂不露脾。
- 使用合法藥物，遵循用藥規範，使用正確的劑量、濃度與次數。
- 罹病的蜂群不可買賣、搬遷與調片。
- 不可餵食含病原的蜂蜜、蜂花粉，未經滅菌的蜂產品會增加病原傳播的風險。
- 嚴重患病的蜂群隔王斷子或燒毀。

Section 3.5

蜂具的消毒與清潔

每半年或一年在流蜜期結束後進行，如果發現病原要立即清潔消毒。噴燈火烤是最簡便的做法，但僅能殺死一部分不耐高溫的病原，對耐高溫的病原無效，且不能使用在塑膠及保麗龍材質，並要謹慎以免發生火災。

不同的消毒劑對不同的病原菌有不同效果（表 3.5.1），常用且易於購買的有酒精（乙醇）、漂白水（次氯酸鈉）、次氯酸水，這些雖然易於取得，但酒精與次氯酸水都無法殺死頑強的細菌性病原，使用 75 % 酒精僅能殺死有套膜的病毒，對無套膜的病毒效果有限。酒精對能產生內孢子 (endospore) 的細菌無效，像是芽孢桿菌屬 (*Bacillus*) 或芽孢梭菌屬 (*Clostridium*) 的細菌。而漂白水會滲透到木頭纖維及縫隙中，傷害蜂群。

● 輻射照射

針對美洲幼蟲病這類抗逆性極強的病原，可考慮使用輻射照射。輻照滅菌技術不僅不會殘留輻射，也不使用化學致癌物，而且使用輻照滅菌不升溫，溫度敏感的材料也適用，其中伽瑪輻射照射 (gamma irradiation) 是目前非常成熟且已商業化的技術，蜂蜜、蜂花粉等蜂產品都可以藉由這個方法減菌。

多年來伽瑪輻射照射已用於進口皮革製品、葡萄酒瓶塞、醫療用品等產業，能夠殺死多種細菌孢子，養蜂設備包含蜂箱、巢框、隔王板等，經伽瑪輻射照射後也能夠殺死頑強美洲幼蟲病的病原 *Paenibacillus larvae larvae*。

另外經澳洲昆士蘭初級產業和漁業部 (Department of Primary Industries and Fisheries Queensland, DPI&F) 養蜂人員的測試，使用小型不鏽鋼設備（圖 3.5.1），蜂箱及工具在密閉的條件下蒸氣加熱至 130°C 至少 2 小時以上，也會破壞美洲幼蟲病的孢子。由於美洲幼蟲病的孢子屬於微需氧菌，且在水中煮沸 7 小時、稀釋的蜂蜜中 106 °C 煮沸 5 小時、98 °C 乾熱狀況加熱兩天和混於 100 °C 的蜂蠟 5 天，皆無法完全殺滅，所以除了高溫外，一定要在密閉無氧且高溫高壓的環境下才能殺死。

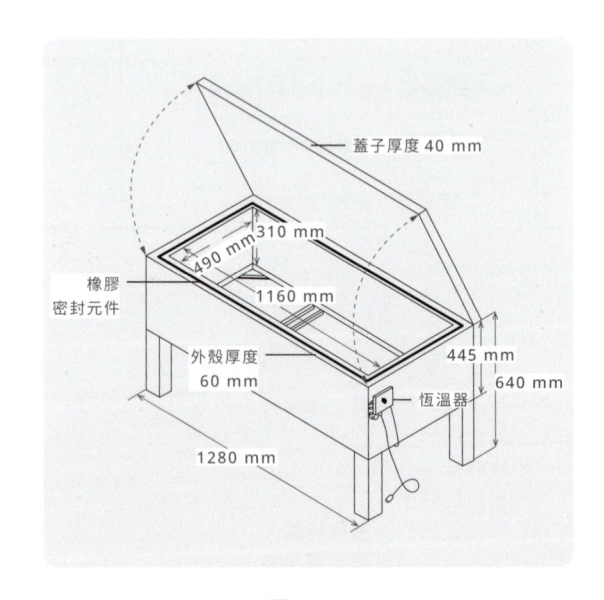

圖 3.5.1
蜂具的消毒設備
（根據 Dan Newman 重新繪製。
引自 Warhurst et al., 2005）

表 3.5.1 不同消毒劑的使用時機與效果

	酒精（乙醇）	漂白水（次氯酸鈉）	次氯酸水
最佳濃度	70-78 %	居家清潔：500-600 ppm 消毒清潔：1000 ppm	食器清潔：20-99 ppm 居家清潔：100-300 ppm
可滅病菌	有套膜病毒、細菌	有套膜病毒、無套膜病毒、細菌	有套膜病毒、無套膜病毒、細菌
消毒時間	約 15-30 秒	至少停留 5-10 分鐘	約 10-30 秒
應用範圍	人體、一般環境	一般環境、常用物品（非食器）	一般環境、常用物品（含食器）
注意事項	・皮膚敏感者會略感不適 ・酒精揮發完前避免接近火源	・不可加熱水，也不可與其他清潔劑混合 ・避免陽光直射 ・避免接觸肌膚 ・對黏膜、皮膚及呼吸道具有刺激性 ・稀釋後 24 小時內使用完畢 ・過量使用漂白水或使用濃度過高的漂白水，會產生有毒物質污染環境，破壞生態	・避免接觸肌膚 ・用於食器上須再次沖洗 ・不易保存，須盡快使用完畢

Chapter IV

蜜粉源植物與蜂類授粉

4.1 臺灣蜜粉源植物的特點
4.2 影響花蜜分泌的條件
4.3 蜜粉源植物的種類
4.4 蜂類授粉

Section 4.1

臺灣蜜粉源植物的特點

蜜粉源植物是各種蜂類的重要食物來源，也是蜂產業的基礎，更是維繫生態環境與產業永續發展的關鍵。唯有充足的蜜粉源，蜜蜂與各種蜂類才能存續，產業方能發展。因此必須掌握蜜粉源植物的種類、數量、分布範圍、花期及泌蜜特性，並進行系統性的調查與研究。

臺灣南北縱長 394 km，東西最大寬度 144 km，土地總面積 36,197 km²，山高水急是臺灣自然環境的特色，海拔 3,000 m 以上高山超過 200 座，山區占七成，平原占三成。北回歸線通過臺灣，加上地形起伏大，具備熱帶雨林到高山極地諸多氣候類型，低海拔闊葉林到高山針葉林垂直分布，形成多樣且豐富的自然資源與生態體系。

由於地理位置不同，氣候變化大，生態條件多元，因此蜜源植物種類繁多。但都市快速發展，對原有地形進行了改造，以及可耕地面積的不斷減少、棲息地的喪失、化學農藥的不當使用等，使蜜蜂與各種蜂類無法利用環境中的蜜粉源，蜜粉源植物嚴重缺乏，加上病蟲害傳播和氣候變遷改變了植物開花結果的循環，對生態的影響就像連鎖反應，導致養蜂產業和本土蜂類面臨極大的挑戰。

對於環境中蜜粉源缺乏，許多養蜂人只能被動的接受。臺灣飼養的蜂群高度集中，結果蜜粉源不足，僧多粥少，病蟲害快速傳播，進而影響蜂產品的產量。養蜂產業要有更長遠的發展，應減少對單一蜜源的過度依賴，發展區域性的特色，開發多樣的蜜源，有計畫地組織轉地飼養與採蜜，分散蜂群密度，充分利用蜜源。要達到這個目標，除了蜜源植物調查、政策與行政管理落實之外，養蜂人的主動配合也非常重要。

臺灣地形複雜、各地氣候條件不一，蜜源植物在地理分布與開花季節零散與不連貫，例如端午節過後氣溫升高，北部冬季有時陰濕多雨，溫度偏低，蜜蜂活動力下降，蜜源植物減少，不利於養蜂。如果能對臺灣的蜜粉源植物進行深入調查，並有計畫地栽培蜜粉源植物，創造一個豐富而連續的蜜粉源條件，更能因應養蜂產業迅速發展的需要。

所種植的蜜粉源植物理想上最好兼具多種價值，例如畜牧業相關的飼料作物、園林相關的景觀作物、農耕相關的綠肥作物、文化相關的民族植物、料理相關的食用作物等等，並和這些相關產業密切結合，才能有一舉多得的效果。

種植蜜粉源植物需配合當地的自然條件，以適時、適地、適種為原則，盡可能優先種植在地的原生蜜源植物，可選擇適應力強、花期長、泌蜜多、含糖量高、蜜質好，蜜蜂喜愛採集且具生態價值的蜜粉源植物。但是要避免種植強勢入侵種，不能因為某些強勢入侵種植物能夠產花蜜和花粉提供蜜蜂維生所需，而忽視強勢入侵種對環境生態上的破壞，例如南美蟛蜞菊 (*Sphagneticola trilobata*)、小花蔓澤蘭 (*Mikania micrantha*)、馬櫻丹 (*Lantana camara*)、銀合歡 (*Leucaena leucocephala*)、

赤道櫻草 (*Asystasia gangetica* ssp *gangetica*)、天人菊 (*Gaillardia pulchella*)、大波斯菊 (*Cosmos bipinnatus*)、情人菊 (*Argyranthemum frutescens*)、翼莖闊苞菊 (*Pluchea sagittalis*)、美洲闊苞菊 (*Pluchea carolinensis*)、紫花藿香薊 (*Ageratum houstonianum*)、昭和草 (*Crassocephalum crepidioides*) 等等。

強勢入侵種是生物多樣性下降的主因之一。

入侵種的蜜源植物雖然也會吸引蜜蜂前來採蜜，且具觀賞性，但許多入侵種對授粉昆蟲具有很強的吸引力，反而剝奪了原生植物授粉的機會，進而改變本地植物群落的組成，引發未能預見的生態系統變化，因此維護原生植物與授粉昆蟲的關係非常重要。

圖 4.1.1
西洋蜂訪波斯菊

圖 4.1.3
酸藤

圖 4.1.2
仙草是極具特色的蜜源植物與民俗植物

圖 4.1.4
西洋蜂訪月橘

島內外來種

外來種不僅僅指來自臺灣本島以外的物種，島內不同區域間的物種有意或無意透過人為的力量，被流通到非天然分布的區域，例如臺灣南部的原生植物栽種到北部，把平地的植物帶到山上種，也是外來種。

臺灣不是只有一種生態系統和氣候條件，島內有很多生物地理小區，例如恆春半島就被某些植物學者認為是一個獨立的區系。地理區域不等於政治管理區域，有些物種臺灣每個地方都有分布，但有些分布就非常侷限，例如原本產在恆春半島的高士佛澤蘭 (*Eupatorium clematideum* var. *gracillimum*)。高士佛澤蘭是臺灣特有種，這麼重要的原生種應該廣泛種植不是嗎？有些人認為只要是原生種就可以到處種植，雖然立意良善，但卻可能引發生態問題。

紫斑蝶會吸食不同的蜜源植物，但把高士佛澤蘭廣泛種植到臺灣其他區域後，紫斑蝶就偏好吸食高士佛澤蘭，可能對紫斑蝶的營養攝取產生負面影響，不但破壞了高士佛澤蘭的天然分布，也可能引發不必要的雜交，剝奪其他植物授粉機會。

種植當地原有的蜜源植物非常重要，既然這個物種原本只存在於某個地方，就應考量物種在島內的族群遺傳結構，不可忽視在地族群的遺傳特異性。不是說要放棄種植原生種而改種植外來種，而是要適時適地適種，優先在地復育，北部有其他原生種的澤蘭應優先考慮，而不是把物種擅自移到非原生地繁殖。

臺灣特有種大安水蓑衣 (*Hygrophila pogonocalyx*) 原產於中臺灣，野生族群極少，由於能夠以扦插的方式無性生殖，在廣泛人為種植後反而因野生族群驟減而面臨遺傳多樣性下降。

類似的問題也發生在兩棲類與魚類。諸羅樹蛙 (*Zhangixalus arvalis*) 原生地在雲嘉南一帶，後來有人把諸羅樹蛙野放到北部，以為可以協助保育諸羅樹蛙，增加牠們的族群量，但反而引進病原菌，並且跟原棲地物種競爭食物及繁殖場所。原產於臺灣東部與南部的臺灣特有種何氏棘魞 (*Spinibarbus hollandi*) 被人類放流到中、北部這些原本不屬於牠的流域，造成當地原生魚種銳減，衝擊河川生態。

決定是否「復育」、「野放」一個物種之前必須要經過科學上的審慎評估。並不是你覺得該物種很漂亮、很稀有又是保育類，就可以私自在臺灣各地四處野放、繁殖。這樣的私人行為必然會干擾到其他存在於當地食物鏈中的生物，甚至會引起災難。

圖 4.1.5
原產於恆春半島的高士佛澤蘭近年被廣泛種植到其他區域後，可能引發不必要的雜交，剝奪其他植物授粉機會。

4.1.1 花的構造

花的種類很多，構造與排列不盡相同，有的是單生花序，有的則是許多花聚集成複雜的花序。完全的模式花通常具有雌蕊、雄蕊、花柄、花托、花萼以及花瓣形成的花冠（圖4.1.6）。

花中央較大的部分是雌蕊，雌蕊包括柱頭、花柱及子房。雄蕊圍繞在雌蕊四周，一般分為花藥及花絲兩部分；花絲細長，頂端是花藥，花藥內有花粉囊，裡頭包含著花粉粒。花冠有各種形狀及顏色，許多花冠的表皮細胞中含有揮發性物質，會引誘昆蟲。

就花型而言，有些是輻射對稱花 (actinomorphic flower)，有些是兩側對稱花 (zygomorphic flower)，像茜草科、旋花科與茄科這些輻射對稱花，授粉昆蟲通常只要在一定的距離，或直接鑽進花筒中就可以沾到花粉並吸食花蜜。而爵床科、唇形科、馬鞭草科這類的兩側對稱花，雄蕊長短不一，與花柱距離變化較大，花內有許多複雜的細緻構造，因此只有特定採蜜技巧與身體結構的授粉昆蟲才能為其授粉。

花序也是授粉機制的重要因素，例如菊科的頭狀花序，幾乎大部分的授粉昆蟲不必鑽進花朵中，只要站著就能從中採集到花蜜與花粉。

花的形態、花序和開花習性是辨識植物的依據，例如豆科蝶形花亞科的花冠呈蝶形，十字花科的花冠呈十字形，旋花科的花冠呈漏斗形，唇形科及玄參科的花冠呈唇形。

植物辨識之所以重要，是因為許多植物外觀相似，但對環境生態的影響卻不同，例如原

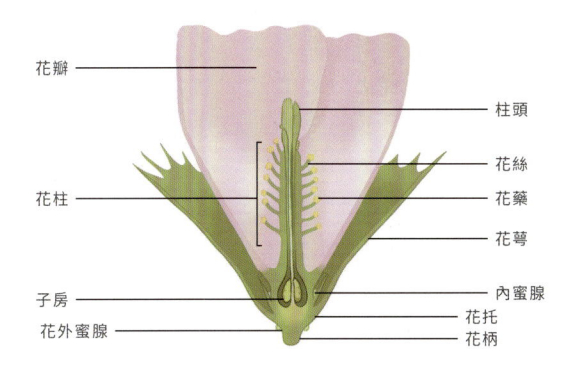

圖 4.1.6
花的構造

產於南美洲，約在 1990 年前入侵臺灣的小花蔓澤蘭 (*Mikania micrantha*)，跟臺灣原有同屬的蔓澤蘭 (*Mikania cordata*) 都是菊科蔓澤蘭屬一年生草本植物，兩者生長習性與莖葉外觀形態相似，主要之鑑別依據為花器，入侵種的小花蔓澤蘭枝條節位為半透明薄膜狀撕裂形突起，原生種的蔓澤蘭則為皺褶耳狀突起，而且蔓澤蘭的總苞、頭狀花、瘦果、冠毛的長度皆比小花蔓澤蘭大。

圖 4.1.7
義大利蜂訪茼蒿花

媒體及民眾多未將本土種及外來種區分，而混稱為「蔓澤蘭」，已積極推動之砍除「蔓澤蘭」活動中，可能對本土原有之弱勢物種造成衝擊。因此有必要對於這兩種植物形態上的區別做正確的歸納與宣導。

此外，花期在 5~6 月間的臺灣原生種植物酸藤（Ecdysanthera rosea），屬於夾竹桃科酸藤屬物種，會開出粉色或紅色小花，由於大面積纏繞在樹冠上，也常被民眾誤認為外來種小花蔓澤蘭。

蟲媒植物的花朵具有分泌花蜜的腺體稱為蜜腺 (nectary)，許多花的花冠基部顏色較深，能引導昆蟲進入蜜腺，稱為蜜源標記 (honey guide)。

有些花具有雌蕊與雄蕊，稱為兩性花，有些花只有雌蕊或只有雄蕊，稱為單性花，也稱雌雄異花，例如玉米、油桐、荔枝、江某等，多數荔枝品種雖都是單性花，但在花中都殘留退化或無功能的異性花蕊構造。

植物為了避免近親交配造成的遺傳劣勢，花期或開花位置往往有特殊的錯隔，像是有些植物的同一株上只有雌花或只有雄花，稱為雌雄異株，例如白揚、銀杏、楊梅、木瓜等，這種性別分株，可防止自花授粉。雌雄同花但是花蕊位置錯開、成熟期不同，或抑制自花粉萌芽授精，如蕎麥、燕麥、向日葵、油菜、花椰菜等。

4.1.2 蜜腺與花蜜

蜜腺由許多細胞組成，含有大量粒線體。由於蜜腺細胞與輸導組織內的維管束末梢相連，因此維管束內的篩管及導管數目的比例會影響花蜜的濃度。輸送養分的篩管越多，花蜜的濃度較高；輸送水分的導管多，則水分較高。蜜腺細胞充滿營養物，由表皮滲出或氣孔流出的花蜜稱為流蜜。花蜜是稀薄的甜糖汁，會吸引許多昆蟲來採集。

蜜腺因著生的位置不同，分為外蜜腺 (extra-floral nectary) 與內蜜腺 (floral nectary) 兩種。內蜜腺大都位於雌蕊的基部，例如豆科植物。有的內蜜腺在花的其他部分，例如龍眼的蜜腺在花瓣與雄蕊之間，芥菜在雄蕊的基部，椴樹在萼片的基部。

蜜腺有不同形狀，圓盤狀、枕狀、杯狀、球狀、棒狀等等。外蜜腺有的在葉柄上接近葉片的部分，有的在葉片的中脈上和苞葉上，有的則在花柄上。

圖 4.1.8
蜜蜂訪花椰菜

Section 4.2
影響花蜜分泌的條件

植物的花分泌花蜜，受到內在因素及外在因素影響。內在因素是指花本身的遺傳、開花習性及授粉作用等。外在因素則包括環境中的氣候及土壤因素。

（一） 內在因素
先天遺傳因素所造成的性狀，不容易被後天的環境所改變。同一物種的不同品種，其性狀也可能有很大的差異。

為了特定目的經雜交選育的新品種，其性狀雖然能符合預先設定的價值，但不一定會多產花蜜，例如 1960 年代，美國為求產量增加引進多種白花苜蓿 (*Trifolium repens*) 品系，產量雖然增加，花蜜量卻減少。

（二）外在因素
氣候因素不但對蜜源植物生長、發育有著直接關係，也會直接影響蜜源植物開花泌蜜和蜂群外出採集活動。開花時間和泌蜜狀況受環境條件影響很大，不同地區、不同年份不盡相同。

蜜粉源植物一般按照開花季節劃分，但花期也可能提早或延後，有些花一年開一次，有些一年開兩次、多次，甚至四季都開花。

・**降雨量與濕度**
降雨量適宜能促進植物正常生長，有利於花芽分化和花蕾開放，降雨量不足不利於植物開花泌蜜，乾旱不但減少泌蜜量，還會縮短開花期。但如果開花期遇到雨天，降雨不但沖刷掉花蜜，也會降低蜜蜂採集意願。

一般適宜流蜜的濕度為 60~80 %，但也有例外。通常濕度大時，流蜜量多、含糖量低。空氣中的濕度低時，花蜜中的水分會失散到空氣中，蜜量少、含糖量高。蜜腺裸露在外的蜜粉源植物對空氣中的濕度反應較為靈敏。

・**溫度**
充足的光照有利光合作用，促進蜜源植物花芽分化、花蕾開放，光照對草本植物的影響大於木本植物。不同的蜜源植物開花期所需要的溫度不同，例如龍眼花最適合的流蜜溫度為 27 °C 以上，刺槐、椴樹為 20~25 °C，通常在介於 16~30 °C 之間。

當溫度低於 10 °C 時，大多數植物的蜜腺萎縮，花蜜分泌減少。氣溫達 35 °C 以上時，植物的呼吸作用大於光合作用，加上水分的蒸散作用，使植物的細胞失水而降低膨脹壓，糖分運輸不易而停止流蜜。此外，日夜溫差大往往也能促進花蜜分泌。

・**風力**
風力對蜜源植物開花流蜜也有重要影響。風力過強時水分蒸發快，一般來說風力大於 4 級，不利於花蜜分泌和蜂群採集，強風會摧毀花朵、折斷莖葉，破壞植物正常生長。

・**土壤**
土壤質地、土壤中的氮、磷、鉀及其他多種生長元素和微生物會影響植物生長，只有生長在適當的土壤中才可產生較多花蜜。同一種蜜粉源植物，即使生長在完全相同的氣候

4.1

條件下，若土壤因素不同，花蜜的流蜜量也會有所差異。由於蜜源植物開花流蜜與氣候、土壤息息相關，因此養蜂人須時常掌握蜜源植物開花泌蜜與氣候因素的關係，和蜜源植物的分布狀況。

圖 4.2.1
穗花棋盤腳多在傍晚或夜間開花，有時蜜蜂也會於清晨造訪採蜜。

圖 4.2.2
西洋蜂訪烏蘞莓

圖 4.2.3
黃錐華麗螺贏訪台灣海桐

蜜、粉源植物調查

蜜粉源植物的調查對養蜂產業發展有密切的關係，除了主要蜜源植物例如龍眼、荔枝外，也要盡可能開發在地特色的輔助蜜源植物，以增加蜂蜜種類的多樣性。

養蜂人有時候需要經常轉地飼養，因此對各地蜜粉源植物的種類、分布、數量、開花期、流蜜量、蜜質等特性都要有一定程度的了解，最好還能夠拍照、採集植物標本，以利鑑定保存，將這些文字與圖像整理成蜜粉源植物開花資料，以配合蜂群管理。

Section 4.3
蜜粉源植物的種類

環境中的蜜粉源植物很多（請參閱 P407 附表「蜜粉源植物一覽表」），但只有一小部分的主要蜜源植物可以生產成單一蜜源的商品蜜，大多數則為百花蜜，它們都是蜜蜂及各種蜂類的食物來源。近年來臺灣的養蜂群數快速增加，蜜源嚴重缺乏，種類豐富的蜜粉源植物除了提供蜂類更多的食物來源外，也能作為潛在的在地特色蜜源，發展在地特色，減少單一蜜源帶來的風險。

4.3.1 蜜源植物

大致來說，國曆 3、4 月是荔枝蜜、龍眼蜜的主要產季，中、南部為主要產地，其中又以龍眼蜜廣受消費者喜愛，市佔率最高、價格最好，幾乎決定多數蜂農整年度一半的盈收。除了龍眼蜜、荔枝蜜之外，還有許多特色蜜源，例如臺灣國曆 3、4 月有楠木蜜、柑橘蜜、文旦蜜。

龍眼蜜過後的紅淡蜜採自臺灣原生植物紅淡比 (*Cleyera japonica*)，蜜色琥珀味清香。2~5 月則是殼斗科 (Fagaceae) 的花期。酸藤 (*Ecdysanthera rosea*) 在 5、6 月左右開花，蜜味酸甜有果香。水筆仔 (*Kandelia obovata* and *Kandelia candel*) 花期大約也在 5~6 月。

夏初有些地區會有烏桕 (*Sapium sebiferum*) 蜜，蜜色深沉、風味清淡。夏、秋季會有臺灣欒樹 (*Koelreuteria henryi*) 和白千層 (*Melaleuca leucadendra*) 蜜，臺灣欒樹為臺灣原生樹種，主要分布在低海拔，全臺到處都有栽植。白千層於 5~6 月和 9~10 月開花，蜜源粉源豐富，能幫助蜜蜂渡過夏天與秋天的茁壯繁殖，是常見的防風林與綠化樹種，蜜的味道很像烤熟的番薯。

冬季約 12 月至隔年 1 月北部有時候會有江某 (*Schefflera octophylla*) 蜜，江某是臺灣話「kang-bóo」的漢字化，又稱鴨腳木、鵝掌柴，蜂蜜入口回甘，香味濃郁，也是值得推廣的臺灣原生種蜜源植物之一。

養蜂人會把握這些蜜源植物開花時繁殖蜂群、採收蜂蜜，以江某為例，大約會在入冬後的「小雪」節氣前後開花，「小寒」節氣後結束。但每年也可能因不同地區提前或延後，有些養蜂人會在國曆 11 月調整蜂勢，調入大量的封蓋脾，12 月中旬採收江某蜜。不過蜜源植物的開花時間、流蜜狀況深受環境影響，每個地區每年的產量不定，有時豐收有時歉收。

只要植物會開花泌蜜，蜜蜂都會採集，除非該區域只有單一蜜源植物，要不然蜜蜂通常不只採集一種蜜源植物，例如秋天採收的蜂蜜可能同時含有臺灣欒樹、白千層，甚至是咸豐草等，冬季可能同時包含江某、柃木，理應稱百花蜜較恰當。而這些多樣的蜜源植物，使得不同地區每次採收的風味有所差異，也讓蜂蜜口感有更豐富的層次，成為難以取代的特色。

圖 4.3.1
蜜蜂採荔枝蜜（玉荷包蜜）

圖 4.3.4
東方蜂訪臺灣欒樹的花

圖 4.3.2
東方蜂訪龍眼花

圖 4.3.5
白千層是夏秋之際重要的蜜源植物

圖 4.3.3
西洋蜂採柑橘花蜜

圖 4.3.6
江某俗稱鴨腳木，是冬季主要的蜜源植物。

除了上述蜜源植物外，還有許多臺灣原生種的蜜粉源植物可供參考種植，例如冇骨消（末骨消）(Sambucus chinensis)、石斑木 (Rhaphiolepis indica)、仙草 (Mesona chinensis)、九芎 (Lagerstroemia subcostata)、月桃 (Alpinia zerumbet)、厚皮香 (Ternstroemia gymnanthera)、柃木 (Eurya japonica)、穗花棋盤腳 (Barringtonia racemosa)、蓪草 (Tetrapanax papyrifer)、石板菜 (Sedum formosanum)、木芙蓉 (Hibiscus mutabilis)、臭娘子 (Premna serratifolia) 等等。

苦楝 (Melia azedarach) 也是平地植生復育很好的本土樹種之一，是相當不錯的蜜源，且鳥會食果，抗風抗旱，栽培時最好還要搭配其它本土喬木和灌木，使其具生態功能。冷飯藤 (Tournefortia sarmentosa) 同樣也是很不錯的原生蜜源植物，值得在南部的低海拔復育植栽中多加推廣。

這些蜜源植物雖然不見得每一種都能夠成為單一蜜源的商品蜜，但也是很好的蜂蜜來源，能夠提供蜜蜂與各種蜂類維生所需。

圖 4.3.7
黑扁股泥蜂訪冇骨消

圖 4.3.8
西洋蜂訪石斑木

圖 4.3.9
月桃是臺灣重要的原生蜜源植物與民俗植物

圖 4.3.10
臺灣原生種的厚皮香是許多蜜蜂與其他傳粉昆蟲的重要食源

圖 4.3.12
長鬚蜂訪木芙蓉花

圖 4.3.11
東方蜂訪臺灣原生種的石板菜
（臺灣佛甲草）

圖 4.3.13
西洋蜂訪苦楝花

4.3.2 粉源植物

許多植物是蜜源植物同時也是粉源植物。不同的粉源植物所產出的花粉量跟流蜜量一樣，受到日照、溫度、雨量、海拔、緯度、土壤等諸多因素影響，近年來氣候變遷經常使花期不穩定，化學農藥的不當使用亦會使蜜蜂死亡，進而影響蜂花粉的產量。

通常只有栽種面積大、粉量多、深受消費者喜愛的才有機會成為商品，例如國曆 6~8 月生產的蓮花粉；蒲鹽花粉的產季在 9~10 月；茶花粉生產於 10~11 月，產量多，各主要產茶區皆可採收；冬季則採收油菜花粉，主要用於餵食蜜蜂，調配成補助花粉以補充外界粉源不足時所需。

圖 4.3.14
西洋蜂訪油菜花

另外還有一些水稻花粉、咸豐草花粉，但產量較不穩定，這些產量不穩定的零星花粉通常歸類為雜花粉或百花粉，除了販售外，一般養蜂人也用來餵飼蜂群。從產業發展的角度來看，開發不同種類的蜂花粉能提升在地特色，同時也能分擔只採收單一花粉所產生的風險。另外，百花粉雖然無法像單一種類的蜂花粉的品質來得穩定，但營養成分多元，口感層次豐富，不見得就比較次等。

大面積的單一作物雖然能在短時間內提供大量花蜜與花粉，但開花期往往很集中，其他時間蜂類卻缺乏食物來源。根據 2025 年朱莉婭·麥納迪 (Giulia Mainardi) 等人的研究，春季與秋季蜂群收集到的花粉種類越豐富，存活至翌年春天的機率就越高，顯示蜜粉源植物種類的多樣性能提供蜂類全面且均衡的營養支持。

4.3.3 有毒蜜粉源植物

除了蜂花粉、蜂王乳與蜂毒外，一般人很少對蜂蜜產生過敏現象，目前在臺灣尚未發生食用蜂蜜中毒事件，除非將蜜蜂搬到特定有毒蜜源植物的區域，讓蜜蜂採集並大量攝取才會中毒。植物是否具毒性，關鍵在於攝取的劑量。某些天然化合物即使只攝取極微量也可能引發不適，而有些則需大量累積才會對健康造成風險。任何物質若攝取過量，再加上不良生活習慣，都可能對健康造成負面影響。

但仍有部分花蜜與花粉對人跟蜜蜂具有毒性，在中國曾發生食用東方蜂蜜中毒事件，可能是蜜蜂採集雷公藤 (Tripterygium wilfordii) 與鉤吻 (Gelsemium elegans) 等有毒蜜源所致，其中曾在蜂蜜檢體中發現與鉤吻相關的植物鹼。此外山月桂 (Kalmia latifolia)、博落迴 (Macleaya cordata)、狼毒 (Stellera chamaejasme) 亦屬有毒蜜源植物。

有些植物中含有特殊的生物鹼，可能引起嚴重的毒理反應，吡咯里西啶生物鹼 (Pyrrolizidine Alkaloids, PAs) 即是一類，它是一種為幫助植物抵禦草食性動物、害蟲與病菌而產生的次級代謝成分，同時對人體具有肝毒性與致腫瘤性，臺灣的林班[1]地是否有類似的有毒蜜源植物，其分布與面積還需要再進一步調查。

另外加州七葉樹屬的 Aesculus californica 含有皂角素 (saponon)，對蜜蜂有毒。藜蘆 (Veratrum nigrum) 及紫雲英屬 (Astragalus) 的有些植物蜜蜂採集後會死亡。馬利筋屬 (Asclepias) 植物的花粉含 Galitoxins 對蜜蜂有毒，而茶樹中的醣類亦會引起蜜蜂幼蟲死亡。

---

1 林班：為林務經營管理方便，在林中依天然地形線或人工線而劃分的森林區域，是林地區劃的單位。

Section 4.4

蜂類授粉

「若蜜蜂從地球上消失，人類無法活超過四年 ("If the bee disappeared off the face of the earth, man would only have four years left to live")」。這句話多年來認為出自於著名的物理學家愛因斯坦 (Albert Einstein) 而長期被國內外媒體引用，但事實上並沒有證據顯示愛因斯坦曾經說過這句話。

人類主要的糧食為穀物 (cereal)，即禾本科作物的籽實，另外還有一些非禾本科的準穀物 (pseudocereal) 籽實，以及豆類、薯類作物，其中水稻、玉米、麥類等禾本科為風媒花，比較不需要昆蟲授粉，但蜜蜂與各種蜂類對蔬果、野生植物傳粉及生態環境的影響仍然不容忽視。

蜜蜂的價值不該僅限於蜂產品的價值，蜜蜂不但提供蜂蜜、花粉、蜂王乳等蜂產品，也是重要的農業授粉媒介，在美國每年授粉的價值高達 150 億美元，根據 2005 年的生產與消費數據，授粉對全球人類食用的大約 100 種農作物，生產的產值估計每年高達 2 兆美元。

1973 年 McGiegor 評估全球至少三分之一的農作物、蔬果及畜牧業與昆蟲授粉密切相關，可見蜜蜂與農業及環境的重要性。1970 年美國食品總計 1,130 億元，昆蟲授粉有關的食品約佔 400 億元，現今人口增加、糧食需求增加，蜂類授粉越來越不容忽視，但養蜂業及各種野生蜂同時面臨諸多困難和壓力，當人口倍增，房屋、工廠林立、道路開闢，加上農地從事大規模單一作物栽培及慣行農法，逐漸佔據和失去許多蜜粉源植物的原生環境，養蜂人必須熟知蜜蜂與植物的相關知識與生物基礎，否則可能使養蜂收益及作物產量和品質下降。

蜜蜂 (honey bee) 因為養殖技術成熟，產業鏈完整，且能夠生產高經濟價值的蜂產品，而廣泛應用於農業授粉，但授粉蜂除了蜜蜂外，獨居性或半社會性蜂類像是苜蓿切葉蜂 (*Megachile rotundata*) 和彩帶蜂屬的 *Nomia melanderi* 對北美產紫苜蓿的授粉非常重要，熊蜂屬 (*Bombus*)、地花蜂屬 (*Andrena*)、淡脈隧蜂屬 (*Lasioglossum*) 是藍莓的重要授粉昆蟲，熊蜂對蔓越莓、草莓、番茄的授粉效率很高，日本也已廣泛利用筒花蜂屬 (*Osmia*) 的切葉蜂為果樹授粉。

在臺灣，農業授粉蜂仍以蜜蜂為主，近年來本土的精選熊蜂 (*Bombus eximius*) 已逐漸應用在網室授粉，除了農業用途外，高山種的熊蜂（例如信義熊蜂、精選熊蜂、楚南熊蜂）也是小檗屬多數物種、馬醉木、玉山薊及許多高山植物的重要授粉昆蟲。

由於為數眾多的獨居性蜂類 (solitary bee and wasp) 也肩負許多野生植物的傳粉工作，在生態上極具意義（請參閱 P119「獨居蜂的生態行為及其重要性」），除了蜜蜂之外，積極研究其他本土的蜂類就顯得格外重要。

更多種類及數量的野生蜂類（特別是花蜂類）可以提高授粉效率以增加作物的品質與產量。每一種花蜂的採集習性不盡相同，

圖 4.4.1
信義蜂熊雌蟲訪一枝黃花

圖 4.4.2
信義熊蜂雌蟲訪玉山薊

圖 4.4.3
熊蜂訪馬醉木

圖 4.4.4
信義熊蜂訪高山烏頭

圖 4.4.5
信義熊蜂訪假繡線菊

而一種作物可能會有不同種類的花蜂幫忙授粉，如果其中一種花蜂在某個時間點數量減少，其他花蜂亦能扮演授粉的角色。

不同種類的野生蜂類需要不同棲地條件、不同營養與食物來源，然而單一作物的農田很難提供豐富多樣的棲地，難以支持為數眾多的野生蜂類棲息。雖然蜜蜂非常重要，但無論有多少蜜蜂，野生花蜂在提高作物產量、生態多樣性等各個方面都發揮著重要作用。

4.4.1 授粉作用

授粉 (pollination) 也稱傳粉，就是被子植物與裸子植物的雄性配子（也就是花粉粒）依靠各種媒介傳播到雌蕊的柱頭上，使雌性配子受精的過程。

花粉粒傳到柱頭上，柱頭就會分泌酵素刺激花粉粒發芽，使它長出花粉管。花粉管裡有精子，當花粉管生長，伸入花柱，進入子房的胚珠時，管的前端破裂，精子進入胚珠，與胚珠裡的卵結合，就是受精。受精的子房以後會發育成果實和種子。

花粉通常由動物傳粉者 (pollinator) 或風力傳送，傳送可以發生在同一株植物的花藥及柱頭，稱為自花授粉 (self-pollination)，或同種不同株植物的花朵間，稱為異花授粉 (cross-pollination)。

植物授粉的方式可分為非生物性 (abiotic) 與生物性 (biotic) 兩大類。非生物授粉有水媒 (water pollination; hydrophily) 與風媒 (wind pollination; anemophily)，水媒花靠水來傳布，種類很少，與水媒相比需要靠風來傳粉的植物較多。風媒花的花粉粒數目較多、顆粒小、無黏性，以利風的傳播。不過花蜂仍能利用許多風媒花的花粉，例如水稻、玉米。

圖 4.4.6
東方蜂採集玉米花粉

生物授粉以動物媒 (zoophily) 為主，大多數的異花授粉植物是動物媒。常見的動物媒如蜂鳥、蝙蝠和昆蟲，動物媒中又以蟲媒 (entomophily) 的授粉效果最佳，因為飛行的昆蟲可以把一朵花的花粉帶到另一朵花上，這對異花授粉非常重要。

蟲媒花的花粉粒數目較風媒花少，且比重較重，花粉粒有黏性，所以相較於風媒，蟲媒能夠增加傳粉的效率，減少花粉的浪費，在風力傳粉不佳的情況下仍然可以成功傳粉，使植物產生優勢的後代。

很多昆蟲都可以幫植物授粉，不同的植物會吸引不同的昆蟲前來採集，進而完成授粉的工作，這種互利共生的依存關係在生物學稱之為共同演化 (coevolution)。昆蟲與植物之間的關係密切，全世界有八成以上的植物需要昆蟲授粉，能夠授粉的昆蟲很多，最重要且種類最多的傳粉昆蟲主要集中在鞘翅目、雙翅目、膜翅目與鱗翅目這四個目，這四個目也是昆蟲數量種類最多的。

不過能直接取食花粉的蝴蝶非常少，多數蝴蝶只能取食流體物質，例如花蜜、露水或是其它液體。一般而言，膜翅目的蜂類被認為是最重要的傳粉者，牠們蒐集花蜜與花粉，作為子代及自己的食物。這當中胡蜂媒 (sphecophily) 與蜜蜂媒 (melittophily) 這類細腰亞目 (Apocrita) 中的蜂類比葉蜂、樹蜂要來得重要。

現存的蜜蜂已經與被子植物共同演化了大約 5,000 萬年，與被子植物相互依存。古生物學家從化石證據上研究出顯花植物[2]的化石最早出現在 5,000 萬年前。還有很多姬蜂總科 (Ichneumonoidea)、胡蜂總科 (Vespoidea)、小蜂總科 (Chalciodidea) 也是重要的傳粉者，其中榕小蜂是幾百種榕樹高度專一性（也就是只對一或少數種植物傳粉）的傳粉者。

4.4.2 蜂類構造與授粉特性

蜂類的採蜜與採粉行為，仰賴牠們特殊的構造，包括口器、蜜囊、足部，以及身體各處的毛。這些構造讓蜂類能有效採集食物，同時為植物完成授粉。

蜜蜂的口器不僅能咀嚼固態花粉，也能吸吮液態花蜜與水，還能用來傳遞食物與費洛蒙。口器不用時，會以 Z 字形摺疊收回到口腔中。工蜂的口器長度約為 5~7 mm，視蜜蜂品種與種類而異。口器愈長，越能採到蜜腺較深的花蜜；有些植物雖然有豐富的花蜜及花粉，但有時會因為口器不夠長而無法吸食。

蜜蜂全身覆有許多絨毛，胸部、腹部、複眼、觸角、足、口器與翅膀上都有。毛的種類很多，有各種變形，如硬毛、感覺毛、叉狀毛、耙狀毛等，穿梭在花叢時能將花粉附著在身上。

此外，最特別的結構是工蜂後足脛節外側內凹、邊緣有毛的花粉籃 (pollen basket; corbicula)，為蜜蜂攜帶花粉回巢的特殊構造。花粉籃中間有一根長毛可以用來固定花粉，花粉籃下方是鋸齒狀的花粉耙 (rastellum)，跗節基節的內側由一列一列排列整齊的短毛構成花粉梳。跗節基節也有毛，毛的內側是扁平狀的花粉壓。這些構造

---

[2] 顯花植物：具有明顯的花，色彩鮮艷，又叫被子植物。

能將花粉粒集結成團（請參閱 P166「蜜蜂的三對足」／ P193「外勤蜂的行為」）。具有花粉籃的蜂類不多，主要是蜜蜂、熊蜂、無螫蜂等蜂類。

無墊蜂、熊蜂與木蜂也是非常重要的授粉昆蟲，他們是以振動授粉 (buzz pollination) 的方式傳粉，所謂的振動授粉是因授粉蜂類停留在花上後，收縮胸部的肌肉產生低頻率的振動將花粉從花藥孔震出，花粉灑在身上後跟著到下一朵花上完成授粉的動作。

蜂類體型大小也是授粉的因素之一，與熊蜂相比，臺灣原生種的黃紋無螫蜂體小靈活，可以深入花管採蜜，木蜂體大舌長，則能攜帶大量花粉。

圖 4.4.7
西洋蜂訪馬齒莧的花

4.4.3 影響蜜蜂及熊蜂授粉的因素

並非只要是蜜源植物開花，就一定會有蜜蜂前去採集。一般來說蜜蜂會優先選擇距離近、數量多、流蜜量大、甜度高的蜜源植物，但若有大面積的蜜粉源，就會放棄附近蜜粉源，花色、花香與花蜜的營養都是影響蜜蜂採集的因素。而且不同蜂群有不同的採集偏好，東方蜂與西洋蜂採集習性不盡相同，例如，東方蜂（野蜂）在氣溫 8 ℃ 以上就會外出採集，而西洋蜂在 10 ℃ 時外出採集的頻率大為降低。

東方蜂（野蜂）善用零星蜜源，西洋蜂喜好集中蜜源，但在蜜源短缺時只要有蜜都會採集（請參閱 P193「外勤蜂的行為」）。即使是同一蜂種，位於同一區域的蜂群也可能採集不同的蜜粉源。此外即便植物開花，蜜腺是否分泌花蜜也會受氣候條件、土壤質地影響。

圖 4.4.8
隧蜂訪睡蓮

隧蜂蒐集花粉時不像蜜蜂使用後足的花粉籃，而是利用腹部或後足上的絨毛（又稱花粉梳）(scopa) 來沾附花粉，因此蒐集的花粉不似圓形或橢圓形，而是分布在花粉梳上。一些切葉蜂科 (Megachilidae) 腹部下方的絨毛能夠黏著花粉粒，藉此攜帶花粉。

溫度也會影響熊蜂的授粉效率。根據郭耘與呂昀恆等人 2023 年的研究，發現臺灣本土的精選熊蜂 (*Bombus eximius*) 抵抗高溫逆境需要大量能量，當環境溫度上升時生物能量

重新分配而使振翅頻率下降，為了抵抗高溫逆境，熊蜂振翅頻率與飛行軌跡明顯減少，所採集的花粉數量也明顯減少，長時間會影響花粉收集，進而影響作物產量與授粉率。

許多蜜蜂偏好藍色與黃色，能分辨紫外光的吸收光譜（請參閱 P158「蜜蜂的眼與視覺」），因此對於能吸收紫外線的黃素母酮 (favone) 及黃鹼醇 (flavonol) 很敏感。雖然蜜蜂對紅色不敏感，但許多紅花內含黃素母酮，可反射出牠們可見的光波，所以看到紅色花也會採集。同樣地，十字花科植物的白色花中也有黃素母酮與黃鹼醇，具有蜜源標記的作用，能幫助蜜蜂辨識可採集的花朵。

蜜源標記 (honey guide; nectar duide) 能導引蜜蜂進入花的蜜腺位置採蜜，蜜源標記有很多種形式，有些是顏色較深的斑點、塊狀或線條，有些是吸收紫外線的標記，人類無法看到。但有蜜源標記的花朵並不常見，許多花不反射紫外光，所以花朵的氣味、形狀也是蜜蜂訪花的刺激因子。

許多植物開花季節都在春天，例如 3、4 月瓜類開花的季節，正好也是養蜂人（特別是產銷班的職業蜂農）採收荔枝、龍眼蜜的季節，果農很難跟蜂農買到蜜蜂，就算買得到價格也非常昂貴，很多時候果農就會選擇人工授粉，但人工授粉的成本較高。

因此果農除了跟蜂農租賃蜂群之外，也可以跟休閒養蜂人合作，果農有了蜜蜂授粉，養蜂人還能採收蜂蜜，雖然這些蜂蜜的價格不見得比荔枝、龍眼蜜來得高，但不失為一種產量較少的特色。

蜜源植物花蜜的含糖量高，對蜜蜂的引誘性較強，如果不考量蜂蜜產量與品質，只為了提高授粉效率，可在蜂群內餵食糖水，使採蜜的蜜蜂轉變為採花粉。

餵食糖水以少量多餐為原則，每日餵少量的糖比七天餵一次多量的效果好，大清早糖水效果較好，若要避免盜蜂可改在傍晚餵食（請參閱 P302「蜂群的四季管理」）。

4.4.4 授粉蜂群的管理

蜜蜂的授粉效果與數量呈正相關，蜂數越多，授粉效率越高。但前提是蜂群必須健康，因此在授粉期間不宜使用殺蟲劑。

引蜂時機亦十分關鍵。建議在花朵剛開始綻放時即移入蜂群，讓蜜蜂有充足時間適應新環境。剛開始覓食時，蜜蜂的飛行路徑可能較為混亂，但隨著對周遭環境、蜜源種類與位置、距離逐漸熟悉，便會建立穩定的採集模式，持續將花蜜與花粉帶回蜂巢，有效提升授粉效率。

圖 4.4.9
蜜蜂訪櫛瓜花

圖 4.4.10
三隻西洋蜂同時訪一朵絲瓜花

4.4.5 利用蜜蜂進行網室授粉

網室栽培將環境中大部分昆蟲隔離，導致授粉困難，除了人工授粉之外，較有效率的做法是從外界引入授粉昆蟲幫助作物授粉。

網室授粉昆蟲中，熊蜂授粉效率比蜜蜂好，臺灣由於蜜蜂飼養技術較為純熟且容易取得，因此常用於網室授粉。不過蜜蜂具有趨光性，在網室內的蜜蜂會衝撞網壁導致蜜蜂大量死傷，為了降低這類情況發生，蜜蜂搬入網室之前要先行處理。

準備兩箱以上的蜜蜂，每箱至少要有四片巢脾及蜜蜂，將蜂群並列放置在網室附近且遮蔭良好的地方約一個月以上的時間，每箱距離 1~2 m 左右。在適合蜜蜂外出採集的晴朗季節，把準備進入網室的蜂群移到 10 m 以上的區域，待半天後外勤蜂回到原先放置的位置併入鄰近的蜂群中，10 m 外的蜂群大都只剩下內勤蜂，由於蜂量變少，因此要把多餘的巢片抖蜂後抽離給原位置收留外勤蜂的蜂群，僅留下幼蟲、封蓋較多的巢片，使蜂箱內維持蜂不露脾的狀況。

此時授粉蜂只剩下蜂王、內勤蜂及幼蟲、封蓋巢片，移入網室擺放後讓內勤蜂於網室內認巢飛行，雖然無法完全避免蜜蜂衝撞網室的行為，但至少比起將老齡外勤蜂直接進入網室，衝撞的情況可以稍加改善。

由於授粉蜂被限制在網室內無法飛行到更遠的地方覓食，因此要注意巢房內的食物是否充足並隨時補充，但也不可餵食過多糖水造成蜜壓子，造成蜂王無處產卵。

若蜜蜂數量不足，可從網室外的露天蜂群中取出老熟封蓋片，抖蜂後與網室內的空片互換，以維持授粉蜂數量。授粉結束前一個月不必再補充封蓋片，待授粉結束後把蜂群移出網室，等下次授粉季節來臨前再次操作。

附表 ｜ 蜜粉源植物一覽表

本表僅收錄部分蜜粉源植物 83 科、252 種，依中文科名筆畫排列。
表中除臺灣原生種外，亦包含強勢入侵種。
本表所列為蜜蜂及其他蜂類可利用的部分蜜粉源植物。

中文名	學名	俗名	科名	形態
油菜	*Brassica campestris* var. *napus*	菜子	十字花科	一年生草本，莖直立，花黃色，4 枚花瓣排列成十字形，雄蕊 6 枚，四長二短。開花泌蜜適宜濕度為 70~80%，泌蜜適溫為 18~25°C，一天中以 7~12 時開花數量最多。
甘藍	*Brassica oleracea* var. *capitata*	高麗菜 包心菜 洋白菜	十字花科	一年生草本。葉質厚，層層包裹成球狀體；總狀花序，腋生，花瓣 4 枚，十字排列，花為淡黃色。
小白菜	*Brassica chinensis*	白菜 青菜	十字花科	一年生草本。葉呈匙形或長橢圓形，具長葉柄，主脈明顯；總狀花序，呈圓錐狀，花淺黃色。
花椰菜	*Brassica oleracea* var. *botrytis*	花菜 菜花	十字花科	莖粗，直立，葉綠色，質厚，花蕾密集，花淡黃色或黃白色。
青花菜	*Brassica oleracea* var. *italica*	青菜花 美國花菜 青花菜	十字花科	草本。莖直立粗壯，有分枝。葉粉綠色，花蕾密集，後期花梗抽出，開黃色十字形花。
蕪菁	*Brassica rapa*	蔓菁 大頭菜	十字花科	二年生草本。塊根肉質，呈球形、扁圓形或矩圓形，白色或黃色。葉基生，羽狀分裂或羽狀複葉，基部抱莖或具葉柄。頂端開鮮黃色花，花與果實形態類似油菜。
大菜	*Raphanus sativus*	菜花	十字花科	一或二年生草本。軸根膨大成儲藏根。花白色、淡紫或粉紅色，花瓣 4 枚。

中文名	學名	俗名	科名	形態
蕺菜	Houttuynia cordata	魚腥草 臭腥草 九節蓮	三白草科	多年生草本。莖葉搓碎具腥味；葉互生，卵形或闊卵形；穗狀花序頂生，花淡黃綠色。
九芎	Lagerstroemia subcostata	小果紫薇 拘那花	千屈菜科	落葉大喬木。樹幹通直光滑，褐色，俗稱猴不爬。葉具短柄，長橢圓形或卵形。花淡黃白色，花瓣6枚，花期約6至8月。
紫薇	Lagerstroemia indica	百日紅 滿堂紅	千屈菜科	落葉灌木或小喬木，樹皮光滑易剝落，葉近對生，圓錐花序，頂生，花粉紅色，花期約6~9月。
千屈菜	Lythrum salicaria	千禧花 美麗千屈菜	千屈菜科	多年生草本。直立，多分枝，頂生長穗狀花序，小花多而密集，花期橫跨夏秋兩季。
雪茄花	Cuphea ignea	紅丁香 焰紅萼距花	千屈菜科	葉對生，披針形，紙質，碧綠色，全緣。花腋生，花朵無瓣，由鮮紅色筒狀花萼組成，萼筒口呈紫色和白色。幾乎全年都能見花，但夏季最盛。
阿里山十大功勞	Mahonia oiwakensis	翠峰十大功勞	小檗科	一回奇數羽狀複葉，葉長圓狀橢圓形。花期8~11月，花黃色，總狀花序，簇生。
山桐子	Idesia polycarpa	水冬桐 水冬瓜	大風子科	花多數，黃綠色，單性，雌雄異株，圓錐花序頂生或腋生；花序細長，光滑無毛或少數有毛茸；花梗長1~1.5 cm。漿果球形，徑約0.6 cm，熟後鮮紅色或橙紅色。
葎草	Humulus scandens	拉拉秧 拉拉藤	大麻科	多年生莖蔓草本植物。雌雄異株，通常群生，莖和葉柄上有細倒鉤，葉片呈掌狀，莖喜纏繞其它植物生長。雄花黃綠，雌花紫褐帶點綠色，花期為夏秋兩季。

中文名	學名	俗名	科名	形態
烏桕	*Sapium sebiferum*	木子樹 柏仔	大戟科	落葉喬木。葉膜質或紙質，菱狀卵形或菱形。總狀花序頂生，單性花，雌雄同株；雄花具雄蕊 2 至 3 枚。
日本油桐	*Aleurites cordata*	桐仔樹 三桐	大戟科	落葉小喬木。葉寬卵形或心形，花白色，花瓣 5 枚。
千年桐	*Aleurites montana*	油桐	大戟科	落葉喬木，葉互生，具長柄，寬卵形，常 3-5 裂或全緣，基部心形，有 2 杯狀而具柄的腺體，可分泌蜜汁；花單性，雌雄異株或同株，花瓣白色，花心在剛開花時為淡綠色，隨後逐漸轉為紅褐色，具芳香。
血桐	*Macaranga tanarius*	流血桐	大戟科	花單性，雌雄異株，無花瓣；雄花圓錐花序，腋生；雌花序密生成團狀，苞片銳鋸齒緣；雄花萼 3~4 裂，裂片鑷合狀，卵形，被細毛。果實表面分泌物亦為臺灣綠蜂膠膠源。
野桐	*Mallotus japonicus*	穗花山桐 白葉仔	大戟科	葉互生，菱形或卵形。花小且多，雌雄同株或異株，頂生複穗狀花序，雄蕊多數；蒴果三室。樹皮平滑；小枝直立或斜上昇，細長，具淡褐色星狀絨毛。春至夏季開花。
白匏子	*Mallotus paniculatus*	/	大戟科	半落葉喬木，莖、葉背均為灰白色，單葉互生，闊卵形，結蒴果。花期約 7~8 月。
蓖麻	*Ricinus communis*	紅蓖麻	大戟科	莖直立。葉互生，圓形盾狀，掌狀分裂。單性花，雌雄同株；雄花位於下方，雌花位於上方。

中文名	學名	俗名	科名	形態
厚皮香	*Ternstroemia gymnanthera*	紅紫	山茶科	常綠喬木；葉叢生於枝端，倒披針形或橢圓形；花白色或淡黃色，冬至早春開花。
茶	*Thea sinensis*	山茶 茶樹	山茶科	灌木或小喬木；葉革質，卵狀披針形或橢圓狀披針形，邊緣具鋸齒；花腋生，白色。
大頭茶	*Gordonia axillaris*	花東青 大山皮	山茶科	常綠中喬木；葉互生，革質，長橢圓狀披針形或長橢圓形；花腋生或頂生，白色。
苦茶	*Camellia oleifera*	茶梅 茶子樹 油茶	山茶科	常綠灌木或小喬木；葉革質，橢圓形或倒卵形，邊緣具鋸齒；花頂生，近無柄，白色。
紅淡比	*Cleyera japonica*	楊桐	山茶科	常綠喬木。樹枝及小枝多光滑無毛，直立或斜上昇；花兩性，有梗，腋生，單生或2~3朵叢生，黃白色，雄蕊多數。花期5~7月。
大葉山欖	*Palaquium formosanum*	臺灣膠木 杆子	山欖科	常綠喬木。葉互生，長橢圓形或長卵形；花白色或淡黃色。
夏威夷果	*Macadamia* spp.	澳洲堅果 夏威夷 火山豆	山龍眼科	常綠喬木。葉子由3至4片環生，呈披針形、倒卵形或橢圓形。花有4枚花瓣，白、粉紅或紫色，芬芳，呈細長的串狀花。堅果硬，為木質、球狀的蓇葖果，內含一或兩粒種子。
臺灣楤木	*Aralia bipinnata*	裡白楤木 裡白蔥木 裏白蔥木 裏白楤木 楤木 刺楤 白刺楤	五加科	落葉小喬木，老粗幹具刺瘤，莖幹疏生有小刺，幼枝及葉柄常帶暗紫色。

中文名	學名	俗名	科名	形態
鵝掌柴	*Schefflera octophylla*	江某 鴨母樹 飯來樹 鴨腳木	五加科	半落葉性喬木。掌狀複葉，小葉長橢圓形，花小形、數多，淡黃色或黃綠色小花。
鵝掌藤	*Schefflera arboricola*	七加皮	五加科	常綠蔓狀灌木，開花期春至夏季，結果期秋至冬季。
蓪草	*Tetrapanax papyrifer*	通脫木	五加科	常綠灌木到小喬木，掌狀大葉子7~12裂，下面被毛，莖含有大量白色髓，冬季開黃白色小花。
臺灣格柃	*Eurya septata*	/	五列木科	小枝被柔毛，略具稜；頂芽被疏柔毛。葉硬紙質或革質，無柄或具短柄，橢圓形，細鋸齒緣，先端漸尖，中脈下表面被疏柔毛。雄蕊14~16枚，花藥具膈。 果球形，無毛。
柃木	*Eurya japonica*	油茶 油木	五列木科	常綠小喬木或灌木；葉互生，倒披針形或橢圓形；雌雄異株；花腋生，白色。
蘆筍	*Asparagus officinalis*	龍鬚菜 石刁柏	天門冬科	多年生草本，具地下莖，枝分枝多。葉細小呈鱗片狀。單性花，雌雄異株，白色。
酒瓶蘭	*Beaucarnea recurvata*	/	天門冬科	原產於墨西哥。耐旱常綠小喬木，莖幹直立，成株可高達數公尺。下部肥大，狀似酒瓶。

中文名	學名	俗名	科名	形態
臺灣白蠟樹	*Fraxinus formosana*	白雞油 山苦楝 白雞油樹	木樨科	半落葉喬木。樹皮薄、灰白色，易剝落。奇數羽狀複葉。圓錐花序頂生，果實具翅。
茉莉花	*Jasminum sambac*	茉莉 大梨花	木樨科	半落葉性蔓性灌木。葉對生近於圓形，花白色而有芳香，單瓣或重瓣，花期夏季。
山素英	*Jasminum hemsleyi*	白茉莉	木樨科	常綠蔓性灌木或藤本。葉對生，長橢圓形或卵狀披針形。花白色，具香氣，花期春季。
小蠟	*Ligustrum sinense*	毛女貞 小實女貞 垂枝女貞 山指甲 山蠟樹	木樨科	灌木或小喬木；幼枝略被毛。葉紙質；花序頂生，約具12對分枝；花白色。花期2~6月。
洋玉蘭	*Magnolia grandiflora*	荷花玉蘭	木蘭科	常綠喬木，樹冠卵狀圓錐形，小枝和芽均有鏽色柔毛。葉卵狀長橢圓形，厚革質，表面有光澤，背面有鏽色柔毛，邊緣微反卷。花白色，花被片通常為6片，有時多達9片，花大如荷花，因此得名荷花玉蘭，芳香。花期5~7月。
火龍果	*Hylocereus undatus*	三角柱	仙人掌科	花呈漏斗狀，夜間開放，清晨花冠漸閉。花托與花托筒密覆淡綠或黃綠色鱗片，形卵狀披針至披針形。萼狀花被片黃綠色，線形至線狀披針形；瓣狀花被片白色，長圓狀倒披針形；花絲黃白色。花期約6~12月。

中文名	學名	俗名	科名	形態
鵝兒腸	*Stellaria aquatic*	雞腸草牛繁縷	石竹科	草本。葉對生。花序單生或聚繖,腋生或頂生。花柱 5 枚,春季開花。
稻	*Oryza sativa*	水稻	禾本科	一年生草本,稈叢生,通常喜生於水田。花成穗抽出,花數多,花粉多,隨風散布。
玉米	*Zea mays*	包穀番麥	禾本科	一年生高大草本,基部具氣生支持根。雄花序生於莖頂,為開展的圓錐花序;雌花序腋生,呈圓柱形穗狀,花柱細長如絲。
甜根子草	*Saccharum spontaneum*	猴蔗	禾本科	草本,地下莖發達,花頂生,圓錐花序,小穗成對,花穗銀白色。
高粱	*Sorghum bicolo*	蜀黍蘆黍	禾本科	一年生草本,花密集開於枝梢,果實數量龐大,成團成簇。
兩耳草	*Paspalum conjugatum*	大板草雙板刀	禾本科	多年生草本,地下有走莖,具有很長的匍匐性,葉緣粗糙,葉鞘光滑,花序由兩條穗狀花序組成,兩個花序著生花桿頂端。
五節芒	*Miscanthus floridulus*	菅仔寒芒	禾本科	多年生草本,地下莖發達。大型圓錐花序,基部長有成束的紫紅色毛,具有兩朵小花。
白茅	*Imperata cylindrica* var. *major*	茅草茅仔	禾本科	多年生草本。葉片披針形,葉緣通常內捲,基部有毛,總狀花序多數,聚集成緊縮的圓錐花序。

中文名	學名	俗名	科名	形態
牛筋草	*Eleusine indica*	牛頓草 萬斤草	禾本科	一年生草本，葉扁平或捲折，葉鞘壓扁，穗狀花序，穗軸頂端生小穗。
臺灣野稗	*Echinochloa crus-galli* var. *formosensis*	/	禾本科	一年生草本，桿細瘦，圓錐花序成半直立性，花小而多。
棋盤腳	*Barringtonia asiatica*	濱玉蕊	玉蕊科	常綠喬木，葉枝端叢生，倒卵形或長橢圓形，先端鈍形，全緣，革質，光滑無毛，殆無柄，頂生直立之總狀花序。
穗花棋盤腳	*Barringtonia racemosa*	水茄苳	玉蕊科	常綠喬木。互生橢圓形葉片有鋸齒，葉片常叢生於枝頂。總狀花序自枝端或老枝長出，花序下垂。披針形白色花瓣4枚。雄蕊白色或粉紅色，雌蕊桃紅色。開花期近全年，以春夏季最盛。
通泉草	*Mazus pumilus*	/	玄參科	草本；總狀花序生於莖或枝頂端，常自近基部即開花，並可向上伸長或於上部成束狀。
胭脂樹	*Bixa orellana*	紅木 紅色樹	紅木科	常綠灌木或小喬木。小枝和花序有腺毛；卵形葉子基出五脈，秋季開粉紅色花，圓錐花序頂生；卵形或近似球形、綠色、紫紅色、褐色蒴果。
百子蓮	*Agapanthus africanus*	愛情花	石蒜科	多年生草本植物。葉叢生，基生葉，披針形，肉質，表裡兩面皆為深綠色，先端漸尖。花序為聚繖花序，花著生於花莖頂端，花莖實心直立，花梗直接由基部抽出，頂端著生數10~30朵小花，花筒狀，漏斗形，花瓣藍色，略向外翻捲，花序整齊排列成繖形。

中文名	學名	俗名	科名	形態
西番蓮	Passiflora edulis	時計果 百香果	西番蓮科	多年生蔓性藤本。葉卵形至圓卵形，葉腋具卷鬚。花單生於葉腋，花瓣5枚，披針形至長橢圓狀披針形，具白色鬚狀副花冠。
毛西番蓮	Pssiflora foetida var. hispida	野香果 龍珠果	西番蓮科	多年生藤本。葉卵形至卵狀橢圓形。花白色或近白色，副花冠基部紫紅，先端白色。
接骨木	Sambucus williamsii	續骨木 公道老 扦扦活	五福花科	落葉灌木，枝有皮孔，光滑無毛，老葉具黃褐色髓心。卵形或橢圓形對生羽狀複葉。春季開黃白色小花，在枝端密集成圓錐狀聚傘花序。紅色圓球形漿果。
紫雲英	Astragalus sinicus	翹搖	豆科	草本，莖細長，羽狀複葉長，花多，頂生於花莖上形成頭狀叢生，紫紅或粉紅色。
銀合歡	Leucaena glauca	臭菁仔 白相思仔	豆科	強勢入侵種。落葉小喬木。葉紙質，長橢圓形狀線形至披針形，花白色，花瓣5枚。
含羞草	Mimosa pudica	見誚草	豆科	強勢入侵種。一年至多年生草本，呈灌木狀，枝具倒刺。葉互生，二回羽狀複葉，對觸摸敏感。花腋生，紫紅色，花序圓球形。
田菁	Sesbania roxburghii	山菁	豆科	一年生草本。偶數羽狀複葉，小葉40~80片，花腋生，花瓣黃色，雄蕊10枚。

中文名	學名	俗名	科名	形態
洋槐	Robinia pseudoacacia	刺槐	豆科	喬木。樹皮厚，暗色，紋裂多；樹葉長25 mm，羽狀複葉，由9~19個小葉組成，每個樹葉根部有一對1~2毫米長的刺；花為白色，有香味，穗狀花序。
紫花苜蓿	Medicago sativa	紫苜蓿	豆科	多年生草本，最高可以長至1 m。根系強大；莖直立或匍匐，光滑多分枝；葉子互生，複葉具三倒卵狀長圓形小葉；葉腋生總狀花序，紫色花；螺旋形黑褐色的莢果，無毛；黃褐色腎形種子。
白花苜蓿	Trifolium repens	白花三葉草	豆科	多年生匍匐草本，三出複葉，葉柄長4~8 cm，小葉倒卵形或卵形，葉基鈍形，葉端圓而微凹，葉緣細鋸齒，葉表面有白色斑紋，兩面光滑無毛，托葉卵狀披針形。兩性花，白色蝶形花排列成頭狀花序，淡綠色。
豌豆	Pisum sativum	荷蘭豆	豆科	一年或兩年生纏繞草本。偶數羽狀複葉，頂端卷鬚，托葉呈卵形。花白色或紫紅色、單生或1~3朵排列成總狀腋生，花柱內側有鬚毛，閉花授粉，花瓣蝴蝶形。莢果長橢圓形或扁形，根據內部有無內層革質膜及其厚度分為軟莢及硬莢。
大豆	Glycine max	黃豆	豆科	一年生草本，莖直立，花開在葉腋，豆莢有毛，種子飽滿而呈綠色。
花生	Arachis hypogaea	土豆 長生果	豆科	一年生草本。葉枝直立或匍匐，偶數羽狀複葉；蝶形花呈濃黃色，根部有根瘤菌共生。
相思樹	Acacia confusa	香絲樹 相思仔	豆科	喬木。葉互生，長橢圓形。花小形，黃色，花瓣五片，花序圓球形。

中文名	學名	俗名	科名	形態
刺桐	*Erythrina variegata*	梯枯 雞公樹	豆科	落葉喬木。葉有長柄，互生，膜質，菱形或扁闊卵形。蝶形花深紅色，密集開展。
羊蹄甲	*Bauhinia variegata*	/	豆科	落葉小或中喬木。葉互生，腎形；花多數，側生，總狀花序，花紫紅色。
艷紫荊	*Bauhinia blakeana*	香港蘭	豆科	常綠喬木。葉互生，花大而豔麗，呈頂生或腋生總狀花序排列，花瓣倒卵形或橢圓形，花瓣 5 枚。10 月至 3 月前後開花。
朱纓花	*Calliandra haematocephala*	紅絨球 紅合歡 美洲合歡 粉撲花 粉紅撲	豆科	花朵聚生成圓球狀的頭狀花序，花冠漏斗狀，小而不易見，每朵花具多數雄蕊，花絲細長，深紅色，亦有白色品種。形似粉撲的花主要是花朵中雄蕊細長的花絲。花期長，全年近乎可見開花，主要於夏季至秋季。
羽扇豆	*upiuns polyphyllus lindl*	魯冰花	豆科	多年生草本植物。總狀花序頂生，花期 3~5 月，果期 4~7 月。種子富含蛋白質。根部有根瘤菌共生，能夠把空氣中的氮固定到土壤中，日治時期日本人引入臺灣作為綠肥。
水黃皮	*Millettia pinnata*	九重吹	豆科	常綠喬木或半落葉喬木。樹幹呈彎曲狀，花朵為白、紫或粉紅色，成熟的豆莢為褐色。
樹豆	*Cajanus cajan*	蒲姜豆 木豆 米豆	豆科	花數枚成對生長，約有 4~6 對，黃色或橘黃色，花期約 2~11 月。
紫藤	*Wisteria sinensis*	葛藤 藤花	豆科	落葉性大藤本植物。莖木質，具纏繞性，總狀花序側生小枝上，大型下垂的花型，排列整齊，花期為 3 月中下旬至 4 月初。
阿勒勃	*Cassia fistula*	阿勃勃 波斯皂莢	豆科	喬木，偶數羽狀複葉，夏季開金黃色花，總狀花序，花序成串下垂，果實為圓筒形不開裂長莢果。

中文名	學名	俗名	科名	形態
酸藤	*Ecdysanthera rosea*	/	夾竹桃科	花期 4~6 月，粉紅色或紅色小花，聚繖狀圓錐花序，以聚繖為小單位排列，大單位則以圓錐花序排列。葉片橢圓形或橢圓狀倒卵形，邊緣光滑無缺口，葉面濃綠有光澤，背面綠白色，葉柄、中肋及側脈均略帶紫紅。
冇骨消	*Sambucus formosana*	末骨消 臺灣蒴藋 七葉蓮	忍冬科	常綠小灌木。葉對生，奇數羽狀複葉。複聚繖花序呈繖房狀，花序間具黃色杯狀蜜腺，能分泌花蜜。
唐杜鵑	*Rhododendron simsii*	滿山紅 羊躑躅 映山紅	杜鵑花科	常綠、半常綠或落葉灌木植物，多分枝；卵狀橢圓形葉子互生，盛開於春季。耐蔭，喜在樹附近或在樹下生長。開紅色、粉色或白色等顏色闊漏斗形花，卵圓形蒴果，密被糙毛。有多個雜交種，部分品種如黑海杜鵑 (*Rhododendron ponticum*) 和亮黃杜鵑 (*Rhododendron luteum*) 含梫木毒素 (Grayanotoxin)。
車前草	*Plantago asiatica*	五根草 臺灣車前	車前科	多年生草本。葉橢圓形或卵形。小花白色，穗狀花序自葉叢中央抽生。
金魚草	*Antirrhinum majus*	龍口花 龍頭花 洋彩雀	車前科	多年生草本植物，原屬玄參科。葉上部成螺旋狀互生，披針形，基部對生，花為頂生總狀花序，花期 3~6 月。果實為蒴果卵圓形，其中含有大量種子。
桶柑	*Citrus tankan*	牛柑 招柑 潮州柑	芸香科	常綠灌木或小喬木。葉互生，披針形，革質。花柄細長。花白色，具清香。
橘柑	*Citrus tachibana*	大和橘 日本橘	芸香科	常綠灌木或小喬木。單身複葉，互生。花兩性，具香味，數朵簇生或聚繖花序，腋生，花冠白色。

附表

中文名	學名	俗名	科名	形態
金棗（金柑）	*Citrus margarita*	長果金柑 牛奶橘 金棗 金橘	芸香科	灌木或小喬木。枝有刺。單葉互生，葉質厚。子房橢圓形。花柱細長。花白色，花瓣5枚。
柳橙	*Citrus sinensis var. liucheng*	柳丁	芸香科	灌木或小喬木。葉互生，橢圓形，先端尖，基部楔形。花單生或對生，白色，有香氣。
椪柑	*Citrus poonensis*	椪仔柑 盧柑	芸香科	灌木或小喬木。葉互生，具葉柄。總狀花序，花白色，有香氣。
柚子	*Citrus maxima*	文旦柚	芸香科	常綠小喬木。葉呈長橢圓形。花白色，花瓣4~5枚。栽培種數量眾多，如文旦柚、沙田柚、蜜柚、四季柚等。
檸檬	*Citrus × limon*	/	芸香科	常綠小喬木，有硬刺，枝少刺或近無刺。嫩葉及花芽暗紫紅色；翼葉寬或狹，葉厚紙質，卵形或橢圓形，先端常呈短凸尖，邊緣有明顯鈍鋸齒。花單一或數朵簇生葉腋，花瓣長橢圓形，外面淡紫紅色，內面白色。
月橘	*Murraya paniculata*	七里香	芸香科	常綠灌木或小喬木。葉互生，奇數羽狀複葉，卵形至倒卵形；頂生或腋生繖房花序，花白色，有香氣。
臺灣溲疏	*Deutzia taiwanensis*	臺灣溲疏	虎耳草科	灌木，葉紙質或薄革質，卵狀長圓形或卵狀披針形，先端漸尖、尖頭稍彎，基部楔形或圓形，邊緣具大小不等鋸齒，上面綠色，下面灰綠色。聚繖狀圓錐花序，花蕾長圓形，花瓣白色，長圓形，先端急尖，基部稍狹，外面被星狀毛。

中文名	學名	俗名	科名	形態
四季秋海棠	*Begonia semperflorens-cultorum*	/	秋海棠科	常綠肉質草本，莖直立，肉質光滑，綠色或淡紅色。總狀花序腋生，雌雄異花同株。花形則有單、重瓣之分，花色計有紅、粉紅、橙紅、深紅、白色等。長年開花，但盛開於夏季。
水筆仔	*Kandelia candel*	茄藤樹	紅樹科	灌木或小喬木。單葉對生，長橢圓形，聚繖花序，腋生，花白色。
胡麻	*Seasmum indicum*	烏麻芝麻	胡麻科	草本。葉互生或對生，卵形至橢圓形或披針形。花冠筒狀，花白、粉紅、紫或黃，夏末至秋初開花。
椬梧	*Elaeagnus oldhamii*	/	胡頹子科	常綠灌木或小喬木，全株具有鱗片，枝上具有變態枝條形成的刺。互生倒卵形革質葉片，幼葉有銀色鱗片，葉背密佈銀白色與疏散的褐色鱗片。單花或數朵簇生於葉腋，花白色4瓣。果實卵圓形，幼時有白色鱗片。開花期冬季，結果期春季。
烏仔菜	*Solanum nigrum*	龍葵烏子茄烏甜菜	茄科	草本。葉互生，具柄；莖直立，多分枝；繖形花序腋生，有總梗，花白色；漿果圓球形，熟時黑紫色。
枸杞	*Lycium chinense*	/	茄科	落葉灌木，高 1.5~2 m。枝條細長，先端常彎曲，莖叢生有短刺；葉卵狀披針形，互生或數片叢生；夏秋開淡紫色花，一兩朵簇生；卵圓形紅漿果；扁腎形種子。
茄子	*Solanum melongena*	紅皮菜長茄	茄科	草本，呈矮灌木狀；葉互生，長圓狀卵形，邊緣淺波狀或深波狀圓裂；花冠淺鐘形，淡紫或紫藍色。
番茄	*Solanum lycopersicum*	西紅柿	茄科	一年生草本。半蔓形或半直立的莖，密被腺毛，散發特殊氣味，葉片為羽狀複葉深裂；總狀或聚傘花序，黃色花；扁圓、圓或櫻桃形漿果，紅、黃或粉紅色；灰黃色腎形種子，有毛茸。

附表

中文名	學名	俗名	科名	形態
苦蘵	Physalis angulata	燈籠草	茄科	一年生草本。直立或披散，莖上多分枝。單葉互生，卵狀橢圓形，頂端漸尖，基部楔形，邊沿有不規則齒。夏秋開花，花冠淡黃色，五瓣，花葯黃色或淡紫色。果萼卵球闊狀，橙黃色，酷似燈籠，漿果藏於果萼內，球形，直徑 1 cm 左右。
仙草	Mesona procumbens	仙草舅	唇形科	一年生草本。葉橢圓形，邊緣具鋸齒。花序頂生或腋生，花穗白色或淡紫紅色。
羅勒	Ocimum basilicum	九層塔 七層塔	唇形科	莖方形，多分枝，常帶紫色；葉子卵形或卵狀披針形，對生，背面有腺點，淡綠色和長有細毛。
紫蘇	Perilla frutescens	/	唇形科	一年生草本或亞灌木。全株呈紫色或綠紫色。葉對生，圓卵形，先端長尖，基部截形，鈍鋸齒緣。穗狀或總狀花序，頂生或腋生，花冠管狀，唇裂，紅色或淡紅色，苞卵形，萼鐘狀；堅果，種子卵形。
一串紅	Salvia splendens	爆竹紅	唇形科	半灌木草本。葉對生，卵圓形或長圓形；輪繖花序，花穗自莖頂抽出，具 2~6 花，密集成頂生假總狀花序，花萼鐘狀紅色，花冠紅色至紫色，花期 7~11 月。
迷迭香	Salvia rosmarinus	/	唇形科	多年生常綠小灌木。迷迭香的品種依植株的形狀可以分為兩大類型，一類是主幹向上生長的直立型，另一類為枝條橫向生長的匍匐型。葉對生，針狀革質，葉柄極短或無柄，葉面綠色；葉背白色，長有濃密的短綿毛。唇形花，花腋生，少數聚集在短枝的頂端組成總狀花序。
齒葉薰衣草	Lavandula dentata	/	唇形科	多年生草本或小矮灌木。葉互生，橢圓形披尖葉，或葉面較大的針形，葉緣反卷。穗狀花序頂生；花冠下部筒狀，上部唇形；有藍色、深紫色、粉紅色、白色等，常見的為紫藍色，花期 6~8 月。

中文名	學名	俗名	科名	形態
夏枯草	*Prunella vulgaris*	棒槌草 鐵色草 大頭花	唇形科	一年生或多年生草本，全株被白色細毛，莖方形呈綠色或紫紅色，具匍匐莖常成片分布。葉對生，橢圓狀披針形，基部楔形，先端銳尖至鈍形，近全緣，兩面被短毛。輪生聚繖花序，聚集成頂生穗狀花序，花冠筒狀，紫、藍紫或紅紫色。
白千層	*Melaleuca leucadendra*	脫皮樹	桃金孃科	常綠大喬木。葉互生，橢圓形或長橢圓形。穗狀花序密集，花淡白色，夏秋季開花。
松紅梅	*Leptospermum scoparium*	/	桃金孃科	常綠灌木，原產澳洲東南部、塔斯馬尼亞與紐西蘭。樹高 1~4 m，樹皮縱裂剝落狀，嫩枝與嫩葉有毛。互生窄披針形或長卵形葉，葉質堅硬，先端尖銳，搓揉有刺激性氣味。單花開於枝端與葉腋，花色白、粉、紅，亦有會變色的園藝品種。
傘花鐵心木	*Metrosideros umbellata*	南方鐵心木 芮塔樹 瑞塔	桃金孃科	常綠喬木。樹皮粗糙呈片狀，花紅色。
大葉桉	*Eucalyptus robusta*	油加利 尤加利	桃金孃科	常綠喬木。葉互生，卵狀長橢圓形。小花多數，腋生於枝梢，黃白色，雄蕊多數，花期約 7~10 月。
番石榴	*Psidium guajava*	那拔 藍拔	桃金孃科	常綠小喬木。葉對生，橢圓形或卵形。聚繖花序，花柄細長，花白色。

中文名	學名	俗名	科名	形態
蓮霧	*Syzygium samarangense*	軟霧	桃金孃科	單葉對生，橢圓形或披針狀橢圓形。兩性花腋生，淡黃白色，花瓣 4 枚。
賽赤楠	*Acmena acuminatissima*	肖蒲桃	桃金孃科	頂生圓錐狀聚繖花序，花具短梗，花色淺粉紅；花萼筒倒圓錐狀，約 0.3cm，直徑約 0.2cm，淺粉紅至淺黃綠色；花瓣 5 枚，圓形，粉白色，長約 0.1cm。
小葉桑	*Morus australis*	蠶仔樹 鹽桑仔	桑科	灌木或小喬木。樹皮灰白色。葉互生，卵圓形或寬卵形。單性花，葇荑花序，小花多數。
構樹	*Broussonetia papyrifera*	楮樹 鹿仔樹	桑科	落葉中喬木。葉長橢圓形或心狀卵形。雌雄異株；雄花長條狀，雌花球狀。
臺灣海桐	*Pittosporum pentandrum*	七里香 雞榆	海桐科	常綠小喬木。樹皮灰白色。單葉互生，長橢圓形或卵形。圓錐花序頂生，雌雄異株；雌蕊綠白色，花小，具香氣。
海桐	*Pittosporum tobira*	十里香	海桐科	常綠大灌木。枝條平滑，葉互生，簇生枝端，革質，到披針形至倒卵形，中肋明顯。圓錐花序，頂生，黃白色，具芳香。
雞屎藤	*Paedera scandens*	牛皮凍 臭腥藤	茜草科	常綠藤本。莖伸長。葉對生，長橢圓狀披針形至橢圓狀卵形。花序腋生或頂生。花冠筒狀，外白色，內粉紅或暗紫色。夏秋季開花。
水錦樹	*Wendlandia uvariifolia*	/	茜草科	花多數，淡黃色或黃綠色，近似無柄，呈頂生的聚繖花序呈圓錐狀排列。雄蕊 4~5 枚，生長於花冠開口處；花藥長橢圓。花期 1~5 月。

中文名	學名	俗名	科名	形態
矮仙丹	*Ixora chinensis*	龍船花 三丹花 山丹花 紅繡球	茜草科	葉密集十字對生、光滑無毛，卵狀披針形或橢圓形，革質，葉端禿尖、呈銳角、葉基鈍。聚繖花序，數十朵，花冠成高腳杯形。雄蕊四枚，聚成半圓球形。顏色有橘紅至深紅，亦有白、黃、粉紅等色之變種。 盛花期為 5~11 月。
醉嬌花	*Hamelia patens Jacq.*	/	茜草科	常綠灌木。高可達 3 m，具多數分枝；小枝細長，圓柱形，幼時常被有細毛。葉為單葉，花多數，紅色，頂生聚繖花序；常形成複聚繖花序。
咖啡	*Coffea arabica*	/	茜草科	常綠灌木，高 3~3.5 m，分支上有白色小花，具有茉莉花的香味。果實長 1.5~1.8 cm，紅色，內有相鄰排列的兩粒種子，每粒種子外均包有內果皮和表膜。原產於非洲，有許多變種。每一變種都同特定的氣候條件和海拔高度有關。
臺灣馬桑	*Coriaria intermedia*	毒空木	馬桑科	小喬木至半落葉灌木，花雌雄同株。
大花馬齒莧	*Portulaca grandiflora*	松葉牡丹 龍鬚牡丹 金絲杜鵑 洋馬齒莧	馬齒莧科	一或二年生。莖與葉皆為肉質，葉互生，線形而厚，基腳有長白毛，花大、無花梗，花瓣 5 枚。
毛馬齒莧	*Portulaca pilosa*	禾雀舌 午時草	馬齒莧科	一至多年生草本。莖匍匐，單花頂生，密被長柔毛。花瓣紫紅色。
馬齒莧	*Portulaca oleracea*	豬母菜 豬母乳	馬齒莧科	一或二年生草本。葉互生或對生，肉質，有光澤。花兩性，頂生，黃色。

中文名	學名	俗名	科名	形態
杜虹花	*Callicarpa formosana*	杜紅花 台灣紫珠 紫珠 紫珠草	馬鞭草科	常綠性灌木,小枝、葉及花序均密被星狀毛茸,葉對生,卵形至長橢圓形,鋸齒緣。花小型,排列成腋生的聚繖花序,花序梗並作二歧分叉,花萼 4 淺裂,花冠管狀,粉紅或紫紅。
垂茉莉	*Clerodendrum wallichii*	白玉蝴蝶 垂枝茉莉	馬鞭草科	常綠灌木。小枝方形,莖直立,高度可達 3 公尺。葉對生,披針形,葉緣略帶波浪狀,葉片常下垂狀。圓錐狀花序自枝端下垂,白色花瓣 5 枚,花蕊長伸,花朵形似白蝶。
馬纓丹	*Lantana camara*	五色梅 如意草 五龍蘭 臭金鳳 綿鼻公花	馬鞭草科	強勢入侵種。常綠半蔓性灌木;葉對生,有柄,卵形,葉緣鋸齒狀;頭狀花序作繖房狀排列,小花數十朵,四季開花,花冠紅、粉紅、橙、黃或白色。
金露花	*Duranta repens*	臺灣連翹	馬鞭草科	常綠小喬木或灌木;葉對生,膜質,橢圓形或卵狀披針形;總狀花序腋生或頂生,花藍紫色或白色。
埔姜	*Vitex negundo*	黃荊 牡荊	馬鞭草科	灌木或小喬木;葉對生,掌狀複葉,小葉披針形;總狀花序頂生或腋生,花淡紫色。
大青	*Clerodendrum cyrtophyllum*	臭腥公 細葉臭牡丹 埔草樣	馬鞭草科	灌木或小喬木;葉對生,披針狀長橢圓形;聚繖花序頂生或腋生,花白色或淺綠色。
海州常山	*Clerodendrum trichotomum*	臭梧桐 山豬枷	馬鞭草科	大灌木或小喬木;葉對生,紙質,寬卵形或三角狀卵形;複聚繖花序腋生,花冠白色,花絲細長。

中文名	學名	俗名	科名	形態
鴨舌癀	Phyla nodiflora	過江藤 石莧 鴨嘴癀	馬鞭草科	多年生草本植物，莖具匍匐性。單葉對生，肉質狀，倒卵形至倒披針狀匙形，葉緣基半部全緣，上半部鋸齒緣。花序穗狀，密集，花小而多。於全日照乾旱地植株貼地生長，葉小而厚肉質。於水分充足土壤，莖易斜上升性生長，植株較高。
刺莧	Amaranthus spinosus	刺蒐	莧科	一年生草本。莖直立，葉互生，花序穗狀呈團塊簇生，有刺。
毛蓮子草	Alternanthera bettzickiana	錦繡莧	莧科	二年生草本，株高 20-50 cm。莖直立或斜上，多分枝；單葉，對生，倒披針形或狹橢圓形，長 4~8，寬 2~3 cm，先端銳尖，基部漸狹形，全緣，柄長 2~2.5 cm；球形頭狀花序，頂生或腋生。苞片 3 枚，卵狀長披針形。花被 5 枚，黃白色，卵狀長橢圓形；雄蕊 5 枚；胞果黑色，扁卵形。種子紅褐色，紡錘狀。全株被毛。
番藷	Ipomoea batatas	地瓜 番薯 鴨腳蹄 甘藷	旋花科	多年生草本。地下具塊根。聚繖花序腋生，花冠粉紅或淡紫色，漏斗狀。
牽牛	Ipomoea nil	喇叭花	旋花科	花呈白色、紫紅色或紫藍色，漏斗狀，雄蕊 5 枚，長度不一，花絲基部被柔毛，萼片 5 枚，雌蕊 1 枚，子房 3 室，柱頭頭狀。花期以夏季最盛。
槭葉牽牛	Ipomoea cairica	五爪金龍	旋花科	葉子類似掌狀，花呈淡紫色漏斗狀，花期以夏季最盛。莖灰綠色，常有小瘤狀突起。全草具有藥用，雖有小毒，但可清熱解毒利尿。
藍星花	Evolvulus nuttallianus	星形花 雨傘花 草本 仙丹花	旋花科	多年生半蔓性常綠灌木。莖葉被密被白色綿毛，葉互生，長橢圓形，全緣；花腋生，花冠藍色，中心白星形，花期不固定，全年都有，早上盛開。

中文名	學名	俗名	科名	形態
長壽花	*Kalanchoe blossfeldiana*	家樂花 壽星花 矮生伽藍菜 聖誕伽藍菜	景天科	葉圓形或橢圓形，深綠色，葉片邊緣為鈍齒狀，肉質葉的邊緣略帶紅色，葉面光亮，終年常綠。對生花簇生，原種花為單瓣紅色，但人工培育的花色多，有紅、橙、黃、紫等多種顏色，花期為冬季至春季，約為12月下旬至翌年5月。
石板菜	*Sedum formosanum*	台灣佛甲草 白豬母乳 白豬母菜	景天科	一年生草本，植株低矮，葉肉質，互生，倒卵形至近匙形，葉基窄楔形，葉尖闊圓形，葉緣為全緣。花序為聚繖花序，花黃色，多數，花冠裂片4~5枚。
山棕	*Arenga engleri*	虎尾棕 桄榔子	棕櫚科	常綠灌木。葉大形，互生，厚紙質，線形，花具芳香，淡紅黃色，花瓣3片。春季開花，肉穗花序，黃色。雌雄同株異序；雄花黃色，殼斗狀，花瓣長橢圓形，雄蕊多數。花期約5~6月。
檳榔	*Areca catechu*	菁仔	棕櫚科	通直小喬木。葉廓呈倒三角形，羽狀複葉，花單性，雌雄同株，花黃綠色。
大王椰子	*Roystonea regia*	王棕	棕櫚科	多年生常綠喬木。莖單生，葉端漸尖，全緣，厚紙質，中肋呈明顯。穗狀花序，雌雄同株，每年10至翌年5月會從葉鞘中抽出花穗，著多數白色小花，小花不明顯，花單性。

中文名	學名	俗名	科名	形態
荔枝	*Litchi chinensis*	麗枝	無患子科	中喬木。偶數羽狀複葉互生，革質，具葉柄；小葉披針形或矩圓狀披針形；花黃白色。
龍眼	*Euphoria longana*	桂圓 福圓	無患子科	常綠喬木。葉革質，互生，長橢圓形，花小型，花瓣5~6片。龍眼同時有受管理栽培的植株和變成外來入侵種的植株，原產中國，是早期移民移入。
番龍眼	*Pometia pinnata*	芭樂龍眼	無患子科	常綠中至大喬木。樹高約25 m左右，胸徑1.5 m，植株生長迅速，樹冠不規則形。樹皮茶褐色。葉互生，初帶紅色，偶數羽狀複葉，小葉對生或近對生。雜性花；花序為圓錐花序，生於枝梢葉腋；細長尾狀，頂生。
無患子	*Sapindus mukorssi*	黃目子 目浪樹	無患子科	喬木。葉互生或近對生，偶數羽狀複葉；花頂生或生於枝條先端葉腋，白色或淡紫色。
臺灣欒樹	*Koelreuteria elegans*	苦楝舅 苦苓江 金苦楝 拔子雞油 臺灣欒華	無患子科	落葉喬木。二回羽狀複葉，小葉卵形或長卵形，紙質。花有5瓣，圓錐頂生花序。花冠黃色，蒴果有三瓣，瓣玫瑰紅色，氣囊狀，先淡紫轉紅褐色，最後呈土色。約秋季10月開花。
藍薊	*Echium vulgare*	/	紫草科	二年生草本。莖上部葉較小，披針形，無柄。花序狹長，花多數，較密集。苞片狹披針形，花萼5裂至基部，外面有長硬毛，裂片披針狀線形，花冠斜鍾狀，兩側對稱，藍紫色，外面有短伏毛。
厚殼樹	*Ehretia acuminata*	嶺南白蓮茶 厚殼仔 牛骨仔	紫草科	圓錐狀聚繖花序頂生，近無毛。花冠鐘形，白色，裂片長圓形，雄蕊5枚，生於花冠管中部，花柱頂端分枝。

中文名	學名	俗名	科名	形態
假酸漿	*Trichodesma calycosum*	碧果草 毛束草	紫草科	多年生亞灌木。高可達 2 m，全株密被短毛，花序為圓錐花序，具長花序軸，頂生，花期 11~3 月。
炮仗花	*Pyrostegia venusta*	/	紫葳科	常綠藤本植物。羽狀複葉，莖具蔓性，花型呈長筒狀，頂端四裂，裂片會反捲。花朵多聚生於莖頂及或葉腋，圓錐花序，每一花序約有 20~30 朵花，先後開放，花期 2~3 月。
紅花風鈴木	*Tabebuia rosea*	洋紅風鈴木	紫葳科	喬木。總狀花序，花冠漏斗形或風鈴狀，約 1~2 月開花。
茵陳蒿	*Artemisia capillaris*	蚊仔煙草 青蒿草	菊科	多年生草本。莖直立或稍傾臥。頭狀花序卵球形，花綠白色，夏至秋季開花。
大花咸豐草	*Bidens pilosa* var. *radiata*	同治草 恰查某 小白花 鬼針草	菊科	強勢入侵種。多年生草本，葉對生，有 3~11 片小葉。花腋生或頂生，繖房花序，中央為黃色管狀花，外圍舌狀花 5~8 枚，卵狀披針形。
小白花鬼針	*Bidens pilosa* var. *minor*	鬼針草 赤查某 同治草	菊科	一年生草本，葉對生，葉柄短，邊緣具粗鋸齒緣，花冠 5~7 枚，白色，中央管狀花黃色約 50 朵。
白花鬼針	*Bidens pilosa* var. *pilosa*	咸豐草 同治草 鬼針草	菊科	一年生草本，葉對生，三出複葉或五葉，頭狀花序呈繖形狀排列，頂生或腋生，總苞綠色，舌狀花白色 4~7 枚。
昭和草	*Crassocephalum crepidioides*	飛機草	菊科	一或多年生草本，強勢入侵種。莖直立，葉長橢圓至長卵形。頭狀花序筒狀，紅褐色；花苞向下，開花時花序轉向上。
豬草	*Ambrosia elatior*	/	菊科	強勢入侵種。一年生或多年生草本。莖直立，頭狀花序呈總狀排列，單性花，雌雄同株，雄花在上，雌花在下。
紫花藿香薊	*Ageratum houstoninum*	黑西哥藍薊	菊科	強勢入侵種。多年生草本。葉對生，莖上部葉互生，葉鈍三角形或心形，頭狀花序呈繖房狀排列。

中文名	學名	俗名	科名	形態
貓腥草	Eupatorium catarium	貓腥菊 假臭草 假藿香薊	菊科	強勢入侵種。多年生草本，葉對生，卵形至橢圓形，葉緣鋸齒狀。頭花 1~1.5 cm，單一筒狀小花，花冠紫色偶有近白色。瘦果黑色紡錘狀，冠毛白至黃褐色，柔細。植株略帶貓體腥臭，花梗常見三分枝，每一分枝有 2~4 朵花，每個花梗有 6~8 朵紫色小花。
向日葵	Helianthus annuus	日頭花	菊科	一年生，高大草本，莖直立，全株密生絨毛；葉互生，心狀卵圓形或卵圓形；頭狀花序，有明顯的舌狀花和管狀花。
南國薊	Cirsium japonicum var. austral	南國小薊	菊科	多年生草本。莖直立多分枝，密生細毛，頭狀花序，頂生或腋生，花冠紫紅色。
王爺葵	Tithonia diversifolia	提湯菊	菊科	多年生草本。葉互生，有長葉柄，莖葉有毛，葉常呈掌狀裂，雌雄同株，大型頭狀花序，黃色，秋冬季開花，花粉多。
長柄菊	Tridax procumbens	肺帶草	菊科	多年生草本。常伏臥成群生長。花梗甚長，頭狀花序，周圍具淡黃白色舌狀花。
天人菊	Gaillaria pulchella	/	菊科	強勢入侵種。一年生草本。葉互生。總苞片披針形，舌狀花黃色，花色變化大。
臺灣蒲公英	Taraxacum formosanum	蒲公草 苦菜	菊科	多年生草本。主根粗大，根莖短，全株有白色乳汁；葉羽狀深裂，頭狀花序，花黃色。
西洋蒲公英	Taraxacum officinale	蒲公英 蒲公草	菊科	強勢入侵種，多年生草本。全株光滑近無毛，根粗大，內含白色乳汁。葉緣深裂呈羽狀，頭狀花黃色。

中文名	學名	俗名	科名	形態
大波斯菊	*Cosmos bipinnatus*	秋英 波斯菊 秋櫻	菊科	強勢入侵種。一年生草本。舌狀花舌片倒卵形或橢圓形，全緣，先端齒裂；中心管狀花黃色；頭狀花序頂生或腋生於花莖上。原種花期8~10月，亦有6月開花的早花型品種；溫暖地區花期可自秋季延續至翌年春季。
南美蟛蜞菊	*Sphagneticola trilobata*	/	菊科	強勢入侵種。多年生草本，匍匐狀蔓性莖，葉對生，頭狀花序由葉叢中抽出，開黃色小花，花色鮮豔，單生於枝條頂端。與黃花蜜菜為同屬不同種。
蟛蜞菊	*Sphagneticola calendulacea*	/	菊科	多年生草本，莖上部近直立，基部匍匐，莖節易生不定根，全株粗糙被短茸毛。葉對生，無柄或短柄，葉緣平滑或具微鈍鋸齒，兩面疏被貼生短糙毛。頭狀花序單生於葉腋或枝端，由舌狀花與管狀花組成，舌狀花長橢圓形、鈍頭，總苞半球形，花朵黃色。
萵苣	*Lactuca sativa*	萵菜 春菜	菊科	一年生或二年生。莖不開花時很短，開花時莖伸長並分叉。分生密集之頭狀花序，花色淡黃，著生為長不規律之圓錐花叢。花冠唇形，雄蕊4或5枚。
小花蔓澤蘭	*Mikania micrantha*	薇甘菊 小花假澤蘭	菊科	強勢入侵種。多年生草質或稍木質藤本，莖多分枝且細長，呈匍匐或攀緣狀；葉對生，心形或三角形，漸尖，基部成闊心形。頭狀花序密生枝端，排列成複繖房花序，每頭狀花序中有小花，全為兩性花。
蔓澤蘭	*Mikania cordata*	假澤蘭	菊科	蔓澤蘭與小花蔓澤蘭生長習性與莖葉外觀形態相似，唯小花蔓澤蘭枝條節位突起為半透明薄膜狀撕裂形突起，蔓澤蘭則為皺褶耳狀突起；而且蔓澤蘭的總苞、頭花、瘦果、冠毛的長度皆比小花蔓澤蘭大。
兔兒菜	*Ixeris chinensis*	兔仔菜 鵝仔菜 山苦買	菊科	多年生草本。 冬春開花，黃色頭狀花。
黃鵪菜	*Youngia japonica*	黃瓜菜 山芥菜 山瓜茶	菊科	草本，全株有軟毛，具白色乳汁。 頭狀花序小而多數，排列成聚繖狀圓錐花序，頭狀花黃色，花期長，全年都可見。

中文名	學名	俗名	科名	形態
扁桃斑鳩菊	*Vernonia amygdalina* Delile	南非葉 苦葉樹 苦膽葉 苦茶葉	菊科	多年生喬木或小灌木。頭狀花序，花冠白色，少數略帶淡紫色、紫紅色或粉紅色。10月陸續開花至翌年5月，花期約半年。
芳香萬壽菊	*Tagetes lemmonii*	/	菊科	多年生草本。四季常綠，葉及莖有百香果的甜香味，葉深裂，對生，花序頂生，花期秋至翌年春天。形態似甜萬壽菊，常混淆。
紫花紫錐菊	*Echinacea purpurea*	紫錐花 松果菊	菊科	多年生草本植物。葉片呈楔型，基部寬漸尖，紙質、光獲，表面覆毛茸但較不明顯，葉緣全綠是有大波浪鋸齒。
紫花酢漿草	*Oxalis corymbosa*	紫酢漿草	酢漿草科	多年生草本。葉柄上有毛茸，花粉紅或紫紅色，繖形花序。花期12月至翌年7月，3、4月最盛。
黃花酢漿草	*Oxalis corniculata*	/	酢漿草科	多年生草本。小葉通常3片，每片呈心形，繖形花序，春到夏季開花。
楊桃	*Averrhoa carambola*	羊桃	酢漿草科	常綠喬木。葉互生，奇數羽狀複葉，卵形，花呈紅紫色，花瓣5枚。
黃楊	*Buxus sinica*	/	黃楊科	灌木或喬木，高1~5m，分枝角度小，小枝四棱形。對生革質橢圓至倒卵形葉，先端圓鈍，常有小凹口，葉面光亮。頭狀花序腋生，雌雄異花，無花瓣。蒴果球形，直徑約0.6cm。花期春末至夏季，果期夏季。
板栗	*Castanea mollissima.*	/	殼斗科	落葉喬木，單葉互生，葉緣鋸齒狀。葇荑花序，直立或近似直立，雌雄異花，雌花位於花序基部，具刺針，雄花多叢生，花被杯形。果實總苞又稱栗蓬，被密刺束，包含2~3枚棕色有光澤的堅果即栗子。
青剛櫟	*Cyclobalanopsis glauca*	/	殼斗科	常綠喬木，葉互生，有時叢生於小枝條先端，倒卵狀長橢圓形或長橢圓形。雄花序呈葇荑花序狀，斜上昇或下垂，帶黃綠色；雌花生於枝條上部葉腋，一梗常有數枚。
長尾栲	*Castanopsis cuspidata*	/	殼斗科	常綠喬木，葉卵形、卵狀長橢圓形或狹卵形，先端尾狀漸尖或長漸尖，基部楔形或近似圓形，革質或近似革質。雌雄同株，呈葇荑花序，雄花序穗狀或圓錐狀，直立或近似直立，雌花單生於總苞內，殼斗近似球形至橢圓形。

附表

中文名	學名	俗名	科名	形態
椴樹	*Tilia cordata*	/	椴樹科	喬木。樹皮灰色，直裂；小枝近禿淨，頂芽無毛或有微毛，葉卵圓形，先端短尖或漸尖，基部單側心形或斜截形。兩性花，複聚傘花序。
水柳	*Salix warburgii*	水柳樹 苦柳	楊柳科	落葉小喬木。單葉互生，狹長橢圓形或卵狀披針形，具大型半圓形托葉；雌雄異株，苞片卵形至卵狀長橢圓形；葇荑花序密生，花淡綠色。
茄冬	*Melia azedarach*	茄苳 秋楓	葉下珠科	常綠或半落葉大喬木，樹冠傘形寬闊，樹高可達 20~30 公尺，樹齡長可成樹徑粗壯的大樹，是亞洲、大洋洲熱帶和亞熱帶之低海拔山麓平地常見樹種；花期 1~3 月。
苦楝	*Saccharum spontaneum*	楝 苦苓樹	楝科	落葉喬木。樹幹通直，樹皮褐色。葉對生或互生，披針形。花淡紫色，花瓣 5 枚。
大葉桃花心木	*Swietenia macrophylla*	/	楝科	常綠大喬木。葉互生，偶數羽狀複葉，葉前端漸尖，基部呈鈍圓形，葉兩面皆光滑。4 月新葉轉綠後，頂生或葉腋長出有限花序和無限花序混合的花序，花期 3~4 月，9 月時結出蒴果。
山黃麻	*Trema orientalis*	山羊麻 檨仔葉公	榆科	喬木；葉革質，卵形，邊緣具細鋸齒；聚繖花序腋生，花小而多，黃白色。
洋落葵	*Anredera cordifolia*	落葵薯 馬德拉藤 藤三七 川七	落葵科	植株全株平滑，莖略呈肉質，日照下帶淡紫色，分枝多且具有蔓延性，生長迅速。穗狀花序，開花期 7~8 月，小型白色花，每朵花有 5 枚花瓣和 5 枚雄蕊。
山葡萄	*Ampelopsis brevipedunculata* var. *hancei*	蛇葡萄 冷飯藤 大葡萄	葡萄科	多年生木質藤本；枝粗壯；葉互生，具葉柄，三角狀心形；聚繖花序，黃綠色小花。

中文名	學名	俗名	科名	形態
五爪龍	*Cayratia japonica*	虎葛 五葉藤 烏蘞莓	葡萄科	多年生半木質藤本；小枝圓柱形，有縱稜紋；葉對生，掌狀複葉，膜質或薄紙質；聚繖花序，花綠白色；漿果球形，成熟時黑紫色。
西瓜	*Citrullus lanatus*	/	葫蘆科	一年生蔓性草本。葉有柄，外形三角狀卵形，全株有毛葉互生，羽狀分裂，花腋生，雌雄同株而異花，花冠黃色。
黃瓜	*Cucumis sativus*	胡瓜 王瓜 刺瓜	葫蘆科	一年生蔓性草本。葉互生，掌狀淺裂，雌雄異花同株，花黃色。
絲瓜	*Luffa cylindrical*	菜瓜 米管瓜	葫蘆科	一年生蔓性草本。葉互生，掌狀淺裂，有絨毛，雌雄同株，雄花呈聚繖狀花序，雌雄花冠均呈黃色。
苦瓜	*Momordica charantia*	錦荔枝	葫蘆科	一年生蔓性草本。葉互生，圓形或廣卵形，莖葉有毛，葉片掌狀深裂；雌雄同株，花冠鮮黃色。
香瓜	*Cucumis melo*	甜瓜 黃瓜仔 白香瓜	葫蘆科	一年生草本。葉互生，近圓形或略呈腎形；花雌雄同株而異花，單生於葉腋，黃色。
南瓜	*Cucurbita moschata*	金瓜	葫蘆科	一年生草本。莖蔓生呈五稜形，無剛刺；雌雄異花同株，黃色花冠裂片大，前端長而尖，雌花花萼裂片葉狀。
冬瓜	*Benincasa pruriens*	東瓜	葫蘆科	一年生蔓性草本。莖上有茸毛；葉子稍圓掌狀淺裂，表面有毛；黃色花；圓形、扁圓或長圓形果實，大小因品種而不同，可以數斤到數十斤。

中文名	學名	俗名	科名	形態
西葫蘆	*Cucurbita pepo*	櫛瓜 夏南瓜 美國南瓜	葫蘆科	雌雄同株。雄花單生；花梗粗壯，有稜角，被黃褐色短剛毛；花萼裂片線狀披針形；花冠黃色，頂端銳尖；雌花單生，子房卵形。
鹽膚木	*Rhus semialata* var. *roxburghiana*	埔鹽 山鹽青	漆樹科	落葉小喬木。一回羽狀複葉，小葉對生，卵狀橢圓形，花黃白色，花瓣5枚。開花期約8~10月。
山漆	*Rhus succedanea*	木蠟樹 黃心仔	漆樹科	落葉喬木。葉互生，羽狀複葉，花小形，黃綠色，花瓣5枚。
芒果	*Mangifera indica*	樣仔 檬果	漆樹科	常綠喬木，葉革質，長橢圓形或狹長披針形。圓錐花序，花小且密集，色澤黃綠或淡黃，花瓣5枚。常見栽培品種有愛文、海頓等。
睡蓮	*Nymphaea tetragona*	子午蓮	睡蓮科	多年生水生草本。葉貼在水面，葉有深裂縫。睡蓮午後開放，晚間閉合。
鳳梨	*Ananas comosus*	地波羅 旺萊	鳳梨科	多年生草本。葉叢生，邊緣具刺。花穗由中央抽出，著生數朵至數十朵小花，花冠粉紅。
大葉楠	*Machilus japonicus*	楠仔	樟科	常綠大喬木。葉互生，長橢圓形或倒披針形。聚繖狀圓錐花序頂生或近頂生，花黃綠色或淡黃色。
鱷梨	*Persea americana*	牛油果 油梨 樟梨 酪梨	樟科	葉互生，常綠性。花小，不明顯，黃綠色。花序為混合芽，著生於前一年生枝條之頂端或側腋，發育為圓錐花序。花期依品種而異，花期長短從1個月至4個月。

中文名	學名	俗名	科名	形態
小葉黃鱔藤	Berchemia lineata	鐵包金 烏金藤 黃鱔藤	鼠李科	低矮匍匐性灌木，莖伸長，匍匐或近似匍匐狀，具有多數分枝，白色小花，呈頂生或腋生的總狀花序或叢生，花期夏、秋間。
蓮	Nelumbo nucifera	荷	蓮科	多年生水生草本。地下具蓮藕。葉直立伸出水面，花挺水而生，花托海綿質，花粉紅或白色。
蕎麥	Fagopyrum esculentum	/	蓼科	草本。葉互生，莖下部葉具長柄，心狀三角形葉。總狀繖形花序腋生或頂生，白色或淡紅色。
羊蹄	Rumex japonicus	殼菜 牛舌菜	蓼科	多年生草本。葉具柄，披針形至長圓形。圓錐花序，兩性花，綠白色。
睫穗蓼	Polygonum longisetum	大蓼 馬蓼	蓼科	草本。單葉互生，膜質，短柄或無柄。穗狀花序多花，頂生或腋生，花紫紅或粉紅色。
珊瑚藤	Antigonon leptopus	紫苞藤 朝日蔓 旭日藤	蓼科	多年生常綠草本或木質藤本。總狀花序，頂生或腋，果圓錐形，葉片卵形或卵狀三角形，基部心形，邊緣具毛，先端漸尖，葉脈明顯。
臺灣赤楊	Alnus formosana	臺灣榿木	樺木科	落葉性喬木。葉互生，卵形或長橢圓形；花雌雄同株，雄花葇荑狀，淡黃色，成穗下垂；雌花密集成橢圓球狀，紅色；果實毬果狀。
橄欖	Coanarium album	青果 綠欖	橄欖科	常綠喬木。葉互生，革質，呈長橢圓形；花序腋生，花小，綠白色，花瓣 5 枚。

中文名	學名	俗名	科名	形態
金午時花	*Sida rhombifolia*	鬼柳根 賜米草	錦葵科	亞灌木或多年生草本，有星狀毛茸，葉菱形或長橢圓狀披針形，花單生，腋生，黃色。
朱槿	*Hibiscus rosa-sinensis*	扶桑 大紅花 佛桑花 紅佛桑	錦葵科	小灌木。葉互生、卵形。花腋出，花冠五瓣，朱紅、黃色或桃色等。終年開花，夏秋最盛。
山芙蓉	*Hibiscus taiwanensis*	臺灣芙蓉 狗頭芙蓉 三醉芙蓉	錦葵科	草本。葉具長柄，單葉互生，闊卵形至近似圓形，花期約 9~12 月。
蔓性風鈴花	*Abutilon megapotamicum*	紅燈籠	錦葵科	花兩性，單生於葉腋，花梗細長，花朵下垂。花苞深紅色燈籠狀，花萼深紅色鐘狀，密被白色柔毛，裂片 5，卵狀三角形，先端銳尖。花瓣 5 枚，淺黃色，半開狀，具柔毛，伸出花萼外。
木棉	*Bombax malabarica*	班芝樹 禍木 茄拔棉	錦葵科 木棉亞科	落葉大喬木。葉互生，卵狀長橢圓形。花單生，橘紅色，花瓣 5 枚。
美人樹	*Ceiba speciosa*	美人櫻 酒瓶木棉	錦葵科 木棉亞科	樹幹直立，並著生尖銳瘤狀刺。掌狀複葉，互生。腋生，總狀花序。紫紅色或淡粉紅色，近中心處乳白色有褐色斑點。花期約 9~11 月。
蘋婆	*Sterculia nobilis*	鳳眼果	錦葵科 梧桐亞科	喬木；葉互生，具葉柄，長橢圓形，基部圓或鈍形；單性或雜性花，雌雄同株；圓錐花序腋生或頂生，花黃白色。

中文名	學名	俗名	科名	形態
鳶尾	*Iris tectorum*	屋頂鳶尾	鳶尾科	多年生草本。根莖匍匐多節，節間短，劍形葉交互排列成兩行，花莖與葉同高，總狀花序，春季開蝶形藍紫色花，1~3朵，外列花被的中央面有一行雞冠狀白色帶紫紋突起。
瓊麻	*Agave sisalana*	衿麻	龍舌蘭科	多年生草本。葉肥大，穗狀花序，花朵直立，綠色或黃綠色，花藥突出。
馬藍	*Strobilanthes cusia*	南板藍根 板藍	爵床科	多年生草本。莖粗壯，圓柱狀至略呈四稜。略分枝，幼枝被褐毛。穗狀花序腋生；苞片葉狀，匙形或倒披針形。花無柄，萼片裂至近基部，各瓣形狀不同。花冠淡紫色。
金葉擬美花	*Pseuderanthemum reticulatum*	/	爵床科	半常綠灌木。葉對生，廣披針形，新葉金黃，老葉轉黃綠或翠綠。花朵白色帶有紫色斑紋，花期春至夏。因為品種不同，葉片上有紫色、金黃色、乳白色等大理石樣的斑紋，金色擬美花的葉片則有像金色織網般的美麗花紋。
月桃	*Alpinia zerumbet*	玉桃 虎子花	薑科	多年生草本；葉廣披針形；圓錐花序下垂，花萼管狀，花冠唇瓣較大，具黃色條斑與紅點；為臺灣重要的民俗植物。
石斑木	*Rhaphiolepis indica*	假厚皮香木 白杏花木 春花木 雷公樹木 尖梅花	薔薇科	常綠灌木或小喬木，枝條細長，花白色，有時略帶有粉紅色。

附表

中文名	學名	俗名	科名	形態
李	*Prunus salicina*	李仔	薔薇科	落葉喬木，樹皮褐色，葉互生或叢生枝端，葉片長橢圓形，花瓣白色。
緋寒櫻	*Pruns campanulata*	緋寒櫻	薔薇科	落葉喬木。葉互生，卵狀長橢圓形。花叢生或繖形，下垂，白色或紫色。
桃	*Prunus persica*	紅桃 甜桃	薔薇科	小喬木。單葉互生或叢生枝端，披針形或長橢圓狀披針形。花白色、淡紅色或紅色。
梅	*Prunus mume*	梅仔樹	薔薇科	小喬木。葉互生，卵形或橢圓形，邊緣常具小銳鋸齒。花梗短，花瓣倒卵形，白色或粉紅色，冬至春季開花。
枇杷	*Eriobotrya japonica*	/	薔薇科	小喬木。葉互生，具短柄，倒披針形或披針狀長橢圓形。圓錐花序，花白色，花瓣5枚。
刺莓	*Rubus tagallus*	臺灣懸鉤仔	薔薇科	常綠灌木。莖直立，有分枝，叢生。葉卵形或卵狀橢圓形。花序頂生或腋生，白色。
虎婆刺	*Rubus piptopetalus*	薄瓣懸鉤子	薔薇科	花瓣卵狀橢圓形，頂端鈍，白色，較萼片長打大；雄蕊多數，花絲線形；雌蕊很多，花柱和子房無毛。花期3~7月。
覆盆子	*Rubus idaeus*	懸勾子	薔薇科	木本植物。葉長卵形橢圓形，頂生小葉常卵形，有時淺裂，上面無毛或疏生柔毛，下面密被灰白色絨毛，有不規則粗鋸齒或重鋸齒。枝幹上長有倒鉤刺。短總狀花序頂生或腋生，密被絨毛狀短柔毛和針刺。

中文名	學名	俗名	科名	形態
草莓	*Fragaria × ananassa*	/	薔薇科	多年生草本植物，莖低於葉或近相等，密被開展黃色柔毛。葉三出，小葉具短柄，質地較厚，倒卵形或菱形，上面深綠色，幾無毛，下面淡白綠色，疏生毛，沿脈較密。聚傘花序，花序下面具一短柄的小葉；花兩性；萼片卵形；花瓣白色，近圓形或倒卵橢圓形。
蘋果	*Malus domestica*	/	薔薇科	落葉喬木。單葉互生，呈橢圓形，色深綠，邊緣具鋸齒，背面略帶絨毛，嫩葉兩面生短柔毛，成熟後無毛。聚傘花序，花期在春季。
水芹	*Oenanthe javanica*	水芹菜 楚葵 蜀芹	繖形科	多年生草本植物，莖中空有稜，全株光滑無毛。羽狀複葉，互生，具葉柄，膜質，小葉片由披針形至卵形，光端鈍，葉基漸尖，葉緣粗鋸齒。複繖形花序，頂生，具花梗，花朵輻射對稱，花冠白色，花萼三角形，5枚。
茴香	*Foeniculum vulgare*	小茴香 甜茴香	繖形科	多年生草本植物。莖為空心，葉長可達40 cm，其尾段呈現細長狀，傘形花序，每個傘形花序有20~50個微小的黃色花朵。春季開花。
芫荽	*Coriandrum sativum*	香菜 胡荽 鹽須	繖形科	一年生草本植物。全株具有強烈的香氣。株高10~15 cm，抽苔開花時高可達60 cm。簇生複葉，幼株小葉圓形或卵圓形，具缺刻或深裂，成株抽苔開花時轉為細裂針狀。繖形花序。

中文名	學名	俗名	科名	形態
小葉灰藋	*Chenopodium serotinum*	麻糍草 小藜 灰莧頭	藜科	一年生草本。莖直立。葉互生，柄細長。兩性小花聚成穗狀圓錐花序，頂生或腋生。
臭杏	*Chenopodium ambrosioides*	臭莧 土荊芥 臭川芎	藜科	一年生草本。葉互生，具短柄。莖多分枝。穗狀花序腋生，小花密集，綠白色。
臺灣藜	*Chenopodium formosanum*	紅藜 赤藜 紫藜 彩虹米	藜科	一年或多年生草本。 株高約 150~300 cm，花序為頂生的大型圓錐花序，花多而密集，多粉。
虞美人	*Papaver rhoeas*	/	罌粟科	草本植物。葉互生，羽狀深裂，裂片披針形，具粗鋸齒。花單生，有長梗，未開放時下垂，花瓣 4 枚，近圓形，花色豐富。
奇異果	*Actinidia chinensis*	獼猴桃	獼猴桃科	雌雄異株的大型落葉木質藤本。 葉為紙質，無托葉，倒闊卵形至倒卵形或闊卵形至近圓形。雄株多毛葉小；雌株少毛或無毛，花葉均大於雄株。聚傘花序 1~3 花，花期為 5~6 月。
紅刺林投	*Pandanus utilis*	紅刺 露兜樹 麻露兜 紅章魚樹	露兜樹科	常綠灌木或小喬木。 葉劍形，雌雄異株，雌花頂生，穗狀花序，花小而無花被，白色佛燄包；雄花呈繖形狀著生，花藥線形與花絲等長。

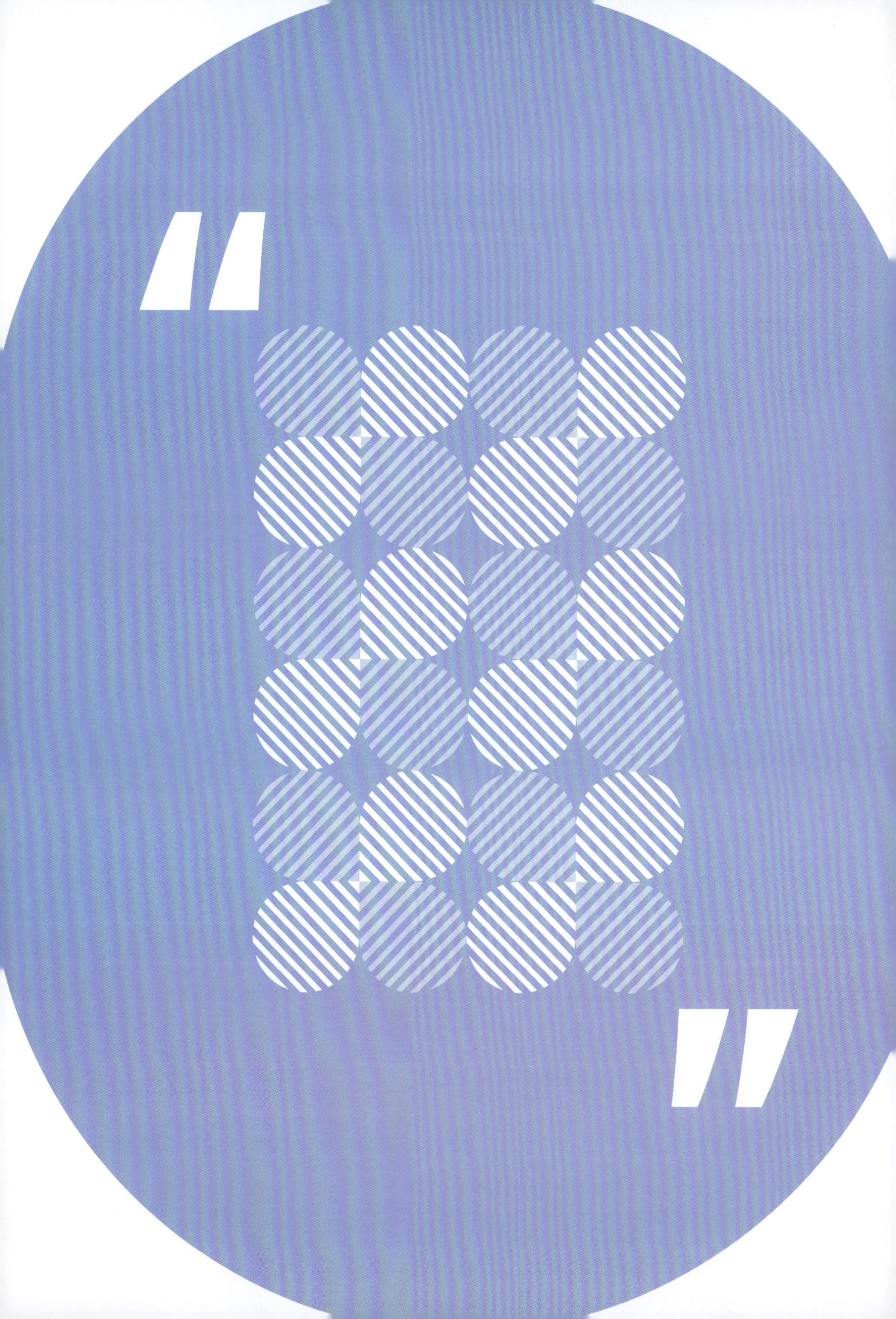

Chapter V

蜂蜜與其他蜂產品的生產與應用

5.1 優質的蜂產品來自於友善的環境
5.2 蜂蜜
5.3 蜂花粉
5.4 蜂王乳
5.5 蜂膠
5.6 蜂幼蟲及蜂蛹
5.7 蜂毒與蜂毒療法
5.8 蜂蠟

Section 5.1
優質的蜂產品來自於友善的環境

蜂產品種類多樣，除了蜂蜜、蜂花粉、蜂王乳、蜂膠外，還有蜂蛹、蜂蠟、蜂毒等等，這些蜂產品用途廣泛、經濟價值很高，有些可以直接食用，有些則需經過處理後才能食用或利用。

由於蜜蜂飼養及繁殖技術成熟，應盡可能減少捕捉、干擾野生的原生族群，避免資源剝削與生態破壞，而人工飼養的蜜蜂以產業角度來看應盡可能完整利用，以提升經濟效益。本章將探討各種蜂產品的來源、生產方式、成分、特性及加工應用，以提升產品的價值。

蜂產品直接或間接來自於植物，植物的生長受土壤與環境條件影響，在不同地區、不同環境條件下，蜂產品的活性成分也不一定完全一樣，可能具有相當程度的不可取代性，我們應該尋找本土的在地優勢，建立難以被取代的價值。例如臺灣的綠蜂膠經研究證實有很好的抗自由基能力，在健康保健、醫療上有很大的潛力，綠蜂膠的膠源植物主要是血桐 (*Macaranga tanarius*)（圖 5.1.1），然而血桐在許多人觀念中是不起眼的雜木。於是當我們追求經濟發展，一心著重在土地開發時，很多已知與未知的自然資源就會被剷除，這樣不但失去生物多樣性，也失去其他產業發展的可能性。

我們常把經濟發展與環境保護看成是對立的兩端，但是在養蜂產業卻可能雙贏。有好的環境蜜蜂才會養得好，也才會有好的蜂產品，人與蜜蜂的生存跟環境息息相關。優良的蜂種、健康的蜂王、適宜的環境條件和蜜粉源、良好的飼養技術以及病蟲害防治，是蜂產品品質與產量的關鍵。養蜂產業及其蜂產品某種程度凸顯了環境的友善以及生物多樣的重要。

圖 5.1.1
血桐是臺灣綠蜂膠的膠源植物

Section 5.2

蜂蜜

5.2.1 蜂蜜的來源

蜂蜜的來源除了植物花器分泌的花蜜 (nectar) 外，有時也會來自蜜露（甘露蜜）(honeydew)。所謂的蜜露指的是蚜蟲、介殼蟲的分泌物，蚜蟲的營養來自於植物汁液，但蚜蟲體內無法大量儲存植物汁液，所以會不停地從消化管排出，這些分泌物含有糖分，蜂蜜就是蜜蜂採集自花蜜或蜜露，經蜜蜂蒐集並混合酵素進行轉化、儲存、脫水後的天然甜味物質。

當外界的蜜源不足以維持蜜蜂所需時，養蜂人就會餵食糖水來讓蜜蜂活下去。糖水主要是蔗糖或高果糖漿，因此餵食糖水後所採下來的不能稱為蜂蜜，比較保險的作法是將首次搖下來的頭期蜜標示確實，之後不再餵食糖水，第二次之後採收的才能稱為蜂蜜。但如果在這期間蜜蜂盜取正在餵食糖水的其他蜂群，則蜂蜜中亦會包含糖水，進而影響品質。

5.2.2 蜂蜜的種類

蜂蜜的種類非常多元，可依季節（春、秋、冬季採收統稱春蜜、秋蜜、冬蜜）、蜂種（如東方蜂蜜、無螫蜂蜜）、國家及產地（臺灣、泰國、越南、澳洲等等）和蜜源植物加以區別。

養蜂人有時候為了配合消費者或個人喜好，當特定的植物大量泌蜜時，會將蜂群放在該植物附近，讓蜜蜂大量採集該種蜜源，而使得該蜜源的占比較高，某一種蜜源含量較多且口感以該蜜源的風味為主的時候，就會標榜為單一蜜源的商品化蜂蜜。比方所謂的龍眼蜜，就是在龍眼開花時，養蜂人將蜂群搬到龍眼樹下，或是養蜂的區域正好有大量龍眼樹，採集到的蜂蜜市售時就會標榜龍眼蜜；其他例如荔枝蜜、紅淡蜜、文旦蜜等皆是類似的原則。在臺灣因為荔枝與龍眼的花期相近，蜜蜂很容易同時採到，所以兩種蜜混在一起而稱為荔枝龍眼蜜。目前沒有嚴格規定標榜單一蜜源的商品蜜當中，單一蜜源在整體蜂蜜中所占的比例，不過一般而言，蜂蜜中花粉相的組成可作為鑑定其蜜源植物的參考依據，有學者認為，實務上評斷單一蜜源時，該蜜源花粉粒必須佔粉相 45 % 以上，如龍眼蜜中的龍眼花粉粒須達 45 %。

蜜源植物種類雖然很多，但臺灣除了少數幾種大面積分布或栽種的植物屬於主要蜜源植物外，許多蜜源植物的分布密度、數量、流蜜量、甜度皆偏低，加上季節變化多端影響泌蜜，這些蜜源植物多半僅供蜜蜂維生所需，於是屬於輔助蜜源植物。由於各種蜜混在一起，不一定能夠採收到純度高的單一蜜源，如果泌蜜量大時，養蜂人採收後基本上歸類為百花蜜或雜花蜜。

同一蜂種所生產的蜂蜜的風味與產量，受到當地環境條件與蜜源植物影響很大，每年、每次採收後都不盡相同。雖然大部分的蜜蜂會優先採集距離近、面積大、流蜜量多、甜度高的蜜源，且具有定花性，但事實上除非

蜜蜂飛行半徑內只有一種蜜源,否則很難避免蜜蜂採集到其他蜜源,所以主要蜜源植物與輔助蜜源植物也可能混合採收。

目前臺灣市售的蜂蜜並沒有嚴格規定單一蜜源植物所含的比例,客觀來說,標示單一蜜源的商品蜜中也可能包含其他蜜源,這也使得蜂蜜的風味有更豐富的層次,具有在地特色,推廣上極具潛力。此外,推廣不同蜜源植物的特色蜜,還能分擔單一蜜源不足時的風險。

蜂蜜中幾乎都可能包含一種以上的蜜源,差別在於所含的蜜源種類的多寡。臺灣的蜜源植物種類繁多且分布相對分散,同一時間可能有許多蜜源植物正在開花,這些植物泌蜜時都是蜜蜂採集的目標,因此即使是單一蜜源的商品蜜(例如龍眼蜜、荔枝蜜),不同年份、不同地區採集到的商品蜜,其理化特性還是會有些許差異,臺中、臺南、高雄所採收的龍眼蜜味道也很難完全一樣,有時因為與其他植物的花期重疊,使得蜂蜜中的葡萄糖含量不一致,而呈現不同結晶現象。

蜜源的鑑定很重要,需持續投入研究,但從另一種角度思考,這樣的差異也提升了蜂蜜豐富的層次感及口感,具有獨特的生物活性,成為難以取代的在地特色和優勢。

除了液態蜂蜜外,還有連同巢脾一同採收的巢蜜 (comb honey)。巢蜜也稱蜂巢蜜。一般市售蜂蜜大都是用搖蜜機將離心後的蜂蜜裝瓶,而巢蜜則是直接把含有蜂蜜的巢脾取下來(圖 5.2.1)。食用蜂蜜時連同巢脾一起放入口中咀嚼,直到沒有甜味後將蜂蠟吐掉。由於蜂蜜連同蜂巢一起販售,賣相較佳,通常價格會比瓶裝的蜂蜜來得高。

雖然巢蜜未經過人工濃縮,天然風味完全保留,但巢蜜本身的產品形象不能作為蜂蜜品質與活性高低的關鍵指標。一般來說,同一巢內封蓋蜜的含水量比起未封蓋蜜來得低,但不能保證每次封蓋蜜的含水量一定都低於 20 %,只要含水量過高,常溫久置,巢蜜也可能發酵變質。

巢蜜一樣是蜜蜂採集蜜源植物而來,不同的蜂種、蜜源植物和地理條件讓蜂蜜有不同的抗菌活性和理化特性,採收下來的液態蜂蜜不一定會比較差,蜂蜜中的活性成分才是判斷蜂蜜品質的標準。

圖 5.2.1 a
贅脾割下來的巢蜜

圖 5.2.1 b
Comb Honey System,一種用來生產巢蜜的器具,放進蜂箱中讓工蜂製作巢房並儲存蜜,取出後以利銷售成塊的巢房蜂蜜。

率,會分成「外場」與「內場」。外場主要的工作是抖蜂、刷蜂,抖蜂由經驗豐富的養蜂人負責,臺語稱為「頭手」(thâu-tshiú),從蜂箱內取出蜂巢後把蜜蜂抖掉,抖蜂完由「二手」(jī-tshiú)的工作人員用蜂刷把蜜蜂從巢片上刷下來,然後交由搬運巢片的挑工搬到內場(圖 5.2.2)。

內場主要的工作是割封蓋蜜、操作搖蜜機、修整巢片,並把搖完蜜的巢片重新配置卵、幼蟲、封蓋幼蟲及花粉、空巢房的比例,放進空箱子後再由挑工搬到外場的蜂箱旁,讓「頭手」把巢片放入蜂箱中(圖 5.2.3)。

根據蜜源狀況可能三天或五天或更久才採收一次,由於工作繁重,蜂農有時候會透過「放伴」或「換工」的機制彼此互相合作採收蜂蜜。

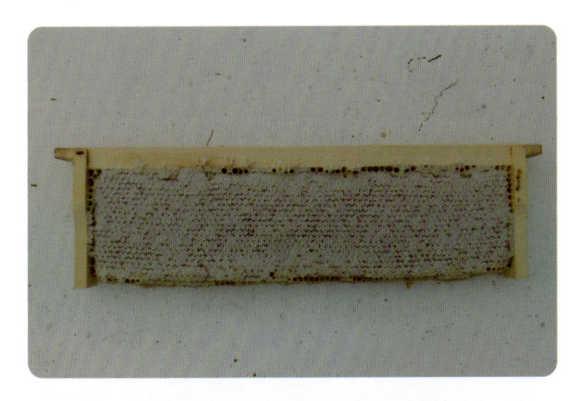

圖 5.2.1 c
將巢框上的封蓋蜜脾(上圖)切割下來即為巢蜜(下圖)

5.2.3 蜂蜜的採收

不同國家、不同地區、不同飼養規模,採蜜的方式不盡相同。在現代化的搖蜜機發明以前,傳統採蜜方式是將存有蜂蜜的巢房取下來,以擠壓的方式採收蜂蜜,也就是毀巢取蜜。雖然野生蜂群的蜜被某些人視為珍饈,但事實上人工養殖生產的蜂蜜不見得比較差,產量也不是品質好壞的標準。就資源永續立場來說,應降低野生個體/族群的捕捉,有人工養殖的就不要追求野生的。

採蜜需要較多的人力,為求效率採分工合作方式進行。在臺灣採蜜時為了提高工作效

圖 5.2.2
搬運巢片的挑工將巢片搬運到內場,內場搖完蜜後挑工再把巢片搬到外場給「頭手」放入蜂箱中。

圖 5.2.3 a
採蜜的過程。右邊兩位是「頭手」，主要負責將箱內巢片上的蜜蜂抖掉，再把
巢片放入旁邊的空箱中。左邊兩位是「二手」，跟隨在「頭手」的後面，
協助用蜂刷掃除抖蜂過後巢片上剩餘的蜜蜂。

圖 5.2.3 b
「頭手」把抖完蜂之後的巢片放在旁邊的空箱中，然後再把已經搖完蜜的巢片
放入蜂箱中。

採收蜂蜜的時間

蜜蜂將花朵上的花蜜採回巢房後，會釀製與濃縮，所以搖蜜時間以上午為宜，並選在氣溫暖和且沒有下雨的時候。若下午採收蜂蜜，工蜂不久前才把蜜帶回巢房，含水量較高，而且蜜蜂混合酵素進行轉化的過程還不充分，澱粉酶含量較低。

不同的養蜂人對於何時可以採蜜的標準不一定都一樣，一般來說，當蜂群內的蜂蜜儲存量超過蜂群整體比例的四成以上即可採收。

採蜜時也要留意氣象預報及外界的蜜源狀況，如果採收後馬上遇到低溫、連日下雨，或者花期結束最後一次採蜜，最好留一些給蜜蜂，不要將蜂蜜採盡。

採收蜂蜜的過程

Step1. 去除巢脾上的蜜蜂：抖蜂、掃蜂

沒有使用活框式飼養的蜂群如果要採集蜂蜜，大都是以毀巢取蜜的方式，將巢脾摘下來放入壓蜜機中擠壓使蜂蜜流出，這種方式最大的缺點就是會破壞巢脾，蜂蜜也容易被蠟蛾、幼蟲、蛹所汙染，加上蜂蜜被取走後，蜜蜂又必須採集更多蜂蜜來建造新巢房，採蜜效率低且不利蜂群發展，因此較有效率的採集方式主要都是活框式飼養。

在臺灣採蜜時通常會把搖蜜機置於養蜂場旁邊，將搖完蜜的空巢片立刻放入蜂箱中讓蜜蜂繼續使用。戶外搖蜜最好在晴朗的上午。使用燻煙器前要將灰燼倒乾淨，採收蜂蜜時盡量輕輕噴煙不過量，以免灰燼汙染蜂蜜。

提取蜜片的方法，不同的地區有不同的習慣，在臺灣主要是依序把蜜蜂抖入蜂箱內或巢口，再用蜂刷刷掉少數留在巢片上的蜜蜂（圖 5.2.4）。

圖 5.2.4
「二手」用蜂刷將巢片上剩餘的蜜蜂刷掉

當箱內放滿巢片、蜂量充足時，可先把兩側巢脾上的蜜蜂抖在巢口，以免太多工蜂積在箱底、巢片放回箱內壓死蜜蜂或蜂王。如果飼養的箱數較多，採蜜時可使用電動掃蜂機或抖蜂機來提高效率。

有些地區採蜜時會使用敲擊法（圖5.2.5），或使用吹蜂機 (blower)（圖 5.2.6）來去除巢片上的蜜蜂。敲擊法是在蜂箱口放置一個鐵架，將繼箱放在鐵架上，用起刮刀鬆動巢片後，先取出一片巢片放在蜂箱旁，然後拿起繼箱用力敲擊鐵架，把箱內的蜜蜂敲落，再用含有樹葉的枝條（例如澳洲茶樹的枝條）在巢框之間來回刷動，移除剩下的零星蜜蜂。

使用吹蜂機時則是將繼箱立起後，用吹蜂機在巢框之間來回吹動，將繼箱上的蜜蜂吹離

圖 5.2.5
敲擊法

圖 5.2.6
使用吹蜂機

圖 5.2.7
用濕布蓋在蜂箱上面

巢片，但此法容易造成蜜蜂滿天飛舞。也可以使用脫蜂板來移除繼箱上的蜜蜂，使用方式是將脫蜂板放在準備移走的繼箱之下，讓蜜蜂自行爬入下方層的蜂箱，但比較費時。

大量蜜蜂被抖入蜂箱內後會爬到蜂箱上緣導致難以闔上蓋子，此時可準備一塊沾了水的濕布，稍加擰過之後蓋在蜂箱上，防止蜜蜂往上爬（圖 5.2.7）。環境溫度較高時採收蜂蜜，抖蜂過後可在蜂箱中噴水讓蜜蜂安定下來，蜜蜂翅膀沾濕後也比較不會往外衝。

Step2. 割除巢房上的封蓋

封蓋蜜也稱熟成蜜 (ripened honey)，當進蜜量大的時候，蜜蜂會濃縮巢房內的蜂蜜並用蜂蠟封蓋，因此巢片放入搖蜜機前要將封蓋蜜割開，蜂蜜才有辦法離心出來。

蜂蜜不一定要等到封蓋才能採收，養蜂人可以決定只採收封蓋蜜，或連同未封蓋的蜜一起採收，實際上看似未封蓋的蜜，也有可能該蜂蜜已經經由蜜蜂釀製熟成，但正在封蓋的時候被養蜂人打擾而中斷封蓋。

割之前先將巢片立起來,靠在承接封蓋的桶子或盤上方,依使用習慣可以由上往下割,也可以由下往上割,由下往上割的時候要注意不要割破持巢框的手指(圖 5.2.8)。割的時候只要將表面薄薄一層的封蓋割除即可,不必割太厚,且要避開封蓋幼蟲和蛹。

操作搖蜜機時一手扶著搖蜜機,另一手轉動把手,以低速開始,逐漸加速,當大部分蜂蜜被甩出來後再降低轉速。搖蜜的轉速要配合環境溫度、蜂蜜的含水量、巢脾的新舊、與材質軟硬度,當溫度高、轉速快,含水量高,蜂蜜的流速就越快,採蜜的效率較高;

圖 5.2.8
用割蜜刀割除封蓋蜜

圖 5.2.9
工蜂建造的巢房稍微向上傾斜,以減少蜂蜜和幼蟲流出與掉落(左)。將巢框放入搖蜜機時,要確認巢框的擺放位置和搖蜜機轉動的方向(右)。

低溫時可先將割蜜刀泡入熱水中,再擦掉刀上的水,利用割蜜刀的餘溫割除封蓋,或者使用蒸氣割蜜刀來提高工作效率(圖 2.5.55)。

Step3. 操作搖蜜機

搖蜜機要擺放在平整的地方,搖蜜時巢片一定要以對稱置於搖蜜機中,才不會造成重心嚴重偏移。由於工蜂建造六角形巢房時約略上傾 9~14°(請參閱 P206「西洋蜂與東方蜂(野蜂)的巢房結構」)以減少蜂蜜從巢房流出,所以巢框放入搖蜜機時,要確保上傾的巢口與搖蜜機旋轉的方向(圖 5.2.9)。

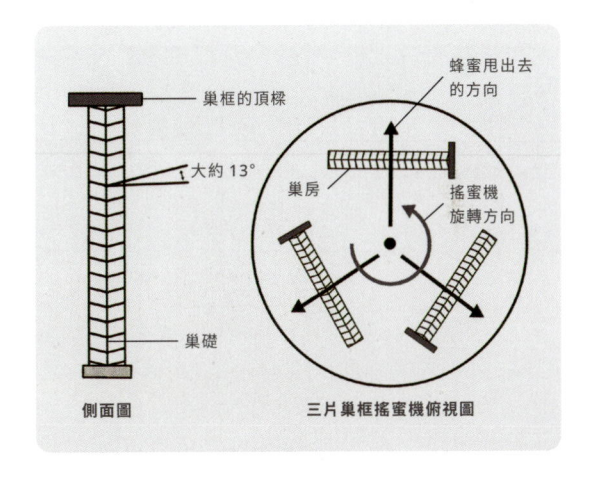

但轉速太快會傷及巢房內的幼蟲,甚至被甩出來影響蜂蜜品質,所以轉速要配合前述各種條件加以拿捏。

使用繼箱及隔王板(請參閱 P210「養蜂工具介紹、使用方式與時機」),能取得無卵、幼蟲及蛹的蜂蜜與巢蜜。塑膠巢礎比較適合用於繼箱,讓蜜蜂存放蜂蜜,高速離心時不易損壞,置於繼箱後用隔王板隔開,巢房內沒有幼蟲,可高速離心,也沒有蜜蜂蛻皮後殘留的繭,因此重複使用的頻率較高。值得注意的是,蠟質的新巢脾因為繭較少所以質地偏軟,轉速太快巢片容易變形,所以離心新巢脾時速度要慢且離心時間不宜太長。

巢片有兩面，其中一面巢片離心完成再換到另一面繼續離心，依此類推。搖蜜期間盡量避免交談，最好戴上口罩、防塵帽以防止飛沫、毛髮汙染蜂蜜。花期結束前的最後一次搖蜜容易引起盜蜂，如果在養蜂場旁搖蜜，這時候最好加裝蚊帳防止蜜蜂搶食（圖5.2.10）。

造成巢房內的蜂蜜結晶，從蜂箱內取下來的蜜片會暫置在搖蜜的暖房 (warm room)（圖5.2.11）。

圖 5.2.11
將繼箱內尚未搖蜜的巢片放進暖房

圖 5.2.10
採蜜時利用蚊帳以減少蜜蜂搶食

一些歐美地區的養蜂場採收蜂蜜時不見得會把搖蜜機放置在蜂箱附近，而是將繼箱內充滿蜂蜜的巢片取下來，運到搖蜜房內逐一離心巢片。搖蜜房的位置有時候可能離養蜂場數十公里，由於使用隔王板，巢片基本上不含幼蟲及封蓋蛹，如果沒有使用隔王板，蜂王可能會在繼箱內的巢片上產卵，巢片取出後幼蟲在沒有成年工蜂的照顧下就會死亡。

當養蜂人在養蜂場取下充滿蜂蜜的巢片後，再替換上事先準備好內含空巢片 (stickies) 的繼箱，讓蜜蜂繼續存放蜂蜜。當蜂群數量多、進蜜量大的時候很難一天之內就將當天所帶回的蜜片離心完畢，為了避免低溫

Step4. 修整巢片

搖完蜜後可用割蜜刀修整巢脾與雄蜂房，便於日後的檢查管理作業。割除封蓋的雄蜂房可以減少蜂蟹蟎的數量，雄蜂數量少亦可減少蜂蜜的消耗。割除雄蜂房的動作一定要在搖蜜後再進行，以免幼蟲屍體混入蜂蜜中。

Step5. 蜂蜜過濾

搖蜜機內的蜂蜜在淹過巢片之前就要停止離心，準備過濾和裝桶，蜂蜜產量大時，可用電動幫浦抽蜜來增加工作效率（圖5.2.12）。蜂蜜採收時可能會含有蜂蠟，或者少數蜜蜂掉落其中，需要用濾網過濾。

網目越細，過濾後的雜質越少，但過濾時間較久；亦可分兩次過濾，第一次用大網目濾掉體積較大的雜質，再用細網目過濾一次（圖5.2.13）。

Step6. 蜂蜜裝桶、分裝與標示

大規模的養蜂場蜂蜜產量較多，剛採收下來通常會先存於 50 加侖（約 200 L）的不鏽鋼金屬桶中，一桶臺語俗稱「一粒」。 搬運時可使用雙輪推車 (barrow)（圖 5.2.14）提升搬運效率；推車同時可以用來搬運蜂箱，只要將底部的擋板插入蜂箱底部，手壓車架將蜂箱一側靠在車架上即可手推行走。

圖 5.2.12
使用電動幫浦將搖蜜機內的蜂蜜抽到儲蜜桶內

圖 5.2.14
使用雙輪推車搬運儲蜜桶

蜂蜜容易結晶，因此要盡早分裝，包裝蜂蜜時要使用密閉的容器以阻隔空氣，也盡量避免容器內含有過多的空氣。蜂蜜過濾及裝瓶時要避免交談，戴口罩確保衛生。依據「食品安全衛生管理法」第 22 條規定，食品之外包裝應以中文明顯標示品名、內容物名稱、重量、食品添加物名稱、製造廠商或國內負責廠商名稱、電話及地址、原產地（國）、有效日期、營養標示、含基因改造食品原料等產品資訊，供消費者選購。

標示以採蜜日算起而不是裝瓶日，保存期限

圖 5.2.13
蜂蜜裝進儲蜜桶前，要先用濾網過濾。

為兩年。衛福部公告「包裝蜂蜜及其糖漿類產品標示規定」於 2023 年 7 月 1 日起，包裝蜂蜜及其糖漿類產品須如實標示：蜂蜜含量達 60 % 以上，有添加糖（糖漿）的產品，品名應標示「加糖蜂蜜」字樣；如有添加糖（糖漿）以外的其他原料，品名應標示「調製蜂蜜」或「含○○（非蜂蜜的原料名稱）蜂蜜」字樣，且字體大小應一致。蜂蜜含量未達 60% 的產品，品名如果含有「蜂蜜（蜜）」，應標示如「蜂蜜風味」或「蜂蜜口味」，且字體大小應一致。未添加蜂蜜的糖漿產品，品名就不得標示「蜂蜜」字樣。此外，產品外包裝也必須標記蜂蜜原料的原產地，讓蜂蜜來源一目了然（表 5.2.1）。

在產業發展上，蜂蜜中添加糖漿或其他原料是允許也是可以理解的，透過蜂蜜研發出各種不同的產品，能夠提升產品多樣性，拓展收入來源，讓加工業者有生存的空間，而且市面上本來就能合法買賣高果糖玉米糖漿、砂糖等甜味劑，是否購買則取決於消費者的選擇，所以問題不是蜂蜜有無添加其他成分，重點在於標示是否確實。

蜂蜜分級與明確標示是保障消費者與生產者，一來未摻偽的蜂蜜受到保障，二來不同的消費者對蜂蜜有不同的需求，舉例來說，喝蜂蜜檸檬最好選擇未添加其他糖漿的蜂蜜，但如果要做蜂蜜蛋糕，因蜂蜜經過高溫烘烤活性會被破壞，那麼就不一定要使用純蜂蜜來製作，端看個人的考量與選擇。

蜂蜜經過裝瓶、儲存或加工後，蜂蜜色澤深淺會改變，這種改變與蜜蜂採集的花蜜成分、盛裝或儲存蜂蜜的容器材質、蜂蜜儲存時間長短、溫度等因素有關，採收後的加工和保存也會影響其活性。

表 5.2.1 包裝蜂蜜及其糖漿類產品標示規定

蜂蜜含量	產品名稱標示
100 %	可標示蜂蜜、純蜂蜜、100 % 蜂蜜
≧ 60 %	添加糖漿： 品名標示「加糖蜂蜜」 添加糖漿以外之其他原料： 品名標示「調製蜂蜜」「含○○蜂蜜」
< 60 %	標示「蜂蜜口（風）味」
0 %	品名不得標示「蜂蜜」字樣

5.2.4 蜂蜜的成分及特性

蜂蜜的理化特性及生物活性會根據蜜源差異、環境條件、採收方式與時間、蜜蜂的種類、濃縮條件、保存方式等種種因素而有所不同，因此很難用同一套標準來制定所有的蜂蜜。

蜂蜜的成分會受到多種因素影響，例如蜜源植物種類、採蜜期間的氣候狀況以及採收方式等等。其主要成分為醣類和水分，其中醣類以單糖和寡醣居多，水分含量約在 13 % 至 22 % 之間。此外，蜂蜜中還含有少量的花粉、蛋白質、酵素、維生素、各類有機酸，以及具有抗氧化特性的多酚類 (polyphenols)。

● 水分

蜜蜂採集的花蜜原本水分含量較高，經過蜜蜂反覆釀製後，水分逐漸降低，最後轉化為蜂蜜。蜂蜜中含水量的高低，除了與花蜜本身的含水量有關外，也會受到採蜜期間的降雨情況、蜜源的多寡、蜂群的強弱，以及蜂蜜在蜂箱中是否充分熟成等因素影響。當外界蜜源充足，蜜蜂會將巢內的蜂蜜去除水分加以濃縮，然後用蜂蠟封蓋六角形的巢口，所以巢脾上已封蓋的蜂蜜含水量會低於未封蓋的蜂蜜，水分低的蜂蜜比較能夠長期儲存而不易變質。雖然同一蜂群內封蓋蜜的含水量比未封蓋蜜來得低，但封蓋蜜的含水量不見得都會低於 20 %，而且東方蜂（野蜂）蜜有時也會高於 20 %。

在臺灣主要的蜂蜜採收季節在國曆 3~6 月，此時氣候晴雨不定，蜜源植物流蜜狀況不穩定，養蜂人為了生計，不得已只能講求蜂蜜的最大產量，通常蜂蜜無法久留在巢中讓蜂群釀製，所以採收後含水量偏高，為了避免發酵變質必須人為脫水濃縮。

如何測定蜂蜜的含水量

折射率 (refractive index) 是一種光學特性，指的是當光線通過物質的速度，與通過空氣速度的比值。折射率是蜂蜜的物理常數

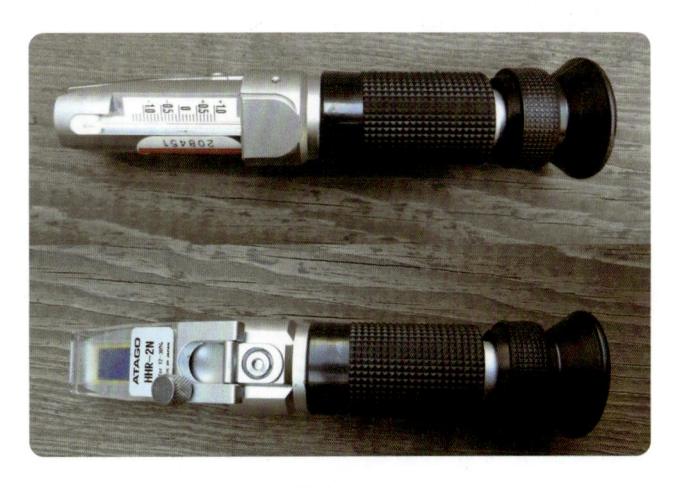

圖 5.2.15
測量蜂蜜含水量的折射計

之一，當光線從空氣進入蜂蜜時，會產生折射現象，因此可用折射計（糖度計）(refractometer)（圖 5.2.15）來測定蜂蜜的折射率，是測量蜂蜜含水量最簡便的方法。折射率與溫度有關，測定折光率時要同時測定溫度，只要將少量蜂蜜滴在折射計上，透過目鏡觀察刻度數值，再加／減折射計上附加的溫度數值即可。

● **蜂蜜的比重、吸濕性與黏滯性**

蜂蜜的比重 (specific gravity) 與其含水量密切相關。比重是指在固定溫度下，某物質與等體積水的重量比值；含水量越低，比重越大，加入水中未搖晃前更容易沉於底部。蜂蜜的比重大致介於 1.38~1.43 之間，因其比水重，因此市售蜂蜜通常以重量為單位進行販售與標示。比重可透過比重計測量，常用的為波美比重計 (Brix hydrometer)。然而比重的數值會隨蜂蜜的含水量與溫度變化，測定時要經過換算。例如，含水量為 19 % 的蜂蜜，在 20 °C 時的比重約為 1.407。

蜂蜜同時具有吸濕性 (hygroscopicity)，即從空氣中吸收水分的能力。當蜂蜜的含水量較低時，會自空氣中吸取水分，使其比重下降。吸濕通常從蜂蜜表層開始，水分逐漸滲入內部，導致蜂蜜出現分層現象，甚至發酵變色。

此外，蜂蜜的黏滯性 (viscosity) 亦受含水量與溫度影響。含水量較低或溫度偏低時，蜂蜜會變得更加黏稠，流動性隨之降低。

蜂蜜暴露於空氣中時，會與周圍環境的相對濕度發生水分交換。當蜂蜜的含水量為 17.4 % 時，在相對濕度 58 % 的空氣中可達到水分平衡。若空氣濕度高於 58 %，蜂蜜便會吸收水分，使含水量上升；相反地，若濕度低於 58 %，蜂蜜則會釋放水分至空氣中，直到重新平衡。

這種與空氣間的水分互動特性，對蜂蜜的保存品質有重要影響。為避免蜂蜜因吸濕而變質，貯藏時必須密封。降低儲存環境的相對濕度，可有效去除採收後蜂蜜中的多餘水分，但多數情況下環境濕度仍高於蜂蜜本身，因此密封保存是不可忽視的必要措施。

蜂蜜的濃縮方式

臺灣因為氣候潮濕，花期短、蜜源不穩定等因素，許多養蜂人為了在短期內盡量採收到最多的蜂蜜，往往無法等到蜂蜜封蓋以後才採收，否則職業養蜂人收成不佳，難以維持生計。採收下來的蜂蜜如果含水量過高，常溫存放容易發酵變質，低溫儲存雖然能減緩發酵但會增加成本，所以經常需要透過濃縮來降低蜂蜜中的水分。根據 CNS 國家標準，含水量需在 20 % 以下，低於 20 % 更加理想。最常見的濃縮方式是透過高溫使水分蒸發，溫度越高去除水分的速度就越快，但溫度過高又會破壞蜂蜜中的活性成分，所以較好的方式是使用低溫濃縮。為了確保蜂蜜品質，濃縮時最理想的溫度條件是控制在 45 °C 或 50 °C 以下。

要避免高溫破壞蜂蜜中的活性成分，也可以使用真空減壓濃縮機來濃縮蜂蜜（圖 5.2.16），透過冷凝機把蜂蜜冷卻，在低溫下用真空的方式減少蜂蜜中的水分。雖然低溫不會破壞蜂蜜中的活性成分，但抽真空的過程氣味分子會跑到被抽離出來的蒸餾水中，減少蜂蜜的香氣，而且設備費用較高。要注意如果待濃縮的蜂蜜含水量過高且已經發酵，抽真空的過程會產生很多氣泡，降低濃縮的效率。

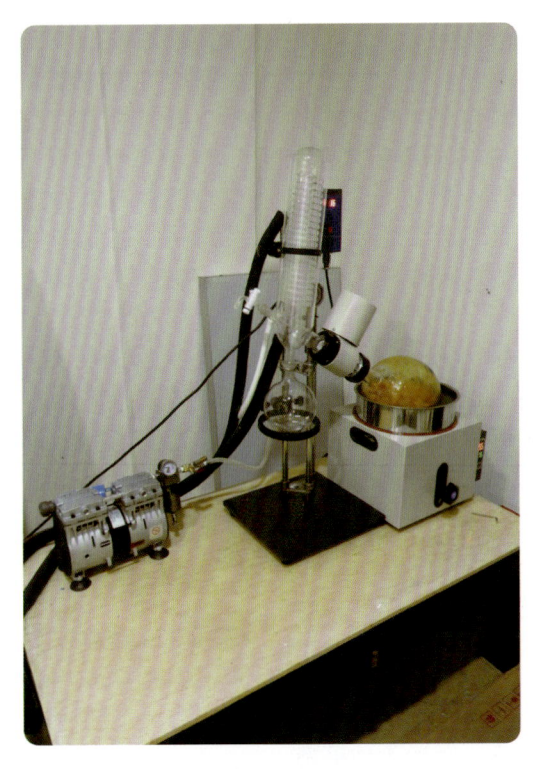

圖 5.2.16
用小型的真空減壓濃縮機來濃縮蜂蜜

臺灣的流蜜季節主要集中在國曆 3~5 月，因此全國的養蜂人幾乎都在同一時間採收蜂蜜，然而並非所有的養蜂人都有大型濃縮設備，所以會送到濃縮廠。等待濃縮的蜂蜜量很大，如果濃縮廠為了加快濃縮速度而提高濃縮時的溫度，就會造成蜂蜜中一部分的活性成分流失。

建議養蜂人到濃縮廠濃縮蜂蜜前最好事先預約，並要注意前後批不同種類蜂蜜造成的風味汙染，以及不同批蜂蜜濃縮造成的抗生素汙染或化學農藥汙染，填寫濃縮紀錄表來追蹤可確保商譽，濃縮廠方也要選擇較為誠實的養蜂人。

相較於養蜂產銷班的大量養殖，休閒養蜂產出的蜂蜜量較少，送到大型濃縮廠濃縮以及投資高昂的設備費可能不符合經濟效益，此時可以自行濃縮蜂蜜。方法是將蜂蜜倒入淺盤，使用淺盤表面積才會大，有效提高濃縮效率，然後把淺盤放進 45~50 ℃ 的烘箱或烘碗機中，期間要不時攪拌，藉由蒸散作用使蜂蜜中的水分逐漸蒸發。

如果沒有烘箱，可將裝有蜂蜜的淺盤或桶子放入紙箱，在紙箱內的淺盤或桶子上方點一盞 65~100 W 的鎢絲燈泡，收合紙箱開口然後露出一個小縫隙，透過燈泡的溫度將蜂蜜中的水分蒸發，期間仍需不時攪拌，並使用溫度計隨時注意溫度的變化。

● **醣類**

蜂蜜中的葡萄糖與果糖屬於單醣，合計約佔總醣類的 90 %，是蜂蜜最主要的糖分來源。相較之下，花蜜中僅含 45 % 醣類，其中以蔗糖居多，與一部分的果糖和葡萄糖。當蜜蜂將花蜜釀製成蜂蜜時會加入酵素，促成兩個化學變化：一是葡萄糖氧化酶 (glucose oxidase) 會將葡萄糖分解，產生葡萄糖酸 (gluconic acid) 和過氧化氫 (hydrogen peroxide)，具有一定的抗菌作用；二是轉化酶 (invertase) 會將蔗糖分解成容易被人體吸收的果糖與葡萄糖。

蜂蜜的結晶現象

有些人購買蜂蜜後，放久了發現質地成細糖狀、粗粒狀、油脂狀或塊狀（圖 5.2.17），特別是粒狀最常見，以為是蜂蜜摻入砂糖造成的，其實，這是自然的結晶現象。

蜂蜜是蜜蜂從花朵中採集花蜜或蜜露，經蜜蜂釀製、混合自身酵素後儲存在蜂巢中的食物，主要成分為醣類與水分，醣類是單醣與寡醣為主，其中以果糖、葡萄糖居多。蜂蜜的結晶是一種物理變化，並不代表品質好壞，而是與其葡萄糖含量密切相關。

當蜂蜜中的葡萄糖達到飽和狀態時，會與水分子結合，形成固態的葡萄糖水合物，並從液態中析出，這個過程就稱為結晶作用 (granulation)。蜂蜜的結晶速度則與其中含有的葡萄糖結晶核 (crystal nuclei) 數量有密切關係，數量越多，蜂蜜結晶越快。

每一種蜜源植物的葡萄糖與果糖含量不同，因此結晶狀況也不同，例如荔枝蜜的葡萄糖含量很高，很容易結晶，龍眼蜜的葡萄糖含量則相對較少，但在臺灣因為兩者的花期和分布區域部分重疊，加上低溫條件的配合，所以龍眼蜜有時也會結晶。

儲存條件亦會影響結晶。蜂蜜在 11~15°C 的環境中最易產生結晶，因此放入冰箱反而比室溫下更容易出現此現象。即便在常溫下，若葡萄糖含量較高，蜂蜜也可能自然結晶。若需將結晶蜂蜜還原為液態，可用 40°C 以上的溫水隔水加熱（圖 5.2.18），但此方式較為耗時。若提高加熱溫度雖然可以加速融化，卻也可能破壞蜂蜜的天然色澤與香氣，甚至降低其中酵素的活性，進而影響品質。

溫度以及蜂蜜中葡萄糖與水分的比例，都會直接影響蜂蜜結晶的程度。葡萄糖會與水分子結合，形成一種動態平衡的結晶狀態。當溫度較高時，結晶會變得柔軟，甚至完全融化為液態蜂蜜；而含水量較低時，結晶態葡萄糖增加，蜂蜜就會變得較硬，呈現完全結晶的狀態。這也是為什麼蜂蜜在不同保存條件下，質地會有所不同的原因。

要讓蜂蜜完全不結晶並不容易。水分含量過高會導致蜂蜜發酵變質，提升溫度則會使羥甲基糠醛 (HMF) 含量上升，不僅可能破壞酵素活性，也會改變蜂蜜的組成與風味。蜂蜜的結晶狀態受糖類組成（特別是葡萄糖含量）、結晶核數量、含水量及環境溫度等多種因素影響，多數蜂蜜在儲存過程中多少都會出現結晶，只是結晶的程度有所差異。雖不能單憑是否結晶來判斷蜂蜜真偽，但結晶本身是正常現象，與摻糖無關。

由於結晶顆粒外觀常類似蔗糖晶體，容易讓消費者產生誤解，甚至影響購買意願，甚至以為結晶蜜是假蜜。事實上，砂糖屬於蔗

圖 5.2.17
不同程度的結晶蜜

糖，其性質與蜂蜜的單醣組成不同，不會促成結晶；而使用高果糖漿的假蜜，則是以玉米澱粉經酵素水解轉化而成，也不會結晶。

對蜂蜜結晶的誤解不僅見於臺灣，在世界各地同樣普遍存在。其實，結晶蜜遇水即溶，沖泡後仍是風味極佳的飲品；此外，其綿密質地也帶來獨特口感，塗抹於麵包或餅乾上，別有一番風味，極具特色和推廣價值。因此蜂蜜裝瓶時，建議選用廣口瓶，方便以湯匙取用，提升消費者體驗與接受度。

圖 5.2.18
收下來的蜂蜜如果已經結晶，要放入溫水浴槽中加熱，使結晶的蜂蜜融化為液態以利分裝。

● 酸類

蜂蜜嘗起來甜度高，但其實裡面也含有多種酸類，只是常被我們忽略了。不同種類的蜂蜜所含的酸類也有所不同，其中最主要的是葡萄糖酸 (gluconic acid)，來自蜜蜂在釀蜜過程中，透過下咽頭腺分泌葡萄糖氧化酶 (glucose oxidase)，將花蜜中的葡萄糖轉化為葡萄糖酸與過氧化氫 (H_2O_2)。這個反應除了賦予蜂蜜微酸風味，也具抑菌效果。

除了葡萄糖酸外，蜂蜜中還含有多種天然有機酸，例如檸檬酸 (citric acid)、蘋果酸 (malic acid)、醋酸 (acetic acid)、甲酸 (formic acid)、乳酸 (lactic acid)、琥珀酸 (succinic acid) 等，這些酸雖然含量不多，卻能讓蜂蜜擁有獨特風味。在食品檢測上，這些酸的總量以酸度 (acidity) 表示，單位為毫克當量／千克 (meq/kg)。

新鮮蜂蜜的酸度通常很低，依照我國 CNS 國家標準，必須在 30 meq/kg 以下才算合格。若蜂蜜保存不當，內部的耐糖性酵母菌就會增生，使蜂蜜中的糖分轉化為酒精，再經由醋酸菌轉為醋酸，導致酸度升高，也代表蜂蜜可能開始變質。

蜂蜜的 pH 值約在 3.4~4.5（不同蜂蜜 pH 值不盡相同），平均值約 3.9。當蜜蜂將水分較高的花蜜釀製成蜂蜜時，過程中會加入葡萄糖氧化酶，這種酵素能把葡萄糖轉換成葡萄糖酸與過氧化氫，使蜂蜜呈弱酸性，除了延緩發酵外，也讓蜂蜜具備天然的防腐與抑菌能力，因此能夠長時間保存。

雖然葡萄糖氧化酶具抗菌功能，但在成熟蜂蜜中因 pH 偏低、酵素活性下降，因此其作用微乎其微。然而，當蜂蜜被水稀釋後，pH 值升高，葡萄糖氧化酶便會再次發揮作用，產生抑菌成分。隨著蜂蜜逐漸釀製熟成、水分降至約 18~19 %，甚至更低時，因高滲透壓本身已足以抑制微生物生長，此時葡萄糖氧化酶的作用也會隨之減弱。

需要注意的是，葡萄糖氧化酶對熱非常敏感，如果以太高溫的水來泡蜂蜜，這個酵素很容易被破壞，抑菌效果也會降低。因此，沖泡蜂蜜時建議用約 40°C 以下的溫水。

● 蜂蜜的水活性與發酵作用

食品中有多少水分可以被微生物利用，稱為水活性 (water activity, Aw)。

蜂蜜的水活性換算公式（陳崇羔，1999）：
Aw = 0.025 × 每百公克蜂蜜中的含水克數 + 0.13

若蜂蜜含水量為 17.4 %，經公式換算得知：
Aw = 0.025 × 17.4 + 0.13 = 0.565

蜂蜜裡面有大量的葡萄糖和果糖，水分含量通常介於 17 % 到 22 % 之間。由於含糖量非常高、水分又相對較少，所以蜂蜜的水活性只有 0.55 到 0.68，這樣的環境只有少數耐糖性的酵母菌還能生長。但如果蜂蜜的含水量低於 17.1 %，連這些酵母菌也難以發酵，這就是為什麼成熟的蜂蜜能夠長時間保存的原因之一。

蜂蜜中的耐糖性酵母菌 (sugar-tolerant yeasts) 會引起蜂蜜發酵，這種微生物可以在水活性 (Aw) 0.6 的環境下生長。當耐糖性酵母菌開始活動時，會分解蜂蜜裡的葡萄糖與果糖，產生二氧化碳與酒精，這個過程就叫做發酵。發酵後酒精會進一步被氧化成醋

酸和水，使蜂蜜變得酸酸的；而二氧化碳則會形成氣泡，在蜂蜜表面出現白色泡沫。不只液態蜂蜜會發酵，結晶的蜂蜜也會發酵，蜂群內巢脾上的蜂蜜如果含水量過高也會產生發酵作用。

蜂蜜的含水量及酵母菌量，跟發酵有密切關係，當蜂蜜含水量低於 17.1 %，不論有多少酵母菌，也能在一年內維持穩定不發酵；若含水量介於 17.1~18 %，只要酵母菌數低於每公克 1,000 個，一年內不發酵；然而一旦含水量超過 20 %，只要有微量的酵母菌，蜂蜜隨時會發酵。

溫度同樣是影響發酵的重要因素。如果蜂蜜存放在 11 °C 以下，耐糖酵母菌就很難生長，可以減緩發酵。不過要注意，當溫度介於 11~15 °C 時蜂蜜很容易結晶，而在結晶過程中會釋放出一些水分，這反而可能讓蜂蜜發酵。酵母菌適合在 25~35 °C 的環境中生長，若蜂蜜處於此溫度區間就容易發酵。若想抑制發酵，可將蜂蜜以 63 °C 的溫水隔水加熱 30 分鐘，以殺死酵母菌。但高溫同時也會破壞蜂蜜中其他的天然酵素，導致降低蜂蜜活性。

● 酵素

酵素是一種存在於細胞中的蛋白質，能夠幫助或加快體內外的化學反應。蜂蜜中含有多種天然酵素，例如澱粉酶 (diastase)、轉化酶 (invertase)、葡萄糖氧化酶 (glucose oxidase)，還含有少量的酸性磷酸酶 (acid phosphatase) 及催化酶 (catalase)，這些酵素不只在蜜蜂釀蜜過程中扮演重要角色，也提高了蜂蜜的營養價值。不過酵素對熱非常敏感，如果蜂蜜在加工過程中溫度太高，或是儲存時間過長，都可能讓這些酵素逐漸失去活性，降低蜂蜜的品質。

● 蛋白質

蜂蜜中的蛋白質來自蜜蜂釀蜜過程中加入的酵素、植物的花蜜，或者採集過程中混入的花粉粒，不同蜜源的蜂蜜，蛋白質含量差距很大，有些蛋白質達 2,000 μg/g，有些不到 200 μg/g。

● 香氣與風味

蜂蜜的香氣和風味主要來自蜜源植物。不同的花蜜會帶來獨特的香味與口感，讓每種蜂蜜都有自己的特色。這些香氣大多是花蜜中醇類、醛類的衍生物，而花粉的氣味也可能影響蜂蜜的整體香氣。

5.2.5 蜂蜜品質、真偽與產地鑑定

蜂蜜品質的好壞與蜂蜜是否摻偽是不同的議題，即便沒有摻偽的蜂蜜，也可能因儲存條件不佳導致品質劣化。簡易鑑別蜂蜜品質好壞的方法，可從色澤、香氣、風味三者綜合判斷，儲存條件與理化特性是鑑別蜂蜜品質的指標，但不是鑑別是否摻偽的主要方法。

蜂蜜成分複雜，檢測蜂蜜摻假從來就不是一件簡單的事情，蜂蜜摻假包含摻入糖漿、香精、色素、混產地，形態各異，很難用一套科學方法就可以完全檢測各種摻假的行為，也因此蜂蜜摻假的情形全世界都可能發生，加上蜂蜜成分複雜，也沒辦法用一種標準來規範全世界所有種類的蜂蜜。

● 簡易的蜂蜜摻偽檢測方式

在沒有儀器的情況下，最容易辨識蜂蜜是否摻偽的方法為加水稀釋法，但此法僅供參考，方法越簡單，準確度越低。

作法是將 1 份的蜂蜜以 10 份的冷水沖泡後，將泡好的蜂蜜倒入透明瓶中快速搖晃約 10 多下，真蜂蜜因為有微量的蛋白質，上層會出現大量的泡沫，久久才會消退，而且其液體層會略呈渾濁狀。而假蜜泡沫很少，不到 3 分鐘泡沫就消失了，而且液體層呈現澄清狀（不過若其中有添加起雲劑也會混濁）。

使用這個方法應注意只要加水稀釋即可，不要添加其他物質，例如不要添加檸檬汁，以免影響辨識。龍眼蜜相對來說蛋白質較多，泡沫會比較多，但有一些真蜜因為蛋白質含量比較少，泡沫會比較少。加水稀釋法雖然簡便，但只能辨識全然的假蜜，如果真蜂蜜中添加了糖漿，加水稀釋搖晃後仍然會有細緻的泡沫，因此無法作為辨識真假蜜最主要的方法。另外坊間傳聞螞蟻不取食真蜂蜜也是無稽之談，事實上螞蟻一樣會取食蜂蜜。

鑑定蜂蜜中花粉的形態是另一個判斷方法。蜜蜂在採集花蜜時，體表會沾附到花朵上的花粉粒，這些花粉粒會落入蜂蜜中，因此真蜂蜜中多多少少會摻雜花粉粒，只要取少量蜂蜜在顯微鏡下鏡檢，一般來說即可在蜂蜜中發現花粉粒，只是花粉可以額外添加（但成本較高），所以也無法作為蜂蜜是否摻偽最主要的鑑定標準。

事實上蜂蜜的真偽很難單純用肉眼判斷，如果可以簡單的用肉眼判斷，就不會有那麼多假蜜了，要分辨是純蜜或者是否摻偽還是要用更科學的檢驗方法。

● ^{13}C 碳同位素檢定法

在許多檢測蜂蜜是否摻偽的方式中，目前以碳同位素檢定法準確度較高。植物具有一定的碳同位素比值，取決於植物光合作用的反應途徑。植物在進行光合作用時，會吸收空氣中的二氧化碳，並將其轉化為碳水化合物[1]。根據光合作用的方式不同，植物可分為 C_3、C_4 和 CAM。在大氣中的二氧化碳裡，大約有 1 % 的碳是屬於穩定同位素 ^{13}C。大多數蜜源植物屬於 C_3，其穩定同位素（$\delta^{13}C$）平均值約為 -25 ‰（千分之負二十五）。而 C_4 植物如玉米和甘蔗等禾本科作物，$\delta^{13}C$ 的數值約為 -10 ‰。

許多假蜂蜜會以由 C_4 植物來源（如玉米或甘蔗）轉製的糖漿混入蜂蜜中，因此可以透過檢測蜂蜜中的 $\delta^{13}C$ 值差異來辨別是否摻假。利用蜂蜜的微量蛋白質 $\delta^{13}C$ 值作為內標準品[2]，理論上，蜂蜜中蛋白質的 $\delta^{13}C$ 值應該與蜂蜜的 $\delta^{13}C$ 值相近。如果沒有摻假，蛋白質與蜂蜜的 $\delta^{13}C$ 值差距應小於 1.0 ‰；若差異超過 1.0 ‰，就可能代表蜂蜜中摻入了來自 C_4 植物來源的糖漿。但 ^{13}C 碳同位素檢定法還是有其限制，由於樹薯、甜菜的 $\delta^{13}C$ 值也約為 -25 ‰，所以如果使用樹薯、甜菜糖混摻，就無法利用這個方法檢測出來。

進行穩定碳同位素檢測時，需要一個全蜂蜜的穩定同位素值，跟蜂蜜中蛋白質的穩定同位素值，兩者進行比較後套入公式，就可以算出 C_4 糖漿的含量。檢測時蜂蜜檢體放入 80 ℃ 的水域槽 10 分鐘，萃取出蜂蜜中的蛋白質，然後經過高速離心，沉澱出的蛋白質就是最後送檢的樣品。

為了提升產品競爭力，並將學界長期以來的

研究成果挹注到產業界，2015 年優質蜂產品研發技術聯盟更結合上、中、下游相關業者和檢驗單位，以碳同位素檢定法鑑定蜂蜜是否摻偽，標準較 CNS 1305 嚴格，整批蜂蜜送檢後，由檢測單位分裝、貼標章，不是回到生產者自行分裝。

所有分裝的蜂蜜，每一瓶會貼上驗證封條，驗證封條上會有驗證序號和聯盟專屬 QR Code，消費者可以掃描驗證封條上的 QR Code，進到聯盟的網頁，輸入年份和驗證序號，就可以取得此罐蜂蜜所有的相關檢驗資料。

● 蜂蜜國家標準的重要性與限制

現行的蜂蜜國家標準 CNS 1305（2012 年第七版訂定）把蜂蜜的理化特性列出（表 5.2.3），以蜂蜜中的水分、蔗糖含量、果糖、葡萄糖、酸度、澱粉酶活性、羥甲基糠醛 (HMF) 等成分訂定明確的限值，作為蜂蜜品質的指標。

CNS 1305 蜂蜜國家標準將國產蜂蜜分為「龍眼蜂蜜」及「蜂蜜」兩項。會這樣分項是因為龍眼蜜為臺灣最主要的商品蜜，所以把龍眼蜜單獨列出來，至於龍眼蜜以外的其他蜂蜜，就全部統稱「蜂蜜」。

訂定 CNS 1305 蜂蜜國家標準有其意義，是提供蜂蜜品質的理化特性作為遵循基準，但跟真假蜜沒有關係，不符合國家標準也有可能是真蜜，符合 CNS 1305 蜂蜜國家標準不見得就是沒有摻偽的蜂蜜。例如摻偽的蜂蜜可以額外添加澱粉酶，看起來像真蜂蜜，所有的標準都符合國家標準；有時採收下來的東方蜂，澱粉酶未達國家標準但也是真蜜。蜂蜜成分受到蜜源、產地、氣候、蜂種而異，無法用一個標準來涵蓋所有蜂蜜，CNS 1305 所列各項指標不適合作為蜂蜜真偽鑑別的唯一依據。

蜂蜜的好壞，客觀來說要根據蜂蜜的抗菌活性、理化特性、是否有化學農藥、重金屬和抗生素殘留來判斷，其餘多半是口感上的主觀認定。單純以蜜源植物的種類和蜂蜜的顏色來決定蜂蜜的品質好壞是不夠全面的，蜂種也不見得能夠代表蜂蜜品質的優劣。舉例來說，東方蜂（野蜂）蜜有其獨特的風味及特色，加上飲食文化的影響而深受國人喜愛，而西洋蜂採收蜂蜜中如果類黃酮、多酚類含量高，同樣也是很好的蜂蜜。另一方面，東方蜂及西洋蜂採收下來的蜂蜜都有可能因為水分含量過高而導致發酵變質。

1 卡爾文 (Melvin Calvin) 等人使用 $^{14}CO_2$ 來來研究光合作用，當植物細胞暴露於 $^{14}CO_2$ 中，5 秒鐘內即成一個三碳的化合物磷酸甘油酸 (phosphoglyceric acid, PGA)，因而稱之為 C_3 循環或卡爾文循環 (Calvin cycle)。在 1960 年代早期 Hugo Peter Kortschak 以 ^{14}C 標識二氧化碳時，發現甘蔗的暗反應中形成的第一個化合物為四碳，因而命名為 C_4 系統。C_4 系統植物比 C_3 植物更能適應乾熱環境，在高溫環境下 C_4 植物能製造更多碳水化合物。C_4 植物包括甘蔗、玉米。
CAM (crassulacean acid metabolism) 植物只佔所有植物的 5 % 左右，包括仙人掌、鳳梨及一些百合及蘭花。
2 內標準品 (Internal Standard)：在分析過程所使用的溶劑中添加微量的特定化合物，此化合物不和溶劑和樣品中所含的化合物起作用，且不干擾化學分離和化學分析。
請參閱：勞動部勞動及職業安全衛生研究所網站，分析方法驗證程序「使用說明及名詞定義」。

表 5.2.3 CNS 1305 蜂蜜國家標準

檢驗項目	CNS 1305 蜂蜜國家標準
水分含量 (%)	20 % 以下
蔗糖含量 (%)	龍眼蜜：2 % 以下 蜂蜜：5 % 以下
糖類含量 （果糖＋葡萄糖）(%)	龍眼蜜：70 % 以上 蜂蜜：60 % 以上
水不溶物含量 (%)	0.1 % 以下
酸度 (meqH+/1000g)	龍眼蜜：30 meqH+/1000g 以下 蜂蜜：50 meqH+/1000g 以下
澱粉酶活性 (Schade Unit)	8 以上
羥甲基糠醛 (mg/kg)	龍眼蜜：30 mg/kg 以下 蜂蜜：40 mg/kg 以下
抗生素七項	未定
氯黴素四項	未定
硝基呋喃代謝物	未定
381 項農藥	未定
C_4 糖漿 [3]	未定

[3] C_4 糖漿檢測方法根據 AOAC Official Method 998.12
2021.07.13 修訂

主觀認定都屬於個人的喜好,蜂蜜品質還是要以蜂蜜本身的內容物來判斷會比較客觀,其實只要是蜜蜂從花朵(或蜜露)上採集而來,沒有過高的生物鹼(如 PAs),也沒有額外添加糖水、糖漿、香精、色素,未有抗生素、重金屬及化學農藥殘留,採收後存放得宜,基本上都是好的蜂蜜。

糖類

在糖類含量的部分,蜂蜜的主要成分為果糖 (fructose) 和葡萄糖 (glucose),因此國家標準以果糖和葡萄糖的含量總合作為蜂蜜品質的指標之一。依 CNS 1305 蜂蜜國家標準,龍眼蜂蜜的糖類含量需在 70 % 以上,蜂蜜的糖類含量需在 60 % 以上。

隨著時間增加,果糖與葡萄糖含量會稍微遞減,一般經過數個月後可能會低於 70 %,但只要儲存條件穩定,仍會維持在 60~65 % 左右,也不算太差,因為國際食品法典委員會 CODEX 的蜂蜜標準 (CODEX Standar of Honey) 糖類含量為 60 %,而且蜂蜜的品質好壞,也不能只靠果糖和葡萄糖的含量來決定。

羥甲基糠醛

蜂蜜在長期存放的過程會產生許多羥甲基糠醛 (Hydroxymethylfurfural, HMF),這種物質不只出現在蜂蜜,也常見於牛奶、果汁等經過加熱處理的食品中。當蜂蜜高溫加熱或儲存時間過長時,蜂蜜中的還原糖,尤其是果糖,就可能因脫水而產生羥甲基糠醛。

羥甲基糠醛數值在國際 CODEX 標準建議訂在 40 mg/kg 左右。

羥甲基糠醛的含量能夠反應蜂蜜的新鮮度、加工處理是否失當,以及是否有摻入人工轉化糖,所以羥甲基糠醛是蜂蜜品質鑑定的重要指標。但國際 CODEX 標準所訂的數值無法適用於全球所有種類的蜂蜜,部分熱帶國家的不同種類蜂蜜,在正常情況下仍有可能高於國際 CODEX 標準。

澱粉酶

蜂蜜中的澱粉酶大多來自蜜蜂的唾液,少部分來自植物分泌的花蜜。已封蓋的蜂蜜含水率低,糖度提高,澱粉酶的含量也較高,是蜂蜜品質的重要指標之一。因此在採收蜂蜜時要盡可能延長採收天數,讓蜜蜂有足夠的時間自行濃縮,減少水分,使蜂蜜自然熟成。但只要儲存時間太長、溫度過高、或經過劣質加工,澱粉酶就會減少,所以在濃縮蜂蜜時最好採取低溫方式處理,避免破壞蜂蜜的活性成分。

不過現行 CNS 1305 國家標準所訂定的澱粉酶含量也無法作為蜂蜜品質的唯一指標。舉例來說,東方蜂(野蜂)採收的蜂蜜澱粉酶含量較低,紅淡蜜的澱粉酶含量也無法達到現行國家標準,但仍是有特色的好蜜。

環境條件、蜜源植物及蜂種的差異會使蜂蜜的理化成分有所不同,東方蜂(野蜂)蜜其澱粉酶及含水量與西洋蜂的蜂蜜理化特性也不見得一樣。

● **蜂蜜產地的鑑定**

產地不是蜂蜜品質好壞的指標，有些人對於不同國家與地區的蜂蜜存在主觀的偏見，例如有些消費者認為東南亞的蜜不如歐洲的蜂蜜，飲食很容易受文化影響，但這個影響是否帶有偏見和文化上的優越？事實上，分析該蜂蜜的理化特性、生物活性、是否有化學農藥與抗生素殘留以及衛生條件，才是比較客觀的依據。

臺灣一年約有 1.2 萬公噸蜂蜜的需求，養蜂箱數增加但是蜂蜜產量卻沒有增加甚至減少，2019 年產量不到 3,000 公噸，進口蜂蜜補足了這個缺口，其中又以泰國進口的龍眼蜜為大宗。許多國人對龍眼蜜有獨特的偏好，因此有些臺灣的養蜂人在泰國投資設立養蜂場，以相對較低的工資採收龍眼蜜，再銷回臺灣。

其實泰國龍眼蜜跟其他國家進口的蜂蜜一樣，是市場供需使然。客觀來說泰國龍眼蜜品質也不一定比較差，但為了避免產地混摻，使用便宜的真蜂蜜混摻於高價的真蜂蜜中，或以進口的便宜蜂蜜混充臺灣蜜販售，蜂蜜產地的鑑定是非常重要的工作，明確標示產地才是對臺灣養蜂產業和消費者應有的保障。

鑑定蜂蜜產地的方法很多，例如蜂蜜中有少量類黃酮 (flavonoids)、多酚類 (polyphenol) 及其他生物活性物質，其含量隨蜜種而異，因此分析蜂蜜中類黃酮及多酚類的組成可作為鑑定其蜜源與產地的參考。

蜂蜜中的揮發性有機化合物 (volatile organic compounds) 決定了蜂蜜的香氣輪廓，是消費者對蜂蜜喜好最直觀且重要的關鍵因素之一，目前利用氣相層析離子泳動光譜分析儀 (GC-IMIS) 是鑑定蜂蜜產地的重要技術，藉由加熱與搖晃使蜂蜜中的香氣揮發，儀器分析香氣的指紋圖譜來判定蜂蜜的產地。另外感應耦合電漿質譜儀 (ICP-MS) 可分析蜂蜜中礦物質元素含量來作為產地的依據。

5.2.6 蜂產品中的化學農藥殘留

蜜蜂的感受性 (susceptibility) 較高，環境中一旦有化學農藥就容易造成死亡，但當化學農藥的含量不足以使蜜蜂立即死亡，蜜蜂仍然可能將花蜜、花粉中微量的化學農藥帶回蜂巢。化學農藥的種類很多，不同的化學農藥有不同的作用機制，蜜蜂中毒的症狀也不盡相同。有些殺蟲劑雖然不具急毒性，卻可能導致蜜蜂免疫力下降、發育不良、行為異常等狀況，讓蜂群的環境適應力下降，最終造成蜂群滅亡，例如微量的益達胺 (imidacloprid) 及百利普芬 (pyriproxyfen) 都會影響蜜蜂發育及行為。

蜂群需要花蜜、花粉為食，許多作物需要蜜蜂授粉才能結果。臺灣飼養的蜂群大多分布於臺中以南等農業種植區，讓農作物得以授粉結果，然而這些農地很多是慣行農法，常施用農藥與化學肥料，也讓蜜蜂面臨嚴重的化學農藥威脅。殺蟲劑造成大量蜜蜂急性中毒的案例不少，如 2017 年 9 月南投埔里發生大量蜜蜂死亡，經農業部苗栗區農業改良場證實，主要因為檳榔園施用芬普尼 (fiponil) 殺蟲劑。

殺蟲劑不僅影響蜜蜂的生存，而且還會汙染蜂產品。蜜蜂作為環境指標物種，其中一個指標在於蜂產品可用來鑑測環境中的物質殘留。根據 2017 年陳裕文、乃育昕教授等人

的研究報告，蒐集臺灣 14 個養蜂場共 155 件蜂花粉樣本，進行 232 種化學農藥篩檢，檢測出 56 種農藥，農藥殘留平均高達 74.8%，可見臺灣的蜜蜂面臨很大的農藥壓力。

蜜蜂作為一種環境指標，我們應該正視殺蟲劑不當使用的事實，共同努力讓化學農藥的使用朝向合法且符合規定的方向前進，並逐步減少對化學農藥的依賴，才能確保環境生態的永續及提升蜂產品的品質。

5.2.7 產銷履歷

蜂產品除了可以跟熟識、了解飼養及生產過程，且值得信賴的養蜂人購買，為了提升國人對國產蜂產品的信任與了解，農業部在 2020 年公告「臺灣良好農業規範 (Taiwan Good Agriculture Practice, TGAP)」，將蜂蜜產品納入產銷履歷驗證制度的行列。

TGAP 是政府農業研究單位，依據國內農漁畜各品項之生長性質與生產管理所制訂的參考標準，內容除了包含用藥安全外，更涵蓋食品安全、環境衛生及永續生產的觀念。產銷履歷農產品可供查詢的生產資訊和一般的生產紀錄最大不同之處，在於這些資訊必須通過驗證的稽核程序，才能被視為有效紀錄，這點讓生產資訊的強度與可信度超越一般生產紀錄。

在選購產銷履歷農產品時，利用生產資訊可追溯產品特性，並選擇更有保障與安全的農產品。消費者購買前只要掃描產品上的 QR code，就可以看到蜂蜜的生產紀錄，從蜂群照護、移箱訪花、採蜜濃縮、加工分裝，一直到流通銷售的每一階段，都可以被追溯查詢。

5.2.8 台灣養蜂協會國產蜂產品證明標章

台灣養蜂協會是臺灣歷史最悠久的民間養蜂組織，為了推廣臺灣國產蜂蜜，2005 年 6 月 1 日經經濟部智慧財產局准予登記註冊「國產蜂產品」證明標章（註冊號數第 01157388 號）。「國產蜂產品證明標章」上有 9 碼數字追溯碼，只要依標章序號，上台灣養蜂協會網站查詢，就能查出該瓶蜂蜜的養蜂業者、蜂蜜種類、驗證數量。

圖 5.2.19
國產蜂產品證明標章、蜜蜂與蜂產品研發中心標章、產銷履歷標章（由左至右）

5.2.9 如何保存蜂蜜

蜂蜜是食品，並非陳年不壞，為確保新鮮最好還是盡速食用完畢。根據前述蜂蜜的成分及特性，久置不但使蜂蜜中的澱粉酶活性下降，還會使羥甲基糠醛 (HMF) 含量增加而影響蜂蜜品質。

溫度越低越能延緩發酵，也可以減緩羥甲基糠醛的生成量。但貯存在 11~15 °C 會使蜂蜜結晶。若含水量低於 20 % 可以放置於 20 °C 左右的環境中約 2 年，含水量超過 20 % 建議濃縮或冷凍。存放於 30 °C 以上或陽光直射易導致蜂蜜變質。緊閉瓶口減少與空氣接觸，同時避免吸引螞蟻。

5.2.10 蜂蜜的加工及利用

蜂蜜採收下來後就可以直接食用，最能品嚐出蜂蜜本身的風味。為了提升蜂蜜的利用價值，還能以蜂蜜為原料，製作各種副產品。

● 蜂蜜脆梅

材料：

青梅	3000 g
砂糖	3600 g
粗鹽	300~600 g
蜂蜜	適量

作法：

1. 將青梅去掉蒂頭。

2. 用粗鹽反覆搓約 20 分鐘，直到整顆潮濕變色。

3. 用槌子從梅子尖端處敲裂梅子。

4. 粗鹽加水，放入梅子浸泡 8~12 小時後將鹽水倒掉。

5. 加清水浸泡 30 分鐘，重複 3 次。

6. 把梅子放入乾淨的洗衣袋或網袋中吊掛瀝乾約 1 小時。

7. 把梅子泡入煮沸後放涼的糖水中（2000 ml 水＋600 g 砂糖），冷藏 24 小時後把糖水倒出。

8. 再一次將梅子泡入煮沸後放涼的糖水中（2000 ml 水＋1200 g 砂糖），冷藏 24 小時後，把糖水倒出。

9. 最後一次將梅子泡入煮沸後放涼的糖水中（2000 ml 水＋1800 g 砂糖），冷藏 24 小時後，把糖水倒出。

10. 把梅子裝瓶，倒入蜂蜜淹過梅子，繼續冷藏兩週後即可食用。另外，最後兩次倒出的糖水亦可裝瓶冷藏，稀釋後飲用，酸甜可口。

● 蜂蜜梅子醋

材料：
青梅	400 g
蜂蜜	400 g
金門高粱醋	400 g

作法：

1. 用刀子在梅子表面劃出痕跡。
2. 將 400 g 梅子、400 g 蜂蜜、400 g 金門高粱醋放入扣式玻璃密封罐中。
3. 於陰涼避光處放置半年至九個月即可飲用。

● 蜂蜜梅子酵素

材料：
青梅	1000 g
蜂蜜	1000 g

作法：

1. 將 1000 g 梅子與 1000 g 蜂蜜倒入瓶中。
2. 用保鮮膜套住瓶口，不要蓋上蓋子。
3. 每天搖晃一下，直到蜂蜜溶解。
4. 於陰涼避光處放置半年至九個月即可飲用。

● 蜂蜜梅酒

材料：

青梅	400 g
蜂蜜	150 g
細冰糖或細砂糖	100 g

作法：

Day1

1. 先將青梅清洗乾淨，充分晾乾後，用銳器去掉蒂頭（帶苦味），梅子表面不可有任何損傷。

* 洗好的梅子一定要表面乾透才可以入瓶，沒有乾透就入瓶，容易滋長細菌。
* 最好選用六至七分熟、色澤轉黃的梅子，如買到很青的，在室溫（約 25 ℃）放 1~2 天等梅子開始泛黃即可使用。

2. 將 400 g 青梅放入消毒過的玻璃瓶。

* 往後要常常搖晃或轉動瓶子，故請選擇密封能力較好的玻璃瓶。
* 要選用寬口玻璃瓶，不能用紅酒瓶等窄口的瓶子。蓋子的材質，無論是塑膠或金屬蓋，只要液體沒有長期接觸就不用太擔心；但鐵蓋容易生鏽，若有鏽就要更換。

3. 150 g 蜂蜜倒進瓶中與青梅混合，蓋上蓋子，上下搖晃瓶身。剛倒進瓶的蜂蜜很黏稠，不容易沾附在梅子上。搖晃後讓蜂蜜沉在底部是沒問題的。

* 使用含水量較高的蜂蜜，梅酒發酵失敗率就會增加，但即便使用水分 20 % 以下的蜂蜜製作，仍有失敗的可能，例如容器或操作過程受到污染等，因此建議一罐的份量不要太多。首次製作可以用容量 1000 ml 以下的中型玻璃瓶，較易控制份量。預先分瓶可避免未開封的梅酒受污染，也方便儲存。
* 玻璃瓶置於陰涼處避免陽光直射。
* 梅子和蜂蜜不要倒太滿，至少留下 1/3 瓶身空間，避免瓶子破裂。

Day2~7

4. 每天搖一搖，加糖前，絕不能打開瓶蓋。

5. 第二天會發現蜂蜜的容量好像增加，其實是青梅開始出水。每天都搖晃一下瓶身，使每顆梅子都能接觸到蜂蜜。

6. 進入第三、四天可能會冒出泡泡，發酵過程開始，屬正常現象不用擔心。

Day8

7. 蜂蜜會變得越來越稀，梅子浮起來，第八天打開蓋子，加入 50g 細冰糖或細砂糖，搖晃瓶子，使糖與梅子和液體混合均勻。

* 若第一週沒有起泡泡，可能室溫低於 25 °C，不利酵母發酵，趕快增加溫度，讓酵母活躍，才可以進行後面的加糖步驟，否則高糖滲透壓會抑制酵母活動，酒精濃度沒辦法提升。

Day9~14

8. 進入第二週，繼續同樣每天搖一搖，在不打開瓶蓋下洩氣。
若成功，液體會呈現清澈的深琥珀色，打開有梅香，梅子表面輕微收縮皺皮，浮於水面。
若失敗，則色澤混濁，發出水果腐爛的臭味，梅子沒有收縮。

Day15 之後

9. 進入第三週，再將餘下的 50 g 糖加入瓶中，搖晃均勻，持續幾天，當糖完全溶解，就不需要繼續搖晃。過程中因產生的二氧化碳梅子會浮起來，是正常現象。

10. 放在陰涼處約六至九個月後即可開瓶飲用。瓶身要避免太陽直射，以免蒸發的水氣影響梅酒品質。

11. 釀好的梅酒呈深琥珀色，可加入清水或冰塊稀釋飲用。記得貼上標籤識別釀製日期，可放置 2~3 年，時間越長味道越香醇。

/ POINT /

- 第一次加糖後，泡沫很多不散怎麼辦？酵母菌把水果和糖分轉化成酒精和氣體，過程一般在一至兩個月內完成，往後酒味隨著時間慢慢變得醇厚不嗆，只要經過兩次加糖的程序，就穩定了。

- 如果瓶身有滲漏，未到加糖的日期，無論如何都不要打開瓶蓋，用布擦乾即可。第一週是活化酵母的關鍵期，非常重要，要耐心等候。梅子沒有發出腐爛水果的臭味就可以繼續。

- 保鮮膜有保溫作用，如在瓶蓋封上保鮮膜，會讓瓶內溫度急速上升，梅子容易變質，不建議使用。

- 梅酒自然發酵的進程，視梅子的品質、環境、氣溫、濕度而改變，每一瓶的過程不會完全一樣。

水果酒中的甲醇及相關規定

水果中的果膠 (pectin) 分子會與天然存在的果膠酯酶 (pectinesterase) 作用，所以水果酒在釀造時除了產生乙醇外，果膠分子有可能被果膠分解酵素分解生成果膠酸而產生甲醇。

根據財政部酒類衛生標準（93.06.29 訂定）第 2 條規定，酒類中甲醇之含量，釀造類、其他食用酒類每公升（純乙醇計）含量一千毫克以下。根據菸酒管理法第 47 條規定，產製或輸入劣菸或不符衛生標準之劣酒者，處新臺幣 30 萬元以上 300 萬元以下罰鍰。

根據菸酒管理法第 37 條規定，酒之廣告或促銷，應明顯標示「禁止酒駕」，並應標示「飲酒過量，有害健康」或其他警語，且不得有下列情形：
1. 違背公共秩序或善良風俗。
2. 鼓勵或提倡飲酒。
3. 以兒童、少年為對象，或妨害兒童、少年、孕婦身心健康。
4. 虛偽、誇張、捏造事實或易生誤解之內容。
5. 暗示或明示具醫療保健效果之標示、廣告或促銷。
6. 其他經中央主管機關公告禁止之情事。

● 蜂蜜柚子果釀

材料：

白砂糖	500 g
水	1500 ml
柚子果肉	瓶子容量的 40~60 %
蜂蜜	適量
檸檬汁	適量
酵母	適量

作法：

1. 糖加 1500 ml 的水煮沸，待糖溶解後放涼。

2. 將柚子果肉放入消毒過的玻璃瓶中，果肉含量約佔瓶子總容量 40~60 %。

3. 加入糖水和適量蜂蜜，蓋過果肉，使糖水和果肉佔玻璃瓶總容量 80 %，瓶中保留 20 % 的空間。

4. 加入少許檸檬汁，增加風味。

5. 加入酒引或酵母（做麵包用的酵母即可），靜置五天即可品嚐。然後再繼續加入新的糖水與蜂蜜，反覆大約加到第五次之後的口感及香味較佳。

/ POINT /

• 除了果肉外，果皮、白囊、膜、種籽也可以依此法分別釀製。

蜂蜜情人果

材料：

削皮、切片、去核的	
青芒果	300 g
鹽	10 g
蜂蜜	150 g

作法：

1. 選用尚未成熟的新鮮青芒果，將芒果洗乾淨後削皮，削皮的過程中如果芒果偏黃就不適合使用，建議直接挑掉。

2. 切開芒果將果核取出，如果有粗的纖維也一併切除，避免影響口感。將芒果逐一切片後泡水。

3. 切片完成後把浸泡水倒掉，芒果瀝乾後先秤淨重，這個重量是接下來鹽和蜂蜜用量的基準。

4. 加入芒果淨重的 4 % 鹽巴（或 300 g 削皮、去核、切好的芒果加 10 g 的鹽）。

5. 用搓壓的方式直到鹽完全溶解，藉由滲透壓作用進行脫水，使芒果組織軟化，同時在高滲透壓下將糖類與胺基酸產生熟成，去除苦味及澀味。

6. 將澀水全部倒掉。重壓靜置 10 分鐘。

7. 10 分鐘後稍微將芒果青拌鬆，再倒掉澀水。

8. 再重壓一次，時間一樣是 10 分鐘。

9. 芒果用清水洗三次。第一次可用自來水清洗。第二次用過濾水清洗。最後一次用開水清洗。也可以三次都用開水清洗。清洗過三次後充分瀝乾。

10. 依口感喜好，加入芒果淨重 35~50 % 的蜂蜜（例如 300 g 去皮、去核的青芒果加 105~150 g 的蜂蜜），冷藏三天，每日攪拌使芒果浸泡到蜂蜜，三天後取出分裝冰凍。

Section 5.3

蜂花粉

花粉由雄蕊中的花藥產生，大小通常在 10~200 微米 (μm) 之間，有些植物的花粉粒更大或更小。大多數植物的花粉粒具有高低不平的花紋小突起，尤其蟲媒花最顯著，而風媒花表面較為平滑。蜜蜂採集時會將花朵上的花粉粒集結成團，放在後足的花粉籃帶回巢房（請參閱 P193「外勤蜂的行為」），稱為蜂花粉。

5.3.1 蜂花粉的採集方式與時間

採集蜂花粉時要在巢口放置花粉採集器，外勤蜂採集花粉回巢時必須先通過花粉採集器上的圓形小洞，通過時後腳的花粉團就會掉在下方的托盤中（圖 5.3.1）。剛在蜂巢口放置花粉採集器時，蜜蜂會聚集堵塞在洞口，不進到蜂巢內，一段時間後才會逐漸習慣出入口有花粉採集器，開始從採集器的洞口進出，這時候就可以採收到蜂花粉了。

不可在下雨時採收蜂花粉。一旦下雨，蜂花粉會濕掉，蜂花粉本來粒粒分明，被雨水淋濕後就變成爛泥狀，失去產品價值。

5.3.2 蜂花粉的乾燥方法與存放

不同植物的花粉，在理化特性與營養組成上差異很大。以新鮮花粉而言，其成分大致包含 8~34 % 的蛋白質、16~45 % 醣類、1~14 % 脂肪，以及 20~35 % 的水分。水活性約 0.66~0.82，因此容易孳生細菌及真菌，亦

圖 5.3.1
使用花粉採集器蒐集蜂花粉

為化學作用及酵素反應的適合環境，所以採收花粉時最好視產量 2~3 小時收取一次，儘速乾燥以降低含水量並冷凍存放，不宜常溫久置，否則極易發霉或發酵變質。

● 初步乾燥

新鮮花粉團鬆散濕潤、容易破碎，因此採收時應避免擠壓，花粉採集器中的花粉也不要累積太多，若未及時倒出，容易結成團塊，因而降低商品價值。理想的情況是多準備一

些花粉採集器來替換，讓用過的採集器可清理乾淨後再重複使用。

採收下來的新鮮花粉當天就要先進行初步乾燥，以確保食品衛生安全，太潮濕的花粉容易結塊。初步乾燥以日曬方式最常見，無需特殊設備且節省能源，在乾燥且日照充足的地方容易施行。

乾燥時為了避免灰塵飄散及空氣汙染，及紫外線照射破壞一部分的營養成分（紫外線雖然會破壞一些營養成分，卻能殺死一部分的微生物），最好在表面覆蓋一層紗布，同時可以減少盜蜂。

通常需日曬 3 小時以上，直到花粉團變得乾燥、顆粒分明，但實際所需時間仍須視當日光照強弱而定。若遇上陰雨天或缺乏適合的曬場，亦可開啟電風扇加強空氣流通，幫助水分散失。

在晾曬同時，可一併剔除蜜蜂翅膀與殘肢，並藉助風力去除細小雜質。建議將初步乾燥作業安排在白天，因夜間濕氣開始上升，傍晚前應將蜂花粉裝入塑膠袋密封後冷凍保存，等待氣候穩定再進一步乾燥。

為了抑制微生物、蟎類或害蟲滋生，初步乾燥後的蜂花粉建議放入 -18 °C 以下的冷凍庫保存至少 48 小時。此時的蜂花粉水分仍偏高，從冷凍庫取出後數小時內可能開始變質，因此應儘速進行第二次乾燥，使水分降至 8 % 以下，並確保內部也充分乾燥。須留意，若含水量低於 5 %，香氣容易流失、質地變硬、口感較差，可使用紅外線水分檢測儀監測含水量，確保蜂花粉品質維持在理想範圍內。

二次乾燥

二次乾燥時可以持續使用日曬法降低花粉中的水分，烘乾法則是另一種常用的乾燥方式。將花粉平鋪在淺盤上，以 40~50 °C 用烘箱或乾燥機烘乾，乾燥初期先增加送風速度，以防濕熱使花粉顏色變深，期間不時翻動以增加乾燥效率，不但可把溫度降低，冷風也能將蒸散出來的水氣帶走，達到除濕脫水的效果。處理的時間依花粉的狀況、盛裝花粉的厚度、處理花粉的總量、烘箱的性能而定。

新鮮花粉中含有蜂蜜，烘乾時最好漸進式逐步調升溫度，不宜一次就將溫度調至過高，否則花粉容易變質有焦味。乾燥的時間與溫度是處理關鍵，溫度過高或處理的時間越長，花粉中的營養成分被破壞的速度就越快，超過 60 °C 以上會隨著時間的加長而逐漸破壞其營養成分。

乾燥機如額外裝設壓縮機，可同時吹送熱風及冷風，不僅有助降低內部溫度，冷風也能帶走蒸散出的水氣，達到除濕脫水的效果。但低溫不易殺死花粉中的病原微生物，因此除了漸進式提升溫度之外，加裝遠紅外線設備，不只能加速乾燥速度，還能達到滅菌的效果。處理溫度以 40~45 °C 最理想，若提高至 45~50 °C，雖然可以縮短乾燥時間，但溫度過高一樣會導致部分營養成分流失。

如果花粉數量不多也沒有烘箱設備，可將花粉放入家庭用的電鍋中，電鍋調整為保溫模式，電鍋內千萬不可放水。烘乾時最好使用溫度計觀察溫度變化，鍋蓋需留下縫隙以利水氣蒸散，同時利用縫隙大小調整溫度，期間要不時翻動讓蜂花粉均勻受熱，慎防高溫破壞蜂花粉中的營養成分。

蜂花粉處理需在保留營養成分與避免發酵變質之間找到平衡，乾燥時溫度高、時間長，蜂花粉中的水分越低，好氧性細菌、真菌及酵母菌少，越不易發酵變質，不易產生食安疑慮，但高溫易使營養成分流失。

● 冷凍真空乾燥法

冷凍真空乾燥法是把冷凍、真空和乾燥三種技術結合起來，將新鮮花粉冷凍到冰點以下，使水轉變為冰，然後在較高真空下將冰轉變為水蒸氣，進而除去花粉中的水分，適合用於不耐熱的生物製品，能夠保存較多花粉中的活性成分，但成本較高。

● 去除雜質、包裝與保存

再次檢查蜂花粉是否有雜質，剔除後用網目篩網過篩，去除花粉團的碎粒，有些還會利用選別機分類出單一種類的花粉。

乾燥後的花粉可暫時常溫存放，密封或真空保存並放入乾燥劑以防受潮，水分含量 6% 以下的蜂花粉在常溫可保存 1 年以上，但會隨時間逐漸失去風味及營養成分。如果要長時間貯存則須放入冷藏或冷凍庫中，溫度越低可貯存的時間越久。利用輻射照射處理蜂花粉，可使花粉在良好品質狀況下長時間保存。衛生署於民國 102 年 8 月 20 日修正之「食品輻射照射處理標準」，已明定花粉的最高照射劑量為 8 千格雷，惟經輻射照射處理的食品，包裝上應顯著標示輻射照射處理標章（102 年 9 月 10 日部授食字第 1021350364 號）。

蜜蜂會同時採集不同種類的花粉，商品化的蜂花粉會以選別機將同一種類的花粉篩選出來。乾燥、篩選完成後，包裝時份量不宜裝得太多，以免消費者在短時間無法吃完，導致產品變質或造成浪費。包裝上亦應標示詳細，提醒消費者：蜂花粉開封後極易吸濕，空氣中的水分會迅速被吸收，進而引發變質、發霉或風味下降；建議開封後盡速食用，冷凍保存以維持品質。至於未通過篩選、乾燥後顏色較深、過於潮濕或品質不佳的花粉碎粒，則通常用於調配花粉餅，作為蜜蜂的飼料。

5.3.3 花粉鑑定

花粉粒的形狀、顏色、質地、大小、營養成分因植物種類而異，但同一顏色的花粉也可能來自不同植物，除了進行蜜粉源植物調查外，透過花粉形態鑑定是了解花粉種類最科學的做法，否則單純以花粉顏色與外觀很難認定花粉種類，因此花粉形態圖譜的建立是產業發展的重要基礎。但有些花粉形態不易辨認，例如龍眼與荔枝的花粉外形極為相似，因此更進一步的鑑定方式需分子檢測。

圖 5.3.2
蜜蜂在同一時間採集到不同種類的花粉

5.3.4 蜂花粉的利用

蜂花粉的成分會因為花粉的來源不同而有很大的差異，一般來說，蜂花粉除了上述提到含蛋白質、醣類、脂肪外，還有鐵、錳、銅、鋅等礦物質及一些維生素，營養價值高，是一種營養補充品。

在利用上除了調配成花粉餅作為蜜蜂的飼料外（請參閱 P267「花粉餅（補助花粉）」），也可以添加在其他禽畜動物的飼料中。人類食用蜂花粉時除了直接吃以外，也可以加在蜂蜜水中，或搭配其他飲品一起食用，另外也可以做成花粉湯圓，成為一種特色食品。

● 花粉湯圓

材料：

蜂花粉	50 g
水	360 g
水磨糯米粉	500 g
沙拉油	10 g
蜂蜜	適量

作法：

1. 將蜂花粉磨碎。
2. 水煮至 80 ℃ 後，加入糯米粉中攪拌。
3. 加入蜂花粉一同搓揉，將蜂花粉與糯米粉充分混合。
4. 攪拌過程再加入沙拉油持續搓揉（亦可不加沙拉油直接搓揉），成團後搓揉成條狀，分割成小塊，最後搓成圓球狀的小湯圓，湯圓大小盡量一致。
5. 將小湯圓放入滾水中煮熟，撈出後瀝掉大部分的水，淋上適量蜂蜜。

Section 5.4

蜂王乳

5.4.1 蜂王乳的來源與生產方式

蜂王乳 (royal jelly) 又稱為蜂王漿或王漿，台灣養蜂協會在 1977 年的會員大會中討論，建議採用「蜂王乳」一詞。蜂王乳是成年工蜂下咽頭腺分泌的澄清狀物質和大顎腺分泌的乳白狀物質（圖 5.4.1a），其中以乳狀物質居多，用來哺育蜂王幼蟲，同時也是成年蜂王的食物。

圖 5.4.1 a
天然王台裡的蜂王幼蟲及蜂王乳

由於蜂王會將授精卵產在王台內以產生新的蜂王（請參閱 P184「蜜蜂的一生」），因此生產蜂王乳時，先把人造的塑膠王杯（塑膠王台）固定在王台框上，再用移蟲針將 1~2 日齡的工蜂幼蟲移入塑膠王杯（塑膠王台）內（圖 5.4.1b），通常為了提高生產效率，會使用連在一起且深度較深的塑膠王台，放入蜂箱中，成年的工蜂就會分泌蜂王乳給塑膠王杯（塑膠王台）內的幼蟲食用。

圖 5.4.1 b
用移蟲針挑出 1~2 日齡的工蜂幼蟲

48~72 小時以後再把含有幼蟲的王台框從蜂箱中取出，先把塑膠王杯上面的蜂蠟刮除，再用鑷子夾出塑膠王杯裡面的幼蟲，然後用挖乳棒把蜂王乳挖出來（圖 5.4.2），最後以細紗網過濾其中的雜質，即成為可食用的蜂王乳。夾出來的蜂王幼蟲可以作為料理食材，例如蜂子炒蛋，或冷凍乾燥後做成名為「蜂子」的保健食品。

蜂王乳挖出來以後，再移 1~2 日齡以下的工蜂幼蟲到塑膠王杯（塑膠王台）中，放進巢房讓工蜂繼續哺育，如此一來，王台內因為殘留少量的蜂王乳及其氣味，成年工蜂再吐漿的機率比重新取新的塑膠王杯（塑膠王台）框要來得高。

採收蜂王乳需要熟練的技術,移蟲時不能使幼蟲死亡,否則成蜂會將幼蟲清除;巢片上工蜂幼蟲的日齡一致能夠提高移蟲的效率,因此非常考驗平時飼養管理技術與蜂王產卵狀況的優劣。

蜂王乳的產量跟季節和蜂群狀況有關,每個地區不太一樣,大致來說,臺灣每年約有10個月可生產蜂王乳,蜂群旺盛時每箱蜂群每月約可生產 10 次,每次約 15~20 g,因此每月每箱蜂群可產約 200 g 的蜂王乳。為了降低蜂王乳在採收及保存過程中造成品質劣變或生物活性物質降低的風險,採收蜂王乳時要盡可能保持低溫。

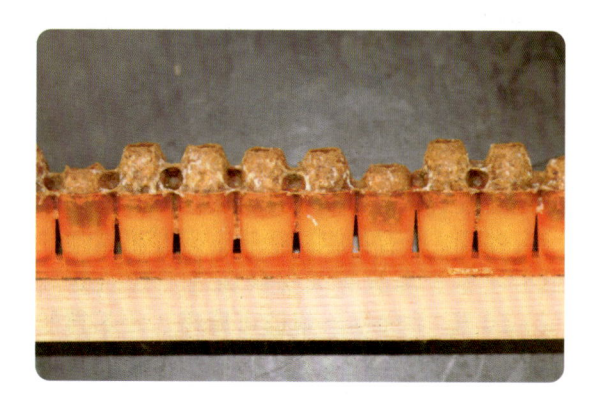

圖 5.4.2 a
塑膠王杯(塑膠王台)上的蜂蠟

圖 5.4.2 b
塑膠王杯(塑膠王台)裡的蜂王幼蟲

圖 5.4.2 c
將蜂王幼蟲夾出後,用挖乳棒把蜂王乳挖出來。

5.4.2 蜂王乳的營養及成分

新鮮蜂王乳呈乳白色或淡黃色,質地微黏稠,為漿狀物質,味道辛辣略帶酸澀,有時尾韻還會透出一絲甜味。具有增進抵抗力及免疫功能、抗發炎等多種保健功效。

蜂王乳的成分會因採收時間、採收方式、蜂蜜的品種、蜂群強弱以及分析技術的不同而有所變化。一般而言,水分含量約佔 60~70 %、碳水化合物約 10~18 %、蛋白質 12~16 %、脂質則為 2~6 %;此外,還含有微量礦物質、維生素與有機酸。pH 值介於 3.0~4.0 之間。主要的脂肪酸為癸烯酸(10-羥基-2-癸烯酸)(10-hydroxy-2-decenoic acid, 10-HAD),其含量約佔總脂肪酸的一半。

蜂王乳是一種營養非常豐富的物質,含有 23 種胺基酸,其中包括 6 種人體必需胺基酸。這些游離胺基酸的含量會受到採收時間的影響,採收時間拖得越久,部分胺基酸的含量就會逐漸下降。

各地區生產的蜂王乳的成分，會因蜂食物所含的營養成分不同而有所差異。

5.4.3 蜂王乳的新鮮度指標與溫度之間的關係

除了觀察顏色與氣味是評估蜂王乳品質最直觀的方式外，亦可透過多項科學指標來判斷，例如游離胺基酸與糠胺酸的含量、葡萄糖氧化酶的活性，以及其抗菌能力。

由於蜂王乳含水量高，又富含碳水化合物和蛋白質，在常溫下非常適合微生物生長。若長時間置於室溫，當中的碳水化合物、蛋白質與游離胺基酸含量就會下降。即便冷藏保存，幾個月後也會滋生黴菌，並釋出鹼性氨類，使 pH 值升高，讓原本呈弱酸性的蜂王乳逐漸轉為中性，容易讓微生物繁殖，導致腐敗。即使低溫保存，如果儲存溫度不夠低，適於生長在酸性環境下的乳酸菌還是能在蜂王乳中生長，因此採收後應儘速冷凍保存於 -18 ℃ 以下，或是直接進行冷凍乾燥處理。

蜂王乳若長時間存放於室溫或 5 ℃ 環境，其黏度會提高，這是因為具活性的酶持續作用，加上蛋白質與脂質的交互影響，讓游離胺基酸變少、水不溶性含氮化合物增加，導致黏度上升，因此蜂王乳的黏稠程度也能反映蜂王乳的新鮮度。

不當儲存還會引發梅納反應與脂質氧化，導致蜂王乳變色與風味劣變。糠胺酸為梅納反應的副產物，含量會隨存放時間與溫度升高而增加，也是蜂王乳品質劣化的指標。新鮮蜂王乳中糠胺酸極低，若數值升高，代表產品已開始變質。

葡萄糖氧化酶是蜂王乳中的活性成分，會隨儲存時間與溫度上升而減少，在 20 ℃ 下保存一個月後含量即明顯下降，一年後幾乎完全消失；即使放在 4 ℃ 冷藏，也會出現顯著流失。

此外，蜂王乳具有天然抗菌性，在 -80 ℃ 或 -20 ℃ 下保存一年仍可維持，但若置於 37 ℃ 僅 12 小時，其抗菌能力便會大幅減弱，兩天內幾乎完全消失。

5.4.4 蜂王乳的保存

總而言之，蜂王乳會隨著儲存溫度上升及時間的增加，使得品質劣化，最好保存在 -18℃ 以下才能確保蜂王乳的成分及品質。根據 2019 年 Maghsoudlou 等人的研究，不同類型的蜂王乳產品，在不同的溫度條件下會有相對的保存期限建議（表 5.4.1）。

5.4.5 食用蜂王乳的方法

蜂王乳含酸辣味，有些人難以入喉，且富含水分，冷凍後堅硬不易取用，建議可另外準備一個容器，在第一次退冰後，將一半的蜂王乳挖出放在空的容器中，並加入蜂蜜（蜂王乳：蜂蜜 ＝ 1：1，也可以依喜好自行調整比例），攪拌後再冰入冷凍庫中存放，不但容易取食，也可降低酸辣感。

表 5.4.1 蜂王乳產品的保存條件和期限（Maghsoudlou et al., 2019）

產品類型	儲存溫度與保存期限	
	4 °C	-18 °C
新鮮蜂王乳	6 個月	2 年
冷凍乾燥的蜂王乳	1 年	超過 2 年
新鮮或添加蜂王乳的蜂蜜產品（水分含量低於 18 %）	室溫下 2 年（所有的酵素活性已停止）	/
冷凍乾燥蜂王乳膠囊	2 年 (4~8 °C)	/

Section 5.5

蜂膠

5.5.1 蜂膠的來源

蜂膠是成年工蜂採集自植物表面分泌物，混合蜜蜂自身的分泌物、蜂蠟而成的一種在高溫下有黏性、低溫下質地較硬的物質。蜂膠的英文為 propolis，源自希臘文，pro- 是防禦的意思，-polis 是城邦，意指蜂群，所以從字面上可知蜂膠是蜂群的防禦物質。蜜蜂採集蜂膠時會如同採集花粉般蒐集在後足的花粉籃（圖 5.5.1），帶回巢後並非存放於六角形的巢房中，而是用來填補空隙，對抗病原微生物（圖 5.5.2）。

蜂膠的品質及價值要依所含的主要成分及特殊活性來決定，不同產地或季節所生產的蜂膠，其活性與成分有很大的差異。目前的研究顯示，許多蜂膠具有抑制癌細胞、抗氧化、免疫調節、抗發炎、抗細菌、抗真菌、抗病毒等活性，而這些活性成分以類黃酮 (flavonoids) 或多酚類 (polyphenol) 化合物為主，這些化合物大多來自於植物，並不是蜜蜂本身。

目前市售的蜂膠產品大多是巴西或中國的蜂膠原料，臺灣的蜂膠產量少，市占率不高。根據陳裕文教授的研究，臺灣生產的蜂膠可分為國曆 5~7 月生產的綠蜂膠（圖 5.5.3），8~12 月生產的棕綠色與棕黑色蜂膠。

蜂膠通常以乙醇萃取，萃取物稱為 EEP (ethanol extract of propolis)，萃取後的臺灣綠蜂膠含有大量的蜂膠素 (propolins)，具有抗癌、抗氧化與抗菌活性。

圖 5.5.1
工蜂後足花粉籃上的蜂膠

圖 5.5.2
蜜蜂會用蜂膠填補縫隙

5.5.2 蜂膠的生產

蜂膠的產收量會因季節、膠原植物、蜂種、蜂群特性而有差異，目前得知只有西洋蜂與無螫蜂會採集大量的蜂膠，至於東方蜂（野蜂）、小蜜蜂、大蜜蜂等不適宜產蜂膠。

同一個西洋蜂養蜂場的不同蜂群，採膠意願差異也很大，並不是所有的蜂群都會積極採蜂膠，同一個蜂場的不同蜂群，有些蜂群的蜂王乳產量很高，有些則特別喜歡採蜂膠，因此除了增加膠原植物的種類及數量外，培育高採膠意願的蜜蜂品系，也許能夠提高蜂膠的產量。

不同地區有不同的採膠方式，原則上是利用蜜蜂填補蜂巢縫隙的習性，在產膠季節於蜂箱留下縫隙讓蜜蜂填補。此外也可以用起刮刀直接從巢框邊緣、蜂箱周圍、蜂箱蓋與箱體接合處將蜂膠刮下來，刮取時盡量剔除蜂蠟、木屑、蜜蜂殘骸等雜質，也不可以沾到蜂箱上的油漆，蜂膠中的蜂蠟含量不可過高，以免影響蜂膠的利用價值。蜜蜂也會用蜂膠將蜂箱的前、後透氣窗填補起來，但有些透氣窗會鍍鋅，採集上面的蜂膠可能含有重金屬。如果使用塑膠製的採膠器，要留意取下蜂膠後是否有塑膠微粒殘留。

取下來的蜂膠放入袋中密封，標註採收日期及地點，置於冷凍庫可長期存放。

5.5.3 如何萃取蜂膠

蜂膠跟上述採收即食的蜂蜜、蜂花粉、蜂王乳不同，蜂膠從蜂巢中取下來後不能直接食用，需經過萃取後提取蜂膠中的活性物質才具有保健功效。

萃取蜂膠的溶劑有丙二醇、乙醇等，其中以乙醇的萃取率最高。將蜂膠原塊放入研磨機中磨碎，磨碎後的蜂膠放入玻璃瓶中，再加入乙醇，置於振盪器上振盪，過濾掉雜質即完成萃取。萃取後的蜂膠即可食用，食用乙醇萃取的蜂膠要配水。

圖 5.5.3
臺灣產的綠蜂膠

Section 5.6

蜂幼蟲及蜂蛹

對許多人來說昆蟲很噁心、很可怕,但把時間與空間的尺度拉大,就會發現人類食用昆蟲有非常長遠的歷史文化脈絡。數百年前人類在制定農業和食物系統時,並不清楚生態和社會的複雜性,也不了解能量與營養的回饋機制,更不知道只專注於追求單一目標與超限利用所帶來的後果,例如環境破壞、氣候變遷。

受全球化、農業工業化、工業化農產企業,及某些人對昆蟲與生俱來的恐懼的影響下,許多人習慣以豬肉、牛肉、羊肉、禽肉和海鮮作為主要的動物性蛋白質來源,而忽視昆蟲料理,甚至對昆蟲料理帶有刻板印象。

排拒食用昆蟲的理由基本上是文化性的,而不是科學或理性的,畢竟其他無脊椎動物如甲殼類、軟體動物都被視為美味,反對食用昆蟲和其味道與食用價值無關。食物選擇與品味經常受到其他文化大國的影響,各民族淵遠流長的飲食文化反而隱而不見,客觀與包容地看待食用昆蟲,能讓我們更了解不同的文化與歷史。

其實在拉丁美洲、澳洲、非洲、亞洲等國家,許多住民的食物來源也包含昆蟲,尤其昆蟲富含蛋白質及各種維生素和礦物質。這些作為食物的昆蟲通常以活的或死的植物組織為食,而不食用有毒植物,常被食用的昆蟲有白蟻、蝗蟲、蚱蜢、蟋蟀、甲蟲、蜜蜂、螞蟻及蛾類的幼蟲等等。墨西哥、中國、日本與泰國等國家和民族都有食用蜂蛹的習俗,在日本市場甚至有胡蜂罐頭出售。

此外,利用虎頭蜂成蜂或幼蟲浸泡成的蜂酒,在臺灣也是許多捕蜂人額外的收入來源,這樣浸泡的蜂酒,日本、韓國、中國也都有類似作法。

目前食用昆蟲產業仍有許多問題需要面對,例如昆蟲作為食物和動物飼料的生產、使用、貿易,都還沒有全面性且嚴謹的法規,此外如同其他海鮮、禽畜肉品,一樣要注意過敏反應、重金屬、藥物殘留(例如以化學藥劑毒殺虎頭蜂),以及飼養、採收時微生物汙染。

昆蟲料理所提供的蛋白質也許不失為人口增加、糧食不足日益嚴重情況下的契機,但要發展飼養、繁殖技術必須先克服許多昆蟲野生族群的不可預測性,而由於蜜蜂養殖技術成熟、虎頭蜂摘除普遍,幼蟲及蛹的生產較其他昆蟲穩定。

5.6.1 虎頭蜂幼蟲及蛹的生產

由於虎頭蜂防衛性強、危險性高,最容易造成人畜被螫,也是養蜂業非常嚴重的敵害,所以有些人會將虎頭蜂巢摘除(請參閱P375「清除虎頭蜂巢」)。但虎頭蜂也是一種食肉的捕食性昆蟲,能夠獵食林業、農業害蟲,例如蛾類、蠅類、甲蟲、蝗蟲、蟬等,在害蟲防治上有其貢獻,1840~1860年黃邊胡蜂(*Vespa crabro*)就作為天敵防治從歐洲引入美洲;在日本,也有將築巢初期的虎頭蜂移到農田附近來防治害蟲的案例,

故摘除與否仍需要評估。

此外虎頭蜂的幼蟲及蛹在一些人眼中視為美味，成蜂可以泡酒，所以有些人會到野外摘除虎頭蜂巢，雖是一筆收入來源，但毫無節制的野外採集可能會引發生態問題。目前黃腳虎頭蜂、黑腹虎頭蜂、中華大虎頭蜂、黃腰虎頭蜂的族群數量還算普遍，但威氏虎頭蜂就相對較少，不宜捕捉食用。人類為了生存會利用各種自然資源，包含動物與植物，其利用以及好惡本來就非常主觀，利用不是問題，但一定要顧及動物福利與永續原則。

亞洲有些地區會將野外初期建成的虎頭蜂巢連同成蜂摘下來，吊掛在易接近的位置，待四個月左右虎頭蜂日益壯大後再摘除，取其幼蟲、蛹與成蜂。要特別注意，在虎頭蜂給人類帶來經濟利益的同時，一定要充分考慮到牠們危險的一面。被驚擾的虎頭蜂警覺性更高，主動攻擊的可能性增加，操作時要做好防護及附近人畜的安全。

虎頭蜂巢取回後，將紗網口套在裝了米酒頭（酒精濃度 34 %）的玻璃甕口，然後打開束在紗網上的繩子，用白光照射玻璃甕引誘虎頭蜂成蜂跑入米酒頭內。虎頭蜂泡酒時先使用米酒頭，由於酒精濃度較低，虎頭蜂掙扎過程會釋放蜂毒到米酒頭中，待蜂毒釋放完畢後，可加入高粱酒以及枸杞、人參等中藥材浸泡，泡酒的虎頭蜂一定要是活體，不能是死亡的個體。

接下來破壞蜂巢，將一片一片的水平巢脾分開，把幼蟲、蜂蛹與成形即將羽化的幼蜂以鑷子夾出來分開放置。由於成蜂會採集肉類、小型動物例如昆蟲作為幼蟲的食物，有可能接觸病原微生物，所以夾出來的幼蟲食用前最好挑除體內的腸道（圖 5.6.1），若

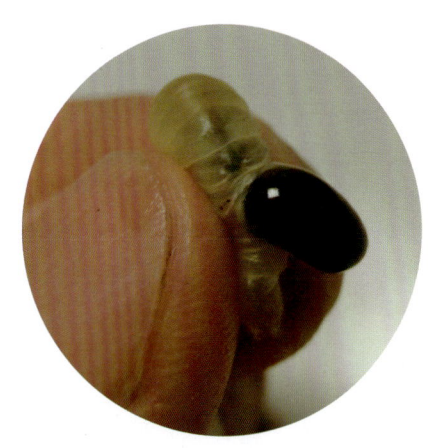

圖 5.6.1
食用虎頭蜂幼蟲前，最好剔除體內的腸道。

生食必須考量衛生問題與病原傳播風險。

夾出的個體要盡快放入冷凍庫中存放，不要冷藏，避免死亡後身體變灰黑色，變灰黑色甚至黑色的個體不宜食用。已成形的成蜂口感不佳，較少人食用，多半是取幼蟲和蛹將其油炸，油炸時火要大、油要熱，每次下鍋的量不要太多才會酥脆好吃。

5.6.2 蜜蜂幼蟲及蛹的生產

生產來源主要是蜂王幼蟲、雄蜂幼蟲和雄蜂蛹。生產時必須是健康無病害蟲、蜜粉源充足且強盛的蜂群。採收時要保持蟲體完整，收取的幼蟲與蛹最好存放於 -10 ℃ 以下的冷凍庫中，如果是冷凍乾燥製成粉狀，可在常溫下保存。

● 採收蜜蜂幼蟲

採收蜂王幼蟲是連同蜂王乳一起進行的，生產蜂王乳時，需將塑膠王台內的幼蟲以鑷子夾出，然後挖出蜂王乳（請參閱 P478「蜂

王乳的來源與生產方式」）。

繁殖季節是生產雄蜂幼蟲最理想的時機。為了能採收到日齡一致的雄蜂幼蟲及蛹，最好使用雄蜂巢礎，讓蜂群建造完整的雄蜂房，當雄蜂巢房建好後，將蜂王限制在雄蜂巢脾上產卵，3 天後檢查產卵狀況並記錄可採收日期。

生產雄蜂幼蟲時將雄蜂巢脾取出，在室溫下讓幼蟲向外爬出，落在消毒過的托盤中，沒掉落的再以鑷子夾出，然後裝入塑膠袋內，排除袋內空氣置於冷凍庫存放。

● **採收蜜蜂雄蜂蛹**

蜂王在雄蜂房產卵後 21~22 天時巢房已封蓋，取出雄蜂巢脾後抖落成蜂，然後把巢脾呈水平放置，用木棒在巢框上敲幾下，讓雄蜂蛹下沉到巢房底部，增加頭部與封蓋之間的距離，接著用割蜜刀小面積地分區割除表面的封蓋，不要割到蜂蛹的頭部以保持蜂蛹的完整性。

割開蜂蓋後將巢口朝下對準托盤，用木棒敲擊巢框使蛹落在托盤中，沒有掉落的雄蜂蛹則用鑷子夾出。新鮮蜂蛹中的酪氨酸易在空中起氧化作用，會使蜂蛹變黑，影響品質，所以要立即冷凍保存。

採收後的雄蜂幼蟲及蛹可作為料理、萃取其成分製成保健食品，或用於蜜袋鼯、守宮、蜥蜴等爬蟲類的餌料。

Section 5.7

蜂毒與蜂毒療法

蜂毒雖然會讓人體產生過敏反應及疼痛感，但另一方面也有醫療上的價值。許多國家、地區都有蜂療的歷史，例如古埃及、古印度、古羅馬、敘利亞、中國的民間醫學都有用蜜蜂螫刺病人的記載。蜂療的英文是 Apitherapy，其字根 Api 是蜜蜂的拉丁文，therapy 是治療疾病的方法。根據 1992 年施密特 (Schmidt) 及布赫曼 (Buchmann) 的記述，蜂療的科學性研究始於十九世紀末期，羅馬尼亞、保加利亞、波蘭、捷克等東歐國家應用比較普遍。

特爾奇醫師 (Dr. Filip Terč) 受風濕性關節炎所苦，但在偶然的情況下被蜂螫後病情有所改善，因而開始對蜂毒進行研究，並於 1888 年發表蜂螫療法的臨床經驗。通過他的實驗和臨床觀察，為日後的蜂毒過敏和免疫學開闢了新的研究方向，於是將 3 月 30 日他生日這天定為世界蜂療日 (World Apitherapy Day)。

美國的貝克 (B. F. Beck) 博士於 1935 年出版《蜂毒療法》(Bee Venom Therapy)，發現利用蜂毒製的針劑，不如使用活蜂直接螫刺來得有效，但不確定是否因蜂毒複雜成分造成的複方效果有關。1941 年蘇聯阿爾捷莫夫 (N. M. Artemov) 出版《蜂毒生理學作用和醫療應用》，此後陸續有科學家針對蜂毒成分及各種化合物進行深入研究。

德國於 2002 年 3 月 23~24 日召開第一屆蜂療與蜂產品大會 (The First German Congress for Bee Products and Apitherapy)，由德國蜂療協會 (German Apitherapy Society) 主辦。2010 年 12 月 18~20 日在中國福州市福建農林大學舉辦「首屆海峽兩岸中醫蜂療高峰論壇」，發表許多蜂療相關的研究報告。2009 年國際蜂學研究會 (International Bee Research Association, IBRA) 發行了《蜂產品與蜂療科學期刊》(Journal of ApiProduct and ApiMedical Science, JAAS)，由庫珀 (R. Cooper) 教授擔任主編，聚焦於蜜蜂生物學、蜂產品的營養價值、醫療用途與保健功能等方面。JAAS 提供了一個科學性的交流平台，透過科學原理與論證，深入探討蜜蜂與蜂產品的各種效益。期刊內容除了多篇研究論文外，還有評論與社論，幫助讀者更全面了解相關議題。自 2012 年 1 月起，JAAS 被納入 IBRA 的主要科學期刊《養蜂研究雜誌》(Journal of Apicultural Research)。

5.7.1 蜂毒的成分

天然蜂毒具有芳香氣味，是接近透明、略帶淺黃色的液體，味苦，呈酸性，pH 值 5.0~5.5，比重為 1.1313，含水量約 80~88%，溶於水及酸。蜂毒溶液不穩定，乾燥蜂毒穩定性較強，乾蜂毒肽加熱至 100°C、經 10 天不發生變化，冷凍後毒性可保存數年也不減毒性。

蜂毒的成分相當複雜，包含多肽類、酶類與非肽類，主要成分為蜂毒溶血肽、蜂毒神經肽、透明質酸酶、磷脂酶 A、組織胺與多巴胺等（表 5.7.1）。這些成分的比例會隨蜜蜂的齡期而變化，蜂毒的生成也會受到食物來源與季節條件的影響。

表 5.7.1 西洋蜂 (*Apis mellifera*) 的蜂毒成分（Banks & Shipolini, 1986）

化合物種類	化合物	乾重比 (%)	nmol / 螫刺量
胜肽類	蜂毒肽 (mellitin)	40~50	10~20
	蜂毒溶血肽 F (mellitin-F)	0.01	0.003
	蜂毒神經肽 (apamin)	3	0.75
	MCD-肽 (mast cell degranulating peptide)	2	0.6
	賽卡平 (secapin)	0.5	0.13
	托肽平 (tertiapin)	0.1	0.03
	普卡胺 (procamine A,B)	1.4	2.0
酶類	透明質酸酶 (hyaluronidase)	1~2	0.03
	磷脂酶 A2 (phospholipase A2)	10~12	0.23
	酸性磷酸脂酶 (acid phosphomonoesterase)	1.0	/
	α-D-glucosidase 配糖酶	0.6	/
	溶磷脂酶 (lysophospholipase)	1.0	0.03
非肽類物質	組織胺 (histamine)	0.66~1.6	5~10
	多巴胺 (dopamine)	0.13~1	2.7~5.5
	正腎上腺素 (noradrenaline)	0.13~1	0.9~4.5

根據 R. Edwards (1980) 和 Turillazzi (2006) 的報告，胡蜂、虎頭蜂和蜜蜂的蜂毒成分不盡相同（表 5.7.2）。1986 年 T. Nakajima 研究中華大虎頭蜂 (*Vespa mandarinia*)、擬大虎頭蜂 (*V. analis*)、黃腰虎頭蜂 (*V. affinis*)、姬虎頭蜂 (*V. ducalis*) 四種虎頭蜂的蜂毒，結果顯示蜂毒成分及含量亦有差異。

蜂毒的特性之一是成分複雜，不同種類的蜂毒液成分各異，儘管數十年來已有許多研究，但目前對虎頭蜂毒液成分仍不完全清楚。雖然蜂毒成分因種類不同而有差異，但大部分成分非常相似，這也導致了人或動物對蜂毒會產生症狀相似的過敏反應。

表 5.7.2 胡蜂、虎頭蜂及蜜蜂的蜂毒主要成分對照表（R. Edwards, 1980; Turillazzi, 2006）

	胡蜂 wasp		虎頭蜂 hornet		蜜蜂 honey bee	
	成分	乾物質含量或占總量的百分比	成分	乾物質含量或占總量的百分比	成分	乾物質含量或占總量的百分比
生物胺 (biogenic amines)	組織胺 (histamine)	16~20 mg/g	組織胺 (histamine)	30~40 mg/g	組織胺 (histamine)	/
	5-羥基色胺 (5-hydroxytryptamine)	0.32 mg/g	5-羥基色胺 (5-hydroxytryptamine)	0.8~0.19 mg/g	/	/
	/	/	乙醯膽鹼 (acetylcholinie)	50 mg/g, 5%	/	/
	多巴胺 (dopamine)	/	多巴胺 (dopamine)	/	多巴胺 (dopamine)	/
	正腎上腺素 (noradrenaline)	/	正腎上腺素 (noradrenaline)	/	正腎上腺素 (noradrenaline)	/
	腎上腺素 (adrenaline)	/	腎上腺素 (adrenaline)	/	/	/
肽 (peptides)	胡蜂致活素 (wasp kinins 1 & 2)	/	虎頭蜂致活素 (hornet kinins)	/	蜂毒神經肽 (apamin)	3 %
	胡蜂蜂毒肽 (wasp mastoparan)	/	虎頭蜂蜂毒肽 (hornet mastoparan)	/	蜂毒肽 (melittin)	50 %

（續下頁）

（接上頁）

	胡蜂 wasp		虎頭蜂 hornet		蜜蜂 honey bee	
	成分	乾物質含量或占總量的百分比	成分	乾物質含量或占總量的百分比	成分	乾物質含量或占總量的百分比
酶 (enzymes)	磷脂酶 A (phospholipase A)	10~25 %	磷脂酶 A (phospholipase A)	10~25 %	磷脂酶 A (phospholipase A)	100~200 mg/g, 12%
	磷脂酶 B (phospholipase B)	/	磷脂酶 B (phospholipase B)	/	/	/
	透明質酸酶 (hyaluronidase)	/	透明質酸酶 (hyaluronidase)	50 mg/g, 5%	透明質酸酶 (hyaluronidase)	/
	酸性磷酸酶 (acid phosphatase)	/	/	/	/	/
	組氨酸脫羧酶 (histidine decarboxylase)	/	/	/	絲氨酸蛋白酶 (serine proteases)	/
游離氨基酸 (free amino acids)	很多	/	很多	/	很多	/

另一方面，虎頭蜂蜂毒胜肽具有抗菌活性，根據杜武俊教授的研究，蜂毒抗菌胜肽與臨床常用抗生素相較，對於多重抗藥性 (Multi-drug resistant, MDR) 大腸桿菌 (Escherichia coli) 與多重抗藥性鮑氏不動桿菌 (Acinetobacter baumannii) 皆能發揮良好的抗菌效能。此外蜂毒抗菌胜肽與特定抗生素合併使用，對於某些多重藥性分離株可能發揮協同抗菌效能，顯示蜂毒抗菌胜肽單獨使用或與特定抗生素合併使用在抗菌醫療上具研發潛力。

5.7.2 蜂毒的萃取

由於用活蜜蜂螫刺無法對施用的蜂毒進行定量，加上活蜂螫刺後蜜蜂不久就會死亡，因此現代科學的蜂毒研究比較朝向將蜂毒萃取出來，如此一來才能定量、進行成分分析以及科學性的重複試驗。然而蜂毒收集不易，收集後蜂隻損失大，蜜蜂脾氣變差，代價頗高。以黃腰虎頭蜂為例，三百多隻才能蒐集到大約 1 ml 的蜂毒，萃取與合成的成本很高。

5.7.3 蜂毒療法的方式與注意事項

目前蜂針療法是利用蜜蜂螫刺時射出的蜂毒液進行特定民俗療法，實施之前應先進行「過敏」測試，以瞭解該病患是否適合接受蜂針療法。基本上是以鑷子拔出蜜蜂的螫針後，將螫針刺入前臂皮膚，隨即拔出，如果螫刺部位的暈紅面積超過直徑 5 cm，則該病患就不適合接受蜂針療法。

有些蜂針療法會配合中醫針灸穴位原理，施作蜂療也有不同的手法，例如活蜂螫刺，直接抓取蜜蜂螫刺患者的患部，由於蜜蜂在掙扎過程會釋放較多的毒素，因此患者的疼痛感較為劇烈。也有用鑷子先將螫針從蜜蜂身上取出，挾持螫針刺入患部，此法疼痛感稍減。或是用鑷子將螫刺拔下後夾持螫針刺入患者患部，每次螫刺時在患部停留的時間不足 1 秒，同一個螫針連續螫刺 5~10 下，分散在不同的位點，這種散刺法注入人體內的毒素更少，疼痛感更低，許多的刺法與中國古代針灸的毛刺、揚刺、浮刺、半刺相似。

然而這些做法都無法將蜂毒定量，一隻蜜蜂蜂毒的成分會受蜂種、日齡、所攝取的食物等等因素而有變化，因此活蜂螫刺也沒有辦法明確掌控注入人體內蜂毒的微量成分。

蜂毒中含有多肽類及酶類等成分，具有直接和間接消炎止痛作用，許多研究顯示對於緩解風濕病、類風濕性關節炎、痛風等症狀有其正面的治療價值，在醫療上極具潛力，只是蜂毒作用在人體上的詳細機制還不是非常明確。目前蜂針療法仍需以科學化的方式加以研究，希望在各國科學家的努力下，蜂療能被醫學界認同，成為人類未來的另一種醫療方法。但在有更多科學實證與醫療核可之前，生病或身體不適時當然還是先詢問專業醫師。

根據醫師法第 28 條規定：「未取得合法醫師資格，執行醫療業務者，處六個月以上五年以下有期徒刑，得併科新臺幣三十萬元以上一百五十萬元以下罰金。」針刺屬於侵入性治療 (invasive procedures)，為了保障醫、病人員，法規上嚴格限制這種醫療行為，蜂針療法目前沒有納入臺灣的醫療體系，現今衛生福利部尚未通過任何一家醫院相關的執業執照，美國的蜂療也仍在實驗階段，尚未獲得食品藥物管理局的認可。因此接受蜂針療法的民眾需自行多加考量及評估。

Section 5.8

蜂蠟

5.8.1 蜂蠟的成分與生產

蜂蠟（beewax）是蜜蜂巢脾的原料，由蜜蜂的蠟腺所分泌（請參閱 P206「西洋蜂與東方蜂（野蜂）的巢房結構」），在巢房內溫度 35 °C 的狀況下質地柔軟，富含脂肪酸，成分包含單脂類、雙脂類、氫氧基單脂類、氫氧基多脂類、游離脂肪酸、三脂類、多脂酸、碳氫化合物、脂酸游離乙醇類等等，雖然不會拿來食用，卻是一些美妝品如護唇膏的原料，其疏水性的特質亦可用於木質家具保養。

養蜂人會在檢查、照顧蜂群時將多出來的贅脾（蜂蠟）刮除，雖然餵糖水可誘使工蜂製造更多贅脾，但一般來說蜂群只要旺盛、外界食物充足，蜜蜂就很容易產生贅脾，很少養蜂人會為了讓蜜蜂製造贅脾而餵食糖水。

從蜂巢中刮除下來的贅脾（蜂蠟）不要隨意丟棄，一方面避免蠟蛾孳生，另一方面可善加利用。贅脾蒐集後須完全密封或冷藏，或者盡快過濾以免孳生蠟蛾。

5.8.2 過濾蜂蠟的方法

贅脾熔化、過濾後即為純蜂蠟。在熔化之前，巢房裡面如果有蜂蜜要先用清水洗掉或放在巢口讓蜜蜂吃掉，而且巢房內不要有幼蟲、蛹和花粉。

將蒐集下來的贅脾放入鍋中，鍋中可加入少量清水，或不加水直接用小火加熱（圖 5.8.1a）。蜂蠟的熔點在 62~70 °C 之間，所以加熱時溫度不宜過高，加熱時以不冒煙為原則。

另外準備一個乾淨的鍋子，在鍋子內壁塗滿洗碗精，然後在鍋口罩上細紗布或廢棄的細網目洗衣袋用來過濾雜質。待所有煮過的蜂蠟都熔化成液態後，將液態蜂蠟倒入乾淨的鍋子中（圖 5.8.1b、c），然後把紗布或洗衣袋取下，過濾後的蜂蠟在鍋中靜置不要隨意移動。待蜂蠟完全凝固後，將鍋子倒置並用力敲擊地面，蜂蠟與鍋子內壁之間的洗碗精有助於脫膜（圖 5.8.1d）。

另一種方式則是將熔化成液態的蜂蠟倒入矽膠模具中，蜂蠟凝固後直接脫模，不必另外使用洗碗精。也可以把液態蜂蠟倒入洗淨後回收來的紙碗、紙杯、利樂包中，待蜂蠟完全冷卻後將容器撕開或剪開。

蜜蜂蛻皮的繭以及較大的雜質會囤積在紗布或洗衣袋上，冷卻後取下可當火種使用，或埋入土中分解。煮蠟的鍋子和紗布使用過後不必清洗，下次過濾時遇熱即會熔化，因此建議專供過濾蜂蠟使用。

脫膜後將蜂蠟表面的洗碗精沖洗乾淨，過濾時若有更細小的雜質會沈積在底部，此時可再用刀子將之削除。過濾好的蜂蠟在常溫下質地堅硬呈黃色，如果提取的蜂蠟中含有色

Chapter V
蜂蜜與其他蜂產品的生產與應用

圖 5.8.1 a

圖 5.8.1 c

圖 5.8.1 b

圖 5.8.1 d

a 贅脾放入鍋中，以小火熬煮，贅脾會逐漸熔化。
b 贅脾完全熔化成液態。
c 用細紗布罩在另一個鍋子上，過濾掉蜂蠟中的雜質。
d 完全凝固後待脫膜的蜂蠟。

圖 5.8.2
不同顏色的蜂蠟

圖 5.8.4
日光熔蠟器

圖 5.8.3
老舊巢脾雖然也是蜂蠟的來源之一，但蜜蜂羽化後蛻下來的皮會留在巢房內壁，所能過濾出來的蜂蠟有限，且巢脾若有使用含石蠟的巢礎，則過濾出來的就不會是純蜂蠟。

圖 5.8.5
蒸蠟機

素、花粉粒、蜂膠，或者受金屬容器汙染、熔化時溫度太高及時間太長，都會使蜂蠟顏色變深或呈現不同顏色（圖 5.8.2）。過濾好的蜂蠟可以長時間常溫存放，不必冷藏，但存放溫度也不宜過高。

由於蜜蜂使用過後的老舊巢片除了少量蜂蠟外，巢房內通常還會累積大量蜜蜂蛻皮後的繭，所以能夠過濾出來的蜂蠟有限（圖 5.8.3）。老舊巢片數量少時可用日光熔蠟器 (solar wax melter)（圖 5.8.4），數量多時蒸蠟機能協助養蜂人方便熔化舊巢片上的蜂蠟（圖 5.8.5），並透過高溫方式對舊的木製巢框進行消毒；切記塑膠巢礎不要放入蒸蠟機中，否則容易變形。

養蜂過程大部分的巢片會使用巢礎，而許多巢礎為了增加強韌性，在製造過程會添加石蠟（請參閱 P232「巢礎的材質與種類」），因此從老舊巢片中取得的蠟可能含有石蠟而非純蜂蠟。

5.8.3 蜂蠟的應用

● 蜂蠟護唇膏

製作蜂蠟護唇膏的基本方式,是將蜂蠟與食用油混合,使用不同的油會有不同的效果,其中一種配方及製作方法如下:

材料:
可可脂	14 g
荷荷芭油	6 g
蜂蠟	3 g
薰衣草精油或甜橙等其他精油	2 g

作法:
1. 先將秤好比例的可可脂、荷荷芭油、蜂蠟倒入鍋中,以小火加熱至熔化,或倒入燒杯中,再把燒杯放入盛有熱水的鍋子隔水加熱至熔化。
2. 最後加入精油混合均勻。
3. 將成品倒入容器中,靜置至凝固。

● 天然木蠟油

木蠟油也稱護木油,可用於木製品的保養,調配的方式與蜂蠟護唇膏類似,例如用亞麻仁油或棕櫚油與蜂蠟依 5:1 的比例混合,待冷卻後塗抹在木頭上

● 左手香膏

材料：

新鮮左手香葉	500 g
食用油	500 g
蜂蠟	2 g

作法：

1. 摘取新鮮左手香葉 500 g，稍加清洗後晾乾。

2. 將左手香切碎放入鍋中，倒入 500 g 食用油，例如葵花油、芥花油、橄欖油皆可。

* 新鮮左手香葉與食用油比例為 1：1。

3. 用最小的文火慢慢油炸 1~2 小時，使左手香內的水分蒸發。冷卻後過濾，將炸好的左手香油倒入瓶中備用。

4. 將 2 g 蜂蠟與 10 g 左手香油倒入鍋中（蜂蠟與左手香油比例為 1：5，依容器大小等比增減），以小火加熱至熔化。

5. 將成品倒入容器中，靜置至凝固。

● 蜂蠟保鮮布

材料：
棉布
蜂蠟
平底鍋
平鏟
瓦斯爐或電磁爐

作法：
1. 將蜂蠟放入平底鍋，加熱後使蜂蠟熔化。
2. 再將棉布放在熔化好的蜂蠟中。
3. 以平鏟將棉布上多餘的蠟去除。
4. 最後取出蜂蠟布攤開降溫。

如何使用蜂蠟保鮮布

蜂蠟保鮮布可以取代塑膠保鮮膜並重複使用，減少對一次性產品的依賴，但使用時仍需注意下面幾點：

- 可覆蓋或盛裝 50 ℃ 以下的食物，切勿包覆熱食。
- 使用後以冷水清洗晾乾，勿扭轉擰乾，勿陽光直射。
- 勿近任何熱源與加熱器具，例如使用中的瓦斯爐、烤箱。
- 隨著使用次數的增加，蜂蠟保鮮布上的蜂蠟會逐漸減少而降低防水功能，只要再添加蜂蠟即可。

詞彙 ｜ Glossary

每一個領域都有一套特殊的詞彙，目的不是要限制人們親近科學領域，而是避免本位用語造成對事物的誤解。

詞彙定義的理解、釐清及正確運用，對學習該知識很重要，理解這些詞彙才能有效運用、管理、表達觀念、溝通，以利進一步探究和討論問題。

許多形態學與解剖生理學術語源自拉丁文及希臘文，雖然其根源的語言已很少在日常生活流通，但仍然可以被受過專業訓練的學者理解。有些術語則來自飼養管理上的慣用語，會因為使用的場合、研究或管理上的需要而有不同的文意。

A

abdomen（腹部）：昆蟲三大體區 (tagmata) 之一，位於後方。

absconding（逃蜂）：在環境條件不佳、經常受驚擾，東方蜂的蜂王及所有工蜂會棄巢而去。

acarine disease（氣管蟎、氣管蟎病）：一種寄生在成蜂氣管內的內寄生蟎類所引起的蜜蜂疾病。

aculeate（具螫針的膜翅目昆蟲）：膜翅目的產卵器 (ovipositor) 特化成螫針的昆蟲，如蜜蜂、胡蜂或螞蟻。

aestivate（夏眠）：昆蟲在高溫或乾燥季節進行休眠的現象。

air sac（氣囊）：氣管 (tracheae) 上任何壁薄而膨大的部分。

alien species（外來種）：在當地沒有自然分布，而是經由人為有意或無意從原產地引進到原產地以外的物種。

alinotum（翅背板）：中胸 (mesothorax) 與後胸 (metathorax) 背側的具翅骨板。

alkaloids（生物鹼）：植物體的化學物質，例如含氮的鹼性有機化合物，許多具有重要的藥理作用。

allelochemical（他感作用物）：具有種間訊息傳遞功能的化學物質。

altruism（利他性）：指個體自我犧牲以幫助其他個體獲益的行為。

American brood disease (American foulbrood)（美洲幼蟲病）：由幼蟲類芽孢桿菌 *Paenibacillus larvae* 引起的蜜蜂幼蟲細菌性疾病。

amphitoky (amphitokous parthenogenesis; deuterotoky)（產雙性孤雌生殖）：一種孤雌生殖 (parthenogenesis)，其雌蟲產生的子代有雌、雄兩性的個體。

anal area（臀區）：位於翅的後面，由臀脈所支持。

anemophily（風媒）：風力傳粉。

antenna（複數：antennae）（觸角）：成對而分節的感覺附肢，通常位頭部背側前方，衍生自第二頭節。

antennomere（觸角節）：觸角 (antenna) 的再分區。

anterior（前側）：在或向前方。

anthophilous（嗜花性）：喜好訪花。

anus（肛門）：消化道的後側開口。

apiary（養蜂場）：放置一或多個蜂箱的場地。

apod（無足）：沒有真正足的幼蟲 (larva)。

apode（無足）：沒有腳的生物。

aposematism（警戒性）：利用警示信號作出的溝通系統。

apposition eyes（並置眼、並列眼）：指小眼獨立接收來自不同方向光線的複眼類型。

arrenotoky (arrenotokous parthenogenesis)（產雄孤雌生殖）：由未受精卵產生單套之雄性子代。

artificial swarming（人工分封）：

透過人為干預來分裂蜂群，以增加蜂群數量。

artificially inseminated queen（人工授精的蜂王）：用人工授精儀將選汰後的雄蜂精子取出，注入到蜂王的腹部使其人工授精。

asynchronous muscle（非同步肌）：每一次神經衝動即收縮許多次的肌肉。

autumn collapse（秋季蜂群衰弱）：蜂群在春夏之際未受到妥善的照顧、營養不佳，導致蜂群於秋季衰弱。

axon（軸突）：將神經衝動送離細胞體的神經纖維。

B

balling a queen（圍王）：工蜂群聚圍住蜂王，可能導致蜂王死亡的行為。

banking（儲存蜂王）：在寄送之前將大量蜂王儲存在蜂群中。

bar（王台條）：一塊長條狀的木料，在培育蜂王時，將王台附著在上面。

basal（基部的）：在或朝向基部或身體，或近於附著點。

Batesian mimicry（貝氏擬態）：一種擬態系統，可食的物種藉著外觀類似於不可食的物種，欺騙捕食者，以避免被捕食。

bee（花蜂）：訪花性蜂類的統稱，包含蜜蜂 (honey bee)、熊蜂 (bumble bee)、無螫蜂 (stingless bee)、無墊蜂 (blue banded bee)、切葉蜂 (leafcutter bee)、壁蜂（筒花蜂）(mason bee)、地花蜂 (mining bee)、隧蜂 (sweat bee)、木蜂 (carpenter bee)、蘆蜂 (small carpenter bee) 等等，都屬於花蜂。

bee bread（蜂糧）：花粉儲存在六角形巢房中，上面覆蓋著蜂蜜。

bee brush（蜂刷）：一種附柄的細長毛刷，用來把蜜蜂從蜂巢上刷下來。

bee dance（蜜蜂舞蹈）：蜜蜂用於傳達訊息、食物位置或新巢地點的一系列重複的動作，例如圓形舞 (round dance) 和搖擺舞 (waggle dance)。

bee louse（蜂蝨）：蜜蜂的外寄生蟲，學名為 *Braula caeca*。

bee pollen（蜂花粉）：蜜蜂將花朵上的花粉粒集結成團，放在後足的花粉籃帶回巢當成食物，是蜜蜂主要的營養來源。

bee space（蜂路）：指蜂巢內蜜蜂能夠自由移動的空隙。

bee veil（面罩、面網、防蜂網）：可保護頭部及臉部避免遭受蜂螫的設備。

beewax（蜂蠟）：由工蜂第四至第七腹節的蠟腺分泌的一種物質，蜜蜂的巢就是用這種材料製成的。

bee venom（蜂毒）：由工蜂腹部內特有的毒腺 (venom gland) 分泌，並貯存於毒囊中形成毒液，是蜜蜂及其他有螫蜂類的防衛武器。

biogeography（生物地理）：研究生物的空間與時間分布的學門。

biological control or biocontrol（生物防治）：人類使用特定的物種來控制有害生物族群的防治法。

biological monitoring（生物監測）：利用植物或動物來偵測環境變化。

bisexual（兩性花）：指被子植物的一朵花中，同時具有雌蕊和雄蕊。

bivoltin（二化性）：一年有兩個世代。

black bees（歐洲黑蜂）：西洋蜂 (western honeybee) 之下的一個亞種，學名為 *Apis mellifera mellifera*。

black combs（老舊巢脾）：發黑變重、陳舊的巢脾。

blowing（吹蜂）：使用快速移動的氣流將蜜蜂從蜂巢上清除的過程。

brace comb（贅脾）：由蜜蜂建造的巢脾，經常出現在巢框的周圍、蜂箱內的空間，這些巢脾通常不在養蜂人期待的位置，過多的贅脾有礙蜂群檢查與管理。

brain（腦）：在昆蟲是指神經系統的食道上神經節（或稱食道上神經球），由前大腦 (protocerebrum)、後大腦 (deutocerebrum) 及第三腦 (tritocerebrum) 組成。

brain index（腦指數）：蕈狀體與腦大小的比例。

breeder queens（蜂王繁殖）：為繁殖目的而培育出的蜂王。

broad-spectrum insecticide（廣效性殺蟲劑）：對多種昆蟲有效，通常作用於昆蟲神經系統。

brood（窩、孵育、育幼、蜂子）：親代產下，卵同時孵化的一群個體，在蜜蜂一般指發育為成蜂之前的統稱，包括卵、幼蟲和蛹。

brood box（育幼箱）：主要為卵、幼蟲、蛹發育的區域。

brood cappings（封蓋幼蟲）：當蜜蜂幼蟲準備化蛹時，成蟲分泌蜂蠟將巢房封蓋起來。

brood chamber（育幼室）：用於飼養蜜蜂幼體的區域，與育幼箱 (brood box) 同義。

brood food（下咽頭腺分泌物）：工蜂下咽頭腺的分泌物用於餵飼幼蟲。

brood-rearing combs（子脾）：育幼箱中包含幼蟲和蛹的巢脾。

burr comb（贅脾）：請參照 brace comb。

bridge comb（蠟橋）：由蜜蜂建造的巢脾，用於填充過大的蜂路，通常與贅脾同義。

C

camouflage crypsis（偽裝隱藏）：物種無法與其環境背景區別的情形。

candied honey（結晶蜜）：結晶狀的蜂蜜。葡萄糖含量較高的蜂蜜，在特定低溫下會形成結晶狀。

capped brood（封蓋幼蟲）：請參照 brood cappings。

capping（封蓋）：給蜜蜂幼蟲或熟成的蜂蜜 (ripened honey) 加蓋的過程。

caste（階級）：在社會性昆蟲中，形態不同、行為相異的個體，蜂群中蜜蜂的階級包含工蜂、蜂王與雄蜂。

cell（巢房、巢室）：蜂巢內的單一隔間。在高度社會化的蜜蜂中，指的是六角形或圓柱形的結構，用來產下工蜂、雄蜂或蜂王的卵，孵化的幼蟲在其中發育成長，六角形的巢房也用於儲存蜂蜜或花粉。在無螫蜂則為圓形。另外也指獨居蜂巢內的一個房間，內有成蜂提供足夠的花粉和花蜜以滿足一隻幼蟲生長所需。

cell（翅室）：部分或完全被翅脈圍繞的翅膜區。

cephalic（頭的）：與頭部有關的。

chalkbrood disease（白堊病）：由蜜蜂球囊菌 (*Ascosphaera apis*) 引起，導致幼蟲變成木乃伊狀。

chitin（幾丁質）：節肢動物表皮 (cuticle) 的主要成分，是一種由乙醯胺基葡萄糖及胺基葡萄糖單元組成的多醣體。

chordotonal organs（弦音感覺器）：接收振動的感覺器官，由一至數個長形稱為導音管 (scolopidia) 的細胞組成。

classical biological control（傳統生物防治）：利用害蟲原產地的天敵來長期控制外來害蟲的防治方法。

classification（分類）：將分類單元（如科、屬、種）加以建置、分階、定義成為有序階級的分類群的過程。

claw (pretarsal claw; unguis)（爪，前跗爪）：前跗節 (pretarsus) 末端的鉤狀結構。

cleansing flight（清潔飛行）：蜜蜂飛到巢外排泄以維持巢內清潔，防止病菌滋生。

clearer board（脫蜂板）：一種單向出口的器具，可防止蜜蜂重新進入已被清除的區域，可用來移除蜜脾上面的蜜蜂，再將蜜脾取出進行採收。

closed cell（閉室）：完全被翅脈包圍的翅膜區。

closed tracheal system（閉鎖式氣管系統）：由氣管 (tracheae) 及微氣管 (tracheoles) 組成而缺乏氣孔 (spiracles) 的氣體交換系統，因此封閉而不直接與空氣接觸。

clustering（聚集、集群）：蜜蜂緊貼在一起的行為模式。

clypeus（頭楯）：昆蟲頭部一部分，其前方與上唇 (labrum) 連接，位於前額 (frons) 下方，兩者可能合成一前額楯 (frontoclypeus) 或由一條縫線區隔。

cocoons（繭）：幼蟲變成蛹時吐出的絲狀結構。

coevolution（共進演化、協同進化）：兩種物種〔如植物與傳粉者、寄主 (hosts) 與寄生生物 (parasites)〕之間的演化交互作用，其專一性及相互程度差異頗大。

colony（蜂群）：一個蜜蜂群落，包括蜜蜂個體與蜂巢。

colour code（顏色代碼）：一組用於表示年份的顏色，通常用於標記蜂王的年份。

comb（巢脾、巢片）：包含完整巢房的蠟質結構，有一或數層（片）規則排列的膜翅目社會性昆蟲巢室。

comb honey（巢蜜）：蜂蜜保存在巢脾（巢房）中而未取出的蜂蜜。

combine beehives（併群）：兩個蜂群合併在一起，通常是無王群併到有王群。

compound eyes（複眼）：由小眼 (ommatidia) 聚合而成的眼，每一個小眼自成一小眼面。

contact poisons（接觸性毒劑）：藉由直接接觸而毒殺的殺蟲劑。

copulation（交尾、交配）：生物性器官的結合以達成有性生殖目的。

corbicula（花粉籃）：工蜂後足上的構造，用來蒐集花朵上的花粉粒。

costa（前緣脈）：最靠近前方的翅縱脈，沿翅的前緣伸至翅頂。

court（衛隊、侍衛蜂）：圍繞在蜂王周圍、照顧蜂王的工蜂。

cornea（角膜）：單眼 (ocellus) 的表皮。

coxa（複數：coxae）（基節）：足最靠近基部的節。

crop（蜜囊、嗉囊）：消化系統中用於貯存食物的區域，位於食道後方。

cross resistance（交叉抗藥性）：昆蟲對一種殺蟲劑產生抗藥性以致可以抵抗其他殺蟲劑。

cross-veins（橫脈）：連接翅縱脈的橫走翅脈。

crown-group（冠群）：包含所有現生種及其最近共同祖先的分類群。

crypsis（隱蔽、隱藏）：藉由與環境特徵相似、與環境融為一體逃離被捕食。當該物種的顏色在環境中不容易被發現，捕食者搜尋獵物時容易忽略這類個體，這個現象稱為隱蔽性，該顏色則稱為隱蔽色 (cryptic color)。

crystalline cone（晶錐）：小眼 (ommatidium) 中位於角膜 (cornea) 下的硬晶體。

cubital index（肘脈指數）：第三亞緣室 (third submarginal cell, s3) 下緣的翅脈被第二中肘橫脈 (second medio-cubital cross-vein, 2m-cu) 分成 a、b 兩段，a 除以 b 的數值。

cuticle（表皮）：由真皮 (epidermis) 細胞分泌的外骨骼結構，由幾丁質 (chitin) 與蛋白質構成許多不同的層次。

cutting edge（切緣）：位於大顎內側鋸齒狀凹處的銳利構造。

D

deadout（滅巢）：一個已經滅絕的蜂巢。

dearth（缺乏、匱乏）：缺乏蜜粉源的情況。

delayed parasitism（延後寄生）：寄生生物 (parasite) 或擬寄生生物 (parasitoid) 的卵延緩到寄主成熟才孵化的寄生現象。

delusory parasitosis（寄生蟲妄想症）：一種想像被寄生蟲感染的心理疾病。

dendrite（樹突）：神經細胞的細分支。

deuterotoky（產雙性孤雌生殖）：參照 amphitoky。

deutocerebrum（後大腦）：昆蟲腦 (brain) 的中間部分。

deutonymph（後若蟎）：介於幼蟎和成蟎之間的階段。

diapause（滯育）：昆蟲在不利環境條件下暫停生長發育的生理狀態。

diapause hormone（滯育激素）：由食道下神經節 (suboesophageal ganglion) 的神經內分泌產生的激素 (hormone)，可影響卵未來發育的時間。

dioecious（雌雄異株）：植物為單性花種子植物，且雌花與雄花分別生長在不同的植株上。

diploid（二倍體）：有兩套染色體。

direct fight muscle（直接飛行肌）：直接與翅相連的飛行肌肉。

dispersal（擴散）：一個個體或族群由其出生地向外移動。

diurnal（日行性）：日間活動。

division board（隔板）：用於縮小育幼區範圍的可移動垂直隔板，也指用於將育幼區一分為二的隔板。

domatia（蟲室）：植物體上專為容納某些節肢動物（例如螞蟻）而產生的小室。

dormancy（休眠）：昆蟲在生長發育過程中，由於環境條件的直接刺激或誘發而出現的暫時停止發育的生理現象，分為夏眠 (aestivation) 與冬眠 (hibernation)，而且可涉及靜止 (quiescence) 或滯育 (diapause)。

dorsal; dorsally（背側的、背部的）：在頂部或上側。

dorsal diaphragm（背隔膜）：將血腔 (haemocoel) 分為圍心竇 (pericardial sinuses) 及圍臟竇 (perivisceral sinuses) 的主要肌纖維隔膜。

dorsal vessel（背血管、背管）：昆蟲的大動脈與心，是血淋巴 (hemolymph) 的主要幫浦，位於背側圍心竇內的一條縱走管道。

drift（漂流）：由水流或氣流引起的移動。

drifting（迷巢）：工蜂和雄蜂離開原蜂群後回到其他蜂群的行為，在養蜂場經常發生，特別是當同尺寸、同顏色的蜂箱近距離成行排列，而地標或定向線索較少時。迷巢可能會導致疾病傳播。

drone（雄蜂）：蜂群中雄性的個體，由未受精卵發育而來。

drone cell（雄蜂房）：一種六角形的巢房形式，用於雄蜂幼蟲發育及儲存蜂蜜。

drone layer (drone-laying queen)（產雄蜂的蜂王）：蜂王交尾不完全或貯精囊內的精子不足，只產下未受精卵，這些卵只會發育為雄蜂。

Dufour's gland（杜福氏腺、杜氏腺）：膜翅目針尾類 (aculeate) 接近螯針而開口在毒管上的一個囊，產生費洛蒙 (pheromones)、毒液成分的位置。

dummy queen cells（廢棄的假王台、廢棄王台）：王台內沒有卵的小型王台。

dysentery（下痢）：蜜蜂排泄出異常的水狀糞便。

E

ecdysis (adj.ecdysial)（蛻皮）（形容詞：蛻皮的）：蛻去舊表皮 (cuticle) 的最後階段。

ecdysteroid（蛻皮類固醇）：能引起蛻皮 (molting) 的類固醇通稱。

ecdysterone（蛻皮固醇）：引發蛻皮的主要類固醇，即 20- 氫氧蛻皮素的舊稱。

eclosion（羽化、孵化）：成蟲由前一齡的表皮蛻皮而出，有時也用在卵的孵化。

ecological niche（生態棲位、生態區位、生態位）：一個物種所處的環境以及其本身生活習性的總稱，包含其住所、活動空間、食物種類等等。

eclosion hormone（羽化激素）：跟成蟲羽化 (eclosion) 相關的數種功能的神經激素，包括增加表皮延展性。

economic injury level (EIL)（經濟危害水平）：最低限度可以容忍造成經濟危害的害蟲族群密度。

economic threshold (ET)（經濟限界）：需要採取防治措施，以避免害蟲族群繼續增加到經濟危害水平的害蟲密度。

ectoparasite（外寄生生物）：棲息在寄主體外，造成其損失的寄生者 (parasite)，不殺死寄主。

ectoparasitoid（外擬寄生生物）：棲息在寄主體外，會造成其損失殺死寄主的寄生者。

ectoperitrophic space（外圍食腔）：圍食膜 (peritrophic membrane) 與中腸壁之間的空隙。

egg（卵）：蜂類與許多昆蟲生命週期的第一階段。

embedding（埋線）：將巢框上的鐵絲與巢礎嵌合的過程，常見的方法是用電加熱以熔化周圍的蠟。

emergence（羽化）：成蟲從前一蟲態蛻皮而出的過程或現象。

emergency queen cell（急造王台）：蜂群意外失去蜂王後，在巢房上緊急建造的王台。

encapsulation（包理作用）：寄主 (host) 對內擬寄生生物 (endoparasitoid) 的一種反應，入侵者被血球 (hemocytes) 包圍，最後形成一包囊。

endocuticle（內表皮）：原表皮 (procuticle) 的未骨化的內層。

endoparasite（內寄生生物）：棲息在另一種生物體內，造成其損失但不會殺死寄主的寄生生物 (parasite)。

endoparasitoid（內擬寄生生物）：棲息在寄主體內會殺死寄主的寄生者。

endoperitrophic space（內圍食腔）：在腸道內由圍食膜 (peritrophic membrane) 所包圍的空間。

endopterygote（內生翅）：描述翅是在體壁窩內形成，而只在幼蟲成為蛹時才外翻的發育。

entrance（巢門、巢口）：蜜蜂進出蜂巢的通道。

entomopathogen（昆蟲病原）：特指攻擊昆蟲的病原，引發昆蟲疾病的致病生物。

entomophage (adj. entomophagous)（食昆蟲者）（形容詞：食昆蟲的）：食用昆蟲的生物。

entomophily（蟲媒）：由昆蟲傳粉。

entomophobia（恐蟲症）：懼怕昆蟲。

epicuticle（上表皮）：表皮 (cuticle) 最外層之不能延展而無支持力的部分，位於原表皮 (procuticle) 之外。

epidermis（上皮、真皮）：由外胚層衍生之單層細胞體壁 (integument)，表皮 (cuticle) 由其分泌。

epimeron（複數：epimera）（後側片）：胸部側板的後面部分，由側縫線 (pleural suture) 與前側片 (episternum) 隔開。

episternum（複數：episterna）（前側片）：側板的前面部分，以側縫線 (pleural suture) 和後側片 (epimeron) 隔開。

escape board（脫蜂板）：請參照 clearer board。

escorts (escort bees)（護送蜂）：將 5 到 10 隻工蜂放進郵寄的王籠中以陪伴、照顧蜂王。

esophagus（食道）：位於咽 (pharynx) 後、蜜囊 (crop) 之前。

European brood disease (European foulbrood)（歐洲幼蟲病）：由一種鏈球狀細菌引起的蜜蜂幼蟲細菌性疾病。

eusocial（真社會性）：展現生殖及工作上的分工合作，並具世代重疊的社會性。

eusternum（複數：eusterna）（主腹片）：胸部腹板的主要部分，常延伸進側板區。

exarate（裸蛹的）：描述蛹(pupa)的附肢從身體游離而沒有固結在一起。

excretion（排泄）：將代謝廢物從身體移除，或將之以不可溶形式作體內貯存。

exocrine gland（外分泌腺）：產生並釋放化學物質（如費洛蒙、毒液或蠟）到體外的腺體。

exocuticle（外表皮）：原表皮(procuticle)的堅硬、骨化之外層。

exoskeleton（外骨骼）：昆蟲的外部結構，位於外側的硬化表皮骨，肌肉附著在其內側。

exotic species（外來種）：請參照alien species。

external（外側）：在外面。

F

fat body（脂肪體）：一群散或集中的細胞，通常是在血腔(hemocoel)中懸浮的滋養細胞(trophocytes)，用在貯存及排泄上。

feeder（餵食器、糖盒）：用於餵食糖水、補助花粉和代用花粉的用具。當蜂群內的儲蜜不足時，需要餵食糖水維持蜂群生存所需，避免餓死，亦可促進蜜蜂外出採集。

femur（複數：femora）（腿節）：昆蟲足的第三節，位於基節(coxa)及轉節(trochanter)之後，常是足部最粗的一節。

feral bees（野生花蜂）：未經人為飼養、管理的野生花蜂，廣義來說也包含在石縫、空心的樹洞或建築物夾層中築巢，未受人為管理的蜜蜂。

fermentation（發酵作用）：由微生物分解複雜分子的作用，如酵母分解碳水化合物。

fertilized egg（受精卵）：精卵相結合所產下的卵。

field bee（外勤蜂）：蜂群中主要負責外出採集花蜜、花粉、蜂膠的成蜂。

flabellum（下唇瓣）：蜜蜂中舌(glossa)端部的葉狀體。

flagellum（鞭節）：觸角的第三部分，位於柄節(scape)和梗節(pedicel)遠端；也泛指任何鞭狀結構。

flagship species（旗艦種）：對環境有代表性意義（像是特定棲地的保育或喚起大眾重視旗艦種所屬分類群的保育）的物種。旗艦種通常是根據其脆弱性、顯著性或對大眾的魅力選取出來的，用以獲取對旗艦種及其棲地上的所有物種或與旗艦種同一類群許多物種的保育。

flight path（飛行路徑）：花蜂從蜂巢到食物或水源的路線。

foundation（巢礎）：一張薄薄的蜂蠟，兩面都有六角形的凹凸巢房基礎，使用巢礎能讓巢片更加堅固，並提升蜜蜂建造整齊巢房的效率。

forage（覓食）：尋找與收集食物。

fore（前側、前部）：前面，朝向頭部。

foregut（前腸）：口與中腸間的腸道部分，由外胚層衍生而來。

fore leg（前足）：成蟲三對足中的第一對足。

fore wing（前翅）：前方的一對翅，常位於中胸(mesothorax)。

frame（巢框）：通常由木頭製成的矩形結構，蜜蜂在其中建造巢脾。巢框可便於養蜂人觀察蜂群發展的狀況，配合蜂箱的設計而有不同的尺寸。

frame feeder（框式餵食器）：尺寸與巢框類似，使用前需在蜂箱內騰出空間將框式餵食器置於巢片旁邊，餵食糖水的餵食器內側的表面粗糙以利蜜蜂爬行，還需放入枯葉、枯枝避免蜜蜂溺斃。

frame foundation（巢礎框）：已經嵌好巢礎但還沒有立體巢房的巢框。

frons（前額）：昆蟲頭部前方中央的單一骨片(sclerite)，常位於頭蓋及頭楯(clypeus)之間。

front wing：請參照fore wing。

fructose（果糖）：蜂蜜中主要的糖類之一。

G

ganglion（複數：ganglia）（神經節、神經球）：神經中心；在昆蟲形成癒合之成對白色橢圓體，位於體腔腹面排成一列而由成對之神經索連接。

gas exchange（氣體交換）：獲取氧氣排除二氧化碳。

gaster（錘腹、柄後腹）：膜翅目針尾類(aculeate)腹部腫大的部分，位於腹柄(petiole)之後。

gena（複數：genae）（頰）：指面頰，位於頭部兩側。

genitalia（交尾器）：兩性與生殖有關的所有外胚衍生結構。

genus（複數：genera，形容詞：generic）（屬）（形容詞：屬的、屬級）：在種與科之間的分類階元之位階名稱。

glossa（中舌）（複數：glossae）：在蜜蜂的口器中，長且表面佈滿細毛的構造。

gloves (bee glove)（防螫手套）：避免蜂螫，保護手部的手套。

glucose（葡萄糖）：蜂蜜的主要糖類之一。

gonochorism（雌雄異體）：雌雄不同個體的有性生殖。

gonopore（生殖孔）：生殖管的開口，在沒有特化的雄蟲為射精管開口，在雌蟲為輸卵管開口。

grafting（移蟲）：培育蜂王時，將剛孵化的幼蟲移入王台的過程。

grafting tool（移蟲針）：生產蜂王乳及人工繁殖蜂王時，移工蜂幼蟲所需要的工具。

greater wax moth（大蠟蛾）：一種會侵擾蜂群的鱗翅目蛾類，學名為 *Galleria mellonella* L.。

grid vents（網狀通風口、鐵網門）：安裝在通風孔上的金屬或塑料，以防止蜜蜂通過。

gyne（后）：膜翅目昆蟲中具有生殖能力的雌性。

H

habitat fragmentation（棲地破碎化）：生物的棲息地因為受到人為的干擾，使得原來的連續性消失、變小，而且彼此之間無法連貫。

hamuli (adj. hamulate)（翅鉤）（形容詞：翅鉤的）：沿著後翅前緣排列的鉤，在飛翔時鉤住前翅的翅褶 (fold) 而與之連繫。

haploid（單倍的、單套的）：只有一套染色體。

haplodiplody（單倍雙倍性）（形容詞：單倍雙倍性的）：二倍體 (diploid) 卵產生雌性而單倍體 (diploid) 卵產生雄性的生殖。

head（頭部）：昆蟲三大體區 (tagmata) 之一，位於前方。

hemimetaboly (adj. hemimetabolous)（半變態、半行變態）（形容詞：半行變態的）：身體形態每次蛻皮都漸次改變，每回蛻皮翅芽便長大一些。

hemocoel (haemocoel)（血腔）：包括昆蟲在內的許多無脊椎的主要體腔，是由擴大的「血」系統形成。

hemocyte (haemocyte)（血細胞、血球）：昆蟲的血細胞。

hemolymph（血淋巴）：血腔 (haemocoel) 之填充液。

hibernate（冬眠）：在寒冷季節進行靜止 (quiescence) 或滯育 (diapause)。

hind（後的）：在後方或朝向後方。

hind leg（後足）：成蟲三對足中的最後一對足。

hind wings（後翅）：後胸上的翅。

hindgut (proctodeum)（後腸）：腸道的後部，從中腸末端延伸至肛門。

hive（蜂箱）：容納蜂群的結構體，用於飼養或放養蜜蜂、熊蜂或無螫蜂。

hive tool（起刮刀）：用來撬動黏固的巢框、剷除贅脾與蠟屑，刮去多餘的巢房等用途的工具。最基本的設計會有一端呈現平鏟的形狀方便刮除蜂蠟，另一端有些設計用來撬動被蜂蠟黏住的巢框，有些則用來開啟盛裝蜂蜜桶的開口。

holometaboly（完全變態）：指昆蟲幼期與成蟲形態差異極大，並經過蛹期的發育過程。

honey（蜂蜜）：蜜蜂從花朵的蜜腺中採集的花蜜 (nectar) 或採集自蜜露（甘露蜜）(honeydew) 製成的甜味、黏稠的液體，並儲存在蜂巢中作為食物。

honey bee（蜜蜂）：指分類於蜜蜂科 (Apidae)、蜜蜂屬 (*Apis*) 之下的花蜂 (bee)。

honeydew（蜜露）：某些半翅目昆蟲肛門所排放出的含糖液體。

honey knife（割蜜刀）：取蜜時切除封蓋蠟所使用的工具，割蜜刀有時候也會用於巢房的清除與整理。

honey sac（蜜囊、蜜胃）：蜜蜂暫存花蜜和其他液體並將之帶進巢房的器官。

honey stomach（蜜胃）：請參照 honey sac。

honey strainer（蜂蜜過濾器、濾蜜器）：用來過濾蜂蜜中的雜質的設備。

honey super（儲蜜的繼箱）：位於育幼區上方，儲存蜂蜜的箱子。

honeydew（蜜露）：某些半翅目昆蟲（如蚜蟲和介殼蟲）的肛門所排出的含糖液體。

hormone（荷爾蒙、激素）：一種化學訊息物質，其調節作用的位置

與製造它的內分泌器官有一段距離。

hornet（虎頭蜂）：指分類於胡蜂科（Vespidae）、胡蜂亞科（Vespinae）、虎頭蜂屬（Vespa）之下的狩獵型蜂類。

host（寄主）：容納寄生生物（parasite）或擬寄生生物（parasitoid）的生物。

host preference（寄主偏好性）：偏好某一寄主。

host regulation（寄主調節）：擬寄生生物（parasitoid）操縱寄主（host）生理的能力。

house bee（內勤蜂）：飛行能力不佳，多在蜂巢內進行哺育幼蟲、建造巢房的成蜂。

hydroxymethyl furfuraldehyde (HMF)（羥甲基糠醛）：蜂蜜經加熱或長期儲藏後，蜂蜜中的還原糖（特別是果糖）脫水分解的產物，過度加熱蜂蜜或摻入轉化糖及延長蜂蜜貯存時間會提高 HMF 生成。

Hymenoptera（膜翅目）：昆蟲綱之下的一個目，其特徵在於具有薄而透明的翅膀，包含各種蜂和蟻。

hyperparasite (adj. hyperparasitic)（重寄生生物）（形容詞：重寄生的）：寄生生物棲息在另一寄生生物身上。

hyperparasitoid（重擬寄生生物）：在另一種寄生生物或擬寄生生物身上發育的二次性擬寄生。

hypopharyngeal gland（下咽頭腺）：位於工蜂頭部前方的腺體，用於分泌幼蟲的食物，並分泌轉化酶將蔗糖轉化為葡萄糖和果糖。

I

ileum（迴腸）：後腸（hindgut）的第二段，位於結腸（colon）之前。

imaginal disc（成蟲盤）：完全變態昆蟲具有，為幼蟲與成蟲間巨大結構變化的橋梁。翅與其他成蟲結構存在於幼蟲體內，屬未分化的細胞狀態，這種翅的發育又稱內生翅（endopterygote）。

imago（複數：imagines; imagos）（成蟲）：昆蟲的成體。

indirect flight muscle（間接飛行肌）：肌肉藉改變胸部形狀，而非由直接移動翅來控制飛行。

innate（本能）：描述無選擇或學習的行為。

inner epicuticle（內上表皮）：三層上表皮（epicuticle）中最內側的一層，原表皮（procuticle）即在其下。

inner mat（內墊）：置於巢框上方的墊子，以防止蜜蜂在巢框上方與蜂箱蓋之間建造贅脾。

insectivore (adj. insectivorous)（食蟲者、食昆蟲者）（形容詞：食蟲的、食昆蟲的）：取食昆蟲的，參照 entomophage。

instar（齡）：蜜蜂與許多昆蟲幼蟲蛻皮之間的生長階段。

integrated pest management (IPM)（害蟲綜合管理、綜合性害蟲管理）：整合各種防治方法，擬定合適的防治病蟲害的策略。

integument（體壁）：真皮加表皮（cuticle）層；昆蟲活組織的外層覆蓋。

intercropping（間作）：把兩種或更多不同種類的作物混合種植。

introducing cage（誘王籠、介王籠）：放置蜂王以誘入蜂群的小籠子。

invasive allien species (IAS)（外來入侵種、強勢入侵種）：一個被人類有意或無心引進到非其自然分布的地區，進而立足、入侵，將原生物種淘汰、佔領該環境，對環境、經濟和人類健康造成傷害的物種。

Italian bee（義大利蜂）：西洋蜂（western honeybee）之下的一個亞種，中國寫成意大利蜂，臺灣常用義大利蜂，學名為 *Apis mellifera ligustica*。

J

Johnston's organ（江氏器、將氏器）：位於觸角梗節（pedicel）中的弦音感覺器（chordotonal organs）。

jugal area（jugum，複數：juga）（翅垂區、翅垂）：翅的後基部，位於翅垂褶（jugal fold）及翅緣之間。

jugal fold（翅垂褶）：翅的一條褶線（fold-line），將翅垂區（jugal area）從翅扇區（clavus）分隔出來。

juvenile hormone (JH)（青春激素）：由一條 16 至 19 個碳分子構成的長鏈激素，由咽喉側腺（corpora allata）釋放進血淋巴（hemolymph），涉及昆蟲生理的許多方面，包括蛻皮表現的改變。

K

kairomone（開洛蒙）：對產生者不利，而接收者有利的通訊物質。

Kashmir bee virus (KBV)（克什米爾蜜蜂病毒）：一種蜜蜂的病毒性疾病的病原體。

L

labial palp（下唇鬚）：昆蟲下唇（labium）上的附器。

labium (adj. labial)（下唇）（形容詞：下唇的）：「下嘴唇」，形成口的底面，常有一對鬚。

labrum (adj. labral)（上唇）（形容詞：上唇的）：「上嘴唇」，形成口前腔與口的頂面。

larva（幼蟲）（複數 larvae）：指昆蟲生命週期中，由卵孵化後的幼體，常限用於完全變態 (holometaboly) 的昆蟲，但有時也用在與成蟲變異很大的任何幼期昆蟲。

lateral（側面的）：在兩邊或近於兩邊。

lateral oviduct（側輸卵管）：昆蟲雌蟲由卵巢導至輸卵管 (common oviduct) 的成對管道。

laterosternite（側腹片）：主腹片 (eusternum) 與側板骨片癒合形成的骨板。

laying workers（產卵的工蜂）：在沒有蜂王的情況下工蜂出現產卵能力，這些未受精卵皆發育為雄蜂。

longitudinal muscle（縱走肌）：沿軀體長軸延伸的肌肉。

M

macrotrichium（複數 macrotrichia）（大毛）：一種毛狀感覺器 (trichoid sensillum)，亦稱為刺毛 (seta) 或毛 (hair)。

mailing cage（郵寄用的王籠）：用來寄送蜂王的王籠，通常指有紗網蓋住，內裝有煉糖供蜜蜂取食。

Malpighian tubules（馬氏管）：位於中腸 (midgut) 與後腸 (hindgut) 交界處的細長管狀物，主要涉及鹽類、水分及含氮廢物排泄的調節。

mandible (adj. mandibular)（大顎）（形容詞：具大顎的）：顎，在咀嚼式口器的昆蟲上形狀呈顎狀。

mandibular glands（大顎腺）：位於工蜂和蜂王頭部大顎附近的腺體，會分泌費洛蒙影響蜜蜂行為。

mandibulate（具顎的）：具有大顎的。

masquerade (mimesis)（偽裝、裝扮、摸仿）：一種隱藏 (crypsis)，某物種跟環境的某種特性相似，使捕食者 (predators) 對該物種不感興趣。

mating（交尾、交配）：生物性器官的結合以達成有性生殖目的。

mating hive（交尾箱）：用於處女王交尾的箱子，一般來說尺寸比標準的朗氏蜂箱 (Langstroth hive) 來得小。

maxilla（複數：maxillae）（小顎）：第二對顎，在咀嚼式口器的昆蟲上形狀呈顎狀。

meconium（蛹便）：初羽化成蟲第一次排出體外的糞便。

media（中脈）：翅膀的其中一條縱脈，位於徑脈 (radius) 及臀脈 (cubitus) 之間。

medial（中間的）：朝向中央的。

median lethal concentration, LC50（半致死濃度）：能使百分之五十實驗動物族群發生死亡所需要的濃度。

median lethal dose, LD50（半致死劑量、半致必死劑量）：能使實驗動物產生百分之五十比例死亡所需化學物質的劑量。

melanic（黑化的）：變黑的。

melittophily（蜂媒）：由蜂類傳粉。

mentum（下唇基節）：由下唇 (labium) 衍生出來的腹癒合片。

mesenteron（中腸）：請參照 midgut。

mesosoma（中體區）：昆蟲三個體區 (tagmata) 位於中間者，等同於胸部 (thorax)，但在膜翅目細腰亞目則包括前伸腹節 (propodeum)；在螞蟻成蟲被稱為中軀 (alitrunk)。

mesothorax（中胸）：胸部 (thorax) 的第二節。

metamorphosis（變態）：在幼期結束而成蟲期開始之間，身體形態的改變。

metasoma（後軀）：膜翅目細腰亞目 (apocritan) 的腹柄 (petiole) 加上錘腹 (gaster)。

metathorax（後胸）：胸部的第三節（最後節）。

middle leg（中足）：成蟲三對足中的第二對足。

midgut (mesenteron)（中腸）：腸道的中段，由前胃 (proventriculus) 末端延伸至迴腸 (ileum) 開始處。

migration（遷移、轉場）：往較合適的環境條件的方向移動。另外也出於管理目的將蜂箱從一個位置移動到另一個位置。

mimesis（模仿）：與環境不可食的物體相似，參照裝扮 (masquerade)。

mimic (adj. mimetic)（擬態者）（形容詞：擬態的）：擬態系統中的三個角色之一。擬態包含被擬態的模式物種 (model)，擬態別人的擬態者 (mimic) 與捕食者 (predators)。

mimicry（擬態）：指一個物種模仿另一個物種以獲取生存優勢的現象。

ite（蟎）：在蜜蜂病蟲害上通常指蜜蜂的外寄生蟲蜂蟹蟎，又稱瓦蟎或大蜂蟎

molting（蛻皮）：形成新的表皮 (cuticle) 到皮蛻下 (ecdysis) 的過程。

monoecious（雌雄同株）：一株植物上有雄花和雌花。

monoxene (adj. monoxenous)（單主寄生生物）（形容詞：單主寄生的）：只能使用一種寄主 (host) 的寄生生物 (parasite)。

moveable frames hive（活動式巢脾蜂箱）：巢脾吊於橫桿下或矩形木框內，可在蜂箱內移動位置，便於檢查或管理的一種蜂箱設計。

Müllerian mimicry（穆氏擬態）：一種擬態 (mimicry) 系統，其中兩種或多種不可食的物種藉由相互模仿而避開被捕食。

multiparasitism（重寄生性）：二或多種寄生生物 (parasites) 或擬寄生生物 (parasitoids) 共同寄生一寄主的情形。

multiple resistance（多重抗藥性）：兩種或多種抗殺蟲劑機制同存於單一昆蟲族群的情形。

mushroom body（蕈狀體）：昆蟲腦中的神經結構，負責學習與記憶，行為越複雜的昆蟲蕈狀體越大。

mutualism（互利共生）：兩物種間互相依賴，雙方都獲利的互動模式。

N

Nasonov gland（奈氏腺）：位於工蜂第六節背板，具有定向、召集工蜂及穩定分封群的作用。

nectar（花蜜）：植物花器分泌的液體。

nectar flow（流蜜）：來自植物豐富的花蜜供應。

nectar robbing（盜蜜）：昆蟲、鳥類或其他動物在植物的花冠筒上直接取食花蜜，但不給花授粉的現象。

neonicotinoid（類尼古丁、新菸鹼類）：一類以尼古丁為基礎或類似其構造的殺蟲劑，例如異達胺 (imidacloprid)。

neuron（神經元）：神經細胞，由經胞體、樹突及軸突組成。

nosema disease（微粒子病）：由蜜蜂微粒子 (*Nosema apis*) 和東方蜂微粒子 (*Nosema ceranae*) 引起的蜜蜂疾病。

notum（複數：nota）（胸背板）：胸部的背板 (tergum)。

nucleus colony, nuc（交尾群、小核群）（複數 nuclei）一個由少數巢脾組成的小規模蜜蜂群落，通常用於處女王交尾。

nurse bees（育幼蜂、護士蜂）：年輕的成蜂腺體發育完全後，能夠餵食幼蟲的內勤蜂。

O

obligate parasites（專性寄生）：寄生生物必需以宿主為營養來源。

ocellus（複數：ocelli）（單眼）：在蜜蜂頭頂 (vertex) 上呈三角形排列的半圓形的光感受器，一個位於中央，為中單眼，兩個位於側面，為側單眼。有助於定向和導航。

occipital foramen（後頭孔）：頭部背後的開口，是頭部的神經、消化管及其他器官通到胸部的共同孔道。

oesophagus（食道）：請參照 esophagus。

oligophage (adj. oligo phagous)（寡食性）（形容詞：寡食性的）：取食少數幾種食物者，例如一科或一屬的幾種植物。

oligopod（寡足）：只有胸部有足而腹部無足的幼蟲 (larva)。

oligoxene (adj. oligoxenous)（寡主寄生）（形容詞：寡主寄生的）：只能用少數種類寄主 (host) 的寄生生物 (parasites) 或擬寄生生物 (parasitoid)。

ommatidium（複數：ommatidia）（小眼）：複眼 (compound eyes) 的單元。

open cell（開室）：翅膜上部分為翅脈圍繞但包括部分翅緣的區域。

open tracheal system（開放式氣管系統）：包含氣管 (tracheae) 與微氣管 (tracheoles)，而氣孔與空氣接觸的氣體交換系統。

orientation flights（試飛、定位飛行）：工蜂從內勤轉變成外勤蜂時，或者在完全陌生的地點打開蜂箱後，工蜂並不立即飛向遠處，而是朝著蜂巢方向盤旋的行為，有助於蜜蜂記憶巢房的位置，及鍛鍊胸部的肌肉，增加飛行的能力。

ostium（複數：ostia）（心管縫、心門）：在背管上的縫狀開口，體內的血淋巴可藉由背血管側邊的心管縫流入背血管中。

ovariole（微卵管）：形成卵巢 (ovary) 的數支卵巢管。

overcrowding（過度擁擠）：蜂巢太小無法容納所有蜜蜂的情況。

ovary（複數：ovaries）（卵巢）：昆蟲雌蟲的成對生殖腺，由許多微卵管 (ovarioles) 組成。

overwintering（越冬）：一些生物度過或等待冬季結束的過程。

oviduct（輸卵管）：雌性昆蟲由側輸卵管 (lateral oviduct) 通至陰道 (vagina) 的管道。

ovipositor（產卵管、產卵器）：用來產卵的器官。

P

package bees（包裹蜂）：數克或數公斤的蜜蜂放在沒有巢脾的紗網盒中，內置蜂王及糖。

pad（褥墊）：在爪 (claws) 間的前跗節墊狀結構。

paraglossa（複數：paraglossae）（側舌）：在蜜蜂的口器中，位於中舌基部的葉狀體。

paralysis（麻痺病）：由病毒引起的蜜蜂病害，症狀是顫抖、無法正常飛行。

parasite（寄生生物）：一種物種的生存損及另一物種（寄主）但通常不會殺死寄主。

parasitic mite syndrome (PMS)（寄生蟎併發症）：蜂蟹蟎和細菌、真菌、病毒共同侵害蜜蜂，造成幼蟲和成蜂弱化甚至死亡的症狀。

parasitism（寄生性、寄生）：擬寄生生物 (parasitoid) 或寄生生物 (parasite) 與其寄主 (host) 間的關係。

parasitization（寄生狀態）：被擬寄生生物 (parasitoid) 或寄生生物 (parasite) 寄生的狀態。

parasitized（被寄生的）：描述一個寄主 (host) 遭寄生生物 (parasite) 或擬寄生生物 (parasitoid) 利用的狀態。

parasitoid（擬寄生生物）：會殺死寄主 (host) 的寄生者。

parent colony（親代蜂群）：分封群的母群。

pedicel（柄、柄節）：觸角中最靠近頭部的節。

penis（複數：penes）（陰莖、陽具）：生殖系統中的插入器。

pericardial sinuses（圍心竇）：包含有背管 (dorsal vessel) 的體分室。

peritrophic membrane（圍食膜）：襯者中腸皮膜的薄鞘，由中腸細胞分泌形成一層網狀的、多層膜的管狀結構。

perivisceral sinus（圍臟竇）：身體的中間分室，介於腹隔膜 (ventral diaphragm) 及背隔膜 (dorsal diaphragm) 之間。

pest resurgence（害蟲再猖獗）：防治中止、抗藥性 (resistence) 產生或天敵消失之後，害蟲數量快速增加。

petiole（腹柄、腹柄節）：腹部基部縊縮形成的柄狀部分，位於錘腹 (gaster) 之前，由第 1 或 2 節形成所謂的「腰」。

pharynx（咽、咽喉）：前腸的前部 (foregut)，位於食道 (oesophagus) 之前。

phenology（物候）：一個物種的發育、成長、出現、休眠與氣候、季節等非生物因子的關聯性。

phenylpyrazoles（苯吡唑類殺蟲劑）：與 DDT (dichlorodiphenyl-trichloroethane) 類似的一類殺蟲劑，例如芬普尼 (fipronil)。

pheromone（費洛蒙）：作用在其他生物體的化合物，是一種昆蟲的化學訊息傳遞素 (semiochemical)，傳遞種內訊息，在聚集、警戒、求偶、對蜂王的辨識都扮演重要作用。

pheromone mass trapping（費洛蒙大量誘集）：使用費洛蒙大量誘蟲而後將其殺死。

phoresy（攜播、寄載現象）：藉由附生在其他動物的身上，達到族群播遷、得到營養或庇護的目的。

photoreceptor（光受器）：對光產生反應的感覺器官。

phytophagy（植食性）：取食植物的根、莖、葉、花、果實等不同部位。

pioneer plants（先驅植物）：在受到干擾、破壞而裸露的地區最先進駐生長的植物。

plastic foundation（塑膠巢礎）：以塑膠材質做成的巢礎。

plastic queen cell cup（塑膠王台、塑膠王杯）：生產蜂王乳及人工繁殖蜂王所需，仿造自然王台的形狀，將幼蟲移入其中誘使工蜂照料以生產蜂王乳或形成王台。

pleuru（側板）：體節的側面。

poison glands（毒腺）：能產生毒素的一種副腺 (accessory glands)，如膜翅目昆蟲的螫針。

pollen（花粉）：由雄蕊中的花藥產生的粉狀物質。

pollen basket（花粉籃）：請參照 corbicula。

pollen comb（花粉梳）：蜜蜂後足脛節 (tibia) 的毛刷。

pollen supplement（補助花粉）：能提供蜜蜂營養的額外飼料，有添加蜂花粉及其他營養成分，通常製作成餅狀而稱為花粉餅。

pollen substitutes（代用花粉）：

能提供蜜蜂營養所需的飼料配方，不添加蜂花粉，完全由其他營養成分組成，通常製作成餅狀而稱為花粉餅。

pollen trap（花粉蒐集器、花粉採集器、採粉器）：用來蒐集蜂花粉的工具。花粉採集器上有許多孔洞，蜜蜂回巢前將花粉採集器置於巢口迫使蜜蜂通過，後腳的花粉就會掉落於下方的托盤中。

pollination（授粉、傳粉）：花粉由雄花器到雌花器的傳送。

pollination syndrome（授粉綜合特徵）：植物的花為了吸引某一類特定的飛行生物為其傳遞花粉展現的一系列構造上的特徵。

polyculture（混作）：數種農作物混合栽種。

polydanaviruses (PDVs)（多核酸病毒）：某些寄生蜂卵巢內的一種病毒，當蜂卵注入時用來克服寄主 (host) 的免疫系統。

polyethism（多行為現象）：在一個社會性昆蟲階級 (caste) 內，分工是由個體一生的特化或是由不同年紀執行不同任務的現象，如工蜂成蟲在不同日齡階段會表現不一樣的行為，年輕的工蜂會作為內勤蜂在巢內工作，而較成熟的工蜂會成為外勤蜂外出採集資源。

polyphage (adj. polyphagous)（多食性者）（形容詞：多食的）：取食許多種食物者，例如許多科的植物，特別是用在植食性者 (phytophage) 上。

polypod（多足的）：胸部有具關節的足，而腹部具有原足的幼蟲類型，例如樹蜂和葉蜂。

polyxene (adj. polyxenous)（多主寄生）（形容詞：多寄主的）：寄生在許多寄主的寄生生物或擬寄生生物。

postmentum（下唇基節）：下唇 (labium) 靠近身體的部分。

predation（捕食、掠食）：捕捉獵物而食之。

predator（捕食者）：在其一生中取食其他物種，進食其身體組織後消化成自身可用的營養和能量者。

prementum（下唇前基節）：下唇 (labium) 的游離末端，其上常具有下唇鬚 (labial palps)、中舌 (glossae) 及側舌 (paraglossae)。

prepupa（前蛹）：幼蟲與蛹之間的狀態。

prescutum（前楯片）：翅背板 (alinotum，中胸或前胸背板) 三個骨片之中，位於最前方者，在楯片 (scutum) 之前。

press（花粉壓）：蜜蜂跗節基端的突起，可將花粉填壓進花粉籃 (corbicula)。

presternum（前腹片）：主腹片 (eusternum) 上的一塊小骨片 (sclerite)，位於基腹片 (basisternum) 前方。

pretarsus（複數：pretarsi）(post-tarsus)（前跗節、端跗節）：昆蟲足的最末端節。

prey（獵物）：捕食者 (predator) 的食物。

proboscis（口吻）：伸長的口器的通稱。

procuticle（原表皮）：表皮 (cuticle) 較厚的一層，由外側的外表皮 (exocuticle) 及內側的內表皮 (endocuticle) 組成，位於較薄的上表皮 (epicuticle) 下方。

proleg（原足、腹足）：幼蟲 (larva) 的不分節足。

pronotum（前胸背板、前背板）：前胸 (prothorax) 的上（背）骨板。

propodeum（前伸腹節）：膜翅目細腰亞目的第一腹節，如果與胸部癒合則稱為中軀 (mesosoma)。

propolis（蜂膠）：蜜蜂或無螫蜂從某些植物的分泌物中收集的黏性物質。

proprioceptors（本體感受器）：對自己身體器官的位置做出反應的感覺器官。

prothoracic gland（前胸腺）：分泌蛻皮激素 (ecdysteroids) 的胸或頭腺。

prothorax（前胸）：胸部的第一節。

protocerebrum（前大腦）：昆蟲腦 (brain) 的前部，第一體節的神經節 (ganglion)，包括眼部及協調中樞。

protonymph（第一若蟎）：蟎蟲發育的第一階段，介於幼蟎和成蟲之間。

proventriculus（前胃）：前腸的磨碎構造。

pseudocopulation（偽交配、擬交配）：昆蟲企圖與花交配的現象，某些植物的花朵會模仿雌性昆蟲或釋放出某些化學物質，吸引雄性昆蟲與之「交配」，達到傳粉的目的。

pterostigma（翅痣）：翅近前緣處的一枚有色素的小斑。

pupa（複數：pupae）（蛹）：完全變態的昆蟲從幼蟲變化到成蟲的一種過渡形態。

pupation（動詞：putae）（化蛹）：由幼蟲變成蛹的過程。

pygidial plate（臀板）：雌花蜂第六腹節背側的構造。

pylorus（幽門）：一個連接中腸、

後腸和馬氏管的部位。

pyrethrin（除蟲菊精）：存在除蟲菊 (*Tanacetum cinerariifolium*) 的植株內，可用於一種殺蟲劑的化學物質。

Q

quasisocial（準社會性）：同一世代的個體合作並共享一巢，但沒有分工的社會行為。

queen（后）：在真社會 (eusocial) 或半社會 (semisocial) 昆蟲的生殖階級雌蟲，在蜜蜂常被稱為蜂王，在某些膜翅目真社會性昆蟲中被稱為雌蜂 (gyne)。

queen bank（蜂王庫）：大量蜂王分別單獨存放在王籠內，置於一個蜂巢中等待裝運。

queen cage（王籠）：上面有小孔或縫隙用來囚禁蜂王、限制蜂王活動空間的容器，可以用來寄送蜂王，或者將蜂王誘入其他無王群中。

queen candy（煉糖）：純糖或滅菌後的蜂蜜混合物，通常置於王籠內的開口處，誘入新蜂王時，待煉糖被蜜蜂取食完畢後，蜂王即可從王籠內爬出。

queen cells（王台）：供蜂王發育的圓柱形結構，基部較大而末端較窄。

queen excluder（隔王板）：有許多孔隙的隔板，孔隙尺寸僅供工蜂通過但蜂王與雄蜂無法通過。

queenless（無王的、失王的）：沒有蜂王的蜂群。

queen rearing frame（王台框）：培育蜂王及生產蜂王乳所需的矩形框架，框中有 2~4 個木條可用來固定王台。

queenright（有王的）：有正常產卵蜂王的蜂群。

queen substance（蜂王質）：從大顎腺分泌的複雜化合物，許多行為都是由這些費洛蒙控制的，例如抑制成年工蜂卵巢發育、維持蜂群正常運作、穩定蜂勢等功能。

quiescence（靜止）：對不良環境做出發育中止或變緩慢的直接反應，一旦環境變好則發育立即恢復。

R

race（品種）：由人類選育出具有某種或某些特殊且穩定的相同性狀的種 (species) 下類群單位。

radial extractor（放射型搖蜜機、風車式搖蜜機）：搖蜜機的一種，巢脾在搖蜜機中，脾面坐落中軸筆直的平面上，巢框的底條朝向筆直於中軸，呈風車葉片狀擺放，巢脾無需換面即可同時分離巢脾兩面的蜂蜜。

radius（徑脈）：翅膀的其中一條縱脈，位於前緣脈 (costa) 後方。

rake (pollen rake)（花粉耙）：蜜蜂後足脛節 (tibia) 末端內側的一排齒狀構造。

rank（位階）：分類層次上的階級，例如目、科、屬、種。

rastellum（花粉耙）：請參照 rake。

rectum (adj. rectal)（直腸）（形容詞：直腸的）：後腸的後部。

regurgitation（反芻）：蜜胃裡的蜂蜜或花蜜從口中流出。

requeen（換王）：更換蜂王，用另一隻新蜂王取代原來的蜂王。

residual toxicity（殘餘毒性）：化學農藥剩餘的毒性。

resistance（抗性）：對嚴酷溫度、殺蟲劑、昆蟲攻擊的忍耐能力。

ripen（熟成）：將花蜜轉化為蜂蜜的過程，當蜂蜜的含水量降低以後蜜蜂再用蠟將巢口封住。

ripened honey（熟成蜜）：當進蜜量大的時候，蜜蜂會濃縮巢房內的蜂蜜，當水分降低到一定程度後蜜蜂用蜂蠟封蓋的蜂蜜。

robber bees（盜取蜜的蜂）：從蜂箱、設備或蜂巢中取走蜜的蜂。另外也指一種產於美洲的無螫蜂 *Lestrimelitta limao*。

robbing（盜蜂）：一個蜂群的蜜蜂飛到另一個蜂群內盜取蜂蜜，或者搶奪暴露在外的巢脾上的蜂蜜。當盜蜂嚴重發生時，蜜蜂會變得較具攻擊性，造成蜂群死傷，並且會迅速傳播疾病。

rolling bees（蜜蜂滾動）：當從蜂箱中提取緊密併攏巢片時，蜜蜂之間會磨擦滾動，如果蜂王正好在巢脾上可能會受傷，嚴重甚至死亡。

royal jelly（蜂王乳、蜂王漿）：工蜂分泌的一種高蛋白物質，用於餵食蜂王幼蟲。

S

sacbrood disease（囊雛病、囊狀幼蟲病）：由病毒引起的蜜蜂幼蟲病。

salivary gland（唾腺、唾液腺）：產生唾液的腺體。

scape（柄節）：觸角 (antenna) 的第一節。

sclerite（骨片）：體壁上被膜或縫線所圍繞的骨板。

scopa（花粉梳）：請參照 pollen comb。

scutellum（小楯片）：生翅胸背板（中胸或後胸背板）三枚骨片中的後者，位於楯片後面。

scutum（楯片）：生翅胸背板（中胸或後胸背板）三枚骨片中的中間，位於小楯片的前面。

sector（分脈）：主要的翅脈支及其所有的分支。

seminal vesicle（貯精囊）：雄性精子貯存器官。

semisocial（半社會性）：同一世代的個體合作且共用一巢，有生殖分工的社會行為。

semivoltine（半化性）：生活史超過一年。

sensory neurone（感覺神經元）：接收並傳遞環境刺激的神經細胞。

serosa（漿膜）：覆蓋胚胎的膜。

seta（複數：setae）（刺毛、剛毛）：昆蟲體壁形成的單細胞毛狀突起，也稱毛 (hair) 或大毛 (macrotrichium)。

slum-gum（蠟渣）：蜂蠟過濾後的殘留物。

smoker（燻煙器）：製造煙的設備，可以擾亂蜜蜂的費洛蒙、驅離蜜蜂，降低蜂螫的機率。

sociality（社會性）：有組織的社會群體。

solitary（獨居性）：非群體性的，通常單獨或成對出現，無複雜社會性行為。

species (adj. specific)（種）（形容詞：種的）：可在群內進行交配並產生有生殖能力的子代，個體間的外觀及行為相似。

spermatheca（貯精囊、受精囊）：雌蟲（蜂王）交配後收納保存精子的構造。

sphecophily（胡蜂媒）：植物由胡蜂傳粉。

spine（刺）：體壁向外突出形成的刺狀物，在蜜蜂的中足有一根用來撬動花粉或蜂膠的刺。

spiracle（氣孔、氣門）：氣管系統（tracheal system）的外部開口，空氣進入氣管的孔。

spring dwindle（春減）：指蜂群數量減少，這可能發生在某幾年的冬季結束時。

spur（距）：具有關節的刺 (spine)。

sternite（腹片、小腹片）：腹板 (sternum) 的小分塊。

sternum（複數：sterna，形容詞：sternal）（腹板）（形容詞：腹片的）：體節的腹面。

stickies（剛採完蜜的空巢脾）：蜜脾採收後表面仍附著一些蜂蜜而有些許黏稠。

sting (stinger)（螫針）：有螫蜂類腹部末端的針狀構造，是一種用於防禦的銳利的器官，蜂類的螫針由產卵管特化而來，蜜蜂的螫針具有細小的倒刺，螫入目標後螫針會自蜜蜂身上脫離並留在目標身上，該蜜蜂會在螫入後的數分鐘內死亡。

subgenual organ（膝下器）：位於脛節 (tibia) 基部，用來偵測地面震動的弦音感覺器。

suboesophageal ganglion（食道下神經節、食道下神經球）：位於食道的腹面，大顎、小顎及下唇節的癒合神經節 (ganglia)。

subsocial（亞社會性）：成蟲具有一段時間的護幼行為的社會系統。

sucrose（蔗糖）：存在於花蜜中的一種糖類。

super（繼箱）：蜂箱的上層箱子，通常供蜜蜂儲存蜂蜜。

supering（加繼箱）：將另一個繼箱添加到蜂箱上的過程。

superparasitism（超寄生）：寄主多次受到單一寄生蜂（擬寄生生物）的攻擊，超過能完成發育的數量。

superposition eyes（重疊眼）：小眼沒有被色素細胞隔離，對於光線的敏感度較強，能夠更有效地利用光線，常見於夜行性昆蟲。

supraoesophageal ganglion（食道上神經節、食道上神經球）：請參照 brain。

supersedure（交替）：在沒有分封的情況下，年輕的蜂王取代年老蜂王的過程。

supersedure queen cell（交替王台）：蜂王交替時所出現的王台。

swarm（分封）：蜂群中的蜂王與一部分工蜂離巢到其他地方建立新族群。

symbiont（共生者、共棲者）：與其他生物共生（共棲）的生物。

symbiosis（共生、共棲）：兩種不同生物之間長期緊密的交互作用。

synchronous muscle（同步肌）：肌纖維收縮頻率與神經脈衝頻率一致的肌肉。

systematic insecticide（系統性殺蟲劑）：被吸收進動物或植物體內而殺死取食寄主的殺蟲劑。

T

tagma（複數：tagmata）（體區）：由一群體節構成的身體主要單元，也就是昆蟲的頭、胸、腹三個部分。

tangential extractor（切線型搖蜜機）：搖蜜機的一種，放置巢脾的框架（脾籃）與搖蜜機的半徑呈直角。搖蜜時巢脾一面的蜂蜜分離後，巢脾需要換面才能分離另一面的蜂蜜。

tarsomere（跗小節）：跗節 (tarsus) 的分節。

tarsus（複數：tarsi）（跗節）：昆蟲足的一個部分，由 1~5 節跗小節 (tarsomere) 組成。

tergite（背片、小背片）：背板的小分塊。

tergum（複數：terga，形容詞：tergal）（背板）（形容詞：背板的）：體節的背面。

testis（精巢、睪丸）：雄性生殖器官的一部分。

thelytoky (thelytokous parthenogenesis)（產雌孤雌生殖）：產下均為雌性子代的孤雌生殖形式。

thorax（胸）：昆蟲三個主要體區之一，位於頭與腹之間，由前胸、中胸和後胸組成。

tibia（脛節）：昆蟲的第四足節，位於腿節之後。

tongue（舌）：參照 glossa。

trachea（複數：tracheae）（氣管）：昆蟲氣體交換系統的管狀單元，空氣在其中流動。

tracheal system（氣管系統）：昆蟲氣體交換的系統，由氣管 (tracheae)、微氣管 (tracheoles) 和氣孔 (spiracles) 組成。

tracheole（微氣管）：昆蟲氣體交換系統中細微的小管。

tritocerebrum（第三腦）：成對的昆蟲腦 (brain) 後葉，是第 3 節的神經節 (ganglia)，主要功能為掌握由身體來的訊號。

trochanter（轉節）：昆蟲的第二足節，位於基節之後。

trochantin（基轉片）：位於基節 (coxa) 前方的小骨片。

trophallaxis（交哺）：社會性與亞社會性昆蟲各階級間經由口器與口器，或口器與肛門進行食物或液體交換的行為，物質交換可以是單向的也可以是相互的。

trophocyte（滋養細胞）：脂肪體中的主要代謝與儲存細胞。

two-queen hive（雙王群）：一個蜂巢中有兩個彼此分開的產卵蜂王，所有的工蜂可以自由移動、互通。

tympanal organ（鼓膜器官）：任何對振動敏感的器官，由一個鼓膜、一個空室及一個連接鼓膜的弦音感覺器組成。

U

unfertilized egg（未受精卵）：未與精子結合所產下的卵。

uniting（併群）：請參照 combine beehives。

univoltine（一化性）：一年有一個世代。

unripe（生蜂蜜）：蜜蜂未完全加工且未加封蓋的蜂蜜。

urea（尿素）：昆蟲以尿素的形式來排放含氮廢物。

V

valve（瓣片）：泛指任何單向的活瓣或蓋子。

venom glands（毒腺）：生產蜂毒的腺體，位於工蜂腹部末端，可產生蜂毒的活性成分。

ventilated lid（通風蓋）：有通風孔洞的蜂箱蓋，通風孔用紗網或具相同功能的材質製成，以防止蜜蜂通過。

ventral（腹部的、腹側的）：朝向或在下面。

ventral diaphragm（腹膈膜）：在體腔中位於神經索上方的水平膜，將圍神經竇 (perineural sinus) 與圍臟竇 (perivisceral sinus) 分隔開來。

ventral nerve cord（腹神經索）：腹神經節鏈，位於蜜蜂腹側。

ventriculus（胃）：腸道主要的消化器官。

vernacular name（俗名）：指非拉丁學名的名稱，在該語言中被廣泛使用，同一個物種在世界各地因為語言及認知的差異會有不同的名稱。

vertex（頭頂）：頭的頂部，位於前額 (frons) 後方。

virgin queen（處女王）：羽化後未交尾的蜂王。

voltinism（化性）：每年的世代數。

W

wax glands（蠟腺）：位於工蜂第 4 至 7 腹節腹板，由巢房形成的巢脾就是由這個腺體產生。

wax mirrors（蠟鏡）：蜜蜂第 4

至 7 腹節腹面的重疊板片，用來導引分泌的蠟片。

wax moth（小蠟蛾）：一種會侵擾蜂群的鱗翅目蛾類，學名為 *Achroia grisella* 。

wire embedder（埋線器）：將巢框上的鐵絲與巢礎嵌合時所需要的工具，將鐵絲穿於巢框中，再用埋線器將鐵絲嵌埋入巢礎中。

worker bee (workers)（工蜂）：無法產下授精卵的雌蜂。

worker cell（工蜂房）：一種六角形的巢房形式，用於工蜂幼蟲發育及儲存蜂蜜和花粉。

參考文獻 | References

山根正氣、王效岳。1996。認識台灣的昆蟲 16。淑馨出版社。
王清玲、邱一中。2007。作物蟲害之非農藥防治技術。行政院農業委員會農業試驗所出版。
中國養蜂學會、中國農業科學院蜜蜂研究所、黑龍江省牡丹江農業科學研究所。1993。中國蜜粉源植物及其利用。農業出版社。
中華昆蟲。1994。昆蟲綱科以上學名中名對照表。中華昆蟲特刊第九號。39 頁。
石達愷。1991。臺灣社會性昆蟲。國立自然科學博物館。
古進欽、李潛龍、林秋玫。2022。油羅野蜂狂：獨居蜂的秘密生活。書林出版有限公司。
田謹萱、宋一鑫。2021。外來入侵的小蜜蜂簡介及威脅。苗栗區農業訊 95:20-22。
安奎，1989。巢礎的製造選擇與保存（上），蠶蜂業推廣簡訊 12 期。
安奎。2015。與虎頭蜂共舞。獨立作家。
安奎。2017。四十五年前臺灣的養蜂事業，2017 蜜蜂與蜂產品研討會。
安奎。2019。1983 年臺博館的蜜蜂與蜂產品特展。臺灣博物第 141 期。74-79 頁。
安奎。2021。與蜜蜂共舞。獨立作家。
安奎。2024。虎頭蜂可怕嗎？── 登山健行者的救命祕笈。獨立作家。
安奎、何鎧光。1981。蜜蜂微粒子病之研究 I. 蜜蜂微粒子病在台灣之季節性消長。中華昆蟲 1：113。
安奎、何鎧光、陳裕文。2004。養蜂學。國立編譯館。
安奎、陳裕文、何鎧光。2002。虎頭蜂的危害及防除策略。台灣昆蟲特刊，蜜蜂生物學研討會專刊：125-136 頁。
朱耀沂。2005。台灣昆蟲學史話 (1684-1945)。玉山社。614 頁。
江敬晧。2013。德霖校園之胡蜂調查和風險評估。德霖學報，26:161-171。
杜武俊。2017。蜂毒抗菌胜肽對多重抗藥性菌株之抑菌作用與應用潛能。2017 蜜蜂與蜂產品研討會專刊。
李青珍。2011。精選熊蜂在設施栽培番茄與草莓之授粉潛力評估。國立臺灣大學昆蟲學研究所碩士論文。
李娸玉。2012。平腹小蜂 (*Anastatus japonicus*) 之生物學特性研究。國立屏東科技大學植物醫學系所碩士論文。
何鎧光、安奎。1980。蜜蜂主要病蟲害彙報 -I，蜜蜂蟹蟎。台大植病學刊 7: 1-14。
何鎧光。1999。蜜蜂病蟲害防治。苗栗區農業專訊第 6 期，26-29。
何鎧光。2002。蜜蜂研究三十年。台灣昆蟲特刊，蜜蜂生物學研討會專刊：1-6 頁。
宋一鑫、江敬晧、何鎧光、山根爽一。2006。台灣的蜂業發展歷史之再考與研究發展。台灣昆蟲特刊第 8 期，129-147。
宋一鑫。2007。台灣產數種蘆蜂之鑑定。自然保育季刊 59: 48-53。
宋一鑫。2008。台灣產花蜂類群多樣性與調查現況。2008 台灣物種多樣性 - I. 研究現況。
宋一鑫。2008。花蜂在農業授粉的重要性。農業世界雜誌，303 期，8-13 頁。
宋一鑫。2008。認識台灣的切葉蜂及其生態。自然保育季刊 64: 55-57。
吳怡慧、潘宣任、吳登禎、詹甘伊、盧美君。2019。平腹小蜂應用於荔枝椿象防治之效益及未來願景。2019 有益昆蟲在友善農耕之應用研討會專輯。
吳登禎。2007。經濟重要性之蜜蜂品種。苗栗區農業專訊第 39 期。
林宗岐。2007。世間的精靈 – 昆蟲：社會性昆蟲。科學發展 409 期，40-47 頁。
林孟均、盧美君。2013。愛玉子新品種苗栗 1 號及 2 號。苗栗區農業專訊 63 期。
姜義晏。2004。台灣北部地區黃腰虎頭蜂棲群季節消長與誘引防治應用之研究。國立臺灣大學昆蟲學研究所碩士論文。
柯仲宇、陳裕文、乃育昕、徐培修、蔡文錫、宋一鑫。2017。台灣東方蜂中囊病之流行率調查。2017 蜜蜂與蜂產品研討會論文集。
柯仲宇、張紫婷、徐培修、宋一鑫、蔡文錫、陳裕文、乃育昕。2018。台灣東方蜂囊狀幼蟲病監測調查及研究。2018 蜜蜂與蜂產品研討會論文集 1-13。
唐光佑、陳美惠。2021。社區林業技術手冊：蜜源植物監測方法及選介：尋找甜蜜蜜的來源。農業部林業及自然保育署。
徐堉峰（譯）。2014。昆蟲學概論 (The Insects: An Outline of Entomology 4/e)，合記圖書出版社。(P.

J. Gullan and P. S. Cranston, 2010)
徐培修。2021。蜂花粉採後處理及保存方式。苗栗區農業專訊第 95 期，7-9 頁。
翁國精。2013。特立獨行的東方蜂鷹。科學發展 2013 年 11 月 491 期。
海峽兩岸昆蟲學名詞工作委員會。2002。海峽兩岸昆蟲學名詞。科學出版社。
張世揚。1985。養蜂概論。淑馨出版社。
張世揚。1986。基礎養蜂學。淑馨出版社。
張世揚。1998。蜜蜂與蜂產品。淑馨出版社。
陸聲山。2010。蜂火球－東方蜜蜂的熱致命武器。苗栗區農業專訊。51:21-23。
陸聲山。2015。蜂情萬種──蜂類大不同，原來蜜蜂不是唯一。環境資訊中心。
陸聲山、葉文琪、宋一鑫。2017。都市胡蜂之生態及其監測。林業研究專訊 24 (3)。
陸聲山、葉文琪、宋一鑫。2013。陽明山國家公園胡蜂調查。國家公園學報 23(4): 62-68。
陸聲山、葉文琪、宋一鑫。2021。有毒胡蜂？被忽視的生態系統服務。林業研究專訊 Vol. 28 No. 4。
陸聲山、趙榮台、李玲玲。1992。臺灣北部家馬蜂 *Polistes jadwigae* Dalla Torre（膜翅目：胡蜂科）的聚落週期。中華昆蟲 12(3):171-181。
陳本翰、徐培修。2018。臺灣西方蜜蜂潛伏感染蜜蜂病毒區域性調查分析。苗栗區農業改良場研究彙報，7，57-70。
陳本翰。2019。有機酸防治蜂蟹蟎之應用。苗栗區農業專訊第 87:7-9。
陳宏彰、李玲玲。讓我們來談談宿主專一性。2014。自然保育季刊第 86 期。
陳妤欣、洪乙庭、馬威鈞、吳明城。2021。微生物於昆蟲飼養之研究進展。2021 昆蟲應用於動物飼料產業現況研討會。農業試驗所特刊第 234 號。
陳妤欣、吳明城。2023。蜜蜂腸道菌對蜂群管理之重要性。苗栗區農業專訊 103 期。
陳春廷。2010。草酸糖液防治蜂蟹蟎的效果及其對蜂群的影響。國立東華大學碩士論文。
陳崇羔。1999。蜂產品加工學。福建科學技術出版社，福州，268 頁。
陳裕文。2001。蜂產品的食療價值。國立宜蘭大學。
陳裕文。2004。蜜蜂病敵害的發生與防治。國立宜蘭大學－農業推廣手冊 10。
陳裕文。2008。台灣蜂膠的特殊成分與活性。苗栗區農業專訊 43: 19-23。
陳裕文。2024。蜂產品學。五南圖書出版股份有限公司。
陳裕文、陳保良。2007。台灣重要蜜蜂病蟲害。農委會動植物防疫檢疫局。
陳裕文、陳春廷、陳保良。2008。蜂蟹蟎的生態與防治。台灣養蜂協會。
陳裕文、鄭浩均、黃淳維。2008。台灣地區蜂蜜中美洲幼蟲病原孢子的檢測。台灣昆蟲 28: 133-143。
陳富永、徐玲明、蔣慕琰。2002。小花蔓澤蘭與蔓澤蘭形態區別及 RAPD-PCR 分析。植物保護學會會刊 44:51-60。
陳耀聰。1976。蜜蜂、蜂蜜和養蜂事業。科學月刊第 7 卷第 2 期，第 67 頁。
章加寶、謝豐國。1992。大蠟蛾 (*Galleria mellonella* L.) 之形態及其生活習性觀察。中華昆蟲 12: 121-129。
章加寶、謝豐國、許麗容。1993。小蠟蛾 (*Achroia grisella* (F.)) 之形態及其生活習性初步觀察。中華昆蟲 13: 219-227。
游旨价。2020。通往世界的植物：臺灣高山植物的時空旅史。春山出版社。
楊維晟。2010。野蜂放大鏡。天下文化。
黃文誠、吳本熙。2000。養蜂手冊。中國農業科學院蜜蜂研究所。
黃子豪。2022。蜂王漿在不同儲藏條件下之品質變化。苗栗區農業專訊第 99: 15-17。
黃健覃。2013。蜜蜂白堊病與健康管理。苗栗區農業專訊 63 期。
葉盈君。1990。中國蜂與義大利蜂生物學之比較。國立臺灣大學植物病蟲害研究所碩士論文。
楊平世。2009。台灣生物防治的發展。科學發展 444 期。
劉小如。2009。奇妙的猛禽──東方蜂鷹。科學發展 2009 年 10 月 442 期。
趙家慧。2022。臺灣產木蜂（膜翅目：蜜蜂科：木蜂屬）攜播之長毛跗蟎屬（蟎蜱亞綱：毛趾蟎科）蜂蟎之分類。國立嘉義大學植物醫學系碩士論文。
趙榮台。1992。臺灣虎頭蜂的生態及防治。第五屆病媒防治技術研討會論文集。91-96 頁。
趙榮台、吳玟欣。2012。中部橫貫公路沿線之虎頭蜂分佈現況。國家公園學報第 22 卷第 4 期。
趙榮台、陸聲山、何聖玲、張世揚。2002。虎頭蜂對臺灣養蜂之影響。台灣昆蟲特刊，蜜蜂生物學研討會專刊：115-124 頁。

鄧子衿（譯）。2018。毒特物種：從致命武器到救命解藥，看有毒生物如何成為地球上最出色的生化魔術師 (Venomous: How Earth's Deadliest Creatures Mastered Biochemistry.)，馬可孛羅。(Christie Wilcox, 2017)

蔡明憲、許湘宜、陳愛鷹、劉妙華。2020。像蜜蜂一樣分工合作：松山社大養蜂趣。臺北市松山社區大學。

蔡明憲。2010。澳洲養蜂行。苗栗區農業專訊第 51 期。

蔡明憲。2010。逐花而居—澳洲養蜂 。Garden 91 立冬號。玉溪有容教育基金會。

歐陽紅燕、劉彩珍、劉玉梅。2002。蜜蜂微孢子蟲病研究進展。台灣昆蟲特刊，蜜蜂生物學研討會專刊：235-239 頁。

盧美君。2012。臺灣地區蜜蜂病毒潛伏及防治策略。苗栗區農業專訊，59，2-4。

盧美君、吳輝虎、侯鳳舞。2010。臺灣地區蜜蜂病毒監測。農政與農情，217: 56-58。

賴柏全、林瑞松、倪正柱。2010。愛玉子栽培改善的方法及其授粉小蜂的生態習性，興大園藝，第 35 卷第 1 期。

顏聖紘、廖士睿、韋家軒。2017。探索壽山昆蟲篇。內政部營建署壽山國家自然公園籌備處。

羅美玲、葉文琪。2022。粗切葉蜂築巢紀。自然保育季刊 119: 78-87。

藤原誠太。2010。だれでも飼える 日本ミツバチ：現代式縦型巣箱でらくらく採蜜。農山漁村文化協会。

藤原誠太、佐々木正己、俵博、高安和夫。2014。ミツバチ飼育技術講習会。養蜂振興協議会。

Akre, R.D., A.Greene, J.P.MacDonald, P.J.Landolt, and H.G. Davis. 1981. The yellowjackets of America North of Mexico. U.S. Department of Agriculture, Agriculture Handbook 552, 102 pp.

Alford, D. V. 1975. Bumblebees. Davis-Poynter Press, London, 352 pp.

Anderson, D. L., 1995. Viruses of *Apis cerana* and *Apis mellifera* Enviroquest, Cambridge, Ontario, Canada.

Anderson, D.L. and J.W.H. Trueman. 2000. *Varroa jacobsoni* (Acari:Varroidae) is more than one species. Exp. Appl. Acarol. 24(3): 165-189.

An, J. K. 1990. Development of the beekeeping industry in Taiwan in early twenty century. Chung-Hsing Univ. Entomol. Soc. 23: 63-70. (in Chinese)

An, J. K. 1990. Races of honey bees. Annu. Taiwan Mus. 33: 55-76. (in Chinese)

An, J. K., K. K. Ho, and Y. W. Chen. 2004. Apiology. Huasianyuan Publ., Taipei, Taiwan. 524 pp. (in Chinese)

An, J. K., S. T. Lu, K. K. Ho, and Y. W. Chen. 2000. Dormant population on predominant species on Vespids in Taipei. The Symposium on Bee Biology, pp.45-60. (in Chinese)

Anklam, E. 1998. A review of the analytical methods to determine the geographical and botanical origin of honey. Food Chem. 63: 549-562.

Anna H. Koetz. 2013. Ecology, Behaviour and Control of *Apis cerana* with a Focus on Relevance to the Australian Incursion. Insects 2013, 4, 558-592.

Antunez, K., et al., 2006. Honeybee viruses in Uruguay. J Invertebr Pathol. 93, 67-70.

Arce, A., et al., 2022. Signatures of increasing environmental stress in bumblebee wings over the past century: Insights from museum specimens. Journal of Animal Ecology 00: 1-13.

Archer M. E. 1991. The number of species that can be recognized within the genus *Vespa* (Hym, Vespinae). Entomologist's Monthly Magazine 127: 161-164.

Archer M. E. 2012. Vespine wasps of the world: behavior, ecology and taxonomy of the Vespinae. Siri Scientific Press. Manchester, UK. pp 352.

Argo, V.N. 1926. *Braula coeca* in Maryland. Journal of Economic Entomology, 19, 170-174.

Aronstein K.A., Murray K.D. 2010. Chalkbrood disease in honey bees. Journal of Invertebrate Pathology 103 Suppl 1: S20-S29.

Ashmead W. H. 1902. Classification of the fossorial predaceous and parasitic wasps, or the superfamily Vespoidea. The Canadian Entomologist, 34: 203-210.

Autrum, H. and Vera von Zwehl. 1964. Die spektrale Empfindlichkeit einzelner Sehzellen des Bienenauges. Zeitschrift für Vergleichende Physiologie, 48(4): 357-384.

Bailey, L., et al., 1964. Sacbrood Virus of the Larval Honey Bee (*Apis mellifera* Linnaeus). Virology. 23, 425-9.

Bailey, L., 1969. The multiplication and spread of sacbrood virus of bees. Ann Appl Biol. 63, 483-91.

Bailey, L., and R. D. Woods. 1974. Three previously undescribed viruses from the honey bee. J. Gen. Virol. 25: 175-18.

Bailey, L., and R. D. Woods. 1977. Two more small RNA viruses from honey bees and further observations on sacbrood and acute bee-paralysis viruses. J. Gen. Virol. 37: 175-182.

Bailey, L. 1981. Honey bee pathology Academic Press, New York. 124 pp.

Bailey, L., and B. V. Ball. 1991. Honey Bee Pathology. 2nd ed. Academic Press, London.

Baker, A. C., Schroeder, D. C., 2008. The use of RNA-dependent RNA polymerase for the taxonomic assignment of Picorna-like viruses (order Picornavirales) infecting *Apis mellifera* L. populations. Virol J. 5, 10.

Banks, B. E. C., Shipolini, R. A. 1986. Chemistry and pharmacology of honey-bee venom. In Piek, T (ed.) Venoms of the Hymenoptera, Academic Press, London.

Barthélémy C. 2010. Preliminary description of the predatory and nesting behavior of *Tachypompilus analis* (Pompilidae: Pompilinae) in Hong Kong, China. Hong Kong Entomological Bulletin 4: 3-9.

Beaurepaire, A., Piot, N., Doublet, V., Antunez, K., Campbell, E., Chantawannakul, P., Chejanovsky, N., Gajda, A., Heerman, M., Panziera, D., Smagghe, G., Yañez, O., de Miranda, J. R., & Dalmon, A. 2020. Diversity and global distribution of viruses of the Western honey bee, *Apis mellifera*. Insects, 11, 239.

Bequaert J. 1918. A revision of the Vespidae of the Belgian Congo based on the collection of the American Museum Congo Expedition, with a list of Ethiopian diplopterous wasps. Bulletin of the American Museum of Natural History, 39: 1-384.

Batra, Suzanne W. T. 1968. Behavior of some social and solitary halictine bees within their nests: A comparative study (Hymenoptera: Halictidae). Journal of the Kansas Entomological Society, 41(1): 120-133.

Bert Hölldobler and Wilson, E. O. 1994. Journey to the Ants: A Story of Scientific Exploration. The Belknap Press of Harvard University Press.

Beye M, Hasselmann M, Fondrk MK, Page RE, Omholt SW. 2003. The gene csd is the primary signal for sexual development in the honeybee and encodes an SR-type protein. Cell. 114(4): 419-29.

Bipin Aryal. 2019. Migratory Behavior of *Apis cerana*. Journal of Crop Science and Technology 8:3.

Bispo S.A.dos Santos, A.C. Roselino, M. Hrncir and L.R. Bego. 2009. Pollination of tomatoes by the stingless bee *Melipona quadrifasciata* and the honey bee *Apis mellifera* (Hymenoptera, Apidae). Genet Mol Res;8(2): 751-7.

Blaimer BB, Santos BF, Cruaud A, Gates MW, Kula RR, Mikó I, Rasplus J-V, Smith DR, Talamas EJ, Brady SG, Buffington ML. 2023. Key innovations and the diversification of Hymenoptera. Nature Communications 14:1212.

Blanchard, P., et al., 2014. Development and validation of a real-time two-step RT-qPCR TaqMan((R)) assay for quantitation of Sacbrood virus (SBV) and its application to a field survey of symptomatic honey bee colonies. J Virol Methods. 197, 7-13.

Blum, M. S. 1992. Honey bee pheromones. p.377. In "The Hive and the Honey Bee." 1324 pp. Dadant and Son. Inc., Hamilton, Illinois.

Brewer M. J, Struttmann J. M. 1995. Parasitic Wasps. University of Wyoming, Cooperative Extension Service, Department of Plant, Soil, and Insect Sciences. 1013: 4 pp.

Buffington ML, Forshage M, Liljeblad J, Tang CT, van Noort, S. 2020. World Cynipoidea (Hymenoptera): a key to higher-level groups. Insect Systematics and Diversity 4(4): 1-69.

Burks R, Mitroiu M-D, Fusu L, Heraty JM, Janšta P, Heydon S, Papilloud ND-S, Peters RS, Tselikh EV, Woolley JB, van Noort S, Baur H, Cruaud A, Darling C, Haas M, Hanson P, Krogmann L, Rasplus J-Y. 2022. From hell's heart I stab at thee! A determined approach towards a monophyletic Pteromalidae and reclassification of Chalcidoidea (Hymenoptera). Journal of Hymenoptera Research 94: 13-88.

Burnham L. 1978. Survey of social insects in the fossil record. Psyche, 85: 85-133.
Burnside, C. E. 1936. Diagnosing bee diseases in the apiary. U. S. Dept. of Agriculture. Washington, D. C.
Burnside, C. E. 1940. The thermal resistance of *Bacillus larvae*. J Econ. Entomol. 33: 300-405.
Büscher, T.H., Petersen, D.S., Bijma, N.N., Bäumler, F., Pirk, C.W., Büsse, S., Heepe, L. and Gorb, S.N., 2022. The exceptional attachment ability of the ectoparasitic bee louse *Braula coeca* (Diptera, Braulidae) on the honeybee. Physiological Entomology, 47(2), pp.83-95.
Butler, C. G. 1954. The world of the honey bee. Collins, London.
Calderone, N. W., W. T. Wilson, and M. Spivak. 1997. Plant extracts used for control of the parasitic mites *Varroa jacobsoni* (Acari: Varroidae) and Acarapis woodi (Acari: Tarsonemidae) in colonies of *Apis mellifera* (Hymenoptera: Apidae). J. Econ. Entomol. 90: 1080-1086.
Cameron, S., and P. Mardulyn. 2001. Multiple molecular data sets suggest independent origins of highly eusocial behavior in bees (Hymenoptera: Apinae). Syst. Biol. 50: 194-214.
Carpenter J. M., Rasnitsyn A. P. 1990. Mesozoic Vespidae. Psyche, 97(1-2): 1-20.
Carpenter J. M., Kojima J. 1997. Checklist of the species in the subfamily Vespinae (Insecta: Hymenoptera: Vespidae). Natural History Bulletin of Ibaraki University, 1: 51-92.
Carreck, N. L., Andree, M., Brent, C. S., Cox-Foster, D., Dade, H. A., Ellis, J. D., Hatjina, F., & Van Englesdorp, D. 2013. Standard methods for *Apis mellifera* anatomy and dissection. Journal of Apicultural Research, 52(4): 1-40.
Cecilia Smith-Ramírez, et al. 2023. Non-compliance with the World Trade Organization agreements by exporters of the European bumblebee, *Bombus terrestris*. Sustainability: Science, Practice and Policy 19 (1).
Chao J. T., Lu S. S., Ho S. L., Chang S. Y. 2002. Impact of hornets to beekeeping in Taiwan , pp. 115-124 . Proceedings of the Symposium on the Biology of Honey Bees ,vol. 4 . Formosan Entomologist, Special Publication. (in Chinese)
Cheng, C. H., K. K. Ho, and S. J. Hsu. 1975. The preliminary studies of an introduced stingless bee, *Melipona beecheii*. Bull. National Taiwan Univ. Plant Patho. Entomol. 4: 196-207. (in Chinese)
Chen Chun-Ting, Bor-Yann Chen, Yu-Shin Nai, Yuan-Mou Chang, Kuan-Hua Chen, Yue-Wen Chen. 2019. Novel inspection of sugar residue and origin in honey based on the $^{13}C/^{12}C$ isotopic ratio and protein content. Journal of food and drug analysis 27 (1), 175-183.
Chen, C., T., and F. K. Hsien. 1996. Evaluation of pollination efficiency of bumblebee (*Bombus terrestris* L.) on greenhouse tomatoes. Chinese J. Entomol. 16: 167-175 (in Chinese).
Chen C. T., P. S. Wu, Y. W. Chen, and C. C. Chen. 2009. The Control of *Varroa destructor* Using Thymol in Honeybee Colonies. Formosan Entomol. 29: 153-164. (in Chinese).
Chen H-Y, Lahey Z, Talamas EJ, Valerio AA, Popovici OA, Musetti L, Klompen H, Polaszek A, Masner L, Austin AD, Johnson NF. 2021. An integrated phylogenetic reassessment of the parasitoid superfamily Platygastroidea (Hymenoptera: Proctotrupomorpha) results in a revised familial classification. Systematic Entomology 46(4): 1088-1113.
Chen, Y. P., et al., 2006. Prevalence and transmission of honeybee viruses. Appl Environ Microbiol. 72, 606-11.
Chen, Y. P., Siede, R., 2007. Honey bee viruses. Adv Virus Res. 70, 33-80.
Chen, Y., S. G. Compton, M. Liu, and X. Y. Chen. 2012. Fig trees at the northern limit of their range: the distributions of cryptic pollinators indicate multiple glacial refugia. Molecular Ecology, 21(7): 1687-1701.
Chen, Y. W., C. H. Wang and K. K. Ho. 1997. Pathogenicity of *Bacillus larvae* to Larvae of the Honeybee (*Apis mellifera*). Chinese J. Entomol. 17(1)23-32. (in Chinese)
Chen, Y. W., C. H. Wang, and K. K. Ho. 2000. Susceptibility of the Asian honeybee, *Apis cerana*, to American foulbrood *Paenibacillus larvae larvae*. J. of Apicultural Research. 39 (3-4): 169-175.
Chen, Y. W., I. J. Horng, and K. K. Ho. 1995. The effect of formic acid on *Varroa jacobsoni* and the honeybee colony. Chinese J. Entomol. 15: 287-294. (in Chinese)
Chen, Y. W., C. H. Wang, J. K. An, and K. K. Ho. 2000. Susceptibility of the Asian honey bees (*Apis*

cerana) to American foulbrood, *Paenibacillus larvae larvae*. J. of Apicultural Research 39: 169-175.

Chen Y. W., Chen C. N., Lin J. K., Ho K. K. 2006. Research and Development of Taiwanese Propolis. Proceedings of the Symposium on the Honey Bees and Bee Products, IV, Formosan Entomological, Special Publication 8: 51-65. (in Chinese)

Chen, Y. W., Chung, W. P., Wang, C. H, Solter, L. F. and Huang W. F. 2012. *Nosema ceranae* infection intensity highly correlates with temperature. Journal of Invertebrate Pathology, 111: 264-267.

Chen, Y. W., Pei-Shan Wu, En-Cheng Yang, Yu-Shin Nai, Zachary Y. Huang. 2016. The impact of pyriproxyfen on the development of honey bee (*Apis mellifera* L.) colony in field. J. Asia Pac. Entomol. 19: 589-594.

Chen, Y. W. and P. L. Chen. 2008. The Control of *Varroa destructor* Using Oxalic Acid Syrup in Brood-right Honeybee Colonies. Taiwan. Formosan Entomol. 28: 31-41. (in Chinese)

Chen, Y. W., Wu, S. W., Ho, K. K., Lin, S. B., Huang, C. Y. and Chen, C. N. 2008. Characterisation of Taiwanese propolis collected from different locations and seasons. J. Sci. Food Agric., 88, 412-419.

Chen, Y., Zhao, Y., Hammond, J., Hsu, H.T., Evans, J., Feldlaufer, M. 2004. Multiple virus infections in the honey bee and genome divergence of honey bee viruses. J Invertebr Pathol. 87, 84-93.

Chiang C. H., Sung I. H., Ho K. K., Yang P. S. 2009. Colony development of two bumblebees, *Bombus eximius* and *B. sonani*, reared in captivity in a subtropical area of Taiwan (Hymenoptera, Apidae, Bombini). Sociobiology 54: 699-714.

Chiang C. H., Sung I. H., Chen Y. W., Ho K. K., and Yang P. S. 2006. Rearing Taiwanese Native Bumble bees (Hymenoptera: *Bombus* spp.) in Laboratory and It's Application in Greenhouse. Proceedings of the Symposium on the Honey Bees and Bee Products, IV, Formosan Entomological, Special Publication 8: 111-117. (in Chinese)

Choi, Y.S., Lee, M.Y., Hong, I.P., Kim, N.S., Kim, H.K., Lee, K.G., Lee, M.L. 2010. Occurrence of Sacbrood virus in Korean apiaries from *Apis cerana* (Hymenoptera: Apidae). Korean J. Apic. 25, 187-191.

Chu, Y. I. 2005. Insects into Focus: Entomology in Taiwan, 1684-1945. Yushanshe Co., Taipei, Taiwan. 614 pp. (in Chinese)

Chun-Hsien Lin, Ching-Lin Shyu, Zong-Yen Wu, Chao-Min Wang, Shiow-Her Chiou, Jiann-Yeu Chen, Shu-YingTseng, Ting-Er Lin, Yi-Po Yuan, Shu-Peng Ho, Kwong-Chung Tung, Frank Chiahung Mao, Han-Jung Lee, Wu-Chun Tu. 2023. Antimicrobial Peptide Mastoparan-AF Kills Multi-Antibiotic Resistant Escherichia coli O157:H7 via Multiple Membrane Disruption Patterns and Likely by Adopting 3-11 Amphipathic Helices to Favor Membrane Interaction. Membranes. 13, 251.

Chun-Hsien Lin, Mong-Chuan Lee, Jason T. C. Tzen, Hsien-Ming Lee, Sam-Min Chang, Wu-Chun Tu, and Chuen-Fu Lin. 2017. Efficacy of mastoparan-AF alone and in combination with clinically used antibiotics on nosocomial multidrug-resistant Acinetobacter baumannii. Saudi Journal of Biological Sciences. 24(5): 1023-1029.

Chun-Hsien Lin, R. F. Hou, C. L. Shyu, W. Y. Shia; C. F. Lin, and W. C. Tu. 2012. In vitro activity of mastoparan-AF alone and in combination with clinically used antibiotics against antibiotic-resistant Escherichia coli isolates from animals. Peptides 36:114-120.

Chung, Wei-Peng. 2010. Monitoring and Preventing the Bee Nosema Disease in Taiwan. Master thesis, Grad. Inst. Department of Biotechnology and Animal Science. National Ilan University. (in Chinese)

Cockerell, T. D. A. 1911. Descriptions and records of bees. –XXXVI. Ann. Mag. Nat. Hist. 8: 485-493.

Comstock, John Henry and Anna Botsford Comstock. 1930. A Manual for the Study of Insects. The Comstock Publishing Company, Ithaca, New York.

Couto, Andrea V. and Anne L. Averill. 2016. A Review on Bees, Northeast Crops Edition. UMASS AMHERST.

Crane, E. 1990. Bees and beekeeping: science, practice and world resources, Heinemann Newnes, Oxford, UK, 614 pp.

Crane, E. 1999. The World History of Beekeeping and Honey Hunting. Routledge.

Cruaud, A., Rasplus, J.-Y., Zhang, J., Burks, R., Delvare, G., Fusu, L., Gumovsky, A., Huber, J.T., Janšta, P., Mitroiu, M.-D., Noyes, J.S., van Noort, S., Baker, A., Böhmová, J., Baur, H., Blaimer, B.B., Brady,

S.G., Bubeníková, K., Chartois, M., Copeland, R.S., Dale-Skey Papilloud, N., Dal Molin, A., Dominguez, C., Gebiola, M., Guerrieri, E., Kresslein, R.L., Krogmann, L., Lemmon, E., Murray, E.A., Nidelet, S., Nieves-Aldrey, J.L., Perry, R.K., Peters, R.S., Polaszek, A., Sauné, L., Torréns, J., Triapitsyn, S., Tselikh, E.V., Yoder, M., Lemmon, A.R., Woolley, J.B. and Heraty, J.M. 2024. The Chalcidoidea bush of life: evolutionary history of a massive radiation of minute wasps. Cladistics, 40: 34-63.

CSIRO. 1970. The Insects of Australia, 1st edn. Melbourne University Press, Carlton.

Dade, H. A. 2009. Anatomy and dissection of the honeybee. London, International Bee Research Association, London, UK.

Dafni A, Kevan P, Gross CL, Goka K. 2010. *Bombus terrestris*, pollinator, invasive and pest: An assessment of problems associated with its widespread introductions for commercial purposes. Applied Entomology and Zoology, 45, 101-113.

Dall, D. J., 1985. Inapparent infection of honey bee pupae by Kashmir and sacbrood bee viruses in Australia. Ann Appl. Biol. 106, 461-468.

Das, R., Yadav, R. N., Sihota, P., Uniyal, P., Kumar, N., and Bhushan, B. 2018. Biomechanical evaluation of wasp and honeybee stingers. Sci. Rep. 8, 1-13.

Daugherty THF, Toth AL, Robinson GE. 2011. Nutrition and division of labor: Effects on foraging and brain gene expression in the paper wasp Polistes metricus. Molecular Ecology, 20,5337-5347.

Debevec, A.H., Cardinal, S., Danforth, B.N. 2012. Identifying the sister group to the bees: A molecular phylogeny of Aculeata with an emphasis on the superfamily Apoidea. Zoologica Scripta, 41(5), 527-535.

De Jong, D., De Jong, P. H., and Goncalves, L. S. 1982. Weight loss and other damage to developing worker honeybees from infestation with *Varroa jacobsoni*, *Apis mellifera*. Journal of Apicultural Research, 21(3): 165-167.

de Miranda J. R., L. Bailey, B. V. Ball, P. Blanchard, G. E. Budge, N. Chejanovsky, Y. P. Chen, L. Gauthier, E. Genersch, D. C. de Graaf, M. Ribière, E. Ryabov, L. De Smet, and J. J. M. van der Steen. 2013. Standard methods for virus research in *Apis mellifera*. J. Apicult. Res. 52: 1-56.

Dietz, A. 1992. Ch2. Honey bees of the world. p23-71. In "The Hive and the Honey Bee" Dadant Publication.

Donzé G., Guerin P.M. 1997. Time-activity budgets and space structuring by the different life stages of *Varroa jacobsoni* in capped brood of the honey bee *Apis mellifera*, J. Insect Behav. 10, 371-393.

Donzé G., Schnyder-Candrian S., Bogdanov S., Diehl P.A., Guerin P.M., Kilchenman V., Monachon F. 1998. Aliphatic alcohols and aldehydes of the honey bee cocoon induce arrestment behavior in *Varroa jacobsoni* (Acari: Mesostigmata), an ectoparasite of *Apis mellifera*, Arch. Insect Biochem. 37, 129-145.

Dong, C., et al., 1984. Experiments of serum and cross infection between *Apis cerana* sacbrood virus and *Apis mellifera* sacbrood virus. Apicult China. 3, 8-9.

Dostal, Brigitte. 1958. Riechfähigkeit und Zahl der Riechsinneselemente bei der Honigbiene. Zeitschrift für Vergleichende Physiologie, 41(2): 179-203.

Duchateau, M. J. 1991. Regulation of colony development in bumblebees. Acta Horticulturae 288: 139-143.

Duchateau, M. J. and H. H. W. Velthuis. 1988. Development and reproductive strategies in *Bombus terrestris* colonies. Behavior 107 (3): 186-207.

Dung, N. V., N. Q. Tan, L. V. Huan, and W.J. Boot. 1997. Control of honey bee mites in Vietnam without the use of chemicals. Bee World 78: 78-83.

Dutton, R. W. & J. Simpson. 1977. Producing honey with *Apis florea* in Oman. Bee World 58(2): 71-76.

Dutton, R. W. & J. B. Free. 1979. The present status of beekeeping in Oman. Bee World 60(4): 176-185.

Edwards R. 1980. Social Wasps, their biology and control. Rentokill Limited, East Grinstead: 398.

Eischen, F. A. 1999. Beetle watching. Am. Bee J. 139: 452-453.

Ellis J.D., Graham J.R., Mortensen A. 2013. Standard methods for Wax moth research. J. Apic. Res. 52: 1-17.

Elzen, P. J., J. R. Baxter, P. Neumann, A. J. Solbrig, C. W. W. Pirk, W. Hoffman, and H. R. Hepburn. 2000.

Observations on the small hive beetle in South Africa. Am. Bee J. 140:304.
Engel, Michael S, Claus Rasmussen, Ricardo Ayala, Favízia F. de Oliveira. 2023. Stingless bee classification and biology (Hymenoptera, Apidae): a review, with an updated key to genera and subgenera. ZooKeys 1172: 239-312.
Engel MS, Rasmussen C, Gonzalez VH. 2021. Bees: Phylogeny and Classification. In: C. K. Starr (ed.), Encyclopedia of Social Insects. 93-149.
Erniwati RU. 2011. Hymenopteran parasitoids associated with the banana-skipper *Erionota thrax* L. (Insecta: Lepidoptera, Hesperiidae) in Java, Indonesia. Biodiversitas. 12: 76-85.
Fantham, H. B., and A. Porter. 1912. Microsporidiosis, a protozoal disease of bees due to *Nosema apis*, and popularly known as Isle of Wight disease. Ann. Trop. Med. Parasitol. 6: 145-162.
Fernandez-Triana J, Kamino T, Maeto K, Yoshiyasu Y, Hirai N. 2020. *Microgaster godzilla* (Hymenoptera, Braconidae, Microgastrinae), an unusual new species from Japan which dives underwater to parasitize its caterpillar host (Lepidoptera, Crambidae, Acentropinae). Journal of Hymenoptera Research 79: 15-26.
Forbes AA, Bagley RK, Beer MA, Hippee AC, Widmayer HA. 2018. Quantifying the unquantifiable: why Hymenoptera, not Coleoptera, is the most speciose animal order. BMC Ecology 18: e21.
Free J. B., C. G. Butler. 1959. Bumblebees (New Naturalist Series). Collins, London.
Freiberg, M., et al., 2012. First report of sacbrood virus in honey bee (*Apis mellifera*) colonies in Brazil. Genet Mol Res. 11, 3310-4.
Frisch, K. von. 1923. Über die "Sprache" der Bienen. Zool. Jb. 40: 1-186.
Frisch, K. von. 1967. The Dance Language and Orientation of Bees. The Belknap Press of Harvard University Press, Cambridge, Mass.
Frisch, K. von. 1967. Honeybees: do they use direction and distance information provided by their dancers? Science 158: 1072-76.
Frisch, K. von. 1974. Animal architecture. Harcourt Brace Jovanovich. N. Y.
Froggatt, W. W. 1907. Australian Insects. William Brooks, Sydney.
Fuchs, S., and K. Langenbach. 1989. Multiple infestation of *Apis mellifera* L. brood cells and reproduction of in *Varroa jacobsoni* Oud. Apidologie 20. 257-266.
Furgala, B., and E. C. Mussen. 1990. Protozoa (Chapter 4). From: Honey bee pests, predators, and diseases, 2nd Edition, Edited by Morse, R.A. & Nowogrodzki, R. Comstock Publishing Associates, Cornell University Press, Ithaca, USA.
Gabriela da Silva Rolim et al., 2023. Effects of *Bacillus thuringiensis* on biological parameters of *Tetrastichus howardi* parasitizing Bt-resistant pupa of *Spodoptera frugiperda*. Crop Protection 172:106313.
Galil, J. and Eisikowitch, D. 1968. Pollination ecology of *Ficus sycomorus* in East Africa. Ecology 49. 259-269.
Giurfa, M., & Sandoz, J.-C. 2012. Invertebrate learning and memory: Fifty years of olfactory conditioning of the proboscis extension response in honeybees. Learning & Memory, 19(2): 54-66.
Gochnauer, T. A., and D. A. Shearer, 1981. Volatile acid from honeybee larvae infected with *Bacillus larvae* and from a culture of the organism. J. Apic. Res. 20: 104-109.
Gong, H. R., et al., 2016. Evidence of *Apis cerana* Sacbrood virus Infection in *Apis mellifera*. Appl Environ Microbiol. 82, 2256-62.
Gong, Y. F., and C. K. Chang. 2000. Taxonomy and Evolution in Honeybee. Fuchien Sci. Tech. Publ., Fuchow, China. 69 pp. (in Chinese)
Goulson, D. 2010. Bumblebees: Behaviour, Ecology, and Conservation. Oxford University Press. Oxford, UK.
Graham, J. M. 1992. The hive and the honey bee. Dadant and Sons, Illinois.
Greany, P. D., Vinson, S. B. and Lewis, W. J. 1984. Insect parasitoids: finding new opportunities for biological control. BioScience 34, 690-6.
Gross, C. L. 1993. The breeding system and pollinators of *Melastoma affine* (Melastomataceae): A pioneer shrub in tropical Australia. Biotropica 25: 468-474.

Grüter, Christoph. 2020. Stingless Bees: Their Behaviour, Ecology and Evolution. Springer International Publishing.

Gullan P. J. and Cranston P. S. 2014. The Insects: An Outline of Entomology, 5th Edition. Wiley-Blackwell.

Gusenleitner, J. and M. Madl. 2009. Notes on Vespidae (Hymenoptera) of Mauritius. Entomofauna, Zeitschrift für Entomologie, 30(27): 465-472.

He Chun-Ling, Z. Q. Niu, A. R. Luo, C. D. Zhu, Wu Yan-Ru. 2013. In-nest ethology and mating strategies of the carpenter bees *Xylocopa* spp. (Hymenoptera: Apidae). Acta Entomologica Sinica, 56(9): 1047-1054. (in Chinese)

Haneman, L. 1961. How long can spores of American foulbrood live? Amer. Bee J. 101: 298-299.

Hartwig, A., and A. Przelecka. 1971. Nucleic acids in the intestine of *Apis mellifera* infected with *Nosema apis* and treated with Fumagillin DCH: cytochemical and autoradiographic studies. J. Invertebr. Pathol. 18: 331-336.

Hassanein, M. H. 1951. The influence of *Nosema apis* on the larval honeybee. Ann. Appl. Biol. 38: 844-846.

Haydak M. H. 1943. Larval food and development of castes in the honeybee. Journal of Economic Entomology, 36, 778-792.

Haydak, M. H. 1970. Honeybee nutrition. Ann. Rev. Entomol. 15:143-156.

Hefetz A. 1992. Individual scent marking of the nest entrance as a mechanism for nest recognition in *Xylocopa pubescens* (Hymenoptera: Anthophoridae). Journal of Insect Behavior, 5(6): 763-772.

Hefetz A, Mevoreh D, Gerling D. 1990. Nest recognition by scent in the carpenter bee *Xylocopa pubescens*. In: Veeresh GK, Malik B, Viraktamath CA eds. Social Insects and Their Environment, Proceedings of the 11th International Congress of IUSSI, Bangalore, India. 515-516.

Hepburn, H. R., D. R. Smith, S. E. Radloff, and G. W. Otis. 2001. Intraspecific categories of *Apis cerana*: morphometric, allozymal and mtDNA diversity. Apidologie 32: 3-23.

Hertz, Mathilde. 1930. Die Organisation des optischen Feldes bei der Biene, Ⅱ. Zeitschrift für Vergleichende Physiologie, 11(1): 107-145.

Hertz, Mathilde. 1935. Zur Physiologie des Formen-und Bewegungssehens. III. Figurale Unterscheidung und reziproke Dressuren bei der Biene. Zeitschrift für Vergleichende Physiologie, 21(4): 604-615.

Heyndrickx, M., Vandemeulebroecke, K., Hoste, B., Janssen, P.,Kersters, K., De Vois, P., Logan, N.A., Ali, N. & Berkeley,R.C.W. 1996 Reclassification of *Paenibacillus* (formerly Bacillus) *pulvifaciens* (Nakamura 1984) Ash et al. 1994, a later subjective synonym of *Paenibacillus* (formerly Bacillus) *larvae* (White 1906) Ash et al. 1994, as a subspecies of *P. larvae*, with amended description of *P. larvae* as *P. larvae* subsp. *larvae* and *P. larvae* subsp. *pulvifaciens*. International Journal of Systematic Bacterio-logy 46, 270-279.

Higes, M., R. Martín-Hernández, C. Botías, E. G. Bailón, A. V. González-Porto, L. Barrios, M. Jesús del Nozal, J. L. Bernal, J. J. Jiménez, P. García Palencia, and A.Meana. 2008. How natural infection by *Nosema ceranae* causes honeybee colony collapse. Environ. Microbiol. 10: 2659-2669.

Hilda M. Ransome. 1937. The Sacred Bee in Ancient Times and Folklore. Mineola, New York, 21pp.

Hingston A. B., Herrmann W, Jordan G. J. 2006. Reproductive success of a colony of the introduced bumblebee *Bombus terrestris* (L.) (Hymenoptera: Apidae) in a Tasmanian National Park. Australian Journal of Entomology, 45, 137-141.

Ho, K. K., and J. K. An. 1980. Effects of Gubitol and its application methods on Honeybee Mite (*Varroa jacobsoni* Oudemans) in Taiwan. Honeybee Science (Japan). 1(4): 155-156.

Hong, C. C. 1962. Investigation on beekeeping in Taiwan. Plant Prot. Bull. 4: 28-29. (in Chinese)

Hong, S. Y., Morrissey, C., Lin, H. S., Lin, K. S., Lin, W. L., Yao, C. T., Lin, T. E., Chan, F. T., and Sun, Y. H. 2019. Frequent detection of anticoagulant rodenticides in raptors sampled in Taiwan reflects government rodent control policy. Sci. Total Environ. 691: 1051-1058.

Hood, W. M. 2000. Overview of the small hive beetle, *Aethina tumida*, in North America. Bee World 81: 129-137.

Hsieh, F. K. 1991. Beekeeping in Taiwan. Honeybee Sci. 12: 159-162. (in Japanese)

Hsin-Yi Yang, Cheng-Ming Chang, Yue-Wen Chen and Cheng-Chun Chou. 2006. Inhibitory effect of propolis extract on the growth of Listeria monocytogenes and the mutagenicity of 4-nitroquinoline-N-oxide. J. Sci. Food Agric. 86(6): 937-943.

Hsu, C. Y and C. W. Li. 1993. The ultrastructure and formation of iron granules in the honeybee (*Apis mellifera*). J Exp Biol 180: 1-13.

Hsu, C. Y and C. W. Li. 1994. Magnetoreception in honeybees. Science 265: 95-97.

Huang J, An J. 2018. Species diversity, pollination application and strategy for conservation of the bumblebees of China. Biodiversity Science, 26(5): 486-497. (in Chinese)

Huang, W. F., et al., 2017. Phylogenetic analysis and survey of *Apis cerana* strain of Sacbrood virus (AcSBV) in Taiwan suggests a recent introduction. J Invertebr Pathol. 146, 36-40.

Hunt, J. H., I. Baker, and H. G. Baker. 1982. Similarity of amino acids in nectar and larval saliva: the nutritional basis for trophallaxis in social wasps. Evolution 36: 1318-1322.

Husemann M., Sterr A., Maack S., Abraham R. 2020. The northernmost record of the Asian hornet *Vespa velutina nigrithorax* (Hymenoptera, Vespidae). Evolutionary Systematics 4(1): 1-4.

Hydak, M. H. 1957. The food of the drone larvae. Ann. Rev. Soc. Am. 50(1): 73-75.

Ikudome, S. 1994. A list of the bee taxa of Japan and their Japanese names (Hymenoptera, Apoidea). Bull. Kagoshima Women's Junior Coll. 29: 1-23. (in Japanese)

Inamura, S. 1914. Beekeeping business of Taiwan. Taiwan Agric. Newspaper 68: 645-647.

Inamura, S. 1914. Beekeeping business of Taiwan. Taiwan Agric. Newspaper 88: 235-246.

Inamura, S. 1914. Beekeeping business of Taiwan. Taiwan Agric. Newspaper 89: 397-399; 90: 503-505; 91: 602-604.

Inoue M. N., Yokoyama J., Washitani I. 2008. Displacement of Japanese native bumblebees by the recently introduced *Bombus terrestris* (L.) (Hymenoptera: Apidae). Journal of Insect Conservation, 12, 135-146.

Inoue, T. 1913. Beekeeping in Guantzlin and apiaries of Taiwan. Trans. Nat. Hist. Soc. Formosa 10: 68-72. (in Japanese)

Inoue, T., Adri, and S. Salmah. 1990. Nest site selection and reproductive ecology of the Asian honey bee, *Apis cerana indica* in Central Sumatra. In: S. F. Sakagami, R. Ohgushi, and D. W. Roubik, eds. Natural History of Social Wasps and Bees in Equatorial Sumatra. Hokkaido Univ. Press, Sapporo, Japan. pp. 219-232.

Inoue, T. and A. Inoue. 1964. The world royal jelly industry: present status and future prospects. Bee World 45(2): 59-69.

Inward D., Beccaloni G, Eggleton P. 2007. Death of an order: a comprehensive molecular phylogenetic study confirms that termites are eusocial cockroaches. Biol Lett 3: 331-335.

Itino, T. 1986. Comparison of life tables between the solitary eumenid wasp *Anterhynchium flavomarginatum* and the subsocial eumenid wasp *Orancistrocerus drewseni* to evaluate the adaptive significance of maternal care. Res. Popul. Ecol. 28, 185-199.

Iwasaki J. M., Hogendoorn K. 2022. Mounting evidence that managed and introduced bees have negative impacts on wild bees: an updated review. Current research in insect science2, 100043.

James L. Gould, Carol Grant Gould. 1988. The Honey Bee. Scientific American Library.

Jones, Richard A., Sweeney-Lynch, Sharon. 2011. The Beekeeper's Bible: Bees, Honey, Recipes & Other Home Uses. Abrams, New York.

Kamakura M. 2011. Royalactin induces queen differentiation in honeybees. Nature, 473, 478-483.

Katznelson, H., and C. A. Jamieson. 1952. Control of Nosema disease of honeybees with fumagillin. Science 115: 70-71.

Kawai, Y. and G. Kudo. 2009. Effectiveness of buzz pollination in *Pedicularis chamissonis*: significance of multiple visits by bumblebees. Ecol. Res. 24: 215-223.

Ken T., Hepburn H. R., Radloff S. E., Yusheng Y., Yiqiul, Danyin Z., Neumann P. 2005. Heat-balling wasps by honeybees. Naturwissenschaften, 92: 492-495.

Kiang, Y. T. 1979. Beekeeping in Taiwan. American Bee J. 119: 363; 366-367.

Kim, H. K., et al., 2008. Detection of sacbrood virus (SBV) from the honeybee in Korea. Korean J Apic. 23, 103-109.

Kim I. K, Koh S. H., Lee J. S., Choi W. I., Shin S. C. 2011. Discovery of an egg parasitoid of *Lycorma delicatula* (Hemiptera: Fulgoridae) an invasive species in South Korea. J. Asia-Pacific Entomol. 14: 213-215.

King, G. E., 1933. The larger glands in the worker honeybee: a correlation of activity with age and with physiological functioning. Ph. D. diss., Univ. of Ill., Urbana.

Kirk WDJ. 2021. Is It Honey Bee or Honeybee? Bumble Bee or Bumblebee? Who Decides the Common Names of Bees? Bee World.

Kline O, Phan NT, Porras MF, Chavana J, Little CZ, Stemet L, Acharya RS, Biddinger DJ, Reddy GVP, Rajotte EG, Joshi NK (2023) Biology, genetic diversity, and conservation of wild bees in tree fruit orchards. Biology 12:31.

Ko, Chong-Yu, Hao-Chun Cheng, Chun-Ting Chen, and Yue-Wen Chen. 2013. The Effect of Oxytetracycline to Control American Foulbrood in Honeybee, and the OTC Residue in Honey. Formosan Entomol. 33: 1-13 (in Chinese)

Ko, C. Y., Y. W. Chen and Y. S. Nai. 2017. Evaluating the effect of environmental chemicals on honey bee development from the individual to colony level. Journal of Visualized Experiments e55296.

Kojima J, Carpenter J M. 1997. Catalog of species in the polistine tribe Ropalidiini (Hymenoptera:Vespidae). American Museum Novitates. 3199: 1-96.

Kojima Junichi, Fuki Saito, Lien Thi Phuong Nguyen. 2011. On the species-group taxa of Taiwanese social wasps (Hymenoptera: Vespidae) described and/or treated by J. Sonan. Zootaxa, 2920: 42-64.

Kuo, M. C. 1984. A study of the ecology of *Vespa formosana* Sonan (Studies of Vespidae in Taiwan, Part I). J. Natn. Chiayi Inst. Agric.10: 73-92. (in Chinese)

Kuo, M. C., and W. H. Yeh. 1985. Ecological studies of *Vespa basalis* Smith, *Vespa velutina flavitarsis* Sonan and *Vespa tropica pseudosoror* Vecht (Studies of Vespidae in Taiwan, Part II). J. Natn. Inst. Chiayi Inst. Agric.11: 95-106. (in Chinese)

Kuo, M. C., and W. H. Yeh. 1987. Ecological studies of *Vespa*, *Polistes*, *Parapolybia* and *Ropalidia* (Studies of Vespidae in Taiwan, Part III). J. Natn. Chiayi Inst. Agric.16: 77-104. (in Chinese)

Kuo, M. C., and W. H. Yeh. 1988. A study of the effect of wasps on the homeostasis of forest insect populations in Taiwan. J. Natn. Chiayi Inst. Agric.17: 79-97. (in Chinese)

Kuo, M. C., and W. H. Yeh. 1990. Ecological studies of *Vespa wilemani*. Final Report, 9 p. (in Chinese)

Kuo Yun, Yun-Heng Lu, Yu-Hsien Lin, Yu-Chun Lin, Yueh-Lung Wu. 2023. Elevated temperature affects energy metabolism and behavior of bumblebees. Insect Biochem. Mol. Biol. 155:103932.

Kwadha, C. A., Ong'amo, G. O., Ndegwa, P. N., Raina, S. K., and Fombong, A. T. 2017. The biology and control of the greater wax moth, *Galleria mellonella*. Insects 8:61.

Kwong, W. K. and N. A. Moran. 2016. Gut microbial communities of social bees. Nat. Rev. Microbiol. 14: 374-384.

Lacher, V. 1964. Elektrophysiologische Untersuchungen an einzlenen Rezeptoren für Geruch, Luftfeuchtigkeit und Temperatur auf den Antennen der Arbeitsbienen und der Drohne. Z. Vergl. Physiol. 48: 587-623.

Land, M. F. 2009. Vision, eye movements, and natural behavior. Visual Neuroscience, 26(1), 51-62.

Larson, B.M.H. and S.C.H. Barrett. 1999. The pollination ecology of buzz-pollinated *Rhexia virginica* (Melastomataceae). Amer. J. Bot. 86: 502-511.

Li, Yi-Hsuan, Yu-Hsin Chen, Fang-Min Chang, Ming-Cheng Wu, Yu-Shin Nai. 2024. Monitoring the Season–Prevalence Relationship of *Vairimorpha ceranae* in Honey Bees (*Apis mellifera*) over One Year and the Primary Assessment of Probiotic Treatment in Taichung, Taiwan. Insects 15 (3), 204.

Liebig G., Hampel K. 2002. Zur Anwendung von Oxalsäure durch Verdampfen? Dtsch. Bienenj. 2, 17-18.

Lieftinck, M. A. 1962. Revision of Indo-Australian species of the genus *Thyreus* Panzer (=Crocisa Jurine) (Hym., Apoidea, Anthophoridae): Part 3, Oriental and Australian species. Zool. Verh. 53: 1-212.

Lieftinck, M. A. 1983. Notes on the nomenclature and synonymy of old world melectine and anthophorine bees. Tijdschr. Entomol. 126: 269-284.

Lin, C. C., Chang, T. W., Chen, H. W., Shih, C. H., Hsu, P. C. 2017. Development of Liquid Bait With Unique Bait Station for Control of *Dolichoderus thoracicus* (Hymenoptera: Formicidae). Journal of Economic Entomology. 110 (4): 1685-1692.

Lindauer, M. 1960. Die Sinne der Biene. In A. Büdel and E. Herold, eds., Biene und Bienenzucht. Ehrenwirth Verlag, Munich. pp. 28-47.

Lindauer, M., and W. E. Kerr. 1960. Communication between the workers of stingless bees. Bee World. 41: 29-41, 65-71.

Lin, G. J. 1953. The problem of beekeeping in Taiwan. Taiwan Agric. Forest. 7: 3-4. (in Chinese)

Li, Y., et al., 2016. Phylogenetic analysis of the honey bee sacbrood virus. J. APIC. SCI. 60, 31-38.

Lo, Bai-Wei, Hsin-Fu Lin, Siu-Wah Kong, Wen-Jer Wu, Selina Cai-Ling Wang, Xuemei Lu, Hurng-Yi Wang. 2024. Genomes of *Wiebesia* fig wasps reveal the adaptation and codiversification in fig-fig wasp mutualism. BioRxiv.

Lo, B. W., Hunrg-Yi Wang. 2021. Genetic data revealed co-diversification and host switching in the *Wiebesia pumilae* species complex, pollinators of *Ficus pumila*. Taiwania. 66 (3).

Lo, Nathan, Gloag, R. S., Anderson, D. L. and Oldroyd, B. P. 2010. A molecular phylogeny of the genus *Apis* suggests that the Giant Honey Bee of the Philippines, *A. breviligula* Maa, and the Plains Honey Bee of southern India, *A. indica* Fabricius, are valid species. Systematic Entomology 35(2): 226-233.

Londei T. and G. Marzi. 2024. Honey bees collecting pollen from the body surface of foraging bumble bees: a recurring behaviour. Apidologie (Celle), 55 (1).

Lu, L.-C., Chen, Y. W., and Chou, C.H. 2003. Antibacterial and DPPH free radical-scavenging activities of the ethanol extract of propolis collected in Taiwan. Journal of Food and Drug Analysis: Vol. 11 : Iss. 4 , Article 2.

Lu, L. C., Chen, Y. W. and Chou, C. C. 2005. Antibacterial activity of propolis against Staphylococcus aureus. Int. J. Food Microbiol. 102(2): 213-220.

Lu S. S., Yeh W. C., Sung I. H. 2016. Phenology and community analyses of trap-nesting wasps and bees in the agricultural fields and forests of Yunlin and Chiayi counties, Taiwan. Formos Entomol. 36: 107-123. (in Chinese)

Lu S. S., Yeh W. C., Takahashi J, Lu M. L., Huang J. Y., Lin Y. J., Sung I. H. 2021. Evidence for range expansion and origins of an invasive hornet *Vespa bicolor* (Hymenoptera, Vespidae) in Taiwan, with notes on its natural status. Insects 12: 320.

Machova, M. 1993. Resistance of *Bacillus larvae* in beeswax. Apidologie 23: 25-31.

Ma, D. F. and W. C. Huang. 1981. Apiculture in the new China. Bee World 62(4): 163-166.

Maghsoudlou Atefe, Alireza Sadeghi Mahoonak, Hossein Mohebodini and Fidel Toldra. 2019. Royal jelly: chemistry, storage and bioactivities. Journal of Apicultural Science. 63(1): 17-40.

Mainardi, G., et al. 2025. Floral diversity enhances winter survival of honeybee colonies across climatic regions. Journal of Applied Ecology.

Mallinger, R.E., Gaines-Day H. R., Gratton C. 2017. Do managed bees have negative effects on wild bees?: A systematic review of the literature. PLOS ONE, 12 (2017), Article e0189268.

Marchiori C. H. 2003. Occurrence of the parasitoid Anastatus sp. in eggs of Leptoglossus zonatus under the maize in Brazil. Ciencia Rural, Santa Maria. 33: 767-768.

Marinelli, E., Formato, G., Vari, G., De Pace, F.M. 2006. Varroa control using cellulose strips soaked in oxalic acid water solution. Apiacta 41, 54–59.

Marshall, A.G., 1981. The Ecology of Ectoparasitic Insects. Academic Press, London.

Marshall, A.G., 1982. Ecology of insects parasitic on bats. In: Kunz, T.H. (Ed.), Ecology of Bats. Plenum Press, New York.

Martin, H. and Lindauer M. 1966. Sinnesphysiologische Leistungen beim Wabenbau der Honigbiene. Zeitschrift für vergleichende Physiologie, 53(3): 372-404.

Maschwitz, U. 1964. Gefahrenalarmstoffe und Gefahrenalarmierung bei sozialen Hymenopteren.

Zeitschrift für vergleichende Physiologie, 47(6): 596-655.

Matheson, A., 1995. World bee health update. Bee World 76: 31-39.

Matheson, A., and M. Reid. 1992. Strategies for the prevention and control of American foulbrood. Amer. Bee J. 132:399-402, 471-475, 534-547.

Matsuura M, Yamane S. 1990. Biology of the Vespine Wasps. Springer-Verlag, Berlin: 323.

Matsuzawa, T. and Kohsaka, R. 2021. Status and trends of urban beekeeping regulations: A global review. Earth, 2, 933-942.

Ma Y., Ning JG., Ren HL., Zhang PF., Zhao HY. 2015. The function of resilin in honeybee wings. The Journal of Experimental Biology 218 (13), 2136-2142.

Mayo, M. A. 2002. A summary of taxonomic changes recently approved by ICTV. Arch. Virol. 147: 1655-1663.

McGregor, S. E. 1976. Insect pollination of cultivated crop plants. USDA Agric. Handbook 496, p.1

McIvor, C. A. and Malone, L. A. 1995. *Nosema bombi*, a microsporidian pathogen of the bumble bee *Bombus terrestris* (L.). New Zealand Journal of Zoology 22, 25–31.

Metcalf, R. L. and Luckmann, W. H. 1976. Introduction to insect pest management. Wiley-Interscience. 587 pp.

Michael Simone-Finstrom, Kate Aronstein, Michael Goblirsch, Frank Rinkevich, Lilia de Guzman. 2018. Gamma irradiation inactivates honey bee fungal, microsporidian, and viral pathogens and parasites. Journal of Invertebrate Pathology Volume 153, March 2018, Pages 57-64.

Michener, C. D. 1974. The Social Behavior of the Bees. Harvard Univ. Press, Cambridge, Massachusetts.

Michener, C. D. 2000. The bees of the world. Johns Hopkins University Press, Baltimore and London, Vol. 1.

Moffett, J. O., J. D. Hitchcock, J. J. Lackett, and J. R. Elliott. 1970. Evaluation of some new compounds in controlling American foul brood. J. Apic. Res. 9: 111-119.

Munn P. 1998. Helping bumble bees with *Bombus* nest boxes. Bee world 79: 44-48.

Nai, Y. S., T. Y. Chen, Y. C. Chen, C. T. Chen, B. Y. Chen and Y. W. Chen. 2017. Revealing pesticide residues under high pesticide stress in Taiwan's agricultural environment probed by fresh honey bee pollen. J. of Economic Entomology. 110: 1947-1958.

Nai, Y. S., et al., 2018. The seasonal detection of AcSBV (*Apis cerana* sacbrood virus) prevalence in Taiwan. Journal of Asia-Pacific Entomology. 21, 417-422.

Nakajima, T. 1986. Pharmacological biochemistry of vespid venoms. In: Piek T., editor. Venoms of the Hymenoptera: Biochemical, Pharmacological and Behavioural Aspects. Academic Press, London.

Narendran T. C. 2009. A review of the species of *Anastatus Motschulsky* (Hymenoptera: Chalcidoidea: Eupelmidae) of the Indian subcontinent. J. Threatened Taxa 1: 72-96.

Neese, V. 1968. Le sens de la vue. In R. Chauvin, ed. (q.v.), Traité de biologie de l'abeille, Vol. II . pp. 101-121.

Nguyen LTP, Saito F, Kojima J, Carpenter JM, 2006. Vespidae of Viet Nam (Insecta: Hymenoptera). 2. Taxonomic notes on Vespinae. Zoological Science, 23(1):95-104.

Nielsen, S., et al., 2008. Incidence of acute bee paralysis virus, black queen cell virus, chronic bee paralysis virus, deformed wing virus, Kashmir bee virus and sacbrood virus in honey bees (*Apis mellifera*) in Denmark. Apidologie. 39, 310-314.

Oh, Jaeseok, Seunghyun Lee, Woochan Kwon, Omid Joharchi, Sora Kim & Seunghwan Lee. 2024. Molecular phylogeny reveals *Varroa* mites are not a separate family but a subfamily of Laelapidae. Scientific Reports volume 14, Article number: 13994.

Okazaki, K. 1992. Nesting habits of the small carpenter bee, *Ceratina dentipes*, in Hengchun Peninsula, Southern Taiwan (Hymenoptera: Anthophoridae). Journal of the Kansas Entomological Society 65(2):190-195.

Oldroyd, B. P. 1999. Coevolution while you wait: *Varroa jacobsoni*, a new parasite of western honeybees. Trends Ecol. Evol. 14: 312-315.

Oliver Otti and Paul Schmid-Hempel. 2007. *Nosema bombi*: A pollinator parasite with detrimental fitness effects. Journal of Invertebrate Pathology 96 (2) 118-124.

Ongus, J. R. 2006. Varroa destructor virus 1: a new picorna-like virus in Varroa mites as well as honey bees. Wageningen, Netherlands: Wageningen Universiteit (Wageningen University), v + 126 pp.

Ono, M. T., Igarashi, E. Ohno and M. Sasaki. 1995. Unusual thermal defense by a honeybee against mass attack by hornets. Nature 337: 334-336.

Ono M, Sasaki M, Okada I. 1985. Mating behaviour of the giant hornet *Vespa mandarinia* Smith and its pheromonal regulation. Proceedings, XXXth International Apiculture Congress Nagoya, Japan, 255-259.

Otis, G. 1996. Distribution of recently recognized species of honey bees (Hymenoptera: Apidae; *Apis*) in Asia. J. Kans. Entomol. 69: 331-333.

Owen, Robert. 2015. The Australian Beekeeping Manual. Exisle Publishing Pty Ltd.

Papachristoforou A., Ilanidis K, Valaska C. 2011. Assessment of Vita Feed Gold applied against *Nosema ceranae* and *Nosema apis* during cage and field experiments. 42nd Apimondia - International Apicultural Congress.

Park, O. W. 1925. The storing and ripening of honey by honeybees. Journal of Economic Entomology 18: 405-410.

Pedigo, L. P. 1996. Entomology and pest management. 3rd edition. Prentice Hall Inc. 691 pp.

Pernal, S. F. and R. W. Currie. 2000. Pollen quality of fresh and 1-year-old single pollen diet for worker honey bees (*Apis mellifera* L.) Apidologie 31: 387-409.

Perrelet, A., and F. Baumann. 1969. Evidence for extracellular space in the rhabdome of the honeybee drone eye. Journal of Cell Biology, 40(3): 825-830.

Pettis, J. S. and H. Shimanuki. 1999. Observations on the small hive beetle, *Aethina tumida* Murray, in the United States. Am. Bee J. 139: 152-155.

Pickett K. M., Carpenter J. M. 2010. Simultaneous analysis and the origin of eusociality in the Vespidae (Insecta: Hymenoptera). Arthropod Systematics and Phylogeny, 68(1): 3-33.

Pokhrel S., Thapa R. B., Neupane F. P. and Shrestha S. M. 2006. Absconding behavior and management of *Apis cerana* F. honeybee in Chitwan, Nepal. J. Inst. Agric. Anim. Sci. 27: 77-86.

Poore D. M. 1974. Comparative study of the lancets and sheaths of some aculeate Hymenoptera. Bulletin of the Southern California Academy of Sciences 73: 42–47.

Quinlan, Gabriela M., Jeffrey W. Doser, Melanie A. Kammerer, Christina M. Grozinger. 2024. Estimating genus-specific effects of non-native honey bees and urbanization on wild bee communities: A case study in Maryland, United States. The Science of The Total Environment 953: 175783.

Quicke, D. L. J. 2015. The braconid and ichneumonid parasitoid wasps: biology, systematics, evolution and ecology. Chichester: John Wiley & Sons, Ltd.

Ramirez, B. W., and Otis, G. W. 1986. Developmental phases in the life cycle of *Varroa jacobsoni*, an ectoparasitic mite on honeybees. Bee World, 76(3): 92-97.

Ramsey, Samuel D., Ochoa, Ronald, Bauchan, Gary, Gulbronson, Connor, Mowery, Joseph D., Cohen, Allen, Lim, David, Joklik, Judith, Cicero, Joseph M., Ellis, James D., Hawthorne, David, and vanEngelsdorp, Dennis. 2019. *Varroa destructor* feeds primarily on honey bee fat body tissue and not hemolymph. Proc. Natl. Acad. Sci. USA 2019, 116, 1792–1801.

Rana, B., et al., 1986. Thai sacbrood virus of honeybees (*Apis cerana* indica F) in north west Himalayas. Indian J Virol. 2, 127-131.

Rasnitsyn A P. 1975. Hymenoptera Apocrita of the Mesozoic. Trudy Paleontologicheskogo Instituta Akademii Nauk SSSR, 147: 1-134. (in Russian)

Ratnieks, F. L. W. 1992. American foulbrood: the spread and control of an important disease of the honey bee. Bee World 73: 177-191.

Reddy, K. E., et al., 2017. Comparative Genomic Analysis for Genetic Variation in Sacbrood Virus of *Apis cerana* and *Apis mellifera* Honeybees From Different Regions of Vietnam. J Insect Sci. 17(5): 1-7.

Reddy, K. E., et al., 2016. Homology differences between complete Sacbrood virus genomes from infected *Apis mellifera* and *Apis cerana* honeybees in Korea. Virus Genes. 52, 281-9.

Rehan, S.M., Chapman, T.W., Craigie, A.I., Richards, M.H., Cooper, S.J.B., Schwarz, M.P., 2010. Molecular phylogeny of the small carpenter bees (Hymenoptera: Apidae: Ceratinini) indicates early and rapid global dispersal. Mol. Phylogenet. Evol. 55, 1042-1054.

Ribbands, C. R. 1952. Division of labour in the honeybee community. Proceedings of the Royal Society B: Biological Sciences. 140 (898), pp. 32-43.

Ribbands, C. R. 1953. The behavior and social life of honeybees. Bee Research Association.

Ribbands, C. R. 1955. The scent perception of the honeybee. Proceedings of the Royal Entomological Society of London. Series B Taxonomy. 143 (912), pp. 367-379.

Richards O W. 1971. The biology of the social wasps (Hymenoptera: Vespidae). Biological Reviews, 46: 483-528.

Rinderer, T. E., B. P. Oldroyd, C. Lekprayoon, S. Wongsiri, C. Boonthai, and R. Thapa. 1994. Extended survival of the parasitic honey bee mite *Tropilaelaps clareae* on adult worker of *Apis mellifera* and *Apis dorsata*. J. Apicul. Res. 33: 171-174.

Rinderer, T. E., and W. C. Rothenbuhler. 1969. Resistance to American foulbrood in honey bees. X. Comparative mortality of queen, worker, and drone larvae. J. Invertebr. Pathol. 13: 81-86.

Roberts, J. M., Anderson, D. L., 2014. A novel strain of sacbrood virus of interest to world apiculture. J Invertebr Pathol. 118, 71-4.

Rossel, S. 1989. Polarization sensitivity in compound eyes. In: Facets of Vision (eds D.G. Stavenga & R.C. Hardie), pp. 298-316. Springer-Verlag, Berlin.

Ross K G, Matthews R W. 1991. The social biology of wasps. Ithaca: Cornell University Press: 678.

Ruttner, F. 1976. Honeybees of the tropics: their variety and characteristics of importance for apiculture. Apiculture in Tropic 41-46.

Ruttner, F. 1988. Biogeography and Taxonomy of Honeybees. Springer-Verlag Press, Berlin Heidelberg, Germany. 284 pp.

Sahinler, N., A. Gul, and A. Sahin. 2005. Vitamin E supplement in honey bee colonies to increase cell acceptance rate and royal jelly production. J. Apic. Res. 44: 58-60.

Sakagami, S. F. 1960. Ethological peculiarities of the primitive social bees, *Allodape* Lepeltier and allied genera. Insectes Sociaux, 7(3): 231-249.

Sakagami, S. F., and C. D. Michener. 1962. The nest architecture of the sweat bee (Halictinae): A comparative study of behavior. University of Kansas Press. Lawrence. 135 pp.

Sammataro, D., U. Gerson, and G. Needham. 2000. Parasitic mites of honey bees: life history, implications, and impact, Ann. Rev. Entomol. 45: 519-548.

Sanluis-Verdes, A., P. Colomer-Vidal, F. Rodríguez-Ventura, M. Bello-Villarino, M. Spinola-Amilibia, E. Ruiz-López, R. Illanes-Vicioso, P. Castroviejo, R. Aiese Cigliano, M. Montoya, P. Falabella, C. Pesquera, L. González-Legarreta, E. Arias-Palomo, M. Solà, T. Torroba, C.F. Arias, F. Bertocchini. 2022. Wax worm saliva and the enzymes therein are the key to polyethylene degradation by *Galleria mellonella*. Nature Communications 2022, 13 (1).

Sann M, Meusemann K, Niehuis O, Escalona HE, Mokrousov M, Ohl M, Pauli T, Schmid-Egger C. 2021. Reanalysis of the apoid wasp phylogeny with additional taxa and sequence data confirms the placement of Ammoplanidae as sister to bees. Systematic Entomology 46 (3): 558-569.

Sann M, Niehuis O, Peters RS, Mayer C, Kozlov A, Podsiadlowski L, Bank S, Meusemann K, Misof B, Bleidorn C, Ohl M. 2018. Phylogenomic analysis of Apoidea sheds new light on the sister group of bees. *BMC Evolutionary* Biology 18: 71.

Sauberer N., Vendler L. & Kratschmer S. 2023. Honigbienen stehlen Wildbienen ihren gesammelten Pollen. Biodiversität und Naturschutz in Ostösterreich - BCBEA 7 (1): 29–34.

Schmid-Hempel R, Eckhardt M, Goulson D, Heinzmann D, Lange C, Plischuk S, Ruz EL, Salathe R, Scriven JJ, Schmid-Hempel P. 2014. The invasion of southern South America by imported bumblebees and associated parasites. Journal of Animal Ecology, 83, 823-837.

Seeley, T. D. 1982. Adaptive significance of the age polyethism schedule in honeybee colonies. Behavioral Ecology and Sociobiology 11: 287-293.

Seeley, T. D. 1982. The Wisdom of the Hive: The social physiology of honey bee colonies. Harvard

University Press, Cambridge, MA.

Seeley, T. D. 2010. Honeybee Democracy. Princeton University Press.

Sheng, D., Jing, S., He, X., Klein, A. M., Köhler, H. R., Wanger, T. C. 2024. Plastic pollution in agricultural landscapes: an overlooked threat to pollination, biocontrol and food security. Nature Communications, 15(1), 8413.

Shihao Dong, Tao Lin, James C. Nieh, and Ken Tan. 2023. Social signal learning of the waggle dance in honey bees. Science Vol 379, Issue 6636, 1015-1018.

Shih Y. T, Ko CC, Pan K. T., Lin S. C., Polaszek A. 2013. *Hydrophylita* (*Lutzimicron*) *emporos* Shih & Polaszek (Hymenoptera: Trichogrammatidae) from Taiwan, Parasitising Eggs, and Phoretic on Adults, of the Damselfly *Psolodesmus mandarinus mandarinus* (Zygoptera: Calopterygidae). PLoS ONE 8(7): e69331.

Shimanuki H., Calderone N. W., Knox D. A. 1994. Parasitic mite syndrome: the symptoms. Am. Bee J., 134(12): 827-828.

Shimanuki, H., D. A. Knox, B. Furgala, D. M. Caron, and J. L. Williams. 1992. Disease and pests of honey bees. pp. 1083-1151 in J. M. Graham ed. The Hive and the Honey Bee. Dadant & Sons. Illinois.

Simone-Finstrom, M., Aronstein, K., Goblirsch, M., Rinkevich, F., & de Guzman, L. 2018. Gamma irradiation inactivates honey bee fungal, microsporidian, and viral pathogens and parasites. Journal of Invertebrate Pathology, 153, 57-64.

Sladen, F. W. L. 1912. The Humble-Bee, its Life-history and How to Domesticate it, with Descriptions of All the British Species of *Bombus* and *Psithyrus*. Macmillan and Co. Ltd., London.

Smith, D. R., L. Villafuerte, G. Otis, and M. R. Palmer. 2000. Biogeography of *Apis cerana* F. and *A. nigrocincta* Smith: insights from mtDNA studies. Apidologie 31: 265-279.

Snodgrass, R.E. 1956. Anatomy of the Honey Bee. Cornell University Press, Comstock Publishing Associates, Ithaca, NY.

Sonan, J. 1927. On the Apinae of Taiwan. Trans. Nat. Hist. Soc. Formosa 90: 221-227. (in Japanese)

Spradbery, J.P. 1973. Wasps: an Account of the Biology and Natural History of Solitary and Social Wasps. Sidgwick & Jackson, London.

Starr, C. K. 1992. The bumble bees (Hymenoptera: Apidae) of Taiwan. Bull. Nat. Mus. Nat. Sci. 3: 139-157.

Starr, C. K. 1992. The social wasps (Hymenoptera: Vespidae) of Taiwan. Bulletin of National Museum of Natural Science , No. 3, pp. 93-138.

Strand, E. 1913. Apidae I (Hym.) Suppl. Entomol. 2: 23-67. (in Deutsch)

Statz G. 1936. Ueber alte und neue fossile Hymenopterenfunde aus den Tertiären Ablagerungen von Rott am Siebengebirge. Decheniana 93: 280-282.

Sugahara, M. and F. Sakamoto. 2009. Heat and carbon dioxide generated by honeybees jointly act to kill hornets. Naturwissenschaften 96: 1133-1136.

Sung, I. H. 1996. Morphology, Nest Architecture and Observation on Oviposition Behavior of the Taiwanese stingless bee *Trigona* (*Lepidotrigona*) *ventralis hoozana* Strand. Master thesis, Grad. Inst. Plant Patho. Entomol. National Taiwan Univ., Taipei, Taiwan. (in Chinese)

Sung, I-Hsin, Lu, S.-S., Chan, M.-L., Lin, M.-Y., Chiang, C.-H., Li, C.-C., Yang, P.-S. 2011. A study on the size and morphological difference, seasonal occurrence and distribution features of four bumblebees from Taiwan (Hymenoptera, Apidae). Formosan Entomol. 31(4): 309-323. (in Chinese)

Sung, I-Hsin, Lu, S.S., Chao, J.H., Yeh, W.C., Lee, W.J. 2014. Establishment of *Vespa bicolor* in Taiwan (Hymenoptera, Vespidae). Journal of Insect Science 14(231) 1-3.

Sung, I-Hsin, Soichi Yamane, Kai-Kuang Ho, Wen-Jer Wu and Yue-Wen Chen. 2004. Morphological caste and sex differences in the Taiwanese stingless bee *Trigona ventralis hoozana* (Hymenoptera: Apidae). Entomological Science 7 (3) 263.

Sung, I-Hsin, Yamane S.k., Yamane Sô., Ho K.K. 2006. A new record of hornet (Hymenoptera: Vespidae) from Taiwan. Formosan Entomol. 26: 303-306.

Sung, I-Hsin, Yamane Sô., Hozumi S. 2008. Thermal characteristics in the nests of the Taiwanese

stingless bee *Trigona ventralis hoozana* (Hymenoptera: Apidae). Zool. Stud. 47: 417-428.
Tan J. L., Chen X. X., C van Achterberg. 2014. Description of the male *Dolichovespula flora* Archer (Hymenoptera: Vespidae). Entomotaxonomia, 36 (1): 75-80.
Tan J. L., C van Achterberg, Duan M. J, Chen X. X. 2014. An illustrated key to the species of subgenus *Gyrostoma* Kirby, 1828 (Hymenoptera, Vespidae, Polistinae) from China, with discovery of *Polistes (Gyrostoma) tenuispunctia* Kim, 2001. Zootaxa 3785(3): 377-399.
Tan J. L., C van Achterberg, Chen X. X. 2014. Pictorial key to species of the genus *Ropalidia* Guérin-Méneville, 1831 (Hymenoptera: Vespidae) from China, with description of one new species. Zookeys 391: 1-35.
Tan J. L., van Achterberg C, Chen X. X. 2015. Potentially Lethal Social Wasps, Fauna of the Chinese Vespinae (Hymenoptera: Vespidae). Science Press: Beijing, 198 pp
Taylor, O. T. and S. A. Cameron. 2003. Nest construction and architecture of the Amazonian bumblebee (Hymenoptera: Apidae). Apidologie 34: 321-331.
Tentcheva, D., et al., 2004. Prevalence and seasonal variations of six bee viruses in *Apis mellifera* L. and *Varroa destructor* mite populations in France. Appl Environ Microbiol. 70, 7185-91.
Tumlinson J. H., Lewis W. J., Louise EM. 1993. How parasitic wasps find their hosts. Sci. Am. 3: 100-106.
Turillazzi S. 2006. *Polistes* venom: a multifunctional secretion. Annales Zoologici Finnici, 43: 488-499.
Tu, W. C., C. C. Wu, H. L. Hsieh, C. Y. Chen, and S. L. Hsu. 2008. Honeybee venom induces calcium-dependent but caspase-independent apoptotic cell death in human melanoma A2058 cells. Toxicon. 52(2): 318-329.
Tzu-Hsien Wu, Pei-Shou Hsu, Pen-Han Chen, Chang-Chang Chen. 2019. Effect of formic acid gel for control of *Varroa destructor*. Bulletin of Miaoli District Agricultural Research and Extension Station, 8, 33-45. (in Chinese)
van der Vecht, J. 1957. The Vespinae of the Indo-Malayan and Papuan Areas (Hymenoptera, Vespidae). Zoologische Verhandelingen, 34(1), 1-82.
VanEngelsdorp D, Underwood RM, Cox-Foster DL. 2008. Short-term fumigation of honey bee (Hymenoptera: Apidae) colonies with formic and acetic acids for the control of *Varroa destructor* (Acari: Varroidae). J. Econ Entomol 101(2): 256-264.
van Noort S, Broad G. 2024. Wasps of the world: A guide to every family. Princeton University Press, Oxford.
Velthuis, H. H. W. and A. Doorn. 2006. A century of advances in bumblebee domestication and the economic and environmental aspects of its commercialization for pollination. Apidologie 37: 421-451.
Verma, L. R., et al., 1990. Observations on *Apis cerana* colonies surviving from Thai Sacbrood Virus infestation. Apidologie. 21, 169-174.
Wan C. H., Lo C. F., Nai, Y. S., Wang T. C., Chen Y. R., Huang W. F., Chien T. Y. and Wu C. Y. 2009. Honey Bee Colony Collapse Disorder. Formosan Entomol 29: 119-138. (in Chinese)
Wang, D. I., and F. E. Moeller. 1971. Ultrastructural changes in the hypopharyngeal glands of worker honey bee infected by *Nosema apis*. J. Invertebr. Pathol. 17: 308-320.
Wang, H. Y., Chia-Hung Hsieh, Chin-Gi Huang, Siu-Wah Kong, Hsiao-Chi Chang, Ho-Huei Lee, Wei-Kuang Wang, Shih-Lun Chen, Hsy-Yu Tzeng, Wen-Jer Wu. 2013. Genetic and physiological data suggest demographic and adaptive responses in complex interactions between populations of figs (*Ficus pumila*) and their pollinating wasps (*Wiebesia pumilae*). Mol. Ecol. 22: 3814-3832.
Warhurst, Peter and Roger Goebel. 2005. The bee book: Beekeeping in Australia. Department of Primary Industries and Fisheries, Queensland.
Webster, T.C. 1993. *Nosema apis* spore transmission among honey bees. Am. Bee J. 133: 869-870.
Wheeler, W.M. 1911. The ant-colony as an organism. Journal of Morphology, 22, 307-325.
White, G. F., 1917. Sacbrood. US Dept Agric Bull. 431, 1-55.
Wigglesworth, V. B. 1964. The Life of Insects. Weidenfeld and Nicolson, London.
Williams, G. R., M. A. Sampson, D. Shutler, R. E. L. Rogers. 2008. Does fumagillin control the recently

detected invasive parasite *Nosema ceranae* in western honey bees (*Apis mellifera*)? J. Invertebr. Pathol. 99(3): 342-344.
Williams P.H. 2022. The Bumblebees of the Himalaya. AbcTaxa, Belgium, 198 pp.
Williams, Paul H., Dorji, Phurpa, Ren, Zongxin, Xie, Zhenghua, Orr, Michael. 2022. Bumblebees of the hypnorum-complex world-wide including two new near-cryptic species (Hymenoptera: Apidae). European Journal of Taxonomy 847(1): 46-72.
Williams P. H, Sung I. H, Lin Y. J., Lu S. S. 2022. Discovering endemic species among the bumblebees of Taiwan (Apidae, genus *Bombus*). J. Natural History 56: 435-447.
Wilson, E. O. 1971. The Insect Societies. Cambridge, MA: Harvard University Press.
Winston, M.L. 1987. The Biology of the Honey Bee. Harvard University Press, Cambridge, MA.
Wu Huei-Hu and Wu Den-Jin. 2006. Development of Herbaceous Plants for the Control of Chalkbrood on Honeybee. Proceedings of the Symposium on the Honey Bees and Bee Products, IV, Formosan Entomological, Special Publication 8: 103-110. (in Chinese)
Wu, Y. 2000. Fauna Sinica, Insecta Vol. 20, Hymenoptera, Melittidae Apidae. Science Press, Beijing, China.
Yamane, S.k., Yamane, So. & Wang, H. Y. 1995. The identity of *Parapolybia takasagona* Sonan (Hymenoptera, Vespidae). Proceedings of the Japanese Society of Systematic Zoology, 54, 75-78.
Yamane, So. 1977. On the collection techniques of vespine nests, based chiefly on practices through a survey in Taiwan from 1972 to 1974 (Hymenoptera, Vespidae). Seibutsu Kyozai (Kikonai) 12: 42-59. (in Japanese)
Yamane S. 1990. A revision of the Japanese Eumenidae (Hymenoptera, Vespoidea). Insecta Matsumurana Series Entomol New Series 43: 1-189.
Yang, E. C., H. C. Chang, W. Y. Wu and Y. W. Chen. 2012. Impaired olfactory associative behavior of honeybee workers due to contamination of imidacloprid in the larval stage. PLoS ONE 7(11): e49472.
Yang, E. C., Y. C. Chuang, Y. L. Chen and L.H. Chang. 2008. Abnormal foraging behavior induced by sublethal dosage of imidacloprid in the honey bee (Hymenoptera: Apidae). J. Econ. Entomol. 101: 1743-1748.
Ye Siou-Ru, Chia-Nan Chen, Chung-Yang Huang, and Yue-Wen Chen. 2010. Time Distribution of Honey Bees Collecting Taiwanese Green Propolis and Pollen During Summer Season. Formosan Entomol. 30: 317-325. (in Chinese)
Yeh W. C., Lu S. S. 2007. New Records of Three Potter Wasps (Hymenoptera: Vespidae: Eumeninae) from Taiwan. Formosan Entomology 27: 83-90.
Yoshida, T. 1995. Comparative studies on the mating system of Japanese honeybee, *Apis cerana* japonica Rodoszkowski and European honeybee *Apis mellifera* L. (Hymenoptera: Apidae). Bull. Fac. Agric., Tamagawa Univ. 35: 159-208. (in Japanese)
Yoshida, T. 2000. Honeybees and beekeeping in Asia. Honeybee Sci. 21: 115-121. (in Japanese)
Zander, E. 1909. Tierische Parasiten als Krankheitserreger bei der Biene. Münchener Bienenzeitung 31, 196-204.
Zaytoon, A. A., M. Matsuka and M. Sasaki. 1998. Feeding efficiency of pollen substitutes in a honeybee colony: effect of feeding site on royal jelly and queen production. Appl. Ent. Zool. 23(4): 481-487.
Zhang, J., et al., 2001. Three-dimensional structure of the Chinese Sacbrood bee virus. Sci China C Life Sci. 44, 443-8.
Zhang, G., Han, R., 2008. Advances on sacbrood of honeybees. China J Biol Control. 24, 130-137.

中文索引

一劃
乙醇 384

二劃
二倍體雄蜂 335
人工分封 201、311
人工王台 255、312
人工受精 181、322

三劃
上唇 157、164
下咽頭腺 165、185-187
下唇 164
下唇瓣 157、164
下唇鬚 38、40、157、164
下痢 335、347
口吻 156、164
土蜂 42
大蜜蜂 140、382、483
大顎 40、156-157、164
大顎腺 164-166、185-187
大顎腺費洛蒙 164、319
大蠟蛾 368-369
小眼 158-159
小蜜蜂 140-142、149-150
小顎 157、164
小蘆蜂 112-113
小蠟蛾 368-369
工蜂 82、123-125、184-189
工蜂乳 185、260
工蜂房 207-208

四劃
中舌 156-157、164
中足 166、195
中胸 40-41、166
中華大虎頭蜂 92-93
中腸 174、176-177
中蜂 143-144
互利共生 58、60、403
內勤蜂 192
內蜜腺 391-392
分封 200-201
切葉蜂 116-118
切緣 117-118
心門 176、178
心臟 176、178-179
日本蜂 144-145
日光熔蠟器 494
木蜂 109-111
比重 456
水活性 460、474
水媒 402
王台 186、207-209
王台框 256
王籠 250-252

五劃
丙二醇 483
代用花粉 261-262
冬蜜 444
包裹蜂 274
半社會性 45-46
半致死劑量 23、330
半致死濃度 24、56
外來種 148、153-154、390
外勤蜂 192-196
外蜜腺 391-392
失王 294-295
平腹小蜂 52-55
幼蟲費洛蒙 294
未受精卵 185-187
生物防治 56-57
生殖孔 182
生殖系統 181-183
生殖隔離 150
生態棲位 153
甲酸 362、367
白堊病 345

穴蜂 39、43、119

六劃
交尾 181-183、316-322
交哺 84、193
交替王台 208
合併蜂群 327
多巴胺 108、487-490
江某 395-396、411
百里酚 364-367
羽化 187、189
自花授粉 392、402
舌 156-157、164
西洋蜂 140、143、146-147
西洋熊蜂 132、152-153

七劃
克氏腺 165、194
卵 185-187
卵杯 130、132
卵巢 181-183
卵團 130
含水量 455-456
吸濕性 456
吹蜂機 449-450
完全變態 187、368
折射計 455-456
杜福氏腺 165、174
肘脈指數 144、150-151
育幼蜂 192
貝氏擬態 30-31
赤眼卵蜂 52-53
防蜂衣 244-245

八劃
並置眼 158
亞社會性 45-47
亞致死劑量 24、56、334
侍衛蜂 292-293、321
兩性花 392

受精卵 48、185-187
受精囊 181-183
受精囊腺 182-183
呼吸系統 174、178-179
奈氏腺 165、172-173
奈氏腺費洛蒙 172、194
孤雌生殖 48
東方蜂 140、143-145
林下養蜂 272
泥蜂 39、43-44、107
物候 302
直接飛行肌 168
直腸 165、175-177
花粉 391、398-399
花粉梳 114、117、167
花粉採集器 250、474-475
花粉餅 262、266-268
花粉壓 167、195-196、403
花粉餵食器 257、259、266
花粉籃 166-167、403
花蜂 42-43、106
花蜜 260、391-394
虎頭蜂 61、68-71、80-105
青春激素 189
青條花蜂 114-116
青蜂 61
非洲化蜜蜂 148、360

九劃
前足 166、194-195
前胃 174、176-177
前翅 168
前胸 40-41、166
前跗節 156、166
前腸 174、180、188
前蛹期 186-188
咽喉 174、176
垂直肌 168-169
城市養蜂 272
威氏虎頭蜂 102
封蓋幼蟲 188、199
封蓋蜜 195、298、446-447

後足 166-167、195-196
後翅 168-169
後胸 40-41、166
後腸 174、177
急造王台 191、208
春減 310
春蜜 444
柄節 40-41、162-163
柱頭 391、402
毒腺 165、174
秋行軍蟲 53、56
秋衰 306
秋蜜 445
美洲幼蟲病 341-343
背板腺費洛蒙 294、319、321
胡蜂 36、42-44、61
苦楝 397、398、433
重寄生 49
重疊眼 158
面罩 244-245
風媒 402-403
風媒花 400、402
食道 174、176-177
食道下神經球 180

十劃
凍害 335
原生種 153、390
埋線 234-241
埋線器 236-237
姬蜂 36、48、50
姬虎頭蜂 100
射精管 181
島內外來種 390
朗氏蜂箱 211-217
氣孔 156、172、178-179
氣門 178-179
氣管 178-179
氣管蟎 382-383
氣囊 178-179
消化系統 174
消化管 174

特有種 39、390
真社會性 46-47
真菌性疾病 345
神經肽 188
翅室 168、171
翅脈 151、168-170
翅鉤 168、171
翅摺 168-169、171
胸部 41、166
脂質 260-261、479
草酸 361-364
荔枝椿象 52-55
起刮刀 246
迷巢 271、318
逃蜂 199
馬氏管 176-177、180
高加索蜂 146-147

十一劃
側舌 157、164
側板 40、166
動物媒 403
動脈 176、178-179
基板 109、205
基板振動 205
基節 156、166-167
寄主 35-36、48-50、346-347
寄生蜂 36、43、48-49
巢片 211、230-234
巢房 68、206-209
巢框 230-244
巢脾 68、71、210-211
巢蜜 242、446-447
巢礎 232-233
巢礎框 232、234、243
強勢入侵種 153、388-389
彩帶蜂 114
授粉 400、402-406
排泄系統 174
排蜂 140
梗節 162-163
殺人蜂 148

清潔足 166
羥甲基糠醛 465
產卵工蜂 294
產卵管 35-37、156、182
異花授粉 402-403
移蟲 312-315
移蟲針 255
第一跗節 166-167
細腰亞目 35-37
細腰蜂 39、42-44、106-107
脛節 156、166-167
脫蜂板 257
處女王 186
野蜂 143-145
陰莖 181-182
陰道 181
頂梁蜂箱 221-222

十二劃
割蜜刀 247
唾腺 175-176
喀尼阿蘭蜂 147
喜馬拉雅蜂 144
單眼 157-158
圍食膜 177、348
寒害 330
幾丁質 156
循環系統 178-179
換王 325
植食性 35
無螫蜂 124-127
發酵作用 460-461
發酵花粉 269
盜蜂 198-199
結晶核 458
結晶蜜 458-459
蛛蜂 66-67
貯藏囊 181
費洛蒙 82、164、172、202
跗節 156、166-167
距 108
間接飛行肌 168

雄蜂 192
雄蜂乳 185、260
雄蜂房 207
雄蜂費洛蒙 319
雄蕊 391
黃腰虎頭蜂 98-99
黃腳虎頭蜂 96-97
黑大蜜蜂 140-141
黑小蜜蜂 142
黑腹虎頭蜂 94-95

十三劃
圓形舞 202-204
塑膠巢框 220、231
塑膠巢礎 232-233
微卵管 181-182
微氣管 178
微粒子病 346-348
愛玉 58-60
愛玉榕小蜂 59-60
愛蜜加 365-366
感覺器官 180
搖擺舞 203-205
新月舞 204
準社會性 45
煉糖 324
睪丸 181-182
義大利蜂 147
腦 180
腹板 166
腹神經索 180
腹部 172
葡萄糖 458
葡萄糖氧化酶 458、460
蛹 187-188
蛻皮 187-188
蛻皮固醇 188
蜂子 478
蜂王 191-192
蜂王乳 186、478-481
蜂王質 166
蜂后 82、184、191

蜂刷 246
蜂花粉 474-477
蜂毒 174、487-491
蜂毒肽 487-489
蜂毒神經肽 487-489
蜂毒療法 487-491
蜂球 105
蜂路 210-211
蜂蜜 195、445-473
蜂廚 212
蜂箱 210-223、226
蜂箱小甲蟲 370-371
蜂膠 482-483
蜂蝨蠅 381
蜂糧 192、195、262
蜂蟹蟎 349-365
蜂蠟 172、207、492-497
補助花粉 262
試飛 193、199
過氧化氫 458、460
過量寄生 49
隔王板 253
隔板 254

十四劃
榕小蜂 58
漂白水 384-385
熊蜂 127
福化利 361
腿節 156、166-167
蒸氣割蜜刀 246
蜜杯 130
蜜胃 176
蜜源標記 392、405
蜜腺 392
蜜露 445
蜜囊 174、176-177
螺贏 62-63
誘入新蜂王 325-326
誘蜂 273
雌雄異株 392
雌蕊 391

十六劃
歐洲幼蟲病 343-344
歐洲黑蜂 147
熱病 330、335
膜翅目 32-35
膝下器 205
複眼 40、157-159
壁蜂 116
獨居性 44
獨居蜂 47、119-120
糖盒 257-259
糖磚 263
蕈狀體 180、334
輸卵管 181
遺傳致死因子 335-336
隧蜂 113-114
頭部 157

十七劃
壓蜜機 449
擬態 30-31
縱走肌 168-169
螫針 172、174-175
螫無墊蜂 115-116
錘腹 35、40-41
餵食器 257-259

十八劃
燻煙器 246、281-284
蟲媒 403
贅脾 291
轉化酶 458、461
轉節 156、166-167
雙色虎頭蜂 103
雙翅目 33-35
鞭節 40-41、162-163

十九劃
蟾蜍 379-380

二十劃
嚼吮式 34、164
繼箱 226-228
蘆蜂 112
蘇力菌 53
觸角 162-164
觸角清潔器 166
警戒費洛蒙 174、194
齡 187

二十一劃
攜粉足 166
攜播 37、142
蠟腺 172、206、492
蠟蛾 368-369
蠟鏡 206
護士蜂 192
護幼行為 47
鐮形舞 204

二十二劃
囊雛病 339-341

二十四劃
鹼性腺 174

蜂學問： "Beeing" in the neighborhood : honey, hives, horticulture
蜂類生態 ✕ 養蜂技術 ✕ 圖解知識　深入探索蜂之奧秘

作者	蔡明憲
美術設計	Zoey Yang
插畫	葉書謹
攝影	王正毅（圖 1.3.37-38、P468-473、P477、P495 上、P496-497）

社長	張淑貞
總編輯	許貝羚
行銷企劃	黃禹馨
選書企劃	張淳盈

發行人	何飛鵬
事業群總經理	李淑霞
出版	城邦文化事業股份有限公司　麥浩斯出版
地址	115 台北市南港區昆陽街 16 號 7 樓
電話	02-2500-7578
傳真	02-2500-1915
購書專線	0800-020-299

發行	英屬蓋曼群島商家庭傳媒股份有限公司城邦分公司
地址	115 台北市南港區昆陽街 16 號 5 樓
電話	02-2500-0888
讀者服務電話	0800-020-299（9:30AM~12:00PM；01:30PM~05:00PM）
讀者服務傳真	02-2517-0999
讀者服務信箱	csc@cite.com.tw
劃撥帳號	19833516
戶名	英屬蓋曼群島商家庭傳媒股份有限公司城邦分公司

香港發行	城邦〈香港〉出版集團有限公司
地址	香港九龍土瓜灣土瓜灣道 86 號順聯工業大廈 6 樓 A 室
電話	852-2508-6231
傳真	852-2578-9337
Email	hkcite@biznetvigator.com

馬新發行	城邦〈馬新〉出版集團 Cite (M) Sdn Bhd
地址	41, Jalan Radin Anum, Bandar Baru Sri Petaling, 57000 Kuala Lumpur, Malaysia.
電話	603-9056-3833
傳真	603-9057-6622
Email	services@cite.my

製版印刷	凱林印刷事業股份有限公司
總經銷	聯合發行股份有限公司
地址	新北市新店區寶橋路 235 巷 6 弄 6 號 2 樓
電話	02-2917-8022
傳真	02-2915-6275

【 特別感謝／圖片提供 】
朱國豪（P. 11、圖 1.1.7、圖 1.3.33、圖 1.3.44、圖 1.3.47、圖 1.3.52、圖 1.3.57、圖 2.1.6、圖 2.2.4 a、圖 2.2.17、圖 2.3.6、圖 2.3.15）
劉彩瑄（P.15）
羅美玲（圖 1.1.10、圖 1.3.5、圖 1.3.54 b）
侯朝卿（圖 1.2.1、圖 1.3.17 a、圖 1.3.58）
蔡尚諺（圖 1.2.3、圖 3.3.7、圖 3.4.13）
陳瓊娥（圖 1.3.24）
陳雅得（圖 1.3.68、圖 2.7.4）
陳玄芬（圖 2.5.17）
楊振偉（圖 2.5.9 b ~ d）
三宜蜂業有限公司（圖 2.5.29 左上、圖 2.5.47~49、圖 2.5.58 a）
吳芳（圖 3.4.21）
藍杏娟（圖 4.4.5）

國家圖書館出版品預行編目 (CIP) 資料

蜂學問：蜂類生態 ✕ 養蜂技術 ✕ 圖解知識，深入探索蜂之奧秘 / 蔡明憲著. -- 初版 . -- 臺北市：城邦文化事業股份有限公司麥浩斯出版：英屬蓋曼群島商家庭傳媒股份有限公司城邦分公司發行，2025.09
536 面 ;19x26 公分
ISBN 978-626-7558-84-3（精裝）

1.CST: 蜜蜂科 2.CST: 動物生態學 3.CST: 養蜂

387.781　　　　　　　　114000746

版次	初版一刷 2025 年 9 月
定價	新台幣 1480 元
ISBN	978-626-7558-84-3

Printed in Taiwan
著作權所有・翻印必究